Giovanni Alcocer

Los Fundamentos de las Matemáticas

Giovanni Alcocer

Los Fundamentos de las Matemáticas

Bases y Fundamentos de las Matemáticas

Editorial Académica Española

Imprint
Any brand names and product names mentioned in this book are subject to trademark, brand or patent protection and are trademarks or registered trademarks of their respective holders. The use of brand names, product names, common names, trade names, product descriptions etc. even without a particular marking in this work is in no way to be construed to mean that such names may be regarded as unrestricted in respect of trademark and brand protection legislation and could thus be used by anyone.

Cover image: www.ingimage.com

Publisher:
Editorial Académica Española
is a trademark of
International Book Market Service Ltd., member of OmniScriptum Publishing Group
17 Meldrum Street, Beau Bassin 71504, Mauritius
Printed at: see last page
ISBN: 978-620-3-03593-3

Los Fundamentos de las Matemáticas

Contenido

Este libro está diseñado como una guía fundamental y avanzada de Matemáticas. Esto cubre los siguientes temas: conjuntos, conjunto de los números, propiedades de los números, exponentes y radicales, racionalización, expresiones algebraicas y factorización, fracciones y simplificación de fracciones, ecuaciones lineales, ecuaciones lineales con literales, planteamiento de ecuaciones lineales y razonamiento matemático, ecuaciones lineales fraccionarias, ecuaciones fraccionarias con literales, ecuaciones con radicales, ecuaciones cuadráticas, planteamiento de ecuaciones cuadráticas, porcentaje y regla de tres y conversión de unidades, desigualdades, valor absoluto en ecuaciones y desigualdades, logaritmos, ecuaciones exponenciales y logarítmicas, planteamiento de ecuaciones no lineales, relaciones y funciones y simetría, gráfico de funciones, propiedades y traslaciones, composición de funciones y función inversa, funciones lineales y la recta, planteamiento de funciones lineales, funciones cuadráticas, funciones polinomiales, división de polinomios y ecuaciones de grado mayor a dos, gráficos de funciones polinomiales, aproximación de ceros irracionales, fracciones parciales, funciones racionales, funciones exponenciales y logarítmicas, funciones formadas por trozos de recta, función valor absoluto, función entero mayor, función escalón unitario, función signo, sistemas de ecuaciones con dos variables: igualación sustitución, reducción y gráfico, sistemas de ecuaciones con tres variables, método de Gauss, método de Gauss-Jordan, Método de Cramer, Matriz Inversa, sistemas no lineales, gráficos y sistemas de desigualdades, matrices y determinantes, trigonometría, identidades y ecuaciones trigonométricas, funciones trigonométricas, solución de triángulos rectángulos, números complejos, vectores en R^2, gráficos polares, conteo, combinaciones, variaciones y permutaciones, sucesiones y series, inducción matemática, progresiones aritméticas y geométricas e interés simple y compuesto, fórmula binomial, geometría plana, geometría en el espacio, distancia entre dos puntos y punto medio de un segmento de recta, cónicas: circunferencia, parábola, elipse, hipérbola, vectores, planos y rectas en R^3, geometría del espacio, figuras en el espacio: prismas, paralelepípedos, pirámides, cilindros, conos, conos truncados, esferas, estadísticas, regresión lineal y probabilidades, miscelánea de ejercicios. Esto es incluido la deducción de muchas fórmulas para clarificar los conceptos y llenar todas las necesidades de los estudiantes para alcanzar los fundamentos de las Matemáticas. Finalmente, otro objetivo del libro es alcanzar el interés y motivación de los estudiantes por la real naturaleza de las Matemáticas.

...al Ser Supremo: Creador de Todo el Universo, Principio y Fin de Todo, a mis padres Marcos y Lilia, a todos mis alumnos y profesores principalmente a todos mis profesores del Colegio San José La Salle, Escuela Superior Politécnica del Litoral (ESPOL) y a la Universidad de Siegen, que han contribuido en sus enseñanzas y transferencia de conocimientos, ya que este libro es producto de la evolución de todo el amor y dedicación que he adquirido de ustedes.

1.- Conjuntos

Un conjunto es una colección de objetos bien definidos donde los elementos tienen características propias del conjunto al que pertenecen.

Ejemplos de conjuntos:

A={1,3,5}   B={2,4,6}

Si a es un elemento y a∈A significa que a es un elemento de A.

Por ejemplo, 3∈A y 8 no es un elemento de A.

El conjunto vacío es un conjunto sin ningún elemento.

Se representa por: A={ } o A=ϕ

Otra forma de representar un conjunto es la siguiente:

A={x/x es un número par}

Lo cual significa: El conjunto de todas las x tal que x es un número par.

Ejemplo:

El conjunto de todos los números tal que x^2=16.

A={4,-4} o A={x/x^2=16}

Subconjuntos e Igualdad

Si cada elemento de un conjunto A es también un elemento de un conjunto B, entonces se dice que A es un subconjunto de B.

Si los conjuntos A y B tienen los mismos elementos entonces se dice que los dos conjuntos son iguales.

A⊂B significa que A es un subconjunto de B.   {2,4}⊂{2,4,6}

A=B   significa que A es igual a B.   {5,7}={5,7}

El conjunto vacío ϕ es subconjunto de todo conjunto ya que ϕ no tiene elementos.

Operaciones con conjuntos y diagramas de Venn

La unión de conjuntos de A y B es el conjunto formado por todos los elementos de A unido a todos los elementos de B sin repetir los elementos iguales.

A∪B={x/x∈A o x∈B}

La intersección de conjuntos de A y B es el conjunto de los elementos de A que también están en B y viceversa.

A∩B={x/x∈A y x∈B}

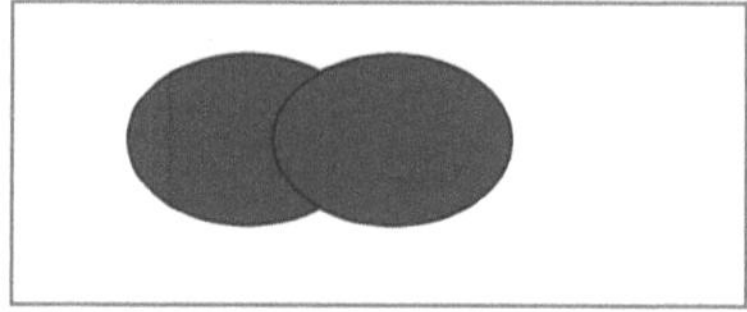

AUB: región sombrada

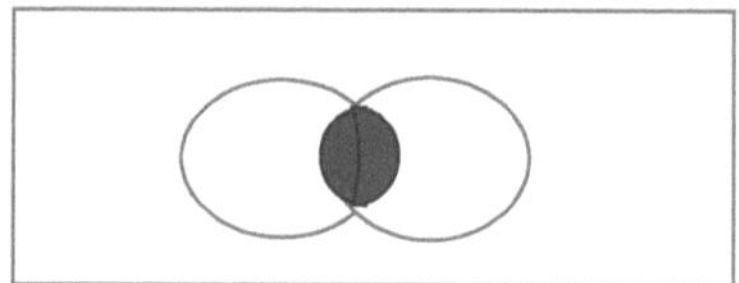

A∩B: región sombreada

Si no hay intersección entonces los conjuntos son disjuntos.

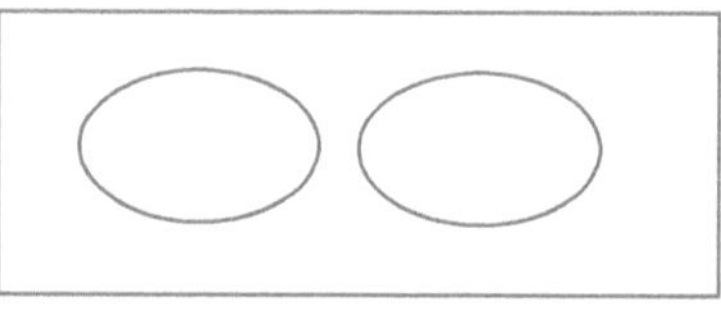

El conjunto de referencia de todos los elementos de todos los conjuntos se llama universal U.

El complemento de A denotado por A´ es el conjunto de todos los elementos de U que no están en A.

El complemento de A es A´ y corresponde a la región sombreada.

Ejemplo:

Si A={4,5,7}, B={3,6,9}, C={3,4,5,6,7}

B∪C={3,4,5,6,7,9}

B∩C={3,6}

A∩B=ϕ

Si C=U (conjunto universal) A′={3,6}

Ejemplo:

Si M={1,2,3,4} N={1,3,5,7} Q={2,4}

M∪N={1,2,3,4,5,7}

M∩N={1,3}

N∩Q=ϕ

Si M=U (conjunto universal) Q′={1,3}

Ejemplo:

En una encuesta de 100 estudiantes, una compañía investigadora de mercados encontró que 73 estudiantes poseían un estéreo, 54 tenían bicicleta y 41 eran dueños de ambas cosas.

¿Cuántos estudiantes poseían un estéreo o una bicicleta

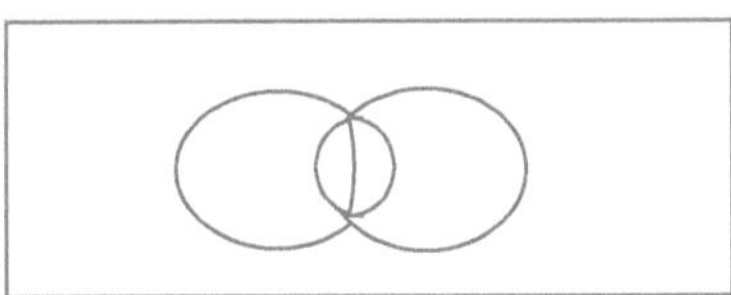

U(universo)=100

A(elementos de A)=73

B(elementos de B)=54

A∩B=41

73-41=32 estudiantes poseían sólo estéreo

54-41=13 estudiantes poseían sólo bicicleta

Estudiantes poseían un estéreo o una bicicleta=AUB=13+32+41=86

AUB=(A)+(B)-(A∩B)=73+54-41=86

Así, se tiene una nueva fórmula para la unión de dos conjuntos:

AUB=(A)+(B)-(A∩B)

¿Cuántos estudiantes no poseen estéreo ni bicicleta?

Esto es el complemento de AUB=(AUB)′=100-86=14

¿Cuántos estudiantes tienen una bicicleta y no un estéreo?

54-41=13 estudiantes tienen una bicicleta y no un estéreo.

¿Cuántos estudiantes no tienen ni bicicleta ni estéreo?

32+13+14=59 estudiantes no tienen ni bicicleta ni estéreo.

Ejemplo:

En una encuesta realizada a adultos de la región Norte del país, con respecto al género de cine que preferían, se obtuvo la siguiente información: 120 prefieren la comedia, 100 prefieren el género erótico, 50 les gusta el suspenso, 10 prefieren los géneros eróticos y comedia, 16 prefieren la comedia y suspenso, 16 prefieren suspenso y erotismo, 6 le agradan los tres géneros.   Se entrevistan a un total de 290 personas adultas. Responda las preguntas siguientes:

a) ¿Cuántos optan por un género que no es de los tres mencionados?   b) ¿Cuántos prefieren comedia y suspenso pero no cine de erotismo?. c) ¿Cuántos optan por sólo uno de estos géneros d) ¿Cuántos sólo prefieren la comedia?.

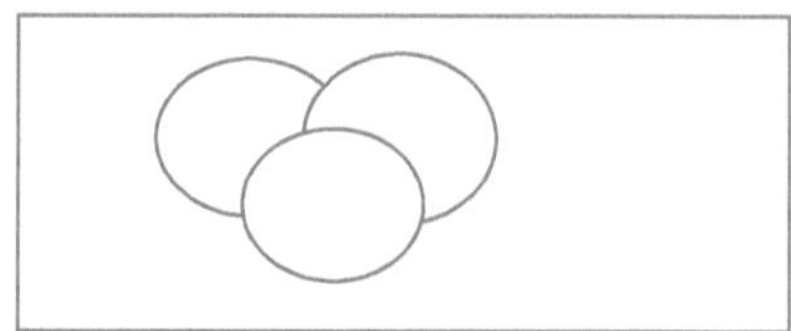

U(universo): # total de adultos=290

A: # de adultos que prefieren la comedia=120

B: # de adultos que prefieren el género erótico=100

C: # de adultos que prefieren el suspenso=50

10 adultos prefieren los géneros erótico y comedia=A∩B

16 adultos prefieren la comedia y el suspenso=A∩C

16 adultos prefieren erotismo y suspenso=B∩C

6 adultos prefieren los tres géneros=A∩B∩C

AUBUC=A+B+C-(A∩B)-(B∩C)-(A∩C)+(A∩B∩C)

AUBUC=120+100+50-10-16-16+6

   =276-42=234 adultos

a) 290-234=56 adultos no son de ninguno de los tres géneros mencionados

b) 16-6=10 adultos prefieren comedia y suspenso y no erotismo

Además, 16-6=10 adultos prefieren erotismo y suspenso y no comedia

Y 10-6=4 adultos prefieren comedia y erotismo y no suspenso

Optan sólo por comedia=120-10-16+6=100

Optan sólo por suspenso=50-16-16+6=24

Optan sólo por erotismo=100-10-16+6=80

c) Optan por sólo un género=100+24+80=204

d) 100 prefieren sólo la comedia

1 característica solamente=100+24+80

2 características solamente=10+10+4

3 características solamente=6

No gustan de ninguna de las tres características=56

Se puede comprobar el número total de
elementos:100+24+80+10+10+4+6+56=290 adultos

2.- Conjunto de los números

El conjunto de los números está representado por los siguientes números:

Naturales (Enteros positivos), Enteros, Racionales, Irracionales, Reales, Imaginarios y Complejos.

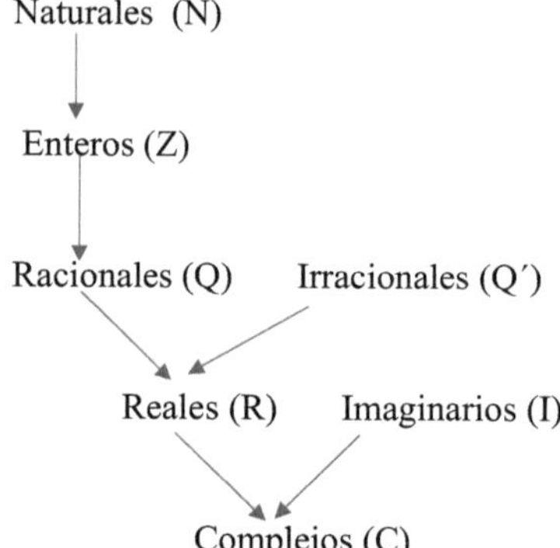

Los números naturales son los siguientes:

$N=\{1,2,3,4,\ldots\ldots\ldots\}$

Los números enteros son los siguientes:

$Z=\{\ldots\ldots,-3,-2,-1,0,1,2,3,\ldots\ldots\ldots\}$

El número racional está dado por el número x donde x=p/q (fraccionario o decimal), donde p es un entero y q es otro entero diferente de cero. Dentro de los números racionales están también los números periódicos, ya que estos también se pueden representar de la forma p/q.

El número irracional está dado por el número x donde x no se puede representar de la forma p/q. Ejemplo de números irracionales tenemos el número π=3,1415…., el número e (euler)=2,7182….., $\sqrt{2}$, $\sqrt{3}$, etc. Es decir, el número irracional es todo número que no puede ser representado como número racional.

Los números reales están dados por la unión de los números racionales e irracionales. Se representan con la letra R.

Los números imaginarios son aquello números complejos cuya parte real es cero. Los números complejos se pueden expresar de la siguiente manera: a+bi, donde i está dado por: $i=\sqrt{-1}$. Es decir, los números imaginarios tienen raíces de números negativos, cuya raíz no es posible obtener. Ejemplo de estos números son: √-5, √-9, etc.

Así, el número 4+√-9 puede ser expresado de la siguiente manera:

4+√9√-1=4+3√-1

=4+3i

Hay que diferenciar el siguiente número, el cual es un número real $\sqrt[3]{-27} = -3$, ya que esto es posible obtener su raíz.

(-3)*(-3)*(-3)=-27

Además, un número par se representa por 2n donde n es un número entero y un número impar se representa por 2n-1 para n mayor o igual a 1 o 2n+1 para n mayor o igual a cero.

3.- Propiedades de los números

Sean a, b y c # reales:

1) Propiedad transitiva de la igualdad:

Si a=b y b=c, entonces a=c

Ejemplo: x=y y=7, entonces x=7.

2) Propiedad de cerradura de la suma y la multiplicación:

Para todo número real a y b, las operaciones x=a+b y y=ab nos da como resultado números reales tanto x como y.

3) Propiedad conmutativa de la suma y la multiplicación:

La suma y el producto cumplen la propiedad de la conmutatividad:

a+b=b+a   y ab=ba

2+5=5+2   2*3=3*2

4) Propiedad asociativa de la suma y la multiplicación:

La suma y la multiplicación cumplen la propiedad de la asociatividad:

a+(b+c)=(a+b)+c   a(bc)=(ab)c

2+(3+7)=(2+3)+7   4*(8*3)=(4*8)*3

5) Propiedad de la Identidad:

Existen números reales únicos denotados por 0 y 1 tales que para todo número real a, se tiene:

0+a=a   y   1*a=a

0+5=5   y   1*9=9

6) Propiedades del Inverso:

Para todo número real a, existe un número real denotado por -a, tal que se cumple:

$a+(-a) = 0$

El número -a se denomina el inverso aditivo de a.

$7+(-7) = 0$

Además, se tiene la siguiente propiedad:

Para todo número real a (excepto el cero), existe un número real denotado por a^{-1}, tal que: $a*a^{-1}=1$.   Este número se conoce como el recíproco o el inverso multiplicativo de a.

$3*(1/3) = 1$.

Además, el cero no tiene recíproco, ya que 0/0 es un número no determinado.

Entre las operaciones con el número cero se tiene:

$0/5=0$ $7/0 \rightarrow \infty$ $-3/0 \rightarrow -\infty$ $0/0 \rightarrow$ indeterminado

7) Propiedades distributivas:

a(b+c)=ab+ac   (b+c)a=ba+ca

2(3+4)=2(7)   (2+3)4=5(4)

     =14   =20

2(3+4)=2(3)+2(4)   (2+3)4=(2)4+(3)4

     =6+8   =8+12

     =14   =20

Además, se tiene: a(b+c+d)=a(b)+a(c)+a(d)

a-b=a+(-b)

Si b no es igual a cero, $a/b=a(b^{-1})$

$b^{-1}=1/b$

Ejemplos de la aplicación de las propiedades de los números reales

1) $x(y-3z+2w)=(y-3z+2w)x$

$\quad\quad\quad =xy-3xz+2xw$

2) $3(4*5)=(3*4)5$

$\quad\quad =60$

3) $2-\sqrt{2}= -\sqrt{2}+2$

4) $(8+x)-y=8+(x-y)$

$\quad\quad =8+x-y$

5) $3(4x+2y+8)=12x+6y+24$

6) $ab/c=a(b/c)$ donde $c\neq0$

$\quad\quad =(a/c)b$

7) $(a+b)/c=(a/c)+(b/c)$ donde $c\neq0$

8) $(a+b)*(1/c)=(a/c)+(b/c)$

9) $a-b=a+(-b)$ $\quad\quad\quad$ $2-7=2+(-7)$

$\quad\quad\quad\quad\quad\quad\quad\quad\quad = -5$

10) $a-(-b)=a+b$ $\quad\quad$ $2-(-7)=2+7$

$\quad\quad\quad\quad\quad\quad\quad\quad\quad =9$

11) $-a=(-1)a$ $\quad\quad\quad\quad$ $-7=(-1)7$

12) $a(b+c)=ab+ac$ $\quad\quad$ $6(7+2)=6*7+6*2$

$\quad\quad\quad\quad\quad\quad\quad\quad\quad =54$

13) $a(b-c)=ab-ac$ $\quad\quad$ $6(7-2)=6*7-6*2$

$\quad\quad\quad\quad\quad\quad\quad\quad\quad =30$

14) $-(a+b)= -a-b$ $\quad\quad$ $-(7+2)= -7-2$

$\quad\quad\quad\quad\quad\quad\quad\quad\quad =-9$

15) - (a-b)= -a+b   -(2-7)= -2+7

                             =5

16) – (-a)=a   -(-2)=2

17) a(0)=0   2(0)=0

18) (-a)(b)= -(ab)   -2(7)= - (2*7)

        =a(-b)   =2(-7)

                                 = -14

19) (-a)(-b)=ab   (-2)(-7)=2*7

                                 =14

20) a/1=a   7/1=7   -2/1= -2

21) a/b=a(1/b)   2/7=2*(1/7)

22) a/(-b)= -(a/b)   2/(-7)= - (2/7)

        = (-a)/b   =(-2)/7

23) (-a)/(-b)=a/b   (-2)/(-7)=2/7

24) 0/a=0 donde a≠0   0/7=0

25) a/a=1 donde a≠0   2/2=1   (-5)/(-5)=1

26) a(b/a)=b   2(7/2)=7

27) a(1/a)=1 donde a≠0   2(1/2)=1

28) (a/b)(c/d)=(ac)/(bd)   (2/3)(4/5)=(2*4)/(3*5)

                                   =8/15

29) (ab)/c=(a/c)b   (2*7)/3=(2/3)7

        =a(b/c)   =2(7/3)

30) a/(b*c)=(a/b)(1/c)   2/(3*7)=(2/3)(1/7)

        =(1/b)(a/c)   =(1/3)(2/7)

31) a/b=(a/b)(c/c) donde c≠0   2/7=(2/7)(5/5)

        =(ac)/(bc)   =(2*5)/(7*5)

32) a/[b(-c)]=a/[(-b)c]   2/[3*(-5)]=2[(-3)*5]

$=(-a)/(bc)$

33) $(-a)/[(-b)(-c)]= -(a)/(bc)$

$=(-2)/(3*5)$

$(-2)/[(-3)(-5)]= -(2)/(3*5)$

$= -2/15$

34) $a(-b)/c=(-a)b/c$

$=(ab)/(-c)$

$2(-3)/5=(-2)3/5$

$=2(3)/(-5)$

35) $(-a)(-b)/(-c)= -(ab)/c$

$(-2)(-3)/(-5)= -(2*3)/5$

$= -6/5$

36) $(a/c)+(b/c)=(a+b)/c$

$(2/9)+(3/9)=(2+3)/9$

$=5/9$

37) $(a/c)-(b/c)=(a-b)/c$

$(2/9)-(3/9)=(2-3)/9$

$= -1/9$

38) $(a/b)+(c/d)= (ad+bc)/(bd)$

$(4/5)+(2/3)=[(4*3)+(5*2)]/(5*3)$

$=22/15$

39) $(a/b)-(c/d)= (ad-bc)/(bd)$

$(4/5)-(2/3)=[(4*3)-(5*2)]/(5*3)$

$=2/15$

40) $(a/b)/(c/d)=(a/b)*(d/c)$

$=(ad)/bc$

$(2/3)/(7/5)=(2/3)*(5/7)$

$=(2*5)/(3*7)$

$=10/21$

41) $a/(b/c)=a*(c/b)$

$=(ac)/b$

$2/(3/5)=2*(5/3)$

$=(2*5)/3$

$=10/3$

42) $(a/b)/c=(a/b)*(1/c)$

$=a/(bc)$

$(2/3)/5=(2/3)*(1/5)$

$=(2*1)/(3*5)$

$=2/15$

43) $(2/5)+(4/15)=[(2*3)+(4*1)]/15$ (obteniendo el mínimo común múltiplo) $=10/15$

$=2/3$

44) $(3/8)-(5/12)=[(3*3)-(5*2)]/24$

$$= -1/24$$

45) $0/5=0 \quad 7/0 \to \infty \quad -3/0 \to -\infty \quad 0/0 \to$ indeterminado

46) $a/b = a(b^{-1})$

47) $b^{-1} = 1/b$

4.- Exponentes y Radicales

Exponentes

1) $x^n = x*x*x*x\ldots\ldots\} \; n$ veces

$x^3 = x*x*x$

$(1/2)^4 = (1/2)*(1/2)*(1/2)*(1/2)$

$\qquad = 1/16$

2) $x^{-n} = 1/x^n$ donde $x \neq 0$

$3^{-5} = 1/3^5$

$\quad = 1/(3*3*3*3*3)$

$\quad = 1/243$

3) $1/x^{-n} = x^n$

$1/3^{-5} = 3^5$

$\qquad = 243$

4) $x^0 = 1$ (0^0 no está definido)

$2^0 = 1, \; \pi^0 = 1, \; (-5)^0 = 1$

$2^7/2^7 = 1$

$2^{7-7} = 1$

$2^0 = 1$

5) $x^1 = x$

$\quad 8^1 = 8$

Radicales

Si $r^n=x$, n es un entero positivo, r es una raíz enésima de x:

$$r = \sqrt[n]{x}$$

Si n=2, raíz cuadrada, hay 2 soluciones.

Si n=3, raíz cúbica, hay 1 solución.

1) $x^2=9$, $x=\pm\sqrt{9}$

$\qquad\qquad =\pm3$

2) $x^3=27$

$\quad x = \sqrt[3]{27}$

$\quad x=3$

3) $x^2= -4$, no hay solución, ya que no hay raíces cuadradas de un número negativo.

4) $x^3= -8$,

$\quad x = \sqrt[3]{-8}$

$\quad$ x= -2, en este ejercicio si es posible obtener la raíz cúbica de -8, la cual es -2, ya que $(-2)^3= -8$

$\sqrt[n]{x}$ se denomina radical, donde n es el índice, x es el radicando y $\sqrt{\ }$ es el símbolo radical.

5) $x^{p/q} = \sqrt[q]{x^p} = (\sqrt[q]{x})^p$

$8^{2/3} = \sqrt[3]{8^2}$ $\qquad\qquad\qquad\qquad$ $8^{2/3} = \sqrt[3]{8}^{\,2}$

$\qquad\qquad =4$ $\qquad\qquad\qquad\qquad\qquad =4$

$4^{-1/2} = \sqrt{4^{-1}}$

$\qquad\quad = \sqrt{\left(\tfrac{1}{4}\right)}$

$\qquad =1/2$

Propiedades de Exponentes y Radicales

1) $x^m x^n = x^{m+n}$ $\qquad\qquad$ $2^3\, 2^5 = 2^8$

$\qquad\qquad\qquad\qquad\qquad$ $= 256$

2) $x^0 = 1$ $\qquad\qquad\qquad$ $2^0 = 1$

3) $x^{-n} = 1/x^n$ $\qquad\qquad$ $2^{-3} = 1/2^3$

$\qquad\qquad\qquad\qquad\qquad$ $= 1/8$

4) $1/x^{-n} = x^n$ $\qquad\qquad$ $1/2^{-3} = 2^3$

$\qquad\qquad\qquad\qquad\qquad$ $= 8$

5) $x^m/x^n = x^{m-n}$ $\qquad\qquad$ $2^{12}/2^8 = 2^{12-8}$

$\qquad\qquad\qquad\qquad\qquad$ $= 2^4$

$\qquad\qquad\qquad\qquad\qquad$ $= 16$

6) $x^m/x^m = 1$ $\qquad\qquad$ $2^4/2^4 = 1$

7) $(x^m)^n = x^{mn}$ $\qquad\qquad$ $(2^3)^5 = 2^{15}$

8) $(xy)^n = x^n y^n$ $\qquad\qquad$ $(2*4)^3 = 2^3 * 4^3$

$\qquad\qquad\qquad\qquad\qquad$ $= 8*64$

$\qquad\qquad\qquad\qquad\qquad$ $= 512$

9) $(x/y)^n = x^n/y^n$ $\qquad\qquad$ $(2/3)^3 = 2^3/3^3$

$\qquad\qquad\qquad\qquad\qquad$ $= 8/27$

10) $(x/y)^{-n} = (y/x)^n$ $\qquad\qquad$ $(3/4)^{-2} = (4/3)^2$

$\qquad\qquad\qquad\qquad\qquad$ $= 16/9$

11) $x^{1/n} = \sqrt[n]{x}$ $\qquad\qquad$ $3^{1/5} = \sqrt[5]{3}$

12) $x^{-1/n} = 1/x^{1/n}$ $\qquad\qquad$ $4^{-1/2} = 1/4^{1/2}$

$\qquad\quad = 1/\sqrt[n]{x}$ $\qquad\qquad\qquad$ $= 1/\sqrt{4}$

$\qquad\qquad\qquad\qquad\qquad$ $= 1/2$

13) $\sqrt[n]{x}\sqrt[n]{y} = \sqrt[n]{xy}$ $\qquad\qquad$ $\sqrt[3]{9}\sqrt[3]{2} = \sqrt[3]{18}$

14) $\dfrac{\sqrt[n]{x}}{\sqrt[n]{y}} = \sqrt[n]{\dfrac{x}{y}}$ $\qquad\qquad$ $\dfrac{\sqrt[3]{90}}{\sqrt[3]{10}} = \sqrt[3]{\dfrac{90}{10}}$

$$=\sqrt[3]{9}$$

15) $\sqrt[m]{\sqrt[n]{x}} = \sqrt[mn]{x}$ $\qquad$ $\sqrt[3]{\sqrt[4]{2}} = \sqrt[12]{2}$

16) $x^{m/n} = \sqrt[n]{x^m}$ $\qquad$ $8^{2/3} = \sqrt[3]{8^2}$

$\qquad\quad = \sqrt[n]{x}^{m}$ $\qquad\qquad = \sqrt[3]{8}^{2}$

$\qquad\qquad\qquad\qquad\qquad\quad = 4$

17) $\sqrt[m]{x}^{m} = x$ $\qquad\qquad$ $\sqrt[8]{7}^{8} = 7$

18) $x^6 x^8 = x^{6+8}$

$\quad = x^{14}$

19) $a^3 b^2 a^5 b = a^{3+5} b^{2+1}$

$\qquad = a^8 \, b^3$

20) $x^{11} x^{-5} = x^{11-5}$

$\qquad\quad = x^6$

21) $z^{2/5} \, z^{3/5} = z^{2/5+3/5}$

$\qquad\quad = z$

22) $x \, x^{1/2} = x^{1+1/2}$

$\qquad = x^{3/2}$

23) $(1/4)^{3/2} = \sqrt{1/4}^{\,3}$

$\qquad\quad = (1/2)^3$

$\qquad\quad = 1/8$

24) $(-8/27)^{4/3} = \sqrt[3]{\left(-\frac{8}{27}\right)}^{\,4}$

$\qquad\quad = (-2/3)^4$

$\qquad\quad = 16/81$

25) $(64 \, a^3)^{2/3} = 64^{2/3} \, (a^3)^{2/3}$

$\qquad\quad = \sqrt[3]{64}^{\,2} \, a^2$

$\qquad\quad = 16 \, a^2$

26) $\sqrt[4]{48} = \sqrt[4]{(16*3)}$

$= 2\sqrt[4]{3}$

27) $\sqrt{2+5x} = (2+5x)^{1/2}$

28) $\sqrt[3]{x^6 y^4} = x^{6/3}\, y^{4/3}$

$= x^2\, y^{4/3}$

29) $\sqrt{250} - \sqrt{50} + 15\sqrt{2} = \sqrt{25*10} - \sqrt{25*2} + 15\sqrt{2}$

$= 5\sqrt{10} - 5\sqrt{2} + 15\sqrt{2}$

$= 5\sqrt{10} + 10\sqrt{2}$

30) $\sqrt{x^2} = x$ si x$\geq$0

$\sqrt{x^2} = -$ x si x<0 $\sqrt{x^2} = |x|$ (valor absoluto de x)

31) $(x^{-2}y^3)/z^{-2} = y^3 z^2/(x^2)$

32) $(x^2 y^7)(x^3 y^5) = x^{2-3}\, y^{7-5}$

$= y^2/x$

33) $(x^5 y^8)^5 = (x^5)^5\, (y^8)^5$

$= x^{25}\, y^{40}$

34) $(x^{5/9}\, y^{4/3})^{18} = (x^{5/9})^{18}\, (y^{4/3})^{18}$

$= x^{10}\, y^{24}$

35) $[(x^{1/5}\, y^{6/5})/\, z^{2/5}]^5 = (x^{1/5})^5\, (y^{6/5})^5/\, (z^{2/5})^5$

$= xy^6/z^2$

36) $(x^3/y^2)/(x^6/y^5) = (x^3/y^2)*(y^5/x^6)$

$= y^3/x^3$

37) $x^{-1}+y^{-1} = (1/x)+(1/y)$

$= (y+x)/(xy)$

38) $x^{3/2} - x^{1/2} = x^{1/2}\, (x-1)$

39) $7x^{-2} + (7x)^{-2} = 7x^{-2} + x^{-2}\, (1/49)$

$= [7+(1/49)](1/x^2)$

40) $(x^{-1}-y^{-1})^{-2}=[(1/x)-(1/y)]^{-2}$

$$=[(y-x)/(xy)]^{-2}$$

$$=x^2 y^2/(y-x)^2$$

41) $x^{2/5}(y^{1/2}+2x^{6/5})=x^{2/5}y^{1/2}+2x^{2/5}x^{6/5}$

$$=x^{2/5}y^{1/2}+2x^{8/5}$$

5.- Racionalización

a) Racionalice el denominador:

$$\frac{\sqrt[5]{2}}{\sqrt[3]{6}}=\frac{2^{1/5}6^{2/3}}{6^{1/3}6^{2/3}}$$

$$=\frac{\sqrt[5]{2}\sqrt[3]{6^2}}{6}$$

b) Simplificar: $\dfrac{\sqrt{20}}{\sqrt{5}}=\sqrt{\dfrac{20}{5}}$

$$=2$$

c) $\sqrt{2/7}=\sqrt{2/7}\,\sqrt{7/7}$

$$=\sqrt{14}/7$$

d) $2/\sqrt{5}=(2/\sqrt{5})*(\sqrt{5}/\sqrt{5})$

$$=2\sqrt{5}/5$$

e) $\dfrac{2}{\sqrt[6]{3x^5}}=\dfrac{2*3^{5/6}x^{1/6}}{3^{1/6}3^{5/6}x^{5/6}x^{1/6}}$

$$=\frac{2*3^{5/6}x^{1/6}}{3x}$$

f) $\dfrac{4}{\sqrt{5}+\sqrt{2}}=\dfrac{4}{\sqrt{5}+\sqrt{2}}\dfrac{\sqrt{5}-\sqrt{2}}{\sqrt{5}-\sqrt{2}}$

$$=\frac{4(\sqrt{5}-\sqrt{2})}{3}$$

g) $\dfrac{x}{\sqrt{2}-6}=\dfrac{x}{\sqrt{2}-6}\dfrac{\sqrt{2}+6}{\sqrt{2}+6}$

$$=\frac{x(\sqrt{2}+6)}{-34}$$

h) $\dfrac{\sqrt{5}-\sqrt{2}}{\sqrt{5}+\sqrt{2}} = \dfrac{\sqrt{5}-\sqrt{2}}{\sqrt{5}+\sqrt{2}}\dfrac{\sqrt{5}-\sqrt{2}}{\sqrt{5}-\sqrt{2}}$

$$=\dfrac{7-2\sqrt{10}}{3}$$

6.- Expresiones algebraicas y factorización

Si la expresión contiene 1 término se denomina monomio.

Si la expresión contiene 2 términos se denomina binomio.

Si la expresión contiene 3 términos se denomina trinomio.

Si la expresión contiene más de 1 término se denomina multinomio.

Ejemplos:

$5ax^3-2bx+3$: trinomio.

$2x-5$: binomio.

Un polinomio en x es una expresión algebraica de la forma:

$C_o+C_1 x+C_2 x^2+\ldots\ldots\ldots\ldots+C_n x^n$:   polinomio de grado n.

$4x^3-5x^2+x-2$: polinomio en x de grado 3.

Suma y Resta de expresiones algebraicas

1) $(3x^2y-2x+1)+(4x^2y+6x-3)=7x^2y+4x-2$

2) $(3x^2y-2x+1)-(4x^2y+6x-3)= - x^2y+4x+4$

3) $(ax+c)\,(bx+d)=abx^2+adx+bcx+cd$

$$=abx^2+(ad+bc)x+cd$$

4) $(2x+3)(x-2)=2x^2-x-6$

5) $3\{2x[2x+3]+5[4x^2-(3-4x)]\}=3\{4x^2+6x+20x^2-15+20x]$

$$=72x^2+78x-45$$

Multiplicación de expresiones algebraicas

6) $(x+2)\,(x-5)=x^2-3x-10$

7) $(3z+5)(7z+4)=21z^2+47z+20$

8) $(\sqrt{y^2+1}+3)(\sqrt{y^2+1}-3)=y^2+1-9$

$$=y^2-8$$

9) $(3x+2)^3=27x^3+54x^2+36x+8$

10) $(2t-3)(5t^2+3t-1)=10t^3+6t^2-2t-15t^2-9t+3$
$$=10t^3-9t^2-11t+3$$

11) $(x^3+3x)/x=(x^3/x)+(3x/x)=x^2+3$

12) $(4z^3-8z^2+3z-6)/(2z)=2z^2-4z+(3/2)-(3/z)$

Factorización

13) $xy+xz = x\ (y+z)$

$3k^2x^2+9k^3x=3k^2x(x+3k)$

$8a^5x^2y^3-6a^2b^3yz-2a^4b^4xy^2z^2=2a^2y(4a^3x^2y^2-3b^3z-a^2b^4xyz^2)$

$z^{1/4}+z^{5/4}=z^{1/4}\ (1+z)$

14) $x^2+(a+b)x+ab=(x+a)(x+b)$

$x^2-x-6=(x-3)(x+2)$

$x^2-7x+12=(x-4)(x-3)$

$9x^2+9x+2=(3x)^2+3(3x)+2$
$$=(3x+1)(3x+2)$$

$6y^3+3y^2-18y=3y(2y^2+y-6)$
$$=3y\ [(2y)^2+(2y)-12]/2$$
$$=3y(2y+4)(2y-3)/2$$
$$=3y(y+2)(2y-3)$$

15) $abx^2+(ad+cb)x+cd=(ax+c)(bx+d)$

$(ax+c)(bx+d)= abx^2+(ad+cb)x+cd$

16) $x^2+2ax+a^2=(x+a)^2$

$3x^2+6x+3=3(x^2+2x+1)$
$$=3\ (x+1)^2\ \text{(trinomio cuadrado perfecto)}$$

$x^2+8x+16=(x+4)^2$

17) $x^2-2ax+a^2=(x-a)^2$

$x^2-6x+9=(x-3)^2$

18) $x^2-a^2=(x+a)(x-a)$ (Diferencia de cuadrados perfectos)

$x^2-4=(x+2)(x-2)$ También: $(x+2)(x-2)=x^2-4$

$x-4=(\sqrt{x}+2)(\sqrt{x}-2)$

$2x^2-8=2(x^2-4)=2(x+2)(x-2)$

$x^4-1=(x^2)^2-1$

$\quad=(x^2+1)(x^2-1)$

$\quad=(x^2+1)\,(x+1)\,(x-1)$

$\quad=(x-1)(x^3+x^2+x+1)$

x^2+a^2: no es posible factorizar.

19) $x^3+a^3=(x+a)(x^2-xa+a^2)$

20) $x^3-a^3=(x-a)(x^2+xa+a^2)$

21) $x^4-1=(x-1)(x^3+x^2+x+1)$

22) $x^4-y^4=(x-y)(x^3+x^2y+xy^2+y^3)$

$x^4-16=x^4-2^4$

$\quad=(x-2)(x^3+2x^2+4x+8)$

23) x^4+y^4: No es posible factorizar.

7.- Fracciones y Simplificación de Fracciones

1) $\dfrac{x^2-x-6}{x^2-7x+12}=\dfrac{(x-3)(x+2)}{(x-3)(x-4)}$

$\qquad=\dfrac{(x+2)}{(x-4)}$

2) $\dfrac{2x^2+6x-8}{8-4x-4x^2}=\dfrac{2(x^2+3x-4)}{4(2-x-x^2)}$

$\qquad=\dfrac{2(x-1)(x+4)}{4(1-x)(2+x)}$

$\qquad=\dfrac{-(x+4)}{2(x+2)}$

3) $\dfrac{x}{x+2}\dfrac{x+3}{x-5}=\dfrac{x(x+3)}{(x+2)(x-5)}$

4) $\dfrac{x^2-4x+4}{x^2+2x-3}\dfrac{6x^2-6}{x^2+2x-8}=\dfrac{(x-2)^2}{(x+3)(x-1)}\dfrac{6(x+1)(x-1)}{(x+4)(x-2)}$

$$=\dfrac{6(x-2)(x+1)}{(x+3)(x+4)}$$

5) $\dfrac{x}{x+2}\div\dfrac{x+3}{x-5}=\dfrac{x}{x+2}\dfrac{x-5}{x+3}$

6) $\dfrac{x-5}{x-3}\div 2x=\dfrac{x-5}{x-3}\dfrac{1}{(2x)}$

7) $\dfrac{\frac{4x}{x^2-1}}{\frac{2x^2+8x}{x-1}}=\dfrac{4x}{(x+1)(x-1)}\dfrac{x-1}{2x(x+4)}$

$$=\dfrac{2}{(x-1)(x+4)}$$

Suma y Resta de Fracciones

8) $\dfrac{p^2-5}{p-2}+\dfrac{3p+2}{p-2}=\dfrac{p^2+3p-3}{p-2}$

9) $\dfrac{x^2-5x+4}{x^2+2x-3}-\dfrac{x^2+2x}{x^2+5x+6}=\dfrac{(x-1)(x-4)}{(x-1)(x+3)}-\dfrac{x(x+2)}{(x+2)(x+3)}$

$$=\dfrac{x-4}{x+3}-\dfrac{x}{x+3}$$

$$=\dfrac{-4}{x+3}$$

10) $\dfrac{x^2+x-5}{x-7}-\dfrac{x^2-2}{x-7}+\dfrac{-4x+8}{x^2-9x+14}=\dfrac{x^2+x-5}{x-7}-\dfrac{x^2-2}{x-7}+\dfrac{-4(x-2)}{(x-7)(x-2)}$

$$=\dfrac{x^2+x-5}{x-7}-\dfrac{x^2-2}{x-7}+\dfrac{-4}{(x-7)}$$

$$=\dfrac{x-7}{x-7}$$

$$=1$$

11) $\dfrac{2}{x^3(x-3)}+\dfrac{3}{x(x-3)^2}=\dfrac{2(x-3)+3x^2}{x^3(x-3)^2}$

$$=\dfrac{3x^2+2x-6}{x^3(x-3)^2}$$

12) $\dfrac{t}{3t+2}-\dfrac{4}{t-1}=\dfrac{t(t-1)-4(3t+2)}{(3t+2)(t-1)}$

$$=\dfrac{t^2-13t-8}{(3t+2)(t-1)}$$

13) $\dfrac{4}{q-1} + 3 = \dfrac{3q+1}{q-1}$

14) $\dfrac{x-2}{x^2+6x+4} - \dfrac{x+2}{2(x^2-9)} = \dfrac{x-2}{(x+3)^2} - \dfrac{x+2}{2(x+3)(x-3)}$

$$= \dfrac{2(x-2)(x-3)-(x+2)(x+3)}{2(x+3)^2(x-3)}$$

$$= \dfrac{2x^2-10x+12-x^2-5x-6}{2(x+3)^2(x-3)}$$

$$= \dfrac{x^2-15x+6}{2(x+3)^2(x-3)}$$

15) $\dfrac{\frac{1}{x+h}-\frac{1}{x}}{h} = \dfrac{x-(x+h)}{(x+h)x}\dfrac{1}{h}$

$$= \dfrac{-1}{x(x+h)}$$

8.- Ecuaciones y ecuaciones lineales

Ejemplos:

1) x+2=3   x=1

2) x²+3+2=0   x²=-5   S={ }   (ecuación cuadrática)

3) [y/(y-4)]=6   donde y es diferente de 4

y=6(y-4)

y=6y-24

24=5y

y=24/5

4) w=7-z   1 ecuación con dos incógnitas (ecuación con literales)

Existe un número infinito de soluciones:

z=3   w=4

z=2   w=5

5) $\sqrt{(x-3)} = 9$ x≥3   (ecuación con radicales)

x-3=81

x=84

En otras ocasiones, los valores permitidos de la solución de una variable están restringidos por razones físicas:

6) $t^2+t-2=0$ (ecuación cuadrática)

$(t-1)(t+2)=0$

$t=1$ $t=-2$,   si t representa la variable tiempo, $t=-2$ no sería solución de la ecuación.

Resolver una ecuación es encontrar todos los valores de sus variables para los cuales la ecuación es verdadera. A la letra que representa la cantidad desconocida de la variable se conoce como incógnita y a la solución se la conoce como raíz.

7) $x^2+3x+2=0$ (ecuación cuadrática)

$(x+2)(x+1)=0$

$x=-2$ $x=-1$

Operaciones que se pueden realizar con ecuaciones

1) Sumar o restar el mismo número o polinomio a ambos lados de una ecuación.

8) $-5x=5-6x$

$-5x+6x=5-6x+6x$

$x=5$

9) $x+5=7$

$x+5-5=7-5$

$x=2$

2) Multiplicar o dividir ambos lados de una ecuación por la misma constante distinta de cero.

10) $10x=5$

$(10x/10)=5/10$

$x=1/2$

3) Reemplazar cualquiera de los lados de una ecuación por una expresión equivalente.

11) $x(x+2)=3$ $x(x+2)=x^2+2x$

$x^2+2x=3$

$x^2+2x-3=0$

$(x+3)(x-1)=0$

$x=-3 \quad x=1$

Operaciones que no se pueden realizar en una ecuación

1) Multiplicar ambos lados de una ecuación por una expresión que involucre la variable.

12) $x-1=0$ donde la solución es $x=1$

$x^2-x=0$ al multiplicar ambos lados de la ecuación por x

$x(x-1)=0$

$x=0$ $x=1$, donde $x=0$ no es solución de la ecuación

2) Dividir ambos lados de una ecuación por una expresión que involucre la variable.

13) $(x-4)(x-3)=0$ donde las soluciones son $x=4$ y $x=3$

$(x-4)(x-3)/(x-3)=0$

$x-4=0$

$x=4$, pero se ha perdido una raíz $x=3$.

3) Elevar ambos lados de una ecuación al mismo exponente.

14) $x=2$

$x^2=4$

$x=2$ o $x=-2$, pero $x=-2$ no es una raíz.

Así, los pasos 1 y 3 producen más raíces y el paso 2 puede producir menos raíces. Debido a la comprobación las raíces adicionadas en los pasos 1 y 3 pueden ser eliminadas mientras que en el paso 2 no. Así, se debería evitar en lo mayor posible el paso 2.

Una ecuación lineal en la variable x es una ecuación que puede escribirse en la forma: $ax+b=0$, $x=-b/a$ donde a y b son constantes y $a\neq0$.

Ejemplos:

$2x+3=6$

x=3/2

2x-7=2x+4 (no tiene solución)

3x+2=3(x-4)+14

3x+2=3x+2 (tiene infinitas soluciones)

15) 5x-6=3x

5x-3x=6

2x=6

x=3

16) 2(p+4)=7p+2

2p+8=7p+2

6=5p

6/5=p

p=6/5

17) $\dfrac{7x+3}{2} - \dfrac{9x-8}{4} = 6$

$\dfrac{2(7x+3)-(9x-8)}{4} = 6$

14x+6-9x+8=24

5x+14=24

5x=10

x=2

9.- Ecuaciones lineales con literales

18) x+a=4b   Despejar para x:

x=4b-a

19) I=prt   Despejar para r:

(I/pt)=r

r=(I/pt) $p\neq0$, $t\neq0$

20) s=p+prt   Despejar para p:

s=p(1+rt)

s/(1+rt)=p

p=s/(1+rt)

21) $(a+c)x+x^2=(x+a)^2$ Despejar x:

$ax+cx+x^2=x^2+2ax+a^2$

$ax+cx-2ax=a^2$

$x(c-a)=a^2$

$x=a^2/(c-a)$

22) Se tiene un recibo por una cantidad R y se sabe que la tasa del impuesto sobre las ventas es p. Se desea conocer la cantidad que fue pagado por concepto de impuesto sobre la venta.

A: costo del producto

p: tasas del impuesto sobre la venta(%)

I: cantidad que fue pagado por el impuesto

R: recibo del costo (incluido el impuesto) R=A+I, I=R-A

I=(p/100)*A   A=(100I)/p

I=R-A

I=R-(100I)/p

I+(100I)/p=R

I[1+(100)/p]=R

I=Rp/(p+100)

10.- Planteamiento de ecuaciones y Razonamiento Matemático

Razonar y Pensar, Proceso de Razonamiento

El proceso de razonar y pensar no es idéntico. Se puede pensar en una imagen o figura lo cual da lugar a un pensamiento. Mientras que razonar involucra una serie de pasos y planes que llevan a la resolución de un ejercicio o problema. Muchas veces el plan para la resolución del ejercicio no es el indicado y esto es necesario idear otro plan para la resolución del mismo. El proceso de razonar es análogo al juego de ajedrez donde los jugadores de ajedrez idean planes para lograr ganar la partida de ajedrez: por ejemplo, cuando hay razonamiento de dos o más movimientos de fichas e involucra también movimientos de fichas del otro jugador.

Pasos para resolver un problema

Lectura del texto: Comprender el texto del ejercicio. No se debe empezar a idear un plan de razonamiento sino se ha comprendido el texto del ejercicio. Se debe tener comprender qué significan los datos y la pregunta del problema. Además, se debe comprender en qué consiste la pregunta del problema. Posteriormente después de la lectura del texto del ejercicio se debe comprender de que tema de las matemáticas corresponde el ejercicio para así usar las fórmulas y teorías relacionadas con el mismo.

Datos del ejercicio: Se debe listar los datos del ejercicio con las respectivas unidades. Esto es posible que existan datos en exceso que no son usados para contestar la pregunta del problema. En la mayoría de los problemas, se usan todos los datos, pero algunas veces hay datos en exceso.

Pregunta del ejercicio: Se debe listar todas las preguntas del ejercicio para proceder a resolverlas por medio del plan de razonamiento. Muchas veces las preguntas no se resuelven en el respectivo orden.

Plan de razonamiento: Se debe idear un plan de razonamiento para lo cual lo principal es querer resolver el ejercicio. Posteriormente comenzarán a aparecer ideas que pueden ayudar al resolverlo. Muchas veces hay planes que no funcionar y es necesario idear otro plan. Es también posible que el ejercicio se pueda resolver por medio de otro plan de razonamiento o estrategia.

Fórmulas y teoría: Esto es necesario saber las fórmulas y la teoría fundamental con la cual está relacionada el ejercicio. Sino se sabe las fórmulas y la teoría, por más que se conozca el plan de razonamiento no se va a poder resolver el ejercicio. Igualmente, si se tiene las fórmulas y teoría, pero no se tiene el plan de razonamiento, no se puede resolver el ejercicio. Aunque los problemas de razonamiento puros no usan ninguna fórmula o teoría.

Comprobación: Inspección: La respuesta del problema debe tener sentido lógico con respecto a los datos y el texto del ejercicio. Si se está calculando tiempo por ejemplo no puede resultar tiempos negativos o por ejemplo perímetros, áreas y volúmenes no pueden ser negativos. Esto es necesario una inspección (datos relacionados con la respuesta) para darse cuenta si se ha cometido un error en la resolución del ejercicio o en el plan ideado. La comprobación también involucra revisar el ejercicio, sustituir los datos en la fórmula encontrada o resolverlo de alguna otra forma.

Representación de números consecutivos

Los números consecutivos se pueden expresar así: m, m+1, m+2

Los números pares: 2m   # pares consecutivos: 2m, 2m+2, 2m+4

Los números impares: 2m+1   # impares consecutivos: (2m+1), (2m+3), (2m+5)

Un número ABCD se puede representar así: 1000A+100B+10C+D

La suma del cuadrado de sus dígitos de un número AB es: A^2+B^2

Ejemplos:

Fui con mis amigos a recoger manzanas al huerto. Los pusimos en una cesta, eran de 3 calidades distintas. Al volver a casa hicimos un juego, con los ojos vendados, teníamos que tomar por turno de la cesta dos manzanas del mismo tipo. ¿Cuántas manzanas como mínimo eran necesarios tomar para tener dos de la misma calidad?.

R: Para tener mínimo dos manzanas de la misma calidad se requieren tomar 4 manzanas.

Se puede realizar el mismo problema con más variedades de manzanas.

Si hay 20 manzanas de cada calidad, ¿cuántas manzanas se necesitan tomar para tener dos de diferente calidad?

R: 21 manzanas.

Se tienen nueve bolas de acero del mismo tamaño y color . Una de las
nueve bolas es ligeramente más pesada; todas las demás pesan lo mismo.
Empleando una balanza de dos platillos. ¿Cuál es el mínimo número de
pesadas necesarias para determinar la bola de peso diferente?.

En este problema se puede empezar resolviéndolo por medio del método de
tanteo y error.

Si se seleccionan grupos de 4 manzanas:

4 y 4, si los dos grupos pesan iguales, la bola más pesada está en el otro
grupo de 4. Si los dos grupos no son iguales, en el grupo más pesado está
la bola más pesada.

En cualquiera de los dos casos, hay que seleccionar luego grupos de 2, y si
quedan iguales, la bola más pesada está en el otro grupo. Si no quedan
iguales la bola más pesada está en el grupo más pesado.

En cualquiera de los dos casos, hay que seleccionar luego dos grupos de 1 y
de esta manera se puede saber cuál es la bola más pesada.

En total se requieren 3 pesadas.

Sin embargo, se puede intentar con dos grupos de 3, si quedan iguales la
bola más pesada está en el otro grupo de 3. Si no quedan iguales, la bola
más pesada está en el grupo más pesado. En cualquiera de los dos casos
luego se seleccionan dos grupos de 1, si quedan iguales, la bola más pesada
es la que quedó, sino quedan iguales la bola más pesada se sabe de la
pesada misma. Así se requieren 2 pesadas y este es el mínimo número de
pesadas.

¿Con qué dígito se deben reemplazar los asteriscos en la siguiente
multiplicación para que el resultado sea correcto?

```
    1 2 6
  x  **
  -----
   ***
  ****
  ------
   1*2*6
```

Para este problema esto se necesita marcar cada asterisco con un subíndice. Los dígitos se pueden repetir para cada asterisco.

```
   1  2  6
x   *₁ *₂
__________

   *₃ *₄ *₅
*₆*₇ *₈ *₉
__________

1 *₁₀2 *₁₁ 6
```

$*2=1$ o 6 para que de 6 en el resultado

$*1=8$ o 9 para tener 4 cifras

De ahí se puede resolver de varias formas, una de ellas es intentar las dos opciones para el *1.

Si *1=8 *6=1   *7=0   *8=0   *9=8

Si *1=9 *6=1   *7=1   *8=3   *9=4

Con *1=8 *6=1   *7=0   *8=0   *9=8 se tiene lo siguiente:

*2=1 *3=1 *4=2 *5=6 *10=0 *11=0, y esta es la solución que corresponde al problema.

Se puede intentar con *1=9 *6=1 *7=1 *8=3 *9=4, *2=1 o *2=6 pero con estos valores no hay solución para el problema.

```
   1 2 6
   x 81
   -----
   126
 1008
 ________
 10206
```

He aquí un pez que nada hacia la derecha. ¿Cómo podrías hacer que nadase hacia la izquierda cambiando la posición de sólo cuatro palillos?. Los palillos a moverse son los indicados en las posiciones mostradas.

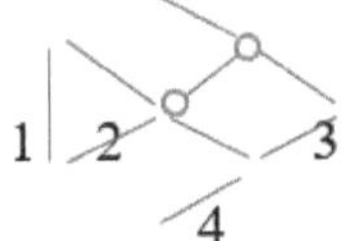

Para resolver este problema se puede visualizar como sería la solución y como queda el pez hacia la izquierda.

La silla de la figura está girada a la derecha. Se quiere girarla a la izquierda moviendo sólo dos palillos.

Este problema es una variante del problema anterior.

Tres guapas muchachas se presentan en la casa de un campesino para pedirle que les venda huevos frescos.

A Luisa le dio la mitad de todos más medio huevo.

A María la mitad de los que quedan más otro medio huevo.

A Ilenia, la mitad de los huevos restantes más medio huevo.

Al campesino al final no le quedó ni un solo huevo y no tuvo que romper ninguno.

¿Cuál fue el número de huevos del campesino, y lo que recibió Luisa, María e Ilenia?.

Este problema se puede resolverlo mentalmente por medio del tanteo de un valor inicial hasta que se aproxima a la respuesta de que no le quedan huevos al campesino (varios tanteos iniciales)

Otra forma de solución es por medio de ecuaciones:

x: # huevos

L: (1/2)x+1/2=(x+1)/2

M: (1/2) [x-[(x+1)/2]]+1/2=(x+1)/4

I: (1/2)[x-[(x+1)/2]-[(x+1)/4)]]+1/2=(x+1)/8

x=L+M+I

x=(x+1)/2+(x+1)/4+(x+1)/8

x=7 huevos.

Se puede comprobar la solución.

L: (7/2)+(1/2)=4   quedan 7-4=3

M: 3/2+1/2=2   quedan 7-6=1

I: 1/2+1/2=1

Así: 4+2+1=7 huevos.

Se tiene un río, y se quiere traer 6 litros de agua, pero sólo se tiene dos recipientes, uno de 9 litros y otro de 4 litros. ¿Cómo se lo hace?.

Se tiene la siguiente secuencia de pasos para los dos recipientes:

9(l) 4(l)
9   0
5   4
5   0
1   4
1   0
0   1
9   1
6   4

En este problema también puede ayudar si se visualiza el resultado y se resuelve el problema de atrás para adelante.

Ángel, Francisco, Pablo, Juan y Luis juegan en el mismo equipo de fútbol y son, aunque no respectivamente, portero, defensa, central, lateral y centrodelantero.

Se sabe que:

- Ángel es amigo de la hermana del portero y es compañero de clase del lateral.

- Francisco es hermano del delantero y, en las acciones de ataque, efectúa unas carreras estupendas.

- Pablo es hijo único y ya trabaja porque ha terminado sus estudios.

- Juan es compañero de clase del central, quien está muy disgustado porque su hermano no juega al fútbol.

- Luis no juega al ataque y ha dejado sus estudios por el deporte.

Teniendo en cuenta estos datos, asigna a cada muchacho su puesto en el juego.

Para la solución de este problema se recomienda hacer una tabla de columnas y filas e ir desechando posibilidades según los datos del problema:

	Por	Def	Cent	Lat	Delant
A					
F					
P					
J					
L					

Por ejemplo, si ángel es amigo de la hermana del portero y compañero de clase del lateral, entonces ángel no puede ser portero ni tampoco lateral.

Así, sucesivamente por medio de los datos dados se puede llegar a la solución del problema: A: Cent, F: Lat, P: Def, J: Del, L: Por

Encontrar tres números enteros consecutivos impares tales, que tres veces su suma sea cinco unidades más que ocho veces el de en medio.

Sea x: el primer entero consecutivo impar.

Los números son x, x+2 y x+4.

3(x+x+2+x+4)=5+8(x+2)

9x+18=8x+21

x=3

Los números son 3,5 y 7.

Si el lado de un triángulo es la cuarta parte del perímetro, el segundo lado mide 7 cm y el tercer lado es dos quintos del perímetro. ¿Cuál es el perímetro?.

Los lados del triángulo son a,b,c y el perímetro p=a+b+c.

p=(p/4)+7+(2p/5)

p=(13p/20)+7

7p/20=7

p=20 cm.

Una prensa antigua puede imprimir, llenar y etiquetar 38 piezas de correo por minuto y otra más moderna 82. ¿Cuánto tiempo tardarán ambas en preparar 6000 piezas?.

Sea t el tiempo que tardan ambas prensas juntas en hacer el trabajo de 6000 piezas.

La parte del trabajo realizado por la primera prensa es: 38t.

La parte del trabajo realizado por la segunda prensa es: 82t.

38t+82t=6000

120t=6000

t=50 minutos

La distancia entre dos ciudades es de 1000 millas náuticas. Si un barco sale de la primera ciudad al mismo tiempo que el otro barco sale de la otra ciudad y si el primer barco viaja a 10 nudos y el segundo barco a 15 nudos. ¿Cuánto tiempo tardarán los dos barcos en encontrarse?.

Sea t el tiempo que los dos barcos tardan en encontrarse.

La distancia recorrida por el primer barco es 10t.

La distancia recorrida por el segundo barco es 15t.

10t+15t=1000

25t=1000

t=40

La distancia recorrida por el primer barco es 400 millas y la del segundo barco es 600 millas.

Un avión a reacción tarda 1.2 h más en volar de París a Nueva York (3600 millas) que de regreso. Si el avión viaja a 550 millas/h sin viento, ¿cuál es la velocidad promedio del viento en contra, en la dirección de París a Nueva York?.

v: velocidad del viento

550 -v: velocidad del avión en contra del viento

550+v: velocidad del avión a favor del viento

Tiempo contra el viento=1.2*Tiempo con el viento a favor

Tiempo=distancia/velocidad

3600/(550-v)=1.2*3600/(550+v)

550+v=1.2(550-v)

550+v=660-1.2v

2.2v=110

v=50 millas/h

Una lancha rápida tarda 1.5 veces más al remontar un río y recorrer 300 millas contra la corriente que al regreso. Si navega a una velocidad de 20 millas/h en aguas tranquilas. ¿Cuál es la velocidad de la corriente?.

v: velocidad de la corriente

20 -v: velocidad del avión en contra de la corriente

20+v: velocidad del avión a favor de la corriente

Tiempo contra la corriente=1.5*Tiempo con la corriente a favor

Tiempo=distancia/velocidad

300/(20-v)=1.5*300/(20+v)

20+v=1.5(20-v)

20+v=30-1.5v

2.5v=10

v=4 millas/h

En un local se usan dos bombas para llenar un tanque que almacena agua. Una bomba puede llenar el tanque en 9 h y la otra en 6 h. ¿Cuánto tiempo tardarán ambas bombas juntas en llenar el tanque?.

velocidad=(volumen de llenado del tanque en un tiempo dado)/tiempo

velocidad primera bomba=V/9=(1/9) del volumen del tanque V por hora

velocidad segunda bomba=V/6=(1/6) del volumen del tanque V por hora

velocidad de ambas bombas=V/t=((1/t) del volumen del tanque V por hora=V/t

Sea t el tiempo en que tardan ambas juntas en llenar el tanque.

(parte del volumen llenado por la primera bomba en 1 hora)+(parte del volumen llenado por la segunda bomba en 1 hora)=(parte del volumen llenado por ambas bombas juntas en 1 hora)

(1/9)V+(1/6)V=(1/t)V

También se pudo haber utilizado la fórmula velocidad*tiempo para obtener la parte del volumen llenado:

(1/9)V*1 hora+(1/6)V*1 hora=(1/t)V*1 hora

t=18/5

t=3.6 h

En una empresa de publicidad, una máquina antigua puede preparar todo el correo en 6 horas. Con ayuda de una máquina nueva el trabajo se termina en 2 horas. ¿Cuánto tiempo tardaría la máquina nueva en hacer sola todo el trabajo?.

Sea t el tiempo en que realiza la máquina nueva el trabajo.

velocidad=(parte del trabajo realizado en un tiempo dado)/tiempo

velocidad máquina antigua=T/6=(1/6) del trabajo T por hora

velocidad máquina nueva=T/t=(1/t) del trabajo T por hora

velocidad de ambas máquinas juntas=T/2=(1/2) del trabajo por hora

(parte del trabajo realizado por la primera bomba en 1 hora)+(parte del trabajo realizado por la segunda bomba en 1 hora)=(parte del trabajo realizado por ambas bombas juntas en 1 hora)

(1/6)T+(1/t)T=(1/2)T

También se pudo haber utilizado la fórmula velocidad*tiempo para obtener la parte del trabajo realizado:

(1/6)T*1 hora+(1/t)T*1 hora=(1/2)T*1 hora

1/t=1/3

t=3 h

En un molino de café desean mezclar café de \$4 por kg con café de \$7 por kg para producir una mezcla que se venderá a \$5 por kg. ¿Qué cantidad de cada uno deberá usarse para producir 300 kg de la mezcla nueva?.

x: cantidad de café de \$4 por kg

300-x: cantidad de café de \$7 por kg

4x+7(300-x)=5(300)

4x+2100-7x=1500

-3x=-600

x=200 kg de café de \$4 y 300-x=100 kg de café de \$7.

Un concierto produjo \$41080 en la venta de 5000 boletos. Si los boletos se vendieron a \$6 y \$10. ¿Cuántos se vendieron de cada precio?.

x: cantidad de boletos de \$6

5000-x: cantidad de boletos de \$10

6x+10(5000-x)=41080

-4x=41080-50000

-4x=-8920

x=2230 boletos de \$6

5000-x=2770 boletos de \$10

¿Cuántos litros de una mezcla que contiene 80% de alcohol se deben agregar a 5 litros de una solución que está al 20% de alcohol para producir una solución al 30% de alcohol?.

x: cantidad de la solución al 80%

(cantidad de alcohol en la primera solución)+(cantidad de alcohol en la segunda solución)=(cantidad de alcohol en la mezcla)

0.8x+0.2(5)=0.3(x+5)

0.5x=0.5

x=1 l de solución al 80% de alcohol se debe agregar

En una bodega de productos químicos, hay una solución ácida al 90% y otra al 40 %. ¿Cuántos centilitros se deben tomar de cada una para obtener 25 centilitros de solución ácida al 50%?.

 x: cantidad de cl de la solución al 90%

(cantidad de cl de solución ácida en la primera solución)+(cantidad de cl de solución ácida en la segunda solución)=(cantidad de cl de solución ácida en la mezcla)

0.9x+0.4(25-x)=0.5(25)

0.5x=12.5-10

0.5x=2.5

x=5 cl de solución ácida al 90% y 25-x=20 cl de solución ácida al 40 %.

11.- Ecuaciones lineales fraccionarias

$$\frac{5}{x-4} = \frac{6}{x-3}$$ x≠4   x≠3

5 (x-3)=6(x-4)

5x-15=6x-24

9=x

x=9

$$\frac{3x+4}{x+2} - \frac{3x-5}{x-4} = \frac{12}{x^2-2x-8}$$ x≠-2   x≠-4 x^2-2x-8=(x+2)(x-4)

(3x+4) (x-4)-(3x-5)(x+2)=12

$3x^2$-12x+4x-16-$3x^2$-6x+5x+10=12

-9x=18

x= -2   pero x≠-2

S= { }

25) 4/(x-5)=0   x≠5

S= { }

12.-Ecuaciones fraccionarias con literales

$$s = \frac{u}{au+v}$$ Despejar u:

s(au+v)=u

asu+sv=u

sv=u(1-as)

sv/(1-as)=u   u=sv/(1-as)

13.- Ecuaciones con radicales

$$\sqrt{x^2 + 33} - x = 3$$

$$\sqrt{x^2 + 33} = x + 3$$

$$\sqrt{x^2 + 33}^2 = (x + 3)^2$$

$x^2+33=x^2+6x+9$

$24=6x$

$4=x$

$x=4$ Comprobación: 7-4=3

$$\sqrt{y - 3} - \sqrt{y} = -3$$

$$\sqrt{y - 3} = \sqrt{y} - 3$$

$y-3=y-6\sqrt{y}+9$

$6\sqrt{y}=12$

$\sqrt{y}=2$

$y=4$

Comprobación: 1-2≠-3

S={ }

14.- Ecuaciones cuadráticas (Ecuaciones de grado dos)

$ax^2+bx+c=0$

a, b y c son constantes y a≠0 para que sea ecuación cuadrática, sino es lineal

Esta ecuación tiene dos soluciones o 2 raíces reales o complejas.

Si $x^2=n$

$$\sqrt{x^2} = \pm n$$

$x=\pm\sqrt{n}$

Ejemplos:

$3x^2-5=0$

$x^2=5/3$

$\sqrt{x^2}=\pm 5/3$

$x=\pm\sqrt{5/3}$

$x^2=3$

$x^2-3=0$

$(x-\sqrt{3})(x+\sqrt{3})=0$

$x=\sqrt{3}\quad x=-\sqrt{3}$

$S=\{-\sqrt{3},\ \sqrt{3}\}$

Otra forma de solución:

$x^2=3$

$\sqrt{x^2}=\sqrt{3}$

$x=\pm\sqrt{3}$

$2x^2+8=0$

$x^2=-4$

$x=\pm\sqrt{-4}$

$x=\pm 2i\quad i=\sqrt{-1}$

$3x^2+7x-20=0$

$(3x+12)\ (3x-5)=0$

$(x+4)(3x-5)=0$

$x=-4\quad x=5/3$

$x^2+x-12=0$

$(x-3)(x+4)=0$

$x-3=0 \qquad x=3$

$x+4=0 \qquad x=-4$

$S=\{-4,3\}$

$(3x-4)(x+1)=-2$

$3x^2-x-4=-2$

$3x^2-x-2=0$

$(3x+2)(x-1)=0$

$x=-2/3$

$x=1$

$S=\{-2/3,1\}$

$4x-4x^3=0$

$4x(1-x^2)=0$

$4x(1-x)(1+x)=0$

$x=0$

$x=1$

$x=-1$

$S=\{-1,0,1\}$

$4x^2=5x$ (no se puede dividir para x porque se pierde una solución)

$4x^2-5x=0$

$x(4x-5)=0$

$x=0 \quad x=5/4$

$6w^2=5w$ (si las w son simplificadas al dividir para w se pierde una solución)

$6w^2-5w=0$

$w(6w-5)=0$

$w=0$

$w=5/6$

$S=\{0,5/6\}$

$[x+(1/3)]^2=2/9$

$x+(1/3)=\pm\sqrt{2}/3$

$x=(-1\pm\sqrt{2})/3$

$x(x+2)^2(x+5)+x(x+2)^3=0$

$x(x+2)^2[(x+5)+(x+2)]=0$

$x(x+2)^2(2x+7)=0$

$x=0 \quad x=-2 \quad x=-7/2$

$S=\{-7/2,-2,0\}$

Completación de cuadrados

Para completar el cuadrado de x^2+bx se suma el cuadrado de la mitad del coeficiente de x, es decir se suma $(b/2)^2$.

$x^2+bx+(b/2)^2=(x+b/2)^2$

$x^2+8x-3=0$

$x^2+8x+16=3+16$

$(x+4)^2=19$

$x=-4\pm\sqrt{19}$

$3x^2-12x+13=0$

$x^2-4x=-13/3$

$x^2-4x+4=-(13/3)+4$

$(x-2)^2=-1/3$

$x=2\pm\sqrt{1/3}i$

$x=2\pm\sqrt{3}/3i$

Fórmula cuadrática

Se utiliza el método de completación de cuadrados para obtener la fórmula cuadrática:

$ax^2+bx+c=0$

$x^2+(b/a)x+(c/a)=0$

$x^2+(b/a)x+(b^2/4a^2)=(b^2/4a^2)-(c/a)$

$[x+(b/2a)]^2=(b^2-4ac)/(4a^2)$

$x+(b/2a)=\pm\sqrt{b^2-4ac}/(2a)$

$$x=\frac{-b\pm\sqrt{b^2-4ac}}{2a} \quad a\neq0$$

a,b y c son números reales

$d= b^2-4ac$: discriminante

Si el discriminante b^2-4ac es positivo, se tiene dos soluciones reales distintas.

Si el discriminante es igual a cero, se tiene una raíz real.

Si el discriminante es negativo, se tiene dos raíces complejas, donde una solución es la conjugada de la otra.

$x^2-(5/2)=-3x$

$2x^2+6x-5=0$

$$x=\frac{-6\pm\sqrt{36+40}}{4}$$

$$x=\frac{-6\pm\sqrt{19*4}}{4}$$

$$x=\frac{-3\pm\sqrt{19}}{2}$$

Si ambos lados de una ecuación se elevan al cuadrado, entonces se pueden tener soluciones que no satisfacen la ecuación original, por lo que se debe comprobar cada solución en la ecuación original.

$x=4$

$x^2=16$

$x=4$ y $x=-4$ pero $x=-4$ no es solución

$$\frac{y+1}{y+3}+\frac{y+5}{y-2}=\frac{7(2y+1)}{y^2+y-6} \qquad y\neq-3, y\neq2 \quad y^2+y-6=(y+3)(y-2)$$

$(y-2)(y+1) + (y+3)(y+5) = 7(2y+1)$

$y^2-y-2+y^2+8y+15=14y+7$

$2y^2-7y+6=0$

$(2y-3)(y-2) = 0$

$y=3/2 \quad y=2 \quad y\neq2$

$S=\{3/2\}$

$2y^2-7y+6=0$

$ay^2+by+c=0$

$$y_{1,2} = \frac{-b\pm\sqrt{b^2-4ac}}{2a} \quad \textbf{Fórmula cuadrática}$$

$$y_{1,2} = \frac{7\pm\sqrt{49-48}}{4}$$

$$y_{1,2} = \frac{7\pm1}{4} \qquad y_1=3/2 \quad y_2=2 \quad y\neq2$$

$2x^2-3x-3=0$

Fórmula cuadrática:

$x=(3\pm\sqrt{9 + 24})/4$

$x=(3\pm\sqrt{33})/4$

$x=2.19 \quad x=-0.68$

$x-\sqrt{x-3}=5$

$x-5=\sqrt{x-3}$

$x^2-10x+25=x-3$

$x^2-11x+28=0$

$(x-7)(x-4)=$

$x=7 \quad x=4$ pero $x=4$ no es solución

$x=7$

$\sqrt{2x+5}+\sqrt{x+2}=5$

$\sqrt{2x+5}=5-\sqrt{x+2}$

$2x+5=25-10\sqrt{x+2}+x+2$

$10\sqrt{x+2}=22-x$

$100x+200=484-44x+x^2$

$x^2-144x+284=0$

$(x-2)(x-142)=0$

$x=2$ y $x=142$ pero 142 no es solución en la ecuación original

$x=2$

$x^{2/3}-x^{1/3}-6=0$

$v=x^{1/3}$

$v^2-v-6=0$

$(v-3)(v+2)=0$

$v=3 \quad v=-2$

$3=x^{1/3}$

$x=27$

$-2=x^{1/3}$

$x=-8$

$x^{2/3}-x^{1/3}-12=0$

$v=x^{1/3}$

$v^2-v-12=0$

$(v-4)(v+3)=0$

$v=4 \quad v=-3$

$4=x^{1/3}$

$x=64$

$-3=x^{1/3}$

$x=-27$

$x^4-5x^2+4=0$

$(x^2-4)(x^2-1)=0$

$x^2=4$

$x=2$ y $x=-2$

$x^2=1$

$x=1$ y $x=-1$

S: $x=\pm2, \pm1$

$2x^{-2}-5x^{-1}-12=0$

$v=x^{-1}$

$2v^2-5v-12=0$

$(2v)^2-5(2v)-24=0$

$(2v-8)(2v+3)=0$

$v=4 \quad v=-3/2$

$4= x^{-1}$

$x=1/4$

$-3/2= x^{-1}$

$x=-2/3$

S: 1/4, -2/3

$x^{10}+6x^5-16=0$

$v=x^5$

$v^2+6v-16=0$

$(v+8\ )(v-2\ )=0$

$v=-8 \quad v=2$

$x^5=-8$

$x=(-8)^{1/5}$

$x^5=2$

$x=(2)^{1/5}$

S: $(-8)^{1/5}, (2)^{1/5}$

15.- Planteamiento de ecuaciones cuadráticas

La suma de dos números es 23 y su producto 132. Encuéntrense los números.

x: primer número   23-x: segundo número

$x(23-x)=132$

$23x-x^2=132$

$x^2-23x+132=0$

$(x-11)(x-12)=0$

$x=11 \ \ y \ x=12$

La suma de un número y su recíproco es 15/4. Encuéntrense los números.

$x+(1/x)=10/4$

$4x^2+4=10x$

$4x^2-10x+4=0$

$(4x)^2-10(4x)+16=0$

$(4x-8)(4x-2)=0$

$x=2$ y $x=1/2$

En un río un bote de excursión recorre 36 millas y demora 1.6 h más cuando va contra de la corriente que de regreso. Si la velocidad de la corriente es de 4 millas/h. ¿Cuál es la velocidad del bote en aguas tranquilas?.

x: velocidad del bote en aguas tranquilas

x+4: velocidad a favor de la corriente

x-4: velocidad en contra de la corriente

tiempo=distancia/velocidad

$36/(x-4)=1.6+[36/(x+4)]$

$36(x+4)=1.6(x^2-16)+36(x-4)$

$36x+144=1.6x^2-25.6+36x-144$

$1.6x^2=313.6$

$x^2=196$

$x=\sqrt{196}$

$x=14$ millas/h   velocidad del bote en aguas tranquilas

Dos tubos pueden llenar un depósito en 3 h cuando se usan juntos. Uno de ellos puede llenar el depósito en 2h más rápido que el otro. ¿Cuánto tardará cada tubo en llenar el depósito?.

t: tiempo que se demora el primer tubo en llenar el depósito de volumen V

En 1 hora el primer tubo llena V/t del depósito

t+2: tiempo que se demora el segundo tubo en llenar el volumen V

En 1 hora el segundo tubo llena V/(t+2) del depósito

(volumen del depósito llenado por el primer tubo en 1 hora)+(volumen del depósito llenado por el segundo tubo en 1 hora)=(volumen del depósito llenado por ambos tubos en 1 hora)

V/t+V/(t+2)=V/3

Se puede obtener la misma ecuación de la siguiente forma:

velocidad del primer tubo=V/t

velocidad del segundo tubo=V/(t+2)

(velocidad del primer tubo)*1 h+(velocidad del segundo tubo)¨*1 h=(velocidad de ambos tubos juntos)*1 h

V/t+V(t+2)=V/3

$3(t+2)+3t=t^2+2t$

$t^2-4t-6=0$

$t=(4\pm\sqrt{16+24})/2$

$t=2\pm\sqrt{10}$ t=5.16 (la otra solución es negativa)

t=5.16 y t=2+5.16=7.16

Un depósito se puede llenar en 4 h cuando se utilizan dos tubos. ¿Cuántos horas se necesitarán para que cada tubo por si solo llene el depósito, si el de menor diámetro requiere 3 h más que el de mayor diámetro?.

t: tiempo que se demora el primer tubo en llenar el depósito de volumen V

En 1 hora el primer tubo llena V/t del depósito

t+3: tiempo que se demora el segundo tubo en llenar el volumen V

En 1 hora el segundo tubo llena V/(t+3) del depósito

(volumen del depósito llenado por el primer tubo en 1 hora)+(volumen del depósito llenado por el segundo tubo en 1 hora)=(volumen del depósito llenado por ambos tubos en 1 hora)

V/t+V/(t+3)=V/4

Se puede obtener la misma ecuación de la siguiente forma:

velocidad del primer tubo=V/t

velocidad del segundo tubo=V/(t+3)

(velocidad del primer tubo)*1 h+(velocidad del segundo tubo)¨*1 h=(velocidad de ambos tubos juntos)*1 h

V/t+V(t+3)=V/4

$4(t+3)+4t=t^2+3t$

$t^2-5t-12=0$

$t=(5\pm\sqrt{25+48})/2$

t=6.77 (la otra solución es negativa)

t=6.77 y t=3+6.77=9.77

Dos botes viajan en ángulo recto después de partir del muelle al mismo tiempo. Una hora más tarde se han apartado 25 millas. Si un bote viaja 5 millas/h más rápido que el otro. ¿Cuál es la velocidad de cada uno?.

x: velocidad del primer bote

y: velocidad del segundo bote

x=5+y

Para obtener la distancia recorrida por cada bote se utiliza la fórmula: d=v*t

$(x*1)^2+(y*1)^2=25^2$

$(5+y)^2+y^2=625$

$2y^2+10y-620=0$

$y=(-10\pm\sqrt{100+4960}\,)/4$

y=15.28 millas/h

x=20.28 millas/h

16.- Porcentajes, regla de tres y conversión de unidades

Un porcentaje es un tipo de regla de tres directa en el que una de las cantidades es 100.

Una moto cuyo precio era de 5.000 €, cuesta en la actualidad 250 € más. ¿Cuál es el porcentaje de aumento?
5000 € -> 250 €
100 €   -> x €

x=(250*100)/5000=5
El porcentaje de aumento es el 5%.

Al adquirir un vehículo cuyo precio es de 8800 €, nos hacen un descuento del 7.5%. ¿Cuánto hay que pagar por el vehículo?
100 €   -> 7.5 €
8800 € -> x €

x=(8800*7.5)/100=660 €

8800 € − 660 € = 8140 €

También se puede calcular directamente del siguiente modo:

100 €   -> 92.5 €
8800 € -> x €

x=(8800*92.5)/100=8140 €

El precio de un ordenador es de 1200 € sin IVA. ¿Cuánto hay que pagar por él si el IVA es del 16%?

100 €   -> 116 €
1200 € -> x €

x=(1200*116)/100=1392 €

Regla de tres Inversa

La regla de tres inversa corresponde a magnitudes inversamente proporcionales y se la aplica cuando entre las magnitudes se establecen las relaciones:
A más -> menos.
A menos -> más.

Un grifo que mana 18 l de agua por minuto tarda 14 horas en llenar un depósito. ¿Cuánto tardaría si su caudal fuera de 7 l por minuto?
Son magnitudes inversamente proporcionales, ya que a menos litros por minuto tardará más en llenar el depósito.
18 l/min -> 14 h
7 l/min -> x h

x=(18*14)/7=36 h

3 obreros construyen un muro en 12 horas, ¿cuánto tardarán en construirlo 6 obreros?
Son magnitudes inversamente proporcionales, ya que a más obreros tardarán menos horas.
3 obreros -> 12 h
6 obreros -> x h

x=(12*3)/6=6 h

Regla de tres directa

La regla de tres directa corresponde a magnitudes directamente proporcionales y se la aplica cuando entre las magnitudes se establecen las relaciones:
A más   -> más.
A menos -> menos.

Un automóvil recorre 240 km en 3 horas. ¿Cuántos kilómetros habrá recorrido en 2 horas?
Son magnitudes directamente proporcionales, ya que a menos horas recorrerá menos kilómetros.
240 km-> 3 h
x km -> 2 h

x=(240*2)/3=160 km

Ana compra 5 kg de patatas, si 2 kg cuestan 0.80 €, ¿cuánto pagará Ana?
Son magnitudes directamente proporcionales, ya que a
más kilos, más euros.
2 kg -> 0.80 €
5 kg ->x €

x=(5*0.75)/2=2 €

Regla de tres compuesta

La regla de tres compuesta se emplea cuando se relacionan tres o más
magnitudes, de modo que a partir de las relaciones establecidas entre las
magnitudes conocidas se obtiene la desconocida.
Una regla de tres compuesta se compone de varias reglas de tres
simples aplicadas sucesivamente.   Entre las magnitudes se pueden
establecer relaciones de proporcionalidad directa o inversa.

Regla de tres compuesta directa

Nueve grifos abiertos durante 10 horas diarias han consumido una cantidad
de agua por valor de 20 €. Averiguar el precio del vertido de 15 grifos
abiertos 12 horas durante los mismos días.
A más grifos, más euros -> Directa.
A más horas, más euros -> Directa.

9 grifos -> 10 horas -> 20 €
15 grifos -> 12 horas -> x €
x=(20*15*12)/(9*10)=40 €

Regla de tres compuesta inversa

5 obreros trabajando, trabajando 6 horas diarias construyen un muro en 2
días. ¿Cuánto tardarán 4 obreros trabajando 7 horas diarias?
A menos obreros, más días-> Inversa.
A más horas, menos días-> Inversa.

5 obreros -> 6 horas -> 2 días
4 obreros -> 7 horas -> x días

x=(5*6*2)/(4*7)=2.14 días

Regla de tres compuesta mixta

Si 8 obreros realizan en 9 días trabajando a razón de 6 horas por día un muro de 30 m. ¿Cuántos días necesitarán 10 obreros trabajando 8 horas diarias para realizar los 50 m de muro que faltan?
A más obreros, menos días-> Inversa.
A más horas, menos días-> Inversa.
A más metros, más días -> Directa.

8 obreros   -> 9 días -> 6 horas -> 30 m
10 obreros -> x días -> 8 horas -> 50 m

x=(8*6*50*9)/(10*8*30)=9

Conversión de Unidades

30 km/h a m/s:
30 km/h* (1000m/1km)*(1h/3600 s)

Convertir 20 cm/min a Km/día
20 cm/min*(1m/100cm)*(1km/1000m)*(1min/60s)*(3600s/1h)*(24 h/1 día)

2,56 h a horas minutos y segundos:
2 h y 0,56 h=2 h y [0,56 h*(60 min/1 h)]= 2h y 33,60 min
2 h 33 min y 0,60 min*(60 s/1 min)= 2 h 33 min 36 s

17.- Desigualdades

Desigualdades lineales

En la recta numérica se tiene que:

-3<-2

-2<0

2>0

$$-3 \quad -2 \quad 0 \quad 2 \qquad\qquad x$$

Los números que están más a la izquierda en la recta numérica son menores y los números que están más a la derecha en la recta numérica son mayores.

También hay el símbolo de mayor o igual $\geq$ o menor o igual $\leq$.

También se puede escribir de la siguiente forma:

a<x ≤b   a<x y x ≤b   o (a,b] a: intervalo abierto b: intervalo cerrado

[a,b]   a≤x≤b _________ [a   b] ___________ x

[a,b)   a≤x<b _________ [a   b) __________ x

(a,b]   a<x≤b _________ (a   b] __________ x

(a,b)   a<x<b _________ (a   b) __________ x

[b,∞) x≥b _________________ [b ___________ x

(b,∞) x>b _________________ (b ___________ x

(-∞,a] x≤a ________ a] ________________ x

(∞,a) x<a ________ a) ________________ x

∞ no es número, es un símbolo que significa que en la recta numérica continúa indefinidamente hacia la derecha, siempre va entre paréntesis.

Escriba cada uno de los siguientes intervalos en la notación de desigualdad y grafique sobre la recta numérica.

[-2,3)   -2≤x<3 _______ [-2   3) ________ x

(-4,2)   -4<x<2 ______ (-4   2) ________ x

[-2, ∞)   x≥-2 _______ [-2 __________ x

(- ∞,3)   x<3 ___________ 3) ________ x

Escriba cada uno de los siguientes intervalos en la notación de intervalos y grafique sobre la recta numérica.

-3<x ≤ 3   (-3,3] ________ (-3   3] _______ x

-1 ≤ x ≤ 2   [-1,2] ________ [-1   2] _________ x

x>1   (1, ∞) _________ (1 __________ x

x ≤ 2   (- ∞,2] ________ 2] _________ x

Propiedades:

Si a, b y c son números reales:

Si a<b entonces   a+c<b+c

-3<5   -3+4<5+4

Si a<b entonces a-c<b-c

-7<6   -7-8<6-8

Si a<b y c es positivo entonces: ca<cb

-5<9   (-5)(3)<(9)(3)

Si a<b y c es negativo entonces: ca>cb

-5<9   (-5)(-7)>(9)(-7)

Si a<b y c es positivo, entonces: (a/c)<(b/c)

-5<9   (-5/2)<(9/2)

Si a<b y c es negativo, entonces: (a/c)>(b/c)

-5<9   (-5/-8)>(9/-8)

El sentido de la desigualdad cambia si multiplicamos o dividimos ambos miembros por un número negativo.

Resuelva:

2(2x+3)-10<6(x-2)

4x+6-10<6x-12

4x-4<6x-12

4x-6x<-12+4

-2x<-8

(-2x/-2)<(-8/-2)

x>4   (4,∞)

4

Resuelva:

 3(x-1)≥ 5(x+2)-5

3x-3 ≥5x+10-5

3x-5x ≥5+3

-2x ≥8

(-2x/-2) ≥(8/-2)

x≤-4 (-∞,-4]

-4

Resuelva:

$[(2x-3)/4]+6\geq2+(4x/3)$ x12

$3(2x-3)+72 \geq24+16x$

$6x-9+72 \geq24+16x$

$-10x \geq-39$

$x\leq3.9$ $(-\infty,3.9]$

$$\longleftarrow \quad]3.9 \longrightarrow x$$

Resuelva:

$[(4x-3)/3]+8<6+(3x/2)$ x6

$8x-6+48<36+9x$

$-x<-6$

$x>6$ $(6,\infty)$

$$\longrightarrow 6(\longrightarrow x$$

$-3\leq4-7x<18$

$-3-4 \leq-7x<18-4$

$-7 \leq-7x<14$

$(-7/-7) \geq(-7x/-7)>(14/-7)$

$1\geq x>-2$

$-2<x\leq1$ $(-2,1]$

$$\longrightarrow 2(\quad]1 \longrightarrow x$$

$-3<7-2x\leq7$

$-3-7<-2x\leq7-7$

$-10<-2x \leq0$

$(-10/-2)>(-2x/-2)\geq(0/-2)$

$5>x \geq0$

$0 \leq x<5$ $[0,5)$

$$\longrightarrow 0[\longrightarrow)5 \longrightarrow x$$

En un experimento de química, una solución de ácido clorhídrico se mantuvo entre 30°C y 35°C, es decir, $30 \leq C \leq 35$. ¿Cuál es la variación de la temperatura en °F? $°C=(5/9)(°F-32)$

$30 \leq (5/9)(°F-32) \leq 35$

$30(9/5) \leq °F-32 \leq 35(9/5)$

$54 \leq °F-32 \leq 63$

$54+32 \leq °F \leq 63+32$

$86 \leq °F \leq 95$ $[86,95]$

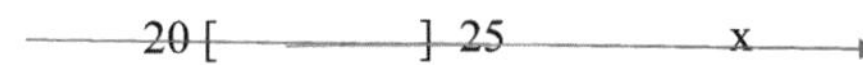

Un revelador de película se debe guardar entre 68°F y 77°F, es decir

$68 \leq F \leq 77$. ¿Cuál es la variación de la temperatura en °C?

$°F=(9/5)°C+32$

$68 \leq (9/5)°C+32 \leq 77$

$68-32 \leq (9/5)°C \leq 77-32$

$36 \leq (9/5)°C \leq 45$

$(5/9)36 \leq °C \leq (5/9)45$

$20 \leq °C \leq 25$ $[20,25]$

Desigualdades no lineales

$x^2-12<x$

$x^2-x-12<0$

$(x+3)(x-4)<0$

$\qquad (-)(-) \qquad (+)(-) \quad (+)(+)$:signos de cada paréntesis

$S=(-3,4)$ Los valores donde la expresión se hace cero son en $x=-3$ y $x=4$.

$3x^2+10x\geq 8$

$3x^2+10x-8 \geq 0$

$(3x-2)(x+4) \geq 0$

$$\text{(-)(-)} \quad \text{(+)(-)} \quad \text{(+)(+)} \quad : \text{ signos de cada paréntesis}$$

$$\xleftarrow{\hspace{2cm}} -4[\underline{\hspace{1cm}}]2/3 \xrightarrow{\hspace{2cm}} x \rightarrow$$

$S=(-\infty,-4] \cup [2/3, \infty)$ Los valores donde la expresión se hace cero son en x=-4 y x=2/3 (puntos críticos).

$2x^2 \geq 3x+9$

$2x^2-3x-9 \geq 0$

$(2x+3)(x-3) \geq 0$

$$\text{(-)(-)} \quad \text{(+)(-)} \quad \text{(+)(+)} \quad : \text{ signos de cada paréntesis}$$

$$\xleftarrow{\hspace{2cm}} -3/2[\underline{\hspace{1cm}}]3 \xrightarrow{\hspace{1cm}} x \rightarrow$$

$S=(-\infty,-3/2] \cup [3, \infty)$ Los valores donde la expresión se hace cero son en x=-3/2 y x=3 (puntos críticos).

$x^3-4 \leq x-4x^2$

$x^3+4x^2-x-4 \leq 0$

$x^2(x+4)-(x+4) \leq 0$

$(x^2-1)(x+4) \leq 0$

$(x-1)(x+1)(x+4) \leq 0$

$$\text{(-)(-)(-)} \quad \text{(+)(-)(-)} \quad \text{(+)(+)(-)} \quad \text{(+)(+)(+)}$$

$$\xleftarrow{\hspace{1cm}} -4[\underline{\hspace{1cm}}]-1[\underline{\hspace{1cm}}]1 \xrightarrow{\hspace{1cm}} x \rightarrow$$

$S=(-\infty,-4] \cup [-1,1]$ Los valores donde la expresión se hace cero son en x=-4, x=-1 y x=1 (puntos críticos).

$x^3+12 > 3x^2+4x$

$x^3-3x^2-4x+12 > 0$

$x^2(x-3)-4(x-3) > 0$

$(x^2-4)(x-3) > 0$

(x+2)(x-2)(x-3) >0

$$(-)(-)(-)\quad (+)(-)(-)\qquad (+)(+)(-)\qquad (+)(+)(+)$$

$$\xrightarrow{\hspace{2cm}-2[\hspace{1.5cm}]2[\hspace{1.5cm}]3\hspace{1.5cm}x\longrightarrow}$$

S=(-2,2) U (3,∞) Los valores donde la expresión se hace cero son en x=-2, x=2 y x=3 (puntos críticos).

Desigualdades Racionales

$$\frac{x^2-x+1}{2-x} \geq 1$$

$$\frac{x^2-x+1}{2-x} - 1 \geq 0$$

$$\frac{x^2-x+1-2+x}{2-x} \geq 0$$

$$\frac{x^2-1}{2-x} \geq 0$$

$$\frac{(x+1)(x-1)}{2-x} \geq 0$$

$$\frac{(x+1)(x-1)}{(x-2)} \leq 0$$

$$\xleftarrow{\hspace{2cm}}-1[\hspace{1.5cm}]1[\hspace{1.5cm})2\hspace{1.5cm}x\longrightarrow$$

$$(-)(-)(-)\qquad (+)(-)(-)\qquad (+)(+)(-)\qquad (+)(+)(+)$$

S=(-∞,-1]U[1,2) Puntos críticos: -1,1,2. El valor de x=2 no está definido.

$$\frac{3}{2-x} \leq \frac{1}{x+4}$$

$$\frac{3}{2-x} - \frac{1}{x+4} \leq 0$$

$$\frac{3(x+4)-(2-x)}{(2-x)(x+4)} \leq 0$$

$$\frac{4x+10}{(2-x)(x+4)} \leq 0$$

$$\frac{2(2x+5)}{(2-x)(x+4)} \leq 0$$

$$\frac{2(2x+5)}{(x-2)(x+4)} \geq 0$$

$$\xrightarrow{\hspace{2cm}-4(\hspace{1.5cm}]-2.5[\hspace{1.5cm}2)\hspace{2cm}\longrightarrow}$$

$$(-)(-)(-)\qquad (+)(-)(-)\qquad (+)(+)(-)\qquad (+)(+)(+)$$

S=(-4,-2.5]U(2,∞) Puntos críticos: -4,-2.5,2. x=-4 y x=2 no están definidos.

18.- Valor absoluto en ecuaciones y desigualdades

El valor absoluto de un número $|d|$ es siempre un número positivo: si el número es negativo el valor absoluto nos da el mismo número pero positivo, si es positivo, el valor absoluto nos da el mismo número y si es cero el valor absoluto es cero.

Matemáticamente, esto se expresa así:

$|x|$=x (si x es positivo) y $|x|$=-x (si x es negativo) y $|x|$=0 (si x es cero)

Geométricamente, el valor absoluto nos da la distancia (positiva siempre) entre el número y el origen.

$$d=|-7|=7 \quad d=|7|=7$$

Además, ya que $|x|=|-x|$ se tiene que:

$$|a - b| = |b - a| \quad x=b-a$$

Si se quiere obtener la distancia entre A y B con coordenadas a=-7 y b=7, entonces la distancia es igual a:

d(A,B)= $|(-7) - (7)|$=$|(7) - (-7)|$=14

Distancia entre dos puntos en R

Así, la distancia entre dos puntos A y B, donde las coordenadas respecto al origen son a y b respectivamente es igual a:

d(A,B)= $|b - a|$=$|a - b|$

Esta fórmula nos da la distancia sin importar donde están ubicados los puntos A y B, esto es, sin importar si están a la izquierda o a la derecha del origen.

Además, debido a que $|b - a|$=$|a - b|$ entonces d(A,B)=d(B,A)

Si el punto A está en el origen a=0

d(0,B)= $|b - 0|$=$|b|$

Encontrar la distancia entre los siguientes puntos:

a=4 b=9   d=$|9 - 4|$=5

a=9 b=4   d=$|4 - 9|$=5

a=0 b=6   d=|6 − 0|=6

a=-3 b=5   d=|5 − (−3)|=8

Además, se tiene que si $|x|$=d (x=d o -x=d) entonces la solución es: x=±d

x^2=9

$\sqrt{x^2}$=±3 x=3 y x=-3

Así, $\sqrt{x^2} = |x| = 3$ x=3 y x=-3

$\sqrt{x^2} = |x| = d$ x=±d

$|x − 3|$=5 x-3=5   o   -(x-3)=5   x-3=-5

$(x − 3) = ±5$

x-3=5

x=8

x-3=-5

x=-2

Así, las soluciones son x=8 o x=-2

$|x − 3| < 5$ (x-3)<5   o - (x-3)<5   (x-3)>-5

-5<(x-3)<5

-5+3<x<5+3

-2<x<8

(-2   8)   →x

$0 < |x − 3| < 5$

El valor absoluto de un número siempre es mayor o igual a cero. De esta forma $|x − 3| < 5$ es equivalente a $0 \le |x − 3| < 5$. Así, el conjunto solución de $0 < |x − 3| < 5$ es el mismo que $|x − 3| < 5$, pero x≠3 lo cual se puede demostrar:

0<(x-3)<5   3<x<8

0< - (x-3)<5   (x-3)>-5 y (x-3)<0   -5<(x-3)<0 -2<x<3

-2<x<3 U 3<x<8

-2<x<8 pero x≠3

$$\underrightarrow{\quad\quad (-2 \quad \underset{o}{} 3 \quad\ 8) \quad\quad\quad} \ \ x$$

$|x - 3|$>5 (x-3)>5 o –(x-3)>5

x-3>5 x>8

-(x-3)>5   (x-3)<-5 x<-2

x>8 o x<-2

S: (-∞,-2) U (8,+ ∞)

$$\underleftarrow{\quad\quad -2) \quad\quad\quad\quad (8 \quad\rightarrow} x$$

Se tiene las siguientes equivalencias:

$|x - c|$=d   x-c=±d   x=c±d   x=c+d x=c-d   c-d$\quad$ c+d$\quad$ x

$|x - c|$<d   -d<x-c<d   -d+c<x<d+c   (-d+c$\quad\quad$d+c) x

(-d+c,d+c)

0<$|x - c|$<d -d<x-c<d x≠c -d+c<x<c U c<x<d+c   (-d+c $\quad$ c $\quad$ d+c) x

(-d+c,c) U (c,d+c)

$|x - c|$>d   x-c>d o x-c<-d x>d+c o x<-d+c   -d+c)$\quad\quad$(d+c$\quad\quad$x

(-∞,-d+c) U (d+c,+∞)

$|x|$=d es equivalente a x=±d   d≥0

Si d<0 $|x|$=d no tiene solución.

$|x|$ <d es equivalente a -d<x<d (-d,d) d≥0

$|x|$ >d es equivalente a x< - d o x>d (-∞,-d) U (d,+∞) d≥0

$|ax + b|$=d   es equivalente a ax+b=$\pm$d   x=($\pm$d-b)/a   d$\geq$0

Si d<0 $|ax + b|$=d   no tiene solución.

$|ax + b|$ <d   es equivalente a -d<ax+b<d   ([-d-b]/a,[d-b]/a)   d$\geq$0

$|ax + b|$ >d   es equivalente a ax+b< - d o ax+b>d
(-∞,[-d-b]/a) U ([d-b]/a),+∞)   d$\geq$0

Ejemplos:

$|3x + 5|$=4

3x+5=$\pm$4

x=(-5$\pm$4)/3

x=-1/3   x=-3

$|2x - 1|$<3

-3<(2x-1)<3

-2<2x<4

-1<x<2   (-1,2)

$|x|$<5

-5<x<5 (-5,5)

$|7 - 3x|\leq$2

-2$\leq$(7-3x) $\leq$ 2

-9$\leq$-3x$\leq$-5

5/3$\leq$x$\leq$3   [5/3,3]

$|2x-1|=8$

2x-1=±8

2x=1±8

x=(1±8)/2

x=3/2 x=-7/2

$|x|\leq 7$

-7≤x≤7 [-7,7]

$|5-2x|<9$

-9<(5-2x) <9

-14<-2x<4

2<x<7   [2.7]

$|3x+3|\leq 9$

-9≤(3x+3) ≤ 9

-12≤3x≤6

-4≤x≤2   [-4.2]

$|x|>3$

x<-3   o x>3 (-∞,-3) U (3,+∞)

$|2x-1|\geq 3$

2x-1≤-3   o 2x-1≥3

x≤-1   o x≥2 (-∞,-1] U [2,+∞)

$|7 - 3x|>2$

7-3x<-2   o   7-3x>2

-3x<-9   o   -3x>-5

x>3   o   x<5/3 $(-\infty,5/3)$ U $(3,+\infty)$

$|x|\geq5$

x≤-5   o x≥5 $(-\infty,-5]$ U $[5,+\infty)$

$|4x - 3|>5$

4x-3<-5 o 4x-3>5

x<-1/2   o   x>2 $(-\infty,-1/2)$ U $(2,+\infty)$

$|6 - 5x|>16$

6-5x<-16   o   6-5x>16

-5x<-22   o   -5x>10

x>22/5   o   x<-2 $(-\infty,-2)$ U $(22/5,+\infty)$

$|x|< -5$

El $|x|\geq0$ y así no hay valor de x que satisfaga la desigualdad y el conjunto solución es: { }.

$|x|>-5$

El $|x|\geq0$ y así todo valor de x satisface la desigualdad y el conjunto solución son todos los números reales: S: $(-\infty,\infty)$.

19.- Logaritmos

La función logarítmica es la inversa de la función exponencial. Así, se tiene la principal propiedad de los logaritmos:

$y=\log_b x$ es equivalente a $x=b^y$ b es la base del logaritmo ($b>0$, $b\neq1$).

$y=\log_{10}x=\log x$ (la base 10 no se escribe) $x=10^y$

$y=\ln x$ $x=e^y$

$y=\log_2 x$ $x=2^y$

El dominio de la función logarítmica son todos los números reales positivos ($x>0$) y el rango son todos los números reales ($-\infty<y<\infty$)

Así, $\log(0)$ no está definido ni $\log(-7)$ por ejemplo.

También se tiene el proceso inverso de convertir la función exponencial a la logarítmica:

$x=b^y$ $\log x=\log_b b^y$ $y=\log x$

Así, se tiene la identidad: $\log_b b^x=x\log_b b=x(1)=x$ donde $\log_b b=1$

$\log_b b^x=x$

$49=7^2$ $\log_7 49=\log_7 7^2$ $2=\log_7 49$

$\log_{10}0.0001=\log_{10}10^{-4}=-4$

$\log 1=\log 10^0=0$

Resolver:

$y=\log_4 8$

$4^y=8$

Así, se tiene otra identidad: $4^{\log_4 8}=8$

$b^{\log_b x}=x$

$2^{2y}=2^3$

$2y=3$ $y=3/2$

$\log_3 x = -3$

$x = 3^{-3}$ $x = 1/27$

$\log_b 1000 = 3$ $1000 = b^3$ $10^3 = b^3$ $b = 10$

$\log_b 100 = 2$ $100 = b^2$ $10^2 = b^2$ $b = 2$

Propiedades

1) $\log_b b^u = u$

2) $u\log_b b = u$

3) $\log_b b = 1$

4) $b^{\log_b x} = x$

5) $\log_b MN = \log_b M + \log_b N$

6) $\log_b(M/N) = \log_b M - \log_b N$

7) $\log_b M^p = p\,\log_b M$

7) $\log_b 1 = 0$

8) $\log_b m = \log_b n$ si y solo si $m = n$

Ejemplos:

$\log_{10} 10^7 = 7$

$\log(3x) = \log 3 + \log x$

$\log(x/8) = \log x - \log 8$

$\log x^5 = 5\,\log x$

$\log(pq)^4 = 4\,\log(pq) = 4\,(\log p + \log q)$

$\log x^{10}/y^6 = \log x^{10} - \log y^6 = 10\,\log x - 6\,\log y$

$\log_b x = \frac{2}{3}\log_b 27 + 2\log_b 2 - \log_b 3$

$\log_b x = \log_b[((27)^{2/3} * 2^2)/3]$

$\log_b x = \log_b 12$ $x = 12$

Logaritmos de diferentes bases

La base de los logaritmos en base 10 no se escribe: log x. Los logaritmos neperianos o naturales se escriben con el símbolo de ln x lo cual queada entendido que es un logaritmo con base e=2,7182…

log x=y   x=10^y

ln x=y   x=e^y

Sin embargo, con la calculadora se puede calcular logaritmos con base 10 y en base e. Si se desea calcular el logaritmo en otra base se debe utilizar la fórmula para cambio de base:

$$\log_b N = \frac{\log_a N}{\log_a b}$$

La demostración de la fórmula es:

y=$\log_b$N

N=b^y

$\log_a$N= $\log_a b^y$

$\log_a$N= y $\log_a$ b

$$y = \frac{\log_a N}{\log_a b}$$

$$\log_b N = \frac{\log_a N}{\log_a b}$$

Ejemplo:

$\log_{100}$1000=(log1000)/(log 100)

$$=(\log 10^3)/(\log 10^2)=(3\log 10)/(2\log 10)=3/2$$

$\log_7$e=(ln e)/(ln 7)=0,5139

20.- Ecuaciones Exponenciales y logarítmicas

En las ecuaciones exponenciales la variable x está en el exponente.

$4^x = 16$

$4^x=4^2$

x=2

Si no se puede expresar los dos miembros como exponentes de la misma base, las ecuaciones son resueltas por logaritmos o no tienen solución.

$5^{2x+1} = 25$

$5^{2x+1}=5^2$

2x+1=2

x=1/2

3^{2x-1} -8 3^{x-1}-3=0

3^{2x} (1/3)-8(1/3) 3^x-3=0

3^x=y $3^{2x}=3^{x^2}$

$\qquad\qquad =y^2$

$(1/3)y^2$-8(1/3)y-3=0

y^2-8-9=0

(y-9)(y+1)=0

y_1=9 y_2=-1: no es solución

9=3^x

$3^2=3^x$

x=2

$\sqrt[x]{2^{x+2}} = \sqrt{8}$

$2^{\frac{x+2}{x}} = 2^{\frac{3}{2}}$

$\dfrac{x+2}{x} = \dfrac{3}{2}$

2(x+2)=3x

4=x

x=4

$$\frac{4^{x+1}}{2^{x+2}} = 128$$

$$\frac{2^{2x+2}}{2^{x+2}} = 2^7$$

2x+2-x-2=7

x=7

$3^{2x+1} = -4$ No tiene solución: S={ }.

$$3^{2x+1} + 3^x - 4 = 0$$

$$3^{2x+1} + 3^x - 4 = 0$$

$$3(3^x)^2 + 3^x - 4 = 0$$

$$3^x = y$$

3y²+y-4=0

(3y)²+(3y)-12=0

(3y+4) (3y-3)=0

3y+4=0

y=-4/3   no es solución

3y-3=0

y=1 $3^x = y$

x=0

$$3^{x+1} + 3^x + 3^{x-1} = 117$$

$$3(3^x) + 3^x + 3^x \frac{1}{3} = 117$$

$$3^x \left(\frac{13}{3}\right) = 117$$

$3^x = 27$

x=3

$10^{x^2-4} = 1$

$\log 10^{x^2-4} = \log 1$

x^2 -4=0

x^2=4

x=2   x=-2

$e^{x^2-4} = 10$

$\ln e^{x^2-4} = \ln 10$

x^2 -4=ln 10

x^2=ln10+4=2,30+4

x=2,5   x=-2,5

2^{3x-2}=7

$\log 2^{3x-2}$=log 7

(3x-2)log 2=log 7

$x=\frac{1}{3}\left(2 + \frac{\log 7}{\log 2}\right)$

$\log x + \log(x + 3) = 2\log (x + 1)$

log x (x+3)=log $(x+1)^2$

$x(x+3)=(x+1)^2$

$x^2+3x=x^2+2x+1$

x=1

$2 \log x - 2 \log (x+1)=0$

$\log x^2 - \log(x+1)^2=0$

$\log x^2/(x+1)^2=\log 1$

$x^2/(x+1)^2=1$

$x^2=(x+1)^2$

$x^2=x^2+2x+1$

$x=-1/2$ no es solución ya que $\log(-1/2)$ no existe realizando la respectiva comprobación.

$\log (x-15)+\log x=2$

$\log (x-15)x=2$

$(x-15)x=10^2$

$x^2-15x-100=0$

$(x-20)(x+5)=0$

$x_1=20 \quad x_2=-5$ la cual no puede ser solución

Así, la solución es $x=20$.

21.- Planteamiento de ecuaciones no lineales, variaciones

El planteamiento de ecuaciones para algunas proposiciones es el siguiente:

y varía directamente con x: $y=kx \quad k\neq0$

y varía directamente con el cuadrado de x: $y=kx^2 \quad k\neq0$

y varía directamente con el cubo de x: $y=kx^3 \quad k\neq0$

y varía directamente con la raíz cuadrada de x: $y=k\sqrt{x} \quad k\neq0$

y varía inversamente a x: $y=k/x \quad k\neq0$

y varía inversamente al cuadrado de x: $y=k/x^2 \quad k\neq0$

y varía inversamente a la raíz cuadrada de x: $y=k/\sqrt{x} \quad k\neq0$

y varía conjuntamente a x y y: $z=kxy \quad k\neq0$

w varía conjuntamente a x,y y al cuadrado de z: $w=kxyz^2$ $k\neq0$

F varía conjuntamente con las masas m_1, m_2 e inversamente al cuadrado de la distancia r entre ambos cuerpos: $F=km_1 m_2/r^2$ $k\neq0$

Al aumentar el valor de las masas, F aumenta y al aumentar la distancia r, F disminuye.

Para encontrar la constante k se necesita valores de x y y para reemplazar en la ecuación y obtener k.

Ejemplos:

La presión P de un gas confinado en un recipiente varía directamente con la temperatura absoluta T, e inversamente al volumen V. Si 500 pies^3 de un gas ejercen una presión de 10 libras/pies^2 a la temperatura de 300° K. ¿Cuál será la presión del mismo gas si el volumen se reduce a 300 pies^2 y la temperatura aumenta a 360° K?.

$P=kT/V$

$10=k(300/500)$

$k=50/3$

$P=(50/3)T/V$

$P=(50/3)(360/300)$

$P=20$ libras/pie^2

La frecuencia de tono f de una cuerda musical varía directamente con la raíz cuadrada de la tensión T e inversamente a la longitud L. ¿Cuál es el efecto sobre la frecuencia si la tensión se aumenta por un factor de 4 y la longitud se corta a la mitad?.

$f=k\sqrt{T}/L$

$f'=k\sqrt{4T}/(L/2)$

$f'=4k\sqrt{T}/L$

$f'=4f$

La frecuencia de tono se aumenta por un factor de 4.

La longitud L de las huellas que dejan los neumáticos de un automóvil (al aplicar los frenos) varía directamente al cuadrado de la velocidad v del vehículo. Si las huellas de estas marcas miden 20 pies cuando la velocidad es de 30 millas/h. ¿a qué velocidad circulará el mismo automóvil para producir huellas de frenado con una longitud de 80 pies?.

$L=kv^2$

$20=k(30)^2$

$k=20/900$

$k=2/90$

$v=\sqrt{L/k}$

$v=\sqrt{80*90/2}$

$v=60$ millas/h

El peso W de un objeto en la superficie de la Tierra varía inversamente al cuadrado de la distancia d entre el objeto y el centro de la Tierra. Si un objeto que está sobre la superficie de la Tierra se desplaza hacia el espacio hasta el doble de su distancia del centro de la Tierra. ¿Cuál será el efecto de este desplazamiento sobre su peso?.

$W=k/d^2$

$W=k/(2d)^2$

$W=(1/4)k/d^2$

El peso será el1/4 de su peso W.

22.- Relaciones y Funciones

El Dominio corresponde a los valores de entrada de la función mientras que el rango corresponde a los valores de llegada de la función. El Dominio está restringido por los valores posibles que puede tener la variable x, mientras que el rango corresponde a los posibles valores que puede tener la variable y.

La **relación** es una regla que indica una correspondencia entre un primer conjunto de elementos de partida llamado dominio y un segundo conjunto de llegada llamado rango de tal forma que a cada elemento del dominio le corresponde uno o más elementos del rango.

Función.- Es una relación entre 2 conjuntos llamados Dominio y Rango, pero de tal manera que deben ser considerados todos los elementos del dominio y a cada elemento del Dominio le corresponde uno y solamente un elemento del rango. Todas las funciones son relaciones, pero algunas relaciones no son funciones.

Ejemplos:

$y=x^3$

Dominio	Rango
0	0
1	1
2	8

La relación $y=x^3$ es una función. Además, no hay dos pares ordenados que tienen el primer componente igual.

$S=\{(0,0),(1,1),(2,8)\}$

$y=x^2$

Dominio	Rango
-2	4
-1	1
0	0
1	1
2	4

$S=\{(-2.4),(-1,1),(0,0),(1,1),(2,4)\}$

La relación y=x^2 es una función a pesar de que un elemento del rango tiene dos elementos del dominio: y=4 x=2 y x=-2 pero a cada elemento del dominio le corresponde un elemento del rango. Además, no hay dos pares ordenados que tienen el primer componente igual.

y^2=x $|y|=\sqrt{x}$

Dominio   Rango

0   0

1   1

1   -1

4   2

4   -2

9   3

9   -3

S={(0,0),(1,1),(1,-1),(4,2),(4,-2),(9,3),(9,-3)}

La relación y^2=x no es una función ya que hay elementos del dominio que le corresponden dos elementos del rango: x=4 y=2 y y=-2 Además, hay dos pares ordenados que tienen el primer componente igual.

En resumen, para que una expresión y=f(x) sea función, a cada elemento del Dominio o variable x le corresponde uno y solamente un elemento del rango o variable y. La relación y^2=x no es una función ya que hay elementos del dominio que le corresponden dos elementos del rango: x=4 y=2 y y=-2. La relación y=x^2 es una función ya a cada elemento del Dominio le corresponde uno y solamente un elemento del rango aunque no es una función uno a uno (inyectiva) ya que hay elementos del rango que tienen dos elementos del dominio y=4 x=2 y x=-2.

Entre los tipos de funciones tenemos las funciones inyectivas, sobreyectivas y biyectivas.

Las funciones inyectivas son funciones en la que todos los elementos del dominio tienen diferentes elementos del rango: dados cualesquiera dos elementos del dominio le corresponde elementos diferentes del rango. Es decir, a cada elemento del dominio le corresponde un elemento del rango (esto es una condición para que la relación sea función) y a cada elemento del rango le corresponde un elemento del dominio. La función inyectiva se conoce como función uno a uno. Un ejemplo de función inyectiva es la función lineal y la función cúbica. La función cuadrática no es una función inyectiva ya que hay elementos del rango que le corresponde dos elementos del dominio. Por ejemplo: $y=x^2$, x=2 y x=-2 le corresponden y =4. Es decir, hay elementos del dominio que le corresponden el mismo elemento del rango.

Las funciones sobreyectivas son funciones en las que son considerados todos los elementos del rango. Es decir, todo elemento del rango tiene un elemento en el dominio. Ejemplo de función sobreyectiva es la función lineal y la función cúbica. Si el rango son los números reales, la función cuadrática tiene restringido su conjunto y así no es sobreyectiva.

Las funciones biyectivas son funciones inyectivas y sobreyectivas. Posteriormente, se comprobará que para una función tenga inversa la función debe ser biyectiva.

Una función se puede representar por medio de una expresión matemática ($y=x^2$), por medio de una tabla de valores (x,y) que se obtienen por medio de un experimento o encuestas por ejemplo o son valores de la expresión matemática ($y=x^2$) como se mostró anteriormente, y por medio de una gráfica.

Para saber si una relación es una función se puede graficar varias rectas verticales y si alguna recta corta en más de un punto a la gráfica, entonces la relación no es una función.

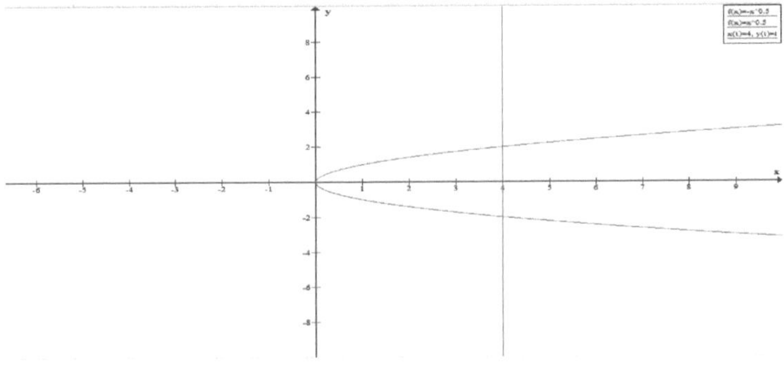

En el gráfico se puede observar que la recta vertical corta a la gráfica $y^2=x$ $|y|=\sqrt{x}$ $y=\pm\sqrt{x}$ en más de un punto y así, no es una función.

Para saber si una función es una función inyectiva o uno a uno se puede graficar varias rectas horizontales y si alguna recta corta en más de un punto a la gráfica, entonces la función no es inyectiva.

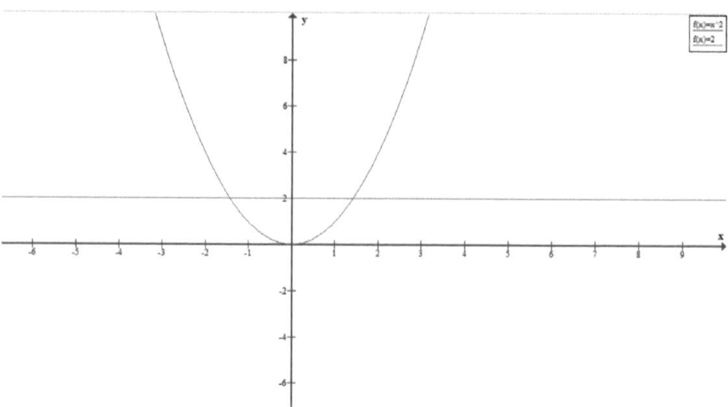

En el gráfico se puede observar que la recta horizontal corta a la gráfica en más de un punto y así, la función $y=x^2$ no es inyectiva.

En una expresión matemática $y=f(x)$, la variable x se conoce como variable independiente y la variable y se conoce como variable dependiente. Los valores x están en el dominio de la función y los valores y están en el rango de la función.

Si no se indica el dominio en la expresión $y=f(x)$, se supone que el dominio es el conjunto de los números reales. El rango corresponde al conjunto de todos los valores y que corresponden a los valores x.

La relación representada por $x^2+y^2=16$ (circunferencia de radio r=4) no es función ya que:

$$y^2=16-x^2 \quad x=1 \quad y^2=15 \quad y=\sqrt{15} \quad y=-\sqrt{15}$$

Así, hay valores de x que le corresponden dos elementos del rango.

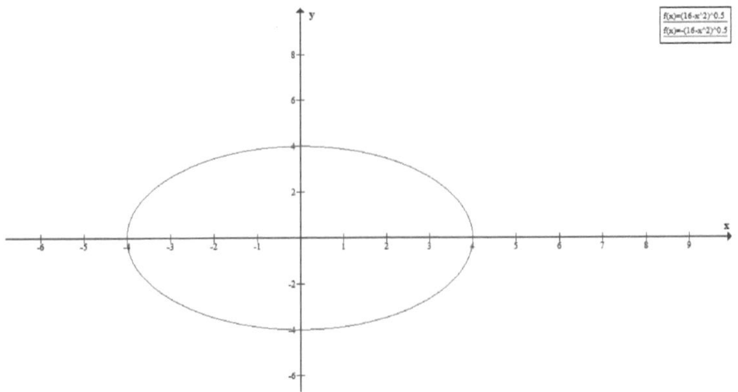

El dominio está dado por: $y=\pm\sqrt{16-x^2}$

$16-x^2\geq0$ $x^2\leq16$ $-4\leq x\leq4$ D: [-4,4]

Para que sea función se debe restringir la expresión por $y=\sqrt{16-x^2}$.

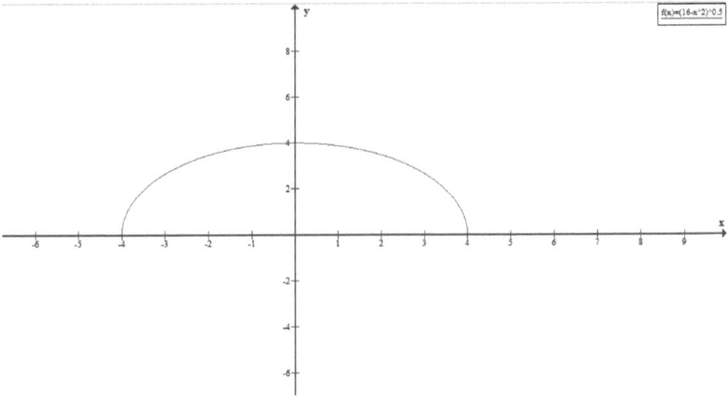

La función se puede denotar por y=f(x) donde x es un valor de entrada y f(x) o y es un valor de salida. Por ejemplo:

$y=x^2$ o $f(x)=x^2$.

$f(2)=2^2=4$

g(x)=x+5

g(2)=2+5=7

h(x)=3x+8

h(1)=3(1)+8=11

f(x)+g(x)=x²+x+5

l(x)=g(x)+2h(x)=x+5+2(3x+8)

$\qquad$ =7x+21

l(1)=7(1)+21=28

Encontrar el dominio y rango para la función:

f={(x,y)/y=x², x∈{-2,0,2}

D:{-2,0,2}   R:{0,4}

Encontrar el dominio y rango para la función:

f={(-2,5),(-1,7),(0,7}

D: {-2,-1,0}

R: {5,7}

Encontrar el dominio para la función:

$$f(x) = \frac{2x+1}{x^2-x-6}$$

$$f(x) = \frac{2x+1}{(x-3)(x+2)}$$

Dominio: Todos los números reales excepto -2 y 3.

Encontrar el dominio para la función:

$$f(x) = \sqrt{\frac{x-2}{x+3}}$$

x-2=0 x=2   x+3=0 x=-3

S: $(-\infty,-3) \cup [2,+\infty)$

Un corral rectangular está hecho con 500 m de cerca.

Expresar el área A en términos de x donde x es el ancho del corral.

Perímetro=500 m

x: ancho

l: largo

500=2x+2l

l=250-x

A=x(250-x)

El dominio de A es 0<x<250.

Simetría

Las gráficas de funciones pueden ser simétricas con respecto al eje y, con respecto al eje x y con respecto al origen.

Eje y, Simetría par: Si (a,b) está en la gráfica, entonces (-a,b) forma parte de la gráfica. Si se dobla el papel con respecto al eje y la gráfica coincide. Si se sustituye x por -x la función queda igual.

Eje x: Si (a,b) está en la gráfica, entonces (a,-b) forma parte de la gráfica. Si se dobla el papel con respecto al eje x la gráfica coincide. Si se sustituye y por -y la función queda igual. Esta expresión con esta simetría es una relación y no una función.

Origen, Simetría impar: Si (a,b) está en la gráfica, entonces (-a,-b) forma parte de la gráfica. Si se dobla el papel con respecto al origen la gráfica coincide. Si se sustituye x por -x y y por -y la función queda igual.

Así, $y=x^2$ es simétrica con respecto al eje y.

x por -x: $y =(-x)^2=x^2$

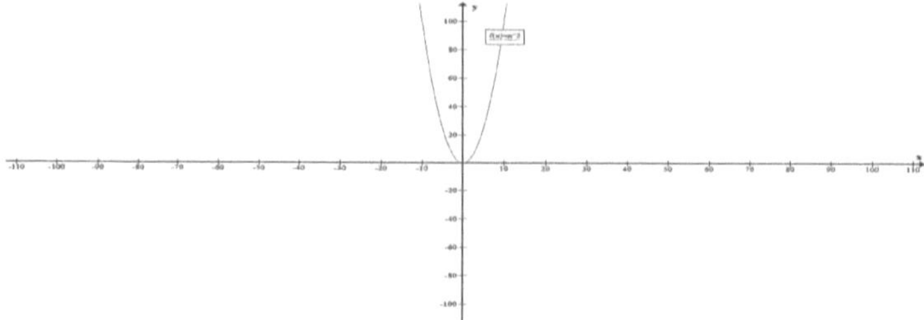

$y^2=x$ es simétrica con respecto al eje x. Esto no es un función.

y por -y: $(-y)^2=x$ $y^2=x$

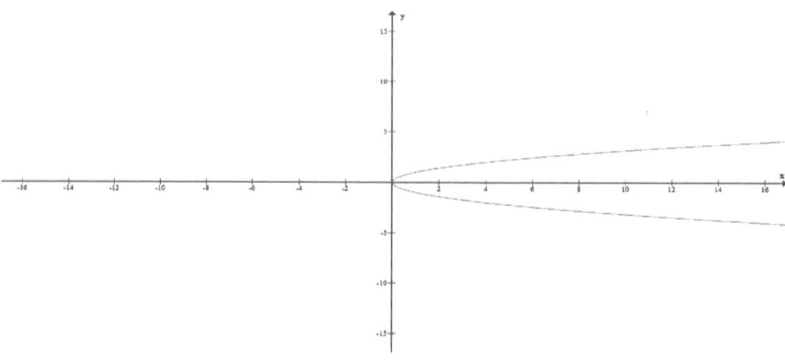

$y=x$ es simétrica con respecto al origen.

x por -x y y por -y: $-y=-x$ $y=x$.

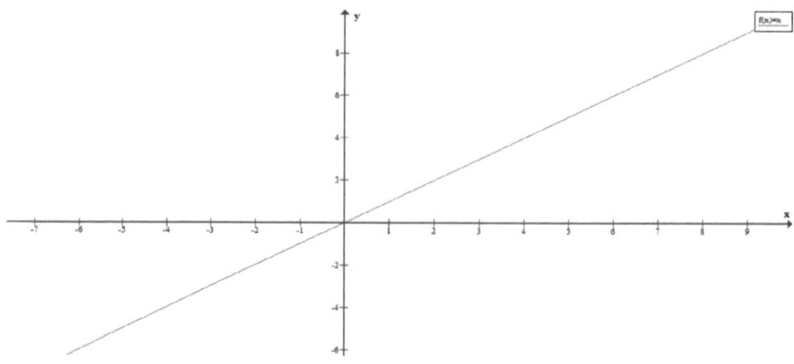

Ejemplo:

$y=x^3$

x por -x y y por -y: $-y=(-x)^3$ $y=x^3$, Simetría con respecto al origen o simetría impar. El gráfico es la función cúbica.

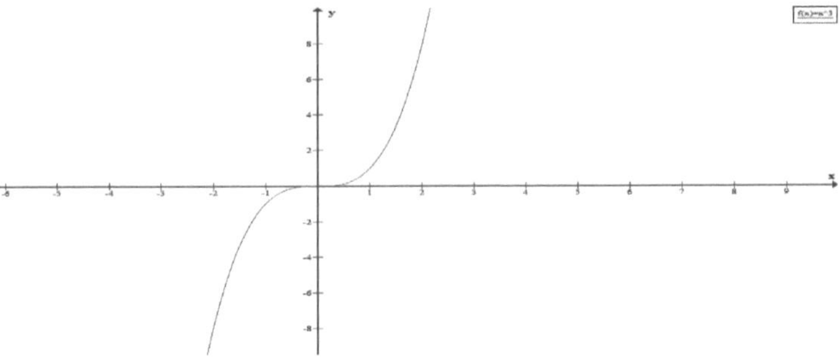

$x^2+4y^2=36$

Como x y y están elevados al cuadrado, si se eleva -x o -y al cuadrado se tiene por resultado x^2 o y^2. Así, la gráfica es simétrica con respecto al eje x, al eje y y al origen. El gráfico corresponde a una elipse con semiejes mayor a=6 y b=3. $(x^2/a^2)+(y^2/b^2)=1$. Esto no constituye una función ya que es simétrica con respecto al eje x.

$(x^2/36)+(y^2/9)=1$

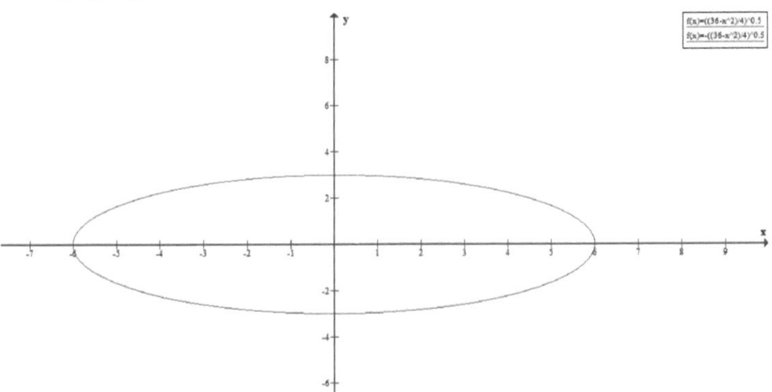

23.- Gráfica de Funciones y propiedades: traslaciones, reflexiones, expansiones y contracciones.

Las funciones se grafican en un plano cartesiano y se usan sistemas de coordenadas rectangulares. El eje x se conoce como eje de las abscisas y el eje y se conoce como eje de las ordenadas. Los valores del dominio se grafican en el eje horizontal o eje x y los valores del rango en el eje vertical o eje y. Un punto de la gráfica tiene coordenadas (x,y) o (x,f(x)).

Las funciones se pueden graficar por medio de una tabla de puntos, aunque hay métodos de graficación que se explican posteriormente.

Ejemplos de funciones:

$y=x+2$

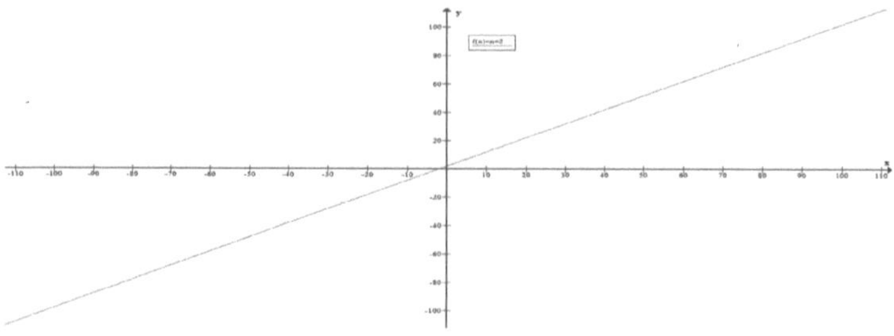

Esto corresponde a la función lineal $y=mx+b$, donde x (dominio) puede ser cualquier valor del conjunto de los números reales, y y (imagen) puede tener cualquier valor del conjunto de los números reales.

$y=x^2$

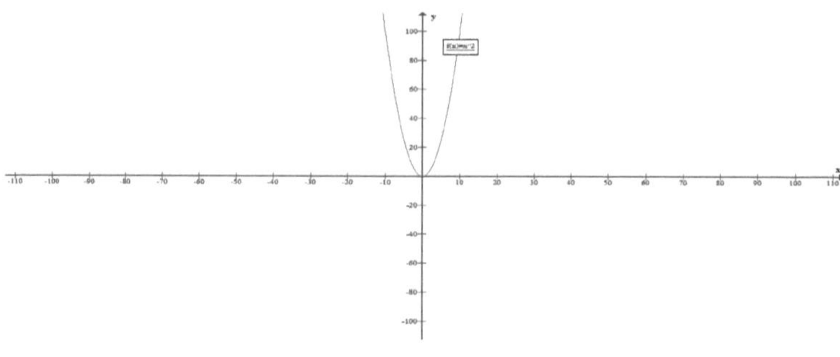

94

Esto corresponde a la función cuadrática $y=ax^2+bx+c$, donde x (dominio) puede ser cualquier número real, mientras que y (imagen) sólo puede tener números positivos ($x\geq0$).

$y^2=x \qquad y=\pm\sqrt{x}$

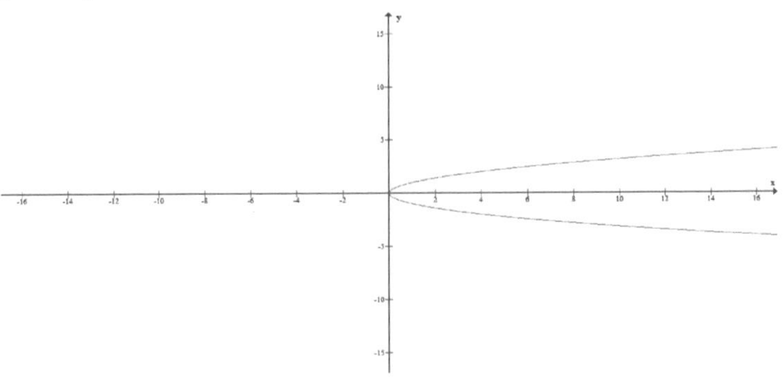

Esto no es función, ya que a un elemento del dominio x le corresponden dos valores de la imagen y. Por ejemplo, $x=3$ y $x=-3$ le corresponde el número $y=9$.

$y=\sqrt{x}$

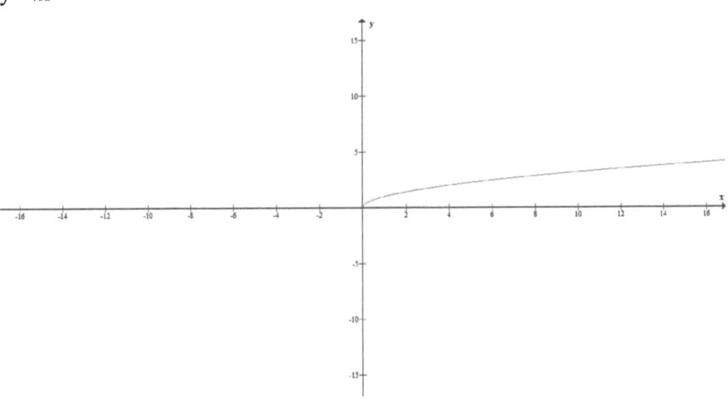

Esto corresponde a la función raíz, sí es función ya que se ha restringido los valores de llegada y. Además, el dominio le corresponde los números reales positivos y a la imagen también le corresponden los números reales positivos.

Además, para saber si es una función gráficamente, se trazan rectas verticales paralelas al eje y, y si las rectas verticales cortan a la gráfica en más de 1 punto, entonces la gráfica no es una función. Así, $y=2x+3$ es una función, la función lineal, $y=2x^2+5x+7$ es una función la cual es una función cuadrática, pero $y^2=x$ no es una función, ya que las rectas verticales cortan a la gráfica en más de un punto.

Propiedades

Las **funciones pares** son las funciones que son simétricas con respecto al eje y o vertical. En las funciones pares se cumple: $f(x)=f(-x)$. La función cuadrática $y=x^2$ y la función valor absoluto $y=|x|$ son funciones pares.

$y=x^2$

$f(-x)=(-x)^2=x^2$ $f(x)=f(-x)$

Las **funciones impares** son las funciones que son simétricas con respecto al origen. En las funciones impares se cumple: $f(x)=-f(-x)$. La función lineal $y=x$ y $y=x^3$ son funciones impares.

$y=x^3$

$f(-x)=(-x)^3=-(x)^3$ $f(x)=-f(-x)$

Si hay simetría con respecto al eje x, esto constituye una relación y no una función.

Además, puede haber también funciones que no sean pares ni impares.

$f(x)=x^3+7$

$f(-x)=(-x)^3+7=-(x)^3+7$ $f(x)$ no es igual a $f(-x)$

Además, $f(x)$ no es igual a $-f(-x)$. Así, esta función no es par ni impar.

Una **función es creciente** sobre el intervalo I si $f(b)>f(a)$ cuando $b>a$ en este intervalo. La función creciente es ascendente. La función lineal $y=x$ y la función $y=x^3$ son ejemplos de funciones crecientes.

Una **función es decreciente** sobre el intervalo I si $f(b)<f(a)$ cuando $b>a$ en este intervalo. La función decreciente es descendente. La función lineal $y=-x$ y la función $y=-x^3$ son ejemplos de funciones decrecientes.

La función $y=x^2$ es creciente en el intervalo $(0,\infty)$ y decreciente en el intervalo $(-\infty,0)$.

La **función constante** sobre el intervalo I si f(a)=f(b) para todo valor de a y b en el intervalo. La función y=2 y y=7 son ejemplos de funciones constantes.

Una función es continua en un intervalo si para todo valor de x en el intervalo, no se tiene una ruptura o desconexión en la gráfica. Si hay una ruptura se dice que la función es discontinua en ese punto o en el intervalo dado.

Graficar la función entero mayor $y = [\![x]\!]$

La función entero mayor de un valor de x da como resultado un valor entero n tal que n≤x<n+1. Así, $[\![x]\!]$ es la parte entera menor o igual a x.

$[\![7.45]\!]$ =7

$[\![9]\!]$ =9

$[\![0]\!]$ =0

$[\![-4.2]\!]$ =-5

El dominio de la función entero mayor es el conjunto de todos los números reales y el rango es el conjunto de los número enteros.

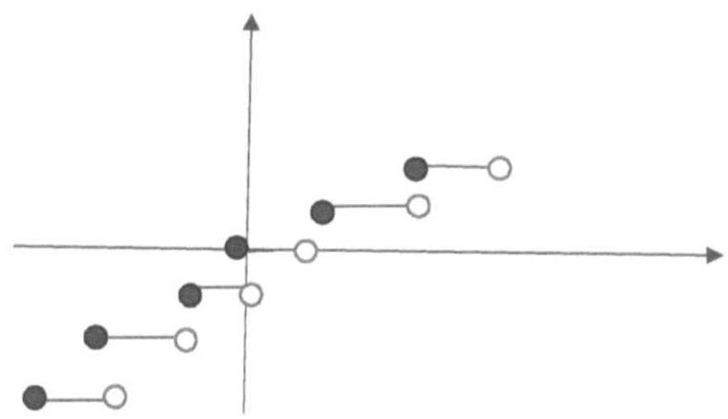

Así, en el dominio de los números reales, la función entero mayor es discontinua. La función entero mayor es discontinua en cada entero pero es continua en cada intervalo que no contiene un entero.

Sea la función definida:

f(x)=0 x<0 f(x)=-x+2   0≤x<2   f(x)=2   x≥2

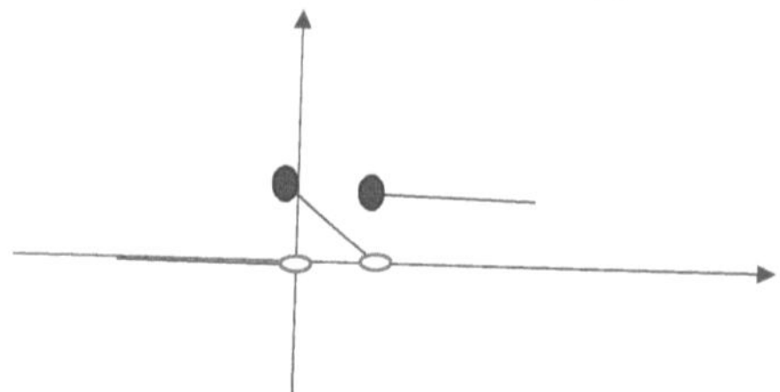

La función es discontinua en x=0 y en x=2.

Las funciones polinomiales son continuas para todos los números reales y así, no hay rupturas en sus gráficas.

Por ejemplo: $f(x)=2x^4-x^3+x-7$ es continua en todos los números reales. El dominio es el conjunto de los números reales.

Las funciones racionales las cuales están definidas por la división de un polinomio para otro polinomio son continuas para todos los números reales excepto en los valores de x en los que el denominador se hace cero.

Por ejemplo: $f(x)=(x+5)/(x^2-x-12)=(x+5)/[(x-4)(x+3)]$ es continua para todos los números reales excepto para x=4 y x=-3. Además, el dominio es el conjunto de todos los números reales con excepción de 4 y -3.

Traslación vertical

Si se tiene la función y=f(x)+k donde k es positivo, la gráfica es la función y=f(x) desplazada un valor de k hacia arriba. Si se tiene la función y=f(x)-k donde k es positivo, la gráfica es la función y=f(x) desplazada un valor de k hacia abajo.

$y=x^2$ $y=x^2+7$ $y=x^2-7$ donde se tienen las gráficas desplazadas 7 unidades hacia arriba $y=x^2+7$ y 7 unidades hacia abajo $y=x^2-7$.

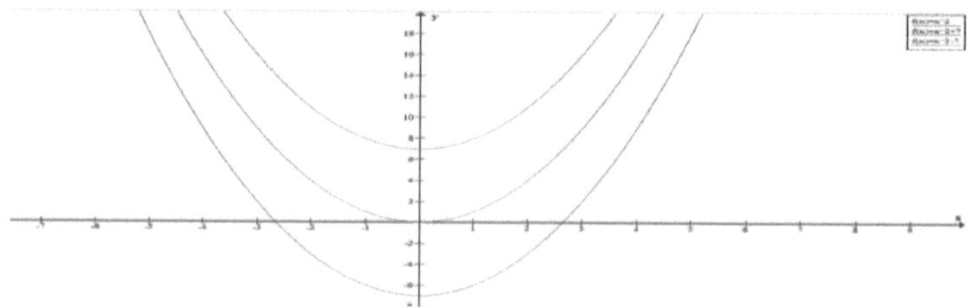

Traslación horizontal

Si se tiene la función y=f(x+h) donde h es positivo, la gráfica es la función y=f(x) desplazada un valor de h hacia la izquierda. Si se tiene la función y=f(x-h) donde h es positivo, la gráfica es la función y=f(x) desplazada un valor de h hacia la derecha.

$y=x^2$ $y=(x-5)^2$ $y=(x+5)^2$ donde se tienen las gráficas 5 unidades desplazadas hacia la derecha $y=(x-5)^2$ y 5 unidades desplazadas hacia la izquierda $y=(x+5)^2$.

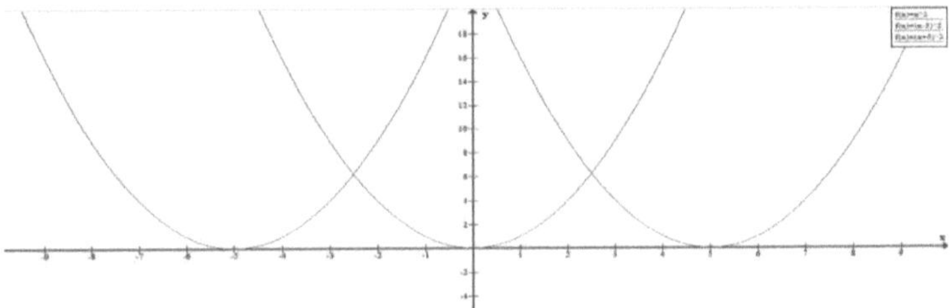

Reflexión, expansión y contracción

y=-f(x) es la reflexión de y=f(x) a través del eje x.

y=cf(x) c>1 todos los valores de y son aumentados por un factor de c. La gráfica se contrae.

y=cf(x) 0<c<1 todos los valores de y son disminuidos por un factor de c. La gráfica se ensancha o se expande.

$y=x^2$ $y=-x^2$ $y=3x^2$ $y=(1/3)x^2$ donde la gráfica de $y=x^2$ es reflejada sobre el eje x (color azul) $y=-x^2$, los valores de y aumentados por un factor de 3 (color rojo, gráfica contraída) $y=3x^2$ y los valores de y disminuidos por un factor de (1/3) $y=(1/3)x^2$ (color negro, gráfica ensanchada) .

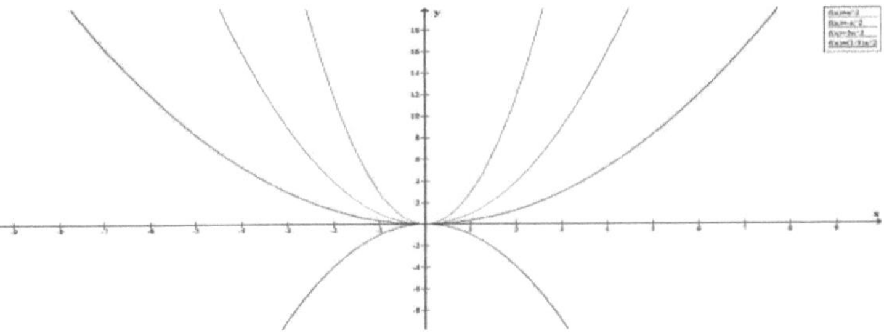

24.- Composición de funciones y funciones inversa

Composición de funciones

Dadas las funciones f y g, entonces f o g se denomina composición de las dos funciones y se denota por: (f o g) (x)=f[g(x)]. El dominio de f o g es el conjunto de todos los números x tales que x está en el dominio de g y g(x) está en el dominio de la función f.

Sea: $f(x)=\sqrt{x}$ y g(x)=2x+1

$h(x)=(f \ o \ g) \ (x)=f[g(x)]=\sqrt{(2x+1)}$

El dominio de h=f o g es tal que 2x+1$\geq$0   x$\geq$-1/2 el cual es el dominio restringido de la función g.

Sea: $f(x)=x^{10}$ y $g(x)=3x^4$-1

$(f \ o \ g) \ (x)=f[g(x)]=(3x^4-1)^{10}$

$(g \ o \ f) \ (x)=g[f(x)]=3(x^{10})^4-1=3x^{40}$-1

El domino de f o g y de g o f es el conjunto de los números reales.

Sea: f(x)=2x+1   y g(x)=(x-1)/2

(f o g) (x)=f[g(x)]=(x-1)+1=x

(g o f) (x)=g[f(x)]=(2x+1-1)/2=x

El dominio de f o g y de g o f es el conjunto de los números reales.

Relaciones y Funciones Inversas

La relación inversa R^{-1} se obtiene invirtiendo el orden de los conjuntos de entrada y salida llamados dominio y rango de la relación original R o invirtiendo el orden de los pares ordenados de R. La relación inversa también se puede obtener invirtiendo x por y, y por x en la expresión de y=f(x).

Así, si R={(a,b),(c,d), (e,f)}

R^{-1}={(b,a),(d,c),(f,e)}

R={(2,5), (7,2),(3,4)}

R^{-1}={(5,2),(2,7),(4,3)}

Si R: y=f(x)=2x+1

R^{-1}:   x=2y+1   donde y=f^{-1}(x)= (x-1)/2

Si el par ordenado satisface R, el par ordenado invertido satisface R^{-1} .

En este caso, tanto f (x)como f^{-1}(x) son funciones, pero puede ser que las inversas de algunas funciones no sean funciones.

Además, se tiene que f(x) y f^{-1}(x) son simétricas con respecto a y=x. Se puede apreciar en el gráfico que las gráficas de f(x) (verde) y f^{-1}(x) (azul) del anterior ejemplo son simétricas con respecto a la recta y=x (rojo).

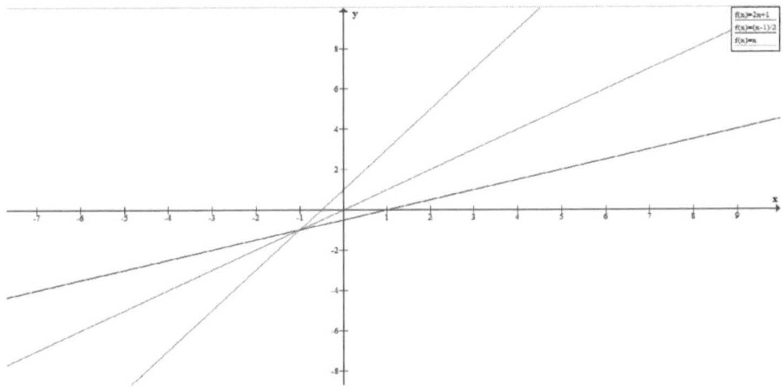

La relación y función f (verde) está dada por y=x^2

f^{-1}: x=y^2 $y=\pm\sqrt{x}$

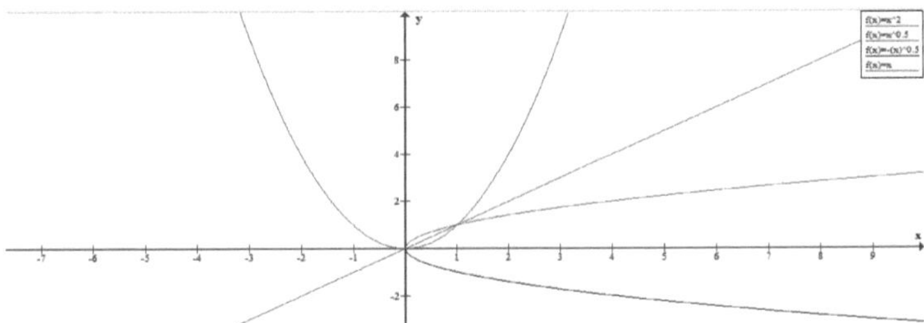

f^{-1} (azul) no es función ya que hay valores de x que le corresponden dos valores de y: x=4 y=2 y y =-2. Además, se pueden trazar rectas verticales a la gráfica de y=±$\sqrt{x}$ y las rectas cortan a la gráfica en más de un punto y así, no es función.

f y f^{-1} son simétricas con respecto a la recta y=x.

El dominio de f es el conjunto de los números reales (-∞,∞) y el rango los reales positivos incluido el cero: [0, ∞). El dominio de f^{-1} es [0, ∞) y el rango (-∞,∞).

Para que la inversa sea función, por ejemplo se puede considerar la parte positiva de la función y=x^2 : x≥0 : [0,∞).

Función Inversa

Una función f tiene inversa si y solo si existe una correspondencia uno a uno entre el dominio y rango de f (inyectiva)y son considerados todos los elementos del rango de f (sobreyectiva)lo cual significa que la función f debe ser inyectiva y sobreyectiva, es decir biyectiva. Es decir, si la función f es biyectiva entonces la función tiene inversa.

Además, se cumple que: (f o f^{-1}) (y)=y   (f^{-1} o f) (x)=x

Todas la funciones crecientes y decrecientes son biyectivas (inyectivas (uno a uno) y sobreyectivas) y así, tienen inversa.

Ejemplo de funciones que tienen inversa:

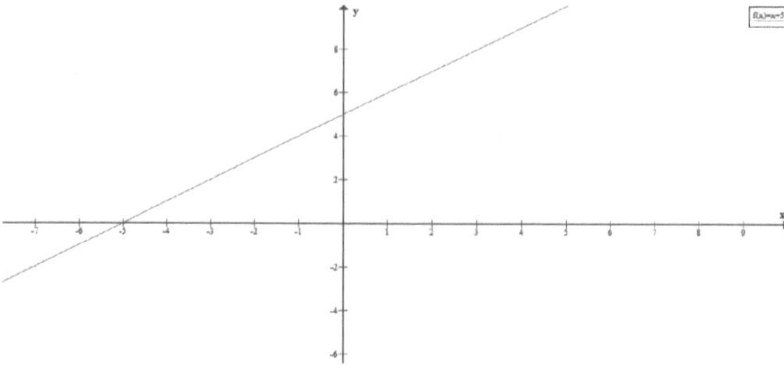

y=x+5

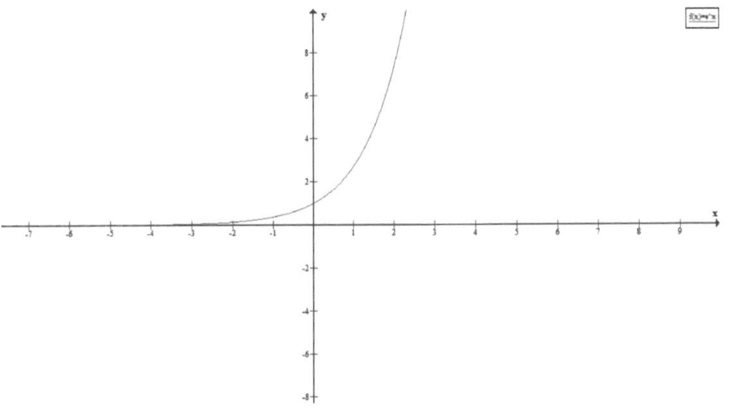

$y=e^x$

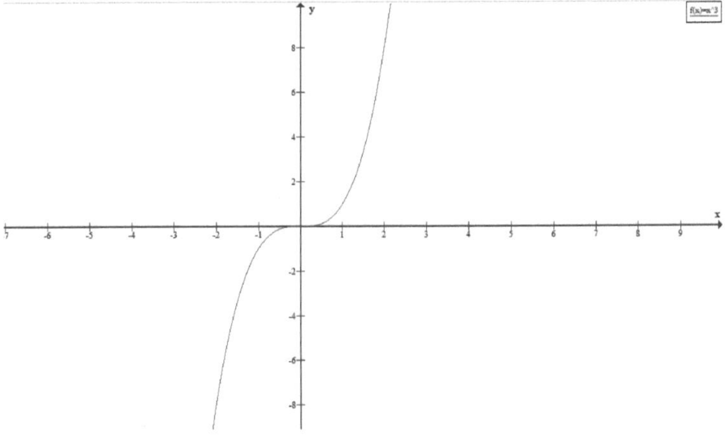

$y=x^3$

Ejemplo:

Sea: $f(x)=3x+2$

La función es lineal con pendiente m=3 y creciente y biyectiva, y así tiene inversa.

$y=f(x)=3x+2$

f^{-1}: $x=3y+2$ $y=(x-2)/3$

f^{-1}(8)=(8-2)/3=2

(f^{-1} o f) (8)=8

(f^{-1} o f) (8)=f^{-1}(f(8))=f^{-1}(26)=(26-2)/3=8

(f^{-1} o f) (x)=x

(f^{-1} o f) (x)=f^{-1}(f(x))=f^{-1}(3x+2)=(3x+2-2)/3=x

Sea: f(x)=(x/3)-2

La función es lineal con pendiente m=1/3 y creciente y biyectiva, y así tiene inversa.

y=f(x)=(x/3)-2

f^{-1}: x=(y/3)-2   y=3(x+2)   y=3x+6

(f^{-1} o f)(x)=f^{-1}(f(x))=f^{-1}((x/3)-2)=3[(x/3)-2]+6=x-6+6=x

La función y=x^2 no tiene inversa (no es una función uno a uno) pero se puede restringir el dominio para que tenga inversa. La relación inversa está dada por: x=y^2 y=$\pm\sqrt{x}$.

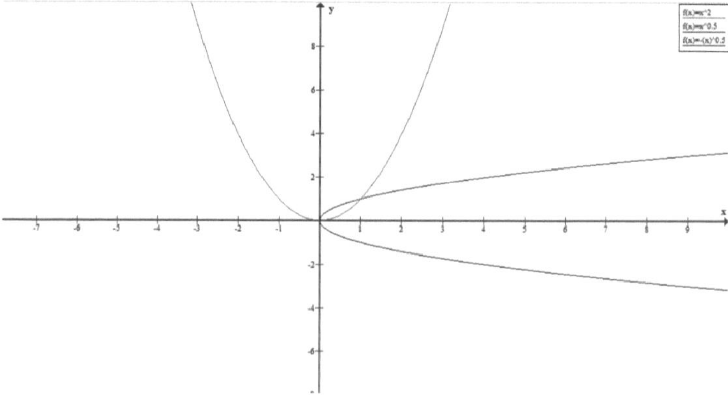

Si se trazan rectas verticales a la inversa y=$\pm\sqrt{x}$ se tiene que las rectas cortan a la gráfica en más de un punto y así no es función.

Así por ejemplo, el dominio puede ser restringido a x$\geq$0 o x$\leq$0 para que y=x^2 tenga inversa.

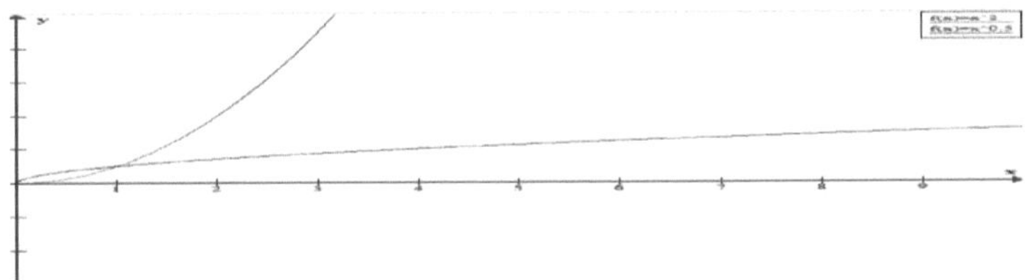

Gráfica de f(x)=x^2 x≥0 con su función inversa g(x)=$\sqrt{x}$ con dominio [0, ∞)

Ejemplo:

Obtener la función inversa de: f(x)=x^2 x≥0 y obtener el dominio y rango.

y=x^2

x=y^2 y=g(x)=f^{-1}(x)= $\sqrt{x}$: función inversa

Dominio de f: [0,∞)=Rango de f^{-1}

Rango de f: [0,∞)=Dominio de f^{-1}

Ejemplo:

Obtener la función inversa de: f(x)=x^2-1   x≥0 y obtener el dominio y rango.   y=x^2-1

x=y^2-1   y=g(x)=f^{-1}(x)= $\sqrt{x+1}$: función inversa

Dominio de f: [0,∞)=Rango de f^{-1}

Rango de f: [-1,∞)=Dominio de f^{-1}

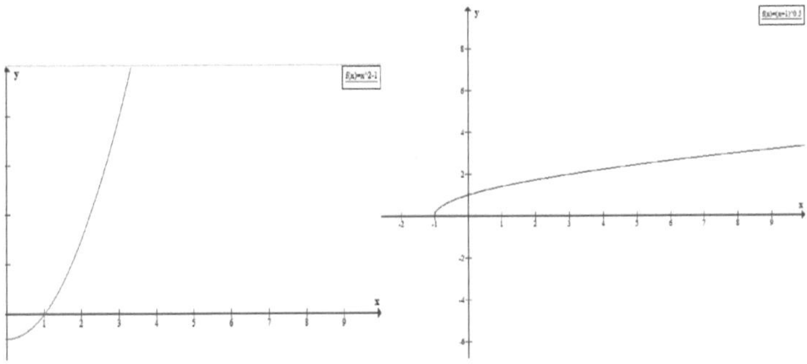

Gráfica de f(x)=x^2-1 x≥0 y su función inversa g(x)=$\sqrt{x+1}$ con dominio [-1,∞).

25.- Función Lineal y la línea recta

La función lineal está dada por: y=mx+b, m≠0, el gráfico corresponde a una línea recta donde m representa la pendiente de la línea recta y b es la intersección de la recta con el eje y. Así, b puede ser positivo o negativo. Si la recta pasa por el origen de coordenadas, b=0.

Para graficar la función lineal sólo se necesitan obtener dos puntos (x,y) y unir estos dos puntos. Si se obtiene un tercer punto, el tercero será colineal con los dos puntos anteriores y esto será una comprobación de la linealidad de los tres puntos.

Ejemplo:

Graficar: y=2x+1

x	y
0	1
1	3
2	5

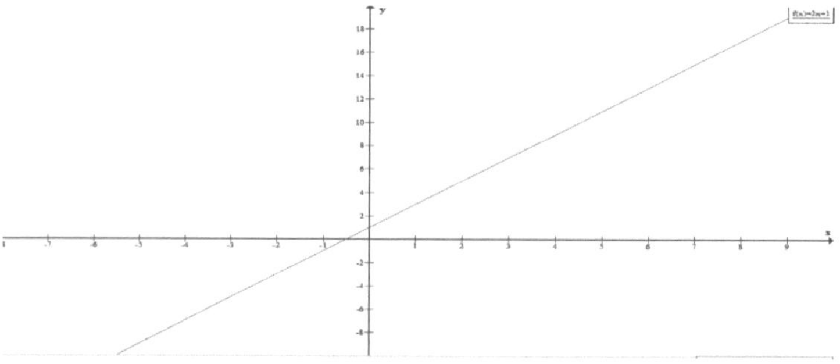

La pendiente m representa una medida de la inclinación de la línea recta y está dada por tan α (tangente de α), donde α es el ángulo de inclinación de la línea recta con una recta paralela al eje x.

Si se adjunta un triángulo rectángulo que contenga al ángulo, a la línea recta, a una recta paralela al eje y, a la recta paralela al eje x, como se observa en el gráfico, la pendiente está dada por la siguiente tasa o razón:
$m = \dfrac{\text{cambio vertical}}{\text{cambio horizontal}}$. Además, se puede obtener otros triángulos rectángulos por medio de otros dos puntos de la recta, pero se obtiene la

misma pendiente ya que los triángulos son semejantes y se tiene la misma proporción vertical sobre horizontal.

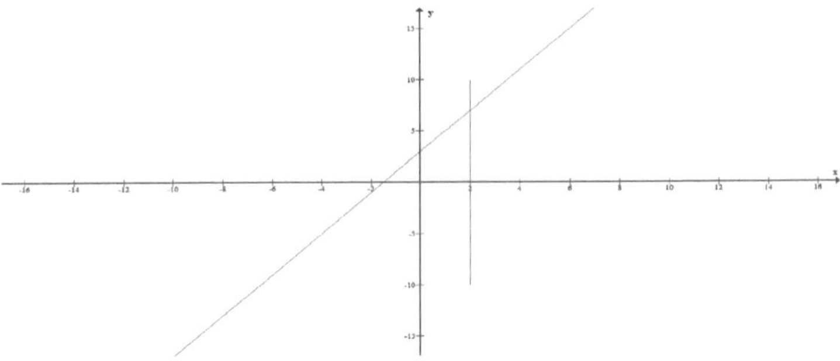

$$m = \frac{\Delta y}{\Delta x}$$

m=7/3.5

m=2

Si se obtiene la tan α, esto justamente corresponde a esta tasa, es decir la pendiente:

$$m=\tan\alpha =\frac{\Delta y}{\Delta x}$$

Si los puntos de corte de las rectas horizontales y verticales paralelas al eje x y al eje y con la línea recta son (x_1, y_1) y (x_2, y_2) (los cuales son dos puntos de la línea recta), entonces se tiene:

$\Delta y = y_2 - y_1$

$\Delta x = x_2 - x_1$

$$m = \frac{y_2-y_1}{x_2-x_1} \qquad x_1 \neq x_2$$

Cuando se obtiene la pendiente por medio de los puntos (x_1, y_1) y (x_2, y_2) no importa que punto se selecciona como P_1 o P_2. Además, no importa que puntos P_1 o P_2 se seleccionan para obtener la pendiente ya que toda recta tiene una sola inclinación y así, le corresponde una sola pendiente.

Además, si la pendiente m es positiva la recta es ascendente, si la pendiente es negativa, la recta es descendente, y si m=0, entonces la pendiente es horizontal y no hay inclinación.

Se puede comprobar que si la recta es horizontal, el ángulo de inclinación es 0°, y así m=tan 0°=0, m=0.

Si la recta es vertical, el ángulo de inclinación es 90°, y así m=tan 90°→∞. Así, la línea recta va aumentando su pendiente mientras la recta va cambiando su inclinación desde la horizontal (m=0) hasta la vertical (m→∞).

Métodos para encontrar la función lineal

Dado Pendiente e Intercepto

1) m=2 : triángulo rectángulo con razón vertical sobre horizontal igual a 2. b=5 : intercepto con el eje de las y igual a 5.

y=mx+b **forma pendiente-intercepto**

y=2x+5

Así, la línea recta tiene una pendiente de 2 (recta ascendente) y un intercepto con el eje y de b=5.

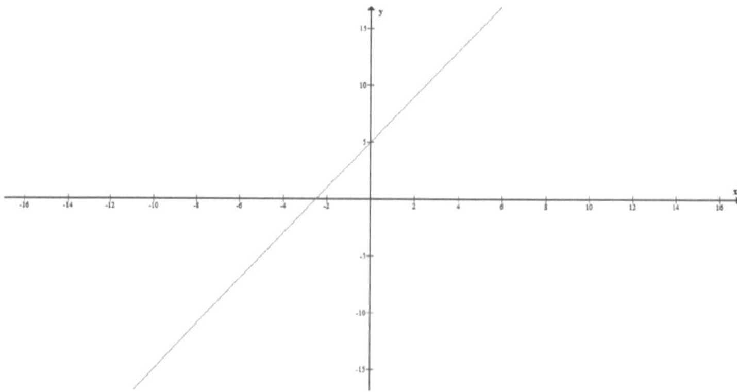

Dado Punto-Pendiente

2) m= -3 P(1,5) x=1 y=5 f(1)=5

y=mx+b **forma pendiente-intercepto**

y= -3x+b

5= -3(1)+b

5+3=b

b=8

y= -3x+8

Otra forma es utilizar la forma de la línea recta llamada punto-pendiente:

$$m = \frac{y2-y1}{x2-x1}$$

$(y-y_1)=m(x-x_1)$ donde $P(x_1,y_1)$ **forma punto-pendiente**

y-5= -3(x-1)

y-5= -3x+3

y= -3x+8   Así, la recta tiene una pendiente de -3, (la recta es descendente) y un intercepto de 8, b=8.

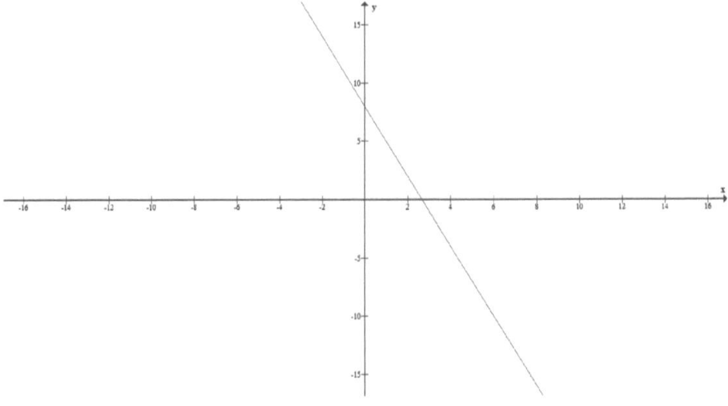

Dado 2 Puntos

3) P_1 (1,2)   x=1 y=2   f(1)=2

   P_2 (-1,4) x=-1 y=4 f(-1)=4

$$m = \frac{y2-y1}{x2-x1}$$

$$m = \frac{4-2}{-1-1} \qquad m = -1$$

y=mx+b **forma pendiente-intercepto**

y=-x+b

Reemplazando uno de los dos puntos:

P(1,2)

2= - (-1)+b

3=b

b=3

y= -x+3   m= -1 b=3

$(y-y_1)=m(x-x_1)$ donde $P(x_1,y_1)$ **forma punto-pendiente**

y-2= -(x-1)

y-2= -x+1

y= -x+3

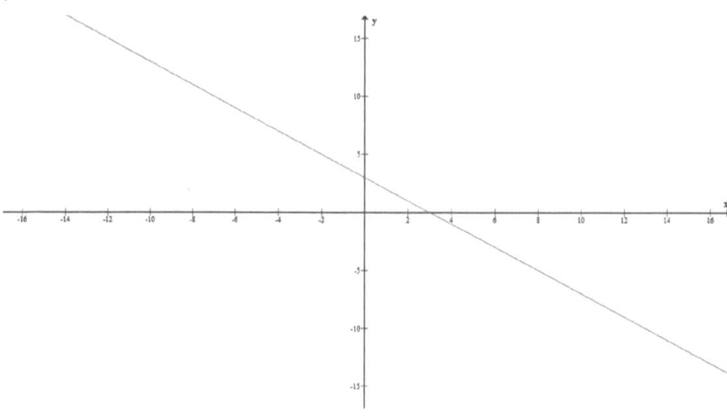

Ejemplo:

Si se tiene los siguientes puntos que pasan por la línea recta: (1,3) y (3,7), entonces la pendiente está dada por:

$$m = \frac{7-3}{3-1}$$

m=2

$$m = \frac{y-y1}{x-x1}$$

y-y_1=m(x-x_1) : **forma punto-pendiente**

y-3=2(x-1)

y=2x+1

Es decir, esto no fue necesario realizar el gráfico para obtener la pendiente si se tiene los dos puntos de la línea recta.

Dado una Ecuación: Forma canónica

4) y+8=5(3-2x)

y+8=15-10x

10x+y=7 **forma canónica**: Ax+By=C   y=(-A/B)x+C/B

Donde la pendiente es m=-A/B y b=C/B lo cual es el intercepto.

y= -10x+7   m= -10   b=7

Se puede obtener la gráfica de la siguiente forma también:

x=0   y=7

y=0   x=7/10

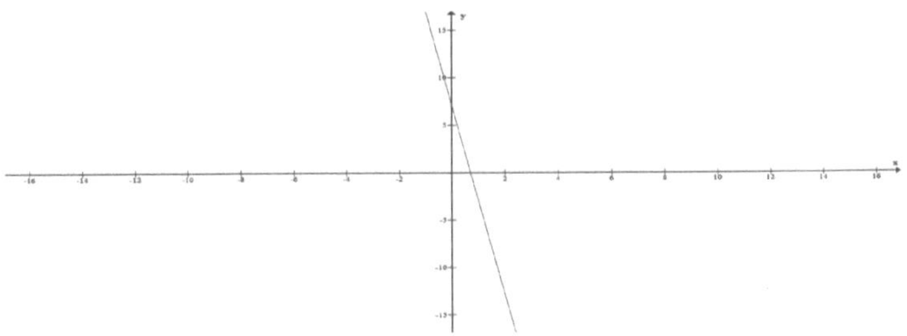

Dado Intersecciones con los ejes x y y

Si se da la ecuación de esta forma (x/a)+(y/b)=1 (bx+ay=ab), esto corresponde a una línea recta o función lineal y la forma se llama **forma intersección.**

y=0 x=a a: intersección con el eje x

x=0 y=b b: intersección con el eje y

5) Encontrar la ecuación de una recta con intersección x igual a 4 e intersección y igual a 2.

$(x/4)+(y/2)=1$

$x+2y=4$ forma canónica

$y=(-1/2)x+2$ forma pendiente-intersección.

Dado una Gráfica

6) Si se da una gráfica, entonces esto es posible trazar un triángulo vertical adjunto a la línea recta para utilizar la siguiente fórmula de pendiente:

$$m = \frac{\text{cambio vertical}}{\text{cambio horizontal}}$$

$$m = \frac{\Delta y}{\Delta x}$$

El intercepto b es posible obtenerlo gráficamente observando su intersección con el eje y.

Otra forma consiste en ubicar dos puntos en la línea recta: $P_1\,(x_1,y_1)$, $P_2\,(x_2,y_2)$

Así, se puede obtener la función lineal como en el método de los dos puntos.

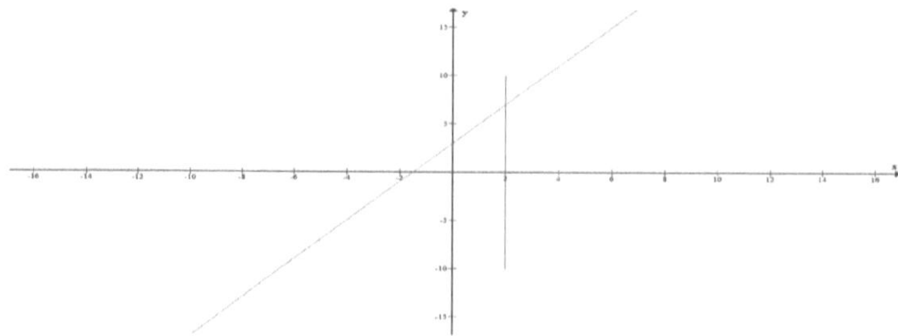

Del gráfico anterior, b=3 y la pendiente se obtiene del triángulo rectángulo de la figura: m=7/3.5, m=2.

$y=2x+3$

Además, se tienen los puntos $P_1(2,7)$ y $P_2(-1.5,0)$ y el intercepto es b=3

$m=(0-7)/(-1.5-2)=7/3.5$ m=2 $y=2x+3$

Ecuación paramétrica de la recta

$$\frac{x-a_1}{r} = \frac{y-a_2}{s} = t$$

Donde (x_1,y_1) es un punto de la recta y $V=<r,s>$ es el vector directriz en la dirección de la recta y t es un parámetro variable.

$x=a_1+rt \quad y=a_2+st$

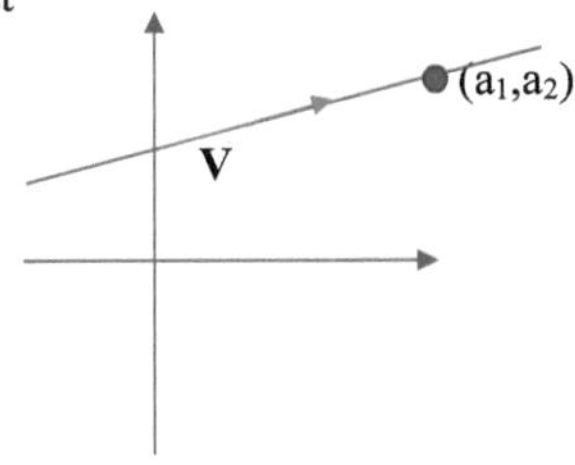

La forma canónica de la recta se obtiene despejando t e igualando las ecuaciones:

$$\frac{x-a_1}{r} = \frac{y-a_2}{s} = t$$

$s(x-a_1)=r(y-a_2)$ forma canónica de la recta.

$sx-ry+ra_2-sa_1=0$

$a=s \quad b=-r \quad c=ra_2-sa_1 \quad c=-aa_1-ba_2$

$ax+by+c=0$ forma canónica de la recta.

El vector directriz es: $<r,s>$

El vector normal de la recta es: $<a,b>=<s,-r>$

El producto punto entre el vector directriz y el vector normal es:

$<r,s> \cdot <s,-r>=rs-sr=0$

Ecuación normal de la recta

Sea la ecuación canónica de la recta: ax+by+c=0 donde <a,b> es el vector normal de la recta y se tienen dos puntos de la recta (a_1,a_2) y (x,y) que forman el vector $\mathbf{V_1}$=<x-a_1,y-a_2>:

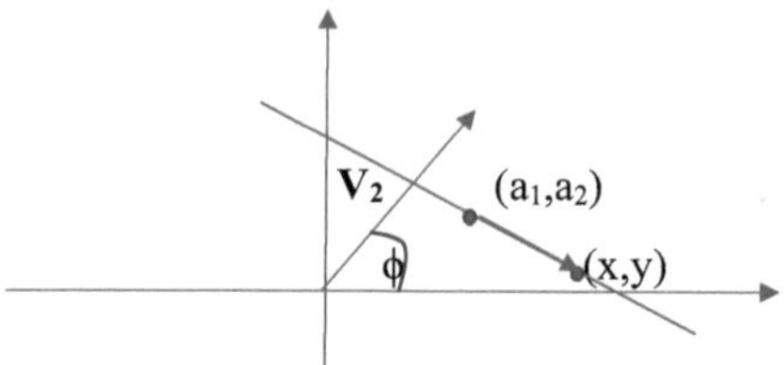

Sea el vector V_2 perpendicular a la recta y con componentes: <a,b>.

El vector normalizado o unitario es: $\mathbf{Vu_2}$=$< \dfrac{a}{\sqrt{a^2+b^2}}, \dfrac{b}{\sqrt{a^2+b^2}}>$

Los vectores $\mathbf{V_1}$ y $\mathbf{Vu_2}$ son perpendiculares y su producto punto es cero:

$$\frac{a(x-a_1)}{\sqrt{a^2+b^2}}+\frac{b(y-a_2)}{\sqrt{a^2+b^2}}=0$$

$$\frac{a}{\sqrt{a^2+b^2}}x+\frac{b}{\sqrt{a^2+b^2}}y+\frac{-aa_1-ba_2}{\sqrt{a^2+b^2}}=0$$

$$\frac{a}{\sqrt{a^2+b^2}}x+\frac{b}{\sqrt{a^2+b^2}}y+\frac{c}{\sqrt{a^2+b^2}}=0 \quad \text{donde } c=-aa_1-ba_2$$

Esta es la ecuación normal de la recta con vector unitario normal:

$\mathbf{n}$ =$< \dfrac{a}{\sqrt{a^2+b^2}} , \dfrac{b}{\sqrt{a^2+b^2}} >$ donde el $\cos\phi$ y $\text{sen}\phi$ son iguales a las componentes del vector: $\cos\phi=\dfrac{a}{\sqrt{a^2+b^2}}$ y $\text{sen}\phi=\dfrac{b}{\sqrt{a^2+b^2}}$.

Así, se divide para $\sqrt{a^2+b^2}$ de la forma canónica de la recta ax+by+c=0 para obtener la ecuación normal de la recta:

$\dfrac{a}{\sqrt{a^2+b^2}}$x+$\dfrac{b}{\sqrt{a^2+b^2}}y+\dfrac{c}{\sqrt{a^2+b^2}}=0$ donde c=$-aa_1-ba_2$ donde (a_1,a_2) es un punto de la recta.

Líneas rectas horizontales y verticales

x= -2

El gráfico corresponde a una línea recta vertical (para todo valor de y, x vale -2). La pendiente es ∞ y no hay intercepto con el eje y.

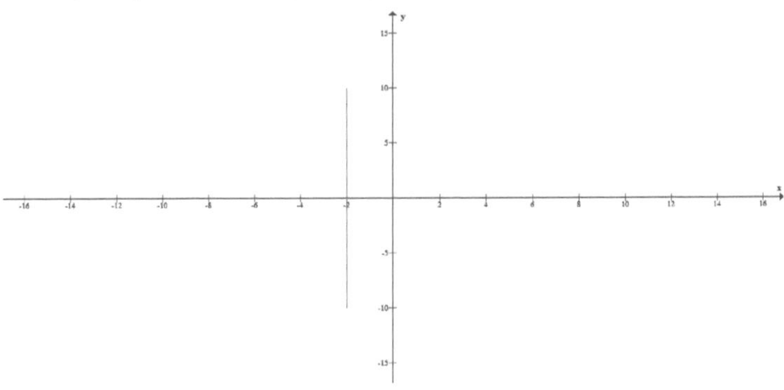

y=4

El gráfico corresponde a una línea recta horizontal (para todo valor de x, y vale 4). Se puede comparar con la forma de la función lineal y=mx+b

y=0x+4, Así, m=0 y b=4. Además, toda recta horizontal tiene una pendiente de 0. El intercepto con el eje y es b=4.

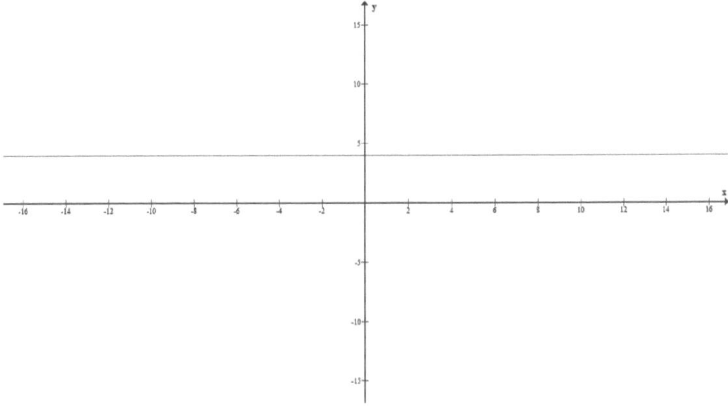

Gráfica de la función lineal

Para realizar la gráfica de la función lineal, se debe despejar y para luego proceder a realizar la gráfica por medio de la obtención de dos puntos.

$2x+3y-12=0$

$3y=12-2x$

$y=(-2/3)x+4$

$x=0$ $y=4$ $P_1(0,4)$

$x=3$ $y=2$ $P_2(3,2)$

Luego, se procede a ubicar los dos puntos y a unir los dos puntos para trazar la línea recta.

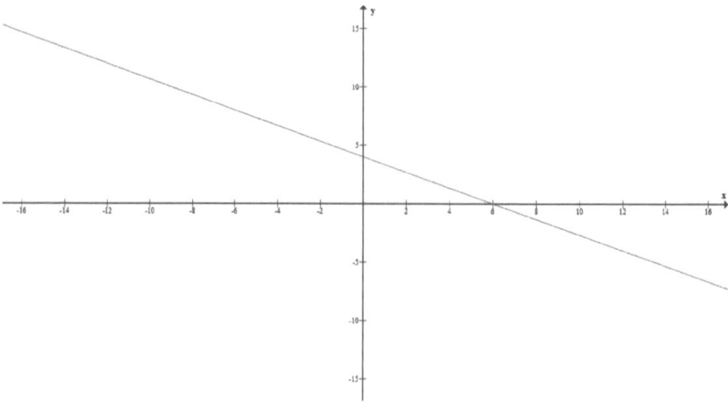

$3x+4y-2=0$

$4y=2-3x$

$y=(-3/4)x+(1/2)$

$x=0$ $y=1/2$ $P_1(0,1/2)$

$x=2$ $y=-1$ $P_2(2,-1)$

Luego, se procede a ubicar los dos puntos y a unir los dos puntos para trazar la línea recta.

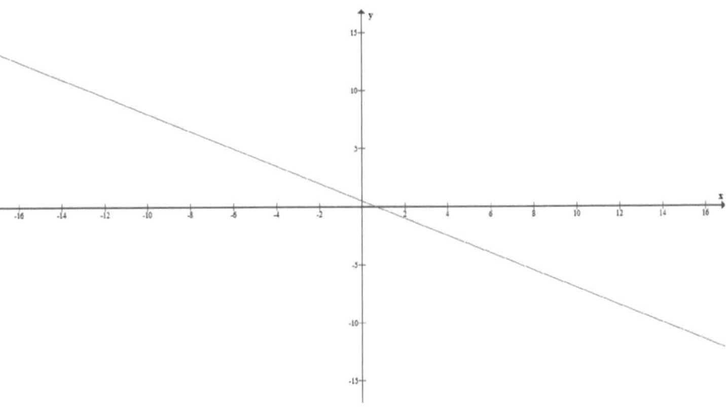

2x-3y+6=0

y=(2/3)x+2

x=0   y=2 $P_1(0,2)$

x=3   y=4 $P_2(3,4)$

Luego, se procede a ubicar los dos puntos y a unir los dos puntos para trazar la línea recta.

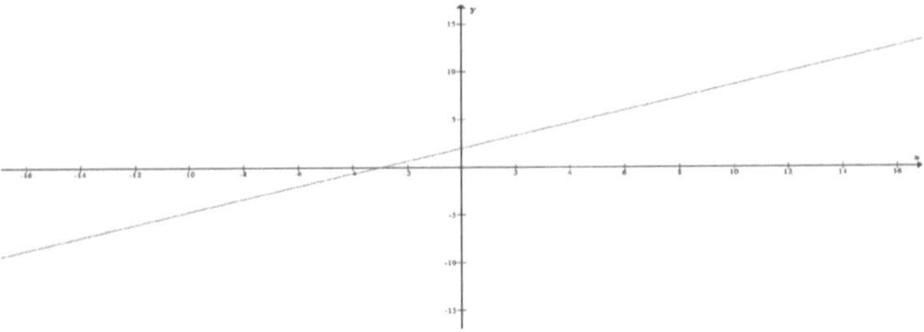

Rectas coincidentes e incidencia

Dos rectas son coincidentes si tienen la misma ecuación y así tienen infinitos puntos de intersección. Dos rectas que son incidentes tienen un punto de intersección.

Rectas paralelas y perpendiculares

Las rectas paralelas forman un ángulo de 0° entre ellas y tienen la misma pendiente $m_1=m_2$.

Las rectas perpendiculares forman un ángulo de 90° entre ellas y están dadas por la siguiente relación:

$$m_1 = -\frac{1}{m_2} \quad \text{o} \quad m_1 m_2 = -1$$

2 rectas pasan por (3,-2), una recta es paralela a y=3x+1 y la otra recta es perpendicular a y=3x+1. Encontrar la ecuación de ambas rectas.

Rectas paralelas:

y=3x+1   m=3   b=1

m_1=m_2 Así, la pendiente de la recta paralela es m=3

El punto por el que pasa la línea recta es (3,-2):

y=3x+b

-2=3(3)+b

-11=b

b= -11   y=3x-11

Rectas perpendiculares:

$m_1 m_2$=-1 Así, la pendiente de la recta perpendicular es m=-1/3

y=(-1/3)x+b   P(3,-2)

-2=(-1/3)(3)+b

-1=b

b= -1

y=(-1/3)x-1

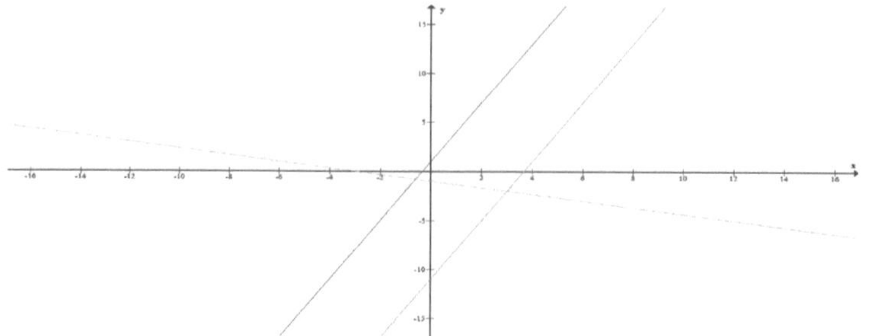

Ángulo entre dos rectas

El ángulo entre dos rectas se obtiene por medio del producto punto entre los vectores directrices de cada recta.

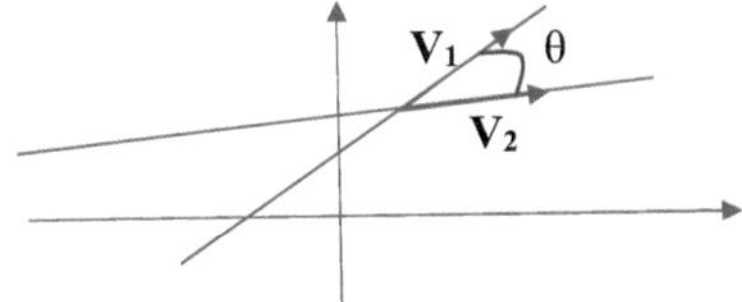

$$\cos \theta = \frac{V_1 \cdot V_2}{V_1 \cdot V_2}$$

donde los vectores V_1 y V_2 se obtienen con dos puntos de cada recta.

Esto es posible utilizar la siguiente fórmula para calcular el ángulo entre dos rectas por medio de las pendientes:

$$\tan \theta = \frac{m_2 - m_1}{1 + m_1 m_2}$$

donde m_1 y m_2 son las pendientes de cada recta.

Si las dos rectas son paralelas entonces $\theta = 0°$ y $\tan\theta = 0$ y $m_1 = m_2$.

Si las dos rectas son perpendiculares entonces $\theta = 90°$ y $\tan\theta$ es ∞ y $1 + m_1 m_2 = 0 \quad m_1 m_2 = -1$.

Distancia de un punto a una recta

Sea $A(a_1, a_2)$ un punto de la recta y sea $P(x_1, y_1)$ el punto con el cual se desea obtener la distancia a la recta y la ecuación canónica de la recta es:

$ax + by + c = 0$ con vector normal unitario: $\mathbf{n} = <\frac{a}{\sqrt{a^2+b^2}}, \frac{b}{\sqrt{a^2+b^2}}>$.

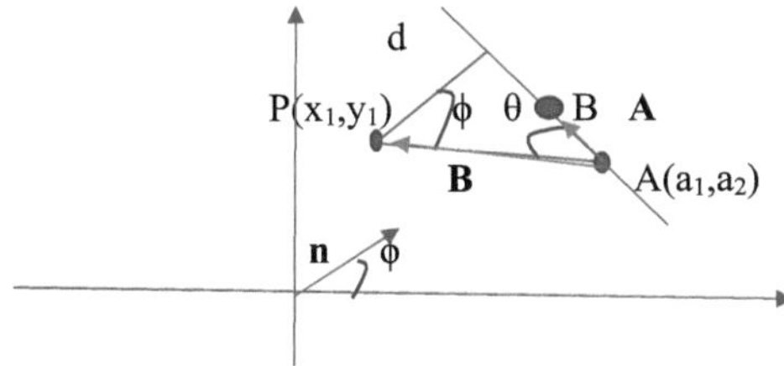

Sea el vector $\mathbf{V} = <a_1 - x_1, a_2 - y_1>$ y se realiza el producto punto entre el vector $\mathbf{V}$ y el vector normal unitario:

$\mathbf{V} \cdot \mathbf{n} = V\, n \cos\phi = V \cos\phi = d$

$$d = \frac{(a_1-x_1)a+(a_2-y_1)b}{\sqrt{a^2+b^2}} = \frac{-ax_1-by_1+(aa_1+ba_2)}{\sqrt{a^2+b^2}}$$

La distancia es positiva:

$$d = \frac{|ax_1+by_1+(-aa_1-ba_2)|}{\sqrt{a^2+b^2}}$$ donde $c = -aa_1 - ba_2$

$$d = \frac{|ax_1+by_1+c|}{\sqrt{a^2+b^2}}$$

La distancia del origen $(0,0)$ a la recta es:

$$d = \frac{|c|}{\sqrt{a^2+b^2}}$$ donde $x_1=0$ y $y_1=0$.

Esto es posible hallar la distancia por medio de vectores entre el producto punto entre los vectores **A** y **B** donde **A** es un vector formado por dos puntos de la recta (A y B) y **B** es el vector formado por los puntos A y P.

$d=[B^2- (B\cos\theta)^2]^{1/2}$ donde $B\cos\theta = \dfrac{\mathbf{A\cdot B}}{\mathbf{A}}$

Área de un triángulo dado los puntos de los vértices.

Se obtiene por medio de los puntos dados los vectores **A** y **B**. El producto punto también es utilizado para calcular el área de triángulos como en el siguiente ejemplo:

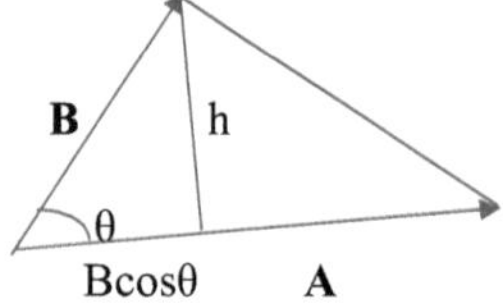

h=B sen θ donde el ángulo θ es hallado del producto punto y B es la magnitud del vector **B**.

$\mathbf{A\cdot B}$=A B $\cos(\theta)$ $\theta=\cos^{-1}[\mathbf{A\cdot B}/(A\ B)]$

También se puede obtener h por medio de la siguiente fórmula:

h=[B^2- (B\cos\theta)^2]^{1/2} donde $B\cos\theta = \dfrac{\mathbf{A\cdot B}}{\mathbf{A}}$ y A es la magnitud del vector **A**.

El área del triángulo es $A_t = \dfrac{A\,h}{2}$ donde A es la magnitud del vector **A**.

26.- Planteamiento de funciones lineales

Una tienda que vende artículos deportivos vende en $80 una raqueta de tenis cuyo costo es de $60 y un par de esquíes cuyo costo es de $80 en $120.

Si se sabe que el sobreprecio de ambos artículos tiene una relación lineal. Encuentre la ecuación lineal. Use la ecuación para encontrar el precio de un par de patines que sigue la misma relación lineal del sobreprecio y cuyo costo es de $40.

C: costo: x   V: venta: y

$c_1=60$ $v_1=80$ $(60,80)$ (x_1,y_1)

$c_2=80$ $v_2=120$ $(80,120)$ (x_2,y_2)

$m=(y_2-y_1)/(x_2-x_1)$

$m=(v_2-v_1)/(c_2-c_1)$

$m=(120-80)/(80-60)$

$m=40/20$

$m=2$

$(y-80)=2(x-60)$

$y=2x-40$

$c=x=40$

$y=2(40)-40$ $v=y=40$

La gerencia de una fábrica de bolígrafos calcula que los gastos de administración ascienden a \$200 cuando la producción es cero y aumenta a \$700 diarios cuando es de 1000 bolígrados.

Si el costo diario se relaciona linealmente con la producción diaria total x de bolígrafos, encuentre la relación lineal que relaciona estas dos cantidades. ¿Cuál es el costo por día para una producción de 5000 bolígrafos?.

P: producción=x

C: costo=y

(x,y): (P,C)

Los datos dados nos dan las siguientes coordenadas (x,y):

(0,200) y (1000,700)

m=(700-200)/(1000-0)

m=500/1000

m=1/2

(y-200)=1/2(x-0)

y-200=(1/2)x

y=(1/2)x+200

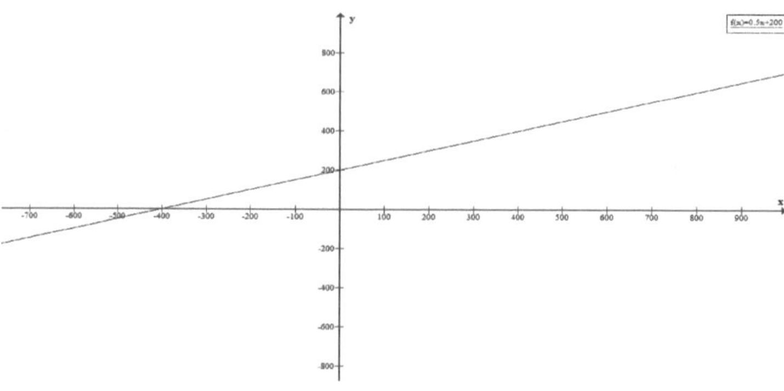

P=5000

y=(1/2)5000+200

y=v=2700

27.- Función Cuadrática

La función cuadrática está dada por: $y=ax^2+bx+c$ $a\neq0$

También está dada de la siguiente forma: $y=a(x-h)^2+k$

El gráfico de la función cuadrática es una parábola. El signo del coeficiente a nos da la forma de la concavidad de la parábola. Así, si a>0 la función es cóncava hacia arriba, si a<0 la función es cóncava hacia abajo. Si a=0, la función es una función lineal.

Si el valor de $|a|>1$ la parábola se contrae, mientras que si $0<|a|<1$ la parábola se ensancha o se expande.

El vértice de la parábola es (h,k) y x=h es el eje de la parábola y k es el valor mínimo (a>0) o máximo de la parábola (a<0). Si la parábola está dada de la forma $y=ax^2+bx+c$, esto es posible llevarla a la forma $y=a(x-h)^2+k$ por medio del método de completación de cuadrados. También el valor de h del vértice de la parábola está dada por la siguiente fórmula: h= -b/2a

$y=ax^2+bx+c$

$y=a[x^2+(b/a)x+c/a]$

$y=a[x^2+(b/a)x+(b^2/4a^2)- (b^2/4a^2)+(c/a)]$

$y=a[x+(b/2a)]^2- (b^2/4a)+(c)$

$y=a(x-h)^2+k$

h= -b/2a   k= - $(b^2/4a)+(c)$ k=$(4ac-b^2)/(4a)$ k=-d/(4a)

$d=b^2-4ac$ d: discriminante

eje de simetría: x=h x=-b/2ª

vértice: (h,k) x=h=-b/2a   k=-d/4a o k=f(h)

k: valor mínimo (a>0) o valor máximo (a<0)

El bosquejo de la parábola es posible obtenerlo si se tiene el valor de a y el vértice.

Si se desea obtener los cortes de la parábola con el eje y, se obtiene sustituyendo en la función x=0: $y=ax^2+bx+c$ y=c

Si se desea obtener los cortes de la parábola con el eje x, se obtiene sustituyendo en la función y=0: $y=ax^2+bx+c$ $ax^2+bx+c=0$, cuya solución se puede obtener por factorización o por la fórmula cuadrática.

$$x_{1,2} = \frac{-b \pm \sqrt{b^2-4ac}}{2a}$$

Si el discriminante d=b^2-4ac es negativo entonces no hay cortes con el eje x.

ax^2+bx+c=0

a[x^2+(b/a)x+c/a]=0

x^2+(b/a)x+(b^2/4a^2)- (b^2/4a^2)+(c/a)=0

[x+(b/2a)]^2- (b^2/4a^2)+(c/a)=0

[x+(b/2a)]^2=(b^2-4ac)/(4a^2)

$$x_{1,2} = \frac{-b \pm \sqrt{b^2-4ac}}{2a}$$ **fórmula cuadrática**

 y=x^2-3x+2   a=1   b=-3   c=2

a=1 La parábola es cóncava hacia arriba. El vértice está dado por:

h= -b/2a   k= - (b^2/4a)+(c)

h=3/2   k=-1/4

k se puede obtener también reemplazando el valor de x=3/2 en la función:

k=(3/2)^2-3(3/2)+2

　　　　=9/4-9/2+2

　　　　= -1/4

El vértice es V(3/2,-1/4)

También se puede obtener h y k por medio de la completación de cuadrados:

y=x^2-3x+2

y=x^2-3x+(9/4)-(9/4)+2

y=(x-3/2)^2-1/4   h=3/2   k= -1/4

V(3/2,-1/4)   a=1

x=0   y=2   (0,2) corte con el eje y

y=0 x^2-3x+2=0

(x-2)(x-1)=0

$x_1=2 \quad x_2=1 \quad (1,0)$ y $(2,0)$ cortes con el eje x

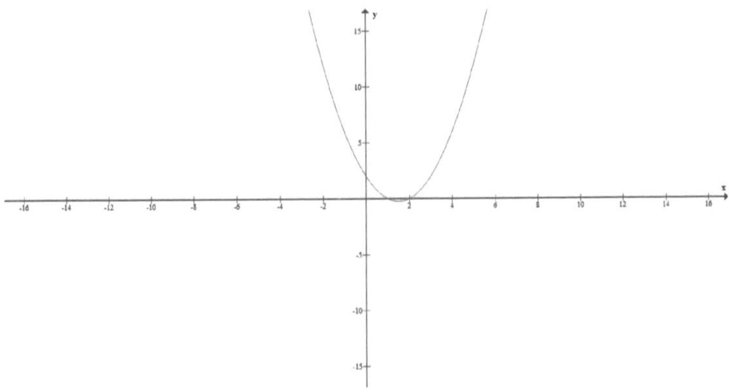

La parábola también se puede graficar por medio del método de desfase de la función $y=x^2$.

$y=x^2$ es una función que pasa por el origen y es cóncava hacia arriba.

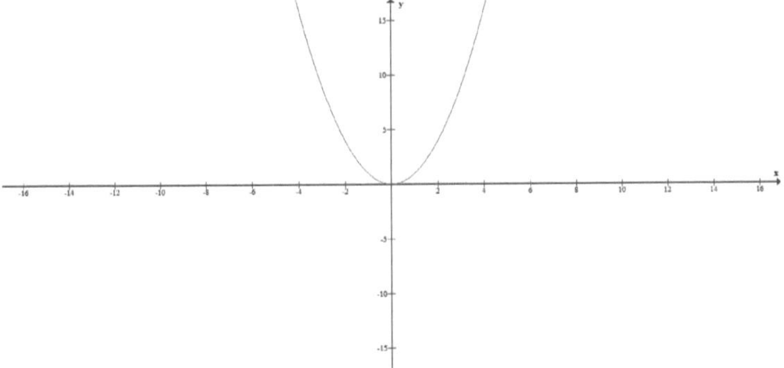

Así, $y=(x-3/2)^2-1/4$ es la función $y=x^2$ donde el vértice está desfasado 3/2 hacia la derecha y1/4 hacia abajo.

$y=(x+2)^2-5$: El vértice se ha desfasado -2 en la posición horizontal hacia la izquierda y -5 en la posición vertical hacia abajo. V(-2,-5)   a=1

Si se desea graficar la función y=(x-1)^2 el vértice se ha desfasado el valor de 1 en la posición horizontal hacia la derecha. V(1,0) y a=1

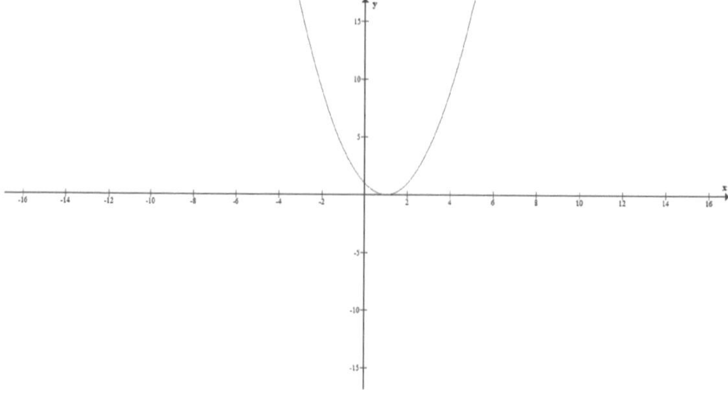

y=(x-1)^2+5

El vértice se ha desfasado el valor de 1 en la posición horizontal hacia la derecha y el valor de 5 en la posición vertical hacia arriba. V(1,5) a=1

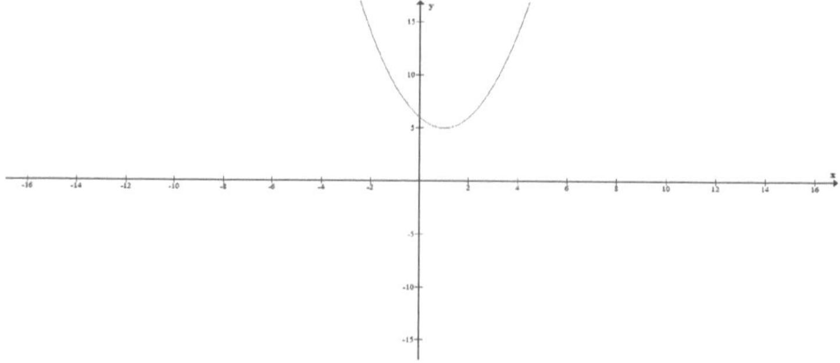

y=x^2-6x+7

a=1 La parábola es cóncava hacia arriba. El vértice está dado por:

h=3   k=(3)^2-6(3)+7

        =9-18+7

        = -2

V(3,-2)

$y=x^2-6x+7$

$y=x^2-6x+9-9+7$

$y=(x-3)^2-2$ h=3   k= -2

V(3,-2)   a=1

x=0   y=7 (0,7): corte con el eje y

y=0 $x^2-6x+7=0$

$$x_{1,2} = \frac{6\pm\sqrt{36-28}}{2}$$

$x_1=3+2\sqrt{2}$ $x_2=3-2\sqrt{2}$

$(3+2\sqrt{2},0)$ y $(3-2\sqrt{2},0)$:   cortes con el eje x

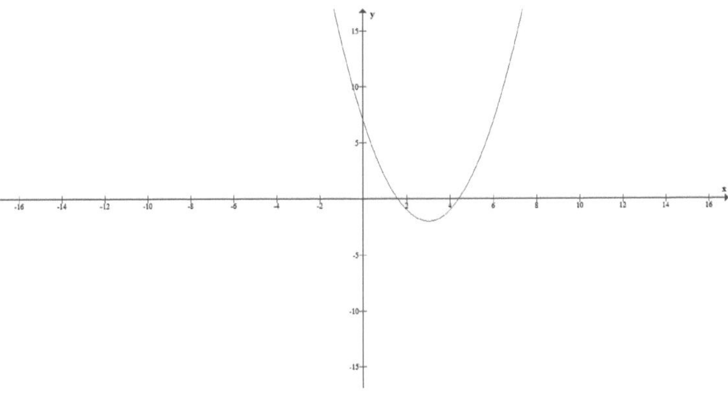

$y=-x^2-4x+12$

$y= -(x^2+4x+4)+12+4$

$y= - (x+2)^2+16$

a= -1 h=-2 k=16   V(-2,16)

h=-b/2a   h= -2   k= - $(-2)^2$-4(-2)+12

                     k=16

Cortes con el eje y: x=0   y=12

Cortes con el eje x: $y=0$ $-x^2-4x+12=0$

$$-(x^2+4x-12)=0$$

$$-(x+6)(x-2)=0$$

$x_1=-6$ $x_2=2$

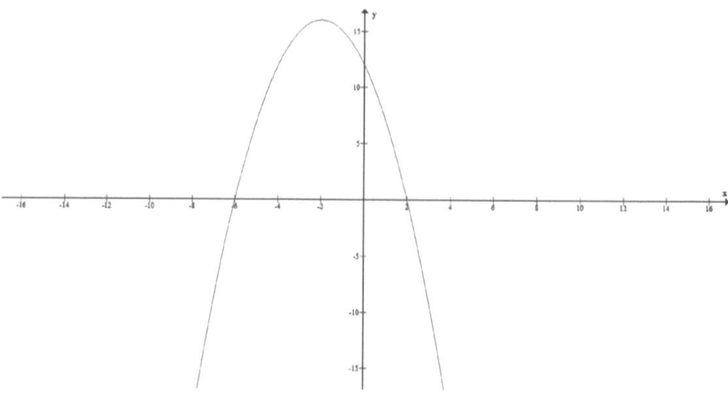

$y=2x^2$

$a=2$ (la parábola se contrae)

$h=0$ $k=0$ $V(0,0)$

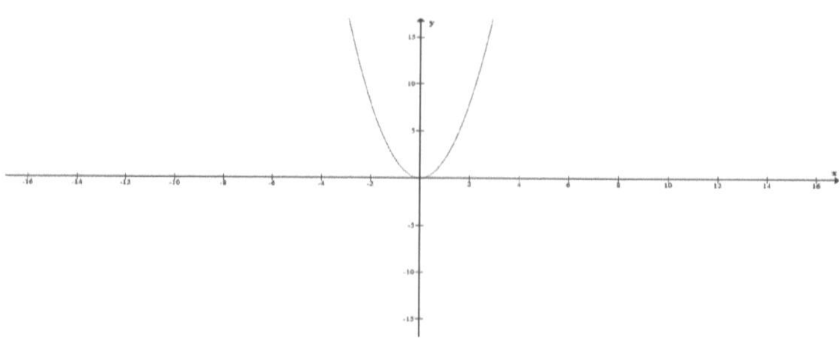

$y=(1/2)x^2$

$a=1/2$: la parábola se expande o se ensancha

$h=0$ $k=0$ $V(0,0)$

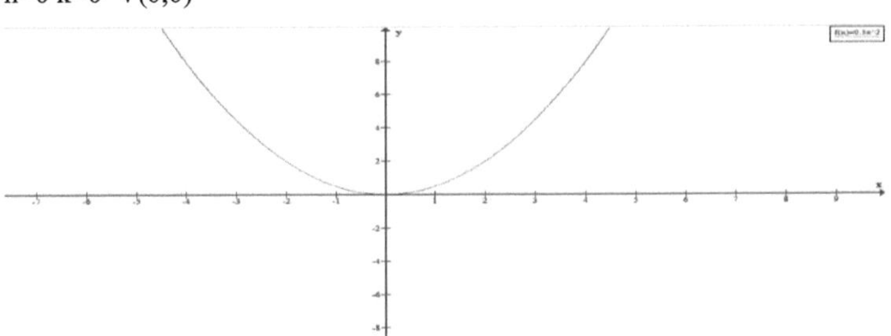

$y=2x^2+2x+3$

$y=2[x^2+x+(1/4)]+3-1/2$

$y=2[x+(1/2)]^2+5/2$

$h=-1/2$ $k=5/2$ $a=2$

$V(-1/2,5/2)$

Cortes con el eje x: $y=0$

$$x_{1,2} = \frac{-2\pm\sqrt{4-24}}{4}$$

El Discriminante es negativo, entonces no hay cortes con el eje x.

Cortes con el eje y: $x=0$ $y=3$ $(0,3)$

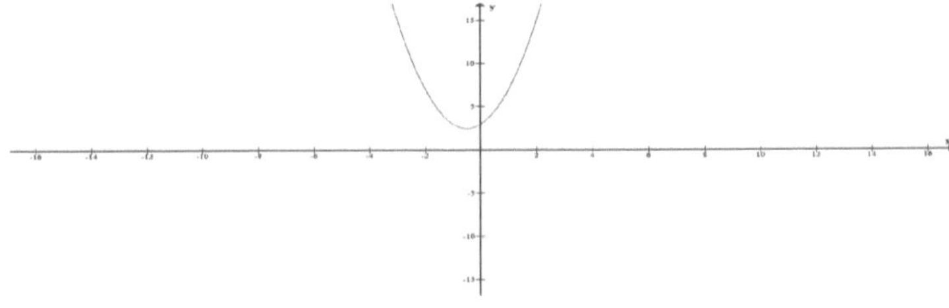

28.- Funciones polinomiales y ecuaciones de grado mayor a 2

Las ecuaciones lineales se pueden resolver de la siguiente forma:

ax+b=0   a≠0

x=-b/a

Además, las ecuaciones cuadráticas se pueden resolver por medio de la fórmula cuadrática o por factorización:

ax^2+bx+c=0 a≠0

$$x_{1,2} = \frac{-b\pm\sqrt{b^2-4ac}}{2a}$$ **Fórmula cuadrática**

Una función polinomial de grado n está definida de la siguiente manera:

f(x)=a$_n$x^n+a$_{n-1}$x^{n-1}+…..+a$_1$x+a$_o$ a$_n$≠0

Si x es un cero de la función polinomial se debe cumplir que: f(x)=0

Si se grafica la función f(x) entonces los ceros o raíces de la función son los valores de x que intersecan la gráfica con el eje x. En estos valores de x se cumple que: f(x)=0.

Ejemplo:

f(x)=x^2-3x+2

f(x)=(x-1)(x-2)

Así, los ceros del polinomio son x=1 y x=2.

Se pudo haber obtenido las mismas soluciones por medio de la fórmula cuadrática:

$$x=\frac{3\pm\sqrt{9-8}}{2}$$ x=1 y x=2

Si se grafica la función se puede encontrar los mismos valores de x los cuales intersectan la gráfica con el eje x.

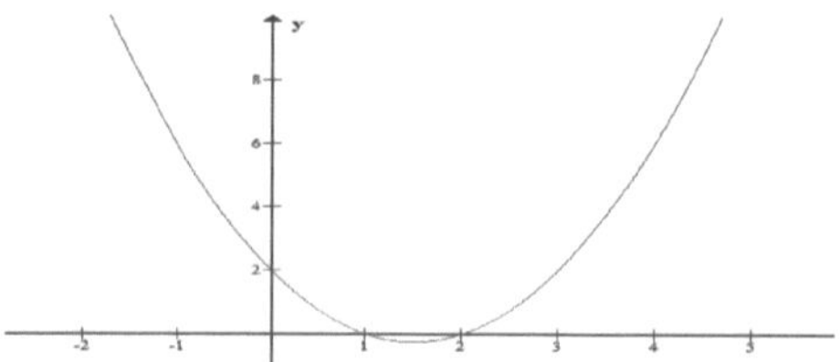

Para funciones o polinomios de grado mayor a 2 se deben aplicar otros métodos para obtener las raíces o ceros de la función.

División algebraica larga: División de polinomios

La división entre polinomios se realiza como se realiza la división entre números.

Dividir el polinomio $4x^3-3x+5$ entre $2x-3$

$4x^3+0x^2-3x+5$ | $2x-3$

$4x^3-6x^2$ $2x^2+3x+3$

    $6x^2-3x$

    $6x^2-9x$

       $6x+5$

       $6x-9$

         14

Dividendo=divisor*cociente+residuo

Dividendo/divisor=cociente+(residuo/divisor)

$(4x^3-3x+5)/(2x-3)= (2x^2+3x+3)+ [14/(2x-3)]$

Ejemplo:

Dividir $2x^4+3x^3-x-5$ entre $x+2$

$2x^4+3x^3+0x^2-x-5$ | $x+2$

$2x^4+4x^3$ $2x^3-1x^2+2x-5$

    $-x^3+0x^2$

    $-x^3-2x^2$

      $2x^2-x$

      $2x^2+4x$

        $-5x-5$

        $-5x-10$

          5

$(2x^4+3x^3-x-5)/(x+2)= (2x^3-1x^2+2x-5)+[5/(x+2)]$

Esta división es útil para encontrar los ceros de un polinomio. Si el residuo R es igual a cero R=0, entonces el valor de x para el cual el divisor se hace cero es un cero del polinomio: x+r=0 x=-r.

Dividendo=divisor*cociente+residuo

$a_n x^n + a_{n-1} x^{n-1} + ... + a_1 x + a_o = (x+r)*cociente + 0$

Así, si x=-r, entonces el lado derecho de la ecuación es cero, y entonces:

$a_n r^n + a_{n-1} r^{n-1} + ... + a_1 r + a_o = 0$ lo cual corresponde para x=r.

Además, se tiene que (x+r) es un factor del polinomio de grado n:

$a_n x^n + a_{n-1} x^{n-1} + ... + a_1 x + a_o = (x+r)*cociente$

(x+r): factor del polinomio y x=-r es un cero del polinomio.

Por ejemplo, (x+1) es un factor del $P(x)=x^{27}+1$ porque x=-1 es un cero del polinomio debido a que $P(-1)=(-1)^{27}+1=0$.

Si P(x)=7(x-5)(x+2)(x-4), los ceros del polinomio son x=5, x=-2 y x=4.

Si el residuo no es igual a cero, entonces el polinomio evaluado en x=-r es igual al residuo: P(-r)=R

$a_n x^n + a_{n-1} x^{n-1} + ... + a_1 x + a_o = (x+r)*cociente + R$

$a_n r^n + a_{n-1} r^{n-1} + ... + a_1 r + a_o = R$ x=-r

División sintética

La división algebraica se puede realizarla de forma más eficiente por medio del método conocido como división sintética. En la división sintética se colocan los números del dividendo y del divisor y de los resultados parciales de la división.

Ejemplo:

Dividir $2x^4 + 3x^3 - x - 5$ entre x+2

```
2    3    0    -1    -5    |2  (x+2)

(-)  4   -2    4    -10

2   -1    2    -5    5
```

En la primera fila están los coeficientes del dividendo, en la segunda fila están los resultados parciales de la división y se obtiene de la misma forma como en la división algebraica. La primera fila se resta de la segunda fila como en la división algebraica larga. El primer número de la tercera fila es el mismo número de la primera fila y el último número de la tercera fila es el residuo y los otros números de la tercera fila son los coeficientes del cociente el cual empieza en un grado menos que el grado del polinomio.

$(2x^4+3x^3-x-5)/(x+2)=(2x^3-1x^2+2x-5)+[5/(x+2)]$

El residuo R=5, lo cual indica que x=-r, x=-2 no es un cero del polinomio.

P(-2)=5

Dividendo/divisor=cociente+(residuo/divisor)

$(2x^4+3x^3-x-5)/(x+2)=(2x^3-1x^2+2x-5)+[5/(x+2)]$

Dividir $3x^4-11x^3-18x+8$ entre x-4

```
3    -11    0    -18    8   |-4  (x-4)
(-)  -12    -4   -16    8
3     1     4    -2     0
```

$(3x^4-11x^3-18x+8)/(x-4)=(3x^3+x^2+4x-2)+[0/(x-4)]$

De esta forma, x-4=0 x=4 es una raíz o cero del polinomio. Además, (x-4) es un factor del polinomio:

$3x^4-11x^3-18x+8=(x-4)(3x^3+x^2+4x-2)$

x=4 $P(4)=3(4)^4-11(4)^3-18(4)+8=0$

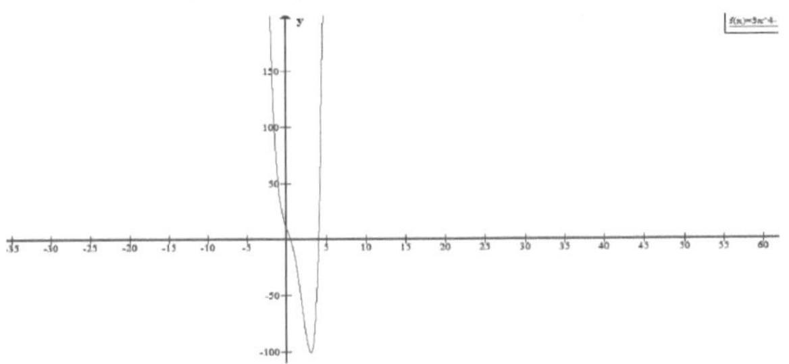

El otro cero de la función es un número no entero y corresponde a x=0.407 lo cual se puede observar en la gráfica.

Si $P(x)=4x^4+10x^3+19x+5$, evaluar $P(-3)$:

$P(-3)=4(-3)^4+10(-3)^3+19(-3)+5=2$

Se puede comprobar el resultado dividiendo $P(x)$ entre $x+3$, ya que evaluando $x=-3$, nos da el residuo el cual es $P(-3)=2$:

$P(x)=(x+r)*cociente+R$

$x+r=0 \quad x=-r \quad P(-r)=R$

```
4     10    0    19    5   |3  (x+3)
(-)   12   -6    18    3
4     -2    6     1    2
```

Así, el residuo es igual a 2, $R=2=P(-3)$

$(4x^4+10x^3+19x+5)=(4x^3-2x^2+6x+1)(x+3)+2 \quad R=2$

29.- Graficación de polinomios

La división de polinomios se puede usar para la graficación de polinomios si se obtiene los ceros del polinomio y con ayuda de una tabla de puntos usando división sintética para obtener el residuo o por medio de una calculadora. Este residuo también se puede obtener con la calculadora como se mostró en el ejemplo anterior.

Si $P(x)$ es un polinomio con coeficientes reales, y si $P(a)$ y $P(b)$ tienen signo opuesto, entonces existe al menos un cero real entre a y b. Así, por medio de una tabla de puntos se puede localizar los ceros del polinomio $P(x)$. Además, los posibles ceros del polinomio se pueden obtener por medio del coeficiente independiente del polinomio y los números para los cuales es divisible.

Ejemplo: En el polinomio $P(x)=x^4-2x^3-6x^2+6x+9$ existe al menos un cero real entre 1 y 2.

Si se utiliza una tabla de puntos por medio de la división sintética, la segunda fila se puede omitir y se coloca directamente el resultado o cociente donde está el residuo.

1   -2 -6   6   9 |-1 (x-1)

(-) 1   -1 -7 -1   8 |-2 (x-2)

 (-) 1   0   -6 -6 -3

$P(1)=8$ $P(2)=-3$. Como hay cambio de signo entre $P(1)$ y $P(2)$ entonces existe al menos un cero real entre 1 y 2.

Además, se tiene que si el polinomio $P(x)$ está dado por:

$P(x)=x^n+a_{n-1}x^{n-1}+\ldots\ldots a_1+a_0$, los posibles ceros del polinomio son los números para los cuales es divisible a_0.

Si el polinomio $P(x)$ está dado por:

$P(x)=a_n x_n+a_{n-1}x^{n-1}+\ldots\ldots a_1+a_0$, s: todos los divisores de a_0, t: todos los divisores de a_n, entonces las fracciones $\pm s/t$ son todos los posibles ceros del polinomio.

$P(x)=6x^2-13x-5$

divisores de -5: $\pm1, \pm5$

divisores de 6: $\pm1, \pm2, \pm3, \pm6$

Los posibles ceros del polinomio pueden ser:
$$\pm1, \pm5, \pm\frac{1}{2}, \pm\frac{5}{2}, \pm\frac{1}{3}, \pm\frac{5}{3}, \pm\frac{1}{6}, \pm\frac{5}{6}$$

Los factores del polinomio son:

$6x^2-13x-5=(6x-15)(6x+2)/6$

$\qquad\qquad =(2x-5)(3x+1)$

$(2x-5)=0$ $x=5/2$ $(3x+1)=0$ $x=-1/3$

$x=5/2$ $x=-1/3$ los cuales están entre los posibles ceros del polinomio.

$(2x-5)(3x+1)=0$

$x=5/2$ $x=-1/3$

Encontrar todos posibles ceros racionales de $P(x)=x^3+2x^2-5x-6$

Posibles ceros: $\pm1, \pm2, \pm3, \pm6$

Se puede evaluar los posibles ceros en la función polinómica o usar división sintética hasta que el residuo sea cero.

$P(2)=0$ $P(-1)=0$

Si se utiliza una tabla de puntos por medio de la división sintética, la segunda fila se puede omitir y se coloca directamente el resultado o cociente donde está el residuo.

$$\begin{array}{cccc} 1 & 2 & -5 & -6 \end{array} \quad |1 \ (x+1)$$

$$(-) \quad \begin{array}{cccc} 1 & 1 & -6 & 0 \end{array} \quad |-2 \ (x-2)$$

$$(-) \quad \begin{array}{cccc} 1 & 4 & 3 & 0 \end{array}$$

$P(2)=0$ y $(x-2)$ es un factor del polinomio. $P(-1)=0$ y $(x+1)$ es un factor del polinomio.

$$x^3+2x^2-5x-6=(x-2)(x^2+4x+3)$$
$$=(x-2)(x+3)(x+1)$$

Así, los ceros son $x=2$, $x=-3$ y $x=-1$.

Graficar:

$P(x)=x^3+3x^2-x-3$

Como el polinomio es de grado 3, esto es posible que el polinomio tenga máximo 3 ceros. Los números divisibles del coeficiente independiente (-3) son 1 o -1, 3 o -3.

Los posibles ceros del polinomio son 1 o -1, 3 o -3.

$$\begin{array}{cccc} 1 & 3 & -1 & -3 \end{array} \quad |1 \ (x+1)$$

$$(-) \quad \begin{array}{ccc} 1 & 2 & -3 \end{array}$$

$$\begin{array}{cccc} 1 & 2 & -3 & 0 \end{array}$$

Así, se tiene que $(x+1)$ es un factor del polinomio y $x=-1$ es un cero del polinomio.

Dividendo=divisor*cociente+Residuo

$$x^3+3x^2-x-3=(x+1)(x^2+2x-3)+0$$

El polinomio resultante (cociente): x^2+2x-3 el cual se usa para encontrar los otros ceros. Los posibles ceros del polinomio resultante son 1 o -1, 3 o -3.

1   2   -3 |-1 (x-1)

(-) -1 -3

1   3   0

$x^2+2x-3=(x-1)(x+3)+0$

Los factores también se pueden obtener por medio de factorización:

$x^2+2x-3=(x+3)(x-1)$

Así, los otros ceros son (x-1)=0 x=1 y (x+3)=0   x=-3 y los factores (x-1) y (x+3).

$x^3+3x^2-x-3=(x+1)\,(x-1)\,(x+3)$

Posteriormente, se puede graficar el eje x y obtener los signos de la función a la izquierda y a la derecha de cada cero por medio de la evaluación de algunos valores de x en los factores del polinomio.

```
              -3          -1         1
___________________________________________→

      (-)          (+)       (-)         (+)
```

Además, se puede observar en los factores $P(x)=(x+1)(x-1)(x+3)$ que cuando x->+∞, la función tiende al +∞, y que cuando x->-∞, la función tiende al -∞.

De esta forma la función entre -3 y -1 tiene un máximo y entre -1 y 1 la función tiene un mínimo.

Los máximos y mínimos se pueden encontrar derivando la función e igualándola a cero:

$P(x)=x^3+3x^2-x-3$

$3x^2+6x-1=0$

$x=(-6\pm\sqrt{36+12})/6$

$x=0.154$ $f(0.154)=-3.08$

$x=-2.154$ $f(-2.154)=3.08$

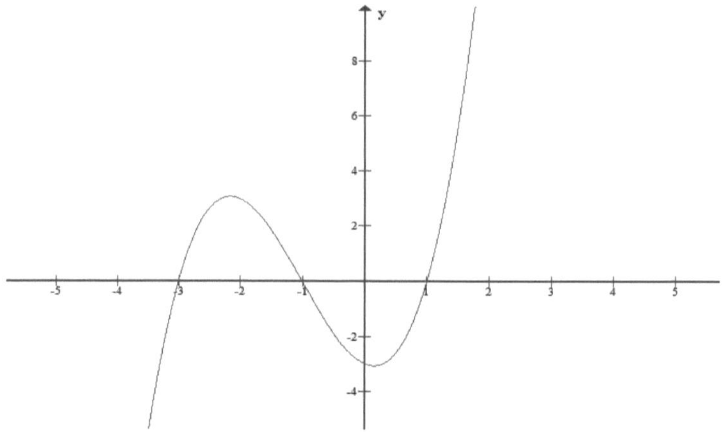

Si se utiliza una tabla de puntos por medio de la división sintética, la segunda fila se puede omitir y se coloca directamente el resultado o cociente donde está el residuo. Los valores de la función también se pueden obtener por medio de una calculadora.

1	3	-1	-3	|4 (x+4)	P(-4)=-15
1	-1	3	-15	|3 (x+3)	P(-3)=0
1	0	-1	0	|2 (x+2)	P(-2)=3
1	1	-3	3	|1 (x+1)	P(-1)=0
1	2	-3	0	| 0 (x+0)	P(0)=-3
1	3	-1	-3	|-1 (x-1)	P(1)=0
1	4	3	0	|-2 (x-2)	P(2)=15
1	5	9	15		

Graficar $P(x)=x^3-4x^2-4x+16$

Como el polinomio es de grado 3, esto es posible que el polinomio tenga máximo 3 ceros. Los números divisibles del coeficiente independiente (16) son +1 o -1, 2 o -2, 4 o -4, +8 o -8, 16 o -16.

Los posibles ceros del polinomio son +1 o -1, 2 o -2, 4 o -4, +8 o -8, 16 o -16.

1   -4   -4   16 |2   (x+2)

(-)   2   -12   16

1   -6   8   0

Así, se tiene que (x+2) es un factor del polinomio y x=-2 es un cero del polinomio.

Dividendo=divisor*cociente+Residuo

$x^3-4x^2-4x+16=(x+2)\ (x^2-6x+8)+0$

El polinomio resultante (cociente): x^2-6x+8 el cual se utiliza para encontrar los otros ceros. Los posibles ceros del polinomio resultante son 1 o -1, 2 o -2, 4 o -4, 8 o -8.

1   -6   8 |-2   (x-2)

(-)   -2   8

1   -4   0

$x^2-6x+8=(x-2)(x-4)+0$

Estos factores también se pueden obtener por factorización:

$x^2-6x+8=(x-2)(x-4)$

Así, los otros ceros son (x-2)=0 x=2 y (x-4)=0   x=4 y los factores (x-2) y (x-4).

$x^3-4x^2-4x+16=(x+2)(x-2)(x-4)$

Posteriormente, se puede graficar el eje x y obtener los signos de la función a la izquierda y a la derecha de cada cero por medio de la evaluación de algunos valores de x en los factores del polinomio.

	-2	2	4	
(-)		(+)	(-)	(+)

Además, se puede observar en los factores P(x)=(x+2)(x-2)(x-4) que cuando x->+∞, la función tiende al +∞, y que cuando x->-∞, la función tiende al -∞.

De esta forma la función entre -2 y 2 tiene un máximo y entre 2 y 4 la función tiene un mínimo.

Los máximos y mínimos se pueden encontrar derivando la función e igualándola a cero:

$P(x) = x^3 - 4x^2 - 4x + 16$

$3x^2 - 8x - 4 = 0$

$x = (8 \pm \sqrt{64 + 48})/6$

x=-0.43   f(0.154)=16,90

x=3.09   f(-2.154)=-5,049

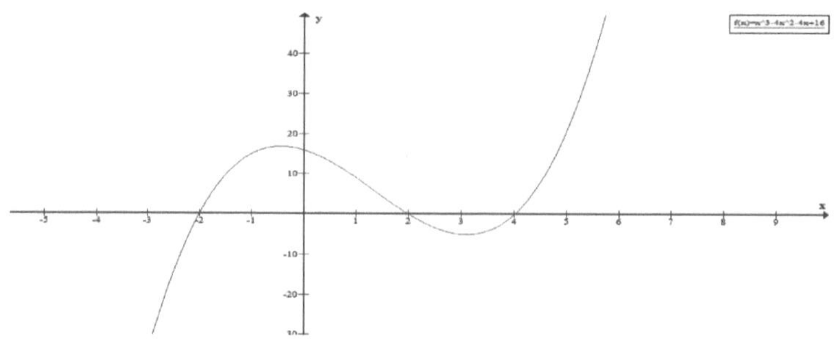

Si se utiliza una tabla de puntos por medio de la división sintética, la segunda fila se puede omitir y se coloca directamente el resultado o cociente donde está el residuo. Los valores de la función también se pueden obtener por medio de una calculadora.

1	-4	-4	16	|3 (x+3)	P(-3)=-35
1	-7	17	-35	|2 (x+2)	P(-2)=0
1	-6	8	0	|1 (x+1)	P(-1)=15
1	-5	1	15	|0 (x+0)	P(0)=16
1	-4	-4	16	|-1 (x-1)	P(1)=9
1	-3	-7	9	|-2 (x-2)	P(2)=0
1	-2	-8	0	|-3 (x-3)	P(3)=-5
1	-1	-7	-5	|-4 (x-4)	P(4)=0
1	0	-4	0	|-5 (x-5)	P(5)=21
1	1	1	21		

Graficar: $P(x)=2x^3-x^2-8x+4$

Como el polinomio es de grado 3, esto es posible que el polinomio tenga máximo 3 ceros.

divisores de 4: $\pm 1, \pm 2, \pm 4$

divisores de 2: $\pm 1, \pm 2$

Los posibles ceros del polinomio pueden ser: $\pm 1, \pm 2, \pm 4, \pm \frac{1}{2}$

```
2    -1    -8    4 |2  (x+2)
(-)   4   -10    4
2    -5     2    0
```

Si se hubiera obtenido un residuo diferente de cero, entonces se debe buscar los ceros con los otros posibles ceros del polinomio.

Así, se tiene que $(x+2)$ es un factor del polinomio y $x=-2$ es un cero del polinomio.

Dividendo=divisor*cociente+Residuo

$2x^3-x^2-8x+4=(x+2)\,(2x^2-5x+2)+0$

El polinomio resultante (cociente): $2x^2-5x+2$ el cual se utiliza para encontrar los otros ceros. Los posibles ceros del polinomio resultante son 2 o -2, 1 o -1.

```
2    -5    2 |-2  (x-2)
(-)  -4    2
2    -1    0
```

$2x^2-5x+2=(x-2)(2x-1)+0$

Estos factores también se pueden obtener por factorización o fórmula cuadrática:

$2x^2-5x+2=0$

$x=(5\pm\sqrt{25-16})/4$

$x=2 \quad x=1/2$

$2x^2-5x+2=(2x-4\,)\,(2x-1)\,/2=(x-2)(2x-1)$

Así, los otros ceros son (x-2)=0 x=2 y (2x-1)=0   x=1/2 y los factores (x-2) y (2x-1).

$2x^3-x^2-8x+4=(x+2)(x-2)(2x-1)=2(x+2)(x-2)(x-1/2)$

Posteriormente, se puede graficar el eje x y obtener los signos de la función a la izquierda y a la derecha de cada cero por medio de la evaluación de algunos valores de x en los factores del polinomio.

$$
\begin{array}{ccccc}
 & -2 & 1/2 & 2 & \\
\hline
(-) & (+) & (-) & (+) &
\end{array}
$$

Además, se puede observar en los factores $P(x)= (x+2)(x-2)(2x-1)$ que cuando $x->+\infty$, la función tiende al $+\infty$, y que cuando $x->-\infty$, la función tiende al $-\infty$.

De esta forma la función entre -2 y 1/2 tiene un máximo y entre 1/2 y 2 la función tiene un mínimo.

Los máximos y mínimos se pueden encontrar derivando la función e igualándola a cero:

$P(x)= 2x^3-x^2-8x+4$

$6x^2-2x-8=0$

$x=(2\pm\sqrt{4+192})/12$

$x=16/12=1.33$ $f(1.33)=-3.70$

$x=-1$ $f(-1)=9$

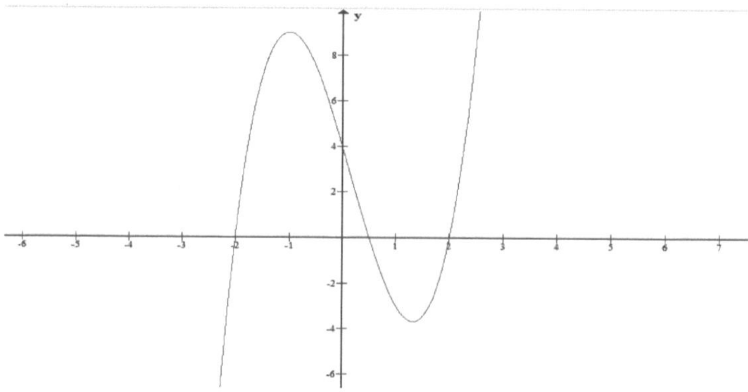

Si se utiliza una tabla de puntos por medio de la división sintética, la segunda fila se puede omitir y se coloca directamente el resultado o cociente donde está el residuo. Los valores de la función también se pueden obtener por medio de una calculadora.

2	-1	-8	4		3 (x+3)	P(-3)=-35
2	-7	13	-35		2 (x+2)	P(-2)=0
2	-5	2	0		1 (x+1)	P(-1)=9
2	-3	-5	9		0 (x+0)	P(0)=4
2	-1	-8	4		-1/2 (x-1/2)	P(1/2)=0
2	0	-8	0		-1 (x-1)	P(1)=-3
2	1	-7	-3		-2 (x-2)	P(2)=0
2	3	-2	0		-3 (x-3)	P(3)=25
2	5	7	25		

Como hay un cambio de signo entre 0 y 1 P(0)=4 P(1)=-3el otro cero debe estar entre 0 y 1. Como se resolvió anteriormente la ecuación de grado dos se obtuvo que el otro cero es x=0.5. Otra forma sería aproximar la solución con valores entre 0 y 1 hasta encontrar la solución con los respectivos decimales. Además, los posibles ceros del polinomio como se demostró al inicio son: $\pm 1, \pm 2, \pm 4, \pm \frac{1}{2}$ donde está incluido el valor de 1/2.

$P(x)= 2x^3-x^2-8x+4=(x-1/2)\ (2x^2-8)=2(x-1/2)(x^2-4)=2(x-1/2)(x+2)(x-2)$

Si se tiene el polinomio: $P(x)=7(x-4)^5(x+2)^6\ (x-i)(x+i)$, entonces el polinomio tiene raíces reales y complejas y es de grado13, donde 4 es un cero de multiplicidad 5, -2 es un cero de multiplicidad 6, y i y -i son ceros complejos.

Si $x=-2$ es un doble cero de $P(x)=x^4-7x^2+4x+20$, entonces el polinomio se puede escribir como: $x^4-7x^2+4x+20=(x+2)^2Q(x)=(x^2+4x+4)Q(x)$

$x^4+0x^3-7x^2+4x+20 \quad |x^2+4x+4$

$x^4+4x^3+4x^2 \qquad\quad x^2-4x+5$

$\quad -4x^3-11x^2+4x+20$

$\quad -4x^3 -16x^2-16x$

$\qquad\quad 5x^2+20x+20$

$\qquad\quad 5x^2+20x+20$

$\qquad\qquad\qquad 0$

$Q(x)=x^2-4x+5$

$x^2-4x+5=0$

$x_{1,2}=(4\pm\sqrt{16-20}\,)/2=2\pm i$

$x^2-4x+5=[x-(2+i)][x-(2-i)]$

$x^4-7x^2+4x+20=(x+2)^2[x-(2+i)][x-(2-i)]$

Los ceros complejos se presentan en pares conjugados. De esta forma, un polinomio de grado impar con coeficientes reales siempre tiene al menos un cero real. Además, si el polinomio $P(x)$ es de grado cuatro, y si se sabe que tiene 3 ceros reales, entonces el cuarto debe ser también real.

De esta forma, cada polinomio con coeficientes reales o complejos igualado a cero o ecuación polinomial $P(x)=0$, tiene solución o tiene ceros en el conjunto de los números complejos.

Ejemplo: $x^2+1=0 \quad x^2=-1 \quad x_1=i \ x_2=-i$

30.- Aproximación de ceros irracionales

Graficar:

$P(x)=2x^4+x^3+4x^2-6x-4$

Como el polinomio es de grado 4, esto es posible que el polinomio tenga máximo 4 ceros.

divisores de 4: $\pm1, \pm2, \pm4$

divisores de 2: $\pm1, \pm2$

Los posibles ceros del polinomio pueden ser: $\pm1, \pm2, \pm4, \pm\frac{1}{2}$

```
2    1    4    -6   -4 |1/2  (x+1/2)
(-)       1    0    2   -4
2    0    4    -8   0
```

Si se hubiera obtenido un residuo diferente de cero, entonces se debe buscar los ceros con los otros posibles ceros del polinomio.

Así, se tiene que (x+1/2) es un factor del polinomio y x=-1/2 es un cero del polinomio.

Dividendo=divisor*cociente+Residuo

$2x^4+x^3+4x^2-6x-4=(x+1/2)\ (2x^3+0x^2+4x-8)+0$

$$=2(x+1/2)(x^3+2x-4)$$

El polinomio resultante (cociente): x^3+2x-4 el cual se utiliza para encontrar los otros ceros. Los posibles ceros del polinomio resultante son $\pm1, \pm2, \pm4$.

```
1    0    2    -4   | -4  (x-4)  P(4)=68
1    4    18   68   |-2   (x-2)  P(2)=8
1    2    6    8    |-1   (x-1)  P(1)=-1
1    1    3    -1   |0    (x-0)  P(0)=-4
1    0    2    -4   |1    (x+1)  P(-1)=-7
1    -1   3    -7   |2    (x+2)  P(-2)=-16
1    -2   6    -16  |4    (x+4)  P(-4)=-76
1    -4   18   -76
```

No hay ceros racionales y debido a que hay un cambio de signo entre 1 y 2, entonces hay un cero irracional entre 1 y 2. $P(1)= -1$ $P(2)=8$

1   0   2   -4 |-1 (x-1) P(1)=-1

1   1   3   -1 |-1.1 (x-1.1) P(1.1)=-0.47

1   1.1   3.21 -0.47 |-1.2 (x-1.2) P(1.2)=0.13

1   1.2   3.44 0.13

P(1.1)= - 0.47 P(1.2)=0.13

Así, el cero está entre 1.1 y 1.2. P(1.1)=-0.47   P(1.2)=0.13

1   0   2   -4 |-1.16 (x-1.16) P(1.16)=-0.119

1   1.16 3.346 -0.119 |-1.17 (x-1.17) P(1.17)=-0.058

1   1.17 3.369 -0.058 |-|1.18 (x-1.18) P(1.18)=0.003

1   1.18   3.392 0.003

Así, el cero está entre 1.17 y 1.18. P(1.17)=-0.058 P(1.18)=0.003

1   0   2   -4 |-1.178   (x-1.178) P(1.178)=-0.0093

1   1.178 3.3877 -0.0093 |-1.179   (x-1.179) P(1.179)=-0.0031

1   1.179 3.3900 -0.0031 |-1.180   (x-1.180) P(1.180)=0.0030

1   1.180 3.3924 0.0030

Así, el cero con dos decimales es x=1.18.

$2x^4+x^3+4x^2-6x-4=(x+1/2) (2x^3+0x^2+4x-8)$

$$=2(x+1/2)(x^3+2x-4)$$

$$=2(x+1/2)(x-1.18) (x^2+1.18x+3.39)$$

La función $x^2+1.18x+3.39$ es positiva para todos los valores de x. Los otros dos ceros son números complejos que se pueden obtener por medio de la fórmula cuadrática:

$x^2+1.18x+3.39=0$

$x=(-1.18\pm\sqrt{1.18^2 - (4*3.39)})/2$

$x=-0.59\pm1.74i$

$2x^4+x^3+4x^2-6x-4=2(x+1/2)(x-1.18)[x-(-0.59+1.74i)][x-(-0.59-1.74i)]$

Posteriormente, se puede graficar el eje x y obtener los signos de la función a la izquierda y a la derecha de cada cero por medio de la evaluación de algunos valores de x en los factores del polinomio. La función $x^2+1.18x+3.39$ es positiva para todos los valores de x.

$$-0.5 \qquad 1.18$$

$$(+) \qquad (-) \qquad (+)$$

Además, se puede observar en los factores $(x+1/2)(x-1.18)$ que cuando $x\to+\infty$, la función tiende al $+\infty$, y que cuando $x\to-\infty$, la función tiende al $+\infty$. Los valores de $x^2+1.18x+3.39$ son positivos.

De esta forma la función entre -0.5 y 1.18 tiene un mínimo.

El mínimo se puede encontrar derivando la función e igualándola a cero:

$P(x)= 2x^4+x^3+4x^2-6x-4$

$8x^3+3x^2+8x-6=0$ x=0.5145 (aplicando división sintética)

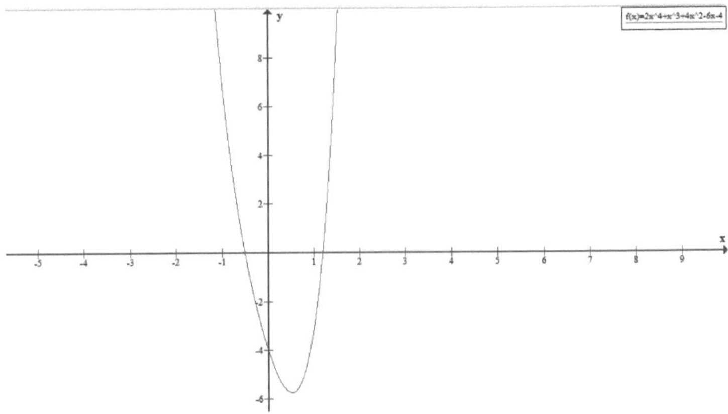

Graficar:

$P(x)=x^3+2x-7$

Como el polinomio es de grado 3, esto es posible que el polinomio tenga máximo 3 ceros.

divisores de 7: $\pm1,\pm7,$

Los posibles ceros del polinomio pueden ser: $\pm1,\pm7,$

1   0   2 -7 |-7 (x-7) P(7)=350

1   7   51 350 |-1 (x-1)   P(1)=-4

1   1   3 -4 | 0 (x-0) P(0)=-7

1   0   2 -7 |1   (x+1)   P(-1)=-10

1   -1 3 -10 |7   (x+7)   P(-7)=-364

1   -7 51 -364

No hay ceros racionales y debido a que hay un cambio de signo entre 1 y 7, entonces hay un cero irracional entre 1 y 7. P(1)= -4 P(7)=350

1   0   2 -7 |-1 (x-1)   P(1)=-4

1   1   3 -4 |-2 (x-2)   P(2)=5

1   2   6   5

P(1)=-4 P(2)=5

Así, el cero está entre 1 y 2. P(1)=-4   P(2)=5

1   0   2   -7 |-1.5   (x-1.5)   P(1.5)=-0.625

1   1.5 4.25 -0.625 |-1.6   (x-1.6)   P(1.6)=0.296

1   1.6 4.56 0.296

Así, el cero está entre 1.5 y 1.6. P(1.5)=-0.625 P(1.6)=0.296

Realizando una división sintética adicional, se encuentra que el cero está entre 1.56 y 1.57, por lo que x=1.6 redondeando a una cifra decimal.

1   0   2   -7 |-1.56   (x-1.56)   P(1.56)=-0.08

1   1.56 4,43 -0.08 |-1.57   (x-1.57)   P(1.57)=0.002

1   1.57 4.465 0.002

$x^3+2x-7=(x-1.6) (x^2+1.57x+4.465)$

La función $x^2+1.57x+4.465$ es positiva para todos los valores de x. Los otros dos ceros son números complejos que se pueden obtener por medio de la fórmula cuadrática:

$x^2+1.57x+4.465=0$

$x=(-1.57\pm\sqrt{1.57^2-(4*4.465)}\,)/2$

$x=-0.79\pm1.96i$

$x^3+2x-7=(x-1.6)\,[x-(-0.79+1.96i)][x-(-0.79-1.96i)]$

Posteriormente, se puede graficar el eje x y obtener los signos de la función a la izquierda y a la derecha de cada cero por medio de la evaluación de algunos valores de x en los factores del polinomio. La función $x^2+1.57x+4.465$ es positiva para todos los valores de x.

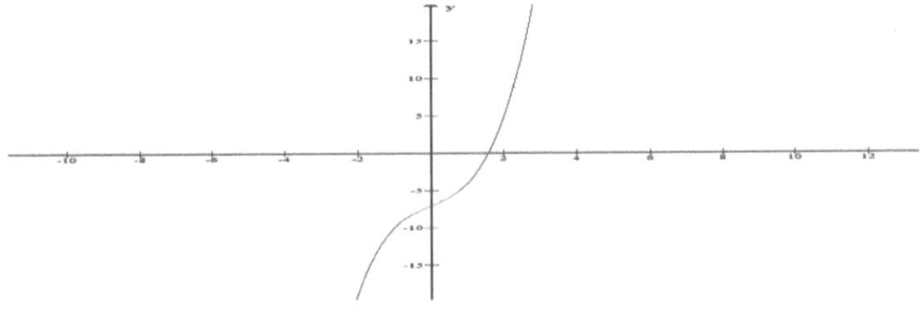

Además, se puede observar en el factor (x-1.6) que cuando x->+∞, la función tiende al +∞, y que cuando x->-∞, la función tiende al -∞. Los valores de $x^2+1.57x+4.465$ son positivos.

Los máximos o mínimos se pueden encontrar derivando la función e igualándola a cero.

$P(x)=x^3+2x-7$

$3x^2+2=0$ y las soluciones son números complejos.

De esta forma la función no tiene máximos ni mínimos.

31.- Fracciones Parciales

Si el grado de P(x) es mayor o igual que el grado de Q(x) en la fracción polinómica P(x)/Q(x), entonces se realiza la división de polinomios para obtener:

Dividendo=divisor*cociente+residuo

Dividendo/divisor=cociente+(residuo/divisor)

$$\frac{P(x)}{Q(x)} = S(x) + \frac{R(x)}{Q(x)}$$

donde el grado de R(x) es menor que el grado de Q(x).

Si el grado de P(x) es menor que el grado de Q(x) en la fracción polinómica P(x)/Q(x) o R(x)/Q(x), entonces se realiza la descomposición en fracciones parciales:

- Si Q(x) tiene un factor lineal que no se repite de la forma ax+b, entonces la descomposición en fracciones parciales tiene un término de la forma: A/(ax+b) donde A es una constante.

- Si Q(x) tiene un factor lineal que se repite n veces $(ax+b)^n$, entonces la descomposición en fracciones parciales contiene los siguientes términos:

A_1/(ax+b)+A_2/$(ax+b)^2$+.........+A_n/$(ax+b)^n$, donde los términos de A son constantes.

- Si Q(x) tiene un factor cuadrático que no se repite de la forma ax^2+bx+c, entonces la descomposicón en fracciones parciales contiene el siguiente término:

(Ax+B)/(ax^2+bx+c) donde A y B son constantes.

- Si Q(x) tiene un factor cuadrático que se repite n veces de la forma $(ax^2+bx+c)^n$, entonces la descomposicón en fracciones parciales contiene los siguientes términos:

(A_1x+B_1)/(ax^2+bx+c)+(A_2x+B_2)/$(ax^2+bx+c)^2$+.....(A_nx+B_n)/$(ax^2+bx+c)^n$ donde los términos de A y B son constantes.

Ejemplos:

Descomponga en fracciones parciales $\dfrac{5x+7}{(x^2+x-20)}$:

$x^2+x-20=(x+5)(x-4)$

$$\dfrac{5x+7}{(x^2+x-20)} = \dfrac{A}{(x+5)} + \dfrac{B}{(x-4)}$$

$5x+7=A(x-4)+B(x+5)$

$5x+7=(A+B)x+(-4A+5B)$

$A+B=5 \quad -4A+5B=7$

$A=5-B \quad -4(5-B)+5B=7$

$\qquad\qquad -20+9B=7$

$\qquad\qquad\quad B=3$

$A=5-B=2$

$$\dfrac{5x+7}{(x^2+x-20)} = \dfrac{2}{(x+5)} + \dfrac{3}{(x-4)}$$

Descomponga en fracciones parciales $\dfrac{7x+6}{(x^2+x-6)}$:

$x^2+x-6=(x+3)(x-2)$

$$\dfrac{7x+6}{(x^2+x-6)} = \dfrac{A}{(x+3)} + \dfrac{B}{(x-2)}$$

$7x+6=A(x-2)+B(x+3)$

$7x+6=(A+B)x+(-2A+3B)$

$A+B=7 \quad -2A+3B=6$

$A=7-B \quad -2(7-B)+3B=6$

$\qquad\qquad -14+5B=6$

$\qquad\qquad\quad B=4$

$A=7-B=3$

$$\dfrac{7x+6}{(x^2+x-6)} = \dfrac{3}{(x+3)} + \dfrac{4}{(x-2)}$$

Descomponga en fracciones parciales:

$$\frac{6x^2-14x-27}{(x+2)(x-3)^2}$$

$$\frac{6x^2-14x-27}{(x+2)(x-3)^2}=\frac{A}{(x+2)}+\frac{B}{(x-3)}+\frac{C}{(x-3)^2}$$

$6x^2 - 14x - 27 =$A(x-3)^2+B(x+2)(x-3)+C(x+2)

$6x^2 - 14x - 27 =$(A+B)x^2+(-6A-B+C)+(9A-6B+2C)

A+B=6   B=6-A y se reemplaza en las siguientes ecuaciones:

-6A-B+C=-14   -5A+C=-8   -15A+3C=-24

9A-6B+2C=-27   15A+2C=9   15A+2C=9

5C=-15   C=-3   A=(-8-C)/(-5)=1   B=6-A=5

Las constantes se pueden obtener también de la siguiente forma debido a que son válidas para todo valor de x:

$6x^2 - 14x - 27 =$A(x-3)^2+B(x+2)(x-3)+C(x+2)

x=3   -15=C(5)   C=-3

x=-2   25=25A   A=1

x=0   -27=9(1)-6B+2(-3)   B=5

$$\frac{6x^2-14x-27}{(x+2)(x-3)^2}=\frac{1}{(x+2)}+\frac{5}{(x-3)}-\frac{3}{(x-3)^2}$$

Descomponga en fracciones parciales:

$$\frac{x^2+11x+15}{(x-1)(x+2)^2}$$

$$\frac{x^2+11x+15}{(x-1)(x+2)^2}=\frac{A}{(x-1)}+\frac{B}{(x+2)}+\frac{C}{(x+2)^2}$$

$x^2 + 11x + 15=$A(x+2)^2+B(x-1)(x+2)+C(x-1)

Las constantes se pueden obtener reemplazando cualquier valor de x debido a que son válidas para todo valor de x:

x=1   27=9A   A=3

x=-2   -3=-3C   C=1

x=0   15=12-2B-1   B=-2

$$\frac{x^2+11x+15}{(x-1)(x+2)^2}=\frac{3}{(x-1)}-\frac{2}{(x+2)}+\frac{1}{(x+2)^2}$$

Descomponer en fracciones parciales:

$(7x^2-11x+6)/[(x-1)(2x^2-3x+2)]$

$2x^2-3x+2=0$

$x=(3\pm\sqrt{9-16})/4$ lo cual no tiene soluciones reales y no se puede descomponer en factores $2x^2-3x+2$.

$$\frac{7x^2-11x+6}{(x-1)(2x^2-3x+2)}=\frac{A}{(x-1)}+\frac{Bx+C}{(2x^2-3x+2)}$$

$7x^2-11x+6=A(2x^2-3x+2)+(Bx+C)(x-1)$

x=1   2=A

x=0   6=4-C   C=-2

x=-1   24=14-2(-B-2)   -5=-B-2   B=3

$$\frac{7x^2-11x+6}{(x-1)(2x^2-3x+2)}=\frac{2}{(x-1)}+\frac{3x-2}{(2x^2-3x+2)}$$

Descomponer en fracciones parciales:

$$\frac{3x^3-6x^2+7x-2}{(x^2-2x+2)^2}$$

$x^2-2x+2=0$

$x=(2\pm\sqrt{4-8})/2$ lo cual no tiene soluciones reales y no se puede descomponer en factores x^2-2x+2.

$$\frac{3x^3-6x^2+7x-2}{(x^2-2x+2)^2}=\frac{Ax+B}{(x^2-2x+2)}+\frac{Cx+D}{(x^2-2x+2)^2}$$

$3x^3-6x^2+7x-2=(Ax+B)(x^2-2x+2)+(Cx+D)$

$3x^3-6x^2+7x-2=Ax^3+(B-2A)x^2+(2A-2B+C)x+(2B+D)$

A=3

B-2A=-6   B=0

7=2A-2B+C   7=6+C   C=1

-2=2B+D   D=-2

$$\frac{3x^3-6x^2+7x-2}{(x^2-2x+2)^2}=\frac{3x}{(x^2-2x+2)}+\frac{x-2}{(x^2-2x+2)^2}$$

Descomponga en fracciones parciales:

$$\frac{x^3-7x^2+17x-17}{x^2-5x+6}$$

El numerador tiene grado mayor que el denominador y así, se debe realizar la división de polinomios:

$$x^3-7x^2+17x-17|\,x^2-5x+6$$

$$x^3\quad -5x^2+\ 6x\qquad\qquad x-2$$

$$-2x^2\ +\ 11x\ -17$$

$$-2x^2\ +10x\ -12$$

$$x\ -\ 5$$

$$\frac{x^3-7x^2+17x-17}{x^2-5x+6}=(x-2)+\frac{(x-5)}{x^2-5x+6}$$

$$\frac{(x-5)}{x^2-5x+6}=\frac{A}{(x-3)}+\frac{B}{(x-2)}$$

x-5=(A+B)x+(-2A-3B)

A+B=1   -2A-3B=-5

B=1-A   -2A-3(1-A)=-5   A-3=-5   A=-2

B=3

$$\frac{(x-5)}{x^2-5x+6}=-\frac{2}{(x-3)}+\frac{3}{(x-2)}$$

$$\frac{x^3-7x^2+17x-17}{x^2-5x+6}=(x-2)-\frac{2}{(x-3)}+\frac{3}{(x-2)}$$

32.- Funciones Racionales

Una función racional es una función que resulta de la división de dos polinomios: $R(x)=P(x)/Q(x)$ donde $Q(x)\neq0$.

El dominio de la función racional es el conjunto de todos los números reales x tales que $Q(x)\neq0$. Además, las funciones racionales son continuas en todo el dominio excepto en aquellos valores de x para los cuales $Q(x)=0$.

Así, si $Q(a)=0$ entonces $R(x)$ es discontinua en $x=a$.

En los valores de x donde el denominador es cero $Q(x)=0$ se grafica unas rectas verticales **x=a** llamadas **asíntotas verticales**.

Así, la recta **x=a** es una **asíntota vertical** si $f(x)$ aumenta o disminuye sin cota con la tendencia de ∞ o $-\infty$ en las cercanía de la recta $x=a$ cuando x se acerca al valor de a por la derecha $x\to a^+$ o por la izquierda $x\to a^-$. Esto es necesario obtener la tendencia de $f(x)$ al ∞ o $-\infty$ por medio de la aproximación de un valor cualquiera a $x=a^+$ y $x=a^-$ para obtener el signo del ∞.

La recta **y=b** es una **asíntota horizontal** si $f(x)$ se aproxima a b cuando $x\to\infty$ o $x\to-\infty$. La asíntota horizontal $y=b$ se obtiene haciendo $x\to\infty$ o $x\to-\infty$ y calculando el valor de la tendencia de $f(x)$. Esto es utilizado el concepto de límites para obtener esta tendencia.

La obtención de asíntotas verticales y horizontales es de mucha ayuda en la graficación de funciones.

Los puntos críticos son los valores de x donde el numerador y el denominador son iguales a cero.

Para realizar la gráfica de funciones racionales se debe obtener: simetría, valores de x donde la función es discontinua, asíntotas horizontales y verticales y tendencias de los valores de y cuando $\quad x\to\infty\quad x\to-\infty\quad x\to a^+$ $x\to a^-$, puntos críticos y signos de la función dentro de los intervalos de los puntos críticos $f(x)>0$ y $f(x)<0$, cortes con los ejes x y y.

Graficar:

$y=f(x)=1/x\quad x\neq0$

$f(-x)=-1/x$

La gráfica tiene simetría impar: $f(x)=-f(-x)$. La gráfica es simétrica con respecto al origen.

Asíntotas verticales: denominador=0

$x=0$ recta de la asíntota vertical

$x\to0^+$: x se acerca a cero por la derecha ($x=0.5$), y tiende al ∞.

x->0⁻ : x se acerca a cero por la izquierda (x=-0.5), y tiende al -∞.

Asíntotas horizontales: x->∞ o x->-∞

x->∞   y=f(x)=0 recta de la asíntota horizontal

x->-∞ y=f(x)=0 recta de la asíntota horizontal

Puntos críticos: x=0

$$\quad\quad\quad -\quad 0\quad + \longrightarrow$$

Así, la función es positiva en (0,∞) y negativa en (-∞,0).   En x=0 está la asíntota vertical.

El gráfico resultante es conocido como hipérbola.

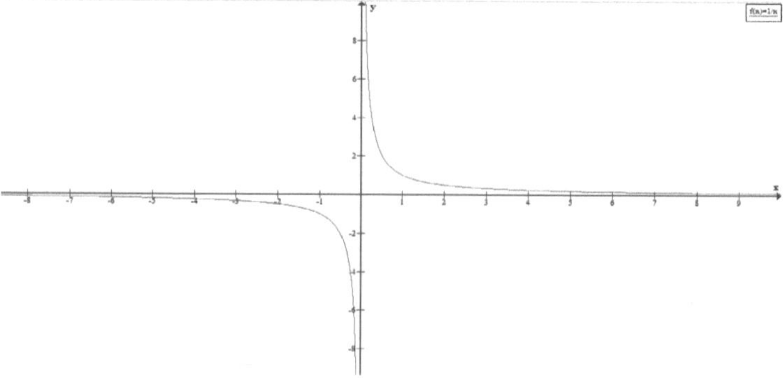

Obtención de asíntotas horizontales

Se pueden realizar los siguientes pasos para la obtención de las asíntotas horizontales entre los cuales siempre se divide numerador y denominador para x^n donde n es el grado o exponente mayor entre el numerador y denominador:

a) El grado del numerador es menor que el grado del denominador

$$f(x) = \frac{2x-1}{3x^2-2x} \quad 3x^2\text{-}2x=0 \quad x(3x\text{-}2)=0 \quad x\neq 0 \quad x\neq 2/3$$

$$f(x)=\frac{\frac{2x-1}{x^2}}{\frac{3x^2-2x}{x^2}} = \frac{\frac{2}{x}-\frac{1}{x^2}}{3-\frac{2}{x}}$$

x->∞   y=f(x)=0 recta de la asíntota horizontal

x->-∞ y=f(x)=0 recta de la asíntota horizontal

Asíntota vertical: denominador=0

$3x^2-2x=0$ $x(3x-2)=0$ $x=0$ $x=2/3$ asíntotas verticales

$x\text{->}0^+$ $(x=0.1)$ $y\text{->}\infty$

$x\text{->}0^-$ $(x=-0.1)$ $y\text{->}-\infty$

$x\text{->}2/3^+$ $(x=0.7)$ $y\text{->}\infty$

$x\text{->}2/3^-$ $(x=0.6)$ $y\text{->}-\infty$

Puntos críticos: $2x-1=0$ $x=0.5$

$3x^2-2x=0$ $x(3x-2)=0$ $x=0$ $x=2/3$

Signo de $f(x)=(2x-1)/[x(3x-2)]$:

       -        +   -   +   Regiones donde f(x)>0 y f(x)<0
  ─────────────────────────────────►
           0   0.5   2/3

Cortes con el eje x (y=0): $2x-1=0$ $x=0.5$

Cortes con el eje y (x=0): En $x=0$ está la asíntota vertical $x=0$. No hay cortes con el eje y.

La gráfica es discontinua en $x=0$ y $x=2/3$.

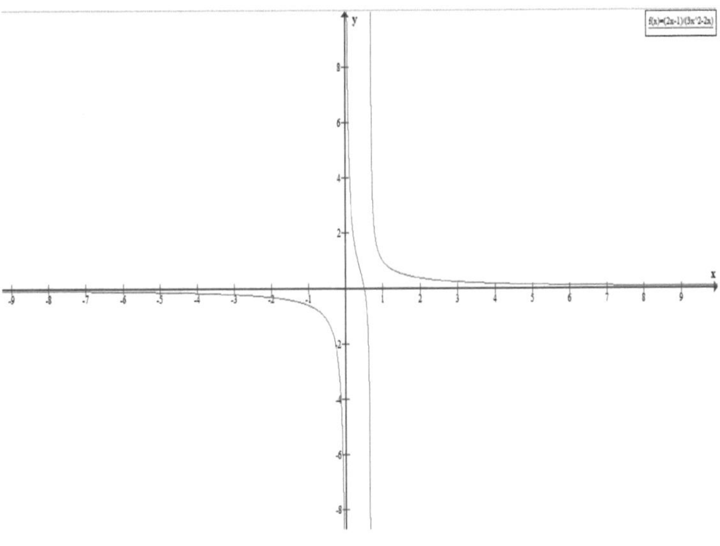

b) El grado del numerador es igual al grado del denominador:

$$f(x) = \frac{2x^2-1}{3x^2-2x} \quad 3x^2\text{-}2x\text{=}0 \quad x(3x\text{-}2)\text{=}0 \quad x\neq 0 \quad x\neq 2/3$$

$$f(x)=\frac{\frac{2x^2-1}{x^2}}{\frac{3x^2-2x}{x^2}} = \frac{2-\frac{1}{x^2}}{3-\frac{2}{x}}$$

x->∞ y=f(x)=2/3 recta de la asíntota horizontal

x->-∞ y=f(x)=2/3 recta de la asíntota horizontal

Asíntota vertical: denominador=0

$3x^2\text{-}2x\text{=}0$ x(3x-2)=0   x=0 x=2/3 : asíntotas verticales

x->0^{+} (x=0.1) y->∞

x->0^{-} (x= - 0.1) y->-∞

x->2/3 $^{+}$ (x=0.7) y->-∞

x->2/3 $^{-}$ (x=0.6) y->∞

Puntos críticos: $2x^2\text{-}1\text{=}0$ $x^2\text{=}0.5$ x=0.707 y x= - 0.707

$3x^2\text{-}2x\text{=}0$ x(3x-2)=0   x=0 x=2/3

Signo de $f(x)\text{=}(2x^2\text{-}1)/[x(3x\text{-}2)]$:

| + | - | + | - | + | Regiones donde f(x)>0 y f(x)<0 |

-0.707   0   2/3   0.707

Cortes con el eje x (y=0): $2x^2\text{-}1\text{=}0$ x=0.707 y x=-0.707

Cortes con el eje y (x=0): No hay cortes con el eje y, x=0 es una asíntota vertical.

La gráfica es discontinua en x=0 y x=2/3.

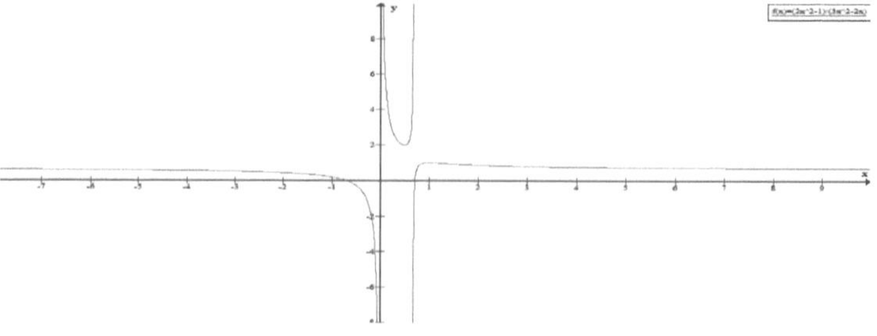

3.- El grado del numerador es mayor que el grado del denominador:

$$f(x) = \frac{2x^3-1}{3x^2-2x} \quad 3x^2\text{-}2x=0 \quad x(3x\text{-}2)=0 \quad x\neq0 \quad x\neq2/3$$

$$f(x)=\frac{\frac{2x^3-1}{x^3}}{\frac{3x^2-2x}{x^3}}=\frac{2-\frac{1}{x^3}}{\frac{3}{x}-\frac{2}{x^2}}$$

x->∞ y->∞ no hay asíntota horizontal

x->-∞ y->-∞ no hay asíntota horizontal

Asíntota vertical: denominador=0

$3x^2\text{-}2x=0$ $x(3x\text{-}2)=0$ x=0 x=2/3 asíntotas verticales

x->0⁺ (x=0.1) y->∞

x->0⁻ (x= - 0.1) y->-∞

x->2/3 ⁺ (x=0.7) y->-∞

x->2/3 ⁻ (x=0.6) y->∞

Puntos críticos: $2x^3\text{-}1=0$ $x^3=0.5$ x=0.79

$3x^2\text{-}2x=0$ $x(3x\text{-}2)=0$ x=0 x=2/3

Signo de $f(x)=(2x^3\text{-}1)/[x(3x\text{-}2)]$:

| | - | + | - | + | Regiones donde f(x)>0 y f(x)<0 |

     0   2/3   0.79

Cortes con el eje x (y=0): $2x^3\text{-}1=0$ x=0.79

Cortes con el eje y (x=0): No hay cortes con el eje y, x=0 es una asíntota vertical.

La gráfica es discontinua en x=0 y x=2/3.

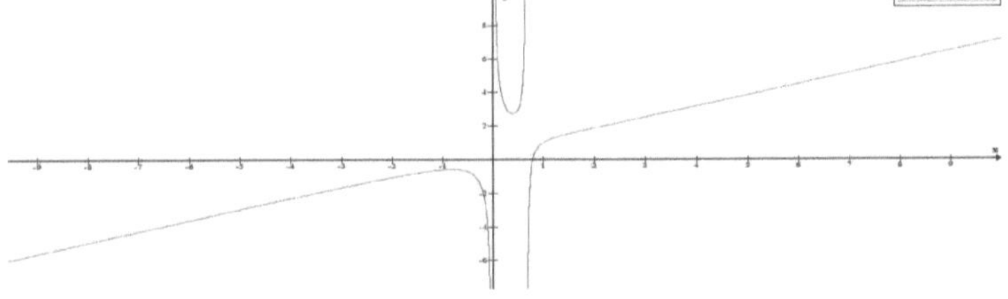

Graficar:

$y=f(x)=\dfrac{2x}{x-3}$ $x\neq 3$

f(-x)=-2x/(-x-3)

La gráfica no tiene simetría par ni impar: f(x)≠f(-x) y f(x)≠ -f(-x)

$f(x)=\dfrac{\frac{2x}{x}}{\frac{x-3}{x}} = \dfrac{2}{1-\frac{3}{x}}$

x->∞   y=2   asíntota horizontal

x->-∞ y=2 asíntota horizontal

Asíntota vertical: denominador=0

x-3=0   x=3   asíntota vertical

x->3^{+} (x=3.1) y->∞

x->3^{-} (x=2.9) y->-∞

Puntos críticos: 2x=0 x=0

x-3=0   x=3

Signo de f(x)=2x/(x-3)

   +   -   +
___________________________________>   Regiones donde f(x)>0 y f(x)<0
        0   3

Cortes con el eje x (y=0):   2x=0   x=0

Cortes con el eje y (x=0):   x=0 y=0

La gráfica es discontinua en x=3.

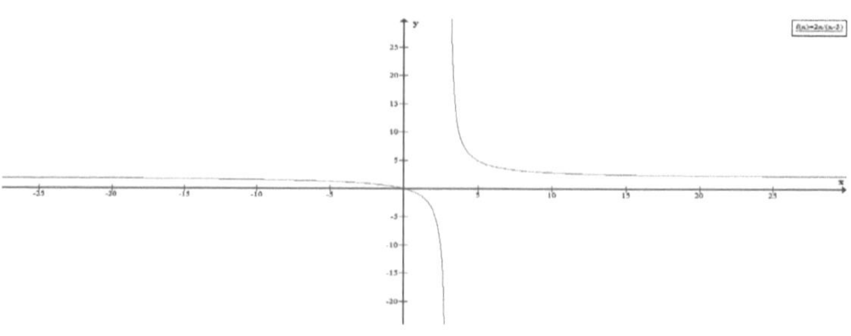

Graficar:

$y=f(x)=\dfrac{3x}{x+2}$ $x\neq-2$

$f(-x)=-3x/(-x+2)$

La gráfica no tiene simetría par ni impar: $f(x)\neq f(-x)$ y $f(x)\neq -f(-x)$

$f(x)=\dfrac{\frac{3x}{x}}{\frac{x+2}{x}}=\dfrac{3}{1+\frac{2}{x}}$

$x\to\infty$ $y=3$ asíntota horizontal

$x\to-\infty$ $y=3$ asíntota horizontal

Asíntota vertical: denominador=0

$x+2=0$ $x=-2$ asíntota vertical

$x\to-2^{+}$ $(x=-1.9)$ $y\to-\infty$

$x\to-2^{-}$ $(x=-2.1)$ $y\to\infty$

Puntos críticos: $3x=0$ $x=0$

$x+2=0$ $x=-2$

Signo de $f(x)=3x/(x+2)$

| + | - | + | Regiones donde $f(x)>0$ y $f(x)<0$

    -2   0

Cortes con el eje x (y=0): $3x=0$ $x=0$

Cortes con el eje y (x=0): $x=0$ $y=0$

La gráfica es discontinua en $x=-2$.

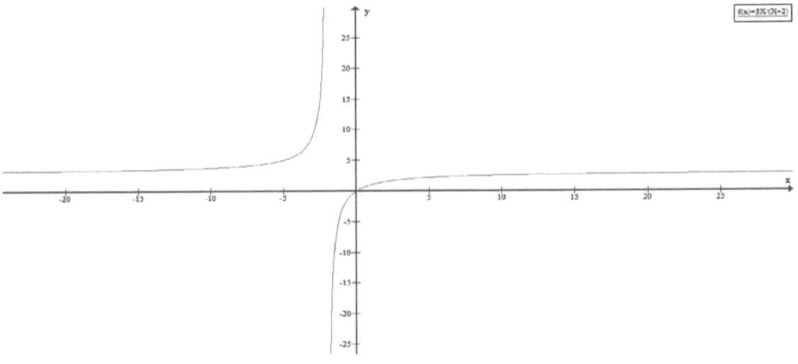

Graficar:

$y=f(x)=\dfrac{x-1}{x^2-1}$ $x^2-1=0$ $x\neq1$ $x\neq-1$

$y=f(x)=\dfrac{x-1}{x^2-1}=\dfrac{x-1}{(x-1)(x+1)}=\dfrac{1}{(x+1)}$ $x\neq1$

$y=1/(x+1)$ $x\neq1$

La gráfica no tiene simetría par ni impar: $f(x)\neq f(-x)$ y $f(x)\neq -f(-x)$

x->∞   y=0   asíntota horizontal

x->-∞ y=0   asíntota horizontal

$y=1/(x+1)$ $x\neq1$

Asíntota vertical: denominador=0

x+1=0   x=-1 asíntota vertical

x-> -1^+ (x= -0.9)   y-> ∞

x-> -1^- (x= -1.1)   y-> - ∞

Cuando x->1^+ y->0.5 y cuando x->1^- y->0.5

En x=1 no hay una asíntota vertical pero la función no está definida en este valor, así hay una ruptura o desconexión en el valor de x=1 pero la tendencia de la función es y=0.5. Se puede redefinir la función para que sea continua estableciendo explícitamente que cuando x=1 y=0.5.

$y=1/(x+1)$ $x\neq1$

Puntos críticos: x+1=0 x=-1

Signo de $f(x)=\dfrac{1}{(x+1)}$

| - | + | Regiones donde f(x)>0 y f(x)<0 |

     -         +   Regiones donde f(x)>0 y f(x)<0

——————————————————————————>

      -1

Cortes con el eje x (y=0):   No hay cortes con el eje x.

Cortes con el eje y (x=0):   y=1

La gráfica es discontinua en $x^2 - 1 = 0$ x=1 y x= -1.

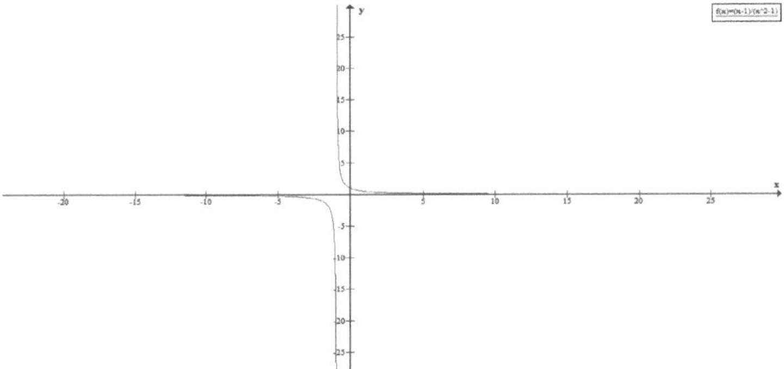

En x=1 y=0.5 hay una discontinuidad o ruptura en la gráfica y en x=-1 está la asíntota vertical.

Graficar:

$y=f(x)=\dfrac{x+1}{x^2-1}$ $x^2-1=0$ $x\neq 1$ $x\neq -1$

$y=f(x)=\dfrac{x+1}{x^2-1}=\dfrac{x+1}{(x-1)(x+1)}=\dfrac{1}{(x-1)}$ $x\neq -1$

y=1/(x-1)   x≠ -1

La gráfica no tiene simetría par ni impar: f(x)≠f(-x) y f(x)≠ -f(-x)

x->∞ y=0   asíntota horizontal

x->-∞ y=0   asíntota horizontal

y=1/(x-1)   x≠ -1

Asíntota vertical: denominador=0

x-1=0   x=1 asíntota vertical

x-> 1⁺ (x= 1.1) y-> ∞

x-> 1⁻ (x= 0.9) y-> - ∞

Cuando x->-1⁺ y-> -0.5 y cuando x->- 1⁻ y-> -0.5

En x=-1 no hay una asíntota vertical pero la función no está definida en este valor, así hay una ruptura o desconexión en el valor de x=-1 pero la tendencia de la función es y= -0.5. Se puede redefinir la función para que sea continua estableciendo explícitamente que cuando x=-1 y= -0.5.

y=1/(x-1)   x≠ -1

Puntos críticos: x-1=0 x=1

Signo de f(x)= $\frac{1}{(x-1)}$ x$\neq$ -1

<table>
<tr><td>-</td><td>+</td><td>Regiones donde f(x)>0 y f(x)<0</td></tr>
</table>

Cortes con el eje x (y=0):   No hay cortes con el eje x.

Cortes con el eje y (x=0):   y= - 1

La gráfica es discontinua en $x^2 - 1 = 0$ x=1 y x= -1.

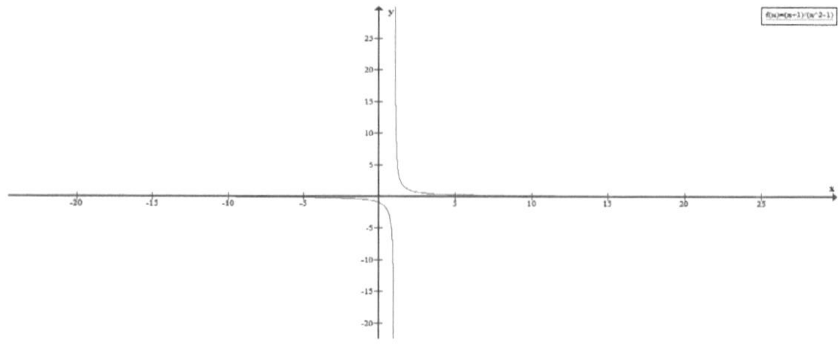

En x=-1 y= -0.5 hay una discontinuidad o ruptura en la gráfica y en x=1 está la asíntota vertical.

Graficar:

y=f(x)=$\frac{x^2+4}{x^2-4}$ x^2-4=0   x$\neq$2   x$\neq$-2

y=f(x)=$\frac{x^2+4}{x^2-4} = \frac{x^2+4}{(x-2)(x+2)}$ x$\neq$ -2   x$\neq$2

La gráfica tiene simetría par: f(x)=f(-x). Así, la gráfica es simétrica con respecto al eje y.

f(x)=$\frac{x^2+4}{x^2-4} = \frac{\frac{x^2+4}{x^2}}{\frac{x^2-4}{x^2}} = \frac{1+\frac{4}{x^2}}{1-\frac{4}{x^2}}$

x->∞   y=1   asíntota horizontal

x->-∞   y=1   asíntota horizontal

Asíntota vertical: denominador=0

164

x²-4=0   x=2 x=-2 asíntota vertical

x-> 2⁺ (x= 2.1) y-> ∞

x-> 2⁻ (x= 1.9) y-> - ∞

x-> -2⁺ (x= -1.9) y-> -∞

x-> -2⁻ (x= -2.1) y-> ∞

Puntos críticos: x²-4=0   x=2 x=-2

Signo de $f(x)=\dfrac{x^2+4}{x^2-4} = \dfrac{x^2+4}{(x-2)(x+2)}$

Regiones donde f(x)>0 y f(x)<0

Cortes con el eje x (y=0):   No hay cortes con el eje x.

Cortes con el eje y (x=0):   y= - 1

La gráfica es discontinua en $x^2 - 4 = 0$ x=2 y x= -2.

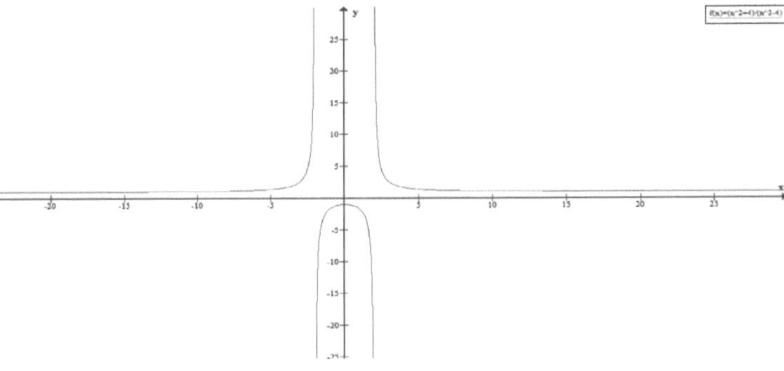

Graficar:

$f(x)=\dfrac{x^2}{x^2-1}$ x²-1=0   x≠1   x≠-1

$y=f(x)=\dfrac{x^2}{x^2-1} = \dfrac{x^2}{(x-1)(x+1)}$ x≠ -1   x≠1

La gráfica tiene simetría par: f(x)=f(-x). Así, la gráfica es simétrica con respecto al eje y.

$$f(x)=\frac{x^2}{x^2-1}=\frac{\frac{x^2}{x^2}}{\frac{x^2-1}{x^2}}=\frac{1}{1-\frac{1}{x^2}}$$

x->∞   y=1   asíntota horizontal

x->-∞ y=1   asíntota horizontal

Asíntota vertical: denominador=0

x^2-1=0   x=1 x=-1 asíntotas verticales

x-> 1⁺ (x= 1.1) y-> ∞

x-> 1⁻ (x= 0.9) y-> - ∞

x-> -1⁺ (x= -0.9) y-> -∞

x-> -1⁻ (x= -1.1) y-> ∞

Puntos críticos: x^2-1=0   x=1 x=-1 x^2=0   x=0

Signo de $f(x)=\dfrac{x^2}{x^2-1}=\dfrac{x^2}{(x-1)(x+1)}$

$$\begin{array}{ccccc} + & - & - & + & \end{array}$$

   +   -   -   +   Regiones donde f(x)>0 y f(x)<0

      -1   0   1

Cortes con el eje x (y=0): x^2=0 x=0

Cortes con el eje y (x=0): y=0

La gráfica es discontinua en $x^2-1=0$ x=1 y x= -1.

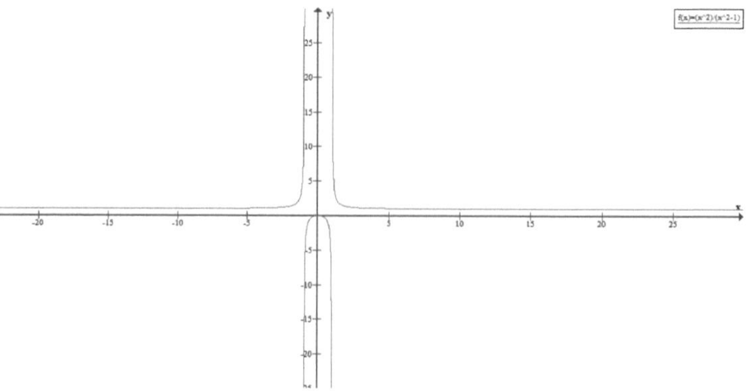

33.- Funciones Exponenciales y Logarítmicas

Funciones Exponenciales

La función exponencial está dada por la siguiente función:

$y=b^x$ $b>0$ $b\neq1$ donde b es la base y x es el exponente.

Los gráficos de las funciones exponenciales se pueden realizar con una tabla de puntos o por medio de las técnicas de desplazamiento.

El dominio de la función exponencial son los números reales. El rango de f(x) si $f(x)=2^x$ por ejemplo, es el conjunto de los números reales positivos x>0. Se tiene una asíntota horizontal y=0: x->-∞ y->0. El corte con el eje y es en x=0 y=1.

El gráfico de la función $y=f(x)=2^x$ se puede realizar por medio de una tabla de puntos o por medio de la tendencia a ±∞ y los cortes con los ejes.

$y=2^x$

x	y
-3	1/8
-2	1/4
-1	1/2
0	1
1	2
2	4

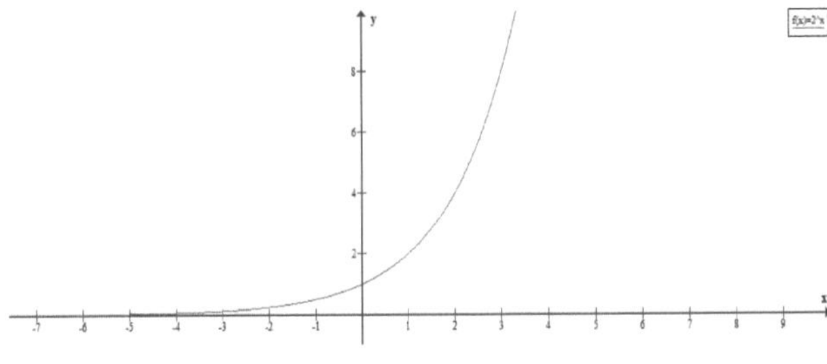

$y=2^x$

x->∞ y->∞

x->-∞ y->0

x=0   y=1   No hay cortes con el eje x.

El gráfico de y=(1/2)^x se muestra a continuación:

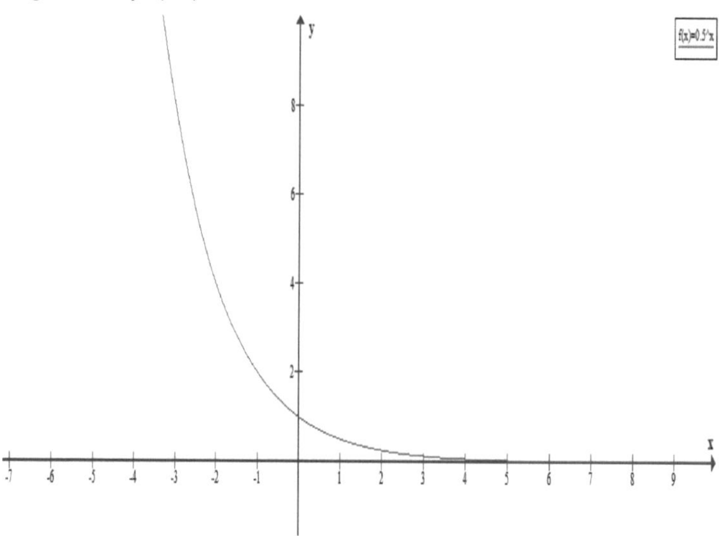

x->-∞   y->∞

x->∞   y->0

x=0   y=1

Hay una asíntota horizontal x=0: x->∞ y->0.

El corte con el eje y es en y=1 x=0.

De esta manera, se concluye que si la base b está en el intervalo 0<b<1 la función es decreciente y si la base b está en el intervalo b>1 la función es creciente.   Esto es también equivalente a una constante negativa multiplicando la variable x: y=(2^{-1})^x=2^{-x}. Así, si esta constante es negativa la función es decreciente y si esta constante es positiva la función es creciente.

El gráfico de la función y=2*4^x es como se muestra a continuación:

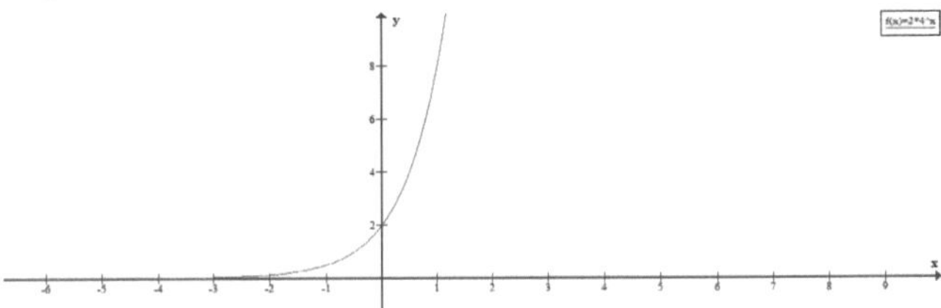

La asíntota horizontal es x=0.

El corte con el eje y es en y=2 x=0.

El gráfico de la función exponencial con base e es como se muestra a continuación:

y=e^x **función exponencial con base Euler.**

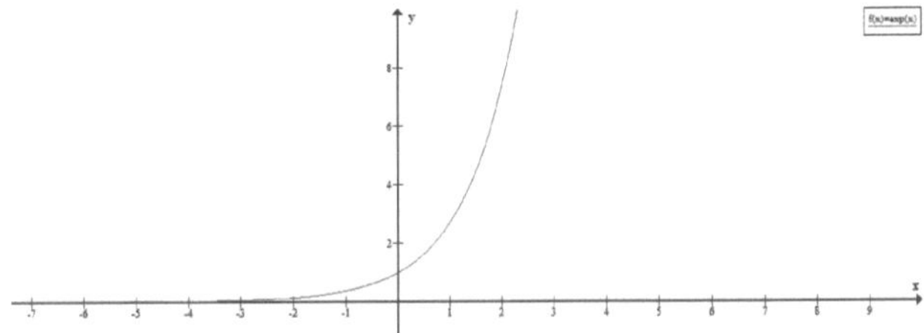

La asíntota horizontal es x=0.

El corte con el eje y es y=1 x=0.

Técnicas de desplazamiento

Si se tiene la función y=b^x+k, la función se desplaza k unidades hacia arriba si k>0 y k unidades hacia abajo si k es negativo.

y=2^x+7 : función y=2^x desfasada 7 unidades hacia arriba.

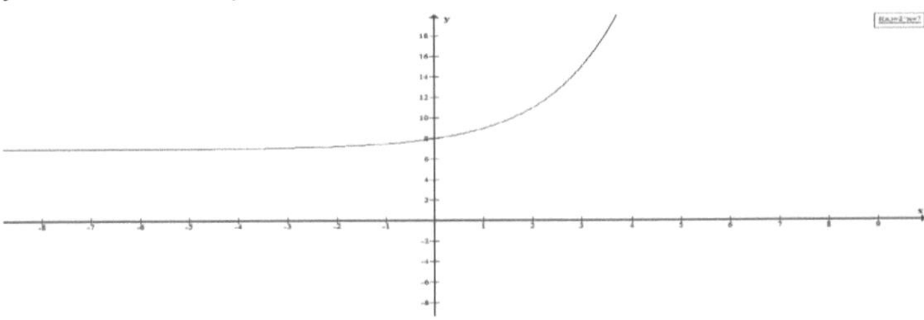

El corte con el eje y es y=8 x=0. La asíntota horizontal x=0 de y=2^x se desfasa 7 unidades hacia arriba a x=7.

Si se tiene la función y=b^{x+h} , la función se desplaza $|h|$ unidades hacia la derecha si h<0 h negativo, y la función se desplaza $|h|$ unidades hacia la izquierda si h>0 h positivo.

y=2^{x+5}

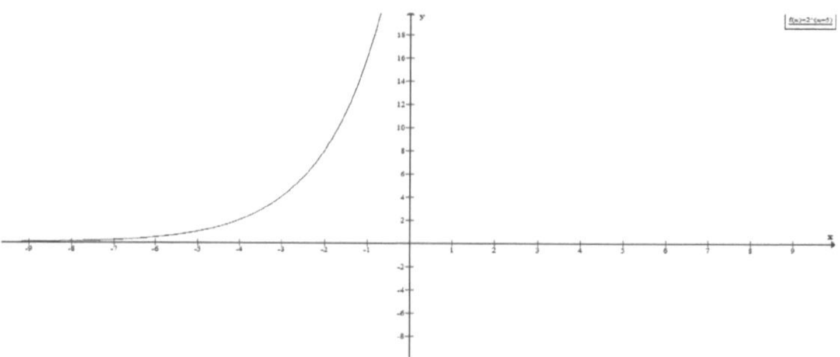

El corte con el eje y es en x=0 y=32 y el punto (0,1) de y=2^x se ha desfasado al punto (-5,1).

Si se tiene la función y=c(b^x) la función exponencial es creciente si c>0 y es decreciente si c<0. Si $|c|$>1 la función tiene sus valores de y aumentados por un factor de $|c|$ y si 0<$|c|$<1 la función tiene sus valores de y disminuidos por un factor de $|c|$.

y= -2^x

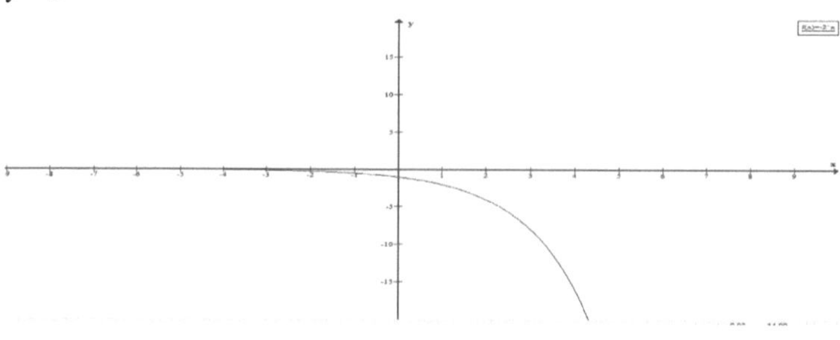

La gráfica y=2^x es reflejada con respecto al eje x y se obtiene y=2^{-x}.

La gráfica es decreciente.

$y=(2^{x-4})-3$

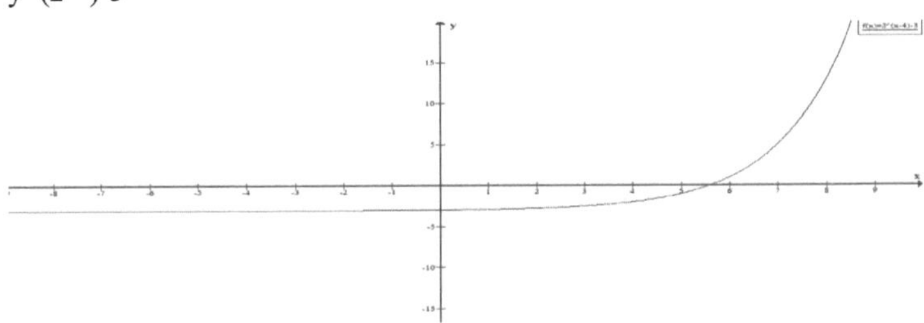

El valor de $(0,1)$ de $y=2^x$ está desfasada 4 unidades hacia la derecha y 3 unidades hacia abajo en $(4,-2)$.

Si se tiene la función $y=(b^{dx})$ la función exponencial es creciente si $d>0$ y es decreciente si $d<0$. Si $|d|>1$ la función tiene sus valores de y aumentados y si $0<|d|<1$ la función tiene sus valores de y disminuidos.

$y=2^{-3x}$

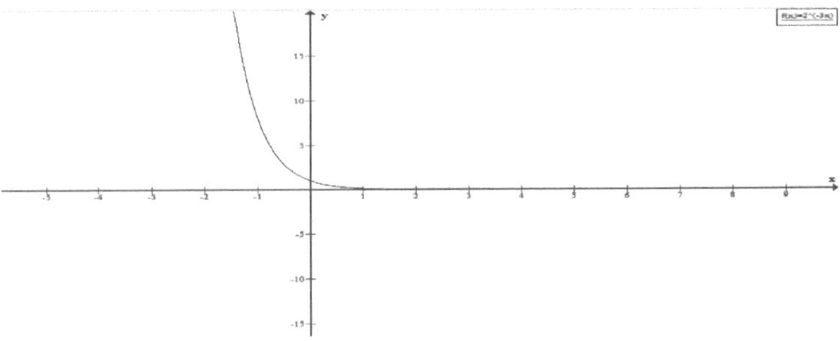

$x->-\infty$ $y->\infty$

$x->\infty$ $y->0$

$x=0$ $y=1$

Hay una asíntota horizontal $x=0$: $x->\infty$ $y->0$.

El corte con el eje y es en $y=1$ $x=0$.

La función es decreciente.

Además, esto es equivalente a la función $y=(2^{-3})^x=(1/8)^x$ y se concluye como se mencionó anteriormente en la función $y=b^x$ que si la base b está en el intervalo $0<b<1$ la función es decreciente y si la base b está en el intervalo $b>1$ la función es creciente.

$y=7*e^{-0.5x}$

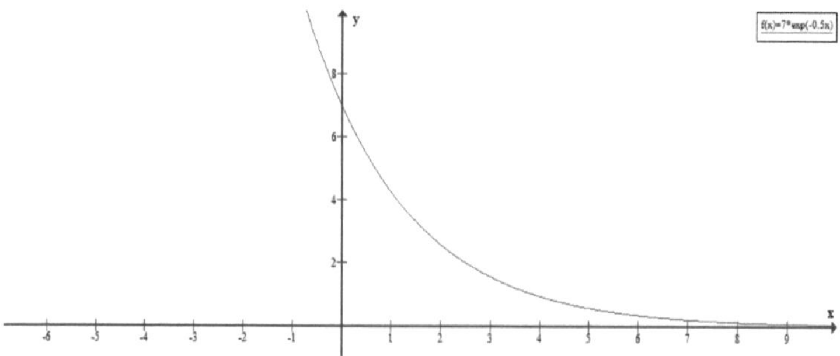

La función es decreciente y los valores de y están aumentados por un factor de 7. Así, el valor de $(0,1)$ de $y=e^{-0.5x}$ está en $(0,7)$.

$y=2*e^{-0.5x+4}+3$

$y=2*e^{-0.5(x-8)}+3$

Así, el punto $(0,1)$ de $y=e^{-0.5x}$ se encuentra en el punto $(8,5)$. La función es decreciente.

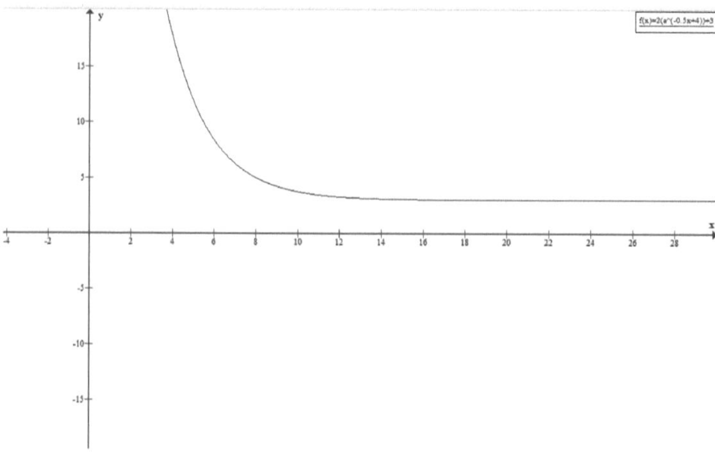

Funciones logarítmicas

Las funciones logarítmicas son las funciones inversas de las funciones exponenciales.

La función exponencial está dada por la función: $y=b^x$ $b>0$ $b\neq1$

El dominio es el conjunto de los números reales. El rango de f(x) si $f(x)=2^x$ por ejemplo, es el conjunto de los números reales positivos $(0,\infty)$ $x>0$.

La función exponencial es una función biyectiva (inyectiva: función uno a uno y sobreyectiva: considerado todos los elementos del rango) y así tiene inversa y se llama función logarítmica.

La función inversa de la exponencial la cual es la logarítmica se obtiene intercambiando x por y, y por x:

$y=b^x$ $x=b^y$: función logarítmica de base b $b>0$ $b\neq1$

En el ejemplo dado, esto es $y=2^x$ $x=2^y$: función logarítmica de base 2.

Se utiliza la función logaritmo (log) para despejar y, se define:

$y=b^x$ $b>0$ $b\neq1$

$x=b^y$ función inversa: función logarítmica

$\log_b x = \log_b b^y = y$

$\log_b b^y = y$ debido a que $f^{-1}[f(y)]=y$ $\log_b b^y = y$

Aplicando propiedades, se debe aplicar logaritmos a ambos miembros para despejar y:

$x=b^y$

$\log_b x = lo_b b^y = y\log_b b = y$ donde $\log_b b = 1$

$\log_b x = y$

$y=\log_b x$ $b>0$ $b\neq1$

Ejemplo:

$y=2^x$ Dominio: $(-\infty,\infty)$ Rango: $(0,\infty)$

$x=2^y$

$\log_2 x = \log_2 2^y = y$ $\log_2 2^y = y\log_2 2 = y$ $\log_2 2 = 1$

$\log_2 x = y$

$y=\log_2 x$ Dominio=Rango de f: $(0,\infty)$ Rango=Dominio de f:$(-\infty,\infty)$

Así, la función logarítmica de base b es la inversa de la función exponencial con base b y b>0 b≠ 1.

Además, se tiene la siguiente equivalencia:

$y=\log_b x$ $x=b^y$ Estas dos funciones representan la misma función.

Como la función logarítmica es la inversa de la función exponencial y el dominio de la función exponencial son todos los números reales y el rango todos los números reales positivos x>0 para la función $y=2^x$ por ejemplo, entonces el dominio de la función logarítmica son los reales positivos x>0 para la función $y=\log_2 x$ y el rango son todos los números reales (-∞<x<∞) o (-∞,∞).

Para 0<b<1 la función logarítmica es decreciente y para b>1 la función logarítmica es creciente b>0 b≠ 1.

El gráfico de la función y=log x con base b=10 (la base no se escribe en log x si b=10) es como se muestra a continuación:

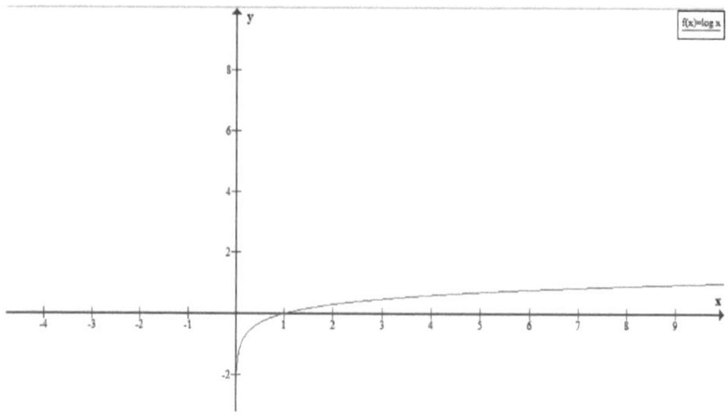

La función y=log x pasa por el punto (1,0) y es creciente. La gráfica tiene una asíntota vertical en x=0.

x->0 y->-∞

x->∞ y->∞

$y=\log 1=0$ debido a que $10^0=1$ debido a que: $y=\log_b x$ $x=b^y$

Así, la función pasa por el punto (1,0).

El gráfico de la función y=log$_e$x=ln x con base b=e=2.718281...(la base b no se esribe en ln x si b=e) es como se muestra a continuación:

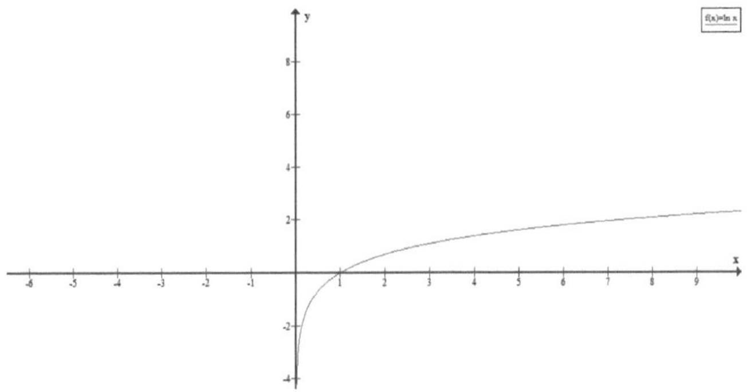

La función y=ln x pasa por el punto (1,0) y es creciente. La gráfica tiene una asíntota vertical en x=0.

x->0 y->-∞

x->∞ y->∞

Ejemplos:

y=log$_{0.1}$x   0<0.1<1

La función es decreciente y pasa por el punto (1,0). La gráfica tiene una asíntota vertical en x=0.

x->0 y->∞

x->∞ y->-∞

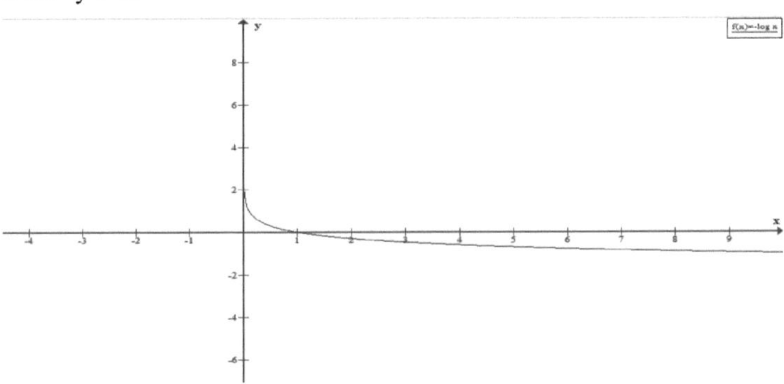

Además, aplicando las propiedades de logaritmo se tiene:

$y=\log_{0.1}x$

$y=\log_{10}^{-1}x=-\log x$, lo cual es la función $y=\log x$ reflejada con respecto al eje x.

Se pueden aplicar las mismas técnicas de desplazamiento para realizar las gráficas de funciones con constantes en el argumento y fuera del argumento (x).

Ejemplo:

$y=7\log_{0.1}(x-8)+9$

El punto (1,0) está desfasado al punto (9,9). La función es decreciente ya que la base b=0.1 es 0<0.1<1. Los valores de $y=\log_{0.1}(x-8)$ están amplificados por un factor de 7 y sumados 9. La gráfica tiene una asíntota vertical en x=8.

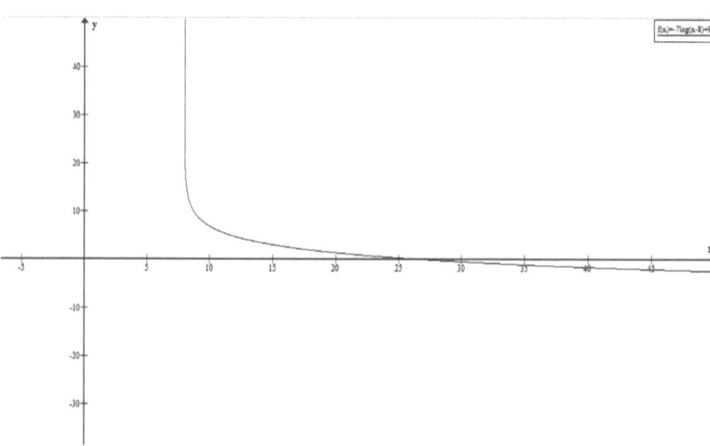

y=5 log$_($x-7)+2

El punto (1,0) está desfasado al punto (8,2). La función es creciente ya que la base b=10 es 10>1. Los valores de y=log$_($x-7) están amplificados por un factor de 5 y sumados 2. La gráfica tiene una asíntota vertical en x=7.

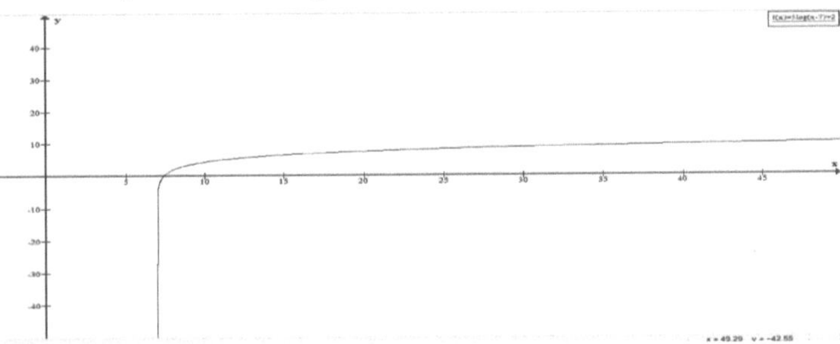

y=-8ln(x-9)+4

El punto (1,0) está desfasado al punto (10,4). La función es decreciente ya que hay un factor de -8 multiplicando el logaritmo natural aunque la base e>1. Esto es equivalente a una base b=e$^{-(1/8)}$=0.882 0<b<1 debido a la aplicación de las propiedades de los logaritmos y así la función es decreciente:

y=log$_{e^{-(1//8)}}$(x-9)+4   b=e$^{-(1/8)}$ función decreciente

y=[-1/(1/8)] ln (x-9)+4

y=-8ln(x-9)+4

Los valores de y=ln$_($x-9) están disminuidos por un factor de 8 y sumados 4. La gráfica tiene una asíntota vertical en x=9.

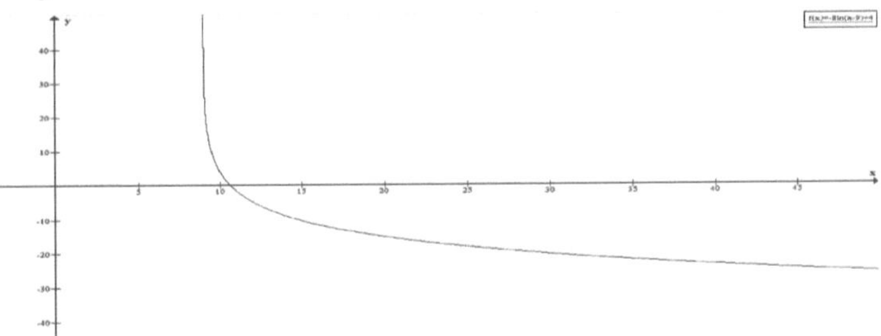

34.- Funciones formadas por trozos de rectas

Función valor absoluto

La función valor absoluto es denotada por la siguiente expresión:

$y=|x|$

Esta expresión es equivalente a: y=x x≥0   y y=-x x<0.

El gráfico de la función valor absoluto es el siguiente:

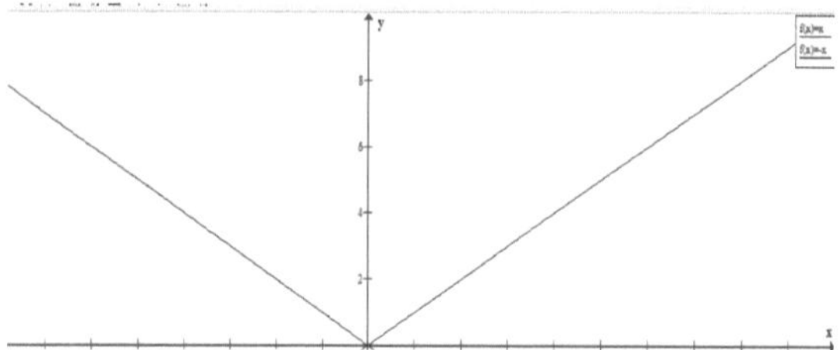

Así, la función es decreciente en el intervalo (-∞,0) y creciente en el
intervalo (0,∞). La función valor absoluto tiene un vértice que para $y=|x|$
es el punto (0,0).

Se pueden aplicar las mismas técnicas de desplazamiento para realizar las
gráficas de funciones con constantes en el argumento y fuera del argumento
(x).

Ejemplo:

$y=5|x-7|$-8

La función es creciente ya que la constante 5 es positiva. El vértice (0,0)
de $y=|x|$ está desfasado al punto (7,-8). Los valores de y están
amplificados por un factor de 5 y restados -8.

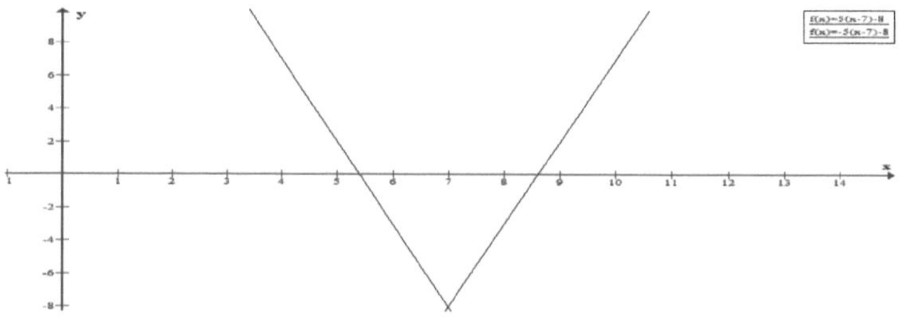

y=-9$|x + 6|$+4

La función es decreciente ya que la constante -9 es negativa. El vértice (0,0) de y=$|x|$ está desfasado al punto (-6,4). Los valores de y están disminuidos por un factor de -9 y sumados 4.

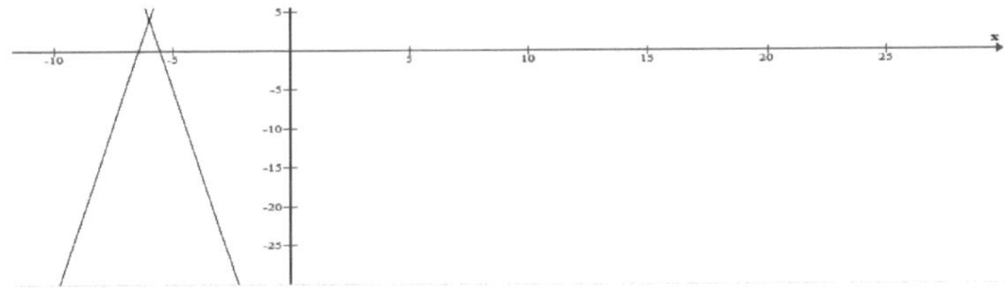

Función entero mayor

Graficar la función entero mayor $y = [\![x]\!]$

La función entero mayor de un valor de x da como resultado un valor entero n tal que n≤x<n+1. Así, $[\![x]\!]$ es la parte entera menor o igual a x.

$[\![7.45]\!]$ =7

$[\![9]\!]$ =9

$[\![0]\!]$ =0

$[\![-4.2]\!]$ =-5

El dominio de la función entero mayor es el conjunto de todos los números reales y el rango es el conjunto de los número enteros.

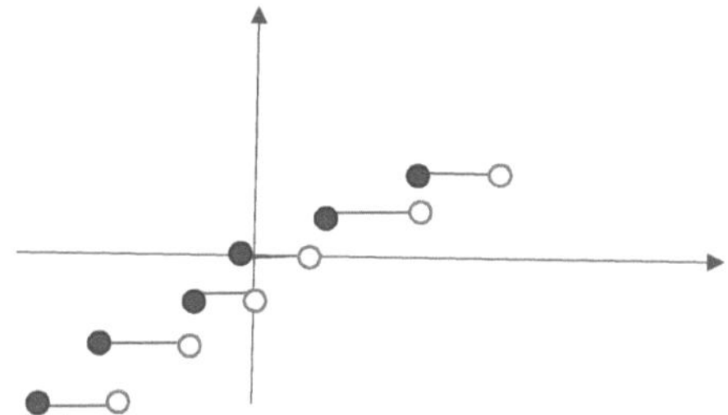

Así, en el dominio de los números reales, la función entero mayor es discontinua. La función entero mayor es discontinua en cada entero pero es continua en cada intervalo que no contiene un entero.

Se pueden aplicar las mismas técnicas de desplazamiento para realizar las gráficas de funciones con constantes en el argumento y fuera del argumento (x).

Ejemplo: $y = 2[\![x - 7]\!] + 3$

La función es creciente ya que la constante 2 es positiva. El punto (0,0) de $y = [\![x]\!]$ está desfasado al punto (7,3). Los valores de y están aumentados por un factor de 2 y sumados 3.

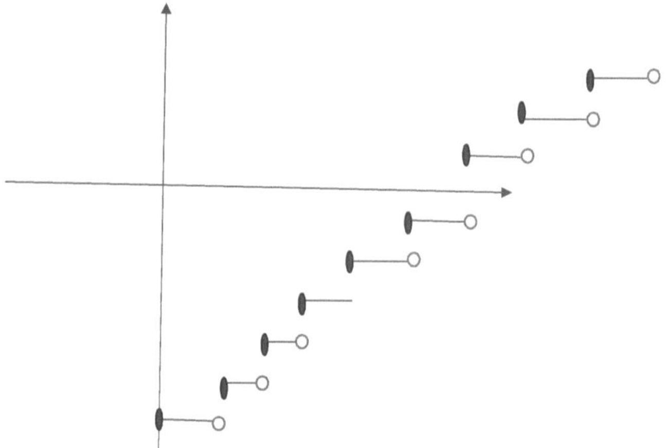

Función escalón unitario

La función escalón unitario μ(x) está denotada de la siguiente forma:

μ(x)=1 x>0   μ(x)=0   x≤0

El dominio es el conjunto de los números reales y el rango son los números 1 y 0 para la función y=μ(x) sin desfasamientos. La función es discontinua en x=0.

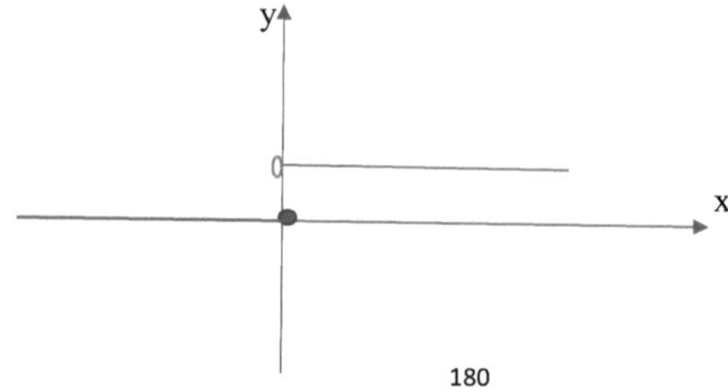

Se pueden aplicar las mismas técnicas de desplazamiento para realizar las gráficas de funciones con constantes en el argumento y fuera del argumento (x).

Ejemplo:

$y=7\mu(x-5)+4$

$\mu(x-5)=1$ $x-5>0$ $x>5$ $\mu(x-5)=0$ $x-5\leq0$ $x\leq5$

El punto (0,0) de $y=\mu(x)$ está desfasado al punto (5,4). Los valores de y están aumentados por un factor de 7 y sumados 4.

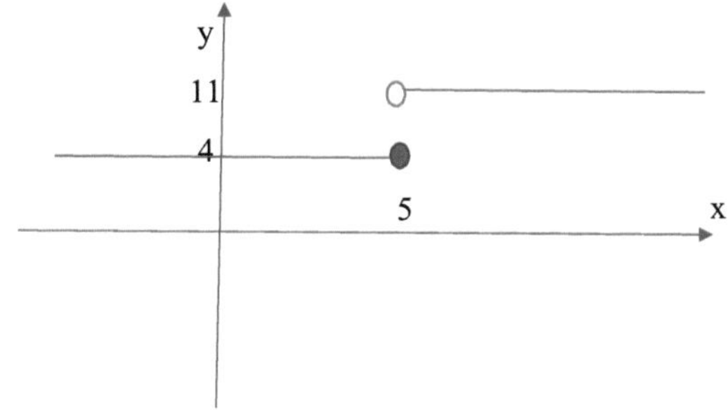

Función signo

La función signo sgn(x) está denotada de la siguiente forma:

$\text{sgn}(x)=1$ $x>0$ $\text{sgn}(x)=0$ $x=0$ $\text{sgn}(x)=-1$ $x<0$

El dominio es el conjunto de los números reales y el rango son los números 1,0 y -1 para la función $y=\text{sgn}(x)$ sin desfasamientos. La función es discontinua en x=0.

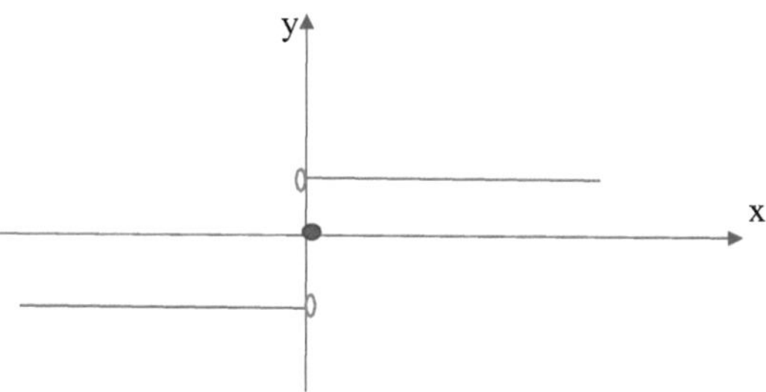

Se pueden aplicar las mismas técnicas de desplazamiento para realizar las gráficas de funciones con constantes en el argumento y fuera del argumento (x).

Ejemplo:

$y=2\text{sgn}(x-7)+5$

$\text{sgn}(x-7)=1 \quad x-7>0 \quad x>7$

$\text{sgn}(x-7)=0 \quad x-7=0 \quad x=7$

$\text{sgn}(x-7)=-1 \quad x-7<0 \quad x<7$

El punto $(0,0)$ de $y=\text{sgn}(x)$ está desfasado al punto $(7,5)$. Los valores de y están aumentados por un factor de 2 y sumados 5.

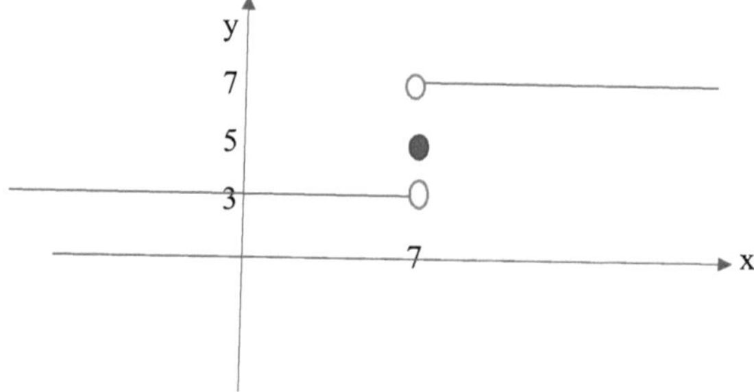

Funciones creadas por tramos de rectas

Sea la función definida:

$f(x)=0 \quad x<0 \quad f(x)=-x+2 \quad 0\leq x<2 \quad f(x)=2 \quad x\geq 2$

La función es discontinua en $x=0$ y en $x=2$.

35.- Solución de sistemas de ecuaciones

Nosotros queremos determinar los valores de las variables $x_1, x_2, x_3, \ldots, x_n$ las cuales satisfacen el siguiente sistema de ecuaciones:

$A_{11}x_1 + A_{12}x_2 + A_{13}x_3 + \ldots + A_{1n}x_n = b_1$

$A_{21}x_1 + A_{22}x_2 + A_{23}x_3 + \ldots + A_{2n}x_n = b_2$

$A_{n1}x_1 + A_{n2}x_2 + A_{n3}x_3 + \ldots + A_{nn}x_n = b_n$

donde los valores de A son los coeficientes y los valores de b son los términos independientes.

Sistemas de ecuaciones Lineales

Sistemas con dos variables: Método de Igualación, Sustitución, Reducción, Gráfico.

4x+5y=335

   9x+14y=850

Método de Reducción:

4x+5y=335   *9

9x+14y=850   *4

36x+45y=3025

36x+56y=3400

Se procede a restar ambas ecuaciones o se multiplica la segunda ecuación por (-1) y se suman.

36x+45y=3015

-36x-56y=-3400

-11y=-385

y=35   4x+5(35)=335

               x=40

S = {40,35}

En el método de reducción también se pudo haber elegido a la variable y para ser eliminada del sistema de ecuaciones.

Método de Igualación:

4x+5y=335

9x+14y=850

Se despeja x de ambas ecuaciones y se igualan:

x=(335-5y)/4

x=(850-14y)/9

(335-5y)/4=(850-14y)/9

9(335-5y)=4(850-14y)

3015-45y=3400-56y

11y=385

y=35

Reemplazando este valor de y en x:

x=(850-14(35))/9

x=40

S={40,35}

También se pudo haber despejado y de ambas ecuaciones e igualarlas para resolver para la variable x.

Método de Sustitución:

4x+5y=335

9x+14y=850

Se despeja x de una de las ecuaciones y se sustituye en la otra ecuación:

x=(335-5y)/4

9[(335-5y)/4]+14y=850

3015-45y+56y=3400

11y=385

y=35

Reemplazando este valor de y en la ecuación despejada de x:

x=(335-5(35))/4   x=40

S={40,35}

También se pudo haber despejado y de la primera ecuación y sustituirla en la otra ecuación para resolver para la variable x.

Método Gráfico

El método gráfico consiste en despejar y de ambas ecuaciones y graficar las dos funciones lineales. Luego, se encuentra gráficamente el punto de intersección (x,y) de las dos funciones lineales, el cual es el conjunto solución del sistema de ecuaciones.

4x+5y=335

9x+14y=850

Se despeja y de ambas ecuaciones y se grafican:

y=(335-4x)/5

y=(850-9x)/14

El punto de intersección encontrado gráficamente es S={40,35}.

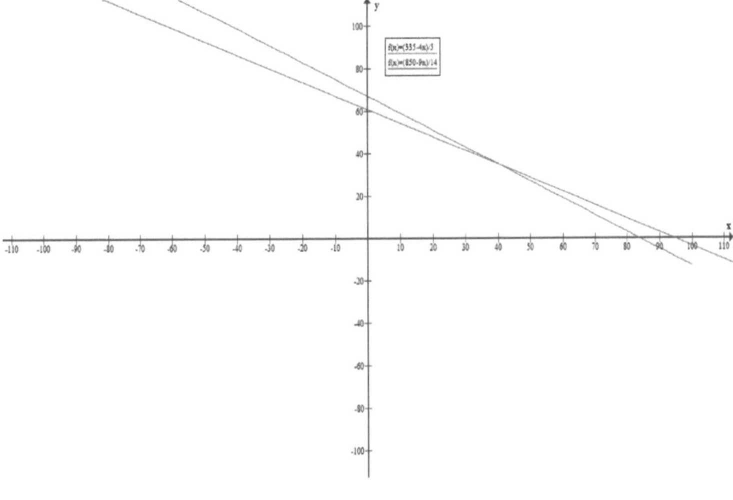

$3x-4y=13$

$3y+2x=3$

Método de Reducción:

$3x-4y=13 \qquad *3$

$2x+3y=3 \qquad *4$

$9x-12y=39$

$8x+12y=12$

$17x=51$

$x=3$

$3(3)-4y=13$

$-4y=4$

$y=-1 \qquad S=\{3,-1\}$

Método de Igualación:

$3x-4y=13$

$2x+3y=3$

$x=(13+4y)/3$

$x=(3-3y)/2$

$(13+4y)/3=(3-3y)/2$

$2(13+4y)=3(3-3y)$

$26+8y=9-9y$

$17y=-17$

$y=-1$

x=(13+4(-1))/3

x=3

S={3,-1}

Método de Sustitución:

3x-4y=13

2x+3y=3

x=(13+4y)/3

2[(13+4y)/3]+3y=3

26+8y+9y=9

17y=-17

y=-1

x=(13+4(-1))/3

x=3

S={3,-1}

Método Gráfico

El método gráfico consiste en despejar y de ambas ecuaciones y graficar las dos funciones lineales. Luego, se encuentra gráficamente el punto de intersección (x,y) de las dos funciones lineales, el cual es el conjunto solución del sistema de ecuaciones.

3x-4y=13

2x+3y=3

Se despeja y de ambas ecuaciones y se grafican:

y=(3x-13)/4

y=(3-2x)/3

El punto de intersección encontrado gráficamente es S={3,-1}.

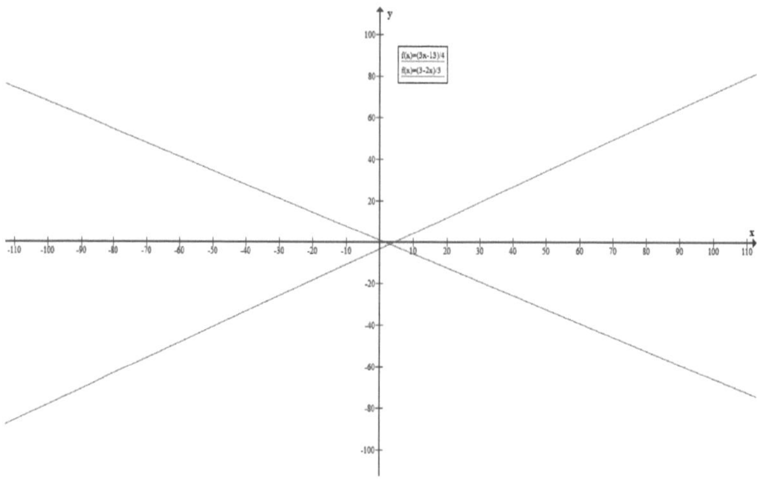

x+2y-8=0

2x+4y+4=0

Método de Sustitución

x=-2y+8

2(-2y+8)+4y+4=0

-4y+16+4y+4=0

20=0   No existe solución para el sistema de ecuaciones.

S={ }

La misma solución se encuentra con cualquiera de los otros métodos usados en los anteriores problemas.

Método Gráfico

y=(8-x)/2

y=(-4-2x)/4

Si se usa el método gráfico, las gráficas de las dos funciones lineales son dos líneas rectas paralelas. Así, no hay punto de intersección entre ellas.

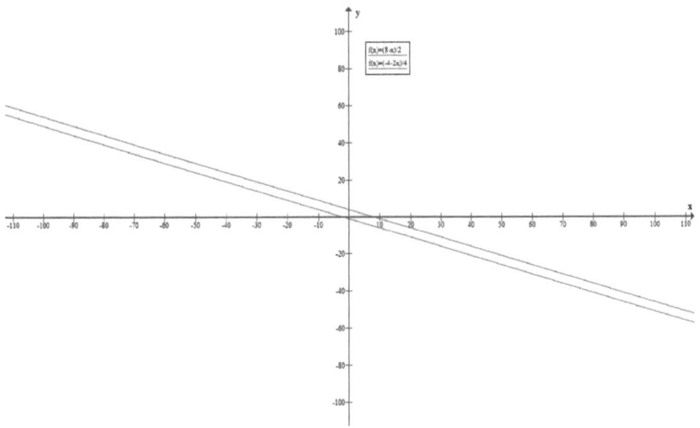

x+5y=2

(1/2)x+(5/2)y=1

Método de reducción

x+5y=2

x+5y=2

x+5y=2

-x-5y=-2

0=0

x=2-5y   y puede ser cualquier número real, y así x puede ser cualquier valor dependiendo del valor de y. Además, las dos ecuaciones son la misma ecuación, por lo que hay un infinito número de soluciones.

S=(2-5y,y) y pertenece a los números reales

S=∞

Método Gráfico

y=(2-x)/5

y=[1-(x/2)]/(5/2)   y=(2-x)/5

Si se grafican las dos funciones lineales, la gráfica de las dos funciones
resultan ser la misma función lineal, por lo que hay un infinito número de
puntos de intersección. Así, el sistema de ecuaciones tiene un infinito
número de soluciones.

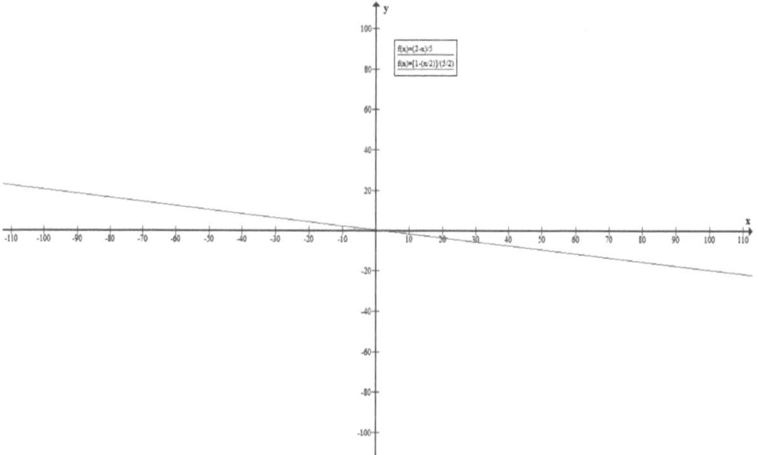

Método de Gauss

Primero analizamos la solución de los sistemas de 2x2 con el método de
Gauss y luego, extendemos el método a los sistemas de 3x3.

El método de Gauss es similar al método de reducción con la diferencia que
el objetivo es obtener una matriz parcial de 1 y 0 como en el siguiente
ejemplo. Para esto se realizan multiplicaciones, divisiones y sumas como
en el método de reducción.

Tenemos el siguiente sistema de 2x2:

4x+3y=8

 2x+y=9

Primero, dividimos para 4 la primera fila. Luego, multiplicamos la primera fila por (-2) y esto es adicionado a la segunda fila. Finalmente, dividimos la segunda fila para (-0,5).

Aplicando el método de Gauss y las operaciones anteriores se obtiene:

4	3	8
2	1	9
1	0,75	2
0	-0,5	5
1	0,75	2
0	1	-10

Las soluciones son   y=-10, y   x=2-(0,75*(-10)), x=9,5. S=(9.5,-10)

Método de Gauss Jordan

El método de Gauss Jordan es igual al método de Gauss con la diferencia que en el método de Gauss Jordan se obtiene una matriz completa de 1 y 0 como en el siguiente ejemplo. Para esto se realizan multiplicaciones, divisiones y sumas como en el método de Gauss.

4x+3y=8

2x+y=9

Aplicando el método de Gauss-Jordan, se realizan las siguientes operaciones:

4	3	8
2	1	9
1	0,75	2
0	-0,5	5
1	0,75	2
0	1	-10
1	0	9,5
0	1	-10

Esto requiere más operaciones que el método de Gauss. Los pasos adicionales son al final: multiplicamos la segunda ecuación por (-0,75) y esto es adicionado a la primera ecuación. Entonces, obtenemos:

x=9,5 y y=-10

Método de Cramer

Esto es posible también obtener la misma respuesta por el método de Cramer, el cual es un método que usa determinantes.

4x+3y=8

2x+y=9

Primero, necesitamos obtener el determinante de:

4	3
2	1

Esto es obtenido en esta forma: $\Delta=(4)*(1)-(2)*(3)=-2$

Los otros determinantes son obtenidos de la siguiente manera:

8	3
9	1

Es decir, se reemplaza los valores de la columna independiente en la primera columna.

$\Delta_1=(8)*(1)-(3)*(9)=-19$

4	8
2	9

Para este determinante, se reemplaza los valores de la columna independiente en la segunda columna.

$\Delta_2=(4)*(9)-(2)*(8)=20$

Así, obtenemos las siguientes soluciones:

$x=\Delta_1/\Delta=(-19)/(-2)=9,5$

$y=\Delta_2/\Delta=(20)/(-2)=-10$

Si el determinante Δ es igual a cero, entonces el sistema no tiene solución o tiene infinitas soluciones. Si hay un factor multiplicativo de la primera ecuación para obtener la segunda ecuación, entonces hay infinitas soluciones. Si se encuentra un factor multiplicativo sólo para las columnas de x y y pero no para la columna de valores independiente, entonces no hay solución.

x+2y=8

2x+4y=-4

Δ es igual a cero, sistema sin solución, el factor multiplicativo se encuentra para las columnas de x y y pero no para la de valores independientes.

x+5y=2

(1/2)x+(5/2)y=1

Δ es igual a cero, sistema con infinitas soluciones, el factor multiplicativo se encuentra para las columnas de x y y y también para la de valores independientes.

Matriz Inversa

Por otro lado, esto es posible usar los conceptos de matriz inversa para obtener la solución haciendo las mismas operaciones del método de Gauss pero ahora para todas las filas. El objetivo es invertir los unos y ceros de las siguientes matrices:

4x+3y=8

2x+y=9

4	3			1	0
2	1			0	1
1	0,75			0,25	0
0	-0,5			-0,5	1
1	0			-0,5	1,5
0	1			1	-2

donde A^{-1} es:

-0,5	1,5
1	-2

Finalmente, podemos obtener la solución en la siguiente forma:

Ax=b, entonces: x=A^{-1}b. Así, obtenemos:

-0,5	1,5	8
1	-2	9

x=(-0,5)*8+(1,5)*9

x=9,5

y=1*8+(-2)*9

y= - 10.

S=(9.5,-10)

Infinitas soluciones

Esto es posible que obtengamos infinitas soluciones como en el siguiente caso:

4x+3y=8

2x+1.5y=4

4	3	8
2	1,5	4
1	0,75	2
0	0	0

donde hemos aplicado el método de Gauss y se obtiene una fila de ceros. De esta forma:

x=2-(0,75)*y, donde y puede ser cualquier valor real y así, x es dependiente del valor de y. Así, tenemos infinitas soluciones dada por (x,y): (2-0,75*y,y).

También en este caso, observamos que la segunda fila es obtenida como la primera fila multiplicada por un factor y ambas filas son proporcionales, como se mencionó anteriormente en el método de Cramer. También, el determinante está dado por: Δ=4*1,5+3*2=0 de tal forma que la división es para cero en el método de Cramer y hay infinitas soluciones o no hay solución. En este caso, hay infinitas soluciones porque la proporcionalidad de las dos filas incluye los términos independientes.

Sistema sin solución

También, puede ocurrir que no se pueda obtener la solución como en el siguiente caso:

4x+3y=8

2x+1.5y=3

4	3	8
2	1,5	3
1	0,75	2
0	0	-1

donde hemos aplicado el método de Gauss, y se obtiene una fila de ceros excepto para la columna de valores independientes. De esta forma: $0x_1+0x_2=-1$, donde tenemos una contradicción en esta ecuación. Así, el sistema de ecuaciones no tiene solución.

En este caso, podemos observar que la segunda fila es obtenida como la primera fila multiplicada por un factor, excepto por el término independiente b, como se mencionó anteriormente en el método de Cramer. Por otro lado, el determinante es: $\Delta=4*1,5+3*2=0$.

En conclusión, si tenemos que el determinante es: $\Delta=0$, entonces nosotros tenemos infinitas soluciones o no hay solución. La diferencia entre las dos situaciones se puede identificar observando la proporcionalidad de las dos filas.

Sistemas de 3 ecuaciones con 3 variables

Se pueden utilizar los mismos métodos de dos variables:

$2x+y+z=3$

$-x+2y+2z=1$

$x-y-3z=-6$

Se despeja x de la tercera ecuación y se reemplaza en la primera y en la segunda: $x=-6+y+3z$

$2(-6+y+3z)+y+z=3$

$-(-6+y+3z)+2y+2z=1$

Sistema de dos ecuaciones con dos incógnitas

$3y+7z=15$

$y-z=-5 \qquad y=-5+z$

$3(-5+z)+7z=15$

$10z=30$

$z=3 \qquad y=-5+3 \qquad y=-2$

x=-6+y+3z   x=-6-2+3(3)   x=1

S={1,-2,3}

Método de reducción (Gauss)

Se intercambia la tercera ecuación por la primera, ya que esta contiene un 1. Si ninguna de las ecuaciones tiene un 1, se procede a multiplicar o dividir por un factor para obtener un 1 en la x.

x-y-3z=-6   (1)

2x+y+z=3   (2)

-x+2y+2z=1   (3)

x-y-3z=-6

0+3y+7z=15   (1)*-2+(2)

0+y-z=-5   (1)*1+(3)

Se intercambia la tercera ecuación por la segunda (ya que contiene un 1 en y):

x-y-3z=-6

0+y-z=-5

0+3y+7z=15

x-y-3z=-6

0+y-z=-5

0+0+10z=30   (2)*-3+(3)

Este método de matrices parciales de 1 y 0 se conoce como método de Gauss.

10z=30   z=3

y-z=-5

y-3=-5

y=-2

x-y-3z=-6

x-(-2)-3(3)=-6

x=1   S={1,-2,3}

Método de Gauss Jordan

Primero, aplicamos el método de Gauss, y luego se continúa multiplicando y dividiendo usando factores para obtener una matriz completa de 1 y 0. Este método se conoce como Gauss Jordan.

4x+3y+2z=7
5x+7y+4z=9
6x+y+3z=1

Así, obtenemos la siguiente solución:

4	3	2	7
5	7	4	9
6	1	3	1
1	0,75	0,5	1,75
0	3,25	1,5	0,25
0	-3,5	0	-9,5
1	0,75	0,5	1,75
0	1	0,46153846	0,07692308
0	0	1,61538462	-9,23076923
1	0	0,5	-0,28571429
0	1	0	2,71428571
0	0	1	-5,71428571
1	0	0	2,57142857
0	1	0	2,71428571
0	0	1	-5,71428571

Las soluciones son: x=2.57 , y=2.71, z=-5.71

S={2.57, 2.71,-5.71}

Matriz Inversa

4x+3y+2z=7
5x+7y+4z=9
6x+y+3z=1

Aplicando el método de la matriz inversa (igual al sistema de 2x2), obtenemos:

A						
4	3	2		1	0	0
5	7	4		0	1	0
6	1	3		0	0	1
1	0,75	0,5		0,25	0	0
0	3,25	1,5		-1,25	1	0
0	-3,5	0		-1,5	0	1
1	0	0,15384615		0,53846154	-0,23076923	0
0	1	0,46153846		-0,38461538	0,30769231	0
0	0	1,61538462		-2,84615385	1,07692308	1
				A-1		
1	0	0		0,80952381	-0,33333333	-0,0952381
0	1	0		0,42857143	0	-0,28571429
0	0	1		-1,76190476	0,66666667	0,61904762

Entonces, $x = A^{-1}b$:

Donde b está dado por:

b
7
9
1

0,80952381	-0,33333333	-0,0952381		7
0,42857143	0	-0,28571429		9
-1,76190476	0,66666667	0,61904762		1

Así, obtenemos: x=2.57, y=2.71, z= - 5.71.

Método de Cramer

4x+3y+2z=7
5x+7y+4z=9
6x+y+3z=1

Si aplicamos el método de Cramer, obtenemos:

Δ=4*((7*3)-(4*1))-3*((5*3)-(4*6))+2*((5*1)-(7*6))=21

Δ1=7*((7*3)-(4*1))-3*((9*3)-(4*1))+2*((9*1)-(7*1))=54

Δ2=4*((9*3)-(4*1))-7*((5*3)-(4*6))+2*((5*1)-(9*6))=57

Δ3=4*((7*1)-(9*1))-3*((5*1)-(9*6))+7*((5*1)-(7*6))=-120

x=Δ1/Δ=54/21=2.57

y=Δ2/Δ=57/21=2.71

z=Δ3/Δ=-120/21=-5.71

Soluciones Infinitas

Nosotros podemos aplicar el método de Gauss-Jordan al siguiente sistema de ecuaciones:

3x-4y-z=0

2x-3y+z=1

x-2y+3z=2

3	-4	-1	0
2	-3	1	1
1	-2	3	2
1	-1,33333333	-0,33333333	0
0	-0,33333333	1,66666667	1
0	-0,66666667	3,33333333	2
1	-1,33333333	-0,33333333	0
0	1	-5	-3
0	0	0	0
1	0	-7	-4
0	1	-5	-3
0	0	0	0

De esta forma, las soluciones son   x=-4+7z, y=-3+5z, y z=z donde z pude tomar cualquier valor real.   Así, nosotros obtenemos infinitas soluciones.

Podemos observar que la primera fila es obtenida como la segunda fila multiplicada por dos y restada a la tercera fila. Así, tenemos una fila que es el resultado de la combinación de las otras dos. De esta forma, tenemos solo dos filas con tres incógnitas lo cual significa infinitas soluciones.

Sistema sin solución

Aplicaremos el método de Gauss-Jordan al siguiente sistema de ecuaciones:

3x-4y-z=1

2x-3y+z=1

 x-2y+3z=2

3	-4	-1	1
2	-3	1	1
1	-2	3	2

1	-1,33333333	-0,33333333	0,33333333
0	-0,33333333	1,66666667	0,33333333
0	-0,66666667	3,33333333	1,66666667

1	-1,33333333	-0,33333333	0,33333333
0	1	-5	-1
0	0	0	1

Podemos observar una contradicción en la tercera fila, y así el sistema no tiene solución. Además, podemos observar que la primera fila es obtenida como la segunda fila multiplicada por dos y restada a la tercera fila, excepto por el término independiente b en el cual no se cumple. Por esta razón, nosotros tenemos una contradicción en este término y el sistema no tiene solución.

x-2y=4

2x-3y+2z=-2

4x-7y+2z=6

Método de sustitución

x=2y+4

2(2y+4)-3y+2z=-2   y+2z=-10

4(2y+4)-7y+2z=6   y+2z=-10

Aplicando el método de reducción:

0=0

Despejando y:

y=-10-2z

x=2(-10-2z)+4

x=-16-4z

Así: x=-16-4z   y= -10-2z   z=z   S={-16-4z, -10-2z, z}

El sistema tiene infinitas soluciones.

 x+2y+z=4

2x+4y+2z=8

Este sistema ya tiene infinitas soluciones debido a que hay una ecuación menos que el número de variables las cuales son tres.

Aplicando el método de reducción:

x+2y+z=4

-x-2y-z=-4

0=0

El sistema tiene infinitas soluciones:

x=4-2y-z

y=y   z=z

S={4-2y-z, y, z}

Así, el sistema tiene infinitas soluciones, donde y y z pueden tener cualquier número real.

Sistemas Homogéneos

Un sistema de ecuaciones lineales se llama homógeneo si todos sus términos independientes son cero (valores de b son cero)

x+y+z=0

y-z=0

x+2y=0

1	1	1	0
0	1	-1	0
1	2	0	0
1	1	1	0
0	1	-1	0
0	1	-1	0
1	1	1	0
0	1	-1	0
0	0	0	0

El sistema de soluciones aplicando Gauss queda:

x+y+z=0

y-z=0

0=0

De esta forma, las soluciones son x=-2z, y=z, y z=z S=(-2z,z,z) donde z pude tomar cualquier valor real. Así, el sistema tiene infinitas soluciones.

36.- Sistemas No Lineales

$x^2-2x+y-7=0$

$3x-y+1=0$

De la segunda ecuación se despeja y: $y=3x+1$

$x^2-2x+3x+1-7=0$

$x^2+x-6=0$

$(x+3)(x-2)=0$

$x_1=-3 \quad x_2=2$

$y=3x+1 \quad y_1=-8 \quad y_2=7 \quad S=\{(-3,-8),(2,7)\}$

Método Gráfico

$x^2-2x+y-7=0$

$3x-y+1=0$

$y=-x^2+2x+7$

$y=3x+1$

La gráfica de la primera función es una cuadrática y la gráfica de la segunda función es una línea recta. La intersección de las dos curvas son dos puntos: (-3,-8) y (2,7).

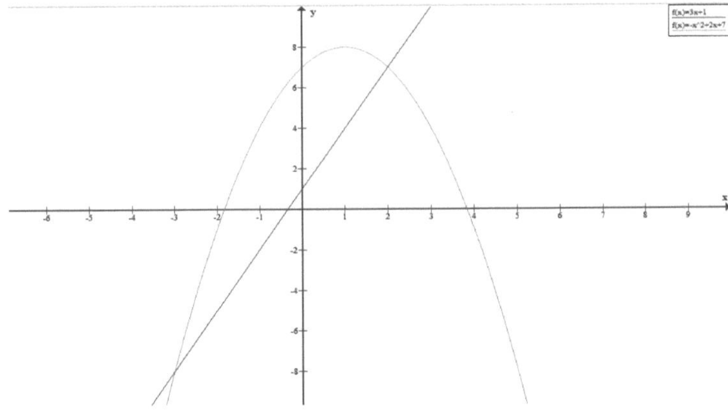

$y = \sqrt{x+2}$ x≥-2 y≥0

x+y=4

y=4-x

4-x=$\sqrt{x+2}$

$16-8x+x^2=x+2$

$x^2-9x+14=0$

(x-2) (x-7)=0

x=2   x=7

y=2   y= -3 pero y≥0   Así, S=(2,2)

$2x^2-y^2=1$

3x+y=2   y=2-3x

$2x^2-(2-3x)^2=1$

$2x^2-4+12x-9x^2=1$

$7x^2-12x+5=0$

$(7x)^2-12(7x)+35=0$

(7x-5) (7x- 7)=0

x=5/7   y=2-3(5/7)=-1/7

x=1   y=2-3(1)=-1

S: (5/7,-1/7) y (1,-1)

$2x^2-3y^2=5$

$3x^2+4y^2=16$

Se puede resolver por cualquier método del sistema de dos ecuaciones con
dos incógnitas como por ejemplo el método de reducción.

$6x^2-9y^2=15$ *3

$6x^2+8y^2=32$ *2

$-17y^2=-17$

$y^2=1$ $y=1$ $y=-1$

$y=1$ $x^2=(5+3y^2)/2$ $x^2=4$ $x=2$ y $x=-2$ $(2,1)$ y $(-2,1)$

$y=-1$ $x=2$ y $x=-2$ $(2,-1)$ y $(-2,-1)$

S: $(2,1)$, $(2,-1)$, $(-2,1)$, $(-2,-1)$

$x^2+xy-y^2=4$

$2x^2-xy=0$ $x(2x-y)=0$ $x=0$ o $2x=y$

$x=0$ $0^2+0*y-y^2=4$ $-y^2=4$ $y=2i$ $y=-2i$ $(0,2i)$ y $(0,-2i)$

$2x=y$ $x^2+2x^2-4x^2=4$ $-x^2=4$ $x=2i$ y $x=-2i$ $(2i,4i)$ y $(-2i,-4i)$

S: $(0,2i)$, $(0,-2i)$, $(2i,4i)$, $(-2i,-4i)$

$x^2+3xy+y^2=20$

$xy-y^2=0$ $y(x-y)=0$ $y=0$ o $x=y$

$y=0$ $x^2=20$ $x=\sqrt{20}$ $y=0$ $x=-\sqrt{20}$ $y=0$

$x=y$ $x^2+3x^2+x^2=20$ $5x^2=20$ $x^2=4$ $x=2$ $y=2$ $x=-2$ $y=-2$

S: $(\sqrt{20},0)$, $(-\sqrt{20},0)$, $(2,2)$, $(-2,2)$

37.- Gráficos y Sistemas de desigualdades lineales

Gráfico de desigualdades lineales

Graficar:

y≥2x-3

Se grafica la línea recta y=2x-3 y la parte superior a la línea recta incluida ésta ya que tiene el signo igual corresponde al respectivo gráfico o zona.

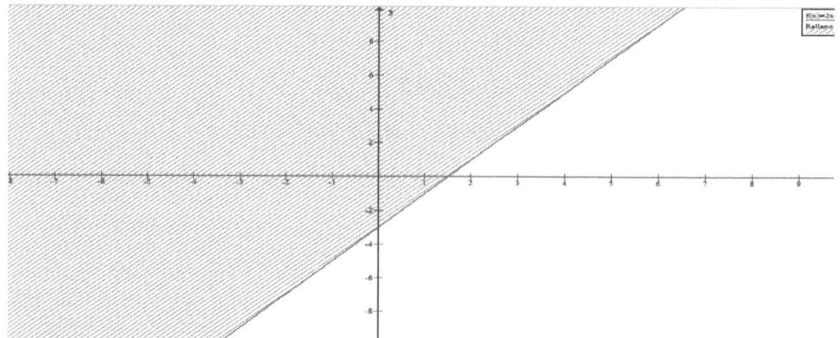

El gráfico de y>2x-3 es el mismo de y≥2x-3 pero no incluye la línea recta.

y≤2x-3

Se grafica la línea recta y=2x-3 y la parte inferior a la línea recta incluida ésta ya que tiene el signo igual corresponde al respectivo gráfico o zona.

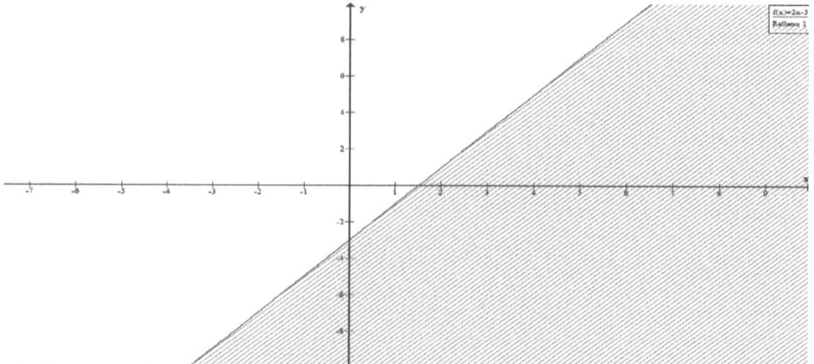

El gráfico de y<2x-3 es el mismo de y≤2x-3 pero no incluye la línea recta.

Graficar:

$2x \geq 8 \quad x \geq 4$

Se grafica la recta $2x=8 \quad x=4$.

Se grafica la línea recta $x=4$ y la parte derecha a la línea recta vertical incluida ésta ya que tiene el signo igual corresponde al respectivo gráfico o zona.

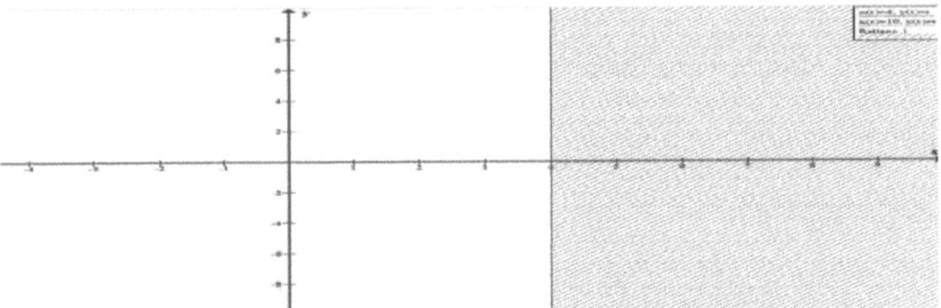

El gráfico de $2x>8$ es el mismo de $2x \geq 8$ pero no incluye la línea recta.

$2x \leq 8 \quad x \leq 4$

Se grafica la recta $2x=8 \quad x=4$.

Se grafica la línea recta $x=4$ y la parte izquierda a la línea recta vertical incluida ésta ya que tiene el signo igual corresponde al respectivo gráfico o zona.

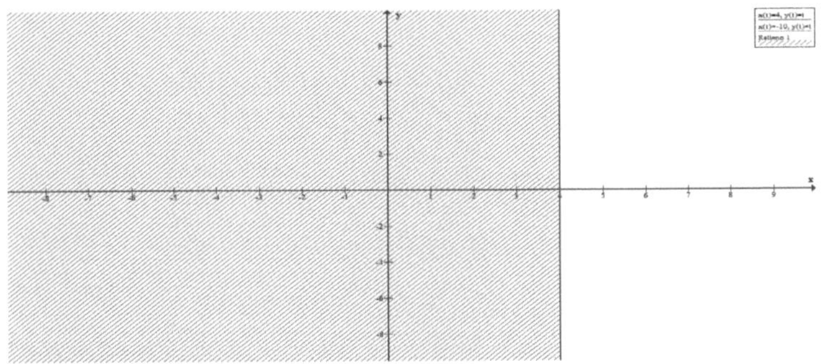

El gráfico de $2x<8$ es el mismo de $2x \leq 8$ pero no incluye la línea recta.

3y≥9 y≥3

Se grafica la recta 3y=9 y=3

Se grafica la línea recta y=3   y la parte superior a la línea recta vertical incluida ésta ya que tiene el signo igual corresponde al respectivo gráfico o zona.

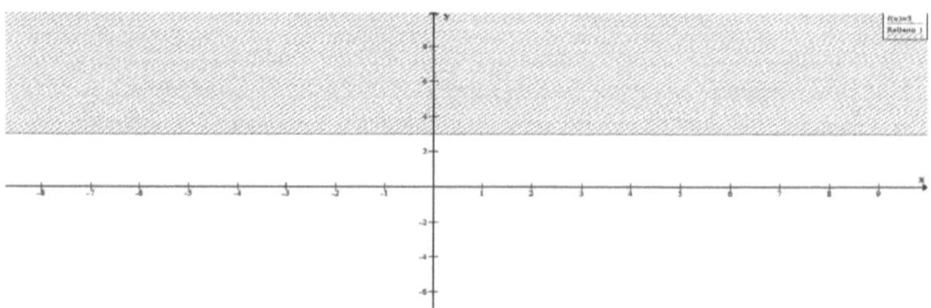

El gráfico de 3y>9 es el mismo de 3y≥9 pero no incluye la línea recta.

3y≤9 y≤3

Se grafica la recta 3y=9 y=3

Se grafica la línea recta y=3 y la parte inferior a la línea recta vertical incluida ésta ya que tiene el signo igual corresponde al respectivo gráfico o zona.

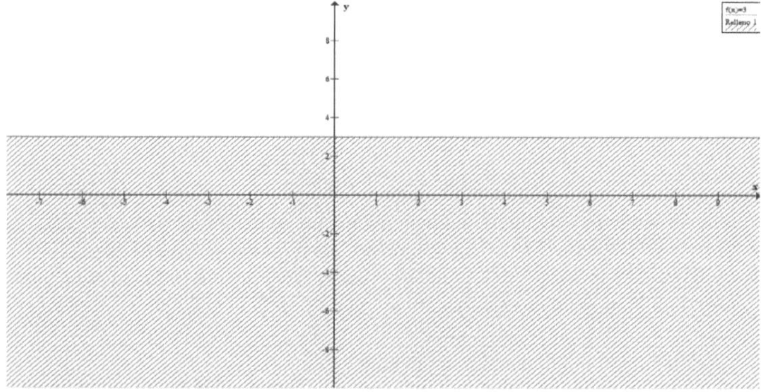

El gráfico de 3y<9 es el mismo de 3y≤9 pero no incluye la línea recta.

Graficar:

$3x-4y\leq12$

$-4y\leq12-3x$

$y \geq (3/4)x-3$

Se grafica la recta: $y=(3/4)x-3$

$x=0$ $y=-3$ $x=4$ $y=0$

Se grafica la línea recta $y=(3/4)x-3$ y la parte superior a la línea recta incluida ésta ya que tiene el signo igual corresponde al respectivo gráfico o zona.

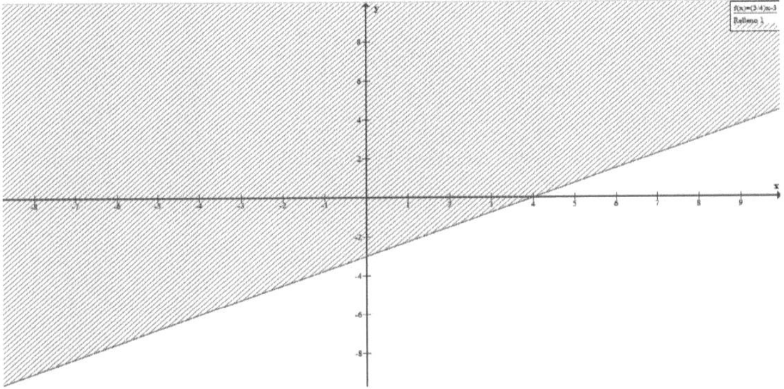

El gráfico de $3x-4y<12$ es el mismo de $3x-4y\leq12$ pero no incluye la recta.

Graficar:

$2x+3y<6$

$3y<6-2x$

$y<2-(2/3)x$

Se grafica la recta: $y=2-(2/3)x$

$x=0$ $y=2$ $x=3$ $y=0$

Se grafica la línea recta $y=2-(2/3)x$ y la parte inferior a la línea recta sin incluirla ya que no tiene el signo igual corresponde al respectivo gráfico o zona.

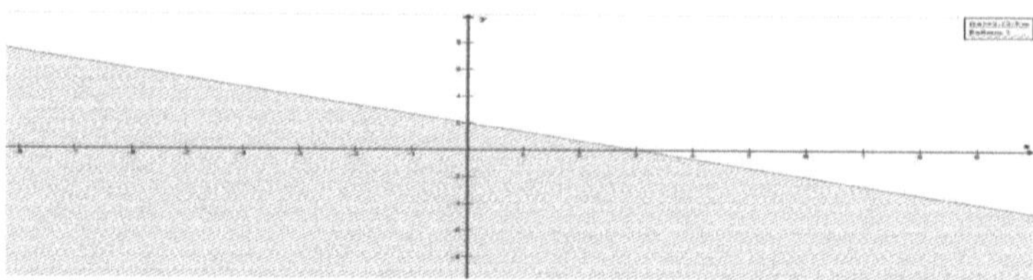

y>-3

Se grafica y=-3 y el gráfico corresponde a la parte superior a y=-3 sin incluir a la línea recta.

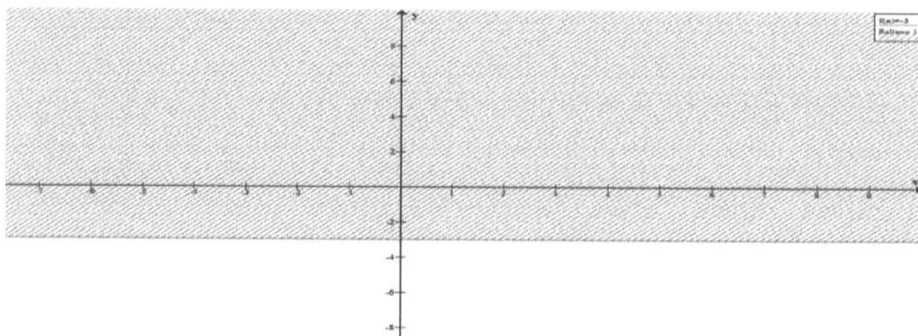

2x≤5

x≤2.5

Se grafica x=2.5 y el gráfico corresponde a la parte izquierda de x=2.5 incluyendo a la línea recta.

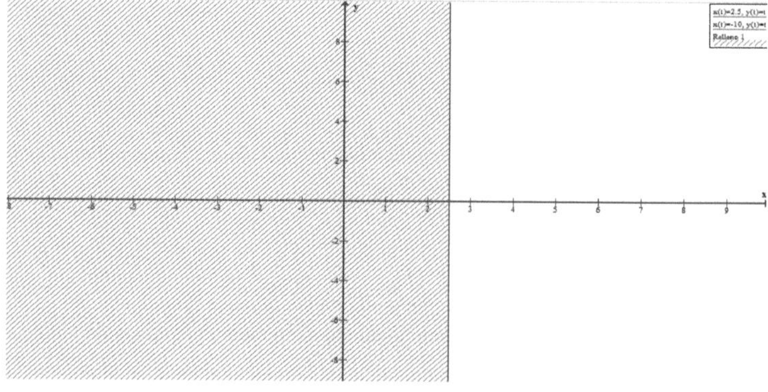

Sistemas de desigualdades

Resolver el siguiente sistema de desigualdades:

0≤x≤8

0≤y≤4

0≤x≤8 zona entre las líneas verticales x=0 y x=8 incluyendo las rectas

0≤y≤4 zona ente las líneas horizontales y=0 y y=4 incluyendo las rectas

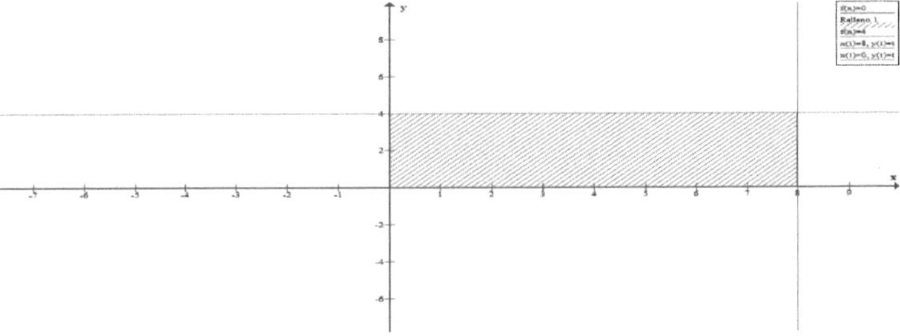

Resolver:

2≤x≤6

1≤y≤3

2≤x≤6 zona entre las líneas verticales x=2 y x=6 incluyendo las rectas

1≤y≤3 zona ente las líneas horizontales y=1 y y=3 incluyendo las rectas

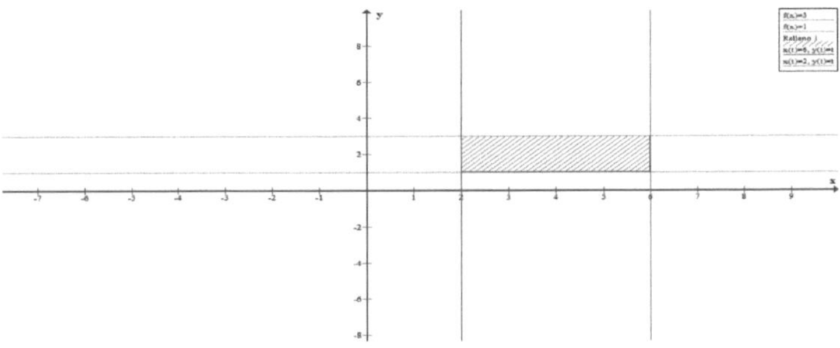

Resolver gráficamente:

3x+5y≤60

4x+2y≤40

x≥0

y≥0

3x+5y≤60   y≤12-(3/5)x   y=12-(3/5)x x=0 y=12 (0,12) y=0 x=20 (20,0)

Zona inferior de la recta y=12-(3/5)x

4x+2y≤40   y≤20-2x   y=20-2x x=0 y=20 (0,20) y=0   x=10 (10,0)

Zona inferior de la recta y=20-2x

x≥0   zona de la izquierda a la recta x=0

y≥0   zona superior a la recta y=0

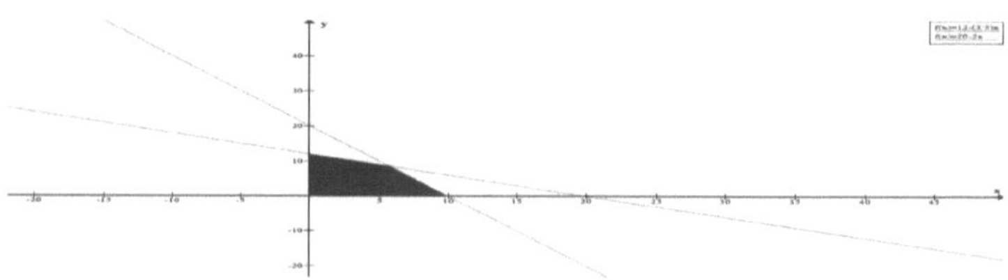

Resolver:

x+2y≥12

3x+2y≥24

x≥0

y≥0

x+2y≥12   y≥6-(1/2)x   y=6-(1/2)x x=0 y=6 (0,6) y=0 x=12 (12,0)

zona superior de la recta y=6-(1/2)x

3x+2y≥24   y≥12-(3/2)x   y=12-(3/2)x x=0 y=12 (0,12) y=0   x=8 (8,0)

zona superior de la recta y=12-(3/2)x

x≥0   zona de la izquierda a la recta x=0

y≥0   zona superior a la recta y=0

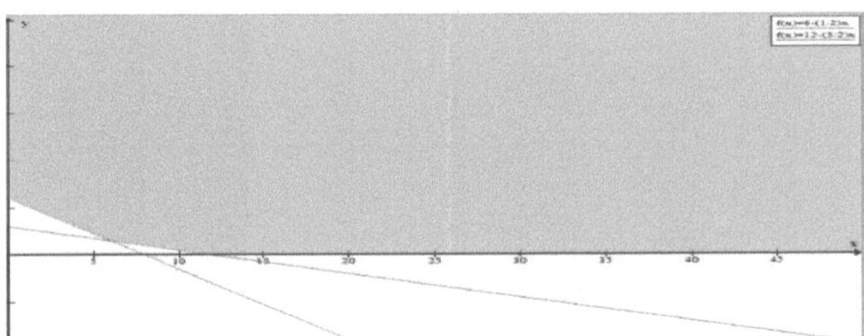

Una compañía manufacturera hace tablas para surfing en modelos estándar y para competencia. Los datos importantes sobre la fabricación se dan abajo. ¿Qué combinaciones de tablas se producirán cada semana, de modo que no exceda el número de horas de trabajo disponibles en cada departamento por semana?.

	Modelo estándar (horas de trabajo por tabla)	Modelo de competencia (horas de trabajo por tabla)	Horas máximas de trabajo por semana
Fabricación	5	8	120
Acabado	1	3	27

x: número de tablas estándar producidas por semana

y: número de tablas de competencia producidas por semana

$5x+8y\leq120$

$x+3y\leq27$

$x\geq0$

$y\geq0$

$5x+8y\leq120$ $y\leq15-(5/8)x$ $y=15-(5/8)x$ $x=0$ $y=15$ (0,15) $y=0$ $x=24$ (24,0)

Zona inferior de la recta $y=15-(5/8)x$

$x+3y\leq27$ $y\leq9-(1/3)x$ $y=9-(1/3)x$ $x=0$ $y=9$ (0,9) $y=0$ $x=27$ (27,0)

Zona inferior de la recta $y=9-(1/3)x$

$x\geq0$ zona de la izquierda a la recta $x=0$

$y\geq0$ zona superior a la recta $y=0$

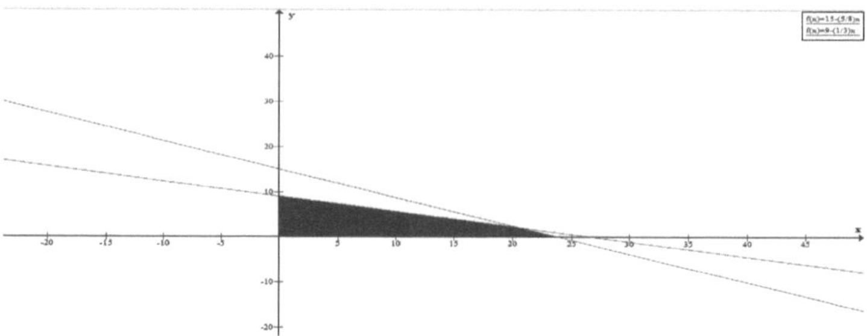

38.- Matrices y Determinantes

	Frutas	Pescado	Queso
1991	430	157	8
1992	390	162	6

$$\begin{pmatrix} 430 & 157 & 8 \\ 390 & 162 & 6 \end{pmatrix}$$

Matriz: Tabla de valores

El desarrollo del álgebra lineal ocurrió en el siglo XIX gracias a los matemáticos británicos Sylvester y Cayley. Sylvester en el año de 1850, denomina matriz a la disposición rectangular de números. Cayley en el año de 1855, hace la conexión entre el sistema de ecuaciones (cambio lineal de variables en un sistema) y matrices.

Se llama matriz de orden mxn (m filas n columnas) a cualquier tabla de números que conste de m filas y n columnas. Por ejemplo tenemos la siguiente matriz:

$$\begin{pmatrix} 2 & 5 \\ 3 & 7 \\ 8 & 9 \end{pmatrix} \quad \text{matriz de 3x2}$$

Las celdas de la matriz son nombradas de la siguiente manera: $A_{11}=2$ $A_{12}=5$ $A_{21}=3$ $A_{22}=7$ $A_{31}=8$ $A_{32}=9$

Así, una matriz A es un arreglo rectangular de números los cuales se encuentran en un grupo por medio de paréntesis o corchetes. La dimensión de la matriz se denota por mxn, lo cual es una matriz de m filas por n columnas. Dos matrices del mismo orden (mxn) son iguales si lo son todos y cada uno de los términos correspondientes. Así, dos matrices son iguales si tienen la misma dimensión y sus elementos son iguales. Si la matriz tiene el mismo número de filas y columnas se llama matriz cuadrada.

Si la matriz tiene una sola columna se llama matriz columna y si tiene una sola fila se llama matriz fila. La matriz cero es una matriz cuyos elementos son todos ceros. El negativo de una matriz A es una matriz cuyos elementos son los negativos de los elementos de la matriz A.

$$A=\begin{bmatrix} 2 & 5 \\ 7 & 8 \\ 3 & 4 \end{bmatrix} \text{ matriz de 3x2}$$

$$-A=\begin{bmatrix} -2 & -5 \\ -7 & -8 \\ -3 & -4 \end{bmatrix}$$

A-A=0 (matriz cero o nula)

Tipos de matrices

Así, entre los tipos de matrices tenemos:

Matriz fila.- es una matriz que tiene una sola fila.

$$(2\ 5 - 3\ 8)$$

D=[2 7 1] matriz fila

Matriz columna.- es una matriz que tiene una sola columna.

$$\begin{pmatrix} 2 \\ 0 \\ -3 \end{pmatrix}$$

$$C=\begin{bmatrix} 3 \\ 5 \\ 7 \end{bmatrix} \text{ matriz columna}$$

Matriz cuadrada.- es una matriz que tiene igual número de filas y columnas. Si una matriz no es cuadrada se llama rectangular.

$$\begin{pmatrix} 3 & 2 & 5 \\ 1 & 0 & 6 \\ 2 & 7 & 0 \end{pmatrix}$$

$$B = \begin{bmatrix} 0.5 & 0.1 & 0.6 \\ 2.1 & 3.4 & 5.1 \\ 7.0 & 4.3 & 4.5 \end{bmatrix} \text{ matriz de 3x3}$$

Matriz nula.- es la matriz cuyos elementos son todos nulos.

$$\begin{pmatrix} 0 & 0 & 0 \\ 0 & 0 & 0 \\ 0 & 0 & 0 \end{pmatrix}$$

A-A=0 (matriz cero)

$E=\begin{bmatrix} 0 & 0 \\ 0 & 0 \end{bmatrix}$ matriz cero

Matriz diagonal.- es una matriz que tiene nulos todos los elementos fuera de la diagonal principal.

$$\begin{pmatrix} 2 & 0 & 0 \\ 0 & 5 & 0 \\ 0 & 0 & 3 \end{pmatrix}$$

Matriz unidad o identidad.- es una matriz diagonal con todos los elementos de la diagonal principal siendo unos. Se denota por I.

$$\begin{pmatrix} 1 & 0 & 0 \\ 0 & 1 & 0 \\ 0 & 0 & 1 \end{pmatrix}$$

Así, la matriz identidad es definida de la siguiente forma como por ejemplo: $I = \begin{bmatrix} 1 & 0 \\ 0 & 1 \end{bmatrix}$ donde los elementos de la diagonal son 1 y todos los demás elementos son cero. La matriz identidad es definida sólo para matrices cuadradas (nxn).

Se tiene que IA=AI=A donde A es también una matriz cuadrada de orden n. Además, se tiene que la matriz multiplicada por una matriz llamada inversa es igual a la matriz identidad: A A^{-1}=A^{-1} A=I.

Matriz triangular.- es una matriz cuadrada en la que todos sus elementos por encima o por debajo de la diagonal principal son nulos. Así, hay matriz triangular superior e inferior.

$$\begin{pmatrix} 1 & 6 & 9 \\ 0 & 7 & 2 \\ 0 & 0 & 5 \end{pmatrix}$$

$$\begin{pmatrix} 2 & 0 & 0 \\ 8 & 5 & 0 \\ 6 & 3 & 4 \end{pmatrix}$$

Matriz traspuesta.- La matriz traspuesta de A es aquella cuyas filas son las columnas de A situada en igual orden.

Así, la matriz traspuesta A^t se obtiene intercambiando las filas por columnas de tal manera que las filas de A^t son las columnas de A.

Así, si la matriz A es de mxn, la matriz transpuesta es de nxm.

La matriz traspuesta de

$$\begin{pmatrix} 2 & 5 \\ 3 & 7 \\ 8 & 9 \end{pmatrix} \quad \text{es} \quad A^t = \begin{pmatrix} 2 & 3 & 8 \\ 5 & 7 & 9 \end{pmatrix}$$

$$A = \begin{bmatrix} 2 & 5 \\ 7 & 8 \\ 3 & 4 \end{bmatrix} \qquad A^t = \begin{vmatrix} 2 & 7 & 3 \\ 5 & 8 & 4 \end{vmatrix}$$

$$B = \begin{vmatrix} 3 & 1 & 2 \\ 0 & 4 & 5 \end{vmatrix} \qquad B^t = \begin{vmatrix} 3 & 0 \\ 1 & 4 \\ 2 & 5 \end{vmatrix}$$

Matriz simétrica.- es la matriz cuadrada que coincide con su traspuesta.

$$\begin{pmatrix} 2 & 3 & 1 \\ 3 & 4 & 0 \\ 1 & 0 & 2 \end{pmatrix}$$

Matriz antisimétrica.- es la matriz cuadrada cuya traspuesta coincide con su opuesta. $A^t = -A$

$$\begin{pmatrix} 0 & 3 & -1 \\ -3 & 0 & 4 \\ 1 & -4 & 0 \end{pmatrix}$$

Matriz ortogonal.- es la matriz cuadrada cuyo producto por su traspuesta da la matriz identidad. $A\,A^t = I$

$$\begin{pmatrix} sen\,\alpha & -cos\alpha \\ cos\alpha & sen\alpha \end{pmatrix}$$

Propiedades de matrices

Se tienen las siguientes propiedades de matrices:

$(A^t)^t = A$

$(A+B)^t = A^t + B^t$

$(r\,A)^t = r\,A^t$

$(A\,B)^t = B^t\,A^t$

Suma de matrices

Las matrices deben ser del mismo orden (mxn) para realizar la suma de matrices y se suman los términos correspondientes de cada fila y columna.

$$\begin{pmatrix} 2 & 5 \\ 3 & 7 \\ 8 & 9 \end{pmatrix} + \begin{pmatrix} 1 & 4 \\ 7 & 2 \\ 3 & 6 \end{pmatrix} = \begin{pmatrix} 3 & 9 \\ 10 & 9 \\ 11 & 15 \end{pmatrix}$$

Así, la suma de dos matrices se puede realizar si las dos matrices tienen la misma dimensión. La suma se realiza sumando los elementos correspondientes de cada matriz.

$$\begin{bmatrix} 2 & 7 \\ -5 & 3 \end{bmatrix} + \begin{bmatrix} 1 & 6 \\ 2 & 4 \end{bmatrix} = \begin{bmatrix} 3 & 13 \\ -3 & 7 \end{bmatrix}$$

La suma de matrices es conmutativa y asociativa.

A+B=B+A

(A+B)+C=A+(B+C)

Resta de Matrices

A-B=A+(-B)

$$\begin{bmatrix} 2 & 7 \\ -5 & 3 \end{bmatrix} - \begin{bmatrix} 1 & 6 \\ 2 & 4 \end{bmatrix} = \begin{bmatrix} 2 & 7 \\ -5 & 3 \end{bmatrix} + \begin{bmatrix} -1 & -6 \\ -2 & -4 \end{bmatrix} = \begin{bmatrix} 1 & 1 \\ -7 & -1 \end{bmatrix}$$

Multiplicación de una matriz por un número

La multiplicación se realiza multiplicando el número por cada uno de los elementos de la matriz.

$$3\begin{bmatrix} 7 & -5 \\ 1 & 6 \end{bmatrix} = \begin{bmatrix} 21 & -15 \\ 3 & 18 \end{bmatrix}$$

$$2\begin{pmatrix} 2 & 5 \\ 3 & 7 \\ 8 & 9 \end{pmatrix} = \begin{pmatrix} 4 & 10 \\ 6 & 14 \\ 16 & 18 \end{pmatrix}$$

Propiedades de la suma de matrices

Conmutativa: A+B=B+A

Asociativa: (A+B)+C=A+(B+C)

Elemento neutro: A+O (matriz cero)=A

Elemento simétrico: A+(-A)=O (matriz cero)

Distributiva respecto de la suma: r(A+B)=rA+rB r: escalar

Distributiva respecto de la suma: (r+s)A=rA+sA r,s: escalares

Asociativa mixta: (r s) A= r (s A) r,s: escalares

Neutralidad: 1 A= A

Producto punto

El producto punto se realiza entre una matriz fila de 1xn y una matriz columna de nx1 y el resultado es un escalar o un número.

$$[a_1 \; a_2 \ldots \ldots a_n] \begin{bmatrix} b_1 \\ b_2 \\ . \\ . \\ b_n \end{bmatrix} = a_1b_1 + a_2b_2 + \ldots + a_nb_n$$

$$[2 \; -3 \; 0] \begin{bmatrix} -5 \\ 2 \\ -2 \end{bmatrix} = -10-6+0=-16$$

Una fábrica produce un esquí acuático de destreza que necesita 6 horas de trabajo en el departamento de fabricación y 1.5 horas de trabajo de acabado. El personal de fabricación recibe \$8 por h y el personal de acabado \$6 por h. El costo total de mano de obra por esquí está dado por:

$$[6 \; 1.5] \begin{bmatrix} 8 \\ 6 \end{bmatrix} = 48+9=\$57$$

Producto de matrices

El producto de matrices sólo se puede realizar cuando el número de columnas de la primera matriz que multiplica coincide con el número de filas de la segunda. Si la primera matriz es de orden mxp y la segunda matriz de orden pxn, la matriz resultante será de orden mxn.

$$\begin{pmatrix} 2 & 1 & 3 \\ 4 & 0 & 1 \end{pmatrix} \begin{pmatrix} 1 & 2 \\ 2 & 1 \\ 1 & 0 \end{pmatrix} = \begin{pmatrix} 7 & 5 \\ 5 & 8 \end{pmatrix}$$

Consumos(2 familiasx3 productos)*Precios(3 productosx2 años)=Gastos (2 familias x 2 años)

Así, el producto de dos matrices A y B se puede realizar sólo si el número de columnas de A es igual al número de filas de B. Si A es una matriz mxp y B es una matriz pxn, entonces AxB es una matriz mxn.

$$\begin{bmatrix} 2 & 1 \\ 1 & 0 \\ -1 & 2 \end{bmatrix} \begin{bmatrix} 1 & -1 & 0 & 1 \\ 2 & 1 & 2 & 0 \end{bmatrix} = \begin{bmatrix} 4 & -1 & 2 & 2 \\ 1 & -1 & 0 & 1 \\ 3 & 3 & 4 & -1 \end{bmatrix}$$

$$\begin{bmatrix} 1 & -1 & 0 \\ 2 & 1 & 2 \end{bmatrix} \begin{bmatrix} 2 & -1 \\ 1 & 0 \\ -1 & 2 \end{bmatrix} = \begin{bmatrix} 1 & -1 \\ 3 & 2 \end{bmatrix}$$

$$(1 \quad 2 \quad 3) \begin{pmatrix} 3 \\ 2 \\ 1 \end{pmatrix} = (10)$$

Propiedades de la multiplicación de matrices

Si es posible la multiplicación (A B) C=A (B C)

Si es posible la multiplicación A (B+C)= A B+A C

Si es posible la multiplicación (B+C)A=BA+CA

Si A es una matriz de orden mxn, I es la matriz identidad de orden n, entonces A I =A y A A^{-1}=A^{-1}A=I donde A^{-1} es la matriz inversa.

Por lo general, A B no es igual a B A

k(AB)=(kA)B=A(kB) donde k es un escalar.

Una fábrica produce un esquí acuático de destreza que necesita 6 horas de trabajo en el departamento de fabricación y 1.5 horas de trabajo de acabado y un esquí de salto que necesita 4 horas en fabricación y 1 hora en acabado.

$A=\begin{bmatrix} 6 & 1.5 \\ 4 & 1 \end{bmatrix}$ donde la primera fila es el esquí de destreza y la segunda fila es el esquí de salto, la primera columna es el departamento de fabricación y la segunda columna es el departamento de acabado.

Se tiene dos plantas manufactureras, X y Y en diferentes partes del país y la siguiente matriz contiene los salarios por hora para cada departamento.

$B=\begin{bmatrix} 8 & 7 \\ 6 & 4 \end{bmatrix}$ donde la primera fila es el departamento de fabricación y la segunda fila es el departamento de acabado, la primera columna es la planta X y la segunda columna es la planta Y.

El costo total de mano de obra por esquí está dado por:

AB$=\begin{bmatrix} 6 & 1.5 \\ 4 & 1 \end{bmatrix}\begin{bmatrix} 8 & 7 \\ 6 & 4 \end{bmatrix}=\begin{bmatrix} 57 & 48 \\ 38 & 32 \end{bmatrix}$ donde la primera fila es el costo para el esquí de destreza para las plantas X y Y y la segunda fila es el costo para el esquí de salto para las plantas X y Y.

Inversa de una matriz cuadrada, sistemas de ecuaciones

La inversa de una matriz cuadrada está definida de la siguiente forma:

$A^{-1}A=AA^{-1}=I$ donde I es la matriz identidad.

$$A = \begin{bmatrix} 2 & 3 \\ 1 & 2 \end{bmatrix} \quad A^{-1} = \begin{bmatrix} a & c \\ b & d \end{bmatrix} \quad A^{-1}A=AA^{-1}=I$$

$$\begin{bmatrix} 2a+3b & 2c+3d \\ a+2b & c+2d \end{bmatrix} = \begin{bmatrix} 1 & 0 \\ 0 & 1 \end{bmatrix}$$

2a+3b=1   2c+3d=0

a+2b=0   c+2d=1

a=-2b

2(-2b)+3b=1   b=-1 a=2

c=1-2d

2(1-2d)+3d=0   d=2   c=-3

$$\begin{bmatrix} 2 & 3 \\ 1 & 2 \end{bmatrix}\begin{bmatrix} 2 & -3 \\ -1 & 2 \end{bmatrix} = \begin{bmatrix} 2 & -3 \\ -1 & 2 \end{bmatrix}\begin{bmatrix} 2 & 3 \\ 1 & 2 \end{bmatrix} = \begin{bmatrix} 1 & 0 \\ 0 & 1 \end{bmatrix}$$

Así, la matriz inversa es: $A^{-1} = \begin{bmatrix} 2 & -3 \\ -1 & 2 \end{bmatrix}$

La matriz inversa no siempre se puede obtener si los sistemas de ecuaciones son inconsistentes:

$\begin{bmatrix} 2 & 1 \\ 4 & 2 \end{bmatrix}$ y los sistemas de ecuaciones son:

2a+b=1   2c+d=0

4a+2b=0 4c+2d=1

b=-2a   2a-2a=1 Inconsistencia

d=-2c   4c+2(-2c)=1 Inconsistencia

Si una fila o columna es producto o se puede obtener por medio de una combinación lineal de las otras filas o columnas entonces no hay inversa.

En el ejemplo anterior, la segunda fila es el doble de la primera fila y así, no hay inversa.

Matriz Aumentada

El procedimiento de la matriz aumentada se muestra a continuación para evitar el proceso un poco complicado demostrado anteriormente para la matriz inversa.

$$A = \begin{bmatrix} 2 & 3 \\ 1 & 2 \end{bmatrix} \quad A^{-1} = \begin{bmatrix} a & c \\ b & d \end{bmatrix} \quad A^{-1}A = AA^{-1} = I$$

$$\begin{bmatrix} 2 & 3 \\ 1 & 2 \end{bmatrix}\begin{bmatrix} a & c \\ b & d \end{bmatrix} = \begin{bmatrix} 1 & 0 \\ 0 & 1 \end{bmatrix}$$

$$\begin{bmatrix} 2a + 3b & 2c + 3d \\ a + 2b & c + 2d \end{bmatrix} = \begin{bmatrix} 1 & 0 \\ 0 & 1 \end{bmatrix}$$

2a+3b=1   2c+3d=0

a+2b=0   c+2d=1

$$\begin{bmatrix} 2 & 3 \\ 1 & 2 \end{bmatrix}\begin{bmatrix} 1 \\ 0 \end{bmatrix} : \text{a,b} \qquad \begin{bmatrix} 2 & 3 \\ 1 & 2 \end{bmatrix}\begin{bmatrix} 0 \\ 1 \end{bmatrix} : \text{c,d}$$

Ya que la misma matriz es a la izquierda, se puede usar las mismas operaciones sobre cada matriz para transformarla a la forma reducida. Así, se puede escribir:

$$\begin{bmatrix} 2 & 3 \\ 1 & 2 \end{bmatrix}\begin{bmatrix} 1 & 0 \\ 0 & 1 \end{bmatrix}$$

El procedimiento de la matriz aumentada consiste en invertir los unos y ceros en cada matriz, de tal forma que la primera matriz resultará en la matriz identidad y la segunda matriz resultará en la matriz inversa con los valores de a,b,c y d: $\begin{bmatrix} a & c \\ b & d \end{bmatrix}$. Se realizan las mismas operaciones que en el sistema de ecuaciones o en el método de solución de sistemas de ecuaciones por reducción.

$$\begin{bmatrix} 1 & 3/2 \\ 1 & 2 \end{bmatrix}\begin{bmatrix} 1/2 & 0 \\ 0 & 1 \end{bmatrix}$$

$$\begin{bmatrix} 1 & 3/2 \\ 0 & 1/2 \end{bmatrix}\begin{bmatrix} 1/2 & 0 \\ -1/2 & 1 \end{bmatrix}$$

$$\begin{bmatrix} 1 & 3/2 \\ 0 & 1 \end{bmatrix}\begin{bmatrix} 1/2 & 0 \\ -1 & 2 \end{bmatrix} \quad b = -1 \quad d = 2$$

$$\begin{bmatrix} 1 & 0 \\ 0 & 1 \end{bmatrix}\begin{bmatrix} 2 & -3 \\ -1 & 2 \end{bmatrix} \quad a = 2 \quad c = -3$$

$$A^{-1}=\begin{bmatrix} 2 & -3 \\ -1 & 2 \end{bmatrix}$$

Ejemplo:

$$A = \begin{bmatrix} 4 & 3 \\ 2 & 1 \end{bmatrix}$$

4	3			1	0
2	1			0	1
1	0,75			0,25	0
0	-0,5			-0,5	1
1	0			-0,5	1,5
0	1			1	-2

donde A^{-1} es:

-0,5	1,5
1	-2

Matriz 3x3

$$A = \begin{bmatrix} 4 & 3 & 2 \\ 5 & 7 & 4 \\ 6 & 1 & 3 \end{bmatrix} \quad A^{-1} = \begin{bmatrix} a & d & g \\ b & e & h \\ c & f & i \end{bmatrix}$$

$$\begin{bmatrix} 4 & 3 & 2 \\ 5 & 7 & 4 \\ 6 & 1 & 3 \end{bmatrix}\begin{bmatrix} a & d & g \\ b & e & h \\ c & f & i \end{bmatrix} = \begin{bmatrix} 1 & 0 & 0 \\ 0 & 1 & 0 \\ 0 & 0 & 1 \end{bmatrix}$$

$$\begin{bmatrix} 4a + 3b + 2c & 4d + 3e + 2f & 4g + 3h + 2i \\ 5a + 7b + 4c & 5d + 7e + 4f & 5g + 7h + 4i \\ 6a + b + 3c & 6d + e + 3f & 6g + h + 3i \end{bmatrix} = \begin{bmatrix} 1 & 0 & 0 \\ 0 & 1 & 0 \\ 0 & 0 & 1 \end{bmatrix}$$

$4a+3b+2c=1 \quad\quad 4d+3e+2f=0 \quad 4g+3h+2i=0$

$5a+7b+4c=0 \quad\quad 5d+7e+4f=1 \quad 5g+7h+4i=0$

$6a+b+3c=0 \quad\quad 6d+e+3f=0 \quad\quad 6g+h+3i=1$

$$\begin{bmatrix} 4 & 3 & 2 \\ 5 & 7 & 4 \\ 6 & 1 & 3 \end{bmatrix}\begin{bmatrix} 1 \\ 0 \\ 0 \end{bmatrix} : \text{a,b,c} \quad \begin{bmatrix} 4 & 3 & 2 \\ 5 & 7 & 4 \\ 6 & 1 & 3 \end{bmatrix}\begin{bmatrix} 0 \\ 1 \\ 0 \end{bmatrix} : \text{d,e,f} \quad \begin{bmatrix} 4 & 3 & 2 \\ 5 & 7 & 4 \\ 6 & 1 & 3 \end{bmatrix}\begin{bmatrix} 0 \\ 0 \\ 1 \end{bmatrix} : \text{g,h,i}$$

Ya que la misma matriz es a la izquierda, se puede usar las mismas operaciones sobre cada matriz para transformarla a la forma reducida. Así, se puede escribir:

$$\begin{bmatrix} 4 & 3 & 2 \\ 5 & 7 & 4 \\ 6 & 1 & 3 \end{bmatrix} \begin{bmatrix} 1 & 0 & 0 \\ 0 & 1 & 0 \\ 0 & 0 & 1 \end{bmatrix}$$

Como se mencionó anteriormente, el procedimiento de la matriz aumentada consiste en invertir los unos y ceros en cada matriz, de tal forma que la primera matriz resultará en la matriz identidad y la segunda matriz resultará en la matriz inversa con los valores de a,b,c,d,e,f,g,h,i: $\begin{bmatrix} a & d & g \\ b & e & h \\ c & f & i \end{bmatrix}$. Se realizan las mismas operaciones que en el sistema de ecuaciones o en el método de solución de sistemas de ecuaciones por Gauss.

A						
4	3	2		1	0	0
5	7	4		0	1	0
6	1	3		0	0	1
1	0,75	0,5		0,25	0	0
0	3,25	1,5		-1,25	1	0
0	-3,5	0		-1,5	0	1
1	0	0,15384615		0,53846154	-0,23076923	0
0	1	0,46153846		-0,38461538	0,30769231	0
0	0	1,61538462		-2,84615385	1,07692308	1
				A-1		
1	0	0		0,80952381	-0,33333333	-0,0952381
0	1	0		0,42857143	0	-0,28571429
0	0	1		-1,76190476	0,66666667	0,61904762

$$A^{-1} = \begin{bmatrix} 0.81 & -0.33 & -0.09 \\ 0.43 & 0.00 & -0.28 \\ -1.76 & 0.67 & 0.61 \end{bmatrix}$$

Se puede comprobar que $AA^{-1}=I$ o $A^{-1}A=I$.

Solución de sistemas de ecuaciones por medio de la matriz inversa

La matriz inversa sólo se puede aplicar a matrices cuadradas. Así, sólo se pueden resolver por medio de este método sistemas de ecuaciones que tengan el mismo número de ecuaciones e incógnitas. Sea A la matriz mxn de coeficientes del sistema de ecuaciones y X la matriz de las variables nx1 y B la matriz mx1 de coeficientes independientes.

Se puede obtener X por medio de la matriz inversa de la siguiente forma:

AX=B

$A^{-1}(AX)=A^{-1}B$

$(A^{-1}A)X= A^{-1}B \quad A^{-1}A=I$

$IX= A^{-1}B$

$X= A^{-1}B$

Se tiene el siguiente ejemplo:

$4x+3y=8$

$2x+y=9$

$$A = \begin{bmatrix} 4 & 3 \\ 2 & 1 \end{bmatrix} \quad X = \begin{bmatrix} x \\ y \end{bmatrix} \quad B = \begin{bmatrix} 8 \\ 9 \end{bmatrix}$$

Se obtiene la matriz inversa como se mostró a continuación:

4	3			1	0
2	1			0	1
1	0,75			0,25	0
0	-0,5			-0,5	1
1	0			-0,5	1,5
0	1			1	-2

donde A^{-1} es:

-0,5	1,5
1	-2

Finalmente, podemos obtener la solución en la siguiente forma:

$Ax=b$, entonces: $x=A^{-1}b$. Así, obtenemos:

-0,5	1,5	8
1	-2	9

$x=(-0,5)*8+(1,5)*9$

$x=9,5$

$y=1*8+(-2)*9$

$y= - 10.$

$$4x+3y+2z=7$$
$$5x+7y+4z=9$$
$$6x+y+3z=1$$

Aplicando el método de la matriz inversa (igual al sistema de 2x2), obtenemos:

A					
4	3	2	1	0	0
5	7	4	0	1	0
6	1	3	0	0	1
1	0,75	0,5	0,25	0	0
0	3,25	1,5	-1,25	1	0
0	-3,5	0	-1,5	0	1
1	0	0,15384615	0,53846154	-0,23076923	0
0	1	0,46153846	-0,38461538	0,30769231	0
0	0	1,61538462	-2,84615385	1,07692308	1
A-1					
1	0	0	0,80952381	-0,33333333	-0,0952381
0	1	0	0,42857143	0	-0,28571429
0	0	1	-1,76190476	0,66666667	0,61904762

Entonces, $x=A^{-1}b$:

Donde b está dado por:

b
7
9
1

0,80952381	-0,33333333	-0,0952381	7
0,42857143	0	-0,28571429	9
-1,76190476	0,66666667	0,61904762	1

Así, obtenemos: $x=2.57$, $y=2.71$, $z= -5.71$.

Determinantes

Si A es una matriz cuadrada, el determinante se denota por det A y se calcula de la siguiente forma:

$$\begin{vmatrix} a_{11} & a_{12} \\ a_{21} & a_{22} \end{vmatrix} = a_{11}\, a_{22} - a_{12}\, a_{21}$$

El dominio del determinante son los números reales y el rango es un número real.

Ejemplo:

$$\begin{vmatrix} 5 & 7 \\ -3 & 4 \end{vmatrix} = (5)(4)-(7)(-3)=20+21=41$$

El determinante sólo se puede calcular a matrices cuadradas.

El determinante de tercer orden se calcula de la siguiente forma:

$$\begin{vmatrix} a_{11} & a_{12} & a_{13} \\ a_{21} & a_{22} & a_{23} \\ a_{31} & a_{32} & a_{33} \end{vmatrix} = a_{11}\begin{vmatrix} a_{22} & a_{23} \\ a_{32} & a_{33} \end{vmatrix} - a_{12}\begin{vmatrix} a_{21} & a_{23} \\ a_{31} & a_{33} \end{vmatrix} + a_{13}\begin{vmatrix} a_{21} & a_{22} \\ a_{31} & a_{32} \end{vmatrix}$$

$$= a_{11}(a_{22}a_{33}-a_{23}a_{32}) - a_{12}(a_{21}a_{33}-a_{23}a_{31}) + a_{13}(a_{21}a_{32}-a_{22}a_{31})$$

El signo menos se pone cuando la suma del número de filas con el número de columnas es un número impar en los factores o coeficientes de la primera fila.

Los determinantes de segundo orden en el determinante de tercer orden se denominan menores.

Así, por ejemplo, el menor de a_{31} es igual a:

$$\begin{vmatrix} a_{12} & a_{13} \\ a_{22} & a_{23} \end{vmatrix}$$

Para obtener el menor, se trazan líneas horizontales y verticales en el menor que se quiere calcular por ejemplo en a_{31}.

El cofactor de un elemento es el menor con el signo respectivo. El signo es positivo si la suma del número de filas y columnas del elemento es par y negativo si la suma del número de filas y columnas es impar.

$$\text{Cofactor de } a_{31} = \begin{vmatrix} a_{12} & a_{13} \\ a_{22} & a_{23} \end{vmatrix}$$

$$\text{Cofactor de } a_{12} = - \begin{vmatrix} a_{21} & a_{23} \\ a_{31} & a_{33} \end{vmatrix}$$

Así, el determinante se obtiene multiplicando cada elemento de alguna fila (o columna) por su respectivo cofactor. El determinante es el mismo si se escoge la fila o la columna ya que una matriz sólo tiene un determinante. De esta forma, se puede obtener el determinante de una matriz cuadrada de cualquier orden.

Ejemplo:

$$\begin{vmatrix} 2 & -2 & 0 \\ -3 & 1 & 2 \\ 1 & -3 & -1 \end{vmatrix} = 2\begin{vmatrix} 1 & 2 \\ -3 & -1 \end{vmatrix} - (-2)\begin{vmatrix} -3 & 2 \\ 1 & -1 \end{vmatrix} + 0\begin{vmatrix} -3 & 1 \\ 1 & -3 \end{vmatrix} = 10+2+0=12$$

De esta forma, es mucho más fácil calcular el determinante en filas o columnas que tengan el mayor número de ceros.

Además, la inversa de una matriz existe si y sólo si su determinante es diferente de cero.

Propiedades de los determinantes

Si se multiplica una fila o columna por un escalar o número el determinante resultante queda multiplicado por el mismo número.

$$\begin{vmatrix} 4 & -4 & 0 \\ -3 & 1 & 2 \\ 1 & -3 & -1 \end{vmatrix} = 2(12) = 24$$ donde la primera fila se multiplicó por el número 2 y el resultado del determinante resultó multiplicado por el mismo número.

Si todos los elementos de una fila o columna son ceros, entonces el valor del determinante es cero.

Si se intercambian dos filas (o dos columnas) de un determinante, entonces el determinante que resulta es el negativo del anterior.

Ejemplo:

$$\begin{vmatrix} -3 & 1 & 2 \\ 2 & -2 & 0 \\ 1 & -3 & -1 \end{vmatrix} = -3\begin{vmatrix} -2 & 0 \\ -3 & -1 \end{vmatrix} -1\begin{vmatrix} 2 & 0 \\ 1 & -1 \end{vmatrix} + 2\begin{vmatrix} 2 & -2 \\ 1 & -3 \end{vmatrix} = -6+2-8=-12$$ donde se intercambió la primera y segunda fila y el determinante cambió de signo.

Si dos filas (o dos columnas) de un determinante son iguales, entonces el determinante es cero.

$$\begin{vmatrix} 2 & -2 & 0 \\ 2 & -2 & 0 \\ 1 & -3 & -1 \end{vmatrix} = 2\begin{vmatrix} -2 & 0 \\ -3 & -1 \end{vmatrix} - (-2)\begin{vmatrix} 2 & 0 \\ 1 & -1 \end{vmatrix} + 0\begin{vmatrix} 2 & -2 \\ 1 & -3 \end{vmatrix} = 4-4+0=0$$

Si se suma a una fila (o columna) un múltiplo de otra fila (o columna), el valor del determinante no cambia.

$$\begin{vmatrix} 2 & -2 & 0 \\ -3 & 1 & 2 \\ 1 & -3 & -1 \end{vmatrix} = 12$$

$$\begin{vmatrix} 2 & -2 & 0 \\ 1 & -3 & 2 \\ 1 & -3 & -1 \end{vmatrix} = 2\begin{vmatrix} -3 & 2 \\ -3 & -1 \end{vmatrix} - (-2)\begin{vmatrix} 1 & 2 \\ 1 & -1 \end{vmatrix} + 0\begin{vmatrix} 1 & -3 \\ 1 & -3 \end{vmatrix} = 18\text{-}6\text{+}0 = 12 \text{ donde se}$$

ha multiplicado la primera fila por dos y se ha sumado a la segunda fila.

Regla de Cramer

$a_{11}x + a_{12}y = b_1$

$a_{21}x + a_{22}y = b_2$

$a_{11}a_{22}x + a_{12}a_{22}y = b_1 a_{22}$

$-a_{21}a_{12}x - a_{22}a_{12}y = -b_2 a_{12}$

Sumando las dos ecuaciones se obtiene:

$(a_{11}a_{22} - a_{21}a_{12})x = b_1 a_{22} - b_2 a_{12}$

$x = (b_1 a_{22} - b_2 a_{12}) / (a_{11}a_{22} - a_{21}a_{12})$

$$x = \frac{\begin{vmatrix} b_1 & a_{12} \\ b_2 & a_{22} \end{vmatrix}}{\begin{vmatrix} a_{11} & a_{12} \\ a_{21} & a_{22} \end{vmatrix}} = \frac{\Delta_1}{\Delta}$$

De igual forma se puede obtener para y:

$$y = \frac{\begin{vmatrix} a_{11} & b_1 \\ a_{21} & b_2 \end{vmatrix}}{\begin{vmatrix} a_{11} & a_{12} \\ a_{21} & a_{22} \end{vmatrix}} = \frac{\Delta_2}{\Delta}$$

Así, el sistema de ecuaciones se puede solucionar por medio del método de Cramer, el cual es un método que usa determinantes.

$4x + 3y = 8$

$2x + y = 9$

Primero, necesitamos obtener el determinante de:

4	3
2	1

Esto es obtenido en esta forma: $\Delta = (4)*(1) - (2)*(3) = -2$

Los otros determinantes son obtenidos de la siguiente manera:

8	3
9	1

Es decir, se reemplaza los valores de la columna independiente en la primera columna.

$\Delta_1=(8)*(1)-(3)*(9)=-19$

4	8
2	9

Para este determinante, se reemplaza los valores de la columna independiente en la segunda columna.

$\Delta_2=(4)*(9)-(2)*(8)=20$

Así, obtenemos las siguientes soluciones:

$x=\Delta_1/\Delta=(-19)/(-2)=9,5$

$y=\Delta_2/\Delta=(20)/(-2)=-10$

Los valores de x y y se pueden reemplazar en el sistema de ecuaciones para la respectiva comprobación.

Como las soluciones x,y tienen el determinante de coeficientes de las variables en el denominador, si el determinante es igual a cero, entonces el sistema no tiene solución o tiene infinitas soluciones. Si hay un factor multiplicativo de la primera ecuación para obtener la segunda ecuación, entonces hay infinitas soluciones. Si se encuentra un factor multiplicativo sólo para las columnas de x y y pero no para la columna de valores independiente, entonces no hay solución.

$4x+3y=8$

$2x+1.5y=3$

En este caso, podemos observar que la segunda fila es obtenida como la primera fila multiplicada por un factor, excepto por el término independiente b, como se mencionó anteriormente en el método de Cramer. Por otro lado, el determinante es: $\Delta=4*1,5+3*2=0$. Así, el sistema de ecuaciones no tiene solución. Se puede comprobar el resultado usando el método de Gauss:

4	3	8
2	1,5	3
1	0,75	2
0	0	-1

donde hemos aplicado el método de Gauss, y se obtiene una fila de ceros excepto para la columna de valores independientes. De esta forma: $0x_1+0x_2=-1$, donde tenemos una contradicción en esta ecuación. Así, el sistema de ecuaciones no tiene solución.

$x+2y=8$

$2x+4y=-4$

Δ es igual a cero, sistema sin solución, el factor multiplicativo se encuentra para las columnas de x y y pero no para la de valores independientes.

$4x+3y=8$

$2x+1.5y=4$

En este caso, observamos que la segunda fila es obtenida como la primera fila multiplicada por un factor y ambas filas son proporcionales, como se mencionó anteriormente en el método de Cramer. También, el determinante está dado por: $\Delta=4*1,5+3*2=0$. Así, el sistema tiene infinitas soluciones. Se puede comprobar usando el método de Gauss:

4	3	8
2	1,5	4
1	0,75	2
0	0	0

donde hemos aplicado el método de Gauss y se obtiene una fila de ceros. De esta forma:

$x=2-(0,75)*y$, donde y puede ser cualquier valor real y así, x es dependiente del valor de y. Así, tenemos infinitas soluciones dada por (x,y): (2-0,75*y,y).

x+5y=2

(1/2)x+(5/2)y=1

Δ es igual a cero, sistema con infinitas soluciones, el factor multiplicativo se encuentra para las columnas de x y y y también para la de valores independientes.

En conclusión, si tenemos que el determinante es: $\Delta=0$, entonces tenemos infinitas soluciones o no hay solución.   La diferencia entre las dos situaciones se puede identificar observando la proporcionalidad de las dos filas: si hay un factor multiplicativo de la primera ecuación para obtener la segunda ecuación, entonces hay infinitas soluciones y si se encuentra un factor multiplicativo sólo para las columnas de x y y pero no para la columna de valores independiente, entonces no hay solución.

Se puede generalizar el método de Cramer para un sistema de ecuaciones de 3x3:

$a_{11}x+a_{12}y+a_{13}z=b_1$

$a_{21}x+a_{22}y+a_{23}z=b_2$

$a_{31}x+a_{32}y+a_{33}z=b_3$

$$x=\frac{\begin{vmatrix} b_1 & a_{12} & a_{13} \\ b_2 & a_{22} & a_{23} \\ b_3 & a_{32} & a_{33} \end{vmatrix}}{\begin{vmatrix} a_{11} & a_{12} & a_{13} \\ a_{21} & a_{22} & a_{23} \\ a_{31} & a_{32} & a_{33} \end{vmatrix}}=\frac{\Delta_1}{\Delta}$$

$$y=\frac{\begin{vmatrix} a_{11} & b_1 & a_{13} \\ a_{21} & b_2 & a_{23} \\ a_{31} & b_3 & a_{33} \end{vmatrix}}{\begin{vmatrix} a_{11} & a_{12} & a_{13} \\ a_{21} & a_{22} & a_{23} \\ a_{31} & a_{32} & a_{33} \end{vmatrix}}=\frac{\Delta_2}{\Delta}$$

$$z=\frac{\begin{vmatrix} a_{11} & a_{12} & b_1 \\ a_{21} & a_{22} & b_2 \\ a_{31} & a_{32} & b_3 \end{vmatrix}}{\begin{vmatrix} a_{11} & a_{12} & a_{13} \\ a_{21} & a_{22} & a_{23} \\ a_{31} & a_{32} & a_{33} \end{vmatrix}}=\frac{\Delta_3}{\Delta}$$

$$4x+3y+2z=7$$
$$5x+7y+4z=9$$
$$6x+y+3z=1$$

Si aplicamos el método de Cramer, obtenemos:

$$\Delta=4*((7*3)-(4*1))-3*((5*3)-(4*6))+2*((5*1)-(7*6))=21$$

Este determinante es obtenido con los coeficientes de las variables.

$$\Delta_1=7*((7*3)-(4*1))-3*((9*3)-(4*1))+2*((9*1)-(7*1))=54$$

Para obtener este determinante se reemplaza los valores de la columna independiente en la primera columna.

$$\Delta_2=4*((9*3)-(4*1))-7*((5*3)-(4*6))+2*((5*1)-(9*6))=57$$

Para obtener este determinante se reemplaza los valores de la columna independiente en la segunda columna.

$$\Delta_3=4*((7*1)-(9*1))-3*((5*1)-(9*6))+7*((5*1)-(7*6))=-120$$

Para obtener este determinante se reemplaza los valores de la columna independiente en la tercera columna.

$$x=\Delta_1/\Delta=54/21=2.57$$

$$y=\Delta_2/\Delta=57/21=2.71$$

$$z=\Delta_3/\Delta=-120/21=-5.71$$

$$3x-4y-z=0$$

$$2x-3y+z=1$$

$$x-2y+3z=2$$

$$\begin{vmatrix} 3 & -4 & -1 \\ 2 & -3 & 1 \\ 1 & -2 & 3 \end{vmatrix}=3(-7)-(-4)(5)-1(-1)=0$$

El determinante de la matriz de coeficientes de las variables es cero. Como las soluciones x,y,z tienen este determinante en el denominador, el sistema no tiene solución o tiene infinitas soluciones. Además, podemos observar que la primera fila es obtenida como la segunda fila multiplicada por dos y restada a la tercera fila. Así, tenemos una fila que es el resultado de la combinación de las otras dos. De esta forma, tenemos solo dos filas con tres incógnitas lo cual significa infinitas soluciones. El resultado se puede comprobar por medio del método de Gauss:

3	-4	-1	0
2	-3	1	1
1	-2	3	2

1	-1,33333333	-0,33333333	0
0	-0,33333333	1,66666667	1
0	-0,66666667	3,33333333	2

1	-1,33333333	-0,33333333	0
0	1	-5	-3
0	0	0	0

1	0	-7	-4
0	1	-5	-3
0	0	0	0

De esta forma, las soluciones son   x=-4+7z, y=-3+5z, y z=z donde z pude tomar cualquier valor real.   Así, nosotros obtenemos infinitas soluciones.

3x-4y-z=1

2x-3y+z=1

x-2y+3z=2

El determinante de la matriz de coeficientes de las variables es cero.

$$\begin{vmatrix} 3 & -4 & -1 \\ 2 & -3 & 1 \\ 1 & -2 & 3 \end{vmatrix} = 3(-7)-(-4)(5)-1(-1)=0$$

Como las soluciones x,y,z tienen este determinante en el denominador, el sistema no tiene solución o tiene infinitas soluciones. Además, podemos observar que la primera fila es obtenida como la segunda fila multiplicada por dos y restada a la tercera fila, excepto por el término independiente b en el cual no se cumple. Por esta razón, nosotros tenemos una contradicción en este término y el sistema no tiene solución. El resultado se puede comprobar aplicando el método de Gauss:

3	-4	-1	1
2	-3	1	1
1	-2	3	2
1	-1,33333333	-0,33333333	0,33333333
0	-0,33333333	1,66666667	0,33333333
0	-0,66666667	3,33333333	1,66666667
1	-1,33333333	-0,33333333	0,33333333
0	1	-5	-1
0	0	0	1

39.- Trigonometría, funciones trigonométricas, identidades y ecuaciones trigonométricas y solución de triángulos retángulos.

La palabra trigonometría es igual a la expresión griega medición de triángulos.

Los ángulos se pueden medir en grados o radianes. El ángulo en radianes es obtenido por medio de la fórmula $\theta=S/r$ (radianes). Si $S=2\pi r$, entonces $\theta=2\pi$ lo que equivale a 360°. Así, también se tiene que 180° equivale a π radianes y 90° a $\pi/2$ radianes.

Si se tiene un ángulo de 75°, entonces el ángulo en radianes es obtenido por medio de una regla de tres: $75*\pi/180=5\pi/12$.

Si se tiene un ángulo de $11\pi/12$ radianes, entonces el ángulo en grados es igual a: $180*11\pi/(\pi*12)=165°$.

Convertir en radianes el ángulo de 41° 12′:

$41+(12/60)=41,2°$

$\theta=\pi*41,12/180=0,72$

Si se tienen dos poleas conectadas con radios de r_1 y r_2 y si la polea mayor gira θ_1 radianes, entonces la polea menor girará un ángulo obtenido de la siguiente forma:

$S_1=r_1\theta_1 \quad S_1=S_2 \quad S_2=r_2\,\theta_2$

$r_1\theta_1=r_2\,\theta_2$

$\theta_2=r_1\theta_1/r_2$

Definición de las funciones trigonométricas

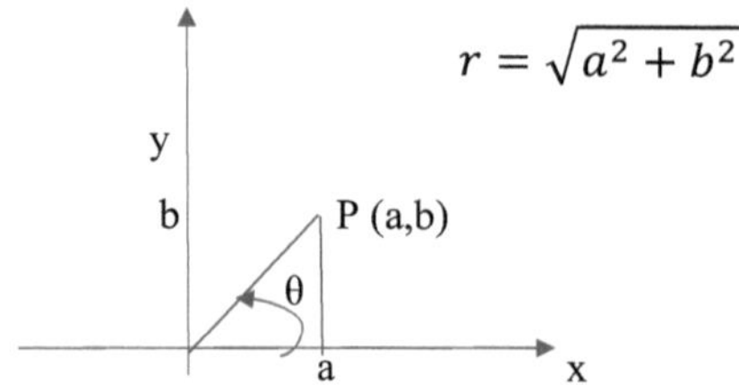

$$r = \sqrt{a^2 + b^2}$$

senθ=b/r   cscθ=r/b

cosθ=a/r   secθ=r/a

tanθ=b/a   cotθ=a/b

En el primer cuadrante todas las funciones son positivas.

Si el punto P está en el segundo cuadrante, entonces las funciones trigonométricas seno y cosecante son positivas y todas las demás funciones son negativas.

Si el punto P está en el tercer cuadrante, entonces las funciones trigonométricas tangente y cotangente son positivas y todas las demás funciones son negativas.

Si el punto P está en el cuarto cuadrante, entonces las funciones trigonométricas coseno y secante son positivas y todas las demás funciones son negativas.

P(3,4)   r=5

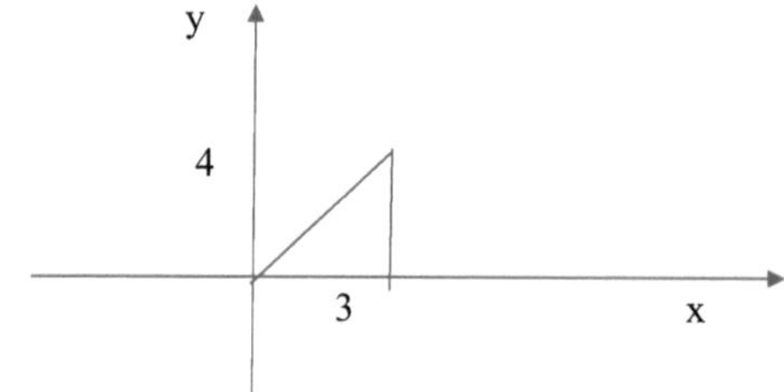

senθ=4/5   cscθ=5/4

cosθ=3/5   secθ=5/3

tanθ=4/3   cotθ=3/4

P(-3,4)   r=5

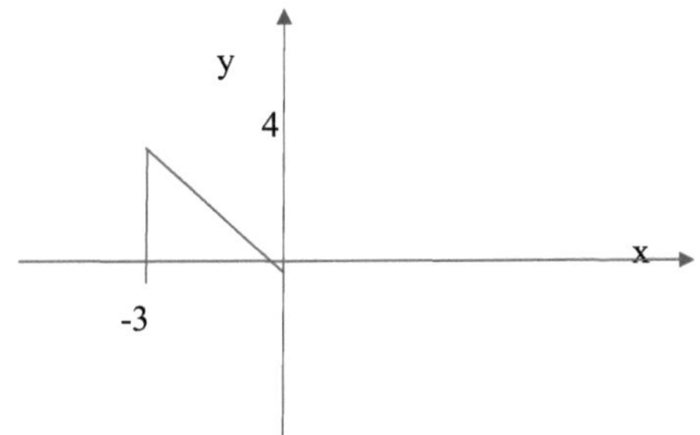

senθ=4/5   cscθ=5/4

cosθ=-3/5   secθ=-5/3

tanθ=-4/3   cotθ=-3/4

P(-3,-4)   r=5

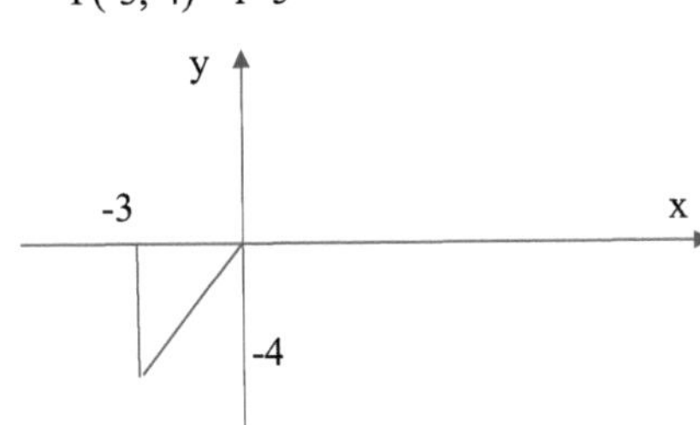

senθ=-4/5   cscθ=-5/4

cosθ=-3/5   secθ=-5/3

tanθ=4/3   cotθ=3/4

P(3,-4)   r=5

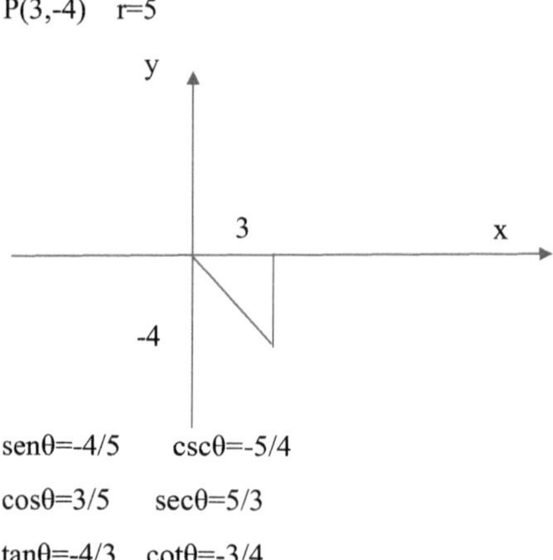

senθ=-4/5   cscθ=-5/4

cosθ=3/5   secθ=5/3

tanθ=-4/3   cotθ=-3/4

Encuentre el valor de las funciones trigonométricas sabiendo que el ángulo está en el cuarto cuadrante y que senθ=-4/5

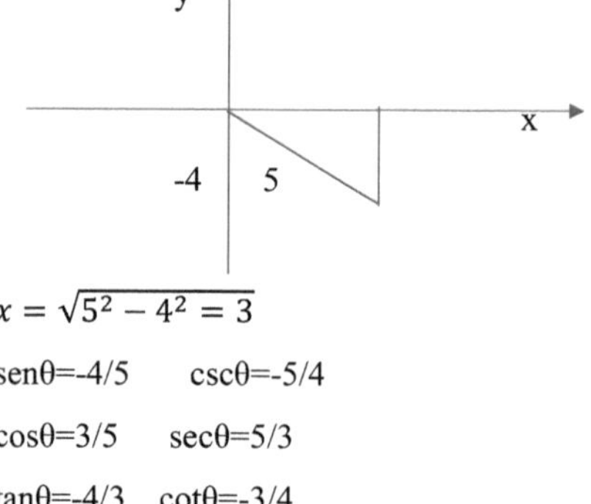

$$x = \sqrt{5^2 - 4^2} = 3$$

senθ=-4/5   cscθ=-5/4

cosθ=3/5   secθ=5/3

tanθ=-4/3   cotθ=-3/4

El dominio de las funciones trigonométricas es el conjunto de los números reales. El ángulo puede estar en grados o radianes. Si se usa una calculadora y se usan grados la calculadora debe estar en modo deg y si se usan radianes debe estar en modo rad. Con la calculadora se pueden obtener los valores de las funciones seno, coseno y tangente. Los valores de las funciones secante, cosecante y cotangente se obtienen por medio del inverso de las primeras funciones.

csc θ=1/senθ

sec θ=1/cos θ

cot θ=1/tag θ

Hay valores de ángulos de las funciones trigonométricas que se pueden obtener sin el uso de la calculadora como son los siguientes:

sen 0^0=0/1=0   cos 0°=1/1=1   tan 0°=0/1=0

csc 0^0->∞   sec 0°=1   cot 0°->∞

Así mismo, por medio del gráfico se pueden obtener los valores de los siguientes ángulos:

sen 90°=1   cos 90°=0   tan 90°->∞

sen 180°=0   cos 180°=-1   tan 180°->-∞

sen 270°=-1   cos 270°=0   tan 270°->-∞

sen 360°=0   cos 360°=1   tan 360°->∞

Los valores de las funciones secante, cosecante y cotangente se pueden obtener por medio de los inversos de las respectivas funciones.

También se tienen los ángulos 30, 60 y 45° con los cuales también se pueden calcular los valores de las funciones trigonométricas sin calculadora. Se tiene el siguiente triángulo equilátero:

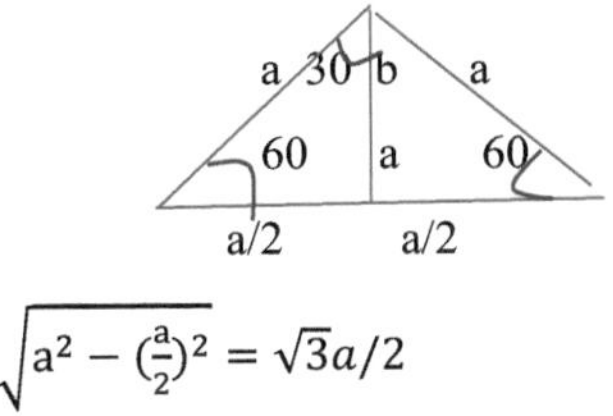

$$b = \sqrt{a^2 - (\tfrac{a}{2})^2} = \sqrt{3}a/2$$

Si a=2, entonces el triángulo notable es el siguiente:

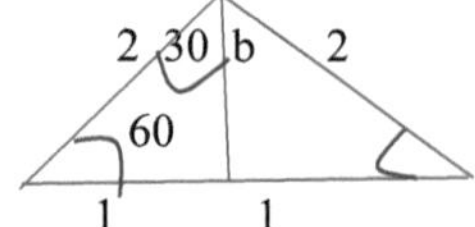

$b=\sqrt{3}$

sen $30^0=1/2$ cos $30°=\sqrt{3}/2$ tan $30°=1/\sqrt{3}$

csc $30^0=2$ sec $30°=2/\sqrt{3}$ cot $30°=\sqrt{3}$

sen $60^0=\sqrt{3}/2$ cos $60°=1/2$ tan $60°=\sqrt{3}$

csc $60^0=2/\sqrt{3}$ sec $60°=2$ cot $60°=1/\sqrt{3}$

Los valores de las funciones trigonométricas en los respectivos cuadrantes son obtenidos de acuerdo a la ley de signos que se mencionó anteriormente.

En el primer cuadrante todas las funciones son positivas.

Si el punto P está en el segundo cuadrante, entonces las funciones trigonométricas seno y cosecante son positivas y todas las demás funciones son negativas.

Si el punto P está en el tercer cuadrante, entonces las funciones trigonométricas tangente y cotangente son positivas y todas las demás funciones son negativas.

Si el punto P está en el cuarto cuadrante, entonces las funciones trigonométricas coseno y secante son positivas y todas las demás funciones son negativas.

Se tiene también el triángulo notable isósceles de 45° cuyos valores de las funciones trigonométricas se obtienen a continuación.

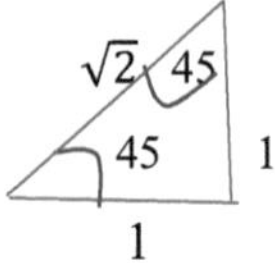

sen $45^0=1/\sqrt{2}$ cos $45°=1/\sqrt{2}$ tan $45°=1$

csc $45^0=\sqrt{2}$ sec $45°=\sqrt{2}$ cot $45°=1$

Los respectivos ángulos en radiantes son los siguientes:

$30°=\pi/6$ $45°=\pi/4$ $60°=\pi/6$ $90°=\pi/2$ $180°=\pi$ $360°=2\pi$

Los ángulos en los otros cuadrantes pueden ser obtenidos por medio de una regla de tres:

$150°$----x

$180°$----π $x=5\pi/6$

El signo del valor de la respectiva función trigonométrica se obtiene por medio de la regla de signos mencionadas anteriormente.

Así, tan $210°$=tan $7\pi/6=1/\sqrt{3}$ (la tangente es positiva en el tercer cuadrante).

sen $2\pi/3$=sen $120=\sqrt{3}/2$ (el seno es positivo en el segundo cuadrante).

Para obtener el ángulo en grados simplemente se reemplaza π por $180°$.

Círculo unitario y funciones trigonométricas

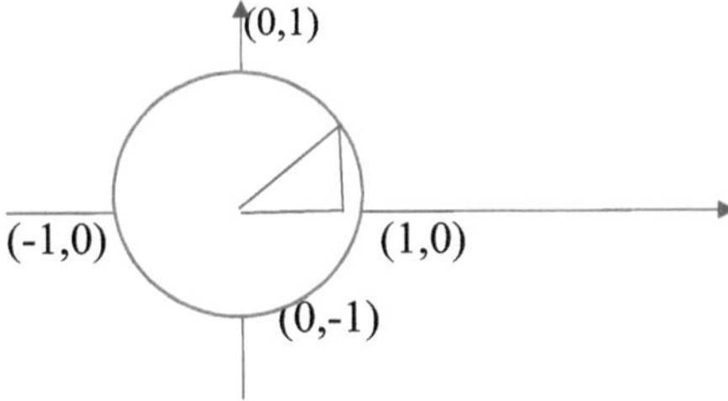

Con el círculo unitario, los valores de las funciones trigonométricas son los siguientes:

sen $x=b/1=b$ cos $x=a/1=a$ tan $x=b/a$

csc $x=1/b$ sec $x=1/a$ cot $x=a/b$

Además en el círculo unitario se puede comprobar que las funciones trigonométricas son periódicas:

sen$(x+2\pi)$=sen x   cos $(x+2\pi)$=cos x

El período de las funciones seno y coseno es 2π.

Además, se puede comprobar en el círculo unitario las siguientes identidades:

sen x=b   cos x=a

csc x=1/b=1/sen x   sec x=1/a=1/cos x

tan x=b/a=sen x/cos x   cot x=a/b=cos x/sen x=1/tan x

Además, como los puntos x y -x son simétricos respecto al eje horizontal se tienen las siguientes propiedades de signo:

sen (-x)=-b=-sen x (función impar)

cos (-x)=a=cos x   (función par)

tan (-x)=-b/a=-(b/a)=-tan x   (función impar)

Además, se obtiene la siguiente identidad:

$a^2+b^2=1$

$\text{sen}^2x+\text{cos}^2x=1$

Estas identidades son válidas para cualquier triángulo. Por ejemplo se puede demostrar la identidad anterior para otro triángulo:

$a^2+b^2=r^2$

sen x=b/r   cos x=a/r

$\text{sen}^2x+\text{cos}^2x=1$

Gráficas de funciones trigonométricas

Para graficar la función trigonométrica sen x se puede usar el círculo
unitario y desplazar el punto P(1,0) 2π radianes.

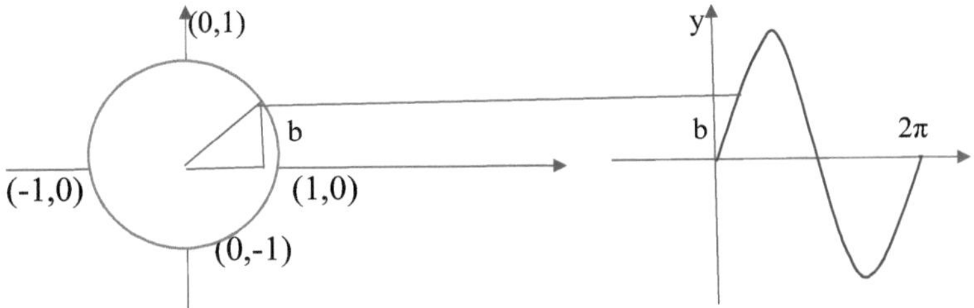

El dominio de la función seno es el conjunto de los números reales, el
período es 2π y el rango es $[-1,1]$. La función seno es una función impar,
es decir simétrica con respecto al origen: sen (-x)=-sen(x).

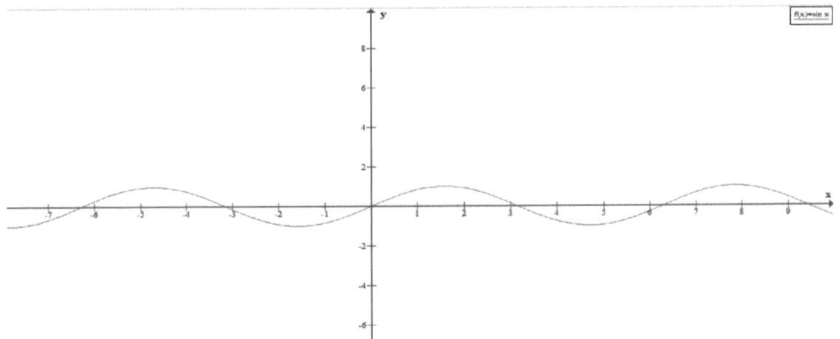

De la misma forma se puede obtener el gráfico de la función coseno.

cos x=a, para $0°$ cos $0°=1$ y así va variando alrededor del círculo unitario.

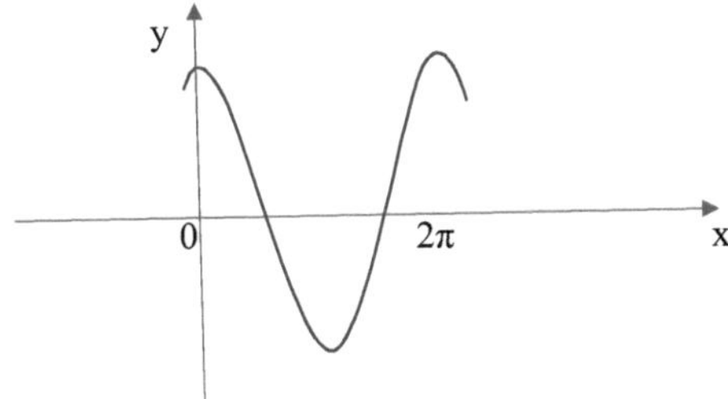

La función coseno tiene un período de 2π, el dominio es el conjunto de los números reales y el rango es [-1,1]. El coseno es una función par (simétrica con respecto al eje y): cos (-x)=cos x.

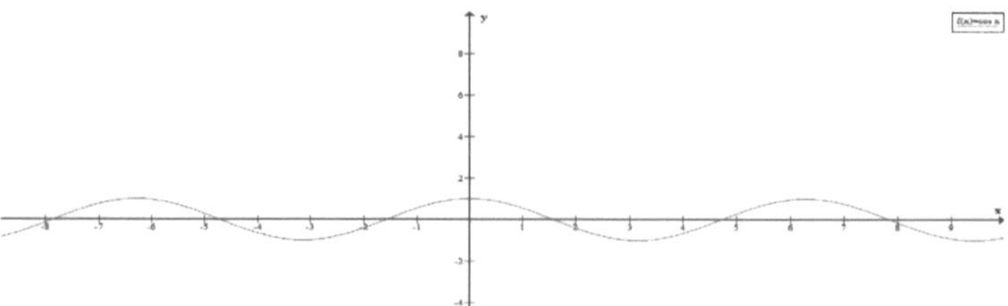

La función tangente es igual a tan x=b/a, la cual no está definida en valores como 90°, 270°, es decir cuando $x=(\pi/2)+k\pi$. En estos puntos se trazan líneas verticales que se conocen como asíntotas verticales. Así, la función tangente es discontinua. En los valores de 0° y $0+k\pi$ la tangente tiene el valor de cero. En el ángulo de 45°, la tangente tiene el valor de 1 y en el tercer cuadrante tiene el valor también de 1 en el ángulo de 225°. En 135° tiene el valor de -1 y en 315°. El gráfico de la función tangente se muestra a continuación:

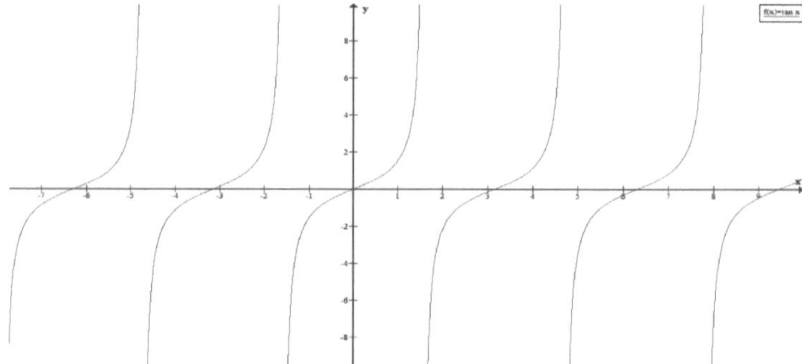

El período de la función tangente es π. El dominio es el conjunto de todos los números reales excepto los valores $(\pi/2)+k\pi$. El rango es el conjunto de los números reales. La función tangente es una función impar (simétrica con respecto al origen): tan(-x)=-tan x. La tangente es una función creciente entre las asíntotas y es discontinua en $(\pi/2)+k\pi$ donde k es un entero.

La función cotangente tiene valores recíprocos de la función tangente, así donde la tangente tiene el valor de cero, la cotangente tiene asíntotas verticales y donde la tangente tiene asíntotas verticales, la cotangente tiene el valor de cero. La cotangente es decreciente entre las asíntotas. En el ángulo de 45°, la cotangente tiene el valor de 1 y en el cuarto cuadrante tiene el valor también de 1 en el ángulo de 315. En 135° tiene el valor de -1 y en 225°. El gráfico de la función cotangente se muestra a continuación:

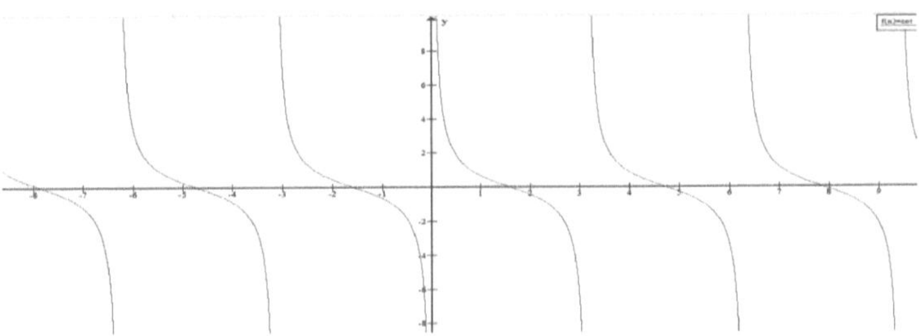

El período de la función cotangente es π. El dominio es el conjunto de todos los números reales excepto $k\pi$ donde k es un número entero. El rango es el conjunto de los números reales. La cotangente es una función impar (simétrica con respecto al origen): cot(-x)=-cot x. La función cotangente es una función decreciente entre las asíntotas y es discontinua en $k\pi$.

El gráfico de la función secante se puede obtener como el recíproco de la función coseno: sec x=1/cos x. Además, la secante tiene asíntotas verticales donde la función cos x tiene el valor de cero: $\pi/2+k\pi$. La secante tiene el valor de 1 en 0 y $0+k2\pi$ y tiene el valor de -1 en π y $\pi+2k\pi$. La función secante es creciente entre $-\pi/2$ y $\pi/2$ y decreciente entre $\pi/2$ y $3\pi/2$.

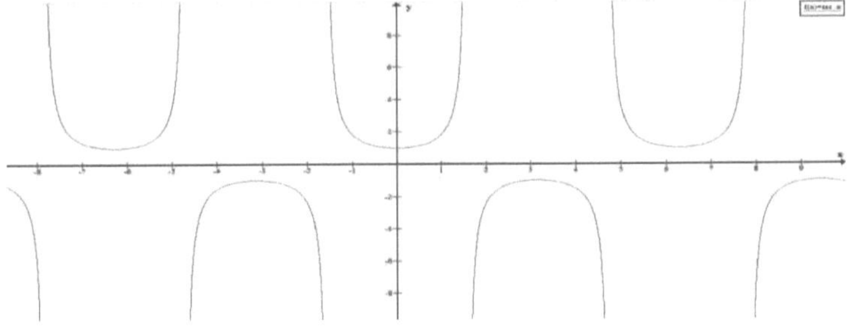

La función secante tiene el período de 2π. El dominio es el conjunto de todos los números reales excepto π/2+kπ. El rango es (-∞,-1]U[1,∞). La función secante es una función par (simétrica con respecto al eje y): sec(-x)=sec x. La secante es una función discontinua en π/2+kπ.

El gráfico de la función cosecante se puede obtener como el recíproco de la función seno: csc x=1/sen x. Además, la cosecante tiene asíntotas verticales donde la función sen x tiene el valor de cero: 0+kπ. La cosecante tiene el valor de 1 en π/2 y π/2+k2π y tiene el valor de -1 en 3π/2 y 3π/2+2kπ. La función cosecante es creciente entre 0 y π y decreciente entre π y 2π.

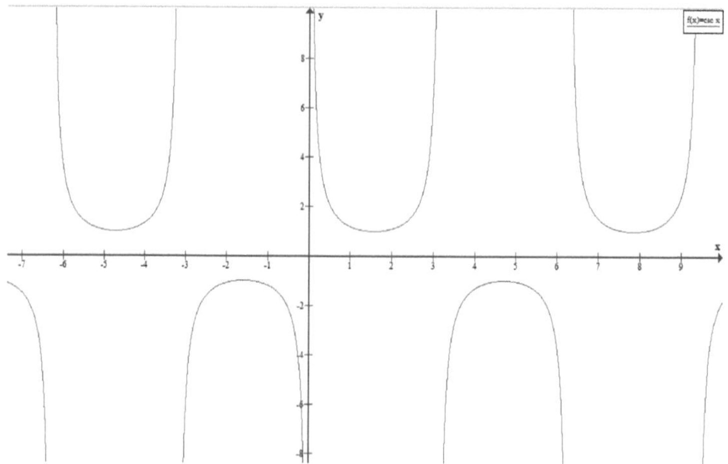

La función cosecante tiene el período de 2π. El dominio es el conjunto de todos los números reales excepto 0+kπ. El rango es (-∞,-1]U[1,∞). La función cosecante es una función impar (simétrica con respecto al origen): csc(-x)=-csc x. La cosecante es una función discontinua en 0+kπ.

Gráficas de las funciones trigonométricas y=Asen(Bx+C) y y=Acos(Bx+C)

Las gráficas de estas funciones se obtienen por medio de desplazamientos verticales y horizontales.

La gráfica de y=Asenx se puede obtener por medio de la función y=senx al multiplicarla por el valor de A. La función y=Asenx tiene el mismo período 2π de la función y=senx. El valor de A cambia la amplitud de la función y=sen x de 1 al valor de $|A|$. A aumenta o disminuye las ordenadas de y=sen x sin que cambien los valores de las abscisas o valores de x. Si A es negativo la función se invierte.

Lo mismo se concluye con la función y=AcosBx.

Por otro lado, se puede comparar las funciones y=senx y y =senBx. Ambas funciones tienen el período de 1 pero tienen período diferente. El período senBx se puede encontrar como el menor entero positivo T tal que:

f(x+T)=f(x)

Sen(Bx+BT)=senBx

$BT=2\pi$ $T=2\pi/B$

Así, el período de y=sen2x es igual a $T=2\pi/2=\pi$.

Esto se puede comprobar fácilmente porque para $x=\pi$, $y=sen2\pi$, y se concluye que el período es $T=\pi$.

Así, el período de y=sen(π/2)x es T=4 porque en x=4 se tiene y=sen(2π).

$T=2\pi/B$ $B=\pi/2$ T=4

El efecto de B es comprimir (B>1) or alargar (0<B<1) la curva del seno o el coseno y así, se cambia el período de la función también.

Así, por medio de estas conclusiones se puede graficar las siguientes funciones:

y=2 sen (2x)

La amplitud es A=2 y el período es $T=\pi$.

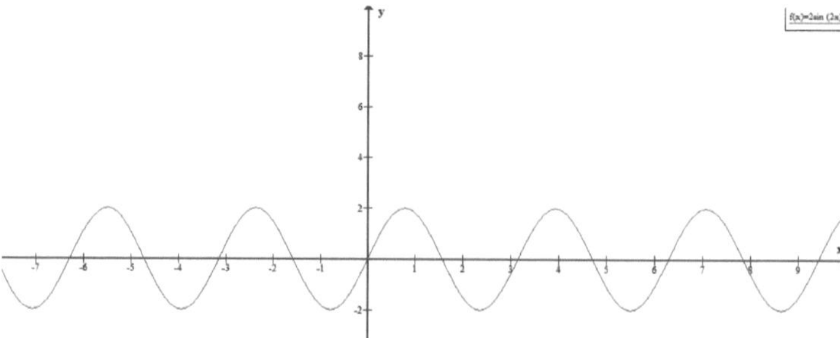

y=-3cos(πx/2)

|*A*|=3 T=4

A es negativo y la función coseno se invierte.

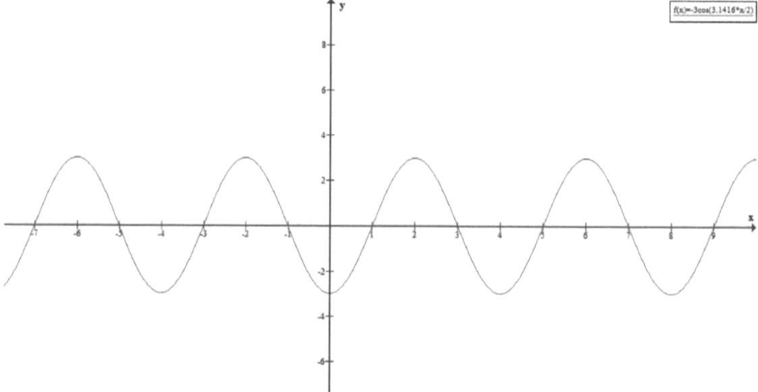

El valor de C en las gráficas de y=Asen(Bx+C) y y=Acos(Bx+C) desplaza la gráfica hacia la izquierda o hacia la derecha.

Se puede comparar con la siguiente función: y=AsenB[x+(C/B)]

Así, la gráfica se desplaza C/B unidades en valor absoluto hacia la derecha si C/B<0 o C/B unidades en valor absoluto hacia la izquierda si C/B>0. También se puede obtener el mismo resultado ya que para x=-C/B se tiene el valor de sen (0), así el cero tiene un desplazamiento de -C/B (C/B<0, desplazamiento hacia la derecha) (C/B>0, desplazamiento hacia la izquierda).

Así, se tiene los siguientes ejemplos:

y=sen(x-π/2) desplazamiento de π/2 hacia la derecha.

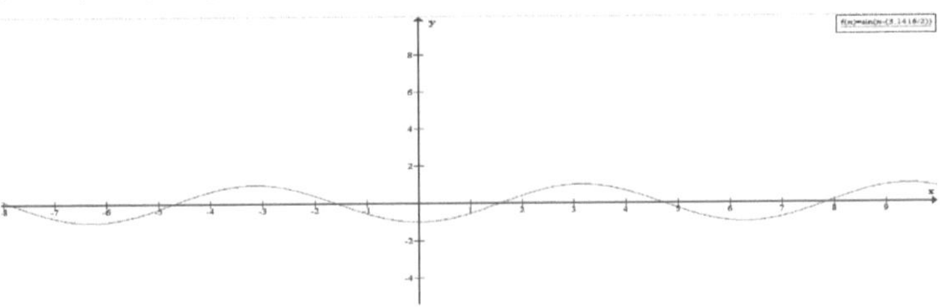

y=(1/2)cos(4x-π)

Se analiza primero y=(1/2)cos 4x

A=1/2 B=4 (B>1 la gráfica se comprime)

T=2π/B   T=2π/4   T=π/2

f(x+T)=f(x)

(1/2) cos(4x+4T)= (1/2)cos(4x)

4T=2π   T=π/2

Luego, se procede con la función y=(1/2)cos(4x-π). la gráfica se desplaza π/4 unidades hacia la derecha (C/B<0). Esto se puede comprobar reemplazando x=π/4 donde se obtiene el valor de cero para la función.

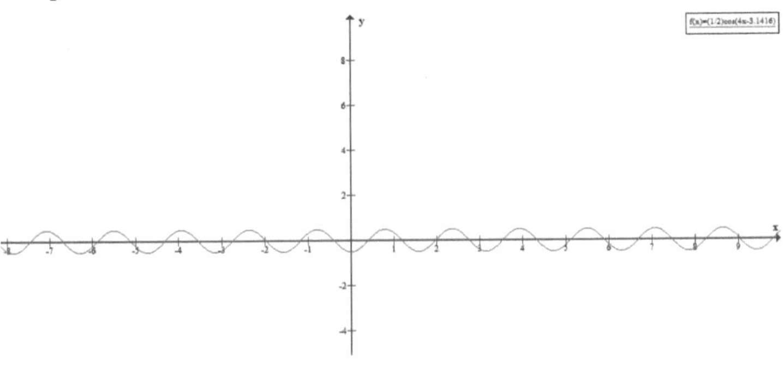

y=(3/4)sen(2x+π)

y=(3/4)sen(2x)

A=3/4

T=2π/2=π

La gráfica se desplaza π/2 hacia la izquierda.

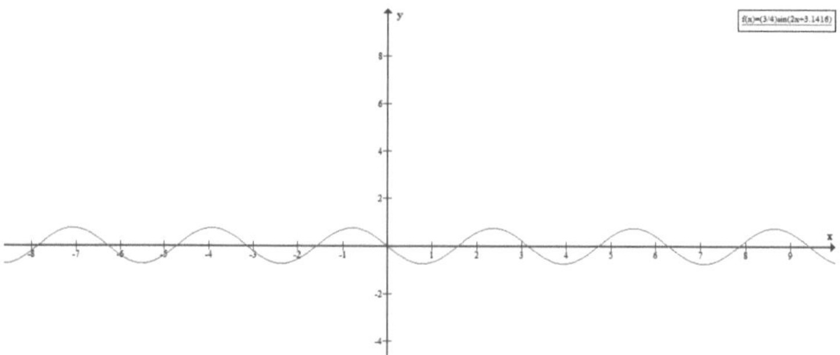

Para las funciones tangente y cotangente se tienen las siguientes normas
para graficar:

y=Atan(Bx+C) y y=Acot(Bx+C)

El período de la función tangente y cotangente es π. De esta forma, el
período de las anteriores funciones es T=π/B

La función se desplaza hacia la derecha C/B en valor absoluto si C/B<0, y
se desplaza a la izquierda C/B en valor absoluto si C/B>0.

Para las funciones secante y cosecante se tienen las siguientes normas para
graficar:

y=Asec(Bx+C) y y=Acsc(Bx+C)

El período de la función secante y cosecante es 2π. De esta forma, el
período de las anteriores funciones es T=2π/B

La función se desplaza hacia la derecha C/B en valor absoluto si C/B<0, y
se desplaza a la izquierda C/B en valor absoluto si C/B>0.

Función trigonométrica Inversa

Una función tiene inversa si la función f es una función uno a uno sobre el dominio de la función. Las funciones trigonométricas son periódicas y no son uno a uno y así, no tienen inversa. Sin embargo, se puede restringir el dominio de la función para que exista la función inversa.

Función inversa del seno

Por ejemplo, se puede restringir los valores de la función seno entre $-\pi/2$ y $\pi/2$ o entre $\pi/2$ y $3\pi/2$. Matemáticamente la inversa de la función seno se escribe como $\text{sen}^{-1}x$ o arcsen x.

$y=\text{sen}^{-1}x$

$y=$arcsen x lo cual es equivalente a $x=$sen y $-\pi/2\leq y\leq \pi/2$ $-1\leq x\leq 1$

La gráfica de la función $y=$arcsen x se muestra a continuación:

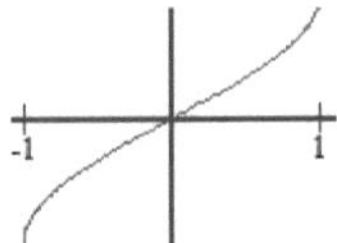

El dominio de la función arcseno es $[-1,1]$ y el rango es $[-\pi/2,\pi/2]$. El arcseno es una función creciente.

Se tiene las siguientes identidades:

$\text{sen}(\text{sen}^{-1}x)=x$

$\text{sen}^{-1}(\text{sen}\,x)=x$

Ejemplos:

$y=\text{sen}^{-1}(\sqrt{3}/2)$ $-\pi/2\leq y\leq \pi/2$ $-1\leq x\leq 1$

sen $y=\sqrt{3}/2$ $y=\pi/3$

$y=\text{sen}^{-1}(-1/2)$ $-\pi/2\leq y\leq \pi/2$ $-1\leq x\leq 1$

sen $y=-1/2$ $y=-\pi/6$ $y\neq 11\pi/6$ porque es una función inversa restringida en los valores desde $-\pi/2$ a $\pi/2$ porque debe ser una función uno a uno.

Calcular: $\cos(\text{sen}^{-1}(2/3))$

$y=\text{sen}^{-1}(2/3)$

cos $y=\cos\text{sen}^{-1}(2/3)$ $-\pi/2\leq y\leq \pi/2$ $-1\leq x\leq 1$

sen^{-1}(2/3) nos da un ángulo cuyo cateto opuesto es 2 y su hipotenusa es 3, el cateto adyacente se obtiene por Pitágoras el cual es $\sqrt{5}$.

Por tanto, el coseno del mismo ángulo es igual al cateto adyacente sobre la hipotenusa=$\sqrt{5}$/3.

Función inversa del coseno

El dominio de la función coseno se puede restringir en el intervalo [0, π]. En este intervalo la función coseno es decreciente y es una función uno a uno.

Matemáticamente la inversa de la función coseno se escribe como cos^{-1}x o arccos x.

y=cos^{-1}x

y=arccos x lo cual es equivalente a x=cos y   0≤y≤ π   -1≤x≤1

La gráfica de la función y=arccos x se muestra a continuación:

El dominio de la función arccoseno es [-1,1] y el rango es [0,π]. El arccoseno es una función decreciente.

Se tiene las siguientes identidades:

cos(cos^{-1}x)=x

cos^{-1}(cosx)=x

Ejemplos:

y=cos^{-1}(1/2)   0≤y≤ π   -1≤x≤1

cos y=1/2   y=π/3

y=cos^{-1}(-$\sqrt{3}$/2)   0≤y≤ π   -1≤x≤1

cos y=-$\sqrt{3}$/2   y=5π/6   y≠-5π/6 porque es una función inversa restringida en los valores desde 0 a π.

cos(cos^{-1}x)=0.5

x=0.5

Calcular: $\text{sen}(\cos^{-1}(-1/3))$

$y=\cos^{-1}(-1/3)$

$\text{sen } y=\text{sen } \cos^{-1}(-1/3)$ $0\leq y\leq \pi$ $-1\leq x\leq 1$

$\cos^{-1}(-1/3)$ nos da un ángulo cuyo cateto adyacente es 1 y su hipotenusa es 3, el cateto opuesto se obtiene por Pitágoras el cual es $\sqrt{8}$. Como el coseno del ángulo nos da un número negativo el ángulo es del segundo cuadrante.

Por tanto, el seno del mismo ángulo es igual al cateto opuesto sobre la hipotenusa=$\sqrt{8}/3$. El seno es positivo en el primer y el segundo cuadrante.

Función inversa tangente

Para que exista la función inversa se escoge el intervalo $[-\pi/2,\pi/2]$ de la función tangente. La tangente en este intervalo es creciente y es una función uno a uno.

Matemáticamente la inversa de la función tangente se escribe como $\tan^{-1}x$ o arctan x.

$y=\tan^{-1}x$

$y=$arctan x lo cual es equivalente a $x=\tan y$ $-\pi/2\leq y\leq \pi/2$ $-\infty<x<\infty$

La gráfica de la función $y=$arctan x se muestra a continuación:

El dominio de la función arctangente es $[-\infty,\infty]$ y el rango es $[-\pi/2,\pi/2]$. El arctangente es una función creciente.

Se tiene las siguientes identidades:

$\tan(\tan^{-1}x)=x$

$\tan^{-1}(\tan x)=x$

Función inversa cotangente

Para que exista la función inversa se escoge el intervalo $[0,\pi]$ de la función cotangente. La cotangente en este intervalo es decreciente y es una función uno a uno.

Matemáticamente la inversa de la función cotangente se escribe como $\cot^{-1}x$ o arccot x.

$y=\cot^{-1}x$

y=arccot x lo cual es equivalente a x=cot y $0\leq y\leq \pi$ $-\infty<x<\infty$

La gráfica de la función y=arccot x se muestra a continuación:

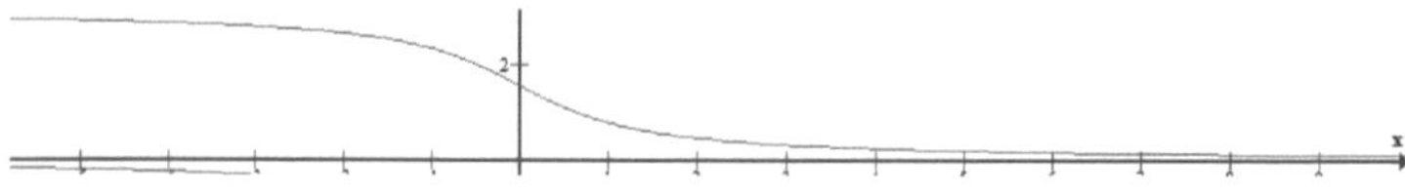

El dominio de la función arccotangente es $[-\infty,\infty]$ y el rango es $[0,\pi]$. El arccotangente es una función decreciente.

Se tiene las siguientes identidades:

$\cot(\cot^{-1}x)=x$

$\cot^{-1}(\cot x)=x$

Función inversa secante

Para que exista la función inversa se escoge el intervalo $[0,\pi]$ $y\neq\pi/2$ de la función secante. La secante en este intervalo es una función uno a uno.

Matemáticamente la inversa de la función secante se escribe como $\sec^{-1}x$ o arcsec x.

$y=\sec^{-1}x$

y=arcsec x lo cual es equivalente a x=sec y $0\leq y\leq \pi$ $y\neq\pi/2$ $|x| \geq 1$

La gráfica de la función y=arcsec x se muestra a continuación:

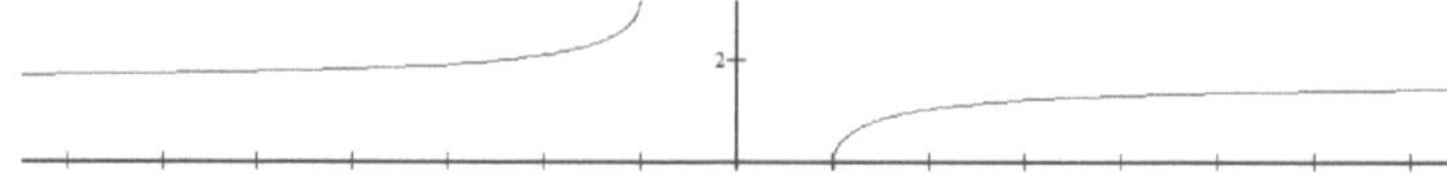

El dominio de la función arcsecante es $x\leq-1$ o $x\geq1$ y el rango es $[0,\pi]$ $y\neq\pi/2$.

Se tiene las siguientes identidades:

$\sec(\sec^{-1}x)=x$

$\sec^{-1}(\sec x)=x$

Función inversa cosecante

Para que exista la función inversa se escoge el intervalo $[-\pi/2, \pi/2]$ $y\neq0$ de la función cosecante. La cosecante en este intervalo es una función uno a uno.

Matemáticamente la inversa de la función cosecante se escribe como $\csc^{-1}x$ o $\operatorname{arccsc} x$.

$y=\operatorname{arccsc} x$

$y=\operatorname{arccsc} x$ lo cual es equivalente a $x=\csc y$ $-\pi/2\leq y\leq \pi/2$ $y\neq0$ $|x| \geq 1$

La gráfica de la función $y=\operatorname{arccsc} x$ se muestra a continuación:

El dominio de la función arcocosecante es $x\leq-1$ o $x\geq1$ y el rango es $[-\pi/2,\pi/2]$ $y\neq0$.

Se tiene las siguientes identidades:

$\csc(\csc^{-1} x)=x$

$\csc^{-1}(\csc x)=x$

Identidades Trigonométricas

$f(x)=g(x)$ si es válida para todas las sustituciones de x en el conjunto de los números reales. Si sólo es válida para algunos valores de x entonces se denomina ecuación condicional.

Por ejemplo, $x^2-x-6=(x-3)(x+2)$ es una identidad.

$x^2-x-6=0$ es una ecuación cuadrática.

Identidades trigonométricas básicas

$\csc x=1/\operatorname{sen} x$

$\sec x=1/\cos x$

$\cot x=1/\tan x$

$\tan x=\operatorname{sen} x/\cos x$

$\cot x=\cos x/\operatorname{sen} x$

$\operatorname{sen}(-x)=-\operatorname{sen} x$ (función impar) cos (-x)=cos x (función par)

tan (-x)=-tan x (función impar)

$sen^2x+co^2x=1$ $tan^2x+1=sec^2x$ $cot^2x+1=csc^2x$

$(sen^2x)/(cos^2x)+(co^2x)/(cos^2x)=1/(cos^2x)$

$tan^2x+1=sec^2x$

$(sen^2x)/(sen^2x)+(co^2x)/(sen^2x)=1/(sen^2x)$

$cot^2x+1=csc^2x$

Comprobación de identidades básicas

Se puede resolver el lado más complicado de los dos en el segundo, o se puede desarrollar ambos lados hasta obtener una expresión equivalente en ambos lados. No se puede pasar factores o las variables de un lado a otro lado de la identidad. Se debe recordar que esto no es una ecuación sino una identidad.

Ejemplos:

cos x tan x =sen x

cos x tan x=cos x (sen x/cos x)=sen x

sen x cot x=cos x

sen x cot x=sen x (cos x/sen x)=cos x

sec (-x)= sec x

sec (-x)=1/(cos (-x))=1/(cos x)=sec x

csc(-x)=-csc x

csc(-x)=1/sen(-x)=-1/(sen x)=-csc x

cot x cos x+sen x=csc x

$[(cos x) cos x/sen x]+ sen x=[cos^2x+sen^2x]/sen x=1/sen x=csc x$

tan x sen x+cos x=sec x

[(sen x) sen x/cos x]+ cos x=[sen²x+cos²x]/cos x=1/cos x=sec x

$$\frac{1+\text{sen } x}{\cos x}+\frac{\cos x}{1+\text{sen } x}=2\sec x \qquad \text{sen}^2x+\cos^2x=1$$

$$\frac{1+\text{sen } x}{\cos x}+\frac{\cos x}{1+\text{sen } x}=\frac{(1+\text{sen } x)^2+\cos^2x}{\cos x(1+\text{sen } x)}=\frac{2+2\text{sen } x}{\cos x(1+\text{sen } x)}=\frac{2}{\cos x}=2\sec x$$

$$\frac{1+\cos x}{\text{sen } x}+\frac{\text{sen } x}{1+\cos x}=2\csc x \qquad \text{sen}^2x+\cos^2x=1$$

$$\frac{1+\cos x}{\text{sen } x}+\frac{\text{sen } x}{1+\cos x}=\frac{(1+\cos x)^2+sen^2x}{\text{sen } x(1+\cos x)}=\frac{2+2\cos x}{\text{sen } x(1+\cos x)}=\frac{2}{\text{sen } x}=2\csc x$$

$$\frac{\text{sen}^2x+2\text{sen } x+1}{\cos^2x}=\frac{1+\text{sen } x}{1-\text{sen } x}$$

$$\frac{\text{sen}^2x+2\text{sen } x+1}{\cos^2x}=\frac{(sen\ x+1)^2}{cos^2x}=\frac{(sen\ x+1)^2}{1-sen^2x}=\frac{(sen\ x+1)^2}{(1-\text{sen } x)(1+\text{sen } x)}=\frac{1+\text{sen } x}{1-\text{sen } x}$$

sec⁴x-2sec²x tan²x+tan⁴x=1   sen²x+cos²x=1

$$\text{sec}^4x\text{-}2\text{sec}^2x\ \tan^2x+\tan^4x=\frac{1}{cos^4x}-2\frac{1}{cos^2x}\frac{sen^2x}{cos^2x}+\frac{sen^4x}{cos^4x}=\frac{(1-sen^2x)^2}{cos^4x}=$$

$$\frac{cos^4x}{cos^4x}=1$$

$$\frac{tanx-cot x}{\tan x+cot x}=1-2cos^2x \qquad \text{sen}^2x+\cos^2x=1$$

$$\frac{tanx-cot x}{\tan x+cot x}=\frac{\frac{sen\ x}{cos\ x}-\frac{cosx}{sen\ x}}{\frac{sen\ x}{cosx}+\frac{cosx}{sen\ x}}=\frac{sen^2x-cos^2x}{sen^2x+cos^2x}=1-2cos^2x$$

$$\cot x-\tan x=\frac{2\cos^2x-1}{\text{sen } x\cos x} \qquad \text{sen}^2x+\cos^2x=1$$

$$\cot x-\tan x=\frac{\cos x}{sen\ x}-\frac{sen\ x}{cos\ x}=\frac{cos^2x-sen^2x}{senx\cos x}=\frac{2cos^2x-1}{\text{sen } x\cos x}$$

Identidades de suma, resta

Se tiene el círculo unitario con los ángulos x y y:

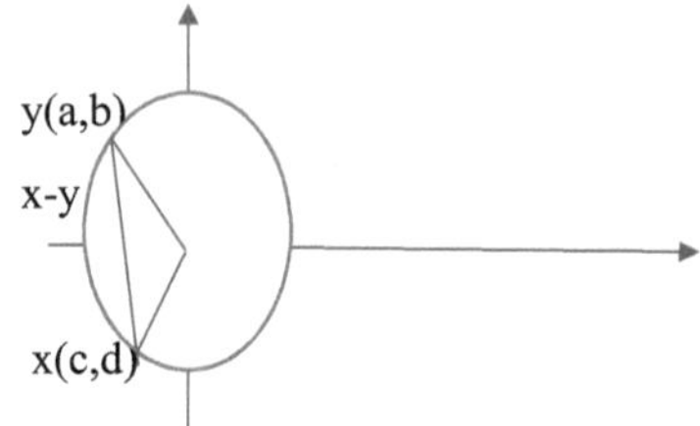

Se puede girar el triángulo de la siguiente forma y se obtiene:

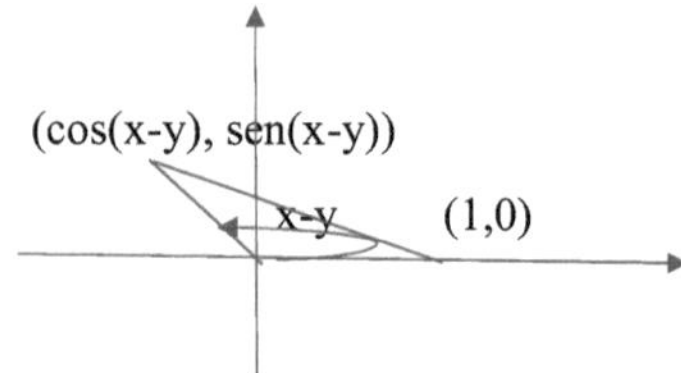

$D(A,B)=\sqrt{[\cos(x-y)-1]^2 + sen^2(x-y)}$

$\sqrt{(a-c)^2 + (b-d)^2} = \sqrt{[\cos(x-y)-1]^2 + sen^2(x-y)}$

a^2-2ac+c^2+b^2-2bd+d^2=$cos^2(x-y) - 2\cos(x-y) + 1 + sen^2(x-y)$

a^2+b^2=1 c^2+d^2=1 $\cos^2$(x-y)+sen^2(x-y)=1

ac+bd=cos(x-y)

a=cos y c=cos x   b=sen y   d=sen x

cos (x-y)=cos x cos y+sen x sen y

Si se reemplaza y por -y, entonces la identidad resulta:

cos (x+y)=cos x cos y-sen x sen y

Identidades de cofunción (ángulos complementarios)

cos ((π/2)-y)=cos π/2 cos y +sen π/2 sen y

cos ((π/2)-y)=sen y

si y=π/2-x, se obtiene:

cos ((π/2)-(π/2-x))=sen (π/2-x)

cos (x)=sen (π/2-x)

Además, se tiene para la tangente el siguiente resultado:

tan ((π/2)-x)=cot x

tan (π/2-x)=sen (π/2-x)/cos(π/2-x)=cos x/sen x=cot x

Identidades para el seno y la tangente

sen (x-y)=cos (π/2-(x-y))

$\qquad$ =cos[(π/2-x)-(-y)]=cos(π/2-x)cos(-y)+sen(π/2-x)sen(-y)

sen(x-y)=sen x cos y-cos x sen y

Si se reemplaza y por -y, se obtiene el siguiente resultado:

sen(x+y)=sen x cos y+cos x sen y

tan(x-y)=sen(x-y)/cos(x-y)

$\qquad$ =[senx cosy-cosx seny]/[cosxcosy+senxseny]

Dividiendo cada término para cosxcosy, se obtiene:

$$\tan(x-y)=\frac{tanx-tany}{1+tanxtany}$$

Si se reemplaza y por -y se obtiene:

$$\tan(x+y)=\frac{tanx+tany}{1-tanxtany}$$

Ejemplo:

sen(x-π)=senx cosπ-cosxsenπ

$\qquad$ =-senx

cos (37°)=sen(90-37)=sen53

Encuentre el valor de cos(x+y) dado que senx=3/5, cosy=4/5, x está en el segundo cuadrante y y está en el primer cuadrante.

El cateto adyacente para el triángulo de x es 4 obtenido por Pitágoras y el cateto opuesto para el triángulo de y es 3.

cos(x+y)=cos xcosy-senx seny

$$=(-4/5)(4/5)-(3/5)(3/5)$$

$$=-25/25=-1$$

Demostrar la identidad:

tan x+cot y=cos(x-y)/(cosx seny)

cos(x-y)/(cosx seny)=(cosxcosy+senxseny)/(cosxseny)=cot y+tan x

tanx+coty=cos(x-y)/(cosxseny)

Resumen de identidades:

sen(x+y)=senxcosy+cosxseny

sen(x-y)=senxcoy-cosxseny

cos(x+y)=cosxcosy-senxseny

cos(x-y)=cosxcosy+senxseny

$\tan(x+y)=\dfrac{tanx+tany}{1-tanxtany}$

$\tan(x-y)=\dfrac{tanx-tany}{1+tanxtany}$

sen(π/2-x)=cosx   tan(π/2-x)=cotx   sec(π(2-x)=cscx

cos(π/2-x)=senx   cot(π/2-x)=tanx   csc(π/2-x)=secx

Identidades del ángulo doble y del ángulo medio

sen(x+y)=senxcosy+cosxseny

Se puede reemplazar y por x para obtener la identidad del ángulo doble:

sen(2x)=2senxcosx

cos(x+y)=cosxcosy-senxseny

y=x

$\cos(2x)=\cos^2x-\text{sen}^2x$

$\text{sen}^2x+\cos^2x=1$ $\text{sen}^2x=1-\cos^2x$ $\cos^2x=1-\text{sen}^2x$

$\cos(2x)=1-2\text{sen}^2x$

$\cos(2x)=2\cos^2x-1$

$$\tan(x+y)=\frac{\tan x+\tan y}{1-\tan x\tan y}$$

$x=y$

$\tan(2x)=2\tan x/(1-\tan^2 x)$

Demostrar la identidad: $\operatorname{sen}2x=2\tan x/(1+\tan^2 x)$

$2\tan x/(1+\tan^2 x)=2\tan x/\sec^2 x=[2\operatorname{sen}x/\cos x]/(1/\cos^2 x)=2\operatorname{sen}x\cos x=\operatorname{sen}2x$

Encuentre el valor de sen2x, cos2x, tanx=-3/4 si x está en el cuarto cuadrante.

La hipotenusa del triángulo es igual a 5.

senx=-3/5   cosx=4/5

$\operatorname{sen}2x=2\operatorname{sen}x\cos x=2(-3/5)(4/5)=-24/25$

$\cos 2x=2\cos^2 x-1=2(16/25)-1=7/25$

Identidades del ángulo medio

$\cos(2y)=1-2\operatorname{sen}^2 y$

$\operatorname{sen}^2 y=(1-\cos 2y)/2$

y se reemplaza por x/2

$$\operatorname{sen}\frac{x}{2}=\pm\sqrt{\frac{1-\cos x}{2}}$$

$\cos(2y)=2\cos^2 y-1$

$\cos^2 y=(1+\cos 2y)/2$

y se reemplaza por x/2

$$\cos\frac{x}{2}=\pm\sqrt{\frac{1+\cos x}{2}}$$

$\tan x/2=\operatorname{sen}(x/2)/\cos(x/2)$

$$\tan\frac{x}{2}=\pm\sqrt{\frac{1-\cos x}{1+\cos x}}$$

$$\left|\tan\frac{x}{2}\right|=\sqrt{\frac{1-\cos x}{1+\cos x}}\sqrt{\frac{1+\cos x}{1+\cos x}}=\sqrt{\frac{\operatorname{sen}^2 x}{(1+\cos x)^2}}=\frac{|\operatorname{sen}x|}{1+\cos x}$$

$\tan x/2=\operatorname{sen}x/(1+\cos x)$

donde la tangente y el seno siempre tienen el mismo signo.

tan x/2=(1-cosx)/senx

lo cual se obtiene al multiplicar el numerador y el denominador por 1-cosx.

Ejemplo:

Encuentre el valor de cos (x/2), cot(x/2) si senx=-3/5 y x está en el tercer cuadrante.

El cateto adyacente es igual a 4 obtenido por Pitágoras.

cosx=-4/5

$$cos\frac{x}{2} = \pm\sqrt{\frac{1+cosx}{2}}$$

Como x está en el tercer cuadrante, x/2 está en el segundo cuadrante, y el coseno y la cotangente son negativos.

$$cos\frac{x}{2} = -\sqrt{\frac{1+\left(-\frac{4}{5}\right)}{2}} = -\sqrt{\frac{1}{10}}$$

cot x/2=1/tan(x/2)

tan x/2=(1-cosx)/senx=(1-(-4/5))/(-3/5)=-3

cot x/2=-1/3

Demostrar la identidad:

$$cos^2x = \frac{tanx+senx}{2tanx}$$

$$cos^2x =,\frac{1+cosx}{2} = \frac{tanx}{tanx} = \frac{tanx+senx}{2tanx}$$

$$cos^2x = \frac{tanx+senx}{2tanx}$$

Identidades del producto y del factor

sen(x+y)=senxcosy+cosxseny

sen(x-y)=senxcosy-cosxseny

Al sumar ambos miembros de cada expresión, se obtiene:

sen(x+y)+sen(x-y)=2senxcosy

senxcosy=[sen(x+y)+sen(x-y)]/2

De la misma forma al restar ambos miembros, se obtiene:

sen(x+y)-sen(x-y)=2cox seny

cosxseny=[sen(x+y)-sen(x-y)]/2

cos(x+y)=cosxcosy-senxseny

cos(x-y)=cosxcosy+senxseny

Al sumar ambos miembros de cada expresión, se obtiene:

cos(x+y)+cos(x-y)=2cosxcosy

cosxcosy=[cos(x+y)+cos(x-y)]/2

De la misma forma al restar ambos miembros, se obtiene:

cos(x+y)-cos(x-y)=-2senx seny

senxseny=[cos(x-y)-cos(x+y)]/2

Ejemplo:

Evaluar co5xcos2x:

cos5xcos2x=[cos7x+cos3x]/2

Evaluar sen105°sen15°:

senxseny=[cos(x-y)-cos(x+y)]/2

sen105°sen15°=[cos(90°)-cos120°]/2=1/4

Identidades del factor

senAcosB=[sen(A+B)+sen(A-B)]/2

A+B=x   A-B=y A=(x+y)/2 B=(x-y)/2

senx+seny=2sen[(x+y)/2]cos[(x-y)/2]

De la misma forma se puede obtener otras identidades del factor usando las siguientes identidades:

cosAsenB=[sen(A+B)-sen(A-B)]/2

A+B=x   A-B=y A=(x+y)/2 B=(x-y)/2

senx-seny=2cos[(x+y)/2]sen[(x-y)/2]

cosAcosB=[cos(A+B)+cos(A-B)]/2

A+B=x   A-B=y A=(x+y)/2 B=(x-y)/2

cosx+cosy=2cos[(x+y)/2]cos[(x-y)/2]

senAsenB=[cos(A-B)-cos(A+B)]/2

A+B=x   A-B=y A=(x+y)/2 B=(x-y)/2

cosx-cosy=-2sen[(x+y)/2]sen[(x-y)/2]

Ejemplo:

Evaluar sen7x-sen3x:

senx-seny=2cos[(x+y)/2]sen[(x-y)/2]

sen7x-sen3x=2cos5x sen2x

sen105°-sen15°=2cos(60°)sen(45°)

$$=2(1/2)(\sqrt{2}/2)$$

$$=\sqrt{2}/2$$

Ecuaciones trigonométricas

Como se mencionó anteriormente la identidad trigonométrica es válida para todos los valores de x, mientras que la ecuación trigonométrica es válida para ciertos valores de x.

Ejemplo:

Encuentre la solución para las siguientes expresiones sobre el intervalo $[0,2\pi]$.

sen x=1/2

Usando el triángulo de 30, 60°, se obtiene:

x=30°, 150° (el seno es positivo en el primer y segundo cuadrante)

x=π/6, 5π/6

cosx$=-\sqrt{2}/2=-1\sqrt{2}$

Usando el triángulo de 45°, se obtiene:

x=135°, 225°

x=3π/4, 5π/4

sen2x=senx intervalo [0,2π)

2senxcosx=senx

2senxcosx-senx=0

senx(2cosx-1)=0

senx=0   x=0, π

2cosx-1=0   cosx=1/2 x=π/3, 5π/3

S={0,π/3,π,5π/3}

sen^2x=1/2 sen2x   [0,2π)

sen^2x=senxcosx

senx(senx-cosx)=0

senx=0 x=0, π

senx=cosx   tan x=1   x=π/4,5π/4

S={0, π/4,π,5π/4}

sen^2x=cos^2x-senx   [0,2π)

sen^2x=1-sen^2x-senx

2sen^2x+senx-1=0

(senx+1) (2senx-1)=0

senx=-1   x=3π/2

senx=1/2   x=π/6,5π/6   S={π/6,5π/6,3π/2}

$\cos 2x = 2(\operatorname{sen}x - 1) \quad (-\infty, \infty)$

$1 - 2\operatorname{sen}^2 x = 2\operatorname{sen}x - 2$

$2\operatorname{sen}^2 x + 2\operatorname{sen}x - 3 = 0$

$\operatorname{sen}x = -1.82$ No es solución $\quad -1 \leq \operatorname{sen}x \leq 1$

$\operatorname{sen}x = 0.82$

$x = 2k\pi + \operatorname{sen}^{-1}0.82$ o $x = 2k\pi + (\pi - \operatorname{sen}^{-1}0.82)$

$1 + \cos x = \operatorname{sen}x \quad [0, 2\pi)$

$(1 + \cos x)^2 = \operatorname{sen}^2 x$

$1 + 2\cos x + \cos^2 x = 1 - \cos^2 x$

$2\cos^2 x + 2\cos x = 0$

$\cos x(\cos x + 1) = 0$

$\cos x = 0 \quad x = \pi/2$

$\cos x = -1 \quad x = \pi$

$S = \{\pi/2, \pi\}$

$\csc x + \cot x = 1$

$\csc x = 1 - \cot x$

$\csc^2 x = 1 - 2\cot x + \cot^2 x$

$1 + \cot^2 x = 1 - 2\cot x + \cot^2 x$

$0 = -2\cot x$

$\cot x = 0 \quad x = \pi/2,\ 3\pi/2$

$3\pi/2$ no es solución al comprobar en la ecuación inicial.

$S = \{\pi/2\}$

Soluciones de triángulos rectángulos

Las funciones trigonométricas se pueden aplicar en las soluciones de triángulos rectángulos.

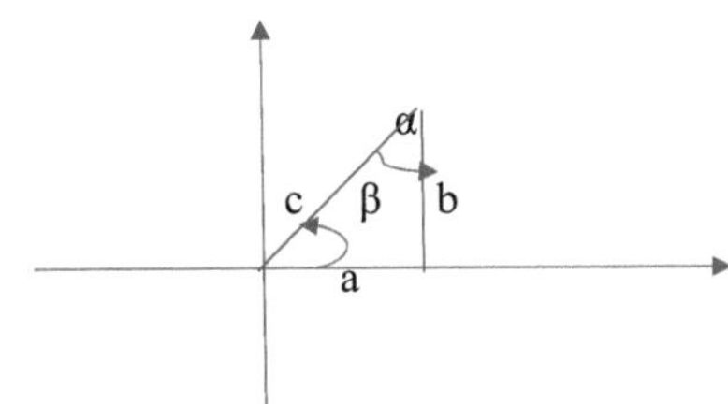

senβ=b/c   cscβ=c/b

cosβ=a/c   secβ=c/a

tanβ=b/a   cotβ=a/b

a: cateto adyacente   b: cateto opuesto   c: hipotenusa

$c^2=a^2+b^2$

Ejemplo:

Si c=2 pies y β=60°, determine los otros lados y ángulos.

α=90-60=30°

sen60=b/2   b=2sen60=2($\sqrt{3}$/2)=$\sqrt{3}$ b=$\sqrt{3}$

cos60=a/2   a=2cos60=2(1/2)=1   a=1

Para obtener a también se pudo haber aplicado Pitágoras.

$a^2=2^2-(\sqrt{3})^2$ a=1

Si se conoce a=1, b=1, determine los otros lados y ángulos.

tanβ=1/1 β=45°

α=90-45=45° α=45°

sen45=1/c   c=1/sen45 c=$\sqrt{2}$

También se pudo haber obtenido c por Pitágoras: c=$\sqrt{1^2+1^2}$=$\sqrt{2}$

Si un pentágono está inscrito en una circunferencia de 2 cm de radio encuéntrese la longitud de un lado del pentágono.

El ángulo es igual a (360/5)/2=36°

sen36=(1/2)/2=1/4

l=4sen36°=2,3

Ley de los Senos

La ley de los senos y cosenos son muy útiles en la resolución de triángulos oblicuos (no rectángulos). En los triángulos acutángulos, los ángulos están entre 0 y 90° y en los triángulos obtusángulos, un ángulo está entre 90° y 180°.

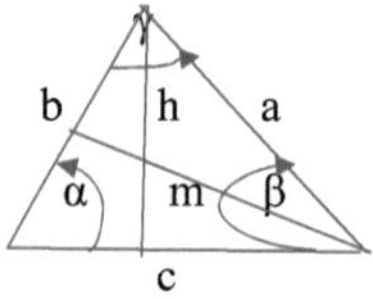

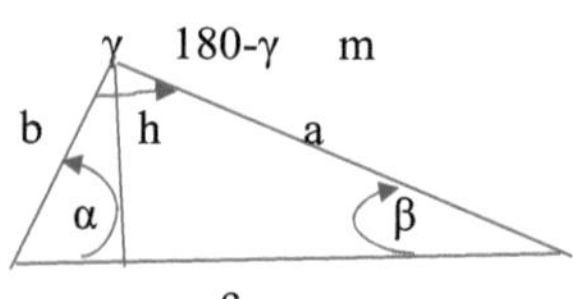

$sen\alpha=h/b \qquad h=bsen\alpha$

$sen\beta=h/a \qquad h=asen\beta$

$bsen\alpha=asen\beta$

$$\frac{sen\alpha}{a}=\frac{sen\beta}{b}$$

$sen\alpha=m/c \qquad m=csen\alpha$

$sen\gamma=sen(180-\gamma)=m/a \qquad m=asen\gamma$

$csen\alpha=asen\gamma$

$$\frac{sen\alpha}{a}=\frac{sen\gamma}{c}$$

Así, la ley de los senos se muestra a continuación:

$$\frac{\operatorname{sen}\alpha}{a} = \frac{\operatorname{sen}\beta}{b} = \frac{\operatorname{sen}\gamma}{c}$$

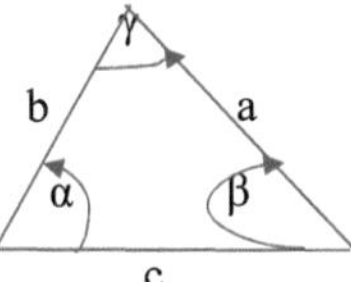

La ley de los senos se aplica en los siguientes casos:

- Dos lados y el ángulo opuesto a uno de los lados.
- Dos ángulos y el lado opuesto a uno de los ángulos.

Resolver el siguiente triángulo si se conoce:

$\alpha=28°$ $\beta=45°$ c=120 m

$\gamma=180-(28+45)=107°$

$$a=\frac{c\operatorname{sen}\alpha}{\operatorname{sen}\gamma} = \frac{120sen28}{sen107}$$

$$b=\frac{c\operatorname{sen}\beta}{\operatorname{sen}\gamma} = \frac{120sen45}{sen107}$$

Resuelva el siguiente triángulo con $\alpha=26°$, a=10 cm, b=18 cm.

$$\operatorname{sen}\beta=\frac{b\operatorname{sen}\alpha}{a} = \frac{18sen\ 26}{10} = 0.79$$

$\beta=sen^{-1}(0.79)=52°$ (triángulo agudo)

or $\beta=180-52=128$ (triángulo obtuso)

$\gamma=180-(26+128)=26$

$\gamma=180-(26+52)=102$

$c =\frac{a\operatorname{sen}\gamma}{\operatorname{sen}\alpha}$ c=10   y c=22

De esta forma, se tiene dos triángulos posibles, un triángulo acutángulo y un triángulo obtusángulo.

Ley de los Cosenos

La ley de los cosenos se aplica cuando se conocen dos lados y el ángulo comprendido entre ellos, o si se conocen los tres lados. Además, en estos casos la ley de los senos no es útil.

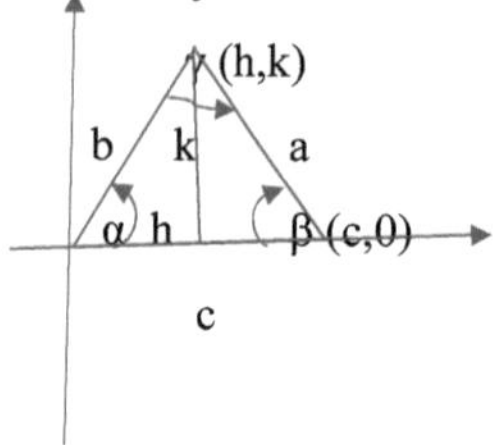

$$a=\sqrt{(h-c)^2+(k-0)^2}$$

$a^2=h^2-2hc+c^2+k^2$

$b^2=h^2+k^2$

$a^2=b^2-2hc+c^2$

$h=b\cos\alpha$

$a^2=b^2+c^2-2bc\cos\alpha$

Si α es un ángulo agudo, entonces $\cos\alpha$ es positivo, y si α es un ángulo obtuso, entonces $\cos\alpha$ es negativo.

Además, se tienen las siguientes fórmulas para la ley del coseno:

$b^2=a^2+c^2-2ac\cos\beta$

$c^2=a^2+b^2-2ab\cos\gamma$

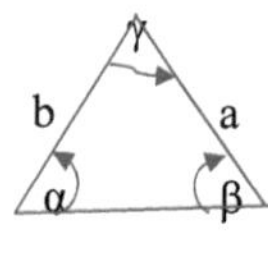

Resolver el siguiente triángulo, si se sabe que b=8, c=10 y α=100°

$a^2=8^2+(10)^2-2*8*(10)\cos 100°$

a=13,8

Los otros ángulos se pueden obtener por medio de la ley de los senos o cosenos.

senβ=bsenα/a=8sen100/13,9

β=34,5°

γ=180-(100+34,5)

γ=45,47°

Resuelva el triángulo con a=1.2 b=2.0 y c=1.5

$a^2=b^2+c^2-2bc\cos α$

$\cos α=(b^2+c^2-a^2)/(2bc)$

α=36,7°

Se puede usar la ley del seno o coseno para determinar los otros ángulos.

senβ=bsenα/a=2sen36,7/1,2

β=84,9°   γ=180-(36,7+84,9)

γ=58,4°

Si un pentágono está inscrito en una circunferencia de 2 cm de radio encuéntrese la longitud de un lado del pentágono.

El ángulo inscrito es igual a (360/5)/2=36°

sen36=(l/2)/2=l/4   l=4sen36°=2,3

Se puede calcular también usando la ley del coseno.

$l^2=2^2+2^2-2(2)(2)\cos 72$ l=2,3

40.- Números complejos

Hay ecuaciones que no tienen solución en el conjunto de los números reales como por ejemplo $x^2=2$ debido a que no existe la raíz de un número negativo en este conjunto. Así, esto fue necesario inventar un nuevo conjunto de números llamados números complejos para resolver este tipo de ecuaciones.

Un número complejo es un número de la forma: a+bi la cual es la forma rectangular donde a y b son números reales: a es la parte real y b es la parte imaginaria del número complejo: 5+7i, 3+0i, 0+2i son ejemplos de números complejos.

$$i = \sqrt{-1}$$

i^2=-1

i^3=-i

i^4=1

i^5=i

De esta forma, los números reales son un subconjunto de los números complejos.

Dos números son complejos si su parte real e imaginaria son iguales:

a+bi=c+di son iguales si a=c y b=d

(a+bi)+(c+di)=(a+b)+(c+d)i

(a+bi) (c+di)=(ac-bd)+(ad+bc)i

Donde $i^2=\sqrt{-1}^2$ =-1.

Los números (a+bi) y (a-bi) son números complejos conjugados.

Ejemplos:

(2-3i)+(6+2i)=8-i

(2-7i)(5+4i)=10+8i-35i+28=38-27i

$$\frac{(3+2i)}{(5+3i)} = \frac{(3+2i)}{(5+3i)}\frac{(5-3i)}{(5-3i)} = \frac{21+i}{34} = \frac{21}{34} + \frac{i}{34}$$

$(3-2i)^2$-6(3-2i)+13=9-12i-4-18+12i+13=0

$$\frac{2-3i}{2i} = \frac{2-3i}{2i}\frac{i}{i} = -\frac{3}{2} - i$$

La forma de expresar un número complejo se muestra a continuación:

$$\sqrt{-x} = \sqrt{x}\, i$$

Ejemplos:

$$\sqrt{-4} = \sqrt{4}\, i = 2i$$

$$4+\sqrt{-5} = 4 + \sqrt{5}\, i$$

$$\frac{2}{7-\sqrt{-9}} = \frac{2}{7-3i}\,\frac{7+3i}{7+3i} = \frac{14+6i}{58} = \frac{14}{58} + \frac{6}{58}\, i$$

Los números complejos se pueden representar en un plano cartesiano donde el eje x corresponde a la parte real y el eje y a la parte imaginaria.

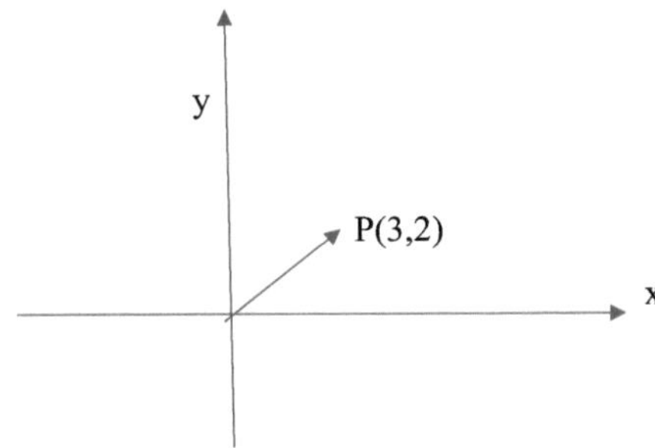

Así, está representado el número complejo 3+2i.

Forma polar de un número complejo

x=rcosθ   y=rsenθ

z=x+iy

z=(rcosθ)+i(rsenθ)

z=r(cosθ+isenθ) la cual es la forma polar del número complejo

Además, se tiene que:

cos(θ+2πn)=cosθ

sen(θ+2πn)=senθ para cualquier número entero n.

z=r(cos(θ+2πn)+i sen(θ+2πn))

z=x+iy donde el cuadrante de θ está determinado por x y y.

r es el módulo o valor absoluto de z:

$r=\sqrt{x^2 + y^2}$

θ=arctan(y/x)   arg z (argumento de z)=θ+2πn

Escríbase en la forma polar empleando el ángulo positivo más pequeño como arg z.

z=-$\sqrt{3}$+i

$r=\sqrt{3 + 1^2}$ r=2

θ=arctan(y/x)=arctan($1/\sqrt{3}$)=π/6 (30°)

Como x es negativo y y es positivo, el ángulo es del segundo cuadrante:

θ=π-π/6

θ=5π/6

z=2(cos(5π/6)+isen(5π/6))

Escríbase en la forma polar empleando el ángulo positivo más pequeño como arg z.

z=-5i

r=5

θ=3π/2

z=5(cos(3π/2)+isen(3π/2))

Escríbase en la forma rectangular:

z=2(cos(π/6)+isen(π/6)) π/6=30°

z=2($\sqrt{3}$/2+i(1/2)

z=$\sqrt{3}$+i

z=3 (cos300°+isen300°)

z=3((1/2)-i($\sqrt{3}$/2))

z=(3/2)-i(3$\sqrt{3}$/2)

Fórmula de Euler

La fórmula de Euler es la siguiente:

$e^{i\theta}=\cos\theta+i\operatorname{sen}\theta$

De esta forma, el número complejo z se puede representar de la siguiente forma:

$z=r(\cos\theta+i\operatorname{sen}\theta)$

$z=re^{i\theta}$

Multiplicación y división de números complejos

La multiplicación y división de números complejos se realiza expresando el número complejo en la notación de Euler.

$z_1=r_1e^{i\theta 1}$

$z_2=r_2e^{i\theta 2}$

Multiplicación:

$z_1*z_2= r_1e^{i\theta 1}\, r_2e^{i\theta 2}$

$\qquad =r_1r_2e^{i(\theta 1+\theta 2)}$

$\qquad = r_1r_2\,(\cos(\theta 1+\theta 2)+i\operatorname{sen}(\theta 1+\theta 2))$

División:

$z_1/z_2= r_1e^{i\theta 1}\, /r_2e^{i\theta 2}$

$\qquad =(r_1/r_2)\ ei^{(\theta 1-\theta 2)}$

$\qquad =(\,r_1\,/r_2\,)\,(\cos(\theta 1-\theta 2)+i\operatorname{sen}(\theta 1-\theta 2))$

Ejemplo:

$z_1=8\,(\cos 45°+i\operatorname{sen}45°)\quad z_2=2(\cos 30°+i\operatorname{sen}30°)$

$z_1*z_2= 8e^{i45}\, 2e^{i30}$

$\qquad =16e^{i(45+30)}$

$\qquad = 16(\cos(73)+i\operatorname{sen}(73))$

$z_1/z_2= 8e^{i45}\, /2e^{i30}$

$\qquad =4e^{i(45-30)}$

$\qquad = 4(\cos(15)+i\operatorname{sen}(15))$

Teorema de De Moivre

$z=x+iy=r(\cos\theta+i\,\text{sen}\,\theta)=re^{i\theta}$

$z^n=(x+iy)^n=r^n(\cos\theta+i\,\text{sen}\,\theta)^n=r^n e^{in\theta}=r^n(\cos n\theta+i\,\text{sen}\,n\theta)$ donde n es un número entero (positivo o negativo o cero).

Ejemplo:

$(1+i)^{10}=2^{10/2}e^{i10\pi/4}=32(\cos 10\,\pi/4 +i\,\text{sen}\,10\,\pi/4)=32(\cos \pi/2 +i\,\text{sen}\,\pi/2)=32i$

$(1+i\sqrt{3}\,)^5=4^{5/2}e^{i5\pi/3}=32(\cos 5\,\pi/3+i\,\text{sen}\,5\,\pi/3)=32(1/2-i\sqrt{3}\,/2)=16-i16\sqrt{3}$

Teorema de las n raíces de z

$w^n=z$ donde w es una raíza enésima de z y n es un número natural.

$w=z^{1/n}=r^{1/n}e^{i\theta/n}=r^{1/n}\,(\cos(\theta/n+k360/n)+i\,\text{sen}(\theta/n+k360/n))$

$k=0,1,2,\ldots(n-1)$

Encontrar las 5 raíces quintas distintas de $z=1+i$.

$z=1+i=\sqrt{2}\ e^{i\pi/4}$

$w=z^{1/5}=2^{1/10}e^{i(\pi/(4*5)+k2\pi/5)}=2^{1/10}(\cos(45/5+k360/5)+i\,\text{sen}(45/5+k360/5))$

$k=0,1,2,3,4$

$w_1=2^{1/10}(\cos(9)+i\,\text{sen}(9))$

$w_2=2^{1/10}(\cos(81)+i\,\text{sen}(81))$

$w_3=2^{1/10}(\cos(153)+i\,\text{sen}(153))$

$w_4=2^{1/10}(\cos(225)+i\,\text{sen}(225))$

$w_5=2^{1/10}(\cos(297)+i\,\text{sen}(297))$

Las 5 raíces se pueden graficar en el plano complejo con el respectivo radio y con un incremento angular de $72°=360/5$.

Encontrar las 6 raíces distintas de $z=-1+i\sqrt{3}$

$z=-1+i\sqrt{3}=2\ e^{i2\pi/3}$

$w=z^{1/6}=2^{1/6}e^{i(2\pi/(3*6)+k360/6)}=2^{1/6}(\cos(120/6+k360/6)+i\,\text{sen}(120/6+k360/6))$

$k=0,1,2,3,4,5$

$w_1 = 2^{1/6}(\cos(20)+i\,\text{sen}(20))$

$w_2 = 2^{1/6}(\cos(80)+i\,\text{sen}(80))$

$w_3 = 2^{1/6}(\cos(140)+i\,\text{sen}(140))$

$w_4 = 2^{1/6}(\cos(200)+i\,\text{sen}(200))$

$w_5 = 2^{1/6}(\cos(260)+i\,\text{sen}(260))$

$w_6 = 2^{1/6}(\cos(320)+i\,\text{sen}(320))$

Las 6 raíces se pueden graficar en el plano complejo con el respectivo radio y con un incremento angular de 60°=360/6.

Evaluar la expresión: $(\sqrt{3}+i)^4/(-1+i\sqrt{3})^6$

$(2^4\, e^{i30*4})\,/(2^6\, e^{i\,120*6}) = (1/4)e^{-i600} = (1/4)(\cos{-240}+i\,\text{sen}{-240})$

$$= (1/4)(-1/2+i\sqrt{3}/2)$$

Evaluar la expresión: $(-\sqrt{3}+i)\,/(1+i\sqrt{3})^5$

$(2^1\, e^{i150})\,/(2^5\, e^{i\,60*5}) = (1/16)e^{-i150} = (1/16)(\cos{-150}+i\,\text{sen}{-150})$

$$= (1/16)(-\sqrt{3}/2-i/2)$$

41.- Vectores

Antes de empezar el estudio de vectores haremos una introducción a las coordenadas cartesianas y polares.

La ubicación de puntos en el plano cartesiano tales como los siguientes puntos: (1,2), (-3,1), (0,7), (2,0) se muestra en el gráfico:

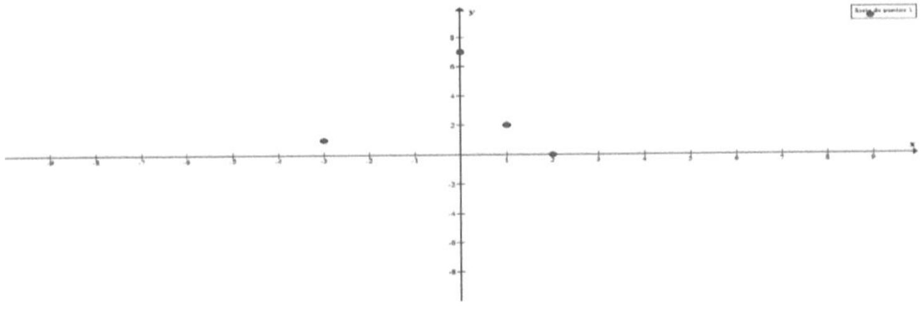

Coordenadas Rectangulares y polares

Otra forma de representar puntos en el plano cartesiano aparte de las coordenadas rectangulares son las coordenadas polares (r,θ) como se observa en el siguiente gráfico:

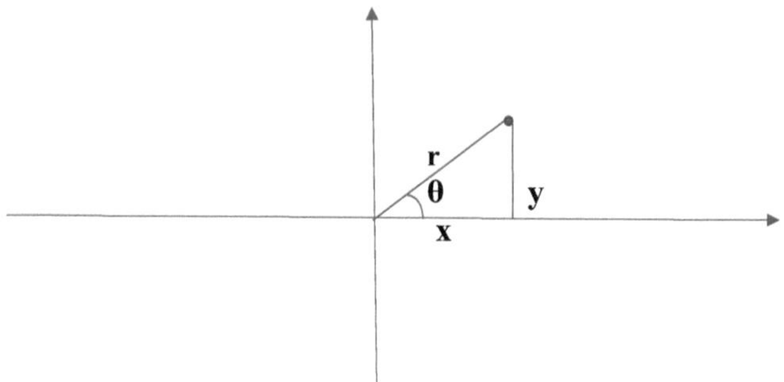

La relación entre las coordenadas polares y las rectangulares está dada por las siguientes fórmulas trigonométricas: $x=r\cos(\theta)$ $y=r\,\text{sen}\,(\theta)$.
Además, se puede aplicar el teorema de Pitágoras: $r^2=x^2+y^2$. Por otro lado, la medición de los ángulos en el sentido de las manecillas del reloj son negativos y en contra de las manecillas del reloj son positivos. La forma de calcular los ángulos respecto al eje positivo de las x para los cuadrantes II, III y IV se muestra en las siguientes figuras:

II cuadrante

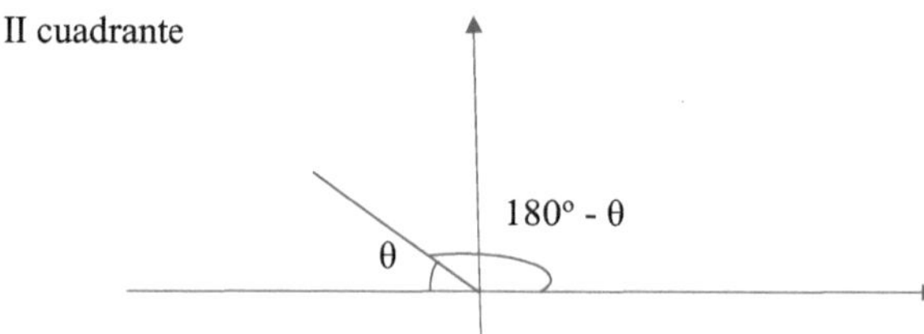

III cuadrante

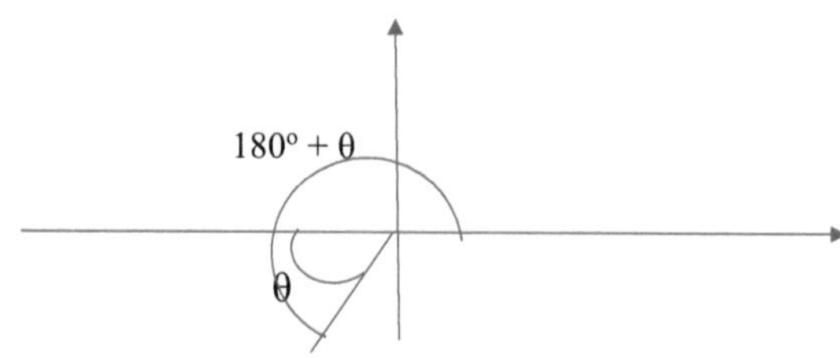

IV cuadrante

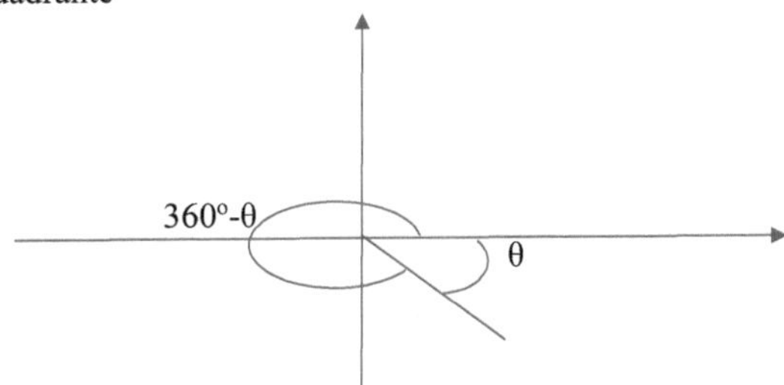

Las cantidades se clasifican en cantidades escalares y vectoriales. Las escalares sólo tienen magnitud y no tienen dirección mientras que las cantidades vectoriales tienen magnitud y dirección. Ejemplos de cantidades escalares son la masa, el tiempo, la distancia recorrida, el área, el volumen, la temperatura, la rapidez. Ejemplos de cantidades vectoriales son la velocidad, la aceleración, la gravedad (la cual es una aceleración cuya magnitud es 9.8 m/s^2 y está dirigida hacia el centro de la Tierra), la fuerza, el peso (o fuerza gravitacional y es igual a masa por gravedad w=mg, y cuya dirección es hacia el centro de la Tierra), el desplazamiento.

En el siguiente gráfico tenemos la representación de un vector:

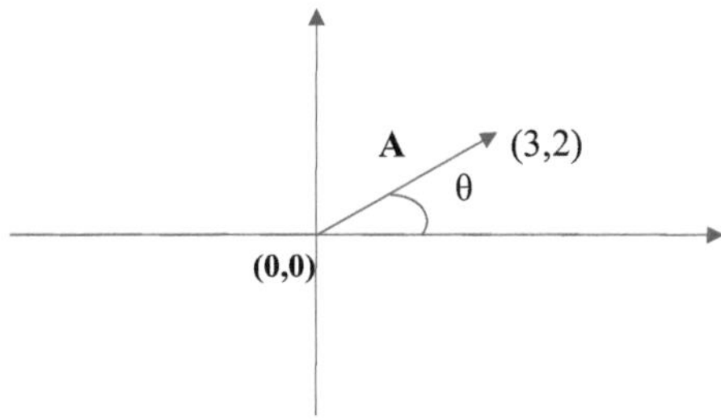

Las coordenadas del vector **A** se obtiene restando las coordenadas del punto final menos el inicial. Así, el vector **A** tiene como coordenadas **A**=<3-0,2-0>   **A**=<3,2>.

Si se desea obtener la magnitud del vector se puede aplicar Pitágoras: $A = \sqrt{3^2 + 2^2} = \sqrt{13}$. Una forma rápida de obtener la magnitud del vector es por medio de la raíz cuadrada de la suma de cada componente del vector al cuadrado. Por otro lado, si se desea obtener la dirección se puede aplicar la función trigonométrica tangente (o seno o coseno ya que se conoce la hipotenusa): $\theta = tan^{-1}(\frac{2}{3})$

Además, dos vectores son iguales cuando tienen la misma magnitud y dirección o cuando la resta del punto final menos el punto inicial nos da el mismo vector. Como por ejemplo el vector **B** que tiene como punto final (4,1) y punto inicial (1,-1) nos da el mismo vector **A** ya que: **B**=<4-1,1-(-1)>=<3,2>. Así, **A**=**B**. Es decir, dos vectores pueden ser iguales, aunque puedan estar localizados en diferentes lugares en el plano cartesiano siempre y cuando tengan la misma magnitud y dirección o la resta de sus puntos final e inicial sean iguales.

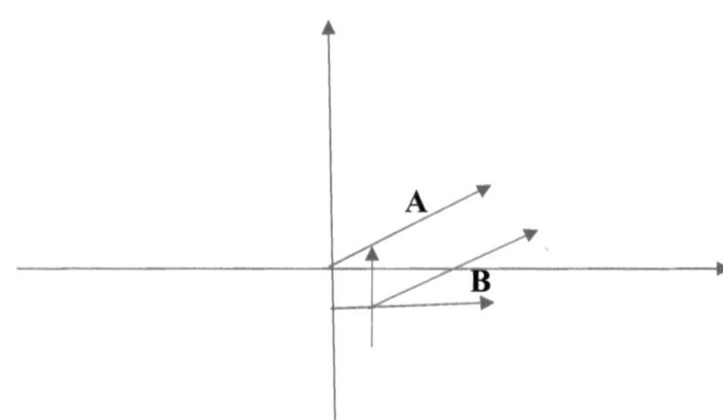

Se puede observar en el gráfico que los dos vectores son paralelos y están en el mismo sentido con la misma magnitud y la misma dirección. Para comprobar que tienen la misma dirección se puede adicionar un plano cartesiano en el punto inicial del vector **B** y proceder a medir el ángulo con el graduador y se comprobará que tanto el vector **A** y el vector **B** tienen el mismo ángulo con respecto al eje positivo de las x.

Además, se puede decir que los vectores se pueden trasladar paralelamente en el plano cartesiano y son iguales si tienen la misma magnitud y sentido. Los vectores pueden ser representados con negritas **A** o con una flecha $\vec{A}$.

Para pasar de coordenadas polares a rectangulares se utilizan las fórmulas: A_x=A cos θ A_y=A sen θ donde A es la magnitud del vector **A**, θ es el ángulo con el eje positivo de las x, A_x es la componente rectangular en x del vector **A** y A_y es la componente rectangular en y del vector **A**. Si Φ es el ángulo con el eje positivo de las y, las fórmulas anteriores ahora serían: A_x=Asen Φ A_y=A cos Φ . Sin embargo, el ángulo que generalmente se usa es el ángulo con el eje positivo de las x.

Para pasar de coordenadas rectangulares a polares se usan las fórmulas:

$$A = \sqrt{A_x{}^2 + A_y{}^2} \quad y \quad \theta = tan^{-1}\left(\frac{A_y}{A_x}\right)$$

Como se mencionó anteriormente, en el segundo cuadrante el ángulo con respecto al eje positivo de las x es 180°-θ, en el tercer cuadrante es 180°+θ y en el cuarto cuadrante es 360°-θ.

Otra forma de nombrar un vector es por medio de coordenadas geográficas o polares tales como:
A=60 km al sur del oeste (suroeste y si no se da el ángulo, éste es de 45°) o
B=30 km, 30° al este del norte.

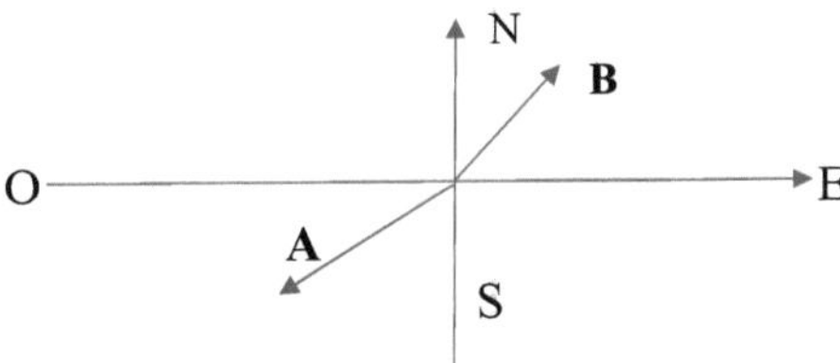

Para ubicar el ángulo se utiliza el graduador. En el caso de la magnitud del vector se debe usar una escala para pasar los km a cm.   Como por ejemplo en el caso anterior, se puede utilizar: 30 km……..2 cm   y así por medio de una regla de tres 60 km…….4 cm.

Posteriormente, en los capítulos siguientes se obtendrá el vector resultante y si el problema se lo resuelve por medio del método gráfico, esto es necesario convertir al final los cm a la unidad original de km. Por ejemplo si el vector resultante nos da una magnitud de 6 cm, y usando la regla de tres de 30 km……….2cm, el vector resultante sería de 90 km (si la unidad original es de km, también puede ser km/h, m/s, m/s^2, N, etc., unidades de vectores).

Cambiar (4,π/4) a coordenadas rectangulares.
$x=4\cos\pi/4=4/\sqrt{2}=2\sqrt{2}$
$y=4\text{sen}\pi/4=4/\sqrt{2}=2\sqrt{2}$

Cambiar (-6,-π/4) a coordenadas rectangulares.
$x=-6\cos-\pi/4=-6/\sqrt{2}=-3\sqrt{2}$
$y=-6\text{sen}-\pi/4=6/\sqrt{2}=3\sqrt{2}$

Cambiar $(-\sqrt{3},1)$ a coordenadas polares r≥0   0≤θ≤2π

$r=\sqrt{3+1}=2$ $\theta=\tan^{-1}(-1/\sqrt{3})$ $\theta=150°$ $\theta=5\pi/6$

Cambiar $(-\sqrt{3},-1)$ a coordenadas polares $r \geq 0$ $0 \leq \theta \leq 2\pi$

$r=\sqrt{3+1}=2$ $\theta=\tan^{-1}(-1/-\sqrt{3})$ $\theta=7\pi/6$

Desplazamiento y distancia recorrida

La principal diferencia entre desplazamiento y distancia recorrida es que el primero es un vector (tiene magnitud y dirección) mientras que la distancia recorrida es un escalar.

Por ejemplo, si tenemos una partícula que se mueve 3 km al este partiendo del origen, luego 4 km al norte, entonces la distancia recorrida es de 7 km mientras que la magnitud del desplazamiento se puede obtener por medio de Pitágoras y es de 5 km. La dirección se obtiene por medio de $\theta = tan^{-1}\left(\frac{4}{3}\right)$. Otra forma de representar el vector desplazamiento es: **d**=<3,4>.

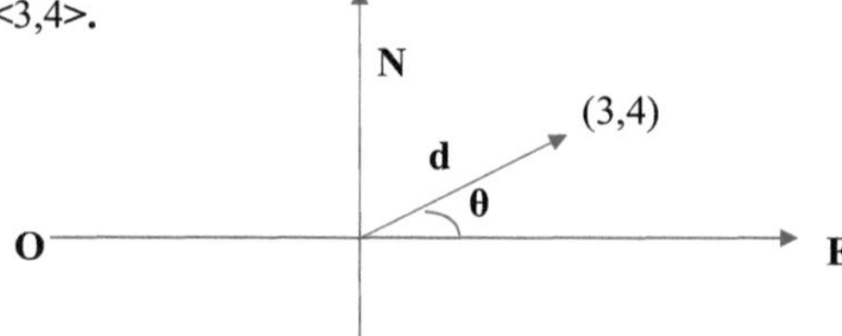

Por otro lado, si una partícula recorre 5 km al este partiendo del origen, y luego 5 km al oeste, entonces la distancia recorrida es de 10 km mientras que el desplazamiento es el vector cero **0**=<0,0>.

Vectores Unitarios

Los vectores unitarios tienen magnitud uno. Hay tres vectores unitarios que están ubicados en los ejes x, y y z los cuales se llaman **i**, **j**, y **k** y son: **i**=<1,0,0>, **j**=<0,1,0> y **k**=<0,0,1> en tres dimensiones. En dos dimensiones tenemos sólo los vectores **i** y **j** los cuales son: **i**=<1,0>, **j**=<0,1>. En cuatro dimensiones un vector unitario sería: <0,0,0,1>, y así sucesivamente. De esta forma, tenemos una nueva forma de representar a los vectores por medio de los vectores unitarios.

Por ejemplo el vector $\mathbf{A}=<2,3,4>$ puede ser representado de la siguiente manera: $\mathbf{A}=<2,3,4>=2<1,0,0>+3<0,1,0>+4<0,0,1>=2\mathbf{i}+3\mathbf{j}+4\mathbf{k}$. Otro ejemplo es el vector $\mathbf{B}=<1,1>=\mathbf{i}+\mathbf{j}$. La otra forma de representar el vector es por medio de su magnitud y dirección: $\mathbf{B}=\sqrt{2}$ $\theta_B=45°$.

Por otro lado, se puede obtener vectores unitarios por medio de la siguiente fórmula: $\mathbf{A_u}=\dfrac{\mathbf{A}}{A}$.   Así, el vector unitario en la dirección del vector $4\mathbf{i}$ es $4\mathbf{i}/4=\mathbf{i}$.   Por ejemplo, el vector $\mathbf{B}$ del ejemplo anterior tiene el siguiente vector unitario $\mathbf{B_u}=\dfrac{<1,1>}{\sqrt{2}}=<\dfrac{1}{\sqrt{2}},\dfrac{1}{\sqrt{2}}>$, lo cual se puede comprobar que la magnitud del vector es uno.

Suma y resta de vectores

La suma de vectores se la realiza sumando cada componente como por ejemplo, si tenemos los vectores $\mathbf{A}=<3,7>$ y $\mathbf{B}=<-1,4>$ el vector $\mathbf{A}+\mathbf{B}=<3-1,7+4>=<2,11>$.   En cambio, la resta de vectores sería de la siguiente forma: $\mathbf{A}-\mathbf{B}=<3-(-1),7-4>=<4,3>$.   En el caso del vector suma $\mathbf{A}+\mathbf{B}$ también se lo conoce como vector resultante $\mathbf{R}$.

Método del triángulo

El método del triángulo es un método gráfico que consiste en sumar dos vectores colocando un vector a continuación del otro. El vector resultante $\mathbf{R}=\mathbf{A}+\mathbf{B}$ es un vector que tiene como punto inicial el comienzo del primer vector y como punto final el final del segundo vector.

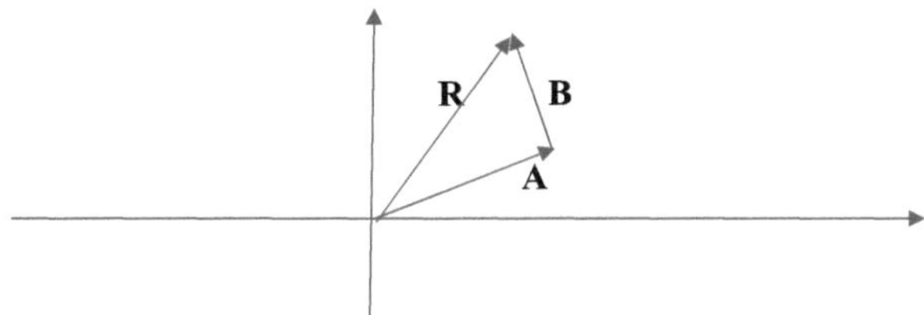

Para ubicar los vectores en el plano cartesiano se necesita utilizar una escala y para medir los ángulos se utiliza el graduador. En el caso de la magnitud del vector se debe usar una escala para pasar los km (u otra unidad) a cm en el caso que la magnitud esté en kilómetros. Como por ejemplo, se puede utilizar: 30 km.......2 cm   y así por medio de una regla de tres 60 km.......4 cm. Esto es necesario convertir al final los cm a la unidad original de km como se mencionó anteriormente. Por ejemplo, si el vector resultante nos da una magnitud de 6 cm, y usando la regla de tres de

30 km….2cm, el vector resultante sería de 90 km como fue mencionado anteriormente.

Método del paralelogramo

El método del paralelogramo es un método gráfico que consiste en sumar dos vectores obteniendo rectas paralelas a cada uno de los vectores. Los puntos iniciales de los dos vectores se colocan en el origen y luego se procede a obtener paralelas a cada uno de ellos. El vector resultante es un vector que comienza en el origen de ambos vectores hasta el punto de cruce de las rectas paralelas.

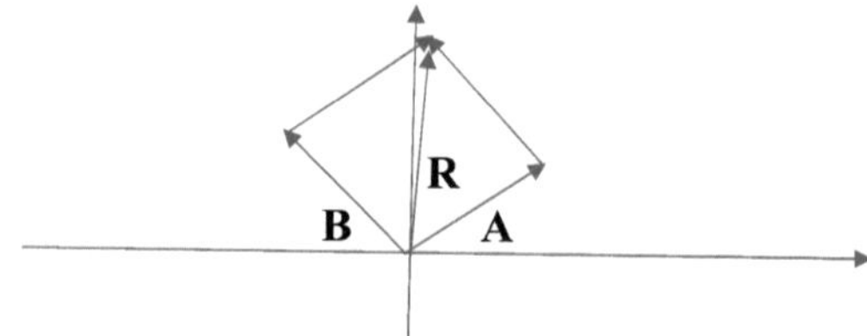

R=A+B

Igual que el método del triángulo, esto es necesario usar una escala para ubicar las magnitudes y un graduador para ubicar los ángulos. Al final, se necesita convertir la respuesta de centímetros a la unidad que es dada por el problema.

Método del polígono

El método del polígono es un método gráfico para sumar más de dos vectores. Al igual que el método del triángulo se colocan los vectores uno a continuación del otro y el vector resultante comienza en el punto inicial del primer vector y tiene como punto final el final del último vector.

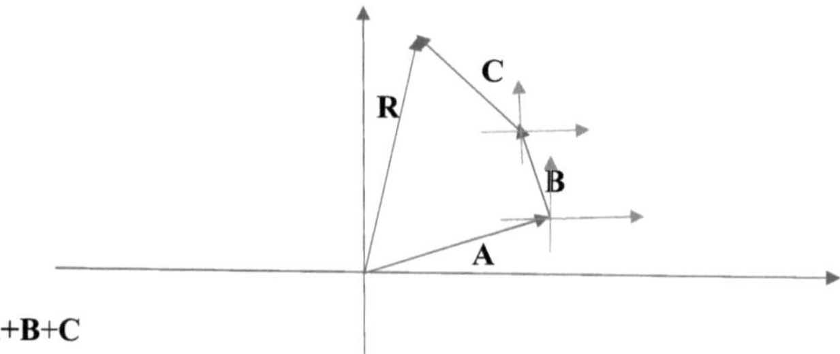

R=A+B+C

Igual que los métodos del triángulo y del paralelogramo se usan una escala y un graduador para ubicar magnitudes y ángulos. Al final, se necesita convertir la respuesta de centímetros a la unidad que es dada en el problema. Para ubicar los ángulos de cada vector esto es necesario usar un plano cartesiano como se indica en el gráfico.

Método de las componentes

El método de las componentes es un método analítico que consiste en sumar dos o más vectores sumando sus respectivas componentes en x, y, z. De esta forma, esto es necesario que los vectores estén representados por medio de sus componentes o por medio de sus vectores unitarios. Por ejemplo, si tenemos los siguientes vectores: **A**=<2,5>
B=<-5,7> **C**=<3,-8>, **A**=2i+5j   **B**=-5i+7j   **C**=3i-8j

El vector resultante se obtiene de la siguiente forma:

R=<2-5+3,5+7-8>=<0,4>   o   **R**=2i-5i+3i+5j+7j-8j=0i+4j

En el caso que los vectores sean dados por medio de su magnitud y ángulo, estos deberán ser convertidos a su forma de componentes o vectores unitarios.

Por ejemplo, si tenemos los siguientes vectores: **A**=10 km 30° al este del norte (60° con el eje x positivo, primer cuadrante), **B**=7 km 45° al suroeste (45° con el eje x negativo, tercer cuadrante), entonces el vector resultante es obtenido de la siguiente manera:

A= <10 cos 60°, 10 sen 60°>   **B**=<-7 cos 45°, -7 sen 45°>

A=<5,8.66>   **B**=<-4.95,-4.95>   **R**=<0.05,3.71>

Para el caso de vectores en tres dimensiones el procedimiento es el mismo:

A=<2,-3,8>   **B**=<1,4,9>   **R**=**A**+**B**=<3,1,17>

Multiplicación de vectores con escalares

Por ejemplo, si tenemos la siguiente operación entre vectores y escalares: **C**=2**A**-3**B** donde los vectores **A** y **B** son respectivamente: **A**=<5,7>
B=<-8,2>

C=2<5,7>-3<-8,2>=<10,14>-<-24,6>=<34,8>

Otro ejemplo sería el siguiente: **A**=<2,3,8> **B**=<1,-5,7> y queremos obtener el vector
C=6A+2B
C=6<2,3,8>+2<1,-5,7>=<12,18,48>+<2,-10,14>=<14,8,62>

Vectores en 3D y cosenos directores

Los vectores en 3D están representados respectivamente por sus componentes en x, y y z por medio de los vectores unitarios i, j y k. Por ejemplo, el vector unitario:
A=2i+3j-5k=<2,3,-5>

La magnitud se obtiene elevando cada componente al cuadrado y sumándolas y sacando la raíz cuadrada del resultado. Así, en el anterior ejemplo se tiene que: $A = \sqrt{(2)^2 + (3)^2 + (-5)^2} = \sqrt{38}$

Los vectores en 2D se representan por medio de la magnitud (que se obtiene por medio de Pitágoras o por la anterior fórmula dada en 3D, sumando cada componente al cuadrado y sacando la raíz cuadrada) y el ángulo θ que se obtiene por medio de la fórmula $\theta = tan^{-1}\left(\frac{A_y}{A_x}\right)$ donde θ es el ángulo del vector con respecto al eje de las x.

Sin embargo, en 3D tenemos tres ángulos que se deben obtener: α, β y γ que son los ángulos del vector con el eje positivo de las x, y, z respectivamente. Estos ángulos se obtienen con los cosenos directores los cuales son:

$$cos\ \alpha = \frac{A_x}{A}$$

$$cos\ \beta = \frac{A_y}{A}$$

$$cos\ \gamma = \frac{A_z}{A}$$

Estas fórmulas junto con la fórmula de la magnitud del vector se pueden demostrar haciendo un cubo con el origen y final del vector y sacando las proyecciones de cada vector con las componentes.

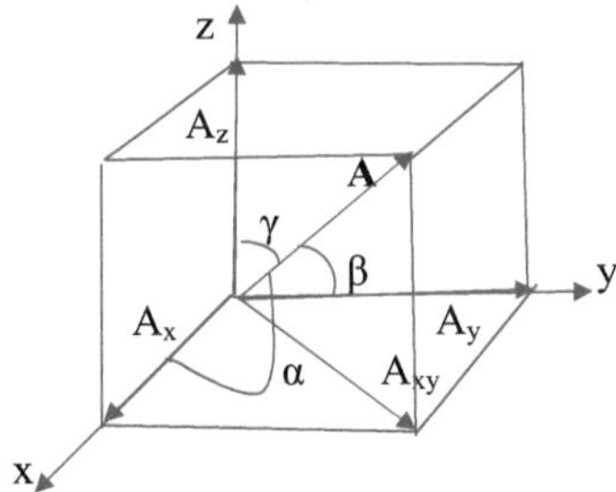

$$A^2 = A^2_{xy} + A^2_z \qquad A^2_{xy} = A^2_x + A^2_y \qquad A^2 = A^2_x + A^2_y + A^2_z$$

Producto punto o producto escalar

El resultado del producto punto o escalar es un escalar o número y se realiza de la siguiente manera: $\mathbf{A} = <A_x, A_y, A_z>$ $\mathbf{B} = <B_x, B_y, B_z>$ $\mathbf{A} \cdot \mathbf{B} = A_x B_x + A_y B_y + A_z B_z$, es decir se multiplican las componentes en x, en y y en z, y finalmente se suman estos productos.

Otra fórmula utilizada del producto punto es la siguiente:

$\mathbf{A} \cdot \mathbf{B} = A\, B\, \cos(\theta)$ donde θ es el ángulo entre los vectores A y B

Por ejemplos si se tiene los siguientes vectores: $\mathbf{A} = <1,1>$ $\mathbf{B} = <1,-1>$ se tiene:

$\mathbf{A} \cdot \mathbf{B} = 1-1 = 0$ lo cual se puede comprobar con la segunda fórmula:

$A = \sqrt{2}$ con un ángulo de 45° con el eje de las x, $B = \sqrt{2}$ con un ángulo de -45° con el eje de las x.

De esta manera tenemos que $\theta = 90°$, el ángulo entre los vectores $\mathbf{A}$ y $\mathbf{B}$.

$\mathbf{A} \cdot \mathbf{B} = \sqrt{2}\ \sqrt{2}\ \cos 90° = 0$

Una de las aplicaciones del producto punto es para obtener el ángulo entre los dos vectores y se tiene el siguiente ejemplo:

$\mathbf{A} = <3,4> \qquad \mathbf{B} = <1,1>$

$$A = \sqrt{(3)^2 + (4)^2} = 5$$

$$B = \sqrt{(1)^2 + (1)^2} = 1,4142$$

A·B=3+4=7

A·B=A B cos θ
7=(5) (1,4142) cos θ
0,98=cos θ
$$\theta = cos^{-1}(0,98) = 11,48^0$$

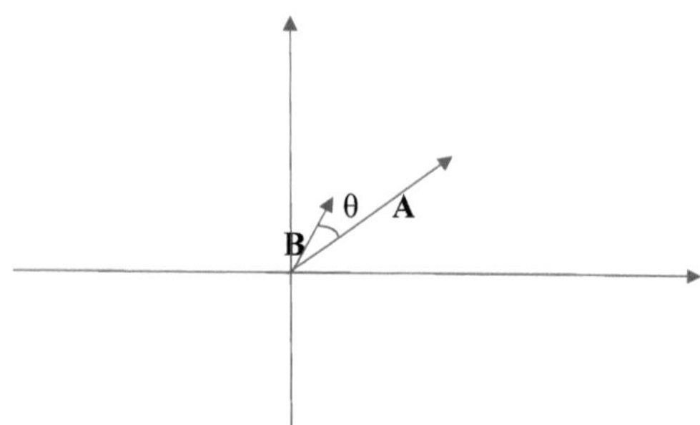

Otra aplicación es la proyección de un vector sobre otro vector, como por ejemplo en el anterior ejercicio se desea hallar la proyección del vector B sobre el A:

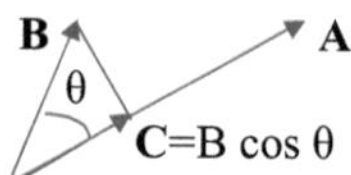

A·B=A (B cos θ)

$$C_{proyBenA} = Bcos\theta = \frac{\text{A·B}}{A}$$

$$C_{proyAenB} = Acos\theta = \frac{\text{A·B}}{B}$$

Se puede obtener el vector proyección por medio de la siguiente fórmula:

$$A_u = \frac{A}{A}$$

$$C_{proyBenA} = (Bcos\theta)\frac{A}{A} = (\frac{A \cdot B}{A})\frac{A}{A}$$

$$C_{proyAenB} = (Acos\theta)\frac{B}{B} = (\frac{A \cdot B}{B})\frac{B}{B}$$

El producto punto también es utilizado para calcular el área de triángulos como en el siguiente ejemplo:

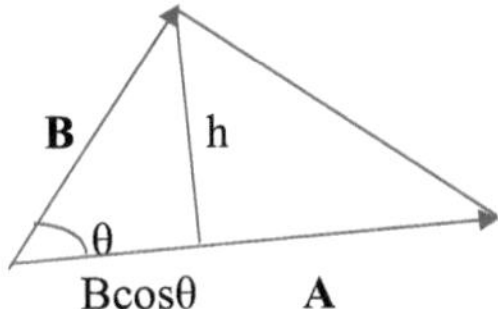

h=B sen θ donde el ángulo θ es hallado del producto punto

$A \cdot B$=A B cos(θ)   o h=[B^2- (Bcosθ)^2]$^{1/2}$ donde $Bcos\theta = \frac{A \cdot B}{A}$

El área del triángulo es $A_t = \frac{A\,h}{2}$ donde A es la magnitud del vector **A.** Si se necesita hallar el área del paralelogramo formado por los vectores **A** y **B** el resultado del área del triángulo se multiplica por dos, esto es:
A$_p$=2(Ah/2)=ABsenθ. Luego veremos que esto corresponde a la magnitud del vector A**x**B.

Entre las propiedades del producto punto tenemos las siguientes:
A·B=B·A
A·(B+C)=A·B+A·C
A·A=A^2=A^2$_x$+A^2$_y$+A^2$_z$

Producto vectorial o producto cruz

El resultado del producto vectorial o producto cruz es un vector y se realiza de la siguiente manera. Sean los vectores **A**=<a$_x$,a$_y$,a$_z$>, **B**=<b$_x$,b$_y$,b$_z$>

Ax**B**=(a$_y$b$_z$-a$_z$b$_y$)**i**-(a$_x$b$_z$-a$_z$b$_x$)**j**+(a$_x$b$_y$-a$_y$b$_x$)**k,** componentes que pueden ser obtenidas por medio de determinantes.

El vector resultante del producto cruz es perpendicular tanto a los vectores **A** y **B** y su dirección puede ser obtenida aplicando la regla de la mano derecha.

Así si tenemos los vectores **A**=**i** y **B**=**j**, **A**x**B**=**k**, lo cual se comprueba usando la regla de la mano derecha. Además **i**=<1,0,0> **j**=<0,1,0> **i**x**j**=<0,0,1>=**k**, aplicando la fórmula anteriormente dada (**j**x**k**=**i**). Además tenemos que **j**x**i**=-**k**.

La magnitud del vector **A**x**B** puede ser obtenida elevando cada componente al cuadrado y sumándolas y sacando la raíz cuadrada del resultado como se mencionó anteriormente. Si es un vector en 3D, la dirección se obtiene por medio de las fórmulas de los ángulos directores α, β y γ. Si es un vector en 2D, el ángulo se obtiene por medio de la función tangente como fue explicado anteriormente.

Sin embargo, para obtener la magnitud del vector **A**x**B** se puede usar la siguiente fórmula:
C=mag(**A**x**B**)=A B sen(θ). Esto corresponde a la fórmula hallada anteriormente para calcular el área del paralelogramo formado por los vectores **A** y **B**, donde la altura del paralelogramo está dada por B sen(θ).

Así tenemos el siguiente ejemplo, sean los vectores **A**=<2,4,7> **B**=<1,5,8>
Ax**B**=(32-35)**i**-(16-7)**j**+(10-4)**k**=-3**i**-9**j**+6**k**
$\|AxB\| = \sqrt{9 + 81 + 36} = \sqrt{126}$

Por medio del producto cruz es otra forma como se puede obtener el ángulo entre dos vectores: $A=\sqrt{4 + 16 + 49} = \sqrt{69}$ $B = \sqrt{1 + 25 + 64} = \sqrt{90}$
$\|AxB\| = $ A B sen(θ) $\sqrt{126} = \sqrt{69}\sqrt{90}sen(\theta)$
$\theta = sen^{-1}\left(\frac{\sqrt{126}}{\sqrt{69}\sqrt{90}}\right) = 8,19°$. Además, se puede obtener el ángulo entre los dos vectores por medio del producto punto como se explicó anteriormente:

$A\cdot B = ABcos(\theta)$
$\theta = cos^{-1}\left(\frac{A\cdot B}{AB}\right) = cos^{-1}\left(\frac{2+20+56}{\sqrt{69}\sqrt{90}}\right) = 8,19°$

Por otro lado, el productor punto y el producto cruz sirven para calcular el volumen de un paralelepípedo: V=A$_{base}$h=$|BxC|$ h=$|BxC|$ (Acosθ).

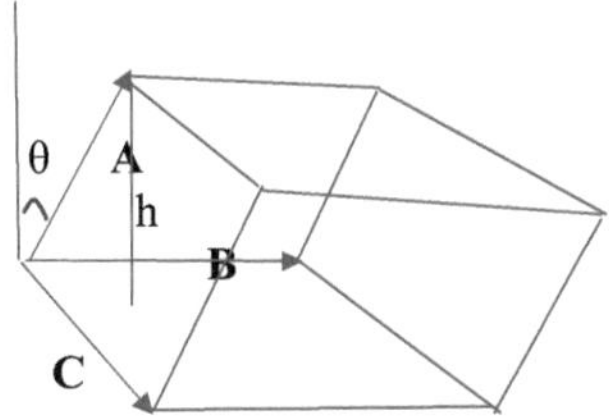

$A \cdot (BxC) = A\,|BxC|cos\theta$ donde θ es el ángulo formado entre el vector **A** y el vector perpendicular al plano formado por los vectores **B** y **C** (**BxC**): h=A cos θ=$A \cdot (BxC)/|BxC|$
V=$|BxC|$ h y reemplazando el valor de la altura h, obtenemos:
V= $A \cdot (BxC)$

Así, si tenemos los vectores **A**=<2,5,7>, **B**=<4,8,9>, **C**=<6,2,5>, el volumen del paralelepípedo será (obtenido por medio de un determinante donde cada fila son las coordenadas de cada vector):
V=$A \cdot (BxC) = 2(40 - 18) - 5(20 - 54) + 7(8 - 48) = 44 + 170 - 280 = -66$
El volumen obtenido debe ser positivo, así tenemos que V = 66.

Ejemplos:

Un auto recorre 50 km al Norte y 70 km 30° al Noroeste. ¿Encuentre la magnitud y la dirección del desplazamiento resultante?

D$_x$=-70 cos (30)=-60,62   D$_y$=50+70 sen (30)=85

$$D_R = \sqrt{(60,62)^2 + (85)^2} = 104,40$$

El ángulo del desplazamiento resultante está ubicado en el segundo cuadrante:

tan θ=85/60,62   θ =54,50°

D= -60,62**i**+85**j**   **D**=<-60,62 , 85>   **D**=104,40 θ =125,5°

Obtener el vector resultante de los siguientes vectores:

A=4 θ=50° **B**=7 θ=120° (60° con el eje negativo de las x) **C**=2 θ= -60°
donde todos los ángulos se miden con respecto al eje positivo de las x.

Utilizaremos el método de las componentes para resolver el ejercicio aunque también se puede usar el método del polígono por el método gráfico.

R_x=4 cos (50°)-7 cos (60°)+2 cos (60°)=2,57-3,50+0,99=0,06

R_y=4 sen(50)+7 sen(60)-2 sen(60)=3,06+6,06-1,73=7,39

$$R = \sqrt{(0{,}06)^2 + (7{,}39)^2} = 7{,}39 \quad \theta = tan^{-1}\left(\frac{7{,}39}{0{,}06}\right) = 89{,}53°$$

R=0,06**i**+7,39**j**   R=<0,06 , 7,39>   **R**=7,39 θ =89,53°

Sean los siguientes vectores: **A**=<3,5> **B**=<8,-6> **C**=<1,5>, hallar el vector resultante:

R=<3+8+1,5-6+5>=<12,4> $R = \sqrt{(12)^2 + (4)^2} = 12{,}65$
$\theta = tan^{-1}\left(\frac{4}{12}\right) = 18{,}43°$

Sean los siguientes vectores: **A**=<2,8,3> **B**=<-5,8,6> **C**=<1,-10,12>, hallar el vector resultante:

R=<2-5+1,8+8-10,3+6+12>=<-2,6,21>

$$R = \sqrt{(2)^2 + (6)^2 + (21)^2} = 21{,}93$$

$\alpha = cos^{-1}(\frac{-2}{21{,}93})$ $\beta = cos^{-1}(\frac{6}{21{,}93})$ $\gamma = cos^{-1}(\frac{21}{21{,}93})$, los cuales son los cosenos directores del respectivo vector

Hallar el valor de p para que **A** y **B** sean perpendiculares

A=<10,-5> **B**=<p,7>   **A·B**=10p-35=0, ya que son perpendiculares, el ángulo entre los dos vectores es de 90°, **A·B**=ABcosθ y así cos 90° es cero.

P=35/10 p=3,5

Hallar el valor de p para que **A** y **B** sean paralelos

A=<1,1>   **B**=<p,2>   **A·B**=ABcos(θ)   **A·B**=AB, ya que los dos vectores son paralelos y el ángulo entre los dos vectores es de 0°,

p+2=$\sqrt{2}\sqrt{p^2 + 4}$

p^2+4p+4=$2p^2$ +8

p^2-4p+4=0 $(p-2)^2$=0

p=2

Un aeroplano tiene una dirección aparente Este. La dirección del viento es de 120 millas/h. El viento sopla de Norte a Sur a una velocidad de 90 millas/h. La velocidad resultante o la velocidad de la nave con respecto al aire se conoce como velocidad real. Determinar la velocidad resultante.

$v = \sqrt{120^2 + 90^2} = 150$ millas/h

tan θ=90/120

θ=tan^{-1}(90/120)=37°

θ=-37° con respecto al eje positivo de las x (Este).

La corriente de un río en dirección Este es de 3 millas/h. Un bote cruza el río con una dirección Sur. En el velocímetro del bote se lee 4 millas/h. ¿Cuál es la velocidad real del bote y su dirección?.

$v = \sqrt{3^2 + 4^2} = 5$ millas/h

tan θ=4/3

θ=tan^{-1}(4/3)=53,13°

θ=-53,13° con respecto al eje positivo de las x (Este).

Un peso de 1000 libras está suspendido de dos cuerdas, como se indica en la figura. ¿Cuál es la tensión en cada cuerda?.

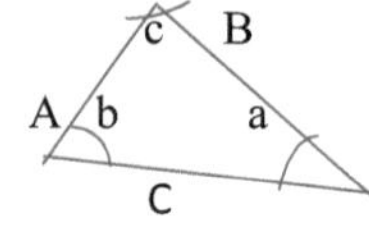

$-cos45T_1+cos30T_2=0$ $T_1= cos30T_2/co45$

$sen45T_1+sen30T_2=1000$

$sen45(cos30T_2/co45)+sen30T_2=1000$

$(tan45\ cos30+sen30)T_2=1000$

$T_2=732$ libras $T_1=897$ libras

Ley del Seno y ley del coseno

Las leyes del seno y del coseno también son utilizadas para calcular la resultante y su ángulo o para calcular la magnitud y ángulo de alguno de los vectores.

La ley del Seno es la siguiente:

$$\frac{A}{sen(a)} = \frac{B}{sen(b)} = \frac{C}{sen(c)}$$

La ley del Coseno es la siguiente:

$$A^2 = B^2 + C^2 - 2BCcos(a)$$
$$B^2 = A^2 + C^2 - 2ACcos(b)$$
$$C^2 = A^2 + B^2 - 2ABcos(c)$$

Teniendo la siguiente configuración de vectores, hallar la magnitud del vector **B** y del vector **R**.

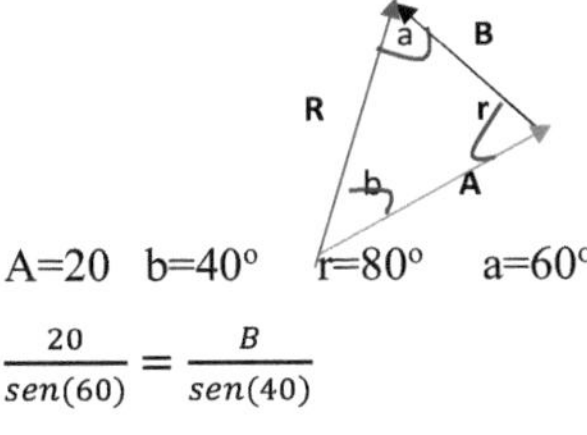

A=20   b=40°   r=80°   a=60°

$$\frac{20}{sen(60)} = \frac{B}{sen(40)}$$

B=14.84

La magnitud del vector **R** se la puede hallar por medio de la ley del coseno o la ley del seno:

$$R = \sqrt{(20)^2 + (14.84)^2 - 2(20)(14.84)\cos{(80^o)}} = 22,7$$

O aplicando la ley del seno:

$$\frac{R}{sen(80)} = \frac{20}{sen(60)} \qquad R = \frac{20\,sen(80)}{sen(60)} = 22,7$$

Dos fuerzas de 30 y 70 libras actúan sobre un punto en el plano. Si el ángulo entre las dos fuerzas es de 40°, ¿cuál es la magnitud y la dirección con respecto a la fuerza de 70 libras de la fuerza resultante?.

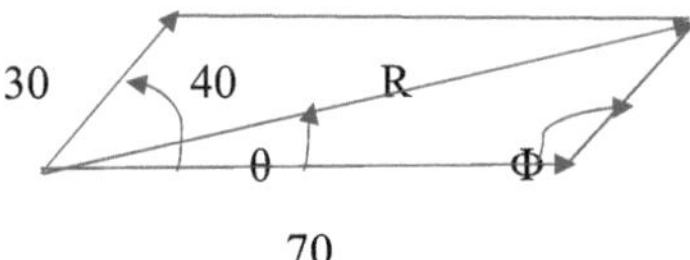

$$R = \sqrt{30^2 + 70^2 - (2 * 30 * 70\cos140)} = 95 \; libras$$

Φ=(360-80)/2=140

Senθ=30*sen140/95

θ=11,6°

42.- Gráficas polares

Cambiar $x^2+y^2-4y=0$ a la forma polar.
$x=r\cos(\theta)$ $\quad$ $y=r\sin(\theta)$ $\quad$ $r^2=x^2+y^2$
$r^2-4r\sin\theta=0$ $\quad$ $x^2+y^2=r^2$
$r(r-4\sin\theta)=0$
$r=0$ polo 0 $\quad$ $r=4\sin\theta$
El polo 0 está incluido en la gráfica de $r=4\sin\theta$.

Cambiar $x^2+y^2-6x=0$ a la forma polar.
$x=r\cos(\theta)$ $\quad$ $y=r\sin(\theta)$ $\quad$ $r^2=x^2+y^2$
$r^2-6r\cos\theta=0$ $\quad$ $x^2+y^2=r^2$
$r(r-6\cos\theta)=0$
$r=0$ polo 0 $\quad$ $r=6\cos\theta$
El polo 0 está incluido en la gráfica de $r=6\cos\theta$.

Cambiar $r=-3\cos\theta$ a la forma rectangular.
$r^2=-3r\cos\theta$
$x=r\cos(\theta)$ $\quad$ $y=r\sin(\theta)$ $\quad$ $r^2=x^2+y^2$
$x^2+y^2=-3x$
$x^2+y^2+3x=0$

Cambiar $r+2\sin\theta=0$ a la forma rectangular.
$r=-2\sin\theta$
$r^2=-2r\sin\theta$
$x=r\cos(\theta)$ $\quad$ $y=r\sin(\theta)$ $\quad$ $r^2=x^2+y^2$
$x^2+y^2+2y=0$

Cambiar $r^2=4\sin2\theta$ a la forma rectangular.
$x=r\cos(\theta)$ $\quad$ $y=r\sin(\theta)$ $\quad$ $r^2=x^2+y^2$
$r^2=4\sin2\theta=4(2)\sin\theta\cos\theta=8(x/r)(y/r)$
$r^2-(8xy/r^2)=0$
$(x^2+y^2)^2=8xy$

Obtener la ecuación polar de $x^2+y^2-4x=0$
$x=r\cos(\theta)$ $\quad$ $y=r\sin(\theta)$ $\quad$ $r^2=x^2+y^2$
$r^2\cos^2\theta+r^2\sin^2\theta-4r\cos\theta=0$
$r^2-4r\cos\theta=0$
$r(r-4\cos\theta)=0$
$r=0$ $\quad$ $r=4\cos\theta$
$r=0$ es el polo pero está incluido en la gráfica de $r=4\cos\theta$ $r=0$ $\theta=\pi/2$
La gráfica de $x^2+y^2-4x=0$ $\quad$ $(x-2)^2+y^2=4$ es una circunferencia centrada en
$(2,0)$ y con radio $r=2$. Así, también $r=4\cos\theta$ es el gráfico de la misma

circunferencia.

Para la graficación de las funciones polares se puede realizar una tabla de ángulos y radios como por ejemplos para ángulos de: 0°, 30°,45°,60°,90°,120°,135°,150°,180°. Si r es negativo entonces el radio va en el sentido opuesto.

El gráfico de $\theta=C$ es el gráfico de todos los puntos que tienen coordenadas polares (r,C) independientemente del valor de r y así, el gráfico es el de una línea recta que pasa por el polo r=0 y forma un ángulo de C radianes con el eje polar. Se obtiene la misma recta con la ecuación $\theta=C\pm n\pi$ donde n es cualquier entero.
En coordenadas rectangulares esta recta está dada por: y=mx donde m=tanθ y que pasa por el origen (0,0).

Si la recta es paralela al eje polar m=0 y contiene el punto (0,b) o (b,π/2) en coordenadas polares, la ecuación es:
y=mx+b   y=b en coordenadas rectangulares
rsenθ=b en coordenadas polares: recta horizontal

Si la recta es paralela al eje vertical m->∞ y contiene el punto (a,0) o (a,0) en coordenadas polares, la ecuación es:
x=a   en coordenadas rectangulares
rcosθ=a en coordenadas polares: recta vertical

Si la recta tiene la forma y=mx+b donde b$\neq$0 con desfasamiento vertical b entonces se tiene:
rsenθ=mrcosθ+b   x=rcosθ y=rsenθ
tanθ=m+(b/rcosθ)

La gráfica de r=C o r=- C es el gráfico de una circunferencia con centro en el polo u origen y con radio r=$|C|$.
$r^2=C^2$
$x^2+y^2=C^2$

Una ecuación de la circunferencia con centro en (h,k) está dada por:
$x^2+y^2-2ax-2by=0$ x=rcosθ y=rsenθ
$r^2cos^2\theta-2arcos\theta+r^2sen^2\theta-2rbsen\theta=0$
$r^2-2arcos\theta-2brsen\theta=0$ $sen^2\theta+cos^2\theta=1$
$r(r-2acos\theta-2bsen\theta)=0$
r=0   r=2acosθ+2bsenθ el cual corresponde a la gráfica de una circunferencia y el polo r=0 está incluido en esta gráfica.
Si b=0 r=2acosθ el centro está en el eje polar con radio de a unidades en

valor absoluto y si a=0 r=2bsenθ el centro está en el eje vertical con radio
de b unidades en valor absoluto.

Si se tiene la ecuación de la forma: r=a±bcosθ o r=a±bsenθ la gráfica es
un caracol o limazón. Si a=b la gráfica se llama cardioide. La gráfica de
r=acos(nθ) o r=asen(nθ) es una rosa o roseta y si n=1 se obtiene r=acosθ o
r=asenθ que son los gráficos de una circunferencia. El gráfico de r=θ es el
de una espiral. Cuando θ=nπ donde n es cualquier entero, la gráfica corta
el eje polar y cuando θ=nπ/2 donde n es cualquier entero impar, la gráfica
corta al eje vertical π/2.
Además, si la ecuación de una curva en coordenadas polares es: r=f(θ) la
misma curva está dada por: $(-1)^n r = f(\theta + n\pi)$ donde n es cualquier entero.
Así, por ejemplo: $-r = f(\theta + \pi)$ y $(-1)^2 r = f(\theta + 2\pi)$.

Graficar: θ=π/4

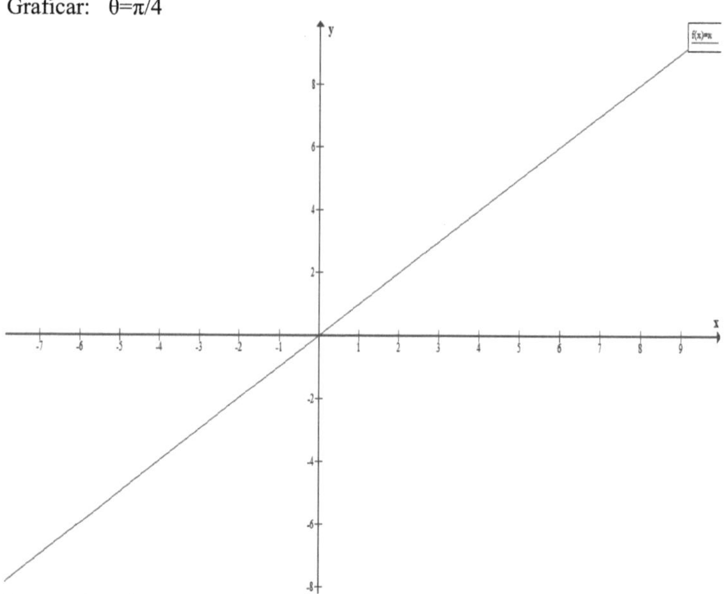

En coordenadas rectangulares es la recta y=x con pendiente m=tan(π/4)=1
y que pasa por el polo u origen (0,0).

Graficar: θ=-π/4 o θ=3π/4

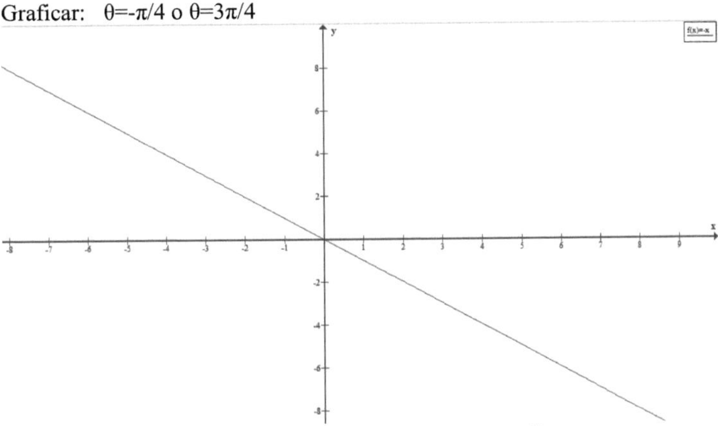

En coordenadas rectangulares es la recta y=mx con pendiente
m=tan (-π/4)=-1 y que pasa por el origen o polo: y=-x.

Graficar: r senθ=3
y=rsenθ   y=3

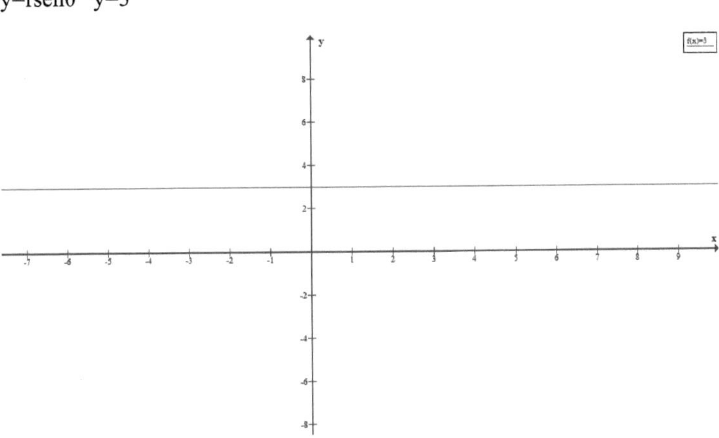

Graficar: rcosθ=3

x=rcosθ   x=3

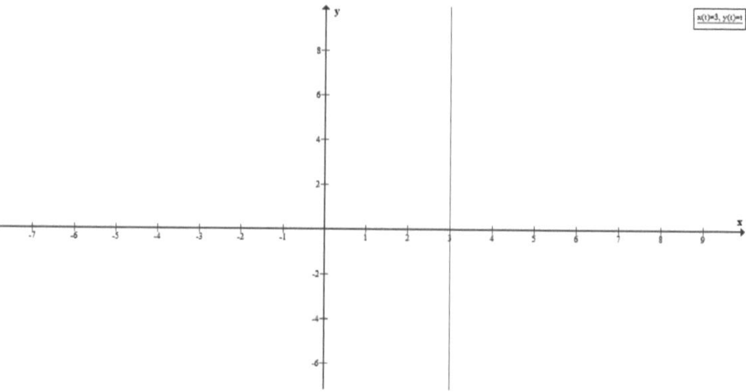

Graficar: r=2

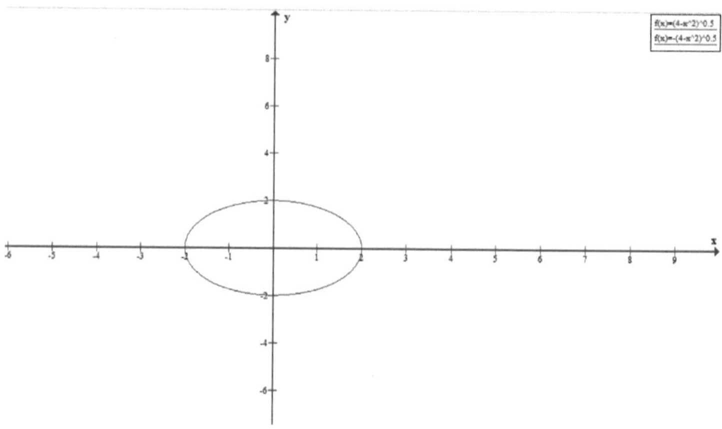

Graficar: r=4 cosθ

$r^2=4r\cos\theta$

$x^2+y^2=4x$

$x^2-4x+4+y^2=4$

$(x-2)^2+y^2=4$

La gráfica de r=4 cosθ es un círculo con el centro desfasado una distancia de 2 unidades del origen en el eje x y con radio igual a 2 unidades.

$(x-2)^2+y^2=4$ radio=2 C(2,0) C: centro del círculo

θ	r
0	4
30	$2\sqrt{3}$
45	$4\sqrt{2}$
60	2
90	0
120	-2
135	$-4\sqrt{2}$
150	$-2\sqrt{3}$
180	-4

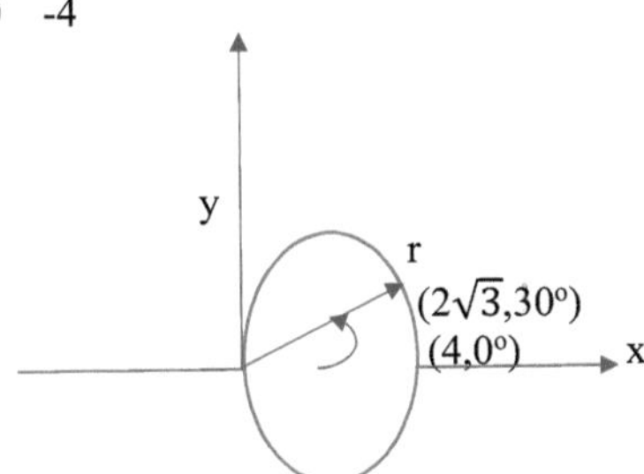

Graficar: r=8 cosθ

r=8cosθ

$r^2=8r\cos\theta$

$x^2+y^2=8x$

$x^2-8x+16+y^2=16$

$(x-4)^2+y^2=16$

La gráfica es un círculo con el centro desfasado una distancia de 4 unidades del origen en el eje x y con un radio de 4 unidades.

radio=4 C(4,0) C: centro del círculo

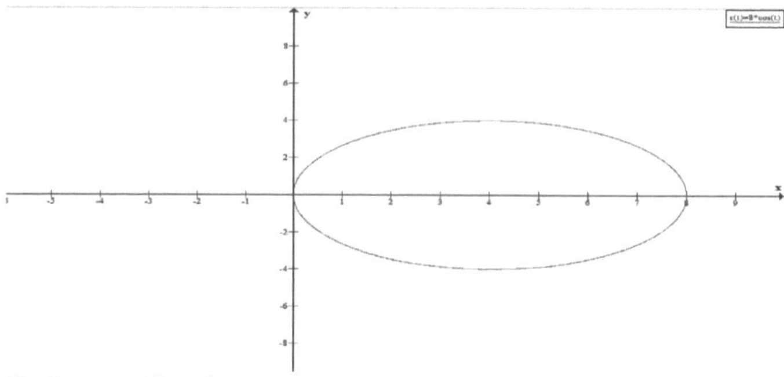

Graficar: r=8 senθ
r=8senθ
r²=8rsenθ
x²+y²=8y
x²+y²-8y+16=16
x²+(y-4)²=16
La gráfica es un círculo con el centro desfasado una distancia de 4 unidades
del origen en el eje y y con un radio de 4 unidades.
radio=4   C(0,4) C: centro del círculo

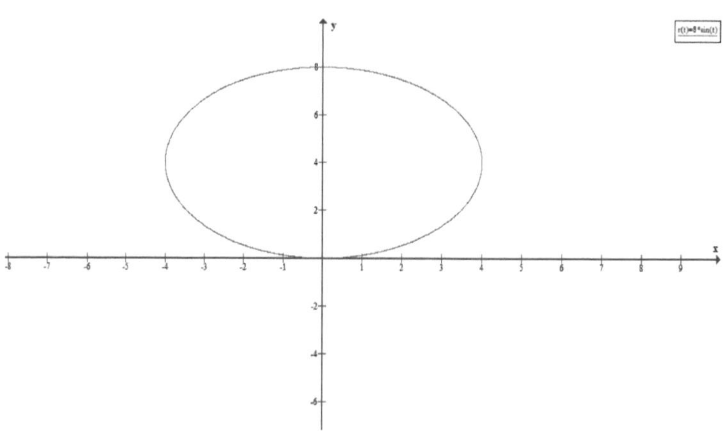

Graficar:
r=4cosθ+8senθ
r²=4rcosθ+8rsenθ
x²+y²=4x+8y
(x-2)²+(y-4)²=20
Circunferencia centrada en (2,4) con radio r=$\sqrt{20}$.

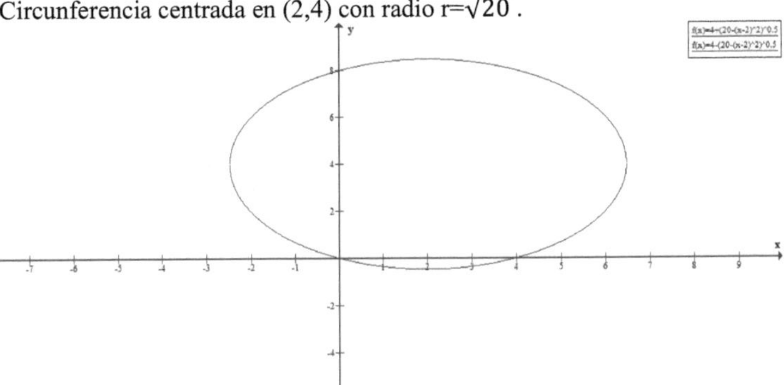

Graficar: r=4+4cosθ (cardioide: a=b)

Análisis gráfico rápido:

θ	cosθ	4cosθ	r=4+4cosθ
de 0 a π/2	1 a 0	4 a 0	8 a 4
de π/2 a π	0 a -1	0 a -4	4 a 0
de π a 3π/2	-1 a 0	-4 a 0	0 a 4
de 3π/2 a 2π	0 a 1	0 a 4	4 a 8

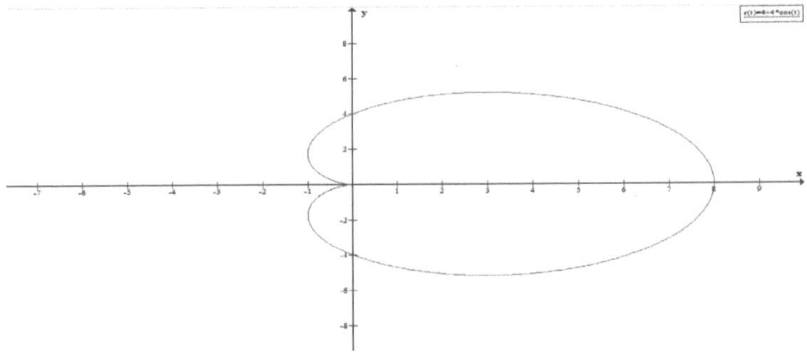

Graficar: r=1-2cosθ (caracol)

Análisis gráfico rápido:

θ	cosθ	- 2cosθ	r=1-2cosθ
de 0 a π/2	1 a 0	-2 a 0	-1 a 1
de π/2 a π	0 a -1	0 a 2	1 a 3
de π a 3π/2	-1 a 0	2 a 0	3 a 1
de 3π/2 a 2π	0 a 1	0 a -2	1 a -1

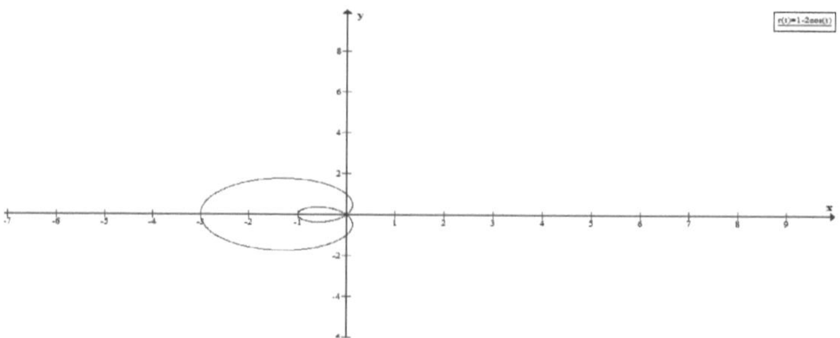

Graficar: r=3+2senθ (caracol)

Análisis gráfico rápido:

θ	senθ	2senθ	r=3+2senθ
de 0 a π/2	0 a 1	0 a 2	3 a 5
de π/2 a π	1 a 0	2 a 0	5 a 3
de π a 3π/2	0 a -1	0 a -2	3 a 1
de 3π/2 a 2π	-1 a 0	-2 a 0	1 a 3

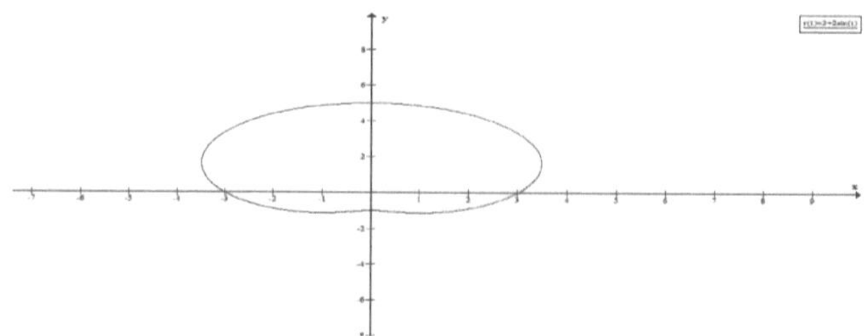

Graficar: r=2-senθ (caracol)

Análisis gráfico rápido:

θ	senθ	-senθ	r=2-senθ
de 0 a π/2	0 a 1	0 a -1	2 a 1
de π/2 a π	1 a 0	-1 a 0	1 a 2
de π a 3π/2	0 a -1	0 a 1	2 a 3
de 3π/2 a 2π	-1 a 0	1 a 0	3 a 2

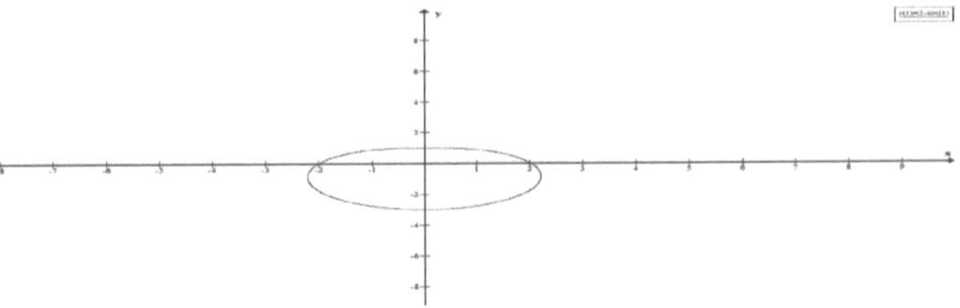

Graficar: r=5+5senθ (cardioide: a=b)

Análisis gráfico rápido:

θ	senθ	5senθ	r=5+5senθ
de 0 a π/2	0 a 1	0 a 5	5 a 10
de π/2 a π	1 a 0	5 a 0	10 a 5
de π a 3π/2	0 a -1	0 a -5	5 a 0
de 3π/2 a 2π	-1 a 0	-5 a 0	0 a 5

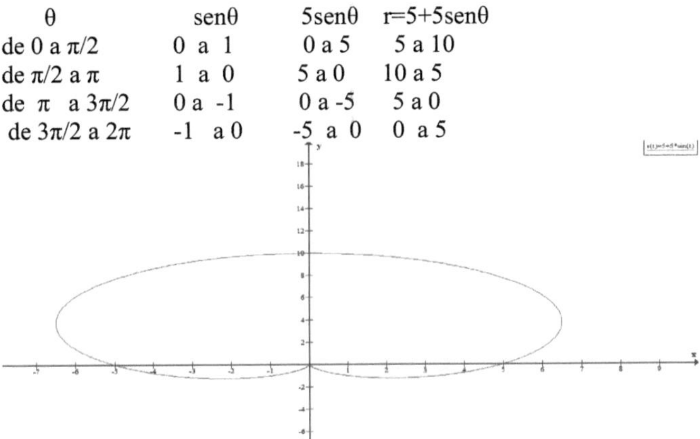

Graficar: r=8cos(2θ) (rosa de cuatro hojas)

θ	2θ	cos2θ	r=8cos2θ
de 0 a π/4	de 0 a π/2	1 a 0	8 a 0
de π/4 a π/2	de π/2 a π	0 a -1	0 a -8
de π/2 a 3π/4	de π a 3π/2	-1 a 0	-8 a 0
de 3π/4 a π	de 3π/2 a 2π	0 a 1	0 a 8
de π a 5π/4	de 2π a 5π/2	1 a 0	8 a 0
de 5π/4 a 3π/2	de 5π/2 a 3π	0 a -1	0 a -8
de 3π/2 a 7π/4	de 3π a 7π/2	-1 a 0	-8 a 0
de 7π/4 a 2π	de 7π/2 a 4π	0 a 1	0 a 8

Graficar: r=6sen(2θ) (rosa de cuatro hojas)

θ	2θ	sen2θ	r=6sen2θ
de 0 a π/4	de 0 a π/2	0 a 1	0 a 6
de π/4 a π/2	de π/2 a π	1 a 0	6 a 0
de π/2 a 3π/4	de π a 3π/2	0 a -1	0 a -6
de 3π/4 a π	de 3π/2 a 2π	-1 a 0	-6 a 0
de π a 5π/4	de 2π a 5π/2	0 a 1	0 a 6
de 5π/4 a 3π/2	de 5π/2 a 3π	1 a 0	6 a 0
de 3π/2 a 7π/4	de 3π a 7π/2	0 a -1	0 a -6
de 7π/4 a 2π	de 7π/2 a 4π	-1 a 0	-6 a 0

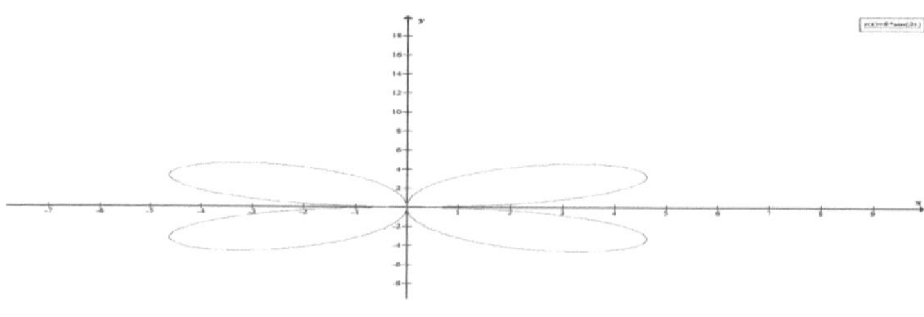

Graficar: r=θ   θ≥0   θ en radianes

Cuando θ=nπ donde n es cualquier entero, la gráfica corta el eje polar y
cuando θ=nπ/2 donde n es cualquier entero impar, la gráfica corta al eje
vertical π/2. El gráfico se llama espiral.

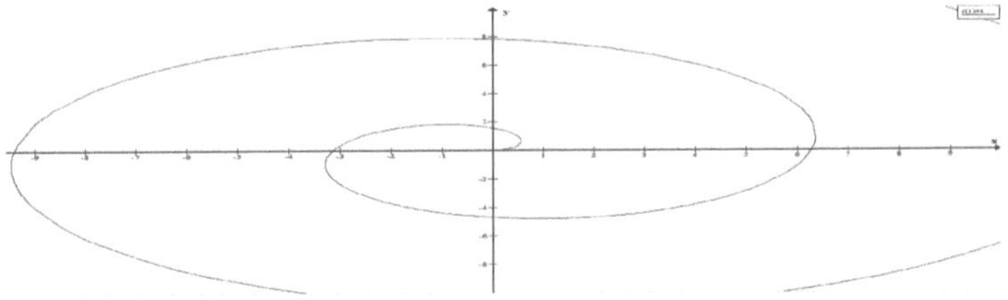

Realizar las gráficas de r=2sen2θ   y r=1 y encontrar los puntos de
intersección.
El polo no es un punto de intersección ya que el polo no es un punto de
r=1.
El gráfico de r=1 o r=-1 es el de una circunferencia con centro en (0,0) con
radio r=1.
$r^2=1^2$
$x^2+y^2=1$ $r^2=x^2+y^2$

r=2sen(2θ) (rosa de cuatro hojas)

θ	2θ	sen2θ	r=2sen2θ
de 0 a π/4	de 0 a π/2	0 a 1	0 a 2
de π/4 a π/2	de π/2 a π	1 a 0	2 a 0
de π/2 a 3π/4	de π a 3π/2	0 a -1	0 a -2
de 3π/4 a π	de 3π/2 a 2π	-1 a 0	-2 a 0
de π a 5π/4	de 2π a 5π/2	0 a 1	0 a 2
de 5π/4 a 3π/2	de 5π/2 a 3π	1 a 0	2 a 0
de 3π/2 a 7π/4	de 3π a 7π/2	0 a -1	0 a -2
de 7π/4 a 2π	de 7π/2 a 4π	-1 a 0	-2 a 0

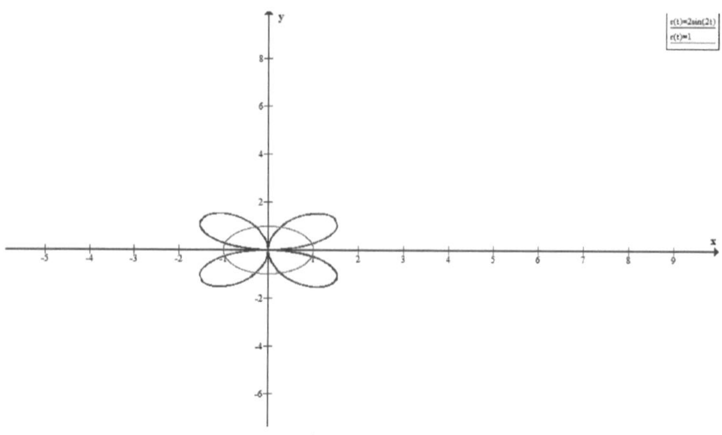

La ecuación r=1 tiene como ecuación equivalente r=-1.
La ecuación r=2sen2θ tiene también la ecuación:
-r=2sen2(θ+π)   -r=2sen2θ
$(-1)^2$r=2sen2(θ+2π)   r=2sen2θ que es la misma ecuación inicial.
Así hay dos ecuaciones que hay que resolver:
2sen2θ=1 y -2sen2θ=1 Las otras combinaciones entre las ecuaciones nos dan las mimas dos ecuaciones.
2senθ=1
sen(2θ)=1/2
2θ=π/6 2θ=5π/6   2θ=13π/6 2θ=17π/6
θ=π/12 θ=5π/12   θ=13π/12   θ=17π/12 Todos estos puntos tienen radio r=1: (1,π/12) (1,5π/12)   (1,13π/12) (1,17π/12)
-2sen2θ=1
sen(2θ)=-1/2
2θ=7π/6 2θ=11π/6   2θ=19π/6 2θ=23π/6
θ=7π/12 θ=11π/12   θ=19π/12   θ=23π/12 Todos estos puntos tienen radio r=-1: (-1,7π/12) (-1,11π/12)   (-1,19π/12)   (-1,23π/12) o sus puntos equivalentes: (1, 19π/12) (1,23π/12) (1,7π/12) (1,11π/12).

Determinar los puntos de intersección de las dos curvas:
r=2-2cosθ y r=2cosθ
El polo es un punto de intersección de las dos curvas:
r=0 cosθ=1 θ=0
r=2cosθ
r=0 cosθ=0 θ=π/2 θ=3π/2
Así, el polo está en las dos curvas y es un punto de intersección.

r=2cosθ
r²=2rcosθ
x²+y²=2x
(x-1)²+y²=1
Circunferencia centrada en (1,0) con radio r=1.

r=2-2cosθ (cardioide: a=b)

Análisis gráfico rápido:

θ	cosθ	-2cosθ	r=2-2cosθ
de 0 a π/2	1 a 0	-2 a 0	0 a 2
de π/2 a π	0 a -1	0 a 2	2 a 4
de π a 3π/2	-1 a 0	2 a 0	4 a 2
de 3π/2 a 2π	0 a 1	0 a -2	2 a 0

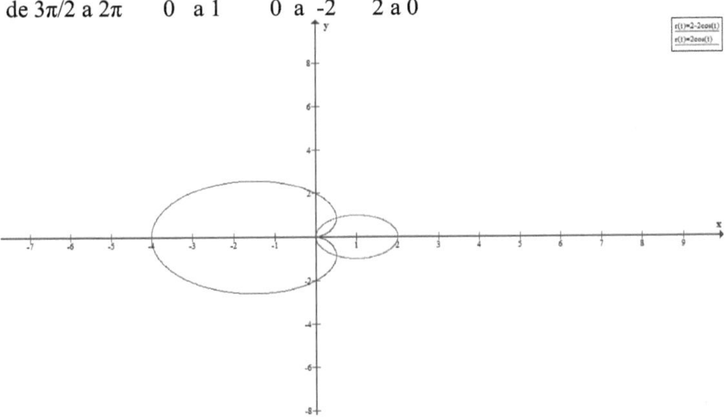

r=2-2cosθ tiene una ecuación equivalente: -r=2-2cos(θ+π)
-r=2+2cosθ
(-1)²r=2-2cos(θ+2π) r=2-2cosθ que es igual a la ecuación original.

Así, solo hay una ecuación equivalente $-r=2+2\cos\theta$

La ecuación $r=2\cos\theta$ no tiene otra equivalente:
$-r=2\cos(\theta+\pi)$ $r=2\cos\theta$

$r=2-2\cos\theta$ $r=2\cos\theta$

$2\cos\theta=2-2\cos\theta$
$4\cos\theta=2$
$\cos\theta=1/2$ $\theta=\pi/3$ $\theta=5\pi/3$ y se obtienen los puntos $(1,\pi/3)$ $(1,5\pi/3)$

$-r=2+2\cos\theta$ y $r=2\cos\theta$
$-2\cos\theta=2+2\cos\theta$
$\cos\theta=-1/2$
$\theta=2\pi/3$ $\theta=4\pi/3$ y se obtienen los puntos $(-1,2\pi/3)$ $(-1,4\pi/3)$
$(-1,2\pi/3)$ es el mismo punto que $(1,5\pi/3)$
$(-1,4\pi/3)$ es el mismo punto que $(1,\pi/3)$
Así, los puntos de intersección son $(1,\pi/3)$ $(1,5\pi/3)$ y el polo $r=0$.

43.- Conteo, Combinaciones, Variaciones y Permutaciones

Conteo

El proceso de conteo consiste de dos pasos: el primero de los cuales debe ser hecho en n_1 formas y cada uno de ellos puede ser realizado en n_2 formas. El resultado es igual a n_1*n_2 formas.

Por ejemplo, si tenemos tres tipos de camisas con cuatro tipos de pantalones y con dos tipos de zapato, entonces podemos vestirnos en total de: $3*4*2=24$ formas diferentes.

Ejemplo:

Se lanza primero una moneda y después un dado. ¿Cuáles son las combinaciones posibles de los resultados?

formas moneda: 2

formas dado: 6

total de formas: $2\times6=12$

Diagrama del árbol

Se lanza primero una moneda y después un dado. ¿Cuáles son las combinaciones posibles de los resultados? Total: 12 formas

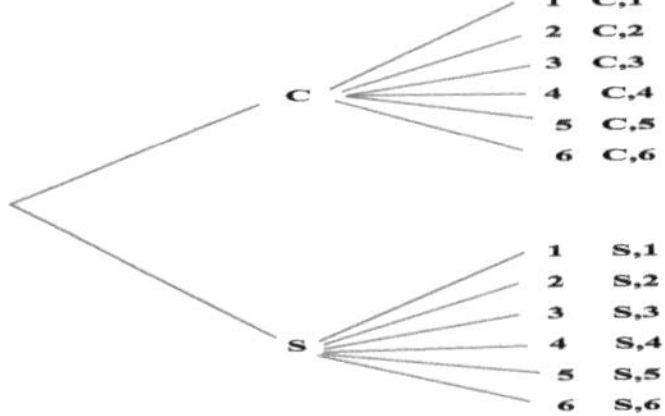

Ejemplo:

Una pizzería produce pizzas con dos ingredientes especiales, uno diferente del otro, y sólo de este tipo. Por ejemplo, en el menú se encuentran pizzas de hongos y de salchichas, aceitunas y picantes, etc. Si se tienen doce tipos de ingredientes especiales que pueden juntarse, ¿de cuántas formas se pueden preparar las pizzas?.

total de pizzas diferentes: 12x11= 132

Una fuente de sodas tiene tres tipos de pan y cuatro tipos de alimentos, ¿cuántos sandwiches diferentes se pueden preparar?

3x4=12 tipos de sándwiches

¿Cuántos arreglos de cuatro letras se pueden formar con las 10 primeras letras del alfabeto?

   a) No se repite ninguna letra

   b) Las letras se pueden repetir

   c) Dos letras consecutivas no pueden ser iguales

a) 10x9x8x7=5040

b) 10x10x10x10=10000

c) 10x9x9x9=7290

¿Cuántos arreglos de tres letras se pueden formar utilizando las primeras ocho letras del alfabeto?

   a) No se repite ninguna letra

   b) Las letras se pueden repetir

   c) Dos letras consecutivas no pueden ser iguales

a) 8x7x6=336

b) 8x8x8=512

c) 8x7x7=392

Ejemplos:

Con 10 consonantes y 5 vocales. ¿Cuántas sílabas distintas de dos letras se pueden formar que empiecen por consonante y acaben en vocal?

10*5=50

Se desea construir figuras en forma de cubo, cono, esfera y pirámide. Cada una de ellas deben tener los siguientes colores: negro, amarillo y azul. ¿Cuántas figuras se pueden construir?

3+3+3+3=12

Si cada una de las figuras del problema anterior se fabrica en plástico y madera. ¿Cuántas figuras se pueden construir?

(3*2)+(3*2)+(3*2)+(3*2)=6+6+6+6

$$=24$$

¿Cuántos números de dos cifras se pueden formar con las cifras impares?

Cifras impares: 1,3,5,7,9

5*5=25

¿Cuántos de los números del ejercicio anterior son mayores que 32?

3*5=15

¿Cuántos números de tres cifras se pueden formar con las cifras impares si se pueden repetir?

5*5*5=125

¿Cuántos de los números del ejercicio anterior son mayores que 400?

3*5*5=75

Factorial

El factorial de un número está dado por:

n!=n(n-1)(n-2)(n-3)……..1   n factores

Además: 1!=1   0!=1

5!=5*4*3*2*1

Variaciones

Variaciones sin elementos repetidos

En las variaciones importa el orden de los elementos seleccionados. Esto es calculado usando la siguiente fórmula: V=m!/(m-n)!. Así, si se desea saber el número de variaciones sin repetición para m elementos seleccionando grupos de n elementos está dado por la siguiente fórmula:

V_n^m =m!/(m-n)!=m(m-1)(m-2)….n factores (variaciones sin repetición)

En este caso, tenemos m elementos y escogemos n elementos de ellos tomando en cuenta el orden en que son seleccionados. A esto también se conoce como permutaciones de m objetos tomados n a la vez (sin repetición).

En las variaciones y permutaciones importa el orden y en las combinaciones no importa el orden.

De esta forma, si tenemos 4 personas y queremos seleccionar dos de ellas para la posición de presidente y vice-presidente de una asociación, obtenemos el siguiente resultado: V= 4!/2!=4*3=12 variaciones. Aquí, el orden de selección es considerado. Por ejemplo, si tenemos cuatro letras a,b,c,d y escogemos dos de ellas, la variación es dada por: ab, ba, ac, ca, ad, da, bc, cb, bd, db, cd, dc: 12 variaciones.

Si se tiene el conjunto S={1,2,3}, el número de variaciones sin repetición de los tres elementos seleccionando grupos de dos elementos es igual a:

V_2^3 =3*2

   =6

(1,2);(1,3);(2,3);(2,1);(3,1);(3,2)

En las variaciones importa el orden de los elementos, es decir, (1,2) no es lo mismo que (2,1).

Variaciones con repetición

Nosotros tenemos m elementos y escogemos n elementos de ellos tomando en cuenta el orden en que son seleccionados, pero ahora tenemos algunos elementos repetidos. La fórmula está dada por: V_n^m =m^n

Si se tiene el conjunto S={1,2,3}, el número de variaciones con repetición de los tres elementos seleccionando grupos de dos elementos es igual a:

V_2^3 =3^2=9

Estas variaciones son las siguientes:

(1,1);(2,2);(3,3);(1,2);(1,3);(2,1);(2,3);(3,1);(3,2)

Ejemplos:

Por ejemplo, cuántas variaciones tenemos con dos letras a,b si escogemos las dos letras y se puede tener elementos repetidos?

La solución está dada por el siguiente cálculo: $2^2=4$ (n=2, k=2) los cuales son: aa, ab, ba, bb.

De un comité formado por ocho personas, ¿de cuántas maneras se puede escoger un presidente y un vicepresidente, suponiendo que una persona no puede ocupar más de un cargo?.

Importa el orden y no se puede repetir.

V(8,2)=P(8,2)=8x7=56

De un comité de diez personas, ¿de cuántas maneras se puede escoger un presidente, un vicepresidente y un secretario?.

Importa el orden y no se puede repetir.

V(10,3)=P(10,3)=10x9x8=720

Encuentre el número de permutaciones de veinticinco objetos tomando ocho a la vez.

V(25,8)=P(25,8)=25x24x23x22x21x20x19x18=43610000000

Encuentre el número de permutaciones de 30 objetos tomando cuatro a la vez.

V(30,4)=P(30,4)=30x29x28x27=657720

Permutaciones

Permutaciones sin elementos repetidos

En este cálculo, nosotros seleccionamos todos los elementos de un grupo y luego los disponemos en todas las formas posibles. Así, si tenemos las letras a,b,c,d, la permutación está dada por:

abcd, abdc, acbd, acdb, adbc, adcb, bacd, badc, bcad, bcda, bdac, bdca, cabd, cadb, cbad, cbda, cdab, cdba, dabc, dacb, dbac, dbca, dcab, dcba.

En total, tenemos 24 formas diferentes. Nosotros podemos obtener el mismo resultado con la fórmula: $P_m=V_m^m$ =m(m-1)(m-2)………1=m! (lo cual se conoce como el factorial de m).

Para nuestro ejemplo, esto es obtenido: 4!=24.

Las permutaciones es un caso particular de las variaciones. En las permutaciones se seleccionan todos los elementos del total de elementos.

Si se tiene el conjunto S={1,2,3}, el número de permutaciones de los tres elementos sin repetición es igual a:

$P_3 = V_3^3 = 3*2*1$

$\quad = 6$

(1,2,3);(1,3,2);(2,1,3); (2,3,1);(3,1,2);(3,2,1)

En las permutaciones ya que es un caso particular de las variaciones, también importa el orden de los elementos, es decir, (1,2,3) no es lo mismo que (1,3,2).

Permutaciones con elementos repetidos

Si tenemos n elementos, y hay a,b y c elementos repetidos, entonces la permutación es obtenida usando la fórmula: P=m!/(a!*b!*c!).

a+b+c=m

Así, si tenemos 7 camisas y hay dos azules, 2 rojas y 3 amarillas, la permutación está dada por: P= 7!/(2!*2!*3!)=210 permutaciones.

La fórmula de permutaciones con elementos repetidos es la misma que la de particiones que se explica a continuación.

Se sabe que existen 7! permutaciones de las primeras siete letras del alfabeto, pero ¿cuántas permutaciones notables existen de las siete letras de la palabra "alababa"?

Arreglo de todas las a en un arreglo con un orden particular: 4!

Arreglo de todas las b en un arreglo con un orden particular: 2!

Arreglo de todas las l en un arreglo con un orden particular: 1!

permutaciones notables=7!/(4!2!1!)=105

¿Cuántas permutaciones notables existen en aabccc?

#permutaciones notables=6!/(2!3!1!)=60

Combinaciones

Combinaciones sin elementos repetidos

En este caso, nosotros tenemos m elementos y escogemos n elementos de ellos y no tenemos elementos repetidos y además el orden en que ellos son seleccionados no importa. Esto es lo mismo ab como ba. Esto es obtenido aplicando la siguiente formula:

C=m!/[m!(m-n)!]

Así, si nosotros tenemos 5 personas y seleccionamos dos personas para formar un grupo, tenemos: 5!/[2!3!]=(5*4)/(2*1)=10 combinaciones. Para el caso de 5 letras a,b,c,d,e, nosotros tenemos las siguientes combinaciones: ab, ac, ad, ae, bc, bd, be, cd, ce, de.

La fórmula de la combinación es la siguiente:

$$C_n^m = \frac{m!}{n!(m-n)!}$$

Si se tiene el conjunto S={1,2,3}, el número de combinaciones de los tres elementos sin repetición es igual a:

$$C_2^3 = \frac{3!}{2!(3-2)!}$$

$$=3$$

Esto es también posible obtenerlo por medio de la siguiente fórmula:

$$C_n^m = \frac{m(m-1)(m-2)\ldots\ldots n\,factores}{n(n-1)(n-2)\ldots\ldots 1}$$

$$C_2^3 = \frac{3*2}{2*1}$$

Además, $C_2^3 = C_{3-2}^3$

$$=C_1^3$$

$$=3$$

$$C_n^m = C_{m-n}^m$$

Esto corresponde a las siguientes combinaciones:

(1,2);(1,3);(2,3)

De un comité de ocho personas, ¿de cuántas maneras se puede escoger un subcomité de dos personas?

No importa el orden.

C(8,2)=8!/[2!(8-2)!]=(8x7)/(2x1)=28

¿Cuántos subcomités de tres personas se pueden escoger de un comité de 8 personas?

No importa el orden.

C(8,3)=8x7x6/(3x2x1)=56

Encuentre el número de combinaciones de 25 objetos tomados 8 a la vez.

C(25,8)=25x24x23x22x21x20x19x18/(8x7x6x5x4x3x2x1)=1082000

Encuentre el número de combinaciones de 30 objetos tomando cuatro a la vez: C(30,4)=30x29x28x27/(4x3x2x1)=27405

Combinaciones con elementos repetidos

Nosotros tenemos n elementos, y escogemos k elementos pero ahora tenemos algunos elementos repetidos y el orden en que ellos son seleccionados son repetidos.   Esto es calculado aplicando la siguiente formula: C=(n+k-1)!/[k!*(n-1)!]

De esta forma, si tenemos las letras a,b,c y d y nosotros seleccionamos dos letras y ellas pueden ser repetidas y además el orden en que son seleccionados no importa, entonces la solución está dada por el siguiente cálculo: (n=4, k=2):   C=5!/[2!*3!]=10 combinaciones, Ellos son: ab, ac, ad, bc, bd, cd, aa, bb, cc, dd.

Partición de n elementos en k subconjuntos P(n,k)

¿De cuantas maneras se puede dividir un conjunto de ocho objetos en tres subconjuntos donde el primero consta de tres objetos, el segundo de dos y el tercero de tres?

P(8;3,2,3)=C(8,3)C(5,2)C(3,3)

$\qquad$ =(8!/(3!5!)) (5!/(2!3!))(3!/(3!0!))

$\qquad$ =8!/(3!2!3!)   0!=1

$\qquad$ =560

Si cuatro personas están jugando póker, ¿Cuántas manos pueden darse para recibir cinco cartas cada una?

P=52!/(5!5!5!5!32!)

$\quad$ =1.478x10^{24} manos

Si tres personas juegan a las cartas y a cada una le corresponden 7 cartas de una baraja de 52. ¿Cuántas manos son posibles?.

P=52!/(7!7!7!31!)= 7.66x10^{22} manos

44.- Sucesiones y Series

Sucesiones

Se denomina sucesión a toda aplicación aplicada a un conjunto de números.

Se denominan términos de la sucesión para la siguiente función:

f(n)=a_n=2n-1 (función para el enésimo término) los siguientes elementos:

1,3,5,......,2n-1 : 1er, 3ero, 5to,....,nésimo término, los cuales se obtienen reemplazando n=1, n=2,...etc.

El dominio es el conjunto de los números naturales a no ser que exprese otro dominio.

Si el dominio es un conjunto finito de enteros sucesivos, la sucesión se denomina sucesión finita.

Si el dominio es un conjunto infinito de enteros sucesivos, la sucesión se denomina sucesión infinita.

Se denomina sucesión a toda aplicación aplicada a un conjunto de números.

Ejemplos:

3, 7, 11, 15, ... $a_n=a_{n-1}+4$

$a_1=3$ $a_2=4$ Cada uno de los dos términos se obtiene sumando los dos términos anteriores:

3, 4, 7, 11, 18, 29, 47, ...

En la siguiente sucesión, el enésimo término viene dado por $a_n=5n+1$

6, 11, 16, 21, 26, ...

Listar los términos de la siguiente sucesión:

$a_1=5$

$a_n=a_{n-1}+2$ fórmula de recursión $n\varepsilon\{2,3,4\}$

5,7,9,11

Encuentre los cinco primeros términos de la sucesión descrita por:

$a_1=4$

$a_n=(1/2)a_{n-1}$ $n\geq2$

4,2,1,(1/2),(1/4)

Encuentre a_n en términos de n para la sucesión cuyos primeros cuatro términos son:

a) 5,6,7,8 $a_n=n+4$ o $a_n=a_{n-1}+4$ $a_1=5$

b) 2,-4,8,-16 $a_n=-(2)a_{n-1}$ $a_1=2$ o $a_n=(-1)^{n+1}2^n$

Encuentre a_n en términos de n para la sucesión cuyos primeros cuatro términos son:

a) 2,4,6,8 $a_n=2n$ o $a_n=a_{n-1}+2$ $a_1=2$

b) $1, -1/2, 1/4, -1/8$ $a_n = -(1/2) a_{n-1}$ $a_1 = 1$ o $a_n = (-1)^{n+1} (1/2)^{n-1}$

Series

La suma de los términos de una sucesión se denomina serie

Ejemplo:

$1,2,4,8$ Sucesión $a_k = 2^{k-1}$

$1+2+4+8$ Serie

La serie se puede representar de la siguiente manera:

$$\sum_{k=1}^{4} a_k = \sum_{k=1}^{4} 2^{k-1}$$

$$\sum_{k=1}^{4} a_k = a_1 + a_2 + a_3 + a_4$$

$$\sum_{k=1}^{n} \frac{1}{2^k} = (1/2)+(1/4)+(1/8)\ldots+(1/2^n)$$

Ejemplo:

Escriba $\sum_{k=1}^{5} \frac{k-1}{k}$ sin la notación de sumatoria

$0+(1/2)+(2/3)+(3/4)+(4/5)$

Escriba $\sum_{k=0}^{5} \frac{(-1)^k}{2k+1}$ sin la notación de sumatoria

$1-(1/3)+(1/5)-(1/7)+(1/9)-(1/11)$

Escriba la siguiente serie empleando la notación de sumatoria

$1-(1/2)+(1/3)-(1/4)+(1/5)-(1/6)$

$$\sum_{k=1}^{6} \frac{(-1)^{k+1}}{k} \quad o \quad \sum_{k=0}^{5} \frac{(-1)^k}{k+1}$$

Escriba la siguiente serie usando la notación de sumatoria

$1-(2/3)+(4/9)-(8/27)+(16/81)$

$$\sum_{k=1}^{5} \left(-\frac{2}{3}\right)^{k-1} \quad o \quad \sum_{k=0}^{4} \left(-\frac{2}{3}\right)^{k}$$

45.- Inducción matemática

Principio de Inducción Matemática

Si p es un entero positivo y S es un conjunto de enteros tal que:

a) $p \epsilon S$ por ejemplo $1 \epsilon S$

b) S es inductivo

entonces se conluye que S contiene todos los enteros mayores o iguales a p.

En la demostración formal de la inducción matemática se demuestran lo siguiente:

a) $1 \in S$
b) Si $n \in S$ entonces $n+1 \in S$

Si se puede comprobar los dos enunciados entonces S es inductivo y la fórmula inductiva es válida.

Ejemplo:

$1+3+5+7+.....+(2n-1)=n^2$ $n \in N$ S=N (números naturales)

a) $1 \in S$

$1=1^2$

Así, $1 \in S$

b) Si $n \in S$ entonces $n+1 \in S$

$1+3+5+7+.....+(2n-1)=n^2$

$1+3+5+7+......+(2n-1)+(2n+1)=(n+1)^2$

Se puede sumar $(2n+1)$ a ambos lados de:

$1+3+5+7+.....+(2n-1)=n^2$

$1+3+5+7+......+(2n-1)+(2n+1)=n^2+(2n+1)$

$1+3+5+7+......+(2n-1)+(2n+1)=n^2+2n+1$

$1+3+5+7+......+(2n-1)+(2n+1)=(n+1)^2$

Así, $(n+1) \in S$ y S es inductivo.

Como S=N (números naturales) entonces la fórmula inductiva es válida para todos los números naturales n.

Ejemplo:

Demostrar:

$1+2+3+.....+n=n(n+1)/2$ $n \in N$ S=N (números naturales)

a) $1 \in S$

$1=1(1+1)/2$

$1=1$

Así, $1 \in S$

b) Si n$\in$S entonces n+1$\in$S

1+2+3+…..+n=n(n+1)/2

1+2+3+…..+n+(n+1)=(n+1)(n+2)/2

Se puede sumar (n+1)) a ambos lados de:

1+2+3+…..+n+(n+1)=n(n+1)/2+(n+1)

1+2+3+….+n+(n+1)=(n+1)(1+n/2)

1+2+3+….+n+(n+1)=(n+1)(n+2)/2

Así, (n+1)$\in$S y S es inductivo.

Como S=N (números naturales) entonces la fórmula inductiva es válida para todos los números naturales n.

Se puede demostrar las leyes de los exponentes para los números naturales n:

Demostrar que $(a)^n = a^{n-1}a$ para todos los enteros positivos n

S=N (números naturales)

a) 1$\in$N $a^1 = a^0 a = a$

b) Si n $\in$ S, entonces (n+1)$\in$S

a, $a^2 = a*a=$, $a^3 = a^2 a=(a*a)*a,……,a^n = a^{n-1}a$, $a^{n+1} = a^n a$

Si $a^n = a^{n-1}a$ entonces: $a^{n+1} = a^{n+1-1}\ a = a^n a$

$a^{n+1} = a^n a^1 = a^n a$

Así, (n+1)$\in$S y S es inductivo.

Como S=N (números naturales) entonces la fórmula inductiva es válida para todos los números naturales n.

Así, $a^4 = a^3 a = (a^2 a)a = (aa)aa$

Demostrar que $(xy)^n = x^n y^n$ para todos los enteros positivos n

$(xy),(xy)^2 = (xy)(xy)=x^2 y^2,………………,x^n y^n$ S=N (números naturales)

a) Demostrar que 1$\in$S

$(xy)^1 = xy = x^1 y^1$

1$\in$S

b) Demostrar que S es inductivo

$(xy),(xy)^2 = (xy)(xy)=x^2y^2,\ldots\ldots\ldots\ldots\ldots\ldots,(xy)^n= x^ny^n, (xy)^{n+1}= x^{n+1}y^{n+1}$

$(xy)^{n+1}=(xy)^n(xy)$

$\qquad =x^ny^nxy$

$\qquad =x^nx\ \ y^ny$

$\qquad =x^{n+1}\ y^{n+1}$

Así, $(n+1)\epsilon S$ y S es inductivo.

Como S=N (números naturales) entonces la fórmula inductiva es válida para todos los números naturales n.

Demostrar que $(x/y)^n=x^n/y^n$ para todos los enteros positivos n.

a) Demostrar que $1\epsilon S$ $\quad$ S=N (números naturales)

$(x/y)^1=x/y=x^1/y^1$

$1\epsilon S$

b) Demostrar que S es inductivo

$(x/y),(x/y)^2 = (x/y)(x/y)=x^2/y^2,\ldots\ldots,(x/y)^n=x^n/y^n, (x/y)^{n+1}= x^{n+1}/y^{n+1}$

$(x/y)^{n+1}=(x/y)^n(x/y)$

$\qquad =(x^n/y^n)\,(x/y)$

$\qquad =(x^n\,x)/(y^n\,y)$

$\qquad =x^{n+1}/y^{n+1}$

Así, $(n+1)\epsilon S$ y S es inductivo.

Como S=N (números naturales) entonces la fórmula inductiva es válida para todos los números naturales n.

Demostrar que $4^{2n}-1$ es divisible entre cinco para todos los enteros positivos n.

Un entero p es divisible entre un entero q, si p=qr para algún entero r.

a) Demostrar que $1\epsilon S$ $\qquad$ S=N (números naturales)

$4^{2*1}-1=15$ es divisible entre 5.

Así, $1\epsilon S$.

b) Demostrar que S es inductivo: $4^{2(n+1)}-1=5s$ para algún entero s.

$4^{2n}-1=5r$ para algún entero r

$4^2(4^{2n}-1)=4^2(5r)$

$4^{2+2n}-4^2+15=15+4^2(5r)$

$4^{2(n+1)}-1=15+4^2(5r)$

$4^{2(n+1)}-1=5(3+16r)$

$4^{2(n+1)}-1=5s$ lo cual es divisible para 5 donde s=3+16r un entero positivo

Así, $(n+1)\epsilon S$ y S es inductivo.

Como S=N (números naturales) entonces la fórmula inductiva es válida para todos los números naturales n.

Demostrar que 8^n-1 es divisible entre 7 para todos los enteros positivos n.

Un entero p es divisible entre un entero q, si p=qr para algún entero r.

S=N (números naturales)

a) Demostrar que $1\epsilon S$ S=N (números naturales)

$8^1-1=7$ es divisible entre 7.

Así, $1\epsilon S$.

b) Demostrar que S es inductivo: $8^{(n+1)}-1=7s$ para algún entero s.

$8^n-1=7r$ para algún entero r

$8(8^n-1)=8(7r)$

$8^{n+1}-8+7=7+8(7r)$

$8^{n+1}-1=7(1+8r)$

$8^{n+1}-1=7s$ lo cual es divisible para 7 donde s=1+8r es un entero positivo.

Así, $(n+1)\epsilon S$ y S es inductivo.

Como S=N (números naturales) entonces la fórmula inductiva es válida para todos los números naturales n.

46.- Progresiones Aritméticas y Geométricas e Interés Simple y Compuesto

Progresión Aritmética

Una progresión es aritmética si la diferencia entre cada término de una sucesión y el anterior es una constante, la cual es llamada d.

La fórmula para encontrar el enésimo término de la sucesión es:

$a_n=a_1+(n-1)d$ donde a_1 es el primer término, n es el número de términos y d es la diferencia entre dos términos consecutivos.

Primer término: a_1

Segundo término: a_1+d

Tercer término: $a_2+d=a_1+2d$

Enésimo término: $a_n= a_1+(n-1)d$

Por ejemplo:

$a_1=4$ y $d=5$

4, 9, 14, 19, 24, ………….. $a_n=4+(n-1)5$

¿Cuál de las sucesiones siguientes es aritmética y cuál es su diferencia común?

a) 1,2,3,5….

b) 3,5,7,9,….

La sucesión b) es aritmética con d=2.

¿Cuál de las sucesiones siguientes es aritmética y cuál es su diferencia común?

a) -4,-1,2,5….

b) 2,4,8,16….

La sucesión a) es aritmética con d=3.

Si el primero y el décimo términos de una sucesión aritmética son 3 y 30, encuentre el término 50 de la sucesión.

$a_n=a_1+(n-1)d$

$a_{10}=a_1+(10-1)d$

$30=3+9d$

$d=3$

$a_{50}=a_1+(50-1)d$

$=3+(49)3$

$=150$

Si el primero y el décimoquinto términos de una sucesión aritmética son -5 y 23, encuentre el término 73 de la sucesión.

$a_n=a_1+(n-1)d$

$a_{15}=a_1+(15-1)d$

$23=-5+14d$

$d=2$

$a_{73}=a_1+(73-1)d$

$=-5+(72)2$

$=139$

Suma de los términos de una progresión aritmética: Serie aritmética

La suma de los términos de una progresión artimética está dada por la siguiente fórmula: $S_n = \frac{a_1+a_n}{2}n$

Está fórmula es posible demostrar de la siguiente forma:

$S_n=a_1+(a_1+d)+.....+[a_1+(n-2)d]+[a_1+(n-1)d]$

$S_n=[a_1+(n-1)d]+[a_1+(n-2)d]+....+(a_1+d)+a_1$

Sumando miembro a miembro las dos expresiones anteriores, se obtiene:

$2S_n=2a_1+(n-1)d+2a_1+(n-1)d+.....+2a_1+(n-1)d$

$2S_n=n[2a_1+(n-1)d]$ $a_n=a_1+(n-1)d$

$S_n = \frac{a_1+a_n}{2}n$

Encuentre la suma de los primeros 26 términos de la serie aritmética, si el primer término es -7 y d=3.

$a_{26}=a_1+(n-1)d$

$=-7+(25)3$

$=68$

$S_{25}=(-7+68)26/2$

$=793$

Encuentre la suma de los primeros 50 términos de la serie aritmética, si el primer término es 23 y d=-2.

$a_{50}=a_1+(n-1)d$

$=23+(49)(-2)$

$=-75$

$S_{25}=(23-75)50/2$

$=-13000$

Encuentre la suma de todos los números impares entre 51 y 99, inclusive ambos.

$a_n=a_1+(n-1)d$

$99=51+(n-1)(2)$ d=2 debido a que entre números impares hay una diferencia de 2.

n=25

$S_{25}=(51+99)25/2$

$=1875$

Encuentre la suma de todos los números pares entre -22 y 52, inclusive ambos.

$a_n=a_1+(n-1)d$

$52=-22+(n-1)(2)$ d=2 debido a que entre números pares hay una diferencia de 2.

n=38

$S_{25}=(-22+52)38/2$

$=570$

Progresiones Geométricas

Una progresión es geométrica si en los términos de la sucesión el cociente entre cada término y el anterior es una constante, la cual es llamada la razón r. La fórmula para encontrar el enésimo término de la sucesión es: $a_n=a_1r^{n-1}$

Primer término: a_1

Segundo termino: a_1r

Tercer término: $a_2r=a_1r^2$

Enésimo término: $a_n=a_1r^{n-1}$

Ejemplos:

2, 4, 8, 16, 32, ….. r=2

3, 9, 27, 81, …… r=3

¿Cuál de las siguientes sucesiones es geométrica y cuál es su razón común?

    a) 2,6,8,10,….

    b) -1,3,-9,27,….

La b) es una sucesión geométrica con r=-3

¿Cuál de las siguientes sucesiones es geométrica y cuál es su razón común?

    a) 1/4,1/2,1,2,….

    b) 1/2, 1/4, 1/16, 1/256,….

La a) es una sucesión geométrica con r=2

Encuentre el séptimo término de la sucesión geométrica 1, 1/2, 1/4,….

$r=1/2$

$a_n=a_1 r^{n-1}$

$a_7=1(1/2)^{7-1}$

   $=1/64$

Encuentre el octavo término de la sucesión geométrica 1/64, -1/32, 1/16,….

$r=-2$

$a_n=a_1 r^{n-1}$

$a_8=(1/64)(-2)^{8-1}$

   $=-2$

Si el primero y el décimo términos de una sucesión geométrica son 1 y 2 respectivamente, encuentre la razón común r con dos decimales.

$a_n=a_1 r^{n-1}$

$2=1 r^{10-1}$

$r=2^{1/9}$

   $=1.08$

Si el primero y el octavo término de una sucesión geométrica son 2 y 16 respectivamente, encuentre la razón común r con tres decimales.

$a_n=a_1 r^{n-1}$

$16 = 2r^{8-1}$

$r = 8^{1/7}$

$= 1.346$

Series geométricas finitas

La suma de los términos de una progresión geométrica está dada por la siguiente fórmula:

$$S_n = \frac{a_1(1-r^n)}{(1-r)} \qquad a_n = a_1 r^{n-1} \quad r \neq 1$$

Está fórmula es posible demostrar de la siguiente forma:

$S_n = a_1 + a_1 r + a_1 r^2 \dots + a_1 r^{n-2} + a_1 r^{n-1}$

$S_n r = a_1 r + a_1 r^2 + a_1 r^3 \dots + a_1 r^{n-1} + a_1 r^n$

Restando miembro a miembro las dos expresiones anteriores, se obtiene:

$S_n(1-r) = a_1(1-r^n)$

$$S_n = \frac{a_1(1-r^n)}{(1-r)} \qquad a_n = a_1 r^{n-1}$$

Encuentre la suma de los primeros 20 términos de una serie geométrica, si el primer término es 1 y $r=2$.

$$S_{20} = \frac{1(2^{20}-1)}{2-1}$$

$$= 1048575$$

Encuentre la suma , con dos decimales, de los primeros 14 términos de una serie geométrica, si el primer término es 1/64 y $r=-2$.

$$S_{14} = \frac{(\frac{1}{64})((-2)^{14}-1)}{-2-1}$$

$$= -85.33$$

Series geométricas infinitas

La suma infinita de una progresión geométrica si la razón $r<1$ está dada por la siguiente fórmula: $S_n = \frac{a_1}{(1-r)} \quad |r| < 1$

$$S_n = \frac{a_1(1-r^n)}{(1-r)} \qquad n \to \infty \ y \ |r| < 1 \quad r^n \to 0$$

$$S_n = \frac{a_1}{(1-r)} \quad |r| < 1$$

Si la razón r es mayor o igual a 1 la serie geométrica infinita no tiene suma, diverge, es decir tiende al infinito.

Encuentre la suma de una serie geométrica infinita con el primer término 5 y r=1/2.

$$S_n = \frac{5}{\left(1-\left(\frac{1}{2}\right)\right)} = 10$$

Represente el decimal periódico $0.4545\overline{45}$ como el cociente de dos enteros.

$0.4545\overline{45}=0.45+0.0045+0.000045+\dots$

Esto representa una serie geométrica infinita con el primer término 0.45 y r=0.01.

$$S_n = \frac{0.45}{(1-0.01)} = 5/11$$

Se puede comprobar el resultado dividiendo 5 para 11.

Represente el decimal periódico $0.8181\overline{81}$ como el cociente de dos enteros.

$0.8181\overline{81}=0.81+0.0081+0.000081+\dots$

Esto representa una serie geométrica infinita con el primer término 0.81 y r=0.01.

$$S_n = \frac{0.81}{(1-0.01)} = 9/11$$

Se puede comprobar el resultado dividiendo 9 para 11.

Interés Simple y Compuesto

El interés se da cuando un inversionista presta dinero a un prestatario y éste se compromete a pagar el dinero que pidió prestado así como los honorarios que se cobran por el uso del dinero ajeno lo cual se llama Interés.

El dinero prestado se conoce como capital (C), valor actual (VA) o valor presente (VP). Al dinero que se tiene que devolver al final se conoce como monto (M), valor futuro (VF) o valor final (VF).

El interés es la diferencia entre el valor final y el valor presente o capital, es decir entre lo que se tiene que devolver al final menos lo que se dio al inicio: I=M-C.

Hay dos tipos de interés: interés simple y compuesto. En el interés simple, el interés no varía período a período. Así, en el cálculo del interés para un período no se considera el interés que el capital ganó en el período anterior.

El el interés compuesto, el interés que el capital gana en un período forma parte del capital para efectos del cálculo del interés en el siguiente período. Esto se conoce como capitalización. Así, en el interés simple no hay capitalización, mientras que en el interés compuesto si hay.

Para determinar el interés simple se considera el capital inicial C, la tasa de interés I, y el tiempo n. Para determinar el interés compuesto se considera el capital inicial C, la tasa de interés I, el tiempo n y el tipo de capitalización.

La fórmula para el interés simples es: $I=C*I*n$

Hay una relación entre el interés I y el tiempo n. Así, si la tasa de interés es semestral, entonces n tiene que ser el número de semestres, si la tasa de interés es mensual, n tiene que ser el número de meses.

El valor del monto o valor futuro es: $M=C+I$

$M=C+CIn=C(1+In)$

Hay dos maneras de calcular el interés simple: exacto y ordinario. El interés simple exacto se calcula sobre la base de 365 días. El interés simple ordinario se calcula sobre la base de 360 días.

La fórmula para el interés compuesto se obtiene de la siguiente forma:

Sea C el capital inicial, I el interés anual y n el número de períodos de capitalización y k es el factor anual (1), mensual (12), semestral (6), trimestral (4) el cual hay que dividir el interés anual: I/k.

Al Inicio se tiene que $M=C$.

El interés al final del primer período es: $C(I/k)$

Al final del primer período se tiene como monto: $M=C+C(I/k)=C[1+(I/k)]$

El capital inicial para el segundo período es: $C[1+(I/k)]$.

Al final del segundo período se tiene como monto:

$M= C[1+(I/k)] + C[1+(I/k)](i/k)= C[1+(I/k)][1+(i/k)]=C [1+(I/k)]^2$

Así, al final del tercer período se tiene como monto: $M= C [1+(I/k)]^3$

Al final del período n, se tiene como monto: $M=C [1+(I/k)]^n$

En t años hay tk períodos y así n=tk y el monto para t años es:

M=C $[1+(I/k)]^{(t k)}$

Una asociación de crédito paga un interés de 8% anual, compuesto en forma trimestral. Si se depositan $1000 en este plan de ahorro y el interés se deja acumular, ¿qué cantidad habrá en la cuenta después de 1 año?.

I=8% anual=0.08 k=4 (trimestral) t=1 año C=$1000

n=número de períodos de capitalización=tk=4

M=C $[1+(I/k)]^{(t k)}$

M=1000$[1+(0.08/4)]^4$=$1082,43

47.- Fórmula Binomial

La forma binomial es: $(a+b)^n$ donde n es un número natural.

Factorial

El factorial es el producto de los n primeros números naturales.

n!=n(n-1)(n-2).….2*1

n!=n(n-1)!

1!=1

0!=1

Ejemplos:

4!=4*3*2*1

7!=7*6*5*4*3*2*1

8!/5!=(8*7*6*5!)/5!=8*7*6=336

El símbolo $\binom{n}{r}$ se utilizar para calcular el número de combinaciones en teoría de conteo.

$$\binom{n}{r} = \frac{n!}{r!(n-r)!} = \frac{n*(n-1)(n-2)…..(n-r+1)}{r(r-1)(r-2)…..2.1}$$

Ejemplo:

$$\binom{8}{3} = \frac{8!}{3!(8-3)!} = \frac{8*7*6*5!}{3*2*1*5!}=56$$

$$\binom{7}{0} = \frac{7!}{0!(7-0)!} = \frac{7!}{0!7!}=1$$

$$\binom{5}{5} = \frac{5!}{5!(5-5)!} = \frac{5!}{5!0!}=1$$

$$\binom{9}{2} = \frac{9!}{2!(9-2)!} = \frac{9*8*7!}{2*1*7!!}=36$$

Fórmula del binomio

$(a+b)^1=a+b$

$(a+b)^2=a^2+2ab+b^2$

$(a+b)^3=a^3+3a^2b+3ab^2+b^3$

$(a+b)^4=a^4+4a^3b +6a^2 b^2+4ab^3+b^4$

$(a+b)^5= a^5+5a^4b +10a^3 b^2+10a^2 b^3+5ab^4+b^5$

Los coeficientes para otras potencias se pueden obtener por medio del triángulo de Pascal:

$$\begin{array}{ccccccccccccc}
 & & & & & & 1 & & & & & & \\
 & & & & & 1 & & 1 & & & & & \\
 & & & & 1 & & 2 & & 1 & & & & \\
 & & & 1 & & 3 & & 3 & & 1 & & & \\
 & & 1 & & 4 & & 6 & & 4 & & 1 & & \\
 & 1 & & 5 & & 10 & & 10 & & 5 & & 1 & \\
1 & & 6 & & 15 & & 20 & & 15 & & 6 & & 1 \\
\end{array}$$

$(a+b)^6= a^6+6a^5b +15a^4 b^2+20a^3 b^3+15a^2 b^4+6ab^5+b^6$

Además, se puede observar que hay (n+1) términos y que los exponentes de a se reducen en 1 y los exponentes de b aumentan en 1. Además, en cada término la suma de los exponentes de a y b es igual a n. El coeficiente de cada término es obtenido multiplicando el coeficiente del término anterior por el exponente de a y dividiéndolo para la posición del término. Por ejemplo el coeficiente del tercer término en $(a+b)^5$ es obtenido multiplicando 5*4/2=10 y el coeficiente del cuarto término: 10*3/3=10 y así sucesivamente. Así, se puede deducir la fórmula del binomio:

$$(a+b)^n= a^n+\frac{n}{1} a^{n-1}b +\frac{n(n-1)}{2*1} a^{n-2}b^2+\frac{n(n-1)(n-2)}{3*2*1}a^{n-3}b^3+.....+\frac{n(n-1)}{2*1} a^2 b^{n-2}+\frac{n}{1} ab^{n-1}+b^n$$

$$(a+b)^n= a^n+\frac{n}{1} a^{n-1}b +\frac{n(n-1)}{2*1} a^{n-2}b^2+\frac{n(n-1)(n-2)}{3*2*1}a^{n-3}b^3+.....+\frac{n(n-1)}{2*1} a^2 b^{n-2}+\frac{n}{1} ab^{n-1}+b^n$$

Los coeficientes corresponden a la fórmula de la combinatoria:

$$\binom{n}{r} = \frac{n!}{r!(n-r)!} = \frac{n*(n-1)(n-2).....(n-r+1)}{r(r-1)(r-2).....2.1}$$

Así, por ejemplo: $\binom{n}{2} = \frac{n!}{2!(n-2)!} = \frac{n*(n-1)}{2.1}$

$$\binom{n}{1} = \frac{n!}{1!(n-1)!} = \frac{n}{1}$$

$(a+b)^n=\binom{n}{0} a^n+\binom{n}{1} a^{n-1}b +\binom{n}{2} a^{n-2}b^2+\binom{n}{3}a^{n-3}b^3+...+\binom{n}{n-2}a^2\ b^{n-2}+\binom{n}{n-1}ab^{n-1}+\binom{n}{n}b^n$

$(a+b)^n=\sum_{i=0}^{n} \binom{n}{i} a^{n-i}b^i \quad n\geq1$

Utilizar la fórmula del binomio para desarrollar $(a+b)^6$

$(a+b)^6=\sum_{i=0}^{6} \binom{6}{i} a^{6-i}b^i$

$(a+b)^6=\binom{6}{0} a^6+\binom{6}{1} a^5b +\binom{6}{2} a^4b^2+\binom{6}{3}a^3b^3+\binom{6}{4}a^2\ b^4+\binom{6}{5}ab^5+\binom{6}{6}b^6$

$(a+b)^6= a^6+6a^5b +15a^4\ b^2+20a^3\ b^3+15a^2\ b^4+6ab^5+b^6$

Utilizar la fórmula del binomio para desarrollar $(x+1)^5$

$(x+1)^5=\sum_{i=0}^{5} \binom{5}{i} x^{5-i}1^i$

$(x+1)^5=\binom{5}{0} x^5+\binom{5}{1} x^41 +\binom{5}{2} x^31^2+\binom{5}{3}x^21^3+\binom{5}{4}x^1\ 1^4+\binom{5}{5}1^5$

$(x+1)^5= x^5+5x^4+10x^3+10x^2 +5x +1$

También se pudo haber reemplazado a=x b=1 en la fórmula encontrada usando el triángulo de Pascal:

$(a+b)^5= a^5+5a^4b +10a^3\ b^2+10a^2\ b^3+5ab^4+b^5$

$(x+1)^5= x^5+5x^4+10x^3+10x^2 +5x +1$

Utilizar la fórmula del binomio para encontrar el cuarto término en el desarrollo de $(x-2)^{20}$.

$(a+b)^n=\sum_{i=0}^{n} \binom{n}{i} a^{n-i}b^i$

i=0 corresponde al primer término, i=3 corresponde al cuarto término.

a=x b=-2 n=20 i=3

Cuarto término: $\binom{20}{3} x^{20-3} (-2)^3=\frac{20*19*18}{3*2*1} x^{17} (-8)=-9120x^{17}$

Utilizar la fórmula del binomio para encontrar el tercer término en el desarrollo de $(x-4)^{10}$.

$$(a+b)^n=\sum_{i=0}^{n}\binom{n}{i}a^{n-i}b^{i}$$

i=0 corresponde al primer término, i=2 corresponde al tercer término.

a=x b=-4 n=10 i=2

Cuarto término: $\binom{10}{2}x^{10\text{-}2}(-4)^2=\frac{10*2}{2*1}x^8(16)=160x^8$

48.-Geometría Plana

Ángulos

Dos semirrectas o lados con un mismo vértice forman una abertura llamada ángulo.

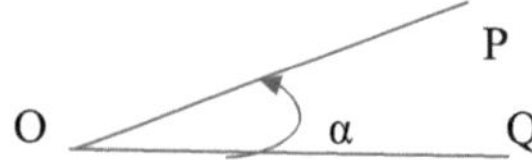

OP y OQ son los lados del ángulo α y O es el vértice.

Bisectriz

Bisectriz de un ángulo es la semirrecta que tiene como origen el vértice del ángulo y divide el ángulo en dos ángulos iguales.

Medición de ángulos

Sistema sexagesimal

La circunferencia se divide en 360 partes iguales. Cada grado se divide en 60 partes iguales llamadas minutos y cada minuto se divide en 60 partes iguales llamada segundos. Así, un ángulo se puede nombrar de la siguiente forma: 30° 19′ 60′′. Si se quiere pasar los segundos a minutos y los minutos a grados se puede utilizar una regla de tres con las conversiones antes mencionadas:

$60''*(1'/60'')=1'$

$19'+1'=20'$

$20'*(1°/60')=(1/4)°=0.25°$

$30+0.25=30.25°$

Sistema circular y radián

La longitud de la circunferencia es igual a 2π veces el radio. El radián es el ángulo cuyos lados forman un arco cuya longitud es igual a la del radio de la circunferencia. El arco de la circunferencia está dado por: $s=r\theta$.

$S=r\ \theta \quad S=r \quad r=r(\theta) \quad \theta=1$ radián.

El perímetro de la circunferencia es igual a $P=2\pi r$.

Se tiene el perímetro completo para un ángulo de $360°$ lo cual equivale a un perímetro de $2\pi r$ y en radianes a un ángulo de 2π (rad) ya que $S=2\pi r$ y $S=r\theta$

$2\pi r=r\theta \quad \theta=2\pi$ rad

De esta forma: $360°=2\pi$(rad)

Expresar en radianes un ángulo de $60°$.

$60°*(2\pi Rad/360°)=\pi/3$ radianes

Expresar en el sistema sexagesimal un ángulo de $\pi/4$ radianes.

$\pi/4$ rad$*(360°/2\pi$ rad$)=45°$

Clasificación de ángulos

Ángulos agudos.- Son aquellos ángulos que miden menos de $90°$.

Ángulos rectos.- Son aquellos ángulos que miden $90°$.

Ángulos llanos.- Son aquellos ángulos que miden $180°$.

Ángulos obtusos.- Son aquellos ángulos que miden entre $90°$ y $180°$.

Ángulos cóncavos.- Son aquellos ángulos que miden entre $180°$ y $360°$.

Ángulos adyacentes.- Dos ángulos son adyacentes cuando tienen un lado común y los otros dos lados pertenecen a la misma recta

Ángulos complementarios.- Dos ángulos son complementarios cuando sumados valen $90°$.

Ángulos suplementarios.- Dos ángulos son suplementarios cuando sumados valen 180°.

Ángulos opuestos por el vértice.- Dos ángulos están opuestos por el vértice cuando los lados de uno de ellos son las prolongaciones de los lados del otro.

Ángulos consecutivos.- Dos ángulos son consecutivos si tienen un lado común que separe a los otros dos ángulos.

Además, se tiene los siguientes teoremas:

- Dos ángulos adyacentes son suplementarios.
- Los ángulos opuestos por el vértice son iguales.
- Los ángulos consecutivos formados a un lado de una recta suman 180°.
- La suma de los ángulos consecutivos alrededor de un punto vale 360°.

Ángulos internos y externos.

Ángulos internos son los que quedan en el interior entre dos rectas paralelas cortadas por una secante. Ángulos externos son los que quedan fuera del interior de dos rectas paralelas cortadas por una secante.

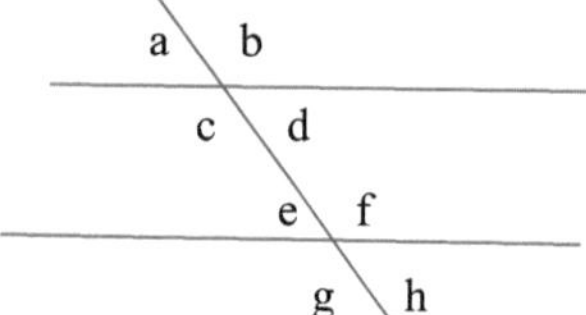

Los ángulos c,d,e y f son ángulos internos y los ángulos a,b,g y h son ángulos externos.

Los ángulos c y f c=f y los ángulos d y e d=e se llaman alternos internos. Los ángulos alternos internos son iguales. Los ángulos a y h a=h y los ángulos b y g b=g se llaman alternos externos. Los ángulos alternos externos son iguales.

Los ángulos d y h d=h y los ángulos c y g c=g y los ángulos a y e a=e y los ángulos b y f b=f se llaman correspondientes. Los ángulos correspondientes son iguales.

Los ángulos b y c b=c y los ángulos a y d a=d y los ángulos e y h e=h y los ángulos f y g f=g se llaman opuestos por el vértice. Los ángulos opuestos por el vértice son iguales.

Así, se tiene la siguiente igualdad de ángulos:

a=d d=e e=h a=h   d=h   a=e

b=c c=f f=g   b=g   c=g   b=f

Ángulos con lados perpendiculares o paralelos

- Dos ángulos que tienen sus lados paralelos y dirigidos en el mismo sentido son iguales. Los ángulos α y β son iguales. También son iguales los ángulos α y γ ya que tienen sus lados paralelos o son opuestos por el vértice β=γ y α=β.

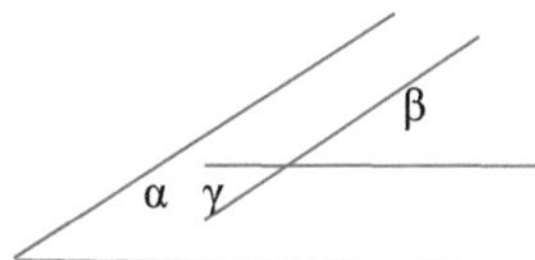

- Dos ángulos agudos cuyos lados son respectivamente perpendiculares son iguales. Los ángulos α y β son iguales: α=β.

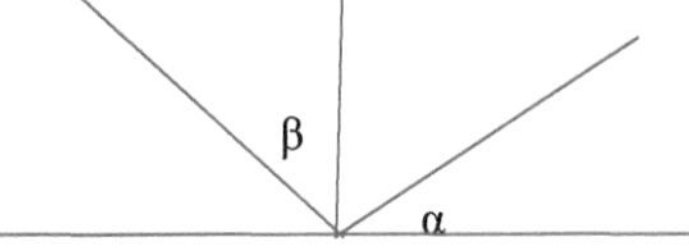

Los lados del ángulo α son perpendiculares a los lados del ángulo β.

Rectas oblicuas, perpendiculares, paralelas y coplanares.

Dos rectas son oblicuas si se cortan en un punto.

Dos rectas son perpendiculares cuando se cortan en un punto y forman ángulos rectos entre las dos rectas. Dos rectas perpendiculares tienen la siguiente relación matemática entre ellas: $m_1 m_2 = -1$.

Si el ángulo no es recto, entonces las dos rectas son oblicuas pero no son perpendiculares.

Dos rectas son paralelas si están en un mismo plano y no se cortan entre ellas. Dos rectas paralelas tienen la misma pendiente: $m_1 = m_2$.

Dos rectas son coplanares si se encuentran en un mismo plano. Las rectas en R^2 son coplanares ya que se encuentran en el plano xy.

Recta Secante y tangente.

Se llama recta secante a la recta que corta a una curva o una circunferencia en más de un punto. Si la recta corta a la curva o circunferencia en un punto, la recta se llama tangente.

Triángulos

El perímetro de un triángulo es la suma de los tres lados de un triángulo. La suma de los ángulos interiores de un triángulo es 180°. La suma de los ángulos exteriores de un triángulo es 360°. Dos triángulos iguales tienen sus lados y ángulos iguales. Además, dos triángulos son iguales cuando tienen dos lados iguales y el ángulo comprendido entre ellos, cuando tienen un lado igual y los ángulos adyacentes a ese lado iguales o cuando tienen iguales los tres lados. Los triángulos se clasifican por sus lados en equiláteros (tres lados iguales), isósceles (dos lados iguales) y escaleno (tres lados desiguales).

Los triángulos se clasifican por sus ángulos en rectángulos (tiene un ángulo recto o de 90°), acutángulos (tiene todos sus ángulos agudos) y obtusángulos (tiene un ángulo obtuso o mayor a 90°).

En un triángulo rectángulo se cumple el teorema de Pitágoras:

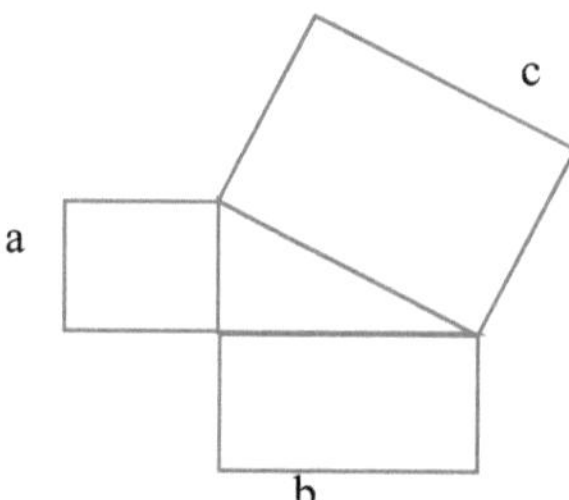

$c^2=a^2+b^2$ donde a^2, b^2 y c^2 son las áreas de los cuadrados adyacentes a los lados del triángulo.

La bisectriz de un ángulo de un triángulo es la recta llega al lado opuesto y divide al ángulo del triángulo en dos partes iguales.

Las medianas de un triángulo son las rectas que van desde los vértices hasta los puntos medios de los lados opuestos. El punto donde se cortan las tres medianas se llama baricentro.

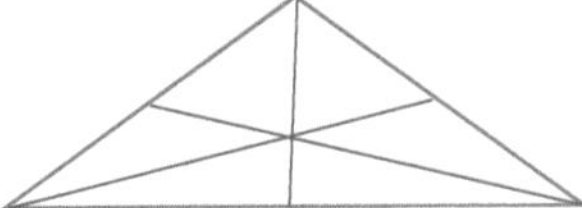

Las mediatrices de los lados de un triángulo son las rectas perpendiculares desde los puntos medios de los lados. El punto donde se cortan las tres mediatrices se llama circuncentro: centro de la circunferencia circunscrita al triángulo.

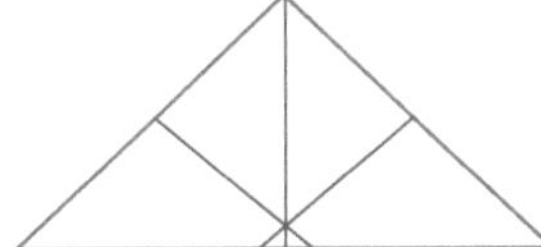

Las alturas son las perpendiculares trazadas desde los vértices hasta los lados opuestos o sus prolongaciones. El punto donde se cortan las tres alturas se llama ortocentro.

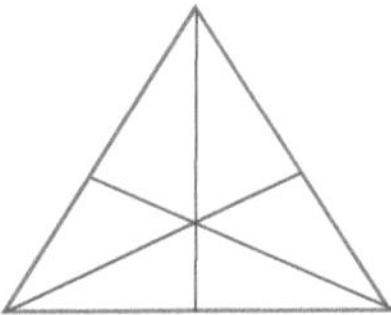

El incentro es el punto de corte de las tres bisectrices interiores del triángulo. El incentro es el centro de la circunferencia inscrita en el triángulo.

Lados Homólogos: Son los lados correspondientes opuestos a ángulos iguales.

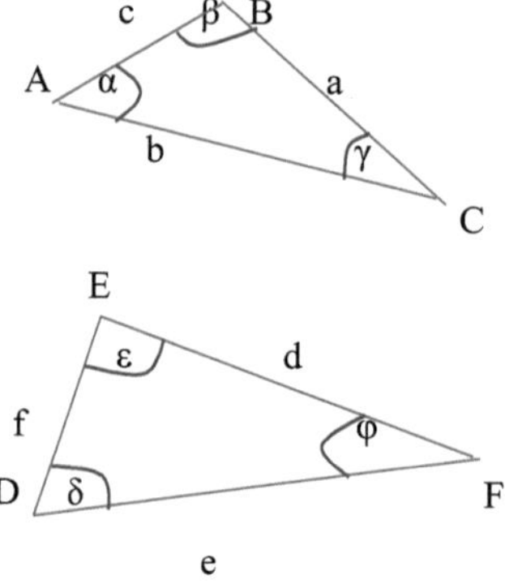

$\alpha = \delta$

$\beta = \varepsilon$

$\gamma = \varphi$

Si estos ángulos son iguales entonces: a y d son lados homólogos, b y e son lados homólogos, c y f son lados homólogos y se cumple la siguiente proporción: (a/d)=(b/e)=(c/f).

Triángulos semejantes: Dos triángulos son semejantes cuando tienen:

sus ángulos iguales y/o sus lados homólogos proporcionales.

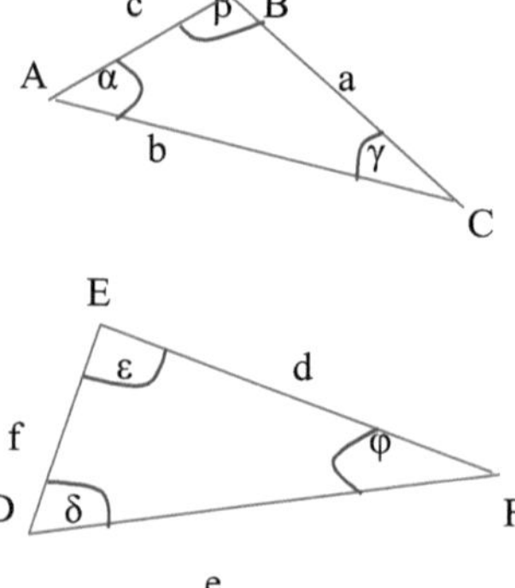

Si el triángulo ABC es semejante al triángulo DEF, entonces se tiene las siguientes igualdades:

1) $\alpha=\delta$

$\beta=\varepsilon$

$\gamma=\varphi$

2) $(a/d)=(b/e)=(c/f)$

La proporción de lados homólogos debe escribirse siempre en orden; así, por ejemplo, si se empieza la proporción de triángulo mayor a triángulo menor debe mantenerse esa misma secuencia en toda la proporción.

Inversamente: Si tengo dos triángulos cuyos ángulos son iguales, puedo decir, que son triángulos semejantes y que sus lados homólogos son proporcionales.

También, si tengo dos triángulos que tienen sus lados homólogos proporcionales, podemos concluir que son semejantes y que tienen sus ángulos iguales.

Ejercicios:

1) ¿Serán semejantes dos triángulos que tienen dos ángulos iguales? Dé las razones.

2) ¿Serán semejantes dos triángulos rectángulos que tienen un ángulo agudo igual? Dé las razones.

3) ¿Serán semejantes todo par de triángulos rectángulos? Dé las razones.

4) ¿Serán semejantes todo par de triángulos equiláteros? Dé las razones.

Dos ángulos de lados perpendiculares son iguales.

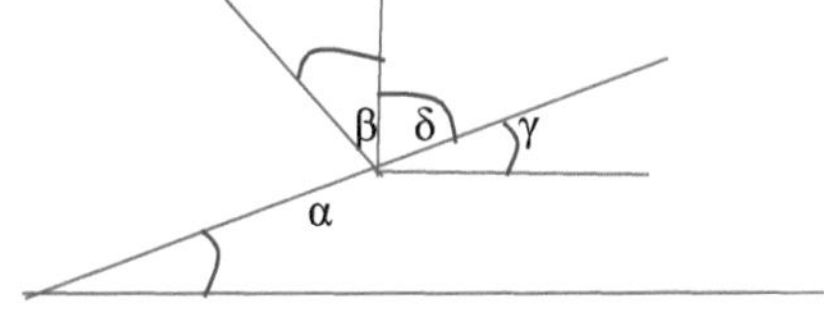

Sean los ángulos α y β que tienen los lados perpendiculares entre sí.

β + δ=90 grados por construcción

δ+ γ=90 grados por construcción

β + δ= δ+ γ por la propiedad transitiva de las igualdades

β = γ

α= γ

α= β

Así, dos ángulos agudos cuyos lados son respectivamente perpendiculares son iguales.

Perímetros y áreas (superficies) de figuras geométricas planas

Triángulo:

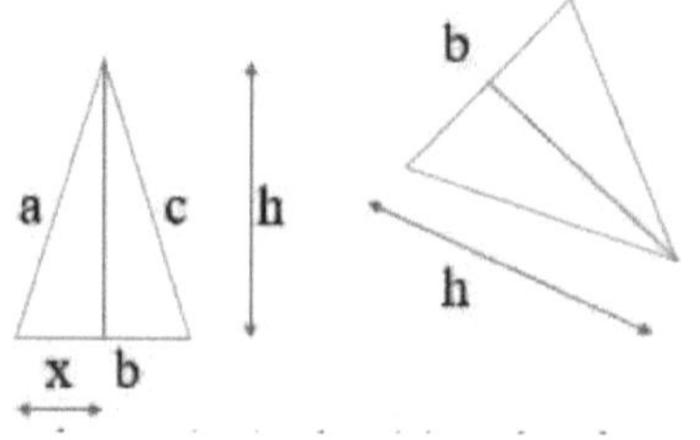

perímetro=(a+b+c)   h: altura   lados: a,b,c

$A=(bh)/2 \qquad h = \sqrt{a^2 - x^2}$

$A = \sqrt{p(p - a)(p - b)(p - c)}$ p=(a+b+c)/2

Rectángulo:

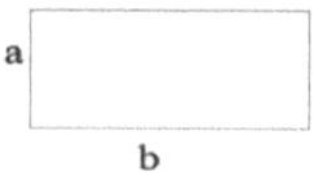

p=2a+2b

A=ab

Cuadrado:

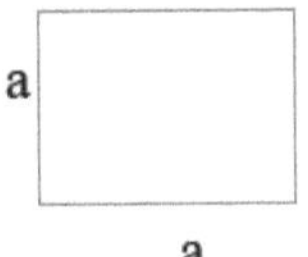

p=4a

$A=a^2$

Paralelogramo:

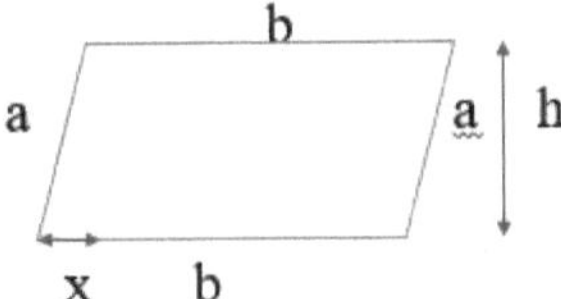

p=2a+2b

A=bh $\qquad h = \sqrt{a^2 - x^2}$

Rombo (si los cuatro ángulos son iguales a 90 grados, esto es un cuadrado):

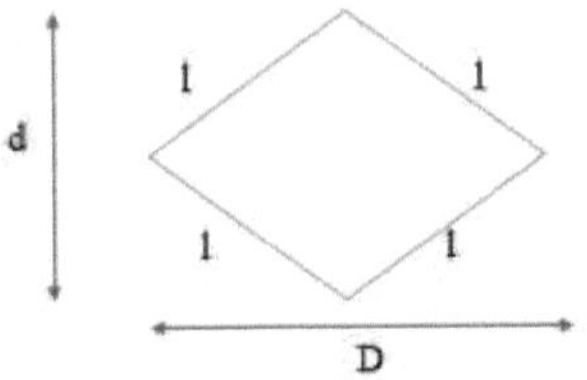

d: diagonal menor   D: diagonal mayor

p=4l

A=(d) (D)/2

Trapecio:

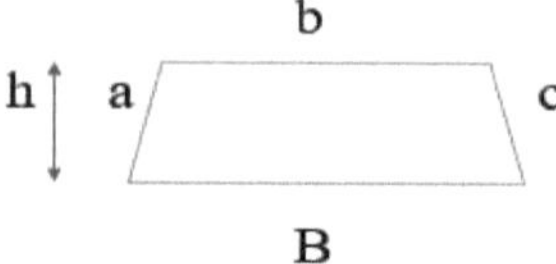

p=a+b+B+c

A=(b+B)h/2

Circunferencia:

p=2πr   D=2r   π=3,141516….   r: radio   D: diámetro

A=πr²

Polígono regular

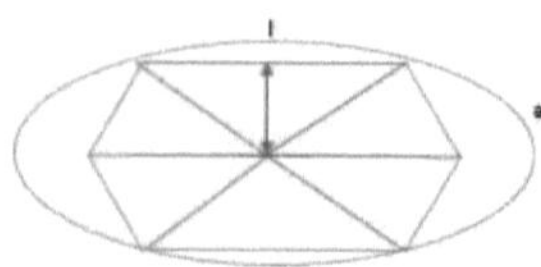

a: apotema

l: lado

r: radio

n: # de lados

p=nl

A=(l a)n/2

  =(ln)a/2

  =(pa)/2

Corona circular:

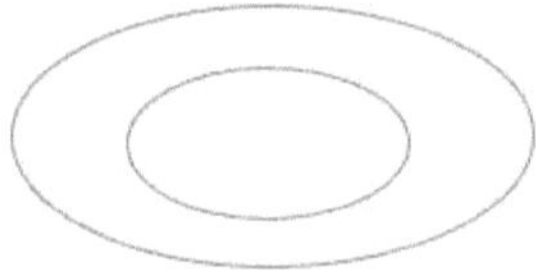

r₁: radio 1

r_1: radio 1

r_2: radio 2

$$A = \pi(r_2^2 - r_1^2)$$

Sector circular:

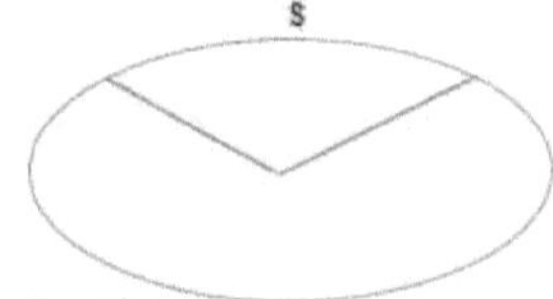

S=rϴ (ϴ es el ángulo comprendido entre los dos radios en radianes)

A=(Sr)/2

   =(r²ϴ) /2

Segmento circular:

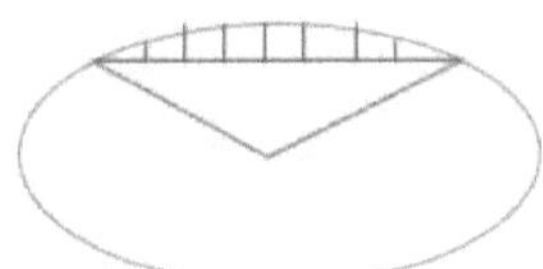

A=A(sector)-A(triángulo)

Elipse

A=πdD (d: diámetro menor, D: diámetro mayor)

49.- Geometría en el espacio, distancia entre dos puntos y punto medio de un segmento de recta.

Ubicación de puntos

Los ejes x,y, y z se representan por medio del siguiente diagrama:

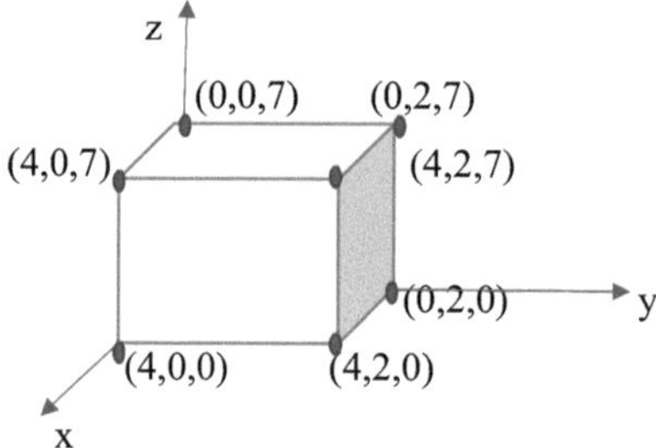

Distancia entre dos puntos en R

La fórmula de la distancia de dos puntos en R es:

$$d=|x_2 - x_1|= \sqrt{(x_2 - x_1)^2}$$

Distancia entre dos puntos en R^2

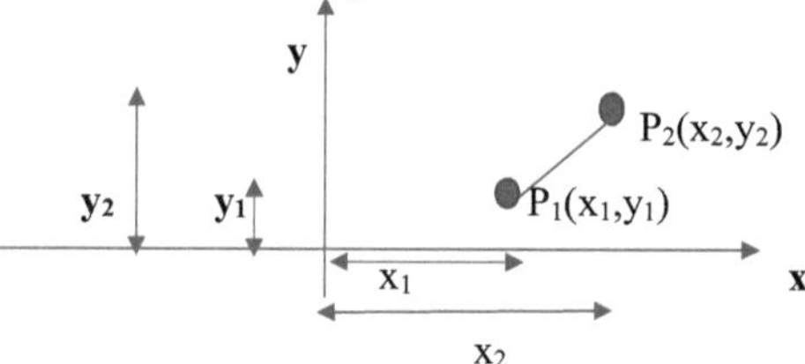

La distancia entre dos puntos P_1 (x_1,y_1) y P_2 (x_2, y_2) está dada por la siguiente fórmula aplicando Pitágoras:

$$d = \sqrt{(x_2 - x_1)^2 + (y_2 - y_1)^2}$$

No importa que punto se designa por P_1 o P_2 debido a que los paréntesis están al cuadrado.

Encuentre la distancia entre los puntos: $P_1(-3,0)$ y $P_2(-6,4)$

$$d = \sqrt{((-6) - (-3))^2 + (4 - 0)^2} = 5$$

Distancia entre dos puntos en R^3

La distancia entre dos puntos $P_1(x_1,y_1,z_1)$ y $P_2(x_2,y_2,z_2)$ está dada por:

$$d = \sqrt{(x_2 - x_1)^2 + (y_2 - y_1)^2 + (z_2 - z_1)^2}$$

Así, la distancia entre los puntos $(0,0,0)$ y (a,b,c) se puede obtener aplicando Pitágoras dos veces consecutivas:

$$d_{ab} = \sqrt{(a - 0)^2 + (b - 0)^2}$$

$$d = \sqrt{d_{ab}^2 + (c - 0)^2}$$

$$d = \sqrt{a^2 + b^2 + c^2}$$

$$d = \sqrt{(a - 0)^2 + (b - 0)^2 + (c - 0)^2}$$

Si se desea obtener la distancia entre los puntos (a,b,c) y (d,e,f) la fórmula respectiva es:

$$d = \sqrt{(a - d)^2 + (b - e)^2 + (c - f)^2}$$

Así, se concluye que la distancia entre dos puntos $P_1(x_1,y_1,z_1)$ y $P_2(x_2,y_2,z_2)$ está dada por:

$$d = \sqrt{(x_2 - x_1)^2 + (y_2 - y_1)^2 + (z_2 - z_1)^2}$$

Esta fórmula es una extensión de la fórmula de la distancia de dos puntos en R^2:

$$d = \sqrt{(x_2 - x_1)^2 + (y_2 - y_1)^2}$$

Punto medio de un segmento rectilíneo

Las fórmulas para las coordenadas del punto medio de un segmento de recta formada por los puntos $P_1(x_1,y_1,z_1)$ y $P_2(x_2,y_2,z_2)$:

$x'=(x_1+x_2)/2 \quad y'=(y_1+y_2)/2 \quad z'=(z_1+z_2)/2$

Ejemplo:

Obtener el punto medio entre los puntos $P_1(2,4,6)$ y $P_2(8,5,3)$

$x'=(2+8)/2=5 \quad y'=(4+5)/2=9/2 \quad z'=(6+3)/2=9/2$

También se pudo obtener el punto medio de la siguiente forma:

Sea las coordenadas del punto $P(x',y',z')$:

$P_1P=(1/2)P_1P_2$

$(x'-2,y'-4,z'-6)=(1/2)(8-2,5-4,3-6)$

$x'-2=(8-2)/2 \quad y'-4=(5-4)/2 \quad z'-6=(3-6)/2$

$x'=(2+8)/2=5 \quad y'=(4+5)/2=9/2 \quad z'=(6+3)/2=9/2$

Obtener el punto que está a $(1/3)$ de la distancia entre los puntos $P_1(2,0,5)$ y $P_2(7,4,3)$ desde el punto P_1.

Sea las coordenadas del punto $P(a,b,c)$:

$P_1P=(1/3)P_1P_2$

$(a-2,b-0,c-5)=(1/3)(7-2,4-0,3-5)$

$a=2+(5/3) \quad b=4/3 \quad c=5-(2/3)$

$a=11/3 \quad b=4/3 \quad c=13/3$

50.- Cónicas: Circunferencias, Parábolas, Elipses, Hipérbolas.

Circunferencias

La circunferencia es el lugar geométrico de un punto que se mueve en un plano y siempre se mantiene a una distancia constante de un punto fijo llamado centro de la circunferencia. La distancia constante se llama radio r.

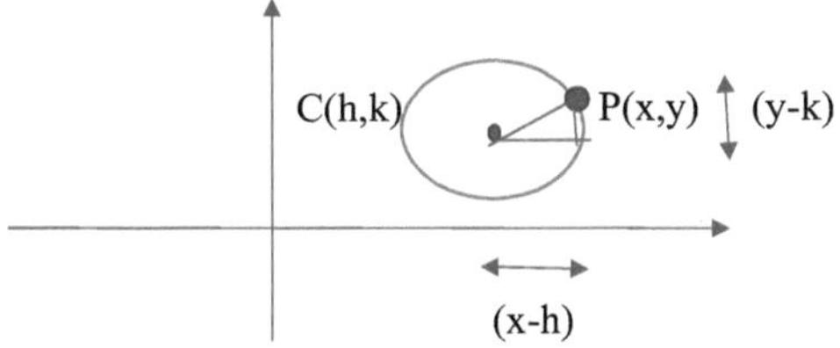

Aplicando la fórmula de la distancia de dos puntos se obtiene r:

P(x,y) C(h,k)

$$r=\sqrt{(x-h)^2+(y-k)^2} \quad r>0$$

También se puede obtener la misma ecuación aplicando Pitágoras al triángulo rectángulo del gráfico.

Así, la ecuación de la circunferencia con centro en (h,k) está dada por:

$(x-h)^2+(y-k)^2=r^2$

El centro de la circunferencia está dado por las coordenadas (h,k).

Cualquier otro punto (x,y) debe satisfacer esta ecuación de la circunferencia.

Si el centro es el origen (0,0), la ecuación está dada por:

$x^2+y^2=r^2$ la cual se obtiene aplicando la fórmula de distancia de dos puntos a los puntos (0,0) y (x,y).

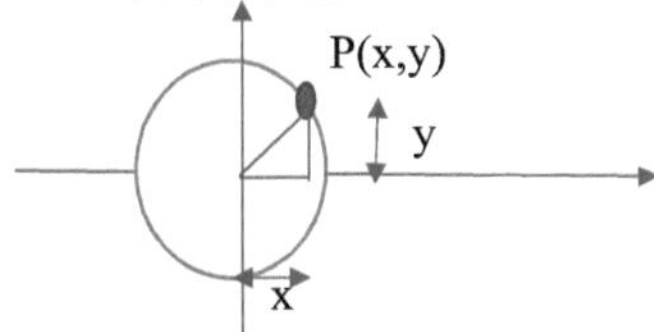

También, se puede obtener la ecuación aplicando Pitágoras al triángulo de la gráfica. A partir de $x^2+y^2=r^2$ también se puede obtener la ecuación de la circunferencia con centro en (h,k) si se aplica la traslación de los ejes:

Sea (x,y) las coordenadas de un punto P con respecto a los ejes x y y. Sea (x′, y′) las coordenadas de un punto P con respecto a los ejes x′y y′. Los ejes x´ y y´se han trasladado a un nuevo origen con coordenadas (h,k) con respecto a los ejes x,y. El origen de x´,y´ es el centro de la circunferencia.

De esta forma se tiene la siguiente relación entre los ejes:

x=x´+h   y=y´+k

x´=x-h   y´=y-k

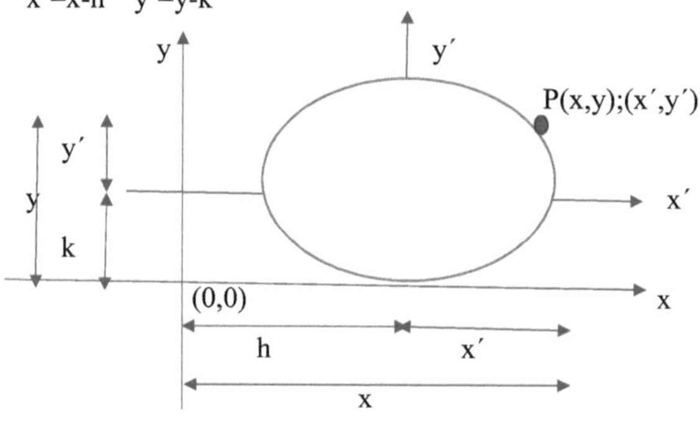

$x'^2+y'^2=r^2$

x´=x-h   y´=y-k

$(x-h)^2+(y-k)^2=r^2$: ecuación de la circunferencia con centro en (h,k)

Ejemplo:

Obtener la ecuación de la circunferencia cuyo diámetro corresponde a los puntos extremos A(-2,3) y B(4,5) los cuales están en un mismo diámetro de la circunferencia.

El punto medio del diámetro formado por A y B es el centro de la circunferencia C(h,k).

El punto medio (x,y) está dado por:

$x=(x_1+y_1)/2$ $y=(y_1+y_2)/2$

h=(-2+4)/2=1   k=(3+5)/2=4

C(1,4)

El radio es la distancia del centro al punto A o B:

C(1,4) B(4,5)

$r=\sqrt{(4-1)^2+(5-4)^2}$

$r=\sqrt{10}$

$(x-1)^2+(y-4)^2=10$

$x^2+y^2-2x-8y+7=0$

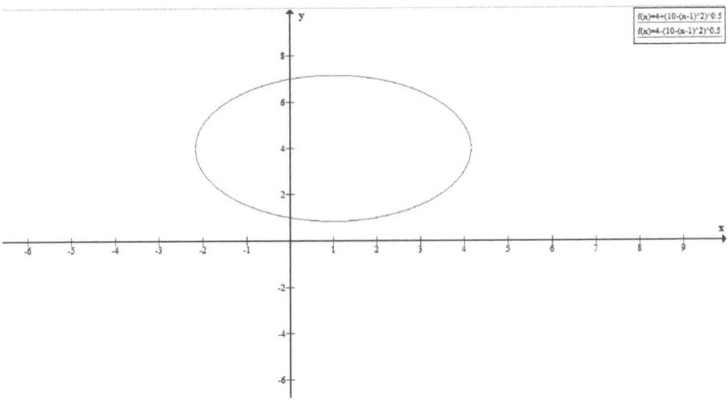

Ejemplos:

Encuentre la ecuación de la circunferencia con radio 4 y centro en (-3,6).

$(x+3)^2+(y-6)^2=4^2$

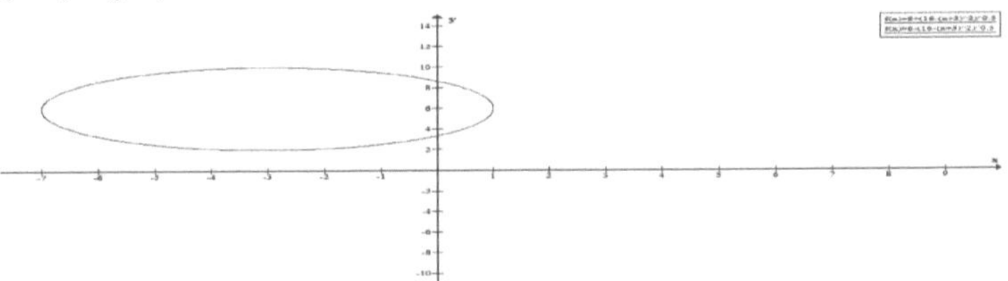

Encuentre la ecuación de la circunferencia con radio 4 y centro en (0,0).

$(x)^2+(y)^2=4^2$

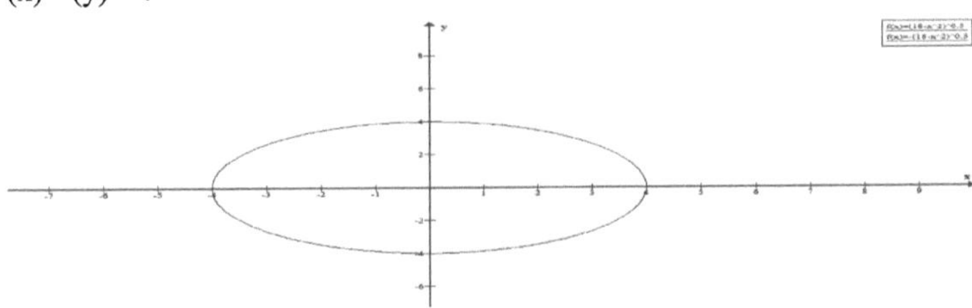

Hallar la ecuación de la circunferencia circunscrita al triángulo cuyos vértices son (-1,1), (3,5) y (-5,3).

La intersección de dos mediatrices del triángulo nos da el centro de la circunferencia circunscrita al triángulo. La mediatriz es la perpendicular al punto medio del lado del tríangulo.

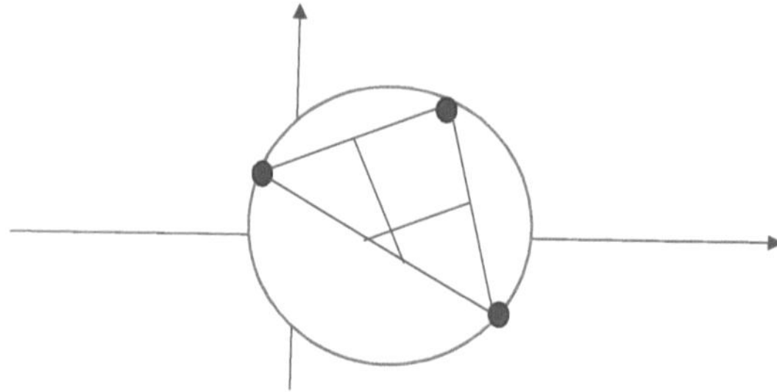

El punto medio del lado del triángulo formado por los puntos (-1,1) y (3,5) es ((-1+3)/2,(1+5)/2)=(1,3).

Así, una mediatriz pasa por este punto y por el centro de la circunferencia (x,y).

La ecuación de la recta formada por los puntos (-1,1) y (3,5) es:

m=(5-1)/(3+1)=1

y-5=(x-3) y=x+2

La mediatriz es perpendicular a esta recta y su pendiente es:

m_m(1)=-1 m_m=-1

La ecuación de la mediatriz que pasa por el punto (1,3) es: y-3=-1(x-1): y=-x+4

El punto medio del lado del triángulo formado por los puntos (3,5) y (5,-3) es ((3+5)/2,(5-3)/2)=(4,1).

Así, una mediatriz pasa por este punto y por el centro de la circunferencia (x,y).

La ecuación de la recta formada por los puntos (3,5) y (5,-3) es:

m=(-3-5)/(5-3)=-4

y-5=-4(x-3) y=-4x+17

La mediatriz es perpendicular a esta recta y su pendiente es:

$m_m(-4)=-1$ $m_m=1/4$

La ecuación de la mediatriz que pasa por el punto (4,1) es:
$y-1=(1/4)(x-4)$: $y=(1/4)x$

Se soluciona el sistema de ecuaciones para encontrar el centro de la circunferencia:

$y=-x+4$

$y=(1/4)x$ $4y=x$

Aplicando el método de reducción:

$5y=4$ $y=4/5$ $x=16/5$ $C(16/5,4/5)$

El radio se puede encontrar por medio de la distancia del centro a uno de los puntos del triángulo: $C(16/5,4/5)$ $P(-1,1)$

$$r=\sqrt{(\tfrac{16}{5}+1)2+(\tfrac{4}{5}-1)2}=\sqrt{442}\ /5$$

$r^2=442/25$

$(x-(16/5))^2+(y-(4/5))^2=442/25$

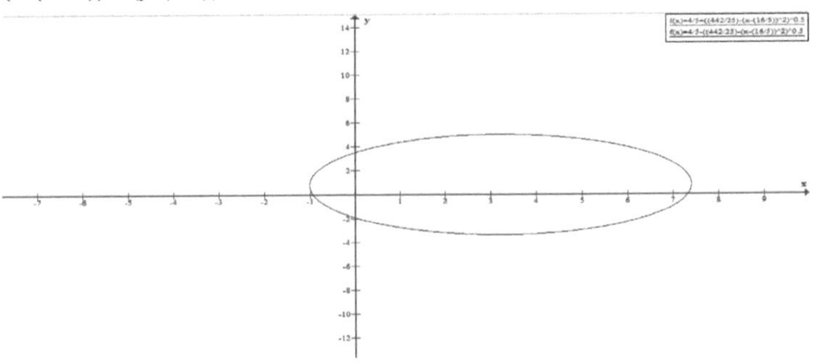

Forma general de la ecuación de la circunferencia

$(x-h)^2+(y-k)^2=r^2$

$x^2-2xh+h^2+y^2-2yk+k^2=r^2$

$x^2+y^2+Dx+Ey+F=0$ forma general de la circunferencia

$D=-2h$ $E=-2k$ $F=h^2+k^2-r^2$

No toda ecuación de la forma $x^2+y^2+Dx+Ey+F=0$ representa una circunferencia:

$h=-D/2 \quad k=-E/2 \quad r^2=D^2/4 +E^2/4 -F \quad r^2=(D^2+E^2-4F)/4$

$(x+D/2)^2+(y+E/2)^2=(D^2+E^2-4F)/4$

Así, para que sea una circunferencia $D^2+E^2-4F>0$, si es igual a cero es un punto y si es menor a cero no representa una circunferencia y ningún lugar geométrico.

Además, para que sea una circunferencia $x^2+y^2+Dx+Ey+F=0$, x y y deben tener la misma constante como por ejemplo: $2x^2+2y^2-10x+6y-15=0$ para obtener la respectiva forma: $x^2+y^2-5x+3y-15/2=0$.

$x^2-5x+25/4+y^2+3y+9/4=15/2+25/4+9/4$

$(x-5/2)^2+(y+3/2)^2=16 \quad C(5/2,-3/2) \quad r=4$

Así, si se tiene:

$Ax^2+Ay^2+Dx+Ey+F=0$

$x^2+y^2+(D/A)x+(E/A)y+(F/A)=0$ la cual puede ser una circunferencia, un punto o ningún lugar geométrico.

De esta forma, si se tiene la forma general de la ecuación de segundo grado de dos variables:

$Ax^2+Bxy+Cy^2+Dx+Ey+F=0$

Si B=0 y A=C la gráfica es una circunferencia, un punto o ningún lugar geométrico: $Ax^2+Ay^2+Dx+Ey+F=0$

$x^2+y^2+(D/A)x+(E/A)y+(F/A)=0$

Ejemplo:

Encuentre el centro y el radio de la circunferencia con ecuación

$x^2+y^2+6x-4y=23$

$x^2+6x+9+y^2-4y+4=23+9+4$

$(x+3)^2+(y-2)^2=36$

$C(-3,2) \quad r=6$

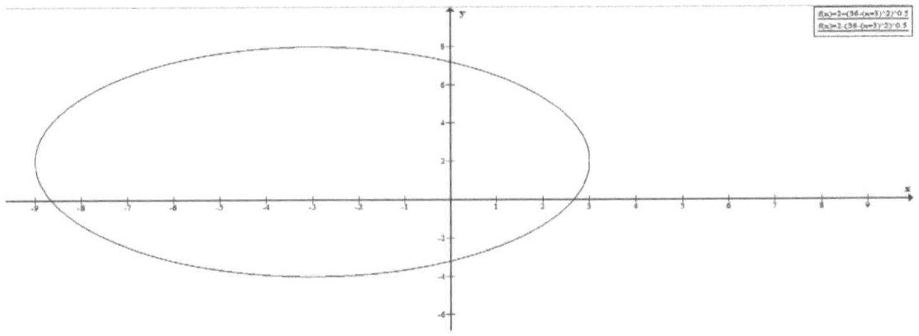

Encuentre el centro y el radio de la circunferencia con ecuación

$x^2+y^2-8x+10y=-25$

$x^2-8x+16+y^2+10y+25=-25+16+25$

$(x-4)^2+(y+5)^2=16$

$C(4,-5)\quad r=4$

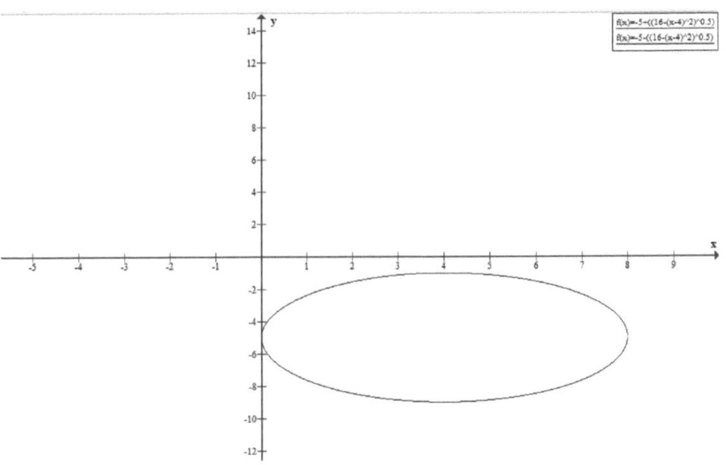

Encuentre el centro y el radio de la circunferencia con ecuación

$2x^2+2y^2-10x+6y-15=0$

$x^2-5x+25/4+y^2+3y+9/4=15/2+25/4+9/4$

$(x-5/2)^2+(y+3/2)^2=16$

$C(5/2,-3/2)\quad r=4$

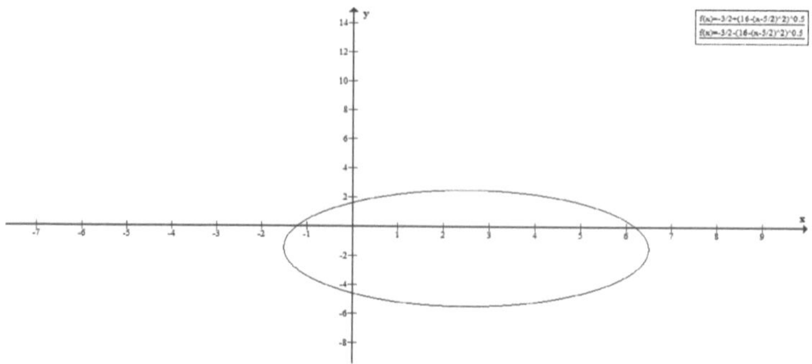

Encuentre el centro y el radio de la circunferencia con ecuación

$36x^2+36y^2+48x-108y+97=0$

$x^2+4/3x+4/9+y^2-3y+9/4=-97/36+4/9+9/4$

$(x+2/3)^2+(y-3/2)^2=0$

C(-2/3,3/2)   r=0

Esto representa el punto (-2/3,3/2) y no una circunferencia.

Encuentre el centro y el radio de la circunferencia con ecuación

$x^2+y^2-8x+6y+29=0$

$x^2-8x+16+y^2+6y+9=-29+16+9$

$(x-4)^2+(y+3)^2=-4$

C(4,-3)   r=-4

Esto no representa una circunferencia ni ningún lugar geométrico ya que el radio es negativo.

Ejemplo:

Obtener el centro y el radio de la circunferencia cuya ecuación es:

$x^2+y^2+6x-2y-15=0$

$(x+3)^2+(y-1)^2=25$

C(-3,1) r=5

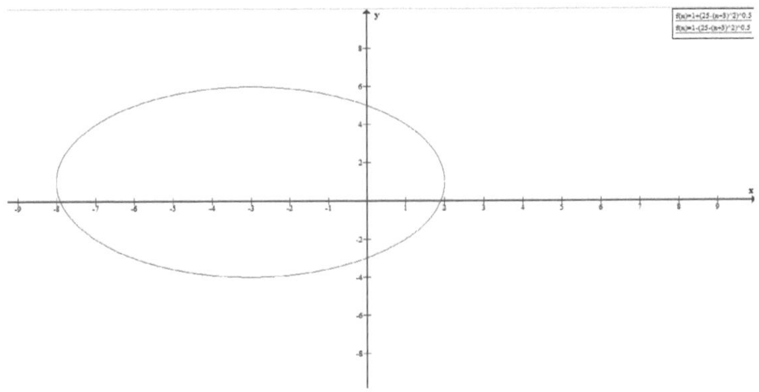

Encontrar el lugar geométrico de la siguiente ecuación:

$x^2+y^2-4x+10y+29=0$

$(x-2)^2+(y+5)^2=0$

Esto representa el punto $(2,-5)$ ya que es el único valor de x y y que satisfacen la ecuación.

Encontrar el lugar geométrico de la siguiente ecuación:

$2x^2+2y^2+12x-8y+31=0$

$x^2+6x+y^2-4y+(31/2)=0$

$(x+3)^2+(y-2)^2=13-(31/2)$

$(x+3)^2+(y-2)^2=-5/2$

Así, esta ecuación no representa ningún lugar geométrico.

Además, se tiene que para encontrar la ecuación de una línea recta se necesitan dos puntos que pasen por la recta ya que se tienen dos constantes a resolver: $y=mx+b$ los cuales son m y b y se tiene un sistema de dos ecuaciones con dos incógnitas:

$y_1=mx_1+b$

$y_2=mx_2+b$

Para encontrar la ecuación de una circunferencia se necesitan tres puntos que pasen por la circunferencia ya que se tienen tres constantes a resolver: $(x-h)^2+(y-k)^2=r^2$ los cuales son h, k y r.

Si se utiliza la forma general $x^2+y^2+Dx+Ey+F=0$ también se tienen tres constantes D, E y F.

Luego se resuelve el sistema de ecuaciones con tres incógnitas y se encuentran las respectivas constantes.

Determinar la ecuación, centro y radio de la circunferencia que pasa por los puntos (-1,1), (3,5) y (5,-3).

Este es el mismo problema resuelto anteriormente de la circunferencia circunscrita al triángulo formado por los tres puntos, el cual se resolvió obteniendo las ecuaciones de las mediatrices y encontrando sus puntos de intersección.

$x^2+y^2+Dx+Ey+F=0$

$1+1-D+E+F=0$

$9+25+3D+5E+F=0$

$25+9+5D-3E+F=0$

D-E-F=2   D=2+E+F

3D+5E+F=-34   8E+4F=-40   8E+4F=-40

5D-3E+F=-34   2E+6F=-44   8E+24F=-176

20F=-136   F=-34/5

E=(-44-6F)/2   E=-16/10   E=-8/5

D=2+E+F=2-8/5-34/5=-32/5

$x^2+y^2-(32/5)x-(8/5)y-(34/5)=0$

$x^2-(32/5)x+(16/5)^2+y^2-(8/5)y+(4/5)^2=34/5+256/25+16/25$

$(x-16/5)^2+(y-(4/5)^2=442/25$

$C(16/5,4/5)$ $r=\sqrt{442}/5$

Encontrar la ecuación, centro y radio de la circunferencia que pasa por los puntos (6,2), (8,0) y cuyo centro está sobre la recta $3x+7y+2=0$.

El centro tiene coordenadas (h,k): $(x-h)^2+(y-k)^2=r^2$

$3h+7k+2=0$

Los puntos (6,2) y (8,0) están sobre la circunferencia y deben satisfacer su ecuación:

$(6-h)^2+(2-k)^2=r^2 \qquad h^2+k^2-12h-4k+40=r^2$

$(8-h)^2+(k)^2=r^2 \qquad h^2+k^2-16h+64=r^2$

$4h-4k-24=0 \qquad 12h-12k-72=0$

$3h+7k+2=0 \qquad 12h+28k+8=0$

$-40k=80$

$k=-2 \quad h=(-2-7k)/3 \quad h=4$

$r^2=20 \quad r=2\sqrt{5} \quad C(4,-2)$

$(x-4)^2+(y+2)^2=20$

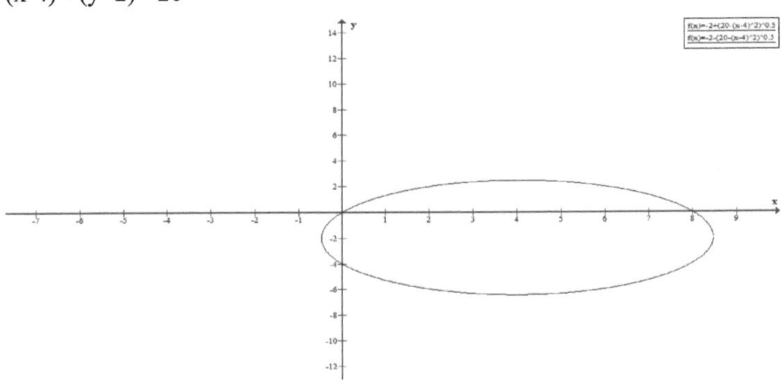

Familias de Circunferencias

Sean las ecuaciones de dos circunferencias dadas:

$C_1:\ x^2+y^2+D_1x+E_1y+F_1=0$

$C_2:\ x^2+y^2+D_2x+E_2y+F_2=0$

la ecuación $x^2+y^2+D_1x+E_1y+F_1+q(x^2+y^2+D_2x+E_2y+F_2)=0$ donde $q\neq-1$ representa una familia de circunferencias todas las cuales tienen sus centros en la recta que une los centros de C_1 y C_2.

Si $q=-1$, la ecuación representa la línea recta que pasa por los puntos de intersección de las dos circunferencias: $(D_1-D_2)x+(E_1-E_2)y+F_1-F_2=0$.

Si C_1 y C_2 se cortan en dos puntos diferentes, la ecuación representa todas las circunferencias que pasan por los dos puntos de intersección de C_1 y C_2 con la excepción de C_1.

Si C_1 y C_2 se cortan en un punto de intersección o son tangentes, la ecuación representa todas las circunferencias que son tangentes a C_1 y C_2 en su punto común con la excepción de C_2.

Si C_1 y C_2 no tienen punto en común, la ecuación representa representa una circunferencia siempre que los coeficientes de la ecuación satisfagan la ecuación de la circunferencia y se pueda llevar a la forma: $(x-h)^2+(y-k)^2=r^2$. Ningún par de circunferencias de la familia de circunferencias tiene un punto en común con ninguna de las dos circunferencias C_1 y C_2.

Ejemplo:

Las ecuaciones de dos circunferencias son:

C_1: $x^2+y^2+7x-10y+31=0$

C_2: $x^2+y^2-x-6y+3=0$

Hallar la ecuación de la circunferencia C_3 que pasa por las intersecciones de C_1 y C_2 y tiene su centro sobre la recta: $x-y-2=0$.

La circunferencia C_3 satisface la ecuación:

$x^2+y^2+7x-10y+31+q(x^2+y^2-x-6y+3)=0$ donde $q\neq-1$

$(q+1)x^2+(7-q)x+(q+1)y^2+(-10-6q)y+31+3q=0$

$x^2-[(q-7)/(q+1)]x+[(q-7)/2(q+1)]^2+y^2-2[(3q+5)/(q+1)]y+[(3q+5)/(q+1)]^2=$
$-[(3q+31)/(q+1)]+[(q-7)/2(q+1)]^2+[(3q+5)/(q+1)]^2$

$(x-[(q-7)/2(q+1)])^2+(y-[(3q+5)/(q+1)])^2=r^2$

donde $r^2=-[(3q+31)/(q+1)]+[(q-7)/2(q+1)]^2+[(3q+5)/(q+1)]^2$

y el centro $C(h,k)$ es $C([(q-7)/2(q+1)]$, $[(3q+5)/(q+1)])$

El centro de C_3 (h,k) está sobre la recta: $x-y-2=0$ $h-k=2$

$[q-7)/2(q+1)]- [(3q+5)/(q+1)]=2$

q-7-6q-10=4q+4

-9q=21

q=-7/3

h=(q-7)/2(q+1)=7/2

k=(3q+5)/(q+1)=3/2

r^2=-[(3q+31)/(q+1)]+[(q-7)/2(q+1)]^2+[(3q+5)/(q+1)]^2

r^2=130/4

(x-[(q-7)/2(q+1)])^2+(y-[(3q+5)/(q+1)])^2=130/4

(x-7/2)^2+(y-3/2)^2=130/4

x^2+y^2-7x-3y=(130/4)-(49/4)-(9/4)

x^2+y^2-7x-3y=72/4

x^2+y^2-7x-3y-18=0

Se puede obtener la misma ecuación sustituyendo el valor de q=-7/3 en la ecuación: x^2+y^2+7x-10y+31+q(x^2+y^2-x-6y+3)=0

(-4/3)x^2+(-4/3)y^2+(28/3)x+(12/3)y+(72/3)=0

x^2+y^2-7x-3y-18=0

Graficación:

C_1: x^2+y^2+7x-10y+31=0

x^2+7x+49/4+y^2-10y+25=-31+(49/4)+25

(x+7/2)^2+(y-5)^2=25/4   C(-7/2,5) r=5/2

C_2: x^2+y^2-x-6y+3=0

x^2-x+1/4+y^2-6y+9=-3+(1/4)+9

(x-1/2)^2+(y-3)^2=25/4   C(1/2,3)   r=5/2

C_1: (x+7/2)^2+(y-5)^2=25/4   C(-7/2,5) r=5/2

C_2: (x-1/2)^2+(y-3)^2=25/4   C(1/2,3)   r=5/2

C_3: (x-7/2)^2+(y-3/2)^2=130/4   C(7/2,3/2) r=$\sqrt{130}$ /2

Recta: x-y-2=0   y=x-2

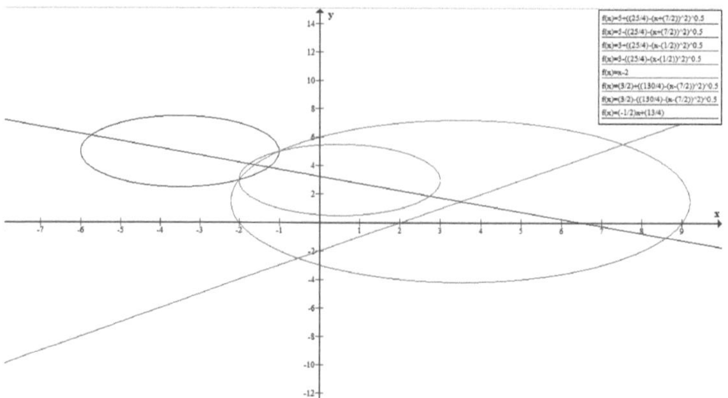

La ecuación de la recta que pasa por los centros de las dos primeras circunferencias es: C_1 (-7/2,5) C_2 (1/2,3)

m=(5-3)/((-7/2)-(1/2))=-2/4=-1/2

y-3=(-1/2)(x-1/2)

y=(-1/2)x+(13/4)

El centro de la tercera circunferencia que pasa por las intersecciones de las dos circunferencias pasa por la misma línea recta: C_3 (7/2,3/2) : y=(-1/2)(7/2)+(13/4)=3/2   (7/2,3/2). Es decir, los centros de las tres circunferencias pasan por la misma línea recta.

Eje radical

Sean las ecuaciones de dos circunferencias no concéntricas C_1 y C_2:

C_1: $x^2+y^2+D_1x+E_1y+F_1=0$

C_2: $x^2+y^2+D_2x+E_2y+F_2=0$

la ecuación $x^2+y^2+D_1x+E_1y+F_1+q(x^2+y^2+D_2x+E_2y+F_2)=0$ donde $q\neq-1$ representa una familia de circunferencias todas las cuales tienen sus centros en la recta que une los centros de C_1 y C_2.

Si q=0 la ecuación corresponde a la circunferencia C_1.

Si q=-1, la ecuación representa la línea recta $(D_1-D_2)x+(E_1-E_2)y+F_1-F_2=0$. Esto representa la ecuación del eje radical de C_1 y C_2.

Si C_1 y C_2 se cortan en dos puntos diferentes, su eje radical coincide con su cuerda común. Si C_1 y C_2 son tangentes entre sí, su eje radical es su tangente común. Si C_1 y C_2 no tienen ningún punto común, su eje radical no tienen ningún punto común con ninguno de ellos.

El eje radical de C_1 y C_2 es perpendicular a la recta que pasa por los centros y es también el lugar geométrico de un punto que se mueve de modo que las longitudes de las tangentes trazadas por él a C_1 y C_2 son iguales. Es decir, si P_1 (x_1,y_1) es un punto que está sobre el eje radical, las longitudes de las tangentes trazadas desde P_1 a C_1 y C_2 son iguales.

La ecuación del eje radical es perpendicular a la ecuación de la recta que pasa por los centros de C_1 y C_2.

$x^2+y^2+Dx+Ey+F=0$ forma general de la circunferencia

$(x+D/2)^2+(y+E/2)^2=(D^2+E^2-4F)/4$

$h=-D/2$ $k=-E/2$ $r^2=D^2/4 +E^2/4 -F$ $r^2=(D^2+E^2-4F)/4$

Así, los centros de las dos circunferencias son: $(-D_1/2,-E_1/2)$ y $(-D_2/2,-E_2/2)$

$m_c=(E_1-E_2)/(D_1-D_2)$

La ecuación es: $y+(E_1/2)= [(E_1-E_2)/(D_1-D_2)]$ $x+(D_1/2)$

La ecuación del eje radical es: $(D_1-D_2)x+(E_1-E_2)y+F_1-F_2=0$

$y=-[(D_1-D_2)/(E_1-E_2)]x-[(F_1-F_2)/(E_1-E_2)]$

donde la pendiente es $m_e =-[(D_1-D_2)/(E_1-E_2)]$

$m_c m_e=-1$ y así ambas rectas son perpendiculares.

La ecuación del eje radical es: $(D_1-D_2)x+(E_1-E_2)y+F_1-F_2=0$

Si $D_1=D_2$ el eje radical es paralelo al eje x (recta horizontal, ecuación: y=constante) y así la recta que pasa por los centros es paralela al eje y. Así, también ambas rectas son perpendiculares entre sí.

Si $E_1=E_2$ la ecuación el eje radical es paralelo al eje y (recta vertical, ecuación x=constante) y así la recta que pasa por los centros es paralela al eje x. Así, también ambas rectas son perpendiculares entre si.

Encontrar la ecuación del eje radical de las circunferencias:

C_1: $2x^2+2y^2+10x-6y+9=0$

C_2: $x^2+y^2-8x-12y+43=0$ $2x^2+2y^2-16x-24y+86=0$

Restando C_1 de C_2:

26x+18y-77=0 Ecuación del eje radical

y=-(13/9) x+(77/18)

La pendiente es m_e=-13/9.

Las coordenadas de los centros de C_1 y C_2 son:

$x^2+y^2+Dx+Ey+F=0$ forma general de la circunferencia

$(x+D/2)^2+(y+E/2)^2=(D^2+E^2-4F)/4$

h=-D/2 k=-E/2 $r^2=D^2/4 +E^2/4 -F$ $r^2=(D^2+E^2-4F)/4$

$x^2+y^2+5x-3y+(9/2)=0$ C(-5/2,3/2)

$x^2+y^2-8x-12y+43=0$ C(4,6)

m_c=(6-(3/2))/(4+(5/2))=9/13

La ecuación que pasa por los centros de las dos circunferencias es:

y-6=(9/13)(x-4)   y=(9/13)x+(42/13)

$m_e m_c$=-1 y así, ambas líneas rectas son perpendiculares.

Graficación:

$x^2+y^2+5x-3y+(9/2)=0$ $(x+5/2)^2+(y-3/2)^2=4$

$x^2+y^2-8x-12y+43=0$ $(x-4)^2+(y-6)^2=9$

Eje radical: y=-(13/9) x+(77/18)

Ecuación que pasa por los centros de las circunferencias: y=(9/13)x+(42/13)

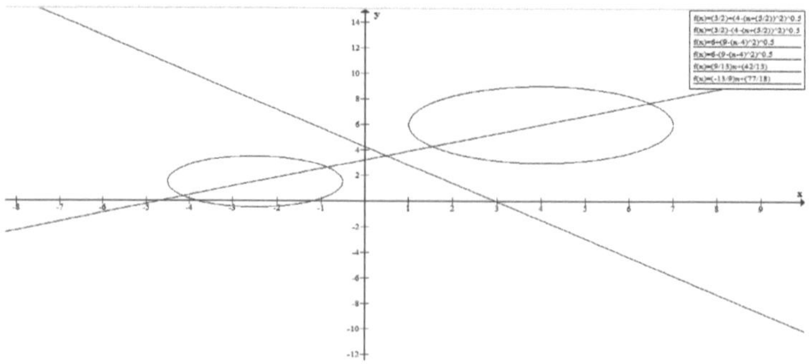

La longitud de la tangente trazada del punto exterior $P_1(x_1,y_1)$ a la circunferencia $(x-h)^2+(y-k)^2=r^2$ con vértice $V(h,k)$ está dada por:

$t^2+r^2=(x_1 - h)^2 + (y_1 - k)^2$ aplicando Pitágoras.

$$t = \sqrt{(x_1 - h)^2 + (y_1 - k)^2 - r^2}$$

Donde $(x_1 - h)^2 + (y_1 - k)^2 - r^2 \neq 0$ es la ecuación de la circunferencia evaluada en el punto (x_1,y_1) y por lo tanto no da cero.

Otra ecuación con la cual se puede obtener t es la siguiente:

Sea $P(x,y)$ el punto exterior a la circunferencia:

$t^2+r^2=(x - h)^2 + (y - k)^2$

$t^2=(x - h)^2 + (y - k)^2\text{-}r^2\neq0$ ya que $P(x,y)$ no pertenece a la circunferencia.

x^2-2x $h+h^2+y^2$-2y $k+k^2\text{-}r^2= x^2+y^2+Dx+Ey+F$ que es la forma general de la circunferencia evaluada en el punto exterior (x,y) y por tanto $\neq0$.

 D=-2h E=-2k F=h^2+k^2-r^2

Así, se puede expresar:

$t^2= x^2+y^2+D$ x+E $y+F\neq0$

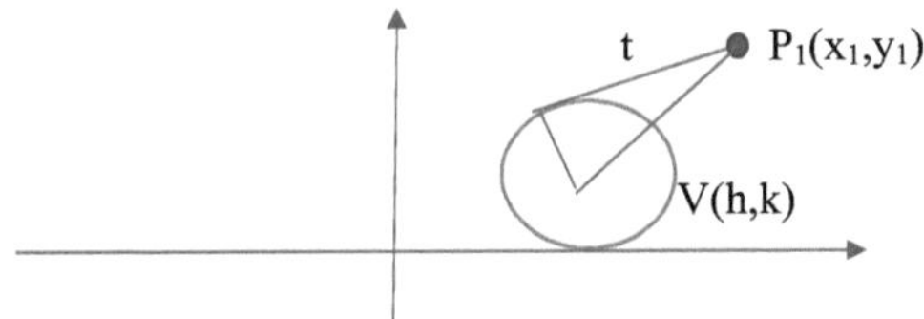

Además, el eje radical de dos circunferencias no concéntricas es el lugar geométrico de un punto $P(x,y)$ (punto del eje radical) que se mueve de modo que las longitudes de las tangentes trazadas desde él a las dos circunferencias son iguales.

$t_1^2= x^2+y^2+D_1$ x+E$_1$ y+F$_1$

$t_2^2= x^2+y^2+D_2$ x+E$_2$ y+F$_2$

t_1=t_2

$(D_1 - D_2)$ x+$(E_1$ -$E_2)$ y+$(F_1$-$F_2)$=0 que es la ecuación del eje radical de C_1 y C_2 con lo cual se demuestra que el eje radical es es el lugar geométrico de un punto $P(x,y)$ (punto del eje radical) que se mueve de modo que las longitudes de las tangentes trazadas desde él a las dos circunferencias son iguales.

Ejemplo:

Hallar la longitud de la tangente trazada del punto (-3,2) a la circunferencia $9x^2+9y^2-30x-18y-2=0$

$x^2+y^2-(10/3)x-2y-(2/9)=0$

$t^2= x^2+y^2+D x+E y+F$ donde $P(x,y)$ es $P(-3,2)$

$t^2=9+4+10-4-(2/9)=169/9$

$t=13/3$

Tangente a una circunferencia

La tangente a una circunferencia es perpendicular al radio trazado al punto de contacto con la circunferencia. La ecuación de la línea tangente a una circuferencia se determina conociendo su pendiente y el punto de contacto: $y=mx+b$ o $y-y_1=m(x-x_1)$.

Hallar la ecuación de la tangente a la circunferencia $x^2+y^2-8x-6y+20=0$ en el punto (3,5).

La ecuación de la tangentes es: $y-5=m(x-3)$ $y=mx-3m+5$

$x^2+(mx-(3m-5))^2-8x-6(mx-3m+5)+20=0$

$x^2+m^2x^2-2mx(3m-5)+(3m-5)^2-8x-6mx+18m-30+20=0$

$(m^2+1)x^2+(-6m^2-8+4m)x+(9m^2-12m+15)=0$

$ax^2+bx+c=0$

Debido a que la recta tangente tiene un solo punto de contacto, debe haber una sola solución y así el discriminante debe ser cero.

$(-6m^2+(4m-8))^2-4(m^2+1) (9m^2-12m+15)=0$

$36m^4-12m^2(4m-8)+(4m-8)^2-(4m^2+4)(9m^2-12m+15)=0$

$36m^4-48m^3+96m^2+16m^2-64m+64-36m^4+48m^3-60m^2-36m^2+48m-60=0$

$16m^2-16m+4=0$

$4m^2-4m+1=0$

$(2m)^2-2(2m)+1=0$

$(2m-1)(2m-1)=0$

$m=1/2$

$y-5=(1/2)(x-3)$

$y=(1/2)x-(3/2)+5$

y=(1/2)x+(7/2)

2y-x-7=0

Graficación:

$x^2+y^2-8x-6y+20=0$

Circunferencia: $(x-4)^2+(y-3)^2=5$ C(4,3) $r=\sqrt{5}$

Recta: y=(1/2)x+(7/2)

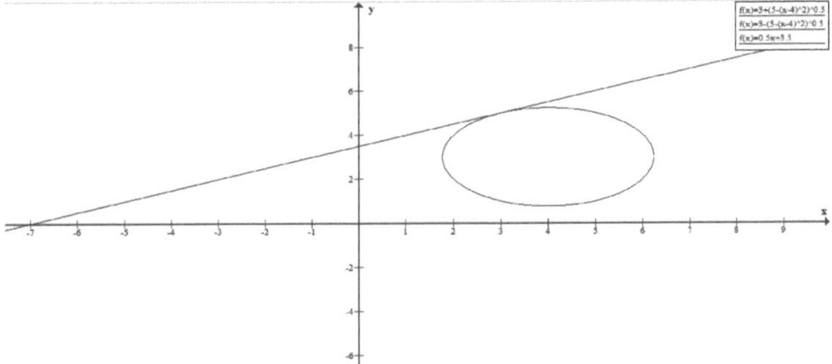

Hallar la ecuación de la recta con pendiente m=1 y tangente a la circunferencia: $x^2+y^2-10x+2y+18=0$

y=mx+b

y=x+b

$x^2+(x+b)^2-10x+2(x+b)+18=0$

$2x^2+(2b-8)x+(b^2+2b+18)=0$

Debido a que sólo hay una recta tangente, el discriminante es igual a cero y sólo hay una raíz.

$(2b-8)^2-8(b^2+2b+18)=0$

$4b^2-32b+64-8b^2-16b-144=0$

$-4b^2-48b-80=0$

$b^2+12b+20=0$

$(b+10)(b+2)=0$

b=-2   b=-10

y=x-2

y=x-10

Así, hay dos rectas tangentes a la circunferencia con pendiente m=1.

$x^2+y^2-10x+2y+18=0$

$(x-5)^2+(y+1)^2=8$ C(5,-1) $r=\sqrt{8}$

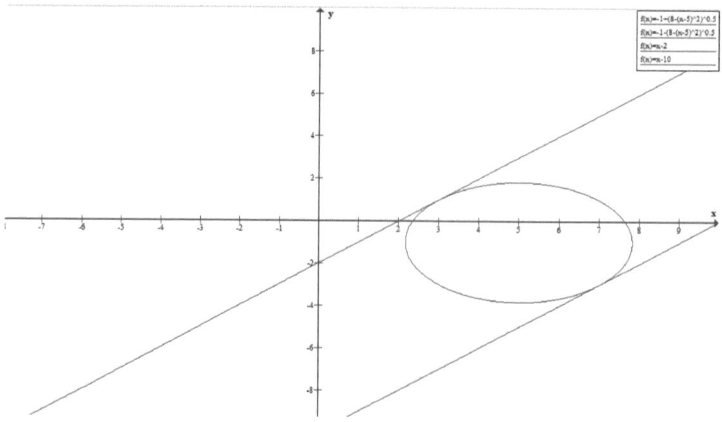

Encontrar la ecuación de la tangente trazada del punto exterior (8,6) a la circunferencia: $x^2+y^2+2x+2y-24=0$

$y-y_1=m(x-x_1)$

$y-6=m(x-8)$

$y=mx+6-8m$

$y=m(x-8)+6$

$x^2+[\,m(x-8)+6]^2+2x+2[m(x-8)+6]-24=0$

$x^2+m^2x^2-16m^2x+64m^2+12mx-96m+36+2x+2mx-16m+12-24=0$

$(m^2+1)x^2-(16m^2-14m-2)x+(64m^2-112m+24)=0$

El discriminante debe ser cero para que la recta sea tangente y corresponda a una sola raíz.

$[16m^2-(14m+2)]^2-4(m^2+1)(64m^2-112m+24)=0$

$256m^4-448m^3-64m^2+196m^2+56m+4-256m^4+448m^3-96m^2-256m^2+448m-96=0$

$220m^2-504m+92=0$

$55m^2-126m+23=0$

$m=(126\pm104)/110$

$m=230/110 \quad m=22/110$

$m=23/11 \quad m=1/5$

Así, las ecuaciones de las rectas son:

$y-6=m(x-8)$

$y=(23/11)(x-8)+6$

$y=(1/5)(x-8)+6$

El punto de intersección de las dos rectas es (8,6) ya que desde ahí se trazan las tangentes a la circunferencia.

$x^2+y^2+2x+2y-24=0$

$(x+1)^2+(y+1)^2=26 \quad C(-1,-1) \quad r=\sqrt{26}$

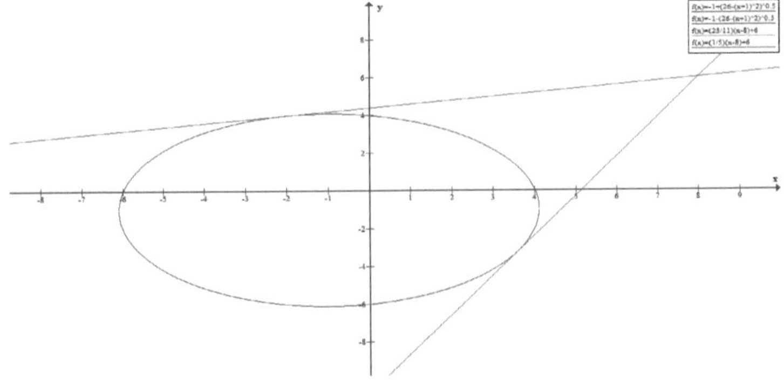

Parábolas

La parábola es el lugar geométrico de un punto que se mueve en un plano de tal manera que su distancia a una recta fija llamada directriz es siempre igual a un punto fijo del plano llamado foco que no pertenece a la recta:

$$\overline{AP} = \overline{PF}$$

La recta que pasa por el foco y es perpendicular a la directriz se llama eje de la parábola. La directriz es una recta paralela al eje x o y y perpendicular al eje de la parábola.

El vértice de la parábola está en la parábola y está a una distancia igual a la mitad de la distancia entre el foco y el punto de intersección de la directriz y el eje de la parábola: $\overline{CF} = 2\,\overline{VF} = 2|p|$. Es decir, el vértice es el punto medio entre la directriz y el foco. La distancia entre el vértice y el foco de la parábola se denota por $|p|$.

La cuerda es un segmento de recta que une dos puntos diferentes de la parábola como por ejemplo $\overline{BB'}$. La cuerda que pasa por el foco se llama cuerda focal. La cuerda focal que pasa por el foco y es perpendicular al eje de la parábola se llama lado recto. La longitud del lado recto es $4|p|$.

Si P es un punto cualquiera de la parábola, la recta que une el punto P con el foco F se llama radio vector o radio focal de P: $\overline{PF}$.

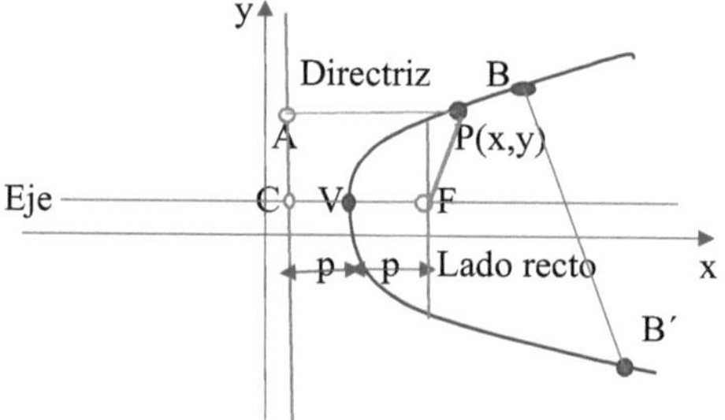

Ecuación de la parábola

Sea la parábola cuyo eje coincide con el eje x y cuyo vértice está en el origen V(0,0). Así, el foco F tiene coordenadas (p,0) y está sobre el eje x. El punto P tiene coordenadas (x,y). La ecuación de la directriz de la parábola es x=-p y la directriz es paralela al eje y.

Un punto cualquiera de la parábola debe satisfacer la ecuación:

$$\overline{AP} = |x + p|$$

$$\overline{PF} = \sqrt{(x-p)^2 + y^2} \qquad \text{P(x,y) F(p,0)}$$

$$\overline{AP} = \overline{PF}$$

$$|x+p| = \sqrt{(x-p)^2 + y^2}$$

$$(x+p)^2 = (x-p)^2 + y^2$$

$$x^2 + 2xp + p^2 = x^2 - 2xp + p^2 + y^2$$

$y^2 = 4px$ Parábola horizontal con el eje igual al eje x.

La ecuación corresponde a una parábola horizontal. Si p>0 la parábola se abre hacia la derecha y si p<0 la parábola se abre hacia la izquierda.

La longitud del lado recto es $4|p|$. El lado recto tiene dos puntos de intersección con la parábola con coordenadas x=p ya que el foco tiene coordenadas (p,0). Las coordenadas de y son:

$y^2 = 4px$ y=2p y y =-2p

Las coordenadas de los dos puntos del lado recto que intersecan a la parábola son: (p,2p) y (p,-2p). Así, la longitud del lado recto es $4|p|$.

Ejemplo:

$y^2 = 4x$

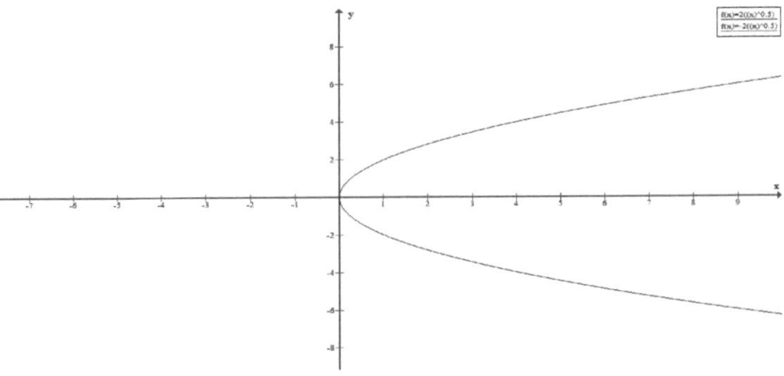

Se puede hacer el mismo análisis para obtener la ecuación de la parábola vertical o se puede intercambiar los ejes x y y. Si se intercambian los ejes x y y, entonces el Foco está en el punto (0,p) y la directriz es la recta que tiene la ecuación y=-p paralela al eje x y el eje de la parábola es el eje y. Así, la ecuación de la parábola cuyo eje coincide con el eje y y cuyo vértice está en el origen V(0,0) es:

$x^2 = 4py$ o $y = (1/4p)x^2$ lo cual corresponde a una función cuadrática.

La ecuación $x^2=4py$ es una parábola vertical. Si p>0 la parábola se abre hacia arriba y si p<0 la parábola se abre hacia abajo. La longitud del lado recto es es $4|p|$.

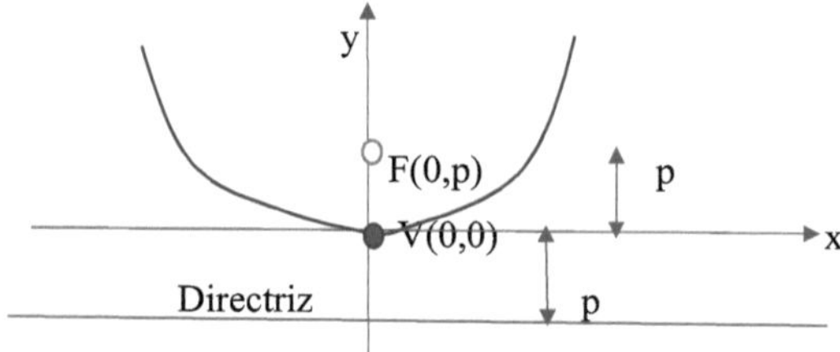

Ejemplo:

$x^2=4y$ $y=(1/4)x^2$

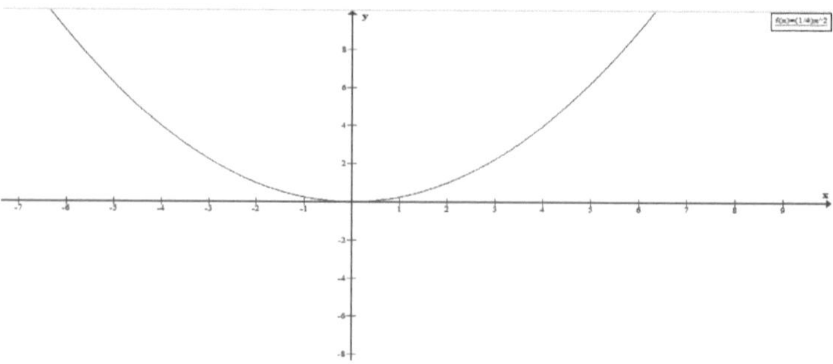

Encontrar la ecuación de una parábola que tenga su foco en (0,-3) y como su directriz a la recta y=3.

F(0,-3) y=3 directriz

La parábola es vertical debido a las coordenadas del foco y la ecuación de la directríz (y=3). Como la directriz está arriba del foco la parábola se abre hacia abajo. La distancia del foco a la directriz es 6 y así $|p|$ =6/2=3. Como la parábola se abre hacia abajo el valor de p=-3. El vértice de la parábola está en el origen del sistema de coordenadas (0,0).

$x^2=4py$ $p=-3$

$x^2= -12y$ o $y=(-1/12)x^2$

La longitud del lado recto es $4|p|=12$.

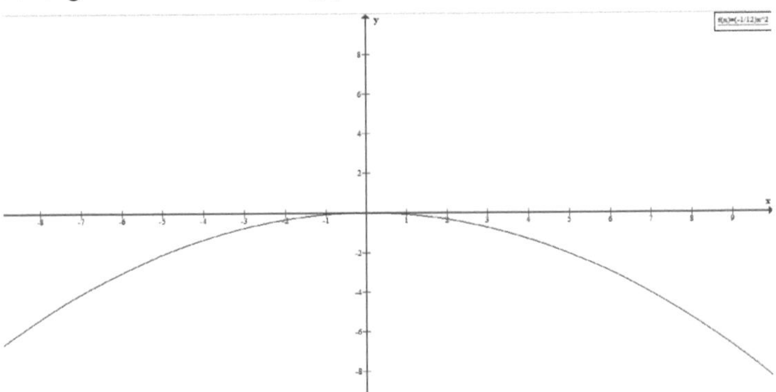

El foco está en $(0,-3)$ y la directriz es una recta con ecuación $y=3$.

Encontrar las coordenadas del foco, la ecuación de la directriz y la longitud del lado recto de la parábola: $y^2=7x$.

$y^2=7x$ ecuación de una parábola horizontal con vértice en el origen $(0,0)$.

$y^2=4px$

$4p=7$

$p=7/4$

$p>0$ la parábola se abre hacia la derecha.

La ecuación de la directriz es $x=-p$ $x=-7/4$

La coordenada del foco es: $(7/4,0)$

La longitud del lado recto es $4|p| = 4(7/4)=7$.

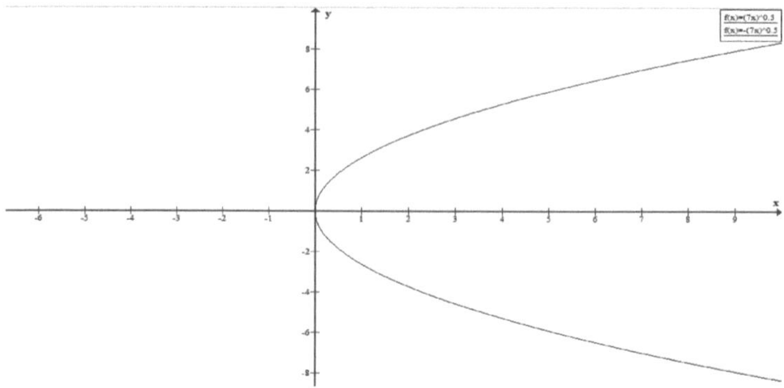

El foco está en (7/4,0) y la directriz es x=-7/4.

Traslación de ejes

Sea (x,y) las coordenadas de un punto P con respecto a los ejes x y y. Sea
(x′, y′) las coordenadas de un punto P con respecto a los ejes x′y y′. Los
ejes x′ y y′se han trasladado a un nuevo origen con coordenadas (h,k) con
respecto a los ejes x,y:

De esta forma se tiene la siguiente relación entre los ejes:

x=x′+h   y=y′+k

x′=x-h   y′=y-k

Parábolas con vértices en (h,k)

Se procederá a aplicar la traslación de ejes para obtener la ecuación de la parábola con directriz paralela a un eje coordenado y con vértice en (h,k).

Si la directriz es paralela al eje y y el eje de la parábola es paralelo al eje x, la parábola es horizontal, el vértice está en (h,k) con respecto a los ejes x,y, la directriz tiene ecuación x=h-p ya que la distancia del vértice a la directriz es $|p|$. El foco está en el punto (h+p,k) ya que la distancia del foco al vértice es $|p|$. Sean los ejes x´y y´tales que el origen O´está en V(h,k).

Así, la ecuación de la parábola con respeto a los ejes x´y y´es:

$y'^2=4px'$

Para obtener la ecuación de la parábola con respecto a los ejes x y y se sustituye: x´=x-h   y´=y-k

$(y-k)^2=4p(x-h)$ parábola horizontal con vértice en V(h,k). Si p>0 la parábola se abre hacia la derecha y si p<0 la parábola se abre hacia la izquierda.

Ejemplo:

$(y-7)^2=25(x-3)$

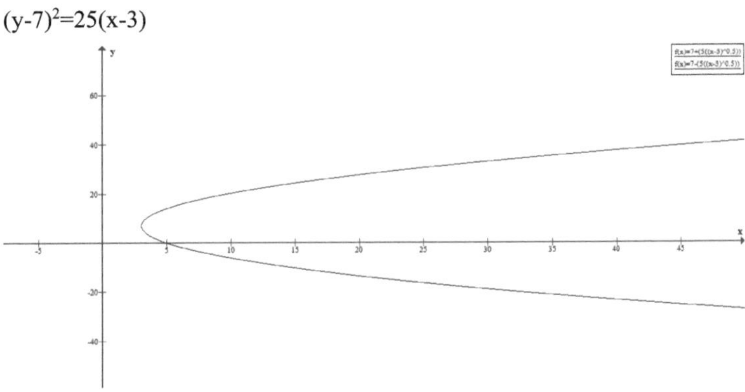

Si la directriz es paralela al eje x y el eje de la parábola es paralelo al eje y, la parábola es vertical, el vértice está en (h,k) con respecto a los ejes x,y, la directriz tiene ecuación y=k-p ya que la distancia del vértice a la directriz es $|p|$. El foco está en el punto (h,k+p) ya que la distancia del foco al vértice es $|p|$. Sean los ejes x´y y´tales que el origen O´está en V(h,k).

Así, la ecuación de la parábola con respeto a los ejes x´y y´es:

$x'^2=4py'$

Para obtener la ecuación de la parábola con respecto a los ejes x y y se sustituye: x´=x-h   y´=y-k

$(x-h)^2=4p(y-k)$ parábola vertical con vértice en V(h,k). Si p>0 la parábola se abre hacia arriba y si p<0 la parábola se abre hacia abajo.

Ejemplo:

$(x-5)^2=(1/2)(y-4)$

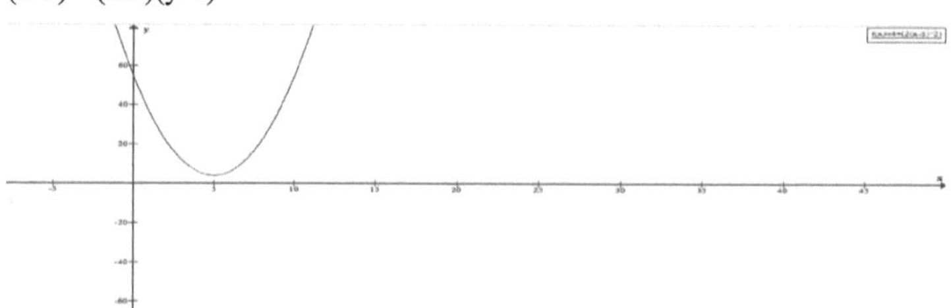

Ejemplo:

Obtener la ecuación de la parábola que tiene por directriz la recta y=1 y por foco el punto F(-3,7).

Directriz: y=1 parábola vertical: y=k-p   k-p=1

F(-3,7)   F(h,k+p)

Así: h=-3 k+p=7

k-p=1

k+p=7

2k=8 k=4   4+p=7   p=3 p>0 la parábola se abre hacia arriba

Además la distancia de la directriz al foco es $2|p|=(7-1)$

$|p|=6/2=3$ y h=-3

El vértice de la parábola está en (-3,4) y la ecuación es:

$(x-h)^2=4p(y-k)$

$(x+3)^2=12(y-4)$

$x^2+6x+9=12y-48$

$x^2+6x-12y+57=0$

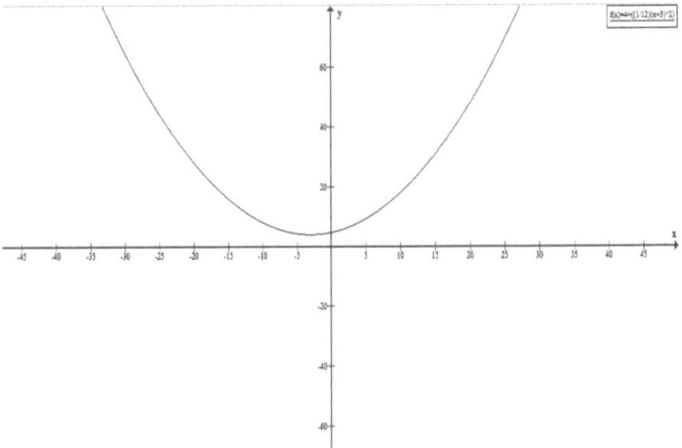

El foco está en (-3,7) y la directriz es y=1.

Forma general de la parábola

Se puede desarrollar la ecuación de la parábola horizontal:

$(y-k)^2=4p(x-h)$

$y^2-2ky+k^2-4px+4ph=0$

$c_1=-4p \quad c_2=-2k \quad c_3=k^2+4ph$

$y^2+c_1x+c_2y+c_3=0$

Si se tiene la ecuación de esta forma, se puede completar cuadrados para obtener la forma de la parábola horizontal cuyo eje es paralelo al eje x.

Si $c_1=0$, la ecuación es $y^2+c_2y+c_3=0$ y si las raíces son reales y distintas se puede escribir en la forma: $(y-y_1)(y-y_2)=0$ que corresponde a dos rectas horizontales paralelas al eje x $y=y_1$ y $y=y_2$. Si las raíces son iguales entonces hay una sola recta paralela al eje x. Si las raíces son complejas la ecuación no corresponde a ningún lugar geométrico.

Se puede desarrollar también la ecuación de la parábola vertical:

$(x-h)^2=4p(y-k)$

$x^2-2hx+h^2-4py+4pk=0$

$c_1=-4p \quad c_2=-2h \quad c_3=h^2+4pk$

$x^2+c_1y+c_2x+c_3=0$

Si se tiene la ecuación de esta forma, se puede completar cuadrados para obtener la forma de la parábola vertical cuyo eje es paralelo al eje y.

Si $c_1=0$, la ecuación es $x^2 +c_2x+c_3=0$ y si las raíces son reales y distintas se puede escribir en la forma: $(x-x_1)(x-x_2)=0$ que corresponde a dos rectas verticales paralelas al eje y $x=x_1$ y $x=x_2$. Si las raíces son iguales entonces hay una sola recta paralela al eje y. Si las raíces son complejas la ecuación no corresponde a ningún lugar geométrico.

Si se tiene la forma general de la ecuación de segundo grado de dos variables:

$Ax^2+Bxy+Cy^2+Dx+Ey+F=0$

Si $B=0$ y $A=C$ la gráfica es una circunferencia, un punto o ningún lugar geométrico: $Ax^2+Ay^2+Dx+Ey+F=0$

$x^2+y^2+(D/A)x+(E/A)y+(F/A)=0$

Si $B=0$ y $C=0$ la gráfica es una parábola vertical $Ax^2+Dx+Ey+F=0$ y si además $E=0$ $Ax^2+Dx+F=0$ la gráfica son dos rectas verticales paralelas al eje y o una recta o ningún lugar geométrico.

Si $B=0$ y $A=0$ la gráfica es una parábola horizontal $Cy^2+Dx+Ey+F=0$ y si además $D=0$ $Cy^2+Ey+F=0$ la gráfica son dos rectas horizontales paralelas al eje x o una recta o ningún lugar geométrico.

Ejemplo:

Dada la parábola que tiene por ecuación $y^2+6x+8y+1=0$, hallar el vértice, el foco, la ecuación de la directriz, la ecuación del eje, y la longitud del lado recto y trazar la gráfica.

$y^2+6x+8y+1=0$

$y^2+8y+16=-6x-1+16$

$y^2+8y+16=-6x+15$

$(y+4)^2= -6[x-(15/6)]$

$(y+4)^2= -6[x-(5/2)]$ $(y-k)^2=4p(x-h)$

$h=5/2$ $k=-4$ $V(h,k)$ $V(5/2,-4)$ $4p=-6$

$p=-3/2$ $p<0$

La parábola es horizontal y la parábola se abre hacia la izquierda. El foco está en: $F(h+p,k)$ $F(1,-4)$.

La ecuación de la directriz es $x=h-p$ $x=4$

La ecuación del eje es: $y=k$ $y=-4$

La longitud del lado recto es $4|p|=6$

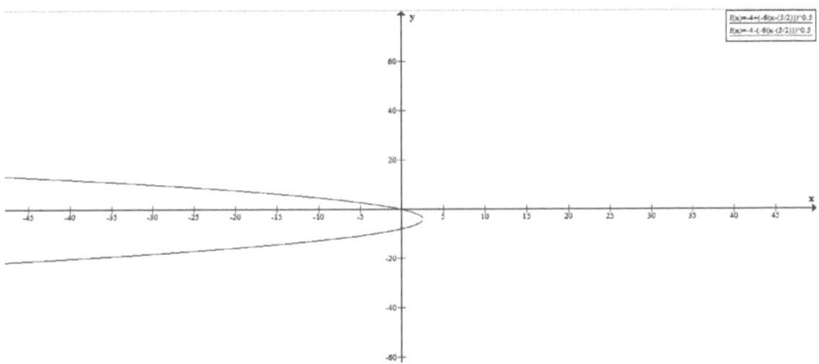

El foco está en (1,-4) y la directriz es x=4.

Ecuación de la recta tangente a una parábola

1) Encontrar la ecuación de la recta tangente a la parábola $y^2=x$ que tienen como punto de tangencia o contacto (4,2).

Se puede comprobar que el punto (4,2) satisface la parábola $y^2=x$ $2^2=4$.

$y^2=4px$ $4p=1$ $p=1/4$ parábola horizontal $p>0$ parábola se abre hacia la derecha. La directriz está en $x=-1/4$. El foco está en (1/4,0) y el vértice en (0,0).

La recta tangente también pasa por este punto de contacto. La ecuación de la recta tangente es: $y=mx+b$ o $(y-y_1)=m(x-x_1)$

$y-2=m(x-4)$ $y=mx-4m+2$

Reemplazando en la ecuación de la parábola ya que el punto de contacto debe satisfacer ambas ecuaciones:

$y^2=x$

$y=mx-4m+2$ $y=m(x-4)+2$

$[m(x-4)+2]^2=x$

$m^2(x-4)^2+4m(x-4)+4=x$

$m^2x^2-8m^2x+16m^2+4mx-16m+4=x$

$m^2x^2-[8m^2-(4m-1))]x+(16m^2-16m+4)=0$

El discriminante debe ser cero ya que debe haber un solo punto de contacto de tangencia y las raíces deben ser iguales.

$64m^4-64m^3+16m^2+16m^2-8m+1-64m^4+64m^3-16m^2=0$

$16m^2-8m+1=0$

$m=\dfrac{8\pm\sqrt{64-64}}{32}=1/4$

$y=m(x-4)+2$

$y=(1/4)(x-4)+2$

$y=(1/4)x+1$ Ecuación de la recta tangente a la parábola

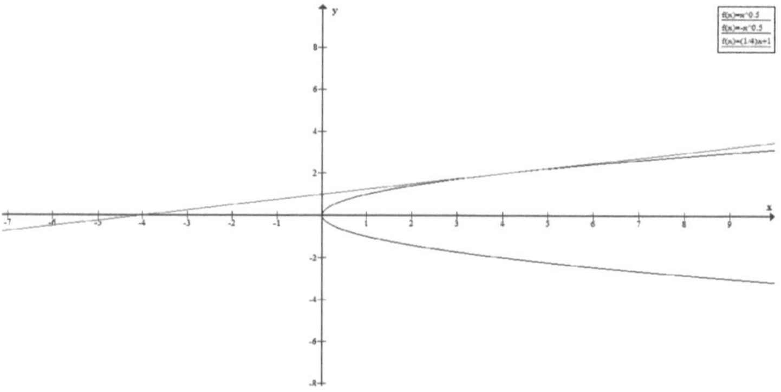

2) Encontrar la ecuación de la recta con pendiente m=2 tangente a la parábola $y^2=x$ y el punto de tangencia.

$y^2=x$

$y^2=4px$ $4p=1$ $p=1/4$ parábola horizontal p>0 parábola se abre hacia la derecha. La directriz está en x=-1/4. El foco está en (1/4,0) y el vértice en (0,0).

$y=mx+b$ $y=2x+b$

El punto de tangencia debe satisfacer la ecuación de la recta y de la parábola.

$y^2=x$

$y=2x+b$

$(2x+b)^2=x$

$4x^2+4xb+b^2=x$

$4x^2+(4b-1)x+b^2=0$

El discriminante debe ser cero ya que debe haber un solo punto de contacto de tangencia y las raíces deben ser iguales.

$16b^2-8b+1-16b^2=0$

$-8b+1=0$

$b=1/8$

$y=2x+b$

$y=2x+(1/8)$

El punto de tangencia se puede obtener de la siguiente manera:

$y^2=x$ $y=2x+(1/8)$

$y=2y^2+(1/8)$

$16y^2-8y+1=0$

$(4y)^2-2(4y)+1=0$

$(4y-1)(4y-1)=0$

$y=1/4$

$(1/4)=2x+(1/8)$

$1/8=2x$

$x=1/16$ $y=1/4$ $(1/16,1/4)$

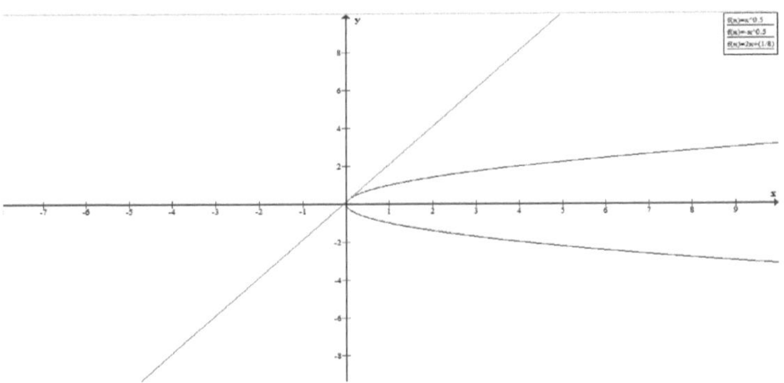

3) Encontrar las ecuaciones de las tangentes trazadas desde el punto (2,-4) a la parábola $x^2-6x-4y+17=0$.

$x^2-6x-4y+17=0$

$(x-3)^2=4y-8$

$(x-3)^2=4(y-2)$

$V(3,2)$ parábola vertical

$4p=4$ $p=1$

El foco está en $(4,2)$ y la directriz en $y=2$

El punto $(2,-4)$ no satisface la ecuación de la parábola ya que es un punto exterior a la parábola.

Las rectas tangentes pasan por el punto $(2,-4)$ y las ecuaciones deben satisfacer la ecuación: $y-y_1=m(x-x_1)$

$y+4=m(x-2)$

$y=mx-2m-4$

$x^2-6x-4y+17=0$

$x^2-6x-4(mx-2m-4)+17=0$

$x^2-(4m+6)x+(8m+33)=0$

$(4m+6)^2-4(8m+33)=0$ ya que debe haber un punto de tangencia correspondiente a cada línea recta.

$16m^2+48m+36-32m-132=0$

$16m^2+16m-96=0$

$m^2+m-6=0$

$(m+3)\,(m-2)=0$

$m=-3$ $m=2$

$y+4=m(x-2)$

$y=-3x+2$ $y=2x-8$

Las dos rectas se intersecan en el punto $(2,-4)$ ya que desde ahí fueron trazadas las rectas tangentes.

El punto de intersección de cada recta con la parábolas es:

$x^2-6x-4y+17=0$

$y=-3x+2$

$x^2-6x-4(-3x+2)+17=0$

$x^2+6x+9=0$

$(x+3)^2=0$

$x=-3 \quad y=-3x+2 \quad y=11 \quad (-3,11)$

$x^2-6x-4y+17=0$

$y=2x-8$

$x^2-6x-4(2x-8)+17=0$

$x^2-14x+49=0$

$(x-7)^2=0$

$x=7 \qquad y=2x-8 \quad y=6 \qquad (7,6)$

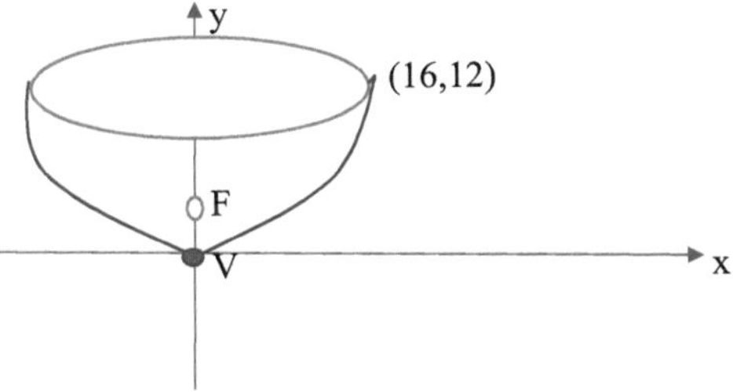

Rotación de la parábola alrededor del eje

Si la parábola es rotada alrededor de su eje se obtiene un cuerpo de revolución llamado paraboloide.

Ejemplo:

Un espejo parabólico (paraboloide) tiene una profundidad de 12 cm en el centro y la distancia a lo largo de su parte superior es de 32 cm. Calcular la distancia del vértice al foco.Se puede escoger los ejes coordenados con el origen en el vértice de la parábola. V(0,0).

32 cm es la distancia a lo largo de su parte superior, así un punto de la parábola es (16,12).

El paraboloide (3D) es el resultado de la rotación alrededor del eje y de la parábola $x^2=4py$.

El punto (16,12) satisface la ecuación de la parábola.

$16^2=4p(12)$

$p=16/3$

Así la distancia del vértice al foco es 16/3.

Elipses

La elipse es el conjunto de puntos en un plano en los que la suma de sus distancias desde el punto de la elipse a dos puntos fijos llamados focos es una constante 2a. La distancia PF y PF′ son llamadas radiovectores. Sea $P(x,y)$ un punto de la elipse centrada en el origen y sea 2c la distancia entre los focos.

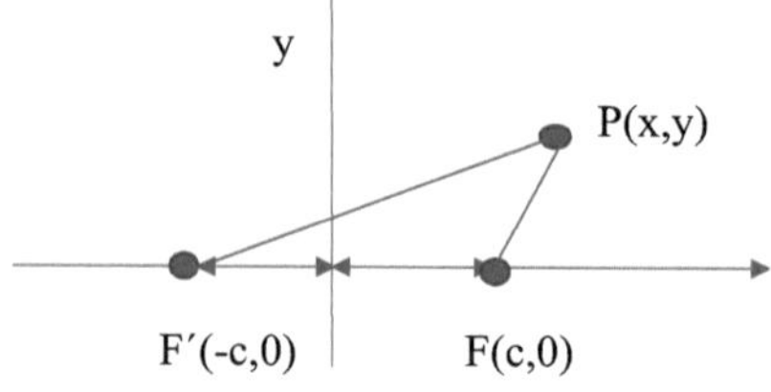

Sea 2a la suma constante donde 2a>2c, a>c.

PF+PF′=2a

$$\sqrt{(x-c)^2+y^2}+\sqrt{(x+c)^2+y^2}=2a$$

$$\sqrt{(x-c)^2+y^2}=2a-\sqrt{(x+c)^2+y^2}$$

$x^2-2cx+c^2+y^2=4a^2-4a\sqrt{(x+c)^2+y^2}+x^2+2cx+c^2+y^2$

$cx+a^2=a\sqrt{(x+c)^2+y^2}$

$c^2x^2+2a^2cx+a^4=a^2x^2+2a^2cx+a^2c^2+a^2y^2$

$a^2(a^2-c^2)=(a^2-c^2)x^2+a^2y^2$

$1=\dfrac{x^2}{a^2}+\dfrac{y^2}{b^2}$ donde $b^2=a^2-c^2$ a>c $a^2>c^2$ $b^2>0$

$\frac{x^2}{a^2}+\frac{y^2}{b^2}=1$ donde b²=a²-c²   b²+c²=a²   a>b

Se puede obtener los cortes de la elipse con los ejes x y y:

y=0 x²=a² x=a y x=-a (a,0) y (-a,0)

x=0 y²=b   y=b y y=-b (0,b) y (0,-b)

La elipse está limitada por el rectángulo cuyos lados son las rectas x=±a y =±b.

La recta que pasa por los focos se llama eje principal o focal de la elipse. Los puntos de intersección de la elipse con el eje principal se llaman vértices. Así, en esta elipse los vértices están en (a,0) y (-a,0). La distancia entre los dos vértices es 2a. El centro de la elipse está en la mitad entre los dos vértices o en la mitad de la distancia entre los dos focos. En este ejemplo el origen es el centro de la elipse. El eje mayor o principal de la elipse es el segmento de recta entre los dos vértices del eje principal con longitud de 2a en este ejemplo. Así, el semieje mayor tiene una longitud de a. En este ejemplo, el segmento de recta entre (0,b) y (0,-b) (extremos del eje menor) se llama eje menor o normal (perpendicular al eje principal) de la elipse con longitud de 2b. El semieje menor tiene una longitud de b. La distancia entre los focos es 2c. Un segmento de recta que une dos puntos diferentes de la elipse se llama cuerda. Si la cuerda pasa por uno de los focos se llama cuerda focal. La cuerda focal que pasa por uno de los focos y es perpendicular al eje principal o focal se llama lado recto. Como hay dos focos, entonces hay dos lados rectos. La cuerda que pasa por el centro C se llama diámetro.

Para obtener la longitud del lado recto se sutistuye x=c en la ecuación de la elipse: $\frac{x^2}{a^2}+\frac{y^2}{b^2}=1$ donde c²=a²-b² $\frac{a^2-b^2}{a^2}+\frac{y^2}{b^2}=1$ y²=b⁴/a² y=±b²/a. Así, la longitud del lado recto es 2b²/a.

La excentricidad de la elipse está dada por e=c/a=$\sqrt{a^2-b^2}$/a   c<a c²=a²-b². Así, la excentricidad e<1.

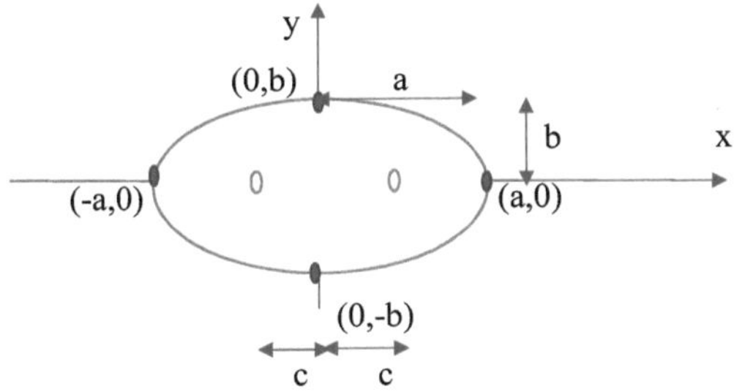

$$\frac{x^2}{a^2}+\frac{y^2}{b^2}=1 \quad \text{donde } b^2=a^2-c^2$$

Dada la siguiente elipse:

$$\frac{x^2}{25}+\frac{y^2}{16}=1 \quad a>b \text{ eje principal horizontal, focos y vértices en el eje principal}$$

$a=5 \quad b=4$

Vértices: $(-5,0)$ y $(5,0)$

$c^2=a^2-b^2=25-16=9 \quad c=3$

Focos: $(-3,0)$ $(3,0)$

Extremos del eje menor: $(0,4)$ $(0,-4)$

Si $P(x,y)$ es un punto de la elipse: $PF+PF'=2a=10$

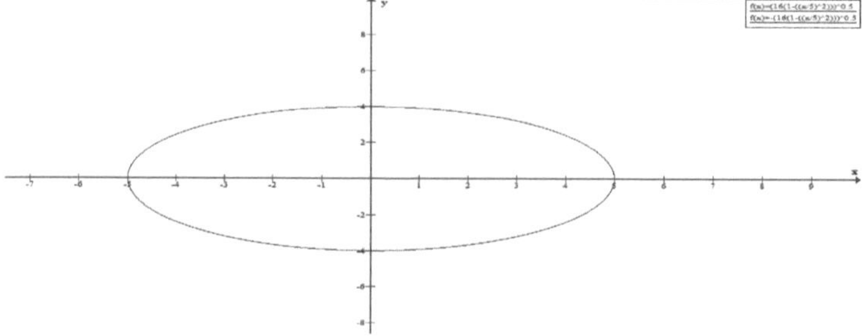

Un arco tiene la forma de una semielipse el cual tiene 48 pies de ancho en la base y una altura de 20 pies. ¿Qué anchura tiene el arco a una altura de 10 pies sobre la base?.

$2a=48 \quad a=24$

$b=20$

La ecuación de la elipse es:

$$\frac{x^2}{576}+\frac{y^2}{400}=1 \quad a>b \text{ eje principal horizontal, focos y vértices en el eje principal}$$

$y=10 \quad (x^2/576)=1-(1/4)$

$x^2=(3/4)576$

$x^2=3(144)$

$x=12\sqrt{3}$ anchura del arco a una altura de 10 pies sobre la base.

Si la elipse tiene el centro en el origen y su eje principal en el eje y, entonces la ecuación se puede obtener intercambiando los ejes x y y:

$\frac{y^2}{a^2}+\frac{x^2}{b^2}=1$ donde b^2=a^2-c^2 a>b

Se puede obtener los cortes de la elipse con los ejes x y y:

y=0 x^2=b^2 x=b y x=-b (b,0) y (-b,0)

x=0 y^2=a   y=a y y=-a (0,a) y (0,-a)

La recta que pasa por los focos que están en el eje y, se llama eje principal de la elipse el cual está en el eje y. Los puntos de intersección de la elipse con el eje principal se llaman vértices. Así, en esta elipse los vértices están en (0,a) y (0,-a). El centro de la elipse está en la mitad entre los dos vértices. En este ejemplo el origen es el centro de la elipse. El eje mayor de la elipse es el segmento de recta entre los dos vértices del eje principal con longitud de 2a en este ejemplo. Así, el semieje mayor tiene una longitud de a. En este ejemplo, el segmento de recta entre (b,0) y (-b,0) se llama eje menor de la elipse con longitud de 2b. El semieje menor tiene una longitud de b. La distancia entre los focos es 2c.

Para obtener la longitud del lado recto se sutistuye y=c en la ecuación de la elipse: $\frac{y^2}{a^2}+\frac{x^2}{b^2}=1$ donde c^2=a^2-b^2 $\frac{a^2-b^2}{a^2}+\frac{x^2}{b^2}=1$ x^2=b^4/a^2 x=±b^2/a. Así, la longitud del lado recto es 2b^2/a.

La excentricidad de la elipse está dada por e=c/a=$\sqrt{a^2-b^2}$/a   c<a c^2=a^2-b^2

Así, la excentricidad e<1.

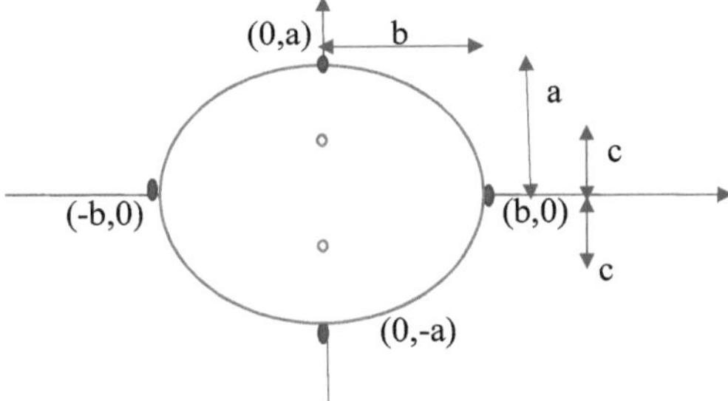

$\frac{y^2}{a^2}+\frac{x^2}{b^2}=1$ donde b^2=a^2-c^2 a>b

Ejemplo:

Dada la siguiente elipse:

$\dfrac{y^2}{25}+\dfrac{x^2}{16}=1$ a>b eje principal vertical, focos y vértices en el eje principal

$\dfrac{y^2}{a^2}+\dfrac{x^2}{b^2}=1$ donde b²=a²-c²   a>b

a=5 b=4

Vértices: (0,5 y (0,-5)

c²=a²-b²=25-16=9 c=3

Focos: (0,3) (0,-3)

Extremos del eje menor: (4,0) (-4,0)

Si P(x,y) es un punto de la elipse: PF+PF´=2a=10

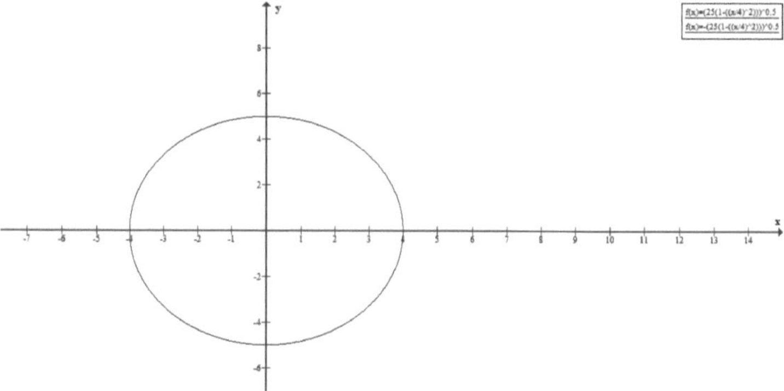

Si el centro de la elipse está en (h,k) se puede utilizar la traslación de ejes de tal forma que el nuevo origen de los ejes x´y y´coincida con el centro de la elipse.

Las ecuaciones que relacionan los ejes x´, y´con los ejes x, y son las siguientes:

x´=x-h y´=y-k

$\dfrac{x´^2}{a^2}+\dfrac{y´^2}{b^2}=1$ donde b²=a²-c²   a>b

$\dfrac{(x-h)^2}{a^2}+\dfrac{(y-k)^2}{b^2}=1$ a>b eje principal horizontal, focos y vértices en el eje principal y con centro en (h,k).

Los vértices están en: (h+a,k) (h-a,k). Los focos están en (h+c,k) (h-c,k).

Los extremos menores están en: (h,k+b) (h,k-b).

La longitud del lado recto es $2b^2/a$.

La excentricidad de la elipse está dada por $e=c/a=\sqrt{a^2-b^2}/a$ c<a $c^2=a^2-b^2$

Así, la excentricidad e<1.

$$\frac{y'^2}{a^2}+\frac{x'^2}{b^2}=1 \quad \text{donde } b^2=a^2-c^2 \quad a>b$$

$$\frac{(y-k)^2}{a^2}+\frac{(x-h)^2}{b^2}=1$$ a>b eje principal vertical, focos y vértices en el eje principal y con centro en (h,k).

Los vértices están en: (h,k+a) (h,k-a). Los focos están en (h,k+c) (h,k-c).

Los extremos menores están en: (h+b,k) (h-b,k).

La longitud del lado recto es $2b^2/a$.

La excentricidad de la elipse está dada por $e=c/a=\sqrt{a^2-b^2}/a$ c<a $c^2=a^2-b^2$

Así, la excentricidad e<1.

Ejemplo:

$$\frac{(x-7)^2}{25}+\frac{(y-4)^2}{16}=1$$ Eje principal horizontal

a=5 b=4 $c^2=a^2-b^2$ c=3 h=7 k=4 C(7,4)

Vértices: (12,4) (2,4) Focos: (10,4) (4,4)

Extremos del eje menor: (7,8) (7,0)

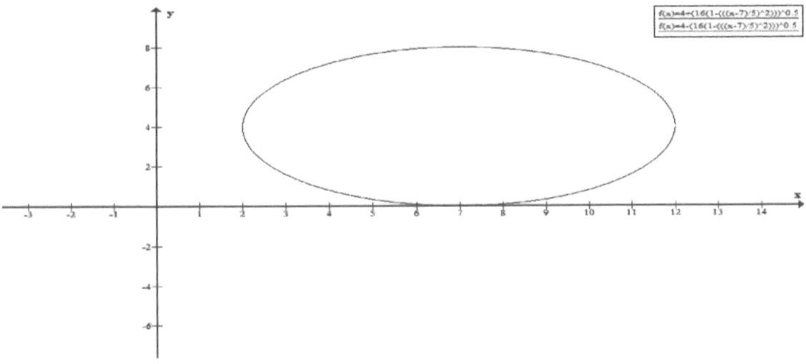

Ejemplo:

$$\frac{(y-3)^2}{25}+\frac{(x-8)^2}{16}=1 \quad \text{Eje principal vertical}$$

$a=5 \quad b=4 \quad c^2=a^2-b^2 \quad c=3 \quad C(8,3)$

Vértices: (8,8) (8,-2) Focos: (8,6) (8,0)

Extremos del eje menor: (12,3) (4,3)

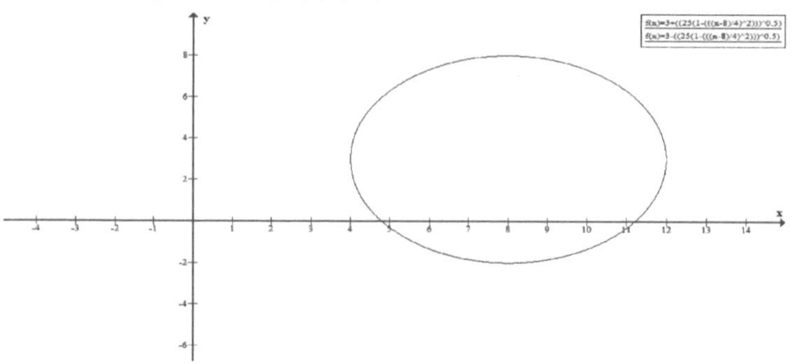

Forma general de la elipse

$$\frac{(x-h)^2}{a^2}+\frac{(y-k)^2}{b^2}=1 \quad a\neq b$$

$b^2(x-h)^2+a^2(y-k)^2=a^2b^2$

$b^2x^2-2b^2hx+b^2h^2+a^2y^2-2a^2ky+a^2k^2=a^2b^2$

$b^2x^2+a^2y^2-2b^2hx-2a^2ky+(b^2h^2+a^2k^2-a^2b^2)=0$

$A=b^2 \quad C=a^2 \quad D=-2b^2h \quad E=-2a^2k \quad F=b^2h^2+a^2k^2-a^2b^2$

$Ax^2+Cy^2+Dx+Ey+F=0 \quad A\neq C$ ya que $a\neq b$ $A\neq 0$ $C\neq 0$ A y C tienen el mismo signo, lo cual corresponde a la **forma general de la elipse** si además se puede completar cuadrados para obtener la forma: $\frac{(x-h)^2}{a^2}+\frac{(y-k)^2}{b^2}=1$.

Se puede empezar de esta forma general para llevarla a la forma $\frac{(x-h)^2}{a^2}+\frac{(y-k)^2}{b^2}=1$ y obtener las condiciones de las constantes.

$Ax^2+Cy^2+Dx+Ey+F=0$

$A[x+(D/2A)]^2+C[y+(E/2C)]^2=(D^2/4A)+(E^2/4C)-F$

$$\frac{(x-h)^2}{\left(\frac{1}{A}\right)}+\frac{(y-k)^2}{\left(\frac{1}{C}\right)}=G \quad \text{donde } h=-\frac{D}{2A} \quad k=-\frac{E}{2C} \quad G=(D^2/4A)+(E^2/4C)-F$$

$$\frac{(x-h)^2}{G\left(\frac{1}{A}\right)}+\frac{(y-k)^2}{G\left(\frac{1}{C}\right)}=1 \quad \text{donde G tiene que tener el mismo signo que A y C y}$$

así corresponde a una elipse. Si G=0 la ecuación es la de un punto (h,k) y si G tiene diferente signo que A y C entonces no representa ningún lugar geométrico.

Si se tiene la forma general de la ecuación de segundo grado de dos variables:

$Ax^2+Bxy+Cy^2+Dx+Ey+F=0$

Si B=0 y A=C la gráfica es una circunferencia, un punto o ningún lugar geométrico: $Ax^2+Ay^2+Dx+Ey+F=0$

$x^2+y^2+(D/A)x+(E/A)y+(F/A)=0$

Además, si A=C a=b en la ecuación $\frac{(x-h)^2}{a^2}+\frac{(y-k)^2}{b^2}=1$ lo cual se demostró desarrollando la expresión y se obtiene: $A=b^2$ $C=a^2$ a=b. De esta forma se obtiene: $(x-h)^2+(y-k)^2=a^2$ que es la ecuación de una circunferencia con centro en (h,k) y radio r=a.

Si B=0 y C=0 la gráfica es una parábola vertical $Ax^2+Dx+Ey+F=0$ y si además E=0 $Ax^2+Dx+F=0$ la gráfica son dos rectas verticales paralelas al eje y o una recta o ningún lugar geométrico.

Si B=0 y A=0 la gráfica es una parábola horizontal $Cy^2+Dx+Ey+F=0$ y si además D=0 $Cy^2+Ey+F=0$ la gráfica son dos rectas horizontales paralelas al eje x o una recta o ningún lugar geométrico.

Si B=0 y A≠C A≠0 y C≠0, A y C y G tienen el mismo signo donde $G=(D^2/4A)+(E^2/4C)-F$, $Ax^2+Cy^2+Dx+Ey+F=0$ es la ecuación de una elipse, un punto o ningún lugar geométrico o si A y C tienen el mismo signo y si se puede completar cuadrados para llevarla a la forma $\frac{(x-h)^2}{a^2}+\frac{(y-k)^2}{b^2}=1$ entonces $Ax^2+Cy^2+Dx+Ey+F=0$ corresponde a una elipse. Si G=0 la ecuación es la de un punto (h,k) y si G tiene diferente signo que A y C entonces no representa ningún lugar geométrico.

Ejemplo:

Se tiene la ecuación $6x^2+9y^2-24x-54y+51=0$ completar cuadrados para encontrar el lugar geométrico.

B=0 A=6 C=9 A≠C D=-24 E=-54 F=51

$G=(D^2/4A)+(E^2/4C)-F=(24^2/24)+(54^2/36)-51=24+81-51=54$

A, C y G tienen el mismo y la ecuación corresponde a la de una elipse.

$6x^2+9y^2-24x-54y+51=0$

$6(x-2)^2+9(y-3)^2=24+81-51$

$\dfrac{(x-2)^2}{\left(\frac{1}{6}\right)}+\dfrac{(y-3)^2}{\left(\frac{1}{9}\right)}=54$

$\dfrac{(x-2)^2}{9}+\dfrac{(y-3)^2}{6}=1$ elipse con eje principal horizontal

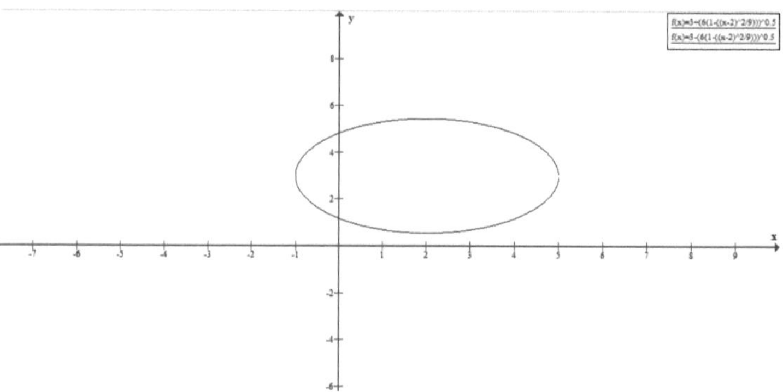

Ejemplo:

Se tiene la ecuación $6x^2+9y^2-24x-54y+115=0$ completar cuadrados para encontrar el lugar geométrico.

B=0 A=6 C=9 A$\neq$C   D=-24 E=-54 F=115

G=(D^2/4A)+ (E^2/4C)-F=(24^2/24)+(54^2/36)-115=24+81-115=-10

A, C y G no tienen el mismo signo y la ecuación no es ningún lugar geométrico.

Se puede obtener lo mismo completando cuadrados.

$6x^2+9y^2-24x-54y+115=0$

$6(x-2)^2+9(y-3)^2=24+81-115$

$\dfrac{(x-2)^2}{\left(\frac{1}{6}\right)}+\dfrac{(y-3)^2}{\left(\frac{1}{9}\right)}=-10$ y no se puede obtener $\dfrac{(x-h)^2}{a^2}+\dfrac{(y-k)^2}{b^2}=1$ y así no es ningún lugar geométrico.

Ejemplo:

Se tiene la ecuación $6x^2+9y^2-24x-54y+105=0$ completar cuadrados para encontrar el lugar geométrico.

B=0 A=6 C=9 A≠C   D=-24 E=-54 F=105

G=$(D^2/4A)$+ $(E^2/4C)$-F=$(24^2/24)$+$(54^2/36)$-115=24+81-105=0

A, C tienen el mismo y G=0: la ecuación representa el punto (h,k) donde (h,k) es el centro de la elipse.

h=$-\frac{D}{2A}$ k=$-\frac{E}{2C}$ h=2 k=3 (2,3)

Se puede obtener lo mismo completando cuadrados.

$6x^2+9y^2-24x-54y+105=0$

$6(x-2)^2+9(y-3)^2=24+81-105$

$\frac{(x-2)^2}{(\frac{1}{6})}+\frac{(y-3)^2}{(\frac{1}{9})}=0$ lo que corresponde al punto (2,3).

Obtener el lugar geométrico de $25x^2+16y^2+150x-128y-1119=0$

B=0 A≠C así, la gráfica es una elipse, un punto o ningún lugar geométrico.

$25(x+3)^2+16(y-4)^2=1119+225+256$

$\frac{(x+3)^2}{(\frac{1}{25})}+\frac{(y-4)^2}{(\frac{1}{16})}=1600$

$\frac{(x+3)^2}{64}+\frac{(y-4)^2}{100}=1$

$\frac{(y-4)^2}{100}+\frac{(x+3)^2}{64}=1$ elipse con eje principal vertical con los vértices y los focos en este eje.

a=10 b=8 a>b $c^2=a^2-b^2=100-64=36$ c=6

C(-3.4) h=-3 k=4

Vértices: (-3,14) (-3,-6)

Focos: (-3,10) (-3,-2)

Extremos del eje menos: (5,4) (-11,4)

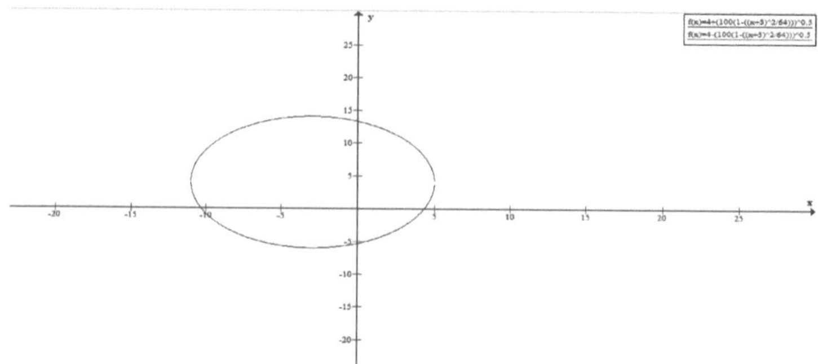

Determinar una ecuación de la elipse que tiene sus focos en (-8,2) y (4,2) y la constante de la elipse de la suma de las distancias de un punto de la elipse a sus dos focos es 20.

Focos (-8,2) (4,2) elipse con eje principal horizontal donde se encuentran los focos y los vértices. a>b $b^2=a^2-c^2$

La distancia entre los focos es 2c=12 c=6

El centro de la elipse está en el punto medio entre los dos focos:

((-8+4)/2,2)=(-2,2) o la coordenada h=-8+6=-2 k=2 C(-2,2)

PF+PF′=2a=20   a=10 $b^2=a^2-c^2$ $b^2=100-36=64$ b=8

$$\frac{(x+2)^2}{100}+\frac{(y-2)^2}{64}=1$$

El vértice está en: (8,2) (-12,2)

Los extremos del eje menor son: (-2,10) (-2,-6)

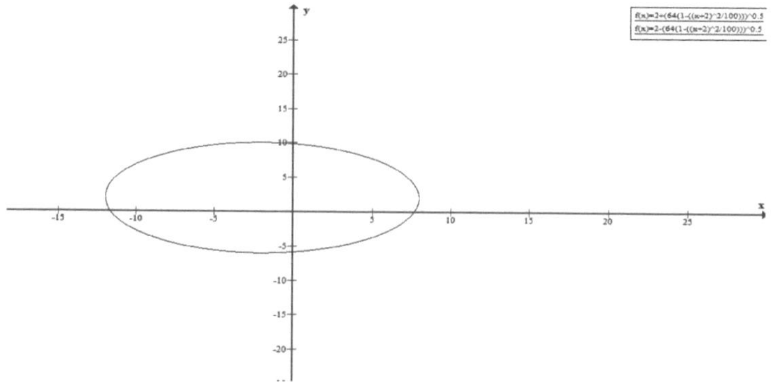

En Astronomía, las órbitas de los planetas y satélites tienen la forma de una elipse y además algunos diseños tienen en los arcos de los puentes la forma de semielipse.

Ecuación de la recta tangente a una elipse

Encontrar la ecuación de la recta tangente a la elipse $\frac{x^2}{25}+\frac{y^2}{16}=1$ en el punto P(3,16/5)

Se puede comprobar que el punto P satisface la ecuación de la elipse.

La ecuación de la recta es: y-(16/5)=m(x-3)

y=mx-3m+(16/5)   y=m(x-3)+(16/5)

$\frac{x^2}{25}+\frac{y^2}{16}=1$

16x²+25[m²(x-3)²+2m(x-3)(16/5)+(16/5)²]=400

16x²+25m²x²-150m²x+225m² +160mx-480m+256=400

(16+25m²)x²+(160m-150m²)+(225m² -480m-144)=0

Se debe cumplir la condición de tangencia y el discriminante debe ser cero ya que debe haber un solo punto de tangencia y las raíces deben ser iguales:

(160m-150m²)²-4(16+25m²) (225m² -480m-144)=0

25600m²-48000m³+22500m⁴-14400m²+30720m+9216-22500m⁴+48000m³+14400m²=0

25600m²+30720m+9216=0

Dividiendo todos los términos para 1024 se obtiene:

25m²+30m+9=0

(5m)²+6(5m)+9=0

(5m+3) (5m+3)=0

m=-3/5

y=m(x-3)+(16/5)

y=(-3/5)x+5

Se comprueba que el punto (3,16/5) es un punto de la recta reemplazando x=-3/5 y=16/5.

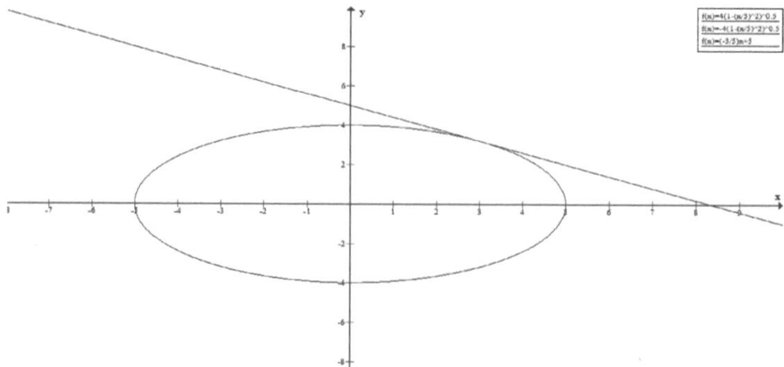

Hipérbolas

La hipérbola es el conjunto de puntos de tal manera que la diferencia de las distancias desde un punto de la hipérbola a dos puntos fijos llamados focos sea constante 2a. El origen es el punto medio entre los dos focos que se encuentran en (c,0) y (-c,0). La distancia PF y PF´son llamadas radiovectores. Sea P(x,y) un punto de la hipérbola centrada en el origen y sea 2c la distancia entre los focos.

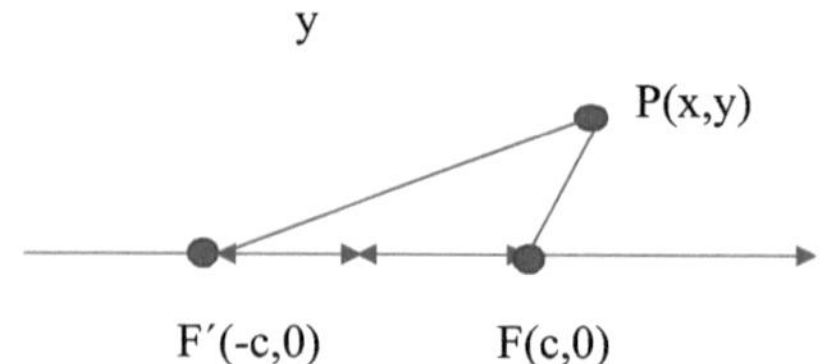

F´F + PF>PF´   F´F>PF´-PF

F´F+PF´>PF   F´F>PF-PF´

Así, las dos desigualdades se pueden escribir por medio del valor absoluto:

F´F>$|PF - PF'|$

F´F=2c $|PF - PF'|$=2a

2c>2a

c>a

$|PF - PF'|$=2a

$\left|\sqrt{(x - c)^2 + y^2} - \sqrt{(x + c)^2 + y^2}\right|$ =2a

$$\sqrt{(x-c)^2+y^2} - \sqrt{(x+c)^2+y^2} = \pm 2a$$

$$\sqrt{(x-c)^2+y^2} = \pm 2a + \sqrt{(x+c)^2+y^2}$$

$x^2-2cx+c^2+y^2=4a^2\pm 4a\sqrt{(x+c)^2+y^2}+x^2+2xc+c^2+y^2$

$$a^2+cx=\pm a\sqrt{(x+c)^2+y^2}$$

$a^4+2a^2cx+c^2x^2=a^2x^2+2a^2cx+c^2a^2+a^2y^2$

$(c^2-a^2)x^2-a^2y^2=a^2(c^2-a^2)$ Dividiendo cada término para $a^2(c^2-a^2)$

$\dfrac{x^2}{a^2} - \dfrac{y^2}{b^2} = 1$ hipérbola horizontal   donde $b^2=c^2-a^2$ c>a   c>b

En la hipérbola a>b o b>a.   Si a=b entonces la hipérbola se denomina equilátera. Además, la hipérbola tiene dos asíntotas oblicuas.

$$\dfrac{x^2}{a^2} - \dfrac{y^2}{b^2} = 1$$

$$y = \pm b\sqrt{\dfrac{x^2}{a^2} - 1}$$

$$y = \pm \dfrac{b}{a}x\sqrt{1 - \dfrac{a^2}{x^2}}$$

De esta forma cuando x tiende a ∞ y tiende a $y = \pm \dfrac{b}{a}x$ ya que $\sqrt{1 - \dfrac{a^2}{x^2}}$ tiende a 1. Así, en este ejemplo de hipérbola horizontal, las asíntotas oblicuas son:

$$y = \pm \dfrac{b}{a}x$$ Es decir: y=(b/a)x   y=-(b/a)x

Las diagonales del rectángulo con vértices en (a,b), (a,-b), (-a,b) y (-a,-b) están en las asíntotas de la hipérbola. Este rectángulo se conoce como rectángulo auxiliar de la hipérbola. Los vértices de la hipérbola son los puntos de intersección del eje principal o focal y el rectángulo auxiliar. Se puede graficar la hipérbola de manera más exacta graficando el rectángulo auxiliar y luego cada rama de la hipérbola a través de cada vértice tangente al lado del rectángulo auxiliar y luego aproximando a las rectas en las cuales están las diagonales del rectángulo o lo que son las asíntotas de la hipérbola.

Además, la circunferencia con centro en el origen que pasa por los vértices del rectángulo auxiliar pasa también por los focos de la hipérbola ya que $a^2+b^2=c^2$.

Si a=b (hipérbola equilátera) las asíntotas son perpendiculares entre sí. El rectángulo auxiliar es un cuadrado y los ejes transverso (que está en el eje principal) y conjugado tienen la misma longitud ya que a=b.

De la ecuación se puede observar que no hay valores reales de y para valores de $|x|$<a ya que $\frac{x^2}{a^2} - 1 = \frac{y^2}{b^2}$.

Para $|x|$>a hay dos valores de y y así hay la hipérbola tiene dos ramas.

Cortes con los ejes:

x=0 $-\frac{y^2}{b^2} = 1$ que no tiene soluciones reales. La hipérbola no corta al eje y.

y=0 $\frac{x^2}{a^2} = 1$ $x^2=a^2$ x=±a que son los vértices de la hipérbola

Vértices: (a,0) (-a,0) Focos: (c,0) (-c,0) c>a

Esta ecuación tiene como gráfica una hipérbola horizontal. La gráfica es simétrica con respecto a los ejes x y y. La recta que pasa por los focos se llama eje principal o focal y en este ejemplo coincide con el eje x. El centro de la hipérbola se encuentra en la mitad entre los dos vértices o en la mitad entre los dos focos. En este ejemplo el centro es el origen (0,0). La longitud entre los vértices es de 2a y se llama eje transverso.

El segmento de recta que tiene sus extremos en (0,-b) y (0,b) se llama eje conjugado de la hipérbola y la longitud es de 2b unidades.

El segmento que une dos puntos de la hipérbola se llama cuerda. Si la cuerda pasa por el foco se llama cuerda focal. Si la cuerda focal es perpendicular al eje principal o focal se llama lado recto. La hipérbola tiene dos lados rectos. Si la cuerda pasa por el centro de la hipérbola se llama diámetro.

Debido a que la coordenada de uno de los focos es (c,0), la coordenada en y para x=c es: $b^2=c^2-a^2$ $c^2=a^2+b^2$

$$\frac{y^2}{b^2} = \frac{x^2}{a^2} - 1$$

$$\frac{c^2}{a^2} - 1 = \frac{y^2}{b^2} \qquad \frac{a^2+b^2}{a^2} - 1 = \frac{y^2}{b^2}$$

$y^2=b^4/a^2$ $y=±b^2/a$

Así, la longitud del lado recto es $2b^2/a$. La hipérbola tiene dos lados rectos con esta misma longitud.

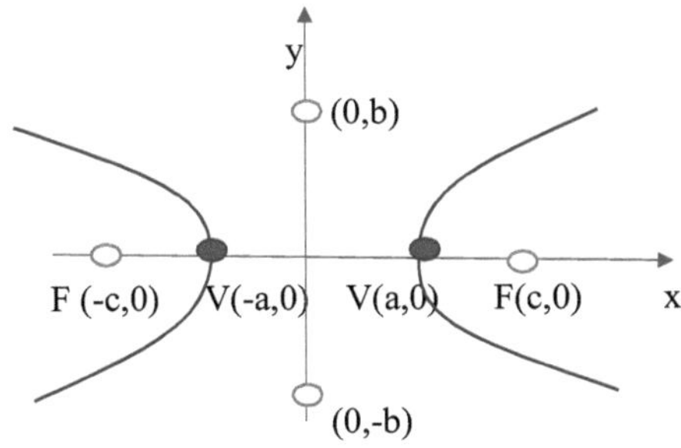

La excentricidad de la hipérbola está definida por e=c/a

$c^2=a^2+b^2$ $\quad$ c>a

$e=\sqrt{a^2+b^2}$ /a $\quad$ e>1

La excentricidad de la elipse e<1 y de la hipérbola e>1

Si en la hipérbola a=b, la hipérbola se llama equilátera:

$$\frac{x^2}{a^2} - \frac{y^2}{b^2} = 1$$

$x^2-y^2=a^2$ $\quad$ a=b

Las asíntotas oblicuas de la hipérbola equilátero son:

$y = \pm\frac{b}{a}x$ $\quad$ a=b $\quad$ y=±x $\quad$ y=x $\quad$ y= - x

Ejemplo de hipérbola equilátera:

$x^2-y^2=1$ hipérbola equilátera horizontal

asíntotas oblicuas y=x $\quad$ y=-x

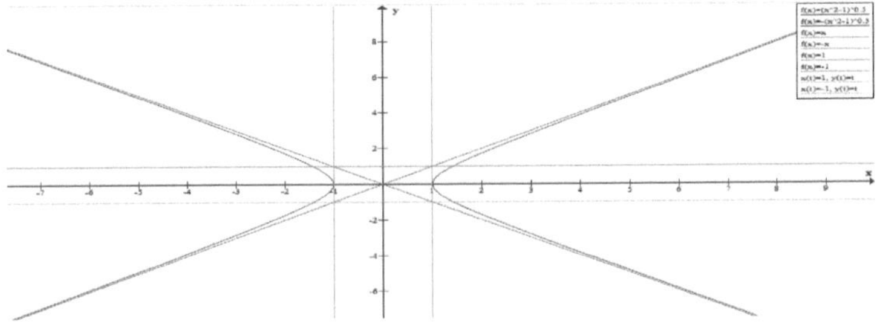

Las asíntotas de una hipérbola equilátera son perpendiculares entre sí, por lo cual se la llama también rectangular. El rectángulo auxiliar es un cuadrado y los ejes transverso (que está en el eje principal) y conjugado tienen la misma longitud ya que a=b.

Una forma de la hipérbola equilátera es xy=k donde k es una constante diferente de cero.

Ejemplo:

xy=1

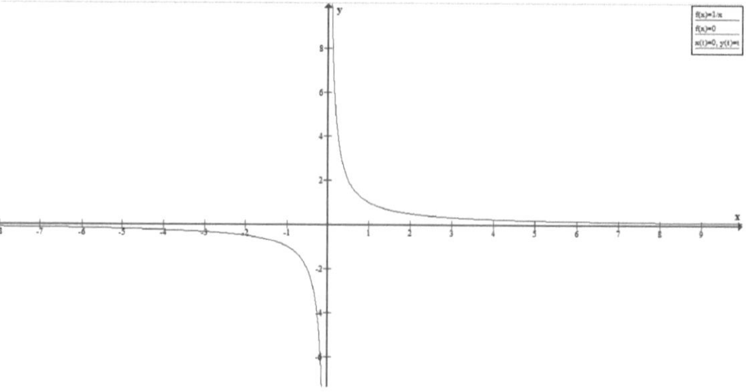

Las asíntotas de esta hipérbola son los ejes x y y con rectas x=0 y y=0.

Además, si dos hipérbolas tienen el eje transverso de cada una idéntico al eje conjugado de la otra, entonces son hipérbolas conjugadas. Estas hipérbolas conjugadas tienen las mismas asíntotas oblicuas.

Un ejemplo de estas hipérbolas es:

$$\frac{(x+3)^2}{\left(\frac{25}{4}\right)} - \frac{(y-4)^2}{\left(\frac{25}{12}\right)} = 1$$ hipérbola horizontal a=5/2 b=5/$\sqrt{12}$

$$\frac{(y-4)^2}{\left(\frac{25}{12}\right)} - \frac{(x+3)^2}{\left(\frac{25}{4}\right)} = 1$$ hipérbola vertical a=5/$\sqrt{12}$ b=5/2

y= ± (2/$\sqrt{12}$)(x+3)+4 Asíntotas de las hipérbolas conjugadas.

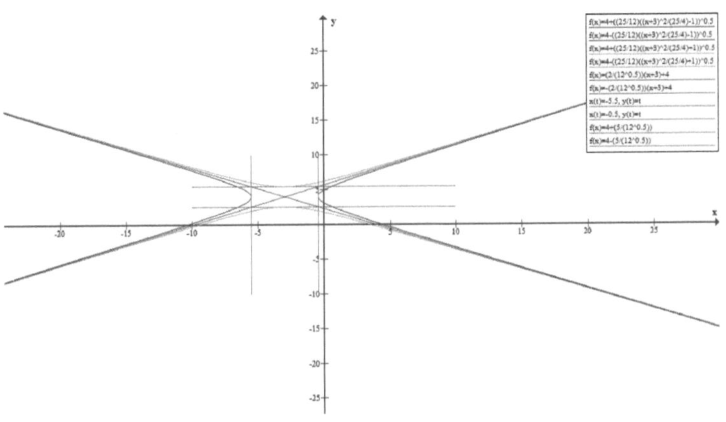

Ejemplo:

$$\frac{x^2}{9} - \frac{y^2}{16} = 1$$

$$\frac{x^2}{a^2} - \frac{y^2}{b^2} = 1 \quad b^2=c^2-a^2 \quad c^2= a^2+ b^2$$

La hipérbola es horizontal.

a=3   b=4   c=5

$|PF - PF'|$=2a=6 donde P(x,y) es un punto de la hipérbola

Vértices: V: (3,0) (-3,0)

Focos: F: (5,0) (-5,0)

Longitud del Eje transverso: 2a=6

Longitud del Eje conjugado: 2b=8

En este ejemplo de hipérbola horizontal, las asíntotas oblicuas son:

$y = \pm \frac{b}{a}x$ Es decir: y=(4/3)x   y=-(4/3)x

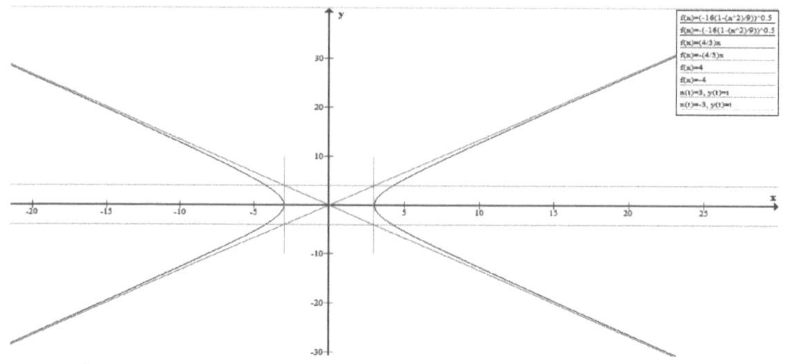

Determinar una ecuación de la hipérbola que tiene un foco en (5,0) y los extremos de su eje conjugado en (0,2) y (0,-2).

Longitud del eje conjugado=2b

4=2b   b=2

F: (c,0): (5,0)   c=5

$b^2=c^2-a^2$ $a^2=c^2-b^2$ $a=\sqrt{21}$ $a^2=21$

$$\frac{x^2}{21} - \frac{y^2}{4} = 1$$

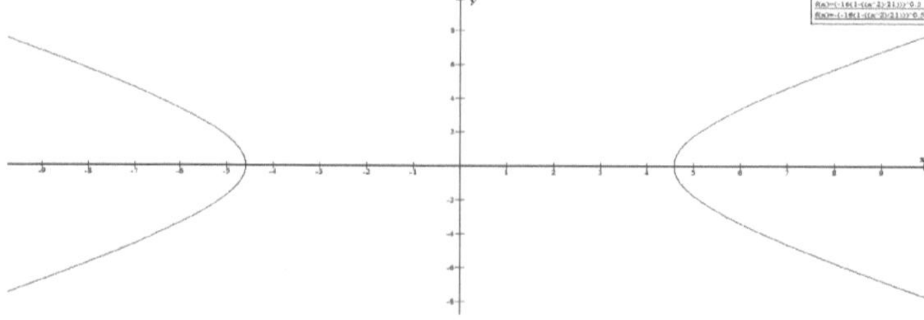

Si se intercambian los ejes x y y, se obtiene la siguiente ecuación:

$\dfrac{y^2}{a^2} - \dfrac{x^2}{b^2} = 1$ hipérbola vertical   donde $b^2=c^2-a^2$ c>a   c>b

De la ecuación se puede observar que no hay valores reales de x para valores de $|y|<a$ ya que $\dfrac{y^2}{a^2} - 1 = \dfrac{x^2}{b^2}$.

Para $|y|>a$ hay dos valores de x y así hay la hipérbola tiene dos ramas.

Cortes con los ejes:

y=0 $-\frac{x^2}{b^2} = 1$ que no tiene soluciones reales. La hipérbola no corta al eje x.

x=0 $\frac{y^2}{a^2} = 1$ $y^2=a^2$ y=±a que son los vértices de la hipérbola

Vértices: (0,a) (0,-a) Focos: (0,c) (0,-c) c>a

Además, la hipérbola tiene dos asíntotas oblicuas.

$$\frac{y^2}{a^2} - \frac{x^2}{b^2} = 1$$

$$y = \pm a\sqrt{\frac{x^2}{b^2} + 1}$$

$$y = \pm \frac{a}{b}x\sqrt{1 + \frac{b^2}{x^2}}$$

De esta forma cuando x tiende a ∞ y tiende a $y = \pm \frac{a}{b}x$ ya que $\sqrt{1 + \frac{b^2}{x^2}}$ tiende a 1. Así, en este ejemplo de hipérbola vertical, las asíntotas oblicuas son: $y = \pm \frac{a}{b}x$ Es decir: y=(a/b)x y=-(a/b)x

Las diagonales del rectángulo con vértices en (b,a), (b,-a), (-b,a) y (-b,-a) están en las asíntotas de la hipérbola. Este rectángulo se conoce como rectángulo auxiliar de la hipérbola. Los vértices de la hipérbola son los puntos de intersección del eje principal o focal y el rectángulo auxiliar. Se puede graficar la hipérbola de manera más exacta graficando el rectángulo auxiliar y luego cada rama de la hipérbola a través de cada vértice tangente al lado del rectángulo auxiliar y luego aproximando a las rectas en las cuales están las diagonales del rectángulo o lo que son las asíntotas de la hipérbola.

Además, la circunferencia con centro en el origen que pasa por los vértices del rectángulo auxiliar pasa también por los focos de la hipérbola ya que a²+b²=c².

Esta ecuación tiene como gráfica una hipérbola vertical. La gráfica es simétrica con respecto a los ejes x y y. La recta que pasa por los focos se llama eje principal o focal y en este ejemplo coincide con el eje vertical. El centro de la hipérbola se encuentra en la mitad entre los dos vértices o en la mitad entre los dos focos. En este ejemplo el centro es el origen (0,0). La longitud entre los vértices es de 2a y se llama eje transverso.

El segmento de recta que tiene sus extremos en (-b,0) y (b,0) se llama eje conjugado de la hipérbola y la longitud es de 2b unidades.

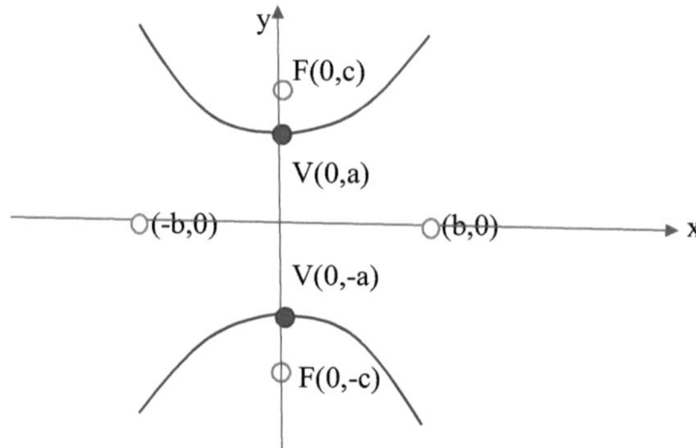

Ejemplo:

$$\frac{y^2}{9} - \frac{x^2}{16} = 1$$

$\frac{y^2}{a^2} - \frac{x^2}{b^2} = 1$ hipérbola vertical donde $b^2=c^2-a^2$ $c>a$ $c>b$

$a=3$ $b=4$ $a^2 + b^2 = c^2$ $c=5$

V: (0,3) (0,-3) vértices

F: (0,5) (0,-5) focos

Extremos del eje conjugado: (4,0) (-4,0)

Las ecuaciones de las asíntotas son:

$y = \pm \frac{a}{b}x$ Es decir: y=(3/4)x   y=-(3/4)x

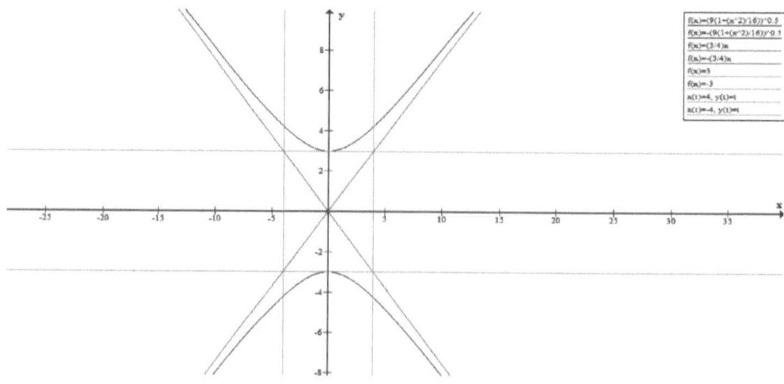

Si el centro de la hipérbola está en (h,k) y su eje principal es paralelo al eje x, entonces se puede usar la traslación de ejes de tal forma que el punto (h,k) vértice la hipérbola sea el nuevo origen en el sistema de coordenadas x′,y′.

$$\frac{x'^2}{a^2} - \frac{y'^2}{b^2} = 1$$

Las ecuaciones que relaciona los ejes x,y y x′, y′ es:

x′=x-h   y′=y-k

Así, con respecto al sistema de coordenadas x,y la ecuación de la hipérbola es:

$$\frac{(x-h)^2}{a^2} - \frac{(y-k)^2}{b^2} = 1 \quad \text{hipérbola horizontal con centro en (h,k).}$$

Las ecuaciones de las asíntotas tienen el mismo desfasamiento:

$$y' = \pm\frac{b}{a}x'$$

y-k=$\pm\dfrac{b}{a}(x - h)$ asíntotas para la hipérbola horizontal

Las coordenadas del rectángulo auxiliar son:

(h+a,k+b), (h+a,k-b), (h-a,k+b) y (h-a,k-b). Estos puntos satisfacen las ecuaciones de las asíntotas.

Se puede aplicar las mismas traslaciones para la hipérbola vertical y se obtiene:

$$\frac{y'^2}{a^2} - \frac{x'^2}{b^2} = 1$$

x′=x-h   y′=y-k

$$\frac{(y-k)^2}{a^2} - \frac{(x-h)^2}{b^2} = 1 \quad \text{hipérbola vertical con centro en (h,k). Estos puntos}$$
satisfacen las ecuaciones de las asíntotas.

Las ecuaciones de las asíntotas tienen el mismo desfasamiento:

$$y' = \pm\frac{a}{b}x'$$

y-k=$\pm\dfrac{a}{b}(x - h)$ asíntotas para la hipérbola vertical

Las coordenadas del rectángulo auxiliar son:

(h+b,k+a), (h+b,k-a), (h-b,k+a) y (h-b,k-a)

Ejemplo:

Los vértices de una hipérbola están en (-5,-3) y (-5,-1) y los extremos del eje conjugado están en (-7-2) y (-3,-2). Obtener la ecuación de la hipérbola y las asíntotas.

V: (-5,-3) (-5,-1)

Debido a que la coordenada x es la misma para ambos vértices, la hipérbola es vertical. La distancia entre los vértices es (3-1)=2 el cual es la longitud del eje transversal (principal).

2a=(3-1)   2a=2   a=1

El centro de la hipérbola está en: (-5, (-3-1)/2) C (-5,-2): h=-5 k=-2

Así, a=1 el cual es la distancia del centro al vértice.

Extremos del eje conjugado: (-7,-2) (-3,-2)

La coordenada vertical coincide con la coordenada vertical del centro de la hipérbola. La longitud del eje conjugado es 2b=(7-3) 2b=4 b=2. Además, b es la distancia del centro al extremo conjugado b=2.

El eje principal o focal es paralelo al eje y.

$$\frac{(y+2)^2}{1} - \frac{(x+5)^2}{4} = 1$$

y-k=$\pm\frac{a}{b}(x - h)$ asíntotas para la hipérbola vertical

(y+2)=(1/2)(x+5)   (y+2)=(-1/2)(x+5)

Las coordenadas del rectángulo auxiliar se obtiene con las rectas formadas por las coordenadas verticales de los vértices y las coordenadas horizontales de los extremos del eje conjugado: y=-1 y=-3   x=-7 x=-3 o por medio de las coordenadas con desfasamiento:

(h+b,k+a), (h+b,k-a), (h-b,k+a) y (h-b,k-a)

(-3,-1), (-3,-3), (-7,-1), (-7,-3). Estos puntos satisfacen las ecuaciones de las asíntotas oblicuas.

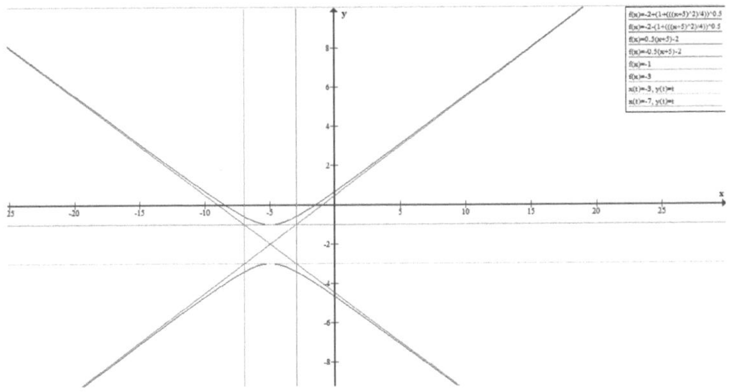

Forma general de la hipérbola

$$\frac{(x-h)^2}{a^2} - \frac{(y-k)^2}{b^2} = 1 \quad a\neq b \quad b^2=c^2-a^2 \quad c>a \quad c>b$$

$b^2(x-h)^2 - a^2(y-k)^2 = a^2b^2$

$b^2x^2 - 2b^2hx + b^2h^2 - a^2y^2 + 2a^2ky - a^2k^2 = a^2b^2$

$b^2x^2 - a^2y^2 - 2b^2hx + 2a^2ky + (b^2h^2 - a^2k^2 - a^2b^2) = 0$

$A=b^2$ $C=-a^2$ $D=-2b^2h$ $E=2a^2k$ $F= b^2h^2 - a^2k^2 - a^2b^2$ donde A tiene diferente signo que C.

$Ax^2+Cy^2+Dx+Ey+F=0$ $A\neq C$ ya que $a\neq b$ $A\neq 0$ $C\neq 0$ A y C tienen diferente signo, lo cual corresponde a la **forma general de la hipérbola** si además se puede completar cuadrados para obtener la forma: $\frac{(x-h)^2}{a^2} - \frac{(y-k)^2}{b^2} = 1$.

Se puede empezar de esta forma general para llevarla a la forma $\frac{(x-h)^2}{a^2} - \frac{(y-k)^2}{b^2} = 1$ y obtener las condiciones de las constantes.

$Ax^2+Cy^2+Dx+Ey+F=0$

$A[x+(D/2A)]^2+C[y+(E/2C)]^2=(D^2/4A)+ (E^2/4C)-F$

$$\frac{(x-h)^2}{\left(\frac{1}{A}\right)} + \frac{(y-k)^2}{\left(\frac{1}{C}\right)} = G \quad \text{donde } h=-\frac{D}{2A} \quad k=-\frac{E}{2C} \quad G=(D^2/4A)+ (E^2/4C)-F$$

$$\frac{(x-h)^2}{G\left(\frac{1}{A}\right)} + \frac{(y-k)^2}{G\left(\frac{1}{C}\right)} = 1 \quad \text{A y C tienen diferente signo y así corresponde a una}$$

hipérbola. Si G tiene el mismo signo que A entonces la hipérbola es horizontal y si G tiene el mismo signo que C la hipérbola es vertical. Si G=0 entonces el lugar geométrico corresponde a dos líneas rectas intersecantes que pasan por el punto (h,k).

$$\frac{(x-h)^2}{\left(\frac{1}{A}\right)}+\frac{(y-k)^2}{\left(\frac{1}{C}\right)}=0$$

$A(x-h)^2+C(y-k)^2=0$

$(y-k)^2=-(A/C)\,(x-h)^2$ A y C tienen diferente signo y así la constante $-(A/C)$ es positiva.

$$(y-k)=\pm\sqrt{-\left(\frac{A}{C}\right)}\,(x-h)$$

$$y=\sqrt{-\left(\frac{A}{C}\right)}\,(x-h)+k \qquad y=-\sqrt{-\left(\frac{A}{C}\right)}\,(x-h)+k$$

Si se tiene la forma general de la ecuación de segundo grado de dos variables:

$Ax^2+Bxy+Cy^2+Dx+Ey+F=0$

Si B=0 y A=C la gráfica es una circunferencia, un punto o ningún lugar geométrico: $Ax^2+Ay^2+Dx+Ey+F=0$

$x^2+y^2+(D/A)x+(E/A)y+(F/A)=0$

Además, si A=C a=b en la ecuación $\frac{(x-h)^2}{a^2}+\frac{(y-k)^2}{b^2}=1$ lo cual se demostró desarrollando la expresión y se obtiene: $A=b^2$ $C=a^2$ a=b. De esta forma se obtiene: $(x-h)^2+(y-k)^2=a^2$ que es la ecuación de una circunferencia con centro en (h,k) y radio r=a.

Si B=0 y C=0 la gráfica es una parábola vertical $Ax^2+Dx+Ey+F=0$ y si además E=0 $Ax^2+Dx+F=0$ la gráfica son dos rectas verticales paralelas al eje y o una recta o ningún lugar geométrico.

Si B=0 y A=0 la gráfica es una parábola horizontal $Cy^2+Dx+Ey+F=0$ y si además D=0 $Cy^2+Ey+F=0$ la gráfica son dos rectas horizontales paralelas al eje x o una recta o ningún lugar geométrico.

Si B=0 y A≠C A≠0 y C≠0, A y C y G tienen el mismo signo donde $G=(D^2/4A)+(E^2/4C)-F$, $Ax^2+Cy^2+Dx+Ey+F=0$ es la ecuación de una elipse, un punto o ningún lugar geométrico o si A y C tienen el mismo signo y si se puede completar cuadrados para llevarla a la forma $\frac{(x-h)^2}{a^2}+\frac{(y-k)^2}{b^2}=1$ entonces $Ax^2+Cy^2+Dx+Ey+F=0$ corresponde a una elipse. Si G=0 la ecuación es la de un punto (h,k) y si G tiene diferente signo que A y C entonces no representa ningún lugar geométrico.

Si B=0 A≠C A≠0 y C≠0, A y C tienen diferente signo y se puede completar cuadrados para llevarlo a la forma $\frac{(x-h)^2}{a^2}-\frac{(y-k)^2}{b^2}=1$ o G≠0 donde G=(D²/4A)+ (E²/4C)-F entonces el lugar geométrico es una hipérbola. Si G tiene el mismo signo que A entonces la hipérbola es horizontal y si G tiene el mismo signo que C la hipérbola es vertical. Si G=0 entonces el lugar geométrico corresponde a dos líneas rectas intersecantes que pasan por el punto (h,k): $y=\sqrt{-(\frac{A}{C})}\,(x-h)+k$ $y=-\sqrt{-(\frac{A}{C})}\,(x-h)+k$ $h=-\frac{D}{2A}$ $k=-\frac{E}{2C}$.

Ejemplo:

Obtener el lugar geométrico de:

$4x^2-12y^2+24x+96y-181=0$

A≠C Así, esta ecuación es la de una hipérbola si G≠0

G=(D²/4A)+ (E²/4C)-F

G=(24²)/(4*4)-(96²)/(4*12)+181

G=36-192+181=25≠0 Así, la ecuación es una hipérbola

$4(x+3)^2-12(y-4)^2=36-192+181$

$4(x+3)^2-12(y-4)^2=25$

$\frac{(x+3)^2}{(\frac{25}{4})}-\frac{(y-4)^2}{(\frac{25}{12})}=1$ hipérbola horizontal con C(-3,4) h=-3 k=4

a=5/2   b=5/√12   c²=(25/4)+(25/12)=100/12

c=10/√12

Vértices: V: (-3+5/2,4) (-3-5/2,4)

Focos: F: (-3+10/√12,4) (-3-10/√12,4)

Extremos del eje conjugado: (-3, 4+5/√12) (-3,4-5/√12)

y-k=±$\frac{b}{a}(x-h)$ Asíntotas hipérbola horizontal

y= ± (2/√12)(x+3)+4 Asíntotas hipérbola horizontal

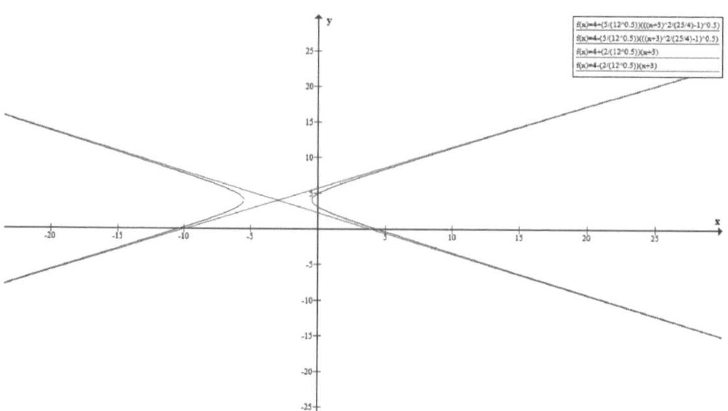

Determinar el lugar geométrico de:

$4x^2-12y^2+24x+96y-131=0$

$A\neq C$ Así, esta ecuación es la de una hipérbola si $G\neq 0$

$G=(D^2/4A)+ (E^2/4C)-F$

$G=(24^2)/(4*4)-(96^2)/(4*12)+131$

$G=36-192+181= -25\neq 0$ Así, la ecuación es una hipérbola

$4(x+3)^2-12(y-4)^2=36-192+131$

$4(x+3)^2-12(y-4)^2= -25$

$\dfrac{(y-4)^2}{\left(\frac{25}{12}\right)} - \dfrac{(x+3)^2}{\left(\frac{25}{4}\right)} = 1$ hipérbola vertical con C(-3,4) h=-3 k=4

$a=5/\sqrt{12}$ $b=5/2$ $c^2=(25/4)+(25/12)=100/12$

$c=10/\sqrt{12}$

Vértices: V: $(-3,4+(5/\sqrt{12}))$ $(-3,4-(5/\sqrt{12}))$

Focos: F: $(-3,4+10/\sqrt{12})$ $(-3,4-10/\sqrt{12})$

Extremos del eje conjugado: $(-3+(5/2),4)$ $(-3-(5/2),4)$

$y-k=\pm\dfrac{a}{b}(x-h)$ Asíntotas hipérbola vertical

$y= \pm (2/\sqrt{12})(x+3)+4$ Asíntotas hipérbola vertical

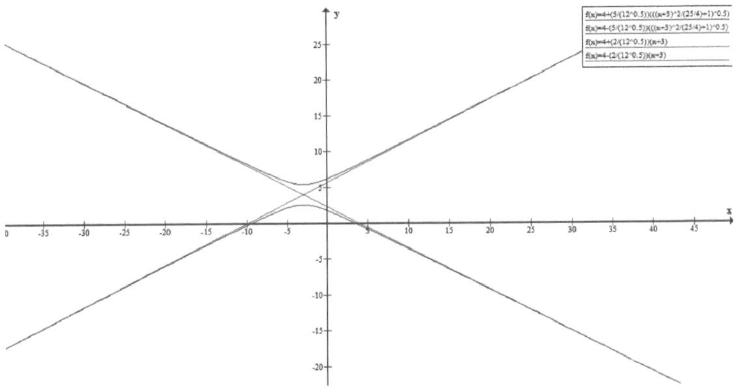

Determinar el lugar geométrico de:

$4x^2-12y^2+24x+96y-156=0$

$A \neq C$ Así, esta ecuación es la de una hipérbola si $G \neq 0$

$G=(D^2/4A)+ (E^2/4C)-F$

$G=(24^2)/(4*4)-(96^2)/(4*12)+156$

$G=36-192+156=0$ Así, la ecuación son dos rectas que se intersecan

$4(x+3)^2-12(y-4)^2=36-192+156$

$4(x+3)^2-12(y-4)^2=0$

$(y-4)^2=(1/3)(x+3)^2$

$y=4+(1/\sqrt{3})(x+3)$ $y=4-(1/\sqrt{3})(x+3)$

Las dos rectas se intersecan en el punto (-3,4).

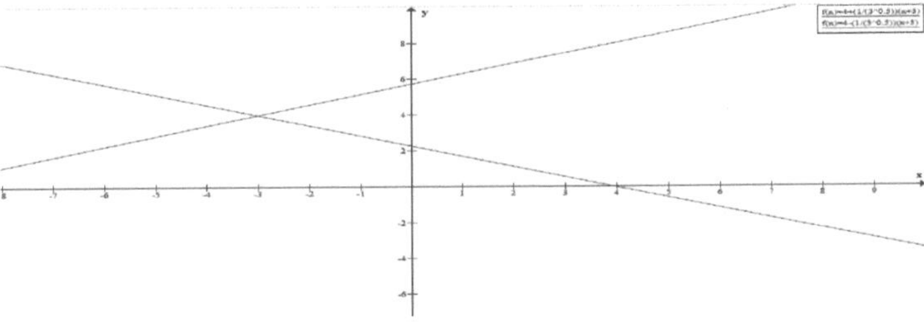

Determinar el lugar geométrico de:

$9x^2-4y^2-18x-16y+29=0$

$A\neq C$ Así, la ecuación puede ser una hipérbola o dos rectas que se intersecan.

$9(x-1)^2-4(y+2)^2=9-16-29$

$\dfrac{(y+2)^2}{9}-\dfrac{(x-1)^2}{4}=1$ hipérbola vertical con C(1,-2) h=1 k=-2

$a=3$ $b=2$ $c^2=13$

$c=\sqrt{13}$

Vértices: V: (1,1) (1,-5)

Focos: F: $(1,-2+/\sqrt{13})$ $(1,-2-\sqrt{13})$

Extremos del eje conjugado: (3,-2) (-1,-2)

$y\text{-}k=\pm\dfrac{a}{b}(x-h)$ Asíntotas hipérbola vertical

$y=\pm(3/2)(x-1)-2$ Asíntotas hipérbola vertical

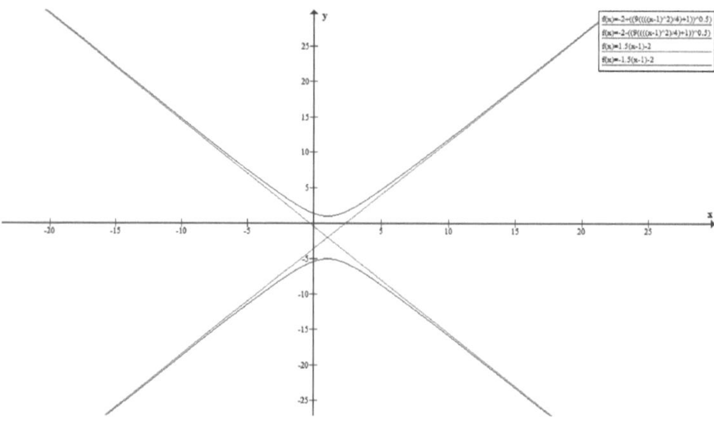

Encontrar la ecuación de la recta tangente a la hipérbola

$x^2-y^2=1$ en el punto $(2,\sqrt{3})$.

$x^2-y^2=1$ hipérbola horizontal equilátera con centro (0,0)

$a=b=1$ $c=\sqrt{2}$

Vértices: $(1,0)$ $(0,-1)$

Extremos del eje conjugado: $(0,1)$ $(0,-1)$

Focos: $(\sqrt{2},0)$ $(-\sqrt{2},0)$

El punto pasa por la recta tangente y por la hipérbola.

Recta tangente: $y-\sqrt{3}=m(x-2)$

$y=m(x-2)+\sqrt{3}$

$x^2-[\,m(x-2)+\sqrt{3}\,]^2=1$

$x^2-m^2(x^2-4x+4)-2m(x-2)\sqrt{3}-3=1$

$(1-m^2)x^2+(4m^2-2m\sqrt{3})x+(4m\sqrt{3}-4m^2-4)=0$

Debido a la condición de tangencia el discriminante debe ser cero para que se tenga una sola recta tangente a la hipérbola.

$(4m^2-2m\sqrt{3})^2-4(1-m^2)(4m\sqrt{3}-4m^2-4)=0$

$16m^4-16\sqrt{3}m^3+12m^2-16m\sqrt{3}+16m^2+16+16m^3\sqrt{3}-16m^4-16m^2=0$

$12m^2-16m\sqrt{3}+16=0$

$3m^2-4m\sqrt{3}+4=0$

$m=(4\sqrt{3}\pm\sqrt{48-48})/6$

$m=2\sqrt{3}/3$

$y=(2\sqrt{3}/3)(x-2)+\sqrt{3}$ Ecuación de la recta tangente.

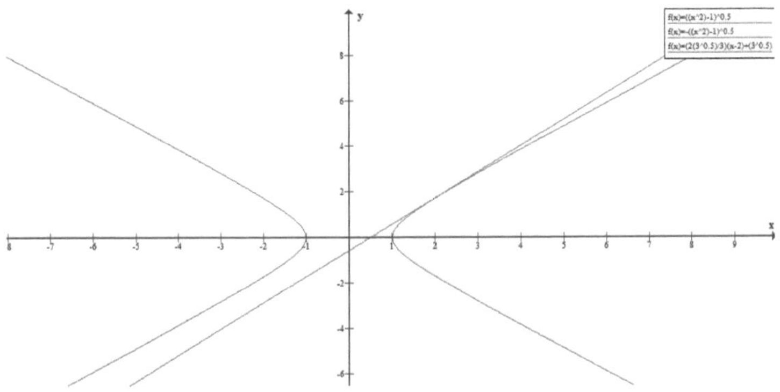

Rotación de ejes

Se tienen dos sistemas de coordenadas x,y y x´, y´ con el mismo origen donde el eje x´ forma un ángulo de α radianes con el eje x y así, el eje y´ también forma un ángulo de α con el eje y. De esta forma, el sistema x,y es rotado un ángulo α para obtener el sistema x´, y´. Un punto tiene coordenadas (x,y) con respecto al sistema x,y y (x´, y´) con el sistema x´,y´. La relación de las coordenadas de P en los dos sistemas es la siguiente:

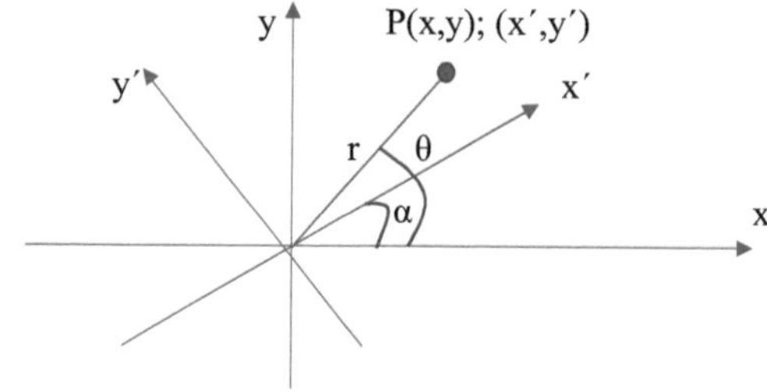

x=rcosθ   y=rsenθ

x´=rcos(θ-α)   y´=rsen(θ-α)

x´=rcosθcosα+rsenθsenα   x´=xcosα+ysenα

y´=rsenθcosα-rcosθsenα   y´= -xsenα+ycosα

Despejando x y y, se obtiene:

x´cosα=xcosαcosα+ycosαsenα

y´senα= -xsenαsenα+ycosα senα

x=x´cosα-y´senα

x´senα=xsenαcosα+ysenαsenα

y´cosα= -xsenαcosα+ycosα cosα

y=x´senα+y´cosα

x´=xcosα+ysenα   y´= -xsenα+ycosα

x=x´cosα-y´senα   y=x´senα+y´cosα

Por ejemplo, si se tiene la hipérbola oblicua xy=1 y se rota los ejes un ángulo de 45° o π/4.

x=x´cosα-y´senα   y=x´senα+y´cosα

α= π/4

$x=(1/\sqrt{2})x' - (1/\sqrt{2})y' \quad y=(1/\sqrt{2})x'+ (1/\sqrt{2})y'$

$xy=1$

$[(1/\sqrt{2})x' - (1/\sqrt{2})y'] \ [(1/\sqrt{2})x'+ (1/\sqrt{2})y']=1$

$\dfrac{x'^2}{2} - \dfrac{y'^2}{2} = 1$ hipérbola equilátera horizontal en los ejes x', y'.

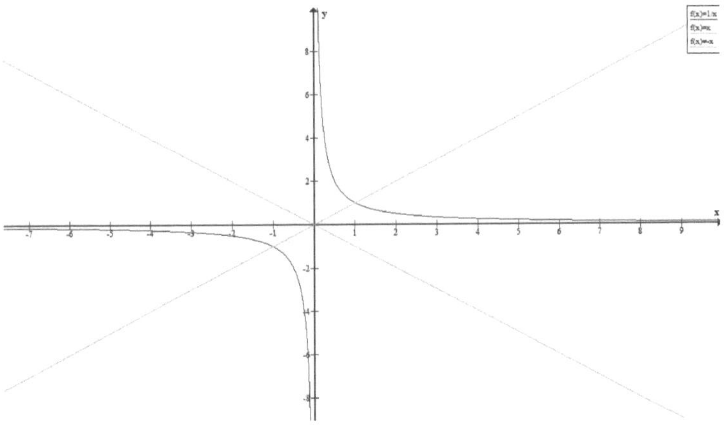

Forma general de la ecuación de segundo grado

$Ax^2+Bxy+Cy^2+Dx+Ey+F=0$ con B=0 y A y C no son ambas ceros es la ecuación de un cónica: circunferencia para A=C, parábola para A=0 o C=0, elipse cuando A y C tienen el mismo signo o hipérbola cuando A y tienen diferente signo o ningún lugar geométrico.

Si B≠0, la ecuación se puede transformar por medio de una rotación de ejes a una ecuación de la forma:

$A'x'^2+C'y'^2+ D'x'+E'y' +F=0$

Para obtener esta ecuación se rota el sistema xy un ángulo de α radianes por medio de las ecuaciones:

$x=x'\cos\alpha-y'\,\text{sen}\,\alpha \qquad y=x'\,\text{sen}\,\alpha+y'\cos\alpha$

$A(x'\cos\alpha-y'\,\text{sen}\,\alpha)^2+B(x'\cos\alpha-y'\,\text{sen}\,\alpha)(x'\,\text{sen}\,\alpha+y'\cos\alpha)+$

$C (x'\,\text{sen}\,\alpha+y'\cos\alpha)^2+D (x'\cos\alpha-y'\,\text{sen}\,\alpha) +E(x'\,\text{sen}\,\alpha+y'\cos\alpha)+F=0$

$(A\cos^2\alpha + B\,sen\alpha\cos\alpha + C\,sen^2\alpha)\; x'^2 + (A\,sen^2\,\alpha - B\,sen\alpha\cos\alpha + C\cos^2\alpha)y'^2 +$

$(D\cos\alpha + E\,sen\alpha)x' + (E\cos\alpha - D\,sen\alpha)y' + F = 0$

$A' = A\cos^2\alpha + B\,sen\alpha\cos\alpha + C\,sen^2\alpha$

$C' = A\,sen^2\,\alpha - B\,sen\alpha\cos\alpha + C\cos^2\alpha$

$D' = D\cos\alpha + E\,sen\alpha$

$E' = E\cos\alpha - D\,sen\alpha$

$F' = F$

$B' = -2A\,sen\alpha\cos\alpha + B(\cos^2\alpha - sen^2\alpha) + 2C\,sen\alpha\cos\alpha$

Donde $B' = 0$

$-2A\,sen\alpha\cos\alpha + B(\cos^2\alpha - sen^2\alpha) + 2C\,sen\alpha\cos\alpha = 0$

$(C-A)sen2\alpha + B\cos2\alpha = 0$

$\tan2\alpha = B/(A-C)$ Si $A=C$ $\alpha = \pi/4$

Así, por medio de la rotación de los ejes x,y un ángulo α se puede obtener los ejes x′,y′ por medio de la expresión $\tan2\alpha = B/(A-C)$

y la ecuación: $Ax^2 + Bxy + Cy^2 + Dx + Ey + F = 0$ se convierte en:

$A'x'^2 + C'y'^2 + D'x' + E'y' + F = 0$

Si $A' = 0$ y $C' = 0$ en esta ecuación por medio de las ecuaciones:

$x' = x\cos\alpha + y\,sen\alpha$ $y' = -x\,sen\alpha + y\cos\alpha$

$D'(\,x\cos\alpha + y\,sen\alpha) + E'(-x\,sen\alpha + y\cos\alpha) + F = 0$ que es una ecuación de primer grado con gráfico de línea recta y diferente de $Ax^2 + Bxy + Cy^2 + Dx + Ey + F = 0$ ya que $B \neq 0$. Así, A' y C' no son ambas ceros. Así, si $B \neq 0$ y ya que el gráfico de $Ax^2 + Bxy + Cy^2 + Dx + Ey + F = 0$ es igual al gráfico de $A'x'^2 + C'y'^2 + D'x' + E'y' + F = 0$ la ecuación $Ax^2 + Bxy + Cy^2 + Dx + Ey + F = 0$ no es el gráfico de una línea recta y es el gráfico de una cónica: parábola, elipse o hipérbola o ningún lugar geométrico.

Además, los ejes x′, y′ se pueden girar un ángulo de $-\alpha$ por medio de la expresión $\tan2\alpha = B/(A-C)$ para obtener los ejes x,y y la ecuación: $A'x'^2 + C'y'^2 + D'x' + E'y' + F = 0$

se convierte en: $Ax^2 + Bxy + Cy^2 + Dx + Ey + F = 0$

Se puede analizar la siguiente expresión: $B^2 - 4AC$ y la cual se conoce como discriminante de la ecuación: $Ax^2 + Bxy + Cy^2 + Dx + Ey + F = 0$

$B'^2 - 4A'C' = [B(\cos^2\alpha - sen^2\alpha) + 2(C-A)sen\alpha\cos\alpha]^2$

$-4(A\cos^2\alpha+B\mathrm{sen}\alpha\cos\alpha+C\mathrm{sen}^2\alpha)(A\mathrm{sen}^2\,\alpha-B\mathrm{sen}\alpha\cos\alpha+C\cos^2\alpha)=0$

$B^2\cos^4\alpha-2B\cos^2\alpha\mathrm{sen}^2\alpha+B^2\mathrm{sen}^4\alpha+4BC\mathrm{sen}\alpha\cos^3\alpha-4AB\mathrm{sen}\alpha\cos^3\alpha$

$-4BC\mathrm{sen}^3\alpha\cos\alpha+4AB\mathrm{sen}^3\alpha\cos\alpha$

$+4C^2\mathrm{sen}^2\alpha\cos^2\alpha-8AC\mathrm{sen}^2\alpha\cos^2\alpha+4A^2\mathrm{sen}^2\alpha\cos^2\alpha$

$-4A^2\mathrm{sen}^2\alpha\cos^2\alpha+4AB\mathrm{sen}\alpha\cos^3\alpha-4AC\cos^4\alpha-4AB\mathrm{sen}^3\alpha\cos\alpha+4B^2\mathrm{sen}^2\alpha\cos^2\alpha$

$-4BC\mathrm{sen}\alpha\cos^3\alpha-4AC\mathrm{sen}^4\alpha+4BC\mathrm{sen}^3\alpha\cos\alpha-4C^2\mathrm{sen}^2\alpha\cos^2\alpha=0$

$B^2\,(\cos^4\alpha+2\mathrm{sen}^2\alpha\cos^2\alpha+\mathrm{sen}^4\alpha)-4AC(\cos^4\alpha+2\mathrm{sen}^2\alpha\cos^2\alpha+\mathrm{sen}^4\alpha)=$

$B^2(\cos^2\alpha+\mathrm{sen}^2\alpha)^2-4AC((\cos^2\alpha+\mathrm{sen}^2\alpha)^2=B^2-4AC$

ya que $\mathrm{sen}^2\alpha+\cos^2\alpha=1$

Así, $B^2-4AC=B'^2-4A'C'$

Si el ángulo de rotación α se escoge por medio de la expresión

$\tan2\alpha=B/(A-C)$ de tal forma que $B'=0$ entonces, se tiene que:

$B^2-4AC=-4A'C'$

Así, Si $B^2-4AC=0$, entonces $A'=0$ o $C'=0$ y la gráfica es una parábola.

Si $B^2-4AC<0$, entonces A' y C' tienen el mismo signo y la gráfica es una elipse.

Si $B^2-4AC>0$, entonces A' y C' tienen diferente signo y la gráfica es una hipérbola.

Así, el gráfico de $Ax^2+Bxy+Cy^2+Dx+Ey+F=0$ con $B\neq0$ es una parábola $B^2-4AC=0$, elipse $B^2-4AC<0$, hipérbola $B^2-4AC>0$ o ningún lugar geométrico. Si se tiene que $B=0$ y $A=C$ y el gráfico es una circunferencia, parábola para $A=0$ o $C=0$, elipse cuando A y C tienen el mismo signo o hipérbola cuando A y tienen diferente signo o ningún lugar geométrico. Además, el gráfico de $Ax^2+Bxy+Cy^2+Dx+Ey+F=0$ es el mismo gráfico de $A'x'^2+C'y'^2+D'x'+E'y'+F=0$.

Ejemplo:

Determinar el lugar geométrico de:

$17x^2-12xy+8y^2-80=0$

$Ax^2+Bxy+Cy^2+Dx+Ey+F=0$

$B=-12\;A=17\;\;C=8$

$B^2-4AC=144-544=-400<0$

Así, el gráfico es el de una elipse o ningún lugar geométrico.

Se transforma a la ecuación:

A′x′^{2}+C′y′^{2}+ D′x′+E′y′ +F=0

tan2α=B/(A-C)

tan 2α=-12(9)

tan 2α=-4/3

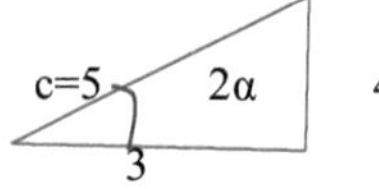

El ángulo 2α está en el intervalo (π/2,π) y el ángulo α está en el intervalo (π/4, π/2) donde cosα y senα son positivos.

cos2α= -3/5   sen2α=4/5

x=x′cosα-y′senα   y=x′senα+y′cosα

cosα/2=±$\sqrt{(1 + cosα}$ /√2   cosα=$\sqrt{(1 + cos2α}$ /√2

senα/2=±$\sqrt{(1 - cosα}$ /√2   senα=$\sqrt{(1 - cos2α}$ /√2

cosα=$\sqrt{(1 - \left(\frac{3}{5}\right))}$ /√2=1/√5   senα=$\sqrt{(1 + \left(\frac{3}{5}\right))}$ /√2=2/√5

x=(1/√5)x′-(2/√5)y′   y=(2/√5)x′+(1/√5)y′

17x^2-12xy+8y^2-80=0

17[(1/√5)x′-(2/√5)y′]^2-12[(1/√5)x′-(2/√5)y′] [(2/√5)x′+(1/√5)y′]

+8[(2/√5)x′+(1/√5)y′]^2-80=0

17x′^{2}-68x′y′+68y′^{2}-24x′^{2}+36x′y′+24y′^{2}+32x′^{2}+32x′y′+8y′^{2}-400=0

25x′^{2}+100y′^{2}-400=0

x′^{2}+4y′^{2}-16=0

$$\frac{x'^2}{16} + \frac{y'^2}{4} = 1$$

La gráfica es una elipse con a=4 b=2, eje mayor o principal es horizontal y mide 8 unidades y el eje menor 4 unidades, focos y vértices en el eje principal y con centro en: C(0,0)

$c^2=a^2-b^2=16-4=12 \quad c=\sqrt{12}$

Focos: $(\sqrt{12},0) \ (-\sqrt{12},0)$

Vértices: $(4,0) \ (-4,0)$

Extremos del eje menor: $(0,2) \ (0,-2)$

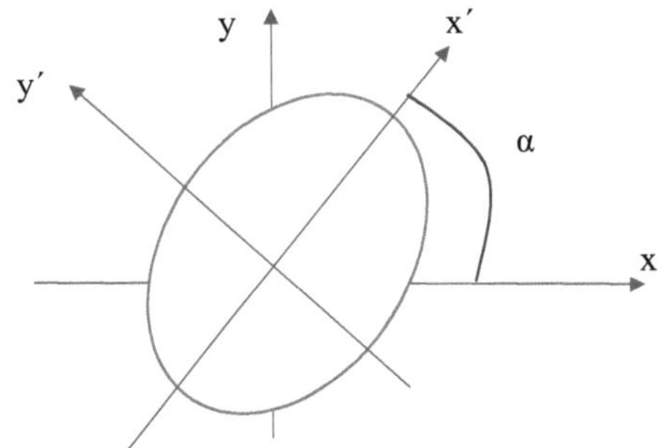

$\tan 2\alpha=-4/3 \quad \tan 2\alpha=4/3$ y el ángulo es $\pi-2\alpha$

$2\alpha=180°-\tan^{-1}(4/3)=126.87°$

$\alpha=63.43°$

Determinar el lugar geométrico de:

$xy=1$

$xy-1=0$

$Ax^2+Bxy+Cy^2+Dx+Ey+F=0$

$B=1 \quad A=0 \quad C=0$

$B^2-4AC=1>0$

Así, el gráfico es el de una hipérbola o ningún lugar geométrico.

Se transforma a la ecuación:

$A'x'^2+C'y'^2+D'x'+E'y'+F=0$

$\tan 2\alpha=B/(A-C)$

$\tan 2\alpha=1(0) \quad 2\alpha=\pi/2 \quad \alpha=\pi/4$

$\cos(\pi/4)=\dfrac{1}{\sqrt{2}} \quad \operatorname{sen}(\pi/4)=\dfrac{1}{\sqrt{2}}$

x=x´cosα-y´senα   y=x´senα+y´cosα

x=(1/$\sqrt{2}$)x´-(1/$\sqrt{2}$)y´   y=(1/$\sqrt{2}$)x´+(1/$\sqrt{2}$)y´

xy=1

[(1/$\sqrt{2}$)x´ - (1/$\sqrt{2}$) y´] [(1/$\sqrt{2}$)x´+ (1/$\sqrt{2}$) y´]=1

$\dfrac{x'^2}{2} - \dfrac{y'^2}{2} = 1$ hipérbola equilátera horizontal en los ejes x´, y´.

En el sistema x´,y´, se tiene:

b=a=$\sqrt{2}$ c²=a²+b²=4   c=2

Vértices: ($\sqrt{2}$,0) (-$\sqrt{2}$, 0)

C(0,0)

Focos: (2,0) (-2,0)

Extremos del eje conjugado: (0, $\sqrt{2}$) (0,- $\sqrt{2}$)

La hipérbola es equilátera y horizontal en los ejes x´,y´. Las asíntotas son las bisectrices de los cuadrantes en x´, y´ y en estos ejes tienen las ecuaciones: $y' = \pm\dfrac{b}{a}x'$ b=a=$\sqrt{2}$ y´=±x´

x´=xcosα+ysenα   y´= -xsenα+ycosα

x´=(1/$\sqrt{2}$)x + (1/$\sqrt{2}$) y   y´= -(1/$\sqrt{2}$)x+ (1/$\sqrt{2}$)y

y´=±x´   y´=x´ y´=-x´

-(1/$\sqrt{2}$)x+ (1/$\sqrt{2}$)y=(1/$\sqrt{2}$)x + (1/$\sqrt{2}$)y   x=0   eje y

-(1/$\sqrt{2}$)x+ (1/$\sqrt{2}$)y=-(1/$\sqrt{2}$)x - (1/$\sqrt{2}$)y   y=0   eje x

Las asíntotas de la hipérbola en el sistema x,y son los ejes x y y.

Así, xy=1 es una hipérbola equilátera oblicua en el sistema x,y ubicada en el primer y tercer cuadrante en la cual las asíntotas son los ejes x y y. En el sistema x´, y´ la hipérbola es equilátera horizontal y las asíntotas son y´=±x´ que son las bisectrices de los ejes x´, y´.

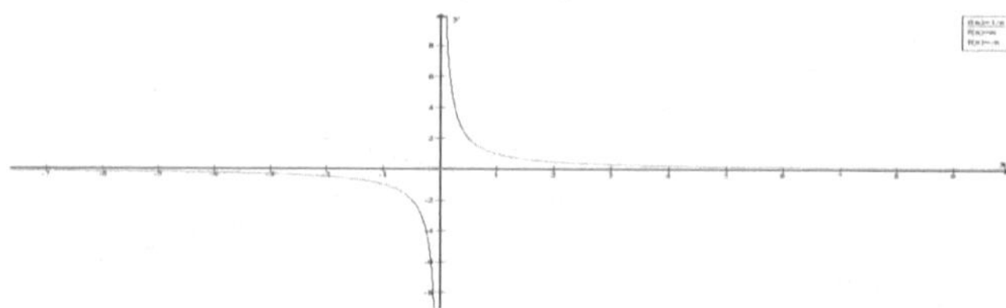

51.- Vectores, planos y rectas en $\mathbf{R}^3$

Vectores en $\mathbf{R}^3$

Las cantidades se clasifican en cantidades escalares y vectoriales. Las escalares sólo tienen magnitud y no tienen dirección mientras que las cantidades vectoriales tienen magnitud y dirección y se pueden obtener por medio de dos puntos. En el punto extremo del vector se coloca una flecha lo cual representa la dirección del mismo. Ejemplos de cantidades escalares son la masa, el tiempo, la distancia recorrida, el área, el volumen, la temperatura, la rapidez. Ejemplos de cantidades vectoriales son la velocidad, la aceleración, la gravedad (la cual es una aceleración cuya magnitud es 9.8 m/s^2 y está dirigida hacia el centro de la Tierra), la fuerza, el peso (o fuerza gravitacional y es igual a masa por gravedad w=mg, y cuya dirección es hacia el centro de la Tierra), el desplazamiento.

Los vectores pueden ser representados con negritas $\mathbf{A}$ o con una flecha $\vec{A}$ y su magnitud por A. Los vectores se pueden representar por medio de sus componentes. Un vector en $\mathbf{R}^3$ está representado por un conjunto de tres números $\mathbf{A}=\langle x,y,z\rangle$ los cuales se denominan componentes del vector. El vector cero se representa por $\mathbf{0}=\langle 0,0,0\rangle$. El vector aceleración de la gravedad está dado por: $\mathbf{g}=\langle 0,0,-9.8\rangle$. Los vectores tienen magnitud, dirección y sentido y esta es otra forma de representar un vector por medio de su magnitud y dirección. En $\mathbf{R}^2$ se representa por medio de $\mathbf{A}=A$; θ donde θ es el ángulo del vector $\mathbf{A}$ con el eje positivo de las x. En $\mathbf{R}^3$ es $\mathbf{A}=A$; (α,β,γ) donde A es la magnitud del vector y (α,β,γ) son los ángulos directores del vector con los ejes x,y,y z respectivamente. La magnitud del vector se obtiene elevando cada componente al cuadrado y sumándolas y sacando la raíz cuadrada del resultado. La magnitud del vector $\mathbf{A}=\langle x,y,z\rangle$ está dado por: $A=\sqrt{x^2+y^2+z^2}$. La fórmula se puede comprobar aplicando Pitágoras dos veces consecutivas:

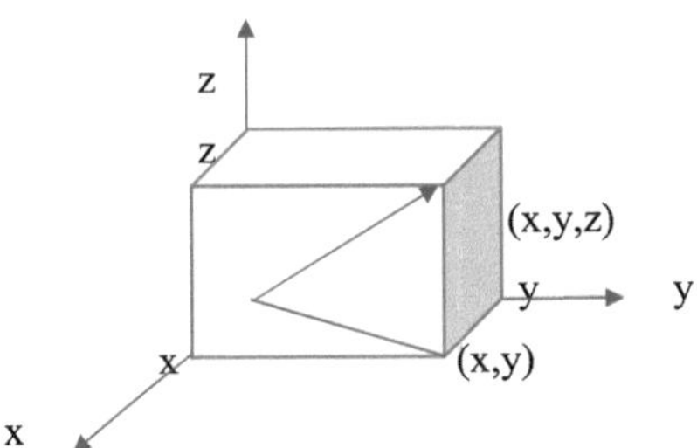

$$d_{xy}=\sqrt{(x-0)^2+(y-0)^2}$$

$$A=\sqrt{d_{xy}{}^2+(z-0)^2}$$

$$A=\sqrt{x^2+y^2+z^2}$$

En el siguiente gráfico tenemos la representación de un vector:

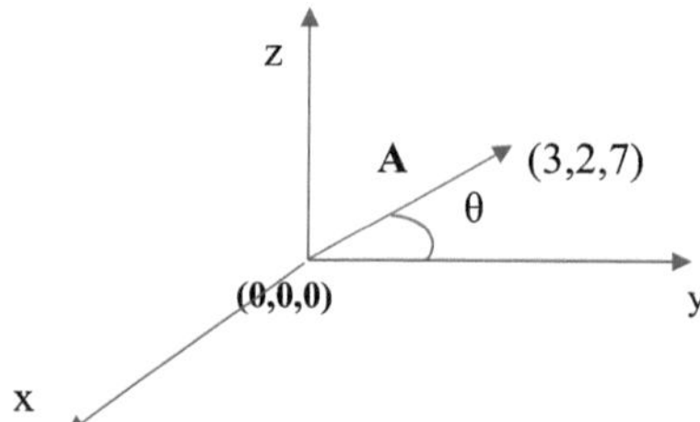

Las coordenadas del vector **A** se obtiene restando las coordenadas del punto final menos el inicial. Así, el vector **A** tiene como coordenadas **A**=<3-0,2-0,7-0>   **A**=<3,2,7>. Una forma rápida de obtener la magnitud del vector es por medio de la raíz cuadrada de la suma de cada componente del vector al cuadrado como se mencionó anteriormente. La magnitud del vector es: $A=\sqrt{3^2+2^2+7^2}=\sqrt{62}$.

Los vectores en 3D también están representados respectivamente por sus componentes en x, y y z por medio de los vectores unitarios i, j y k los cuales tienen magnitud de una unidad. Por ejemplo, el vector unitario: A=2i+3j-5k=<2,3,-5>. La magnitud del vector es:

$$A=\sqrt{(2)^2+(3)^2+(-5)^2}=\sqrt{38}$$

Si se desea obtener el vector que tiene como puntos inicial $P_1(x_1,y_1,z_1)$y final $P_2(x_2,y_2,z_2)$ la fórmula respectiva es: **B**=<x_2-x_1,y_2-y_1,z_2-z_1>.

B= (x_2-x_1)i+ (y_2-y_1) j+ (z_2-z_1)k. La magnitud del vector **B** está dada por:

$$B=\sqrt{(x_2-x_1)^2+(y_2-y_1)^2+(z_2-z_1)^2}$$

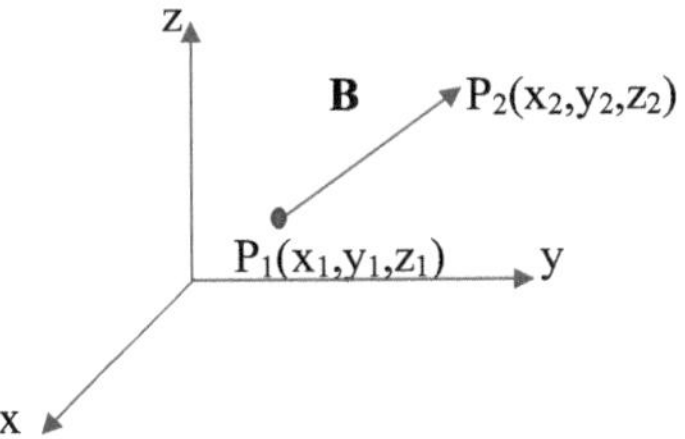

Ejemplo:

La magnitud del vector formado por los puntos $P_1(1,2,4)$ y $P_2(7,5,6)$ es:

V=<7-1,5-2,6-4>=<6,3,2>

$$V = \sqrt{(6)^2 + (3)^2 + (2)^2}$$

V=7

La dirección del vector está dada por tres ángulos llamados ángulos directores α,β,γ y se obtiene por medio de los cosenos directores.

Los vectores en 2D **A**=A_xi+A_yj=< A_x,A_y> se representan por medio de la magnitud (que se obtiene por medio de Pitágoras o por la anterior fórmula dada en 3D, sumando cada componente al cuadrado y sacando la raíz cuadrada):

A=$\sqrt{A_x{}^2 + A_y{}^2}$ y el ángulo θ que se obtiene por medio de la   fórmula

$\theta = tan^{-1}(\frac{A_y}{A_x})$ donde θ es el ángulo del vector con respecto al eje positivo de las x. Esta representación en R^2 se conoce como coordenadas polares.

Para pasar de coordenadas polares a rectangulares se utilizan las fórmulas: A_x=A cos θ A_y=A sen θ donde A es la magnitud del vector **A**, θ es el ángulo con el eje positivo de las x, A_x es la componente rectangular en x del vector **A** y A_y es la componente rectangular en y del vector **A**. Si Φ es el ángulo con el eje positivo de las y, las fórmulas anteriores ahora serían: A_x=Asen Φ A_y=A cos Φ . Sin embargo, el ángulo que generalmente se usa es el ángulo con el eje positivo de las x.

Para pasar de coordenadas rectangulares a polares se usan las fórmulas:

$$A = \sqrt{A_x{}^2 + A_y{}^2} \quad y \quad \theta = tan^{-1}(\frac{A_y}{A_x})$$

Como se mencionó anteriormente, en el segundo cuadrante el ángulo con
respecto al eje positivo de las x es 180°-θ, en el tercer cuadrante es 180°+θ
y en el cuarto cuadrante es 360°-θ.
En 3D tenemos tres ángulos que se deben obtener: α, β y γ llamados
ángulos directores que son los ángulos del vector con el eje positivo de las
x, y, z respectivamente.

Cosenos directores

La fórmula de la magnitud del vector en R^3 se demostró anteriormente
aplicando Pitágoras. Las fórmulas de los cosenos directores se pueden
demostrar haciendo un cubo con el origen y final del vector y sacando las
proyecciones de cada vector con las componentes.

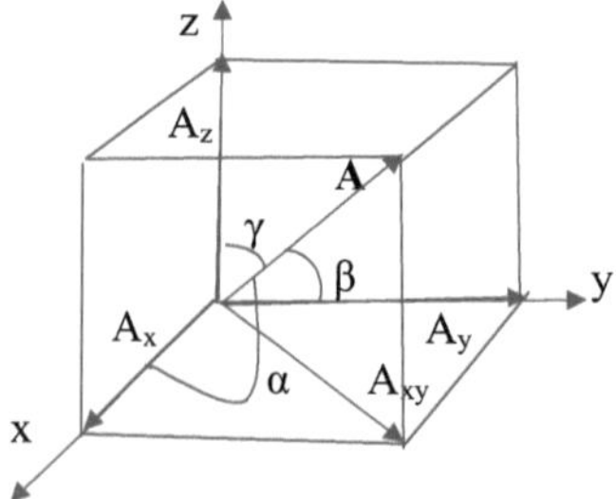

Los cosenos directores son:

$$cos\ \alpha = \frac{A_x}{A}$$

$$cos\ \beta = \frac{A_y}{A}$$

$$cos\ \gamma = \frac{A_z}{A}$$

$\cos^2\alpha+\cos^2\beta+\cos^2\gamma=1$ lo cual se puede demostrar reemplazando las
respectivas equivalencias de los cosenos directores:
$(A^2_x+A^2_y+A^2_z)/(A^2)=A^2/A^2=1$

De los cosenos directores se pueden obtener los ángulos α,β, γ. Los ángulos
en radianes son mayores o iguales a cero y menores a π.
Se puede también demostrar en este gráfico la magnitud del vector **A**:
A=<A_x,A_y,A_z>
$A^2=A^2_{xy}+A^2_z$ $A^2_{xy}=A^2_x+A^2_y$ $A^2=A^2_x+A^2_y+A^2_z$

$$A = \sqrt{A_x{}^2 + A_y{}^2 + A_z{}^2}$$

$$A\cos\alpha = A_x$$

$$A\cos\beta = A_y$$

$$A\cos\gamma = A_z$$

A=<A_x,A_y,A_z>=A<cosα,cosβ,cosγ> vector expresado por medio de sus cosenos directores

Además, dos vectores son iguales cuando tienen la misma magnitud y dirección o cuando la resta del punto final menos el punto inicial nos da el mismo vector. Como por ejemplo el vector **B** que tiene como punto final (4,1,7) y punto inicial (1,-1,3) nos da el mismo vector **A**=<3,2,4> con coordenadas inicial (0,0,0) y final (3,2,4) ya que:
B=<4-1,1-(-1),7-3>=<3,2,4>. Así, **A**=**B.** Es decir, dos vectores pueden ser iguales, aunque puedan estar localizados en diferentes lugares en los ejes x,y,z siempre y cuando tengan la misma magnitud y dirección o la resta de sus puntos final e inicial sean iguales.
Dos vectores son paralelos si y solo si uno de los vectores es múltiplo escalar del otro: **V**₂=c**V**₁ donde c es una constante. Si c es negativo los vectores son paralelos y en sentido opuesto. Si c es positivo los vectores son paralelos y en el mismo sentido.

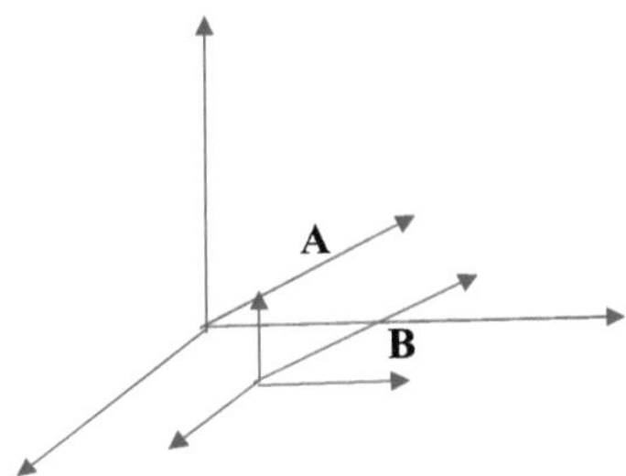

En el gráfico se ha colocado un sistema x,y,z equivalente en el origen de **B** y se observa que los dos vectores son paralelos y están en el mismo sentido con la misma magnitud y la misma dirección. Además, se puede decir que los vectores se pueden trasladar paralelamente en el espacio y son iguales si tienen la misma magnitud y dirección.

Ejemplo:

Sean los siguientes vectores: **A**=<2,8,3> **B**=<-5,8,6> **C**=<1,-10,12>, hallar el vector resultante:

R=<2-5+1,8+8-10,3+6+12>=<-2,6,21>

$$R = \sqrt{(2)^2 + (6)^2 + (21)^2} = 21{,}93$$

$$\alpha = cos^{-1}(\tfrac{-2}{21{,}93}) \qquad \beta = cos^{-1}(\tfrac{6}{21{,}93}) \qquad \gamma = cos^{-1}(\tfrac{21}{21{,}93}),$$ los cuales son los ángulos directores del respectivo vector.

α=95.23° β=74.12° γ=16.75°

El vector **R** expresado por medio de su magnitud y cosenos directores es:

R=<R_x,R_y,R_z>=R<cosα,cosβ,cosγ>

R=21.93 <(-2/21.93),(6/21.93),(21/21.93)>

Desplazamiento y distancia recorrida

La principal diferencia entre desplazamiento y distancia recorrida es que el primero es un vector (tiene magnitud y dirección) mientras que la distancia recorrida es un escalar.

Por ejemplo, si tenemos una partícula que se mueve 2 km en dirección del eje positivo de las x partiendo del origen, luego 3 km en dirección del eje positivo de las y, y luego 6 km en dirección del eje positivo de las z, entonces la distancia recorrida es de (2+3+6)=11 km mientras que la magnitud del desplazamiento se puede obtener por medio de:

$$A = \sqrt{(2)^2 + (3)^2 + (6)^2} = 7 \text{ km}$$

El vector desplazamiento es: O(0,0,0) A=(2,3,6)
A=<2,3,6>

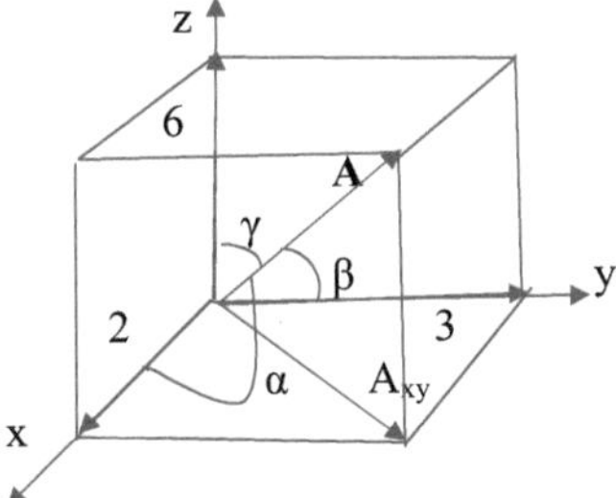

Los cosenos y ángulos directores son:

$$\cos \alpha = \frac{2}{7} \qquad \alpha = \cos^{-1}(2/7)$$

$$\cos \beta = \frac{3}{7} \qquad \beta = \cos^{-1}(3/7)$$

$$\cos \gamma = \frac{6}{7} \qquad \gamma = \cos^{-1}(6/7)$$

Por otro lado, si una partícula recorre 5 km al este partiendo del origen, y luego 5 km al oeste, entonces la distancia recorrida es de 10 km mientras que el desplazamiento es el vector cero $\mathbf{0}$=<0,0>.

Vectores Unitarios

Los vectores unitarios tienen magnitud de una unidad. Hay tres vectores unitarios que están ubicados en los ejes x, y y z los cuales se llaman **i, j,** y **k** y que tienen magnitud unitaria y son:
i=<1,0,0>, **j**=<0,1,0> y **k**=<0,0,1> en tres dimensiones. En dos dimensiones tenemos sólo los vectores **i** y **j** los cuales son: **i**=<1,0>, **j**=<0,1>. En cuatro dimensiones un vector unitario sería: **l**=<0,0,0,1>, y así sucesivamente. Los vectores unitarios son perpendiculares u ortonormales entre sí.

De esta forma, tenemos una nueva forma de representar a los vectores por medio de los vectores unitarios. Por ejemplo el vector **A**=<2,3,4> puede ser representado de la siguiente manera: **A**=<2,3,4>=2<1,0,0> + 3 <0,1,0> + 4 <0,0,1>=2**i**+3**j**+4**k**. Además, el vector **A** es una combinación lineal de los vectores **i, j** y **k**. Otro ejemplo es el vector formado por los puntos inicial (0,0,0) y punto final (1,1,0) **B**=<1,1,0 >=**i**+**j**+0**k** .

Por otro lado, se puede obtener vectores unitarios por medio de la siguiente fórmula: $\mathbf{A_u} = \frac{A}{A}$.   Así, el vector unitario en la dirección del vector 4**i** es 4**i**/4=**i**.   Por ejemplo, el vector **B** del ejemplo anterior tiene el siguiente vector unitario $\mathbf{B_u} = \frac{<1,1,0>}{\sqrt{2}} = <\frac{1}{\sqrt{2}}, \frac{1}{\sqrt{2}}, 0>$, lo cual se puede comprobar que la magnitud del vector es uno.

Determinar el vector unitario que tenga la misma dirección del vector **V** formado por los puntos C(4,2,5) y D(5,3,5) donde C es el punto inicial y D es el punto final del vector.

V=<5-4,3-2,5-5>=<1,1,0>   V=$\sqrt{2}$

Vu=**V**/V=$<\frac{1}{\sqrt{2}}, \frac{1}{\sqrt{2}}, 0>$ el cual es el mismo vector unitario $\mathbf{B_u}$ aunque tienen diferentes puntos inicial y final.

Suma y resta de vectores

La suma de vectores se la realiza sumando cada componente como por ejemplo, si tenemos los vectores **A**=<3,7,9> y **B**=<-1,4,1> el vector **A**+**B**=<3-1,7+4,9+1>=<2,11,10>.   En cambio, la resta de vectores sería de la siguiente forma: **A**-**B**=<3-(-1),7-4,9-1>=<4,3,8>.   En el caso del vector suma **A**+**B** también se lo conoce como vector resultante **R**.

Método del polígono

El método del polígono es un método gráfico para sumar más de dos vectores. En R^2 se puede obtener resultados gráficos cuantitativos por medio de una regla, escala y graduador. En R^3 el método del polígono sólo ayuda a visualizar la suma de vectores.   En este método se colocan los vectores uno a continuación del otro y el vector resultante comienza en el punto inicial del primer vector y tiene como punto final el final del último vector: **R**=**A**+**B**+**C**

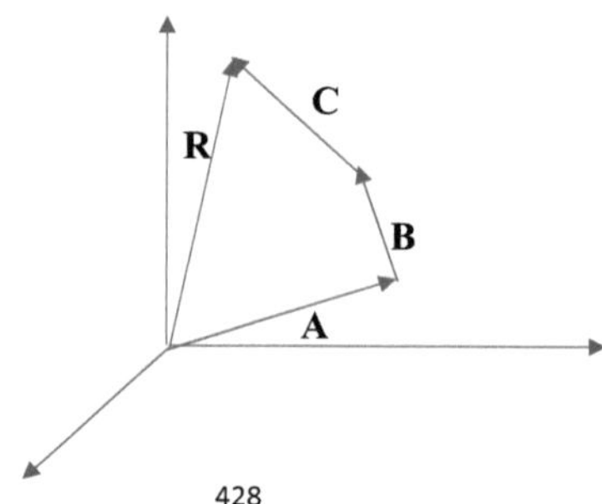

Método de las componentes

El método de las componentes es un método analítico que consiste en sumar dos o más vectores sumando sus respectivas componentes en x, y, z. De esta forma, esto es necesario que los vectores estén representados por medio de sus componentes o por medio de sus vectores unitarios. Por ejemplo, si tenemos los siguientes vectores: **A**=<2,5,3>   **B**=<-5,7,7> **C**=<3,-8,4>,   **A**=2i+5j+3k   **B**=-5i+7j+7k   **C**=3i-8j+4k

El vector resultante se obtiene de la siguiente forma:
R=A+B+C
R=<2-5+3,5+7-8,3+7+4>=<0,4,14>
R=2i-5i+3i+5j+7j-8j+3k+7k+4k=0i+4j+14k

En el caso que los vectores sean dados por medio de su magnitud y ángulos directores, estos deberán ser convertidos a su forma de componentes o vectores unitarios por medio de las fórmulas correspondientes:
$A\cos\alpha = A_x$

$A\cos\beta = A_y$

$A\cos\gamma = A_z$

A=<A_x,A_y,A_z>

Ejemplo:

A=<2,-3,8>   **B**=<1,4,9>   **R=A+B**=<3,1,17>

Multiplicación de vectores con escalares

Por ejemplo, si tenemos la siguiente operación entre vectores y escalares:
C=2A-3B donde los vectores **A** y **B** son respectivamente: **A**=<5,7,2>
B=<-8,2,3>

C=2<5,7,2>-3<-8,2,3>=<10,14,4>-<-24,6,9>=<34,8,-5>

El vector **C** es una combinación lineal de los vectores **A** y **B**.

Otro ejemplo sería el siguiente: **A**=<2,3,8>   **B**=<1,-5,7> y queremos obtener el vector
C=6A+2B
C=6<2,3,8>+2<1,-5,7>=<12,18,48>+<2,-10,14>=<14,8,62>

Producto punto o producto escalar

El resultado del producto punto o escalar es un escalar o número y se realiza de la siguiente manera: $\mathbf{A}=<A_x,A_y,A_z>$ $\mathbf{B}=<B_x,B_y,B_z>$
$\mathbf{A}\cdot\mathbf{B}=A_xB_x+A_yB_y+A_zB_z,$ es decir se multiplican las componentes en x, en y y en z, y finalmente se suman estos productos.

Otra fórmula utilizada del producto punto es la siguiente:

$\mathbf{A}\cdot\mathbf{B}=A\,B\cos(\theta)$ donde θ es el ángulo entre los vectores A y B
Si los vectores son paralelos $\theta=0$ o $\theta=\pi$ y $\mathbf{A}\cdot\mathbf{B}=A\,B$ o $\mathbf{A}\cdot\mathbf{B}=-A\,B$
Si los vectores son perpendiculares u ortogonales:
$\mathbf{A}\cdot\mathbf{B}=0$
Por ejemplo, en R^2 si se tiene los siguientes vectores: $\mathbf{A}=<1,1>$ $\mathbf{B}=<1,-1>$:

$\mathbf{A}\cdot\mathbf{B}=1-1=0$ lo cual se puede comprobar con la segunda fórmula:

$A=\sqrt{2}$ con un ángulo de 45° con el eje de las x, $B=\sqrt{2}$ con un ángulo de -45° con el eje de las x.

De esta manera tenemos que $\theta=90°$, el ángulo entre los vectores $\mathbf{A}$ y $\mathbf{B}$.

$\mathbf{A}\cdot\mathbf{B}=\sqrt{2}\,\sqrt{2}\,\cos 90°=0$ y obtenemos el mismo resultado.

Una de las aplicaciones del producto punto es para obtener el ángulo entre los dos vectores y se tiene el siguiente ejemplo en R^2:

$\mathbf{A}=<3,4>$ $\qquad$ $\mathbf{B}=<1,1>$

$$A = \sqrt{(3)^2 + (4)^2} = 5$$

$$B = \sqrt{(1)^2 + (1)^2} = 1{,}4142$$

$\mathbf{A}\cdot\mathbf{B}=3+4=7$

$\mathbf{A}\cdot\mathbf{B}=A\,B\cos\theta$
$7=(5)\,(1{,}4142)\cos\theta$
$0{,}98=\cos\theta$
$$\theta = \cos^{-1}(0{,}98) = 11{,}48°$$

En R^3 tenemos el siguiente ejemplo:
A=<2,3,6>   **B**=<2,1,2>

$$A = \sqrt{(2)^2 + (3)^2 + (6)^2} = 7$$

$$B = \sqrt{(2)^2 + (1)^2 + (2)^2} = 3$$

A·B=4+3+12=19

A·B=A B cos θ
19=(7) (3) cos θ
19/21=cos θ
$\theta = cos^{-1}(19/21)$ θ=25,2°

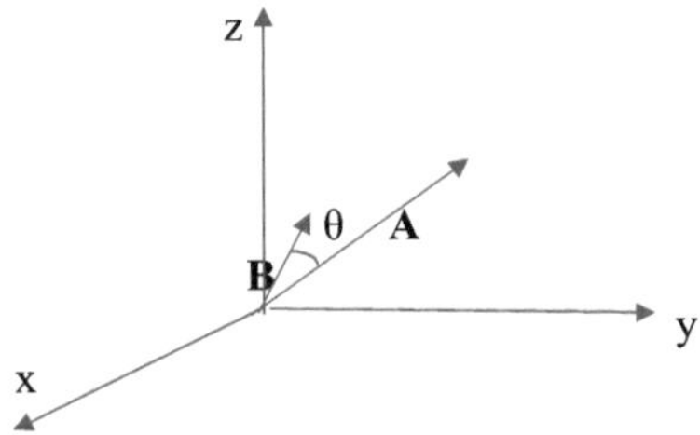

Otra aplicación es la proyección de un vector sobre otro vector, como por ejemplo en el anterior ejercicio se desea hallar la proyección del vector B sobre el A:

A·B=A (B cos θ)

$$C_{proyBenA} = Bcos\theta = \frac{A \cdot B}{A}$$

Si el vector **A** es **A**$_u$ un vector unitario, entonces la proyección de B en A es
Bcosθ= **A**$_u$ **·B**

$$C_{\text{proyAenB}} = A\cos\theta = \frac{\mathbf{A}\cdot\mathbf{B}}{B}$$

Si el vector $\mathbf{B}$ es $\mathbf{B_u}$ un vector unitario, entonces la proyección de A en B es:
$$A\cos\theta = \mathbf{A_u}\cdot\mathbf{B}$$

Se puede obtener el vector proyección multiplicando la magnitud de la proyección por el vector unitario en esa dirección:

$$\mathbf{A_u} = \frac{\mathbf{A}}{A}$$

$$C_{proyBenA} = (B\cos\theta)\frac{\mathbf{A}}{A} = \left(\frac{\mathbf{A}\cdot\mathbf{B}}{A}\right)\frac{\mathbf{A}}{A}$$

$$C_{proyAenB} = (A\cos\theta)\frac{\mathbf{B}}{B} = \left(\frac{\mathbf{A}\cdot\mathbf{B}}{B}\right)\frac{\mathbf{B}}{B}$$

El producto punto también es utilizado para calcular el área de triángulos como en el siguiente ejemplo:

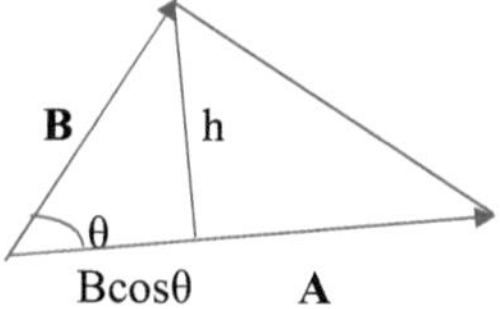

h=B sen θ donde el ángulo θ es hallado del producto punto y B es la magnitud del vector $\mathbf{B}$.
$\mathbf{A}\cdot\mathbf{B}$=A B cos($\theta$) θ=cos^{-1}[$\mathbf{A}\cdot\mathbf{B}$/(A B)]
También se puede obtener h por medio de la siguiente fórmula:
h=[B^2- (Bcosθ)^2]$^{1/2}$ donde $B\cos\theta = \frac{\mathbf{A}\cdot\mathbf{B}}{A}$ y A es la magnitud del vector $\mathbf{A}$.

El área del triángulo es $A_t = \frac{A\,h}{2}$ donde A es la magnitud del vector $\mathbf{A}$. Si se necesita hallar el área del paralelogramo formado por los vectores $\mathbf{A}$ y $\mathbf{B}$ el resultado del área del triángulo se multiplica por dos, esto es:
A $_p$=2(Ah/2)=ABsenθ. Luego veremos que esto corresponde a la magnitud del vector $\mathbf{A}$x$\mathbf{B}$ o producto vectorial entre $\mathbf{A}$ y $\mathbf{B}$.

Entre las propiedades del producto punto tenemos las siguientes:

$\mathbf{A \cdot B = B \cdot A}$

$\mathbf{A \cdot (B+C) = A \cdot B + A \cdot C}$

$\mathbf{A \cdot A} = A_x^2 + A_y^2 + A_z^2 = A^2$

$\mathbf{i \cdot i = 1} \quad \mathbf{j \cdot j = 1} \quad \mathbf{k \cdot k = 1}$

$\mathbf{i \cdot j = 0} \quad \mathbf{i \cdot k = 0} \quad \mathbf{j \cdot k = 0}$

Hallar el valor de p para que $\mathbf{A}$ y $\mathbf{B}$ sean perpendiculares

$\mathbf{A} = <10,-5> \quad \mathbf{B} = <p,7> \quad \mathbf{A \cdot B} = 10p-35 = 0$, ya que son perpendiculares, el ángulo entre los dos vectores es de 90°, $\mathbf{A \cdot B} = AB\cos\theta$ y así cos 90° es cero.

$P = 35/10 \quad p = 3,5$

Hallar el valor de p para que $\mathbf{A}$ y $\mathbf{B}$ sean paralelos

$\mathbf{A} = <1,1> \quad \mathbf{B} = <p,2> \quad \mathbf{A \cdot B} = AB\cos(\theta) \quad \mathbf{A \cdot B} = AB$, ya que los dos vectores son paralelos y el ángulo entre los dos vectores es de 0°,

$p+2 = \sqrt{2}\sqrt{p^2 + 4}$

$p^2 + 4p + 4 = 2p^2 + 8$

$p^2 - 4p + 4 = 0 \quad (p-2)^2 = 0$

$p = 2$

Producto vectorial o producto cruz

El resultado del producto vectorial o producto cruz es un vector y se realiza de la siguiente manera. Sean los vectores $\mathbf{A} = <a_x, a_y, a_z>$, $\mathbf{B} = <b_x, b_y, b_z>$

$\mathbf{AxB} = (a_y b_z - a_z b_y)\mathbf{i} - (a_x b_z - a_z b_x)\mathbf{j} + (a_x b_y - a_y b_x)\mathbf{k}$, componentes que pueden ser obtenidas por medio de determinantes:

$$\mathbf{AxB} = \begin{vmatrix} \mathbf{i} & \mathbf{j} & \mathbf{k} \\ a_x & a_y & a_z \\ b_x & b_y & b_z \end{vmatrix} = (a_y b_z - a_z b_y)\mathbf{i} - (a_x b_z - a_z b_x)\mathbf{j} + (a_x b_y - a_y b_x)\mathbf{k}$$

El vector resultante del producto cruz es perpendicular tanto a los vectores $\mathbf{A}$ y $\mathbf{B}$ y su dirección puede ser obtenida aplicando la regla de la mano derecha. Así, $\mathbf{A \times B}$ es un vector perpendicular u ortogonal a $\mathbf{A}$ y a $\mathbf{B}$. Si $\mathbf{A}$ y $\mathbf{B}$ son paralelos ($\theta = 0$ o $\theta = \pi$) entonces $\mathbf{A \times B} = 0$ que es el vector cero.

Entre las propiedades del producto cruz se tiene:
A x A=0 el cual es el vector cero
0 x A=0
A x 0=0

AxB= - (BxA)

Ax(B+C)=AxB+AxC

(cA)xB=Ax(cB)

(cA)xB=c(AxB)

Así si tenemos los vectores **A=i** y **B=j**, **AxB=k**, lo cual se comprueba usando la regla de la mano derecha. Además **i=<1,0,0> j=<0,1,0>
ixj=<0,0,1>=k jxi=-k**, aplicando la fórmula anteriormente dada **jxk=i,
kxj= -i, kxi=j, ixk=-j
ixi=0
jxj=0
kxk=0**

La magnitud del vector **AxB** puede ser obtenida elevando cada componente al cuadrado y sumándolas y sacando la raíz cuadrada del resultado como se mencionó anteriormente. Si es un vector en 3D, la dirección se obtiene por medio de las fórmulas de los ángulos directores α, β y γ. Si es un vector en 2D, el ángulo se obtiene por medio de la función tangente como fue explicado anteriormente.

Además, para obtener la magnitud del vector **AxB** se puede usar la siguiente fórmula: C= |(**AxB**)|=A B sen(θ). Esto corresponde a la fórmula hallada anteriormente para calcular el área del paralelogramo formado por los vectores **A** y **B**, donde la altura del paralelogramo está dada por B sen(θ).

Así tenemos el siguiente ejemplo, sean los vectores **A=<2,4,7> B=<1,5,8>
AxB=(32-35)i-(16-7)j+(10-4)k=-3i-9j+6k**
$\|AxB\| = \sqrt{9 + 81 + 36} = \sqrt{126}$

Por medio del producto cruz es otra forma como se puede obtener el ángulo entre dos vectores: $A=\sqrt{4 + 16 + 49} = \sqrt{69}$ $B = \sqrt{1 + 25 + 64} = \sqrt{90}$
$\|AxB\| = A\,B\,sen(\theta)$ $\sqrt{126} = \sqrt{69}\sqrt{90}\,sen(\theta)$
$\theta = sen^{-1}\left(\frac{\sqrt{126}}{\sqrt{69}\sqrt{90}}\right) = 8,19°$. Además, se puede obtener el ángulo entre los dos vectores por medio del producto punto como se explicó anteriormente:

$$\mathbf{A} \cdot \mathbf{B} = ABcos(\theta)$$
$$\theta = cos^{-1}\left(\frac{\mathbf{A}\cdot\mathbf{B}}{AB}\right) = cos^{-1}\left(\frac{2+20+56}{\sqrt{69}\sqrt{90}}\right)=8,19^{\circ}$$

Por otro lado, el productor punto y el producto cruz sirven para calcular el volumen de un paralelepípedo: V=A$_{base}$h=$|\mathbf{BxC}|$ h=$|\mathbf{BxC}|$ (Acosθ)

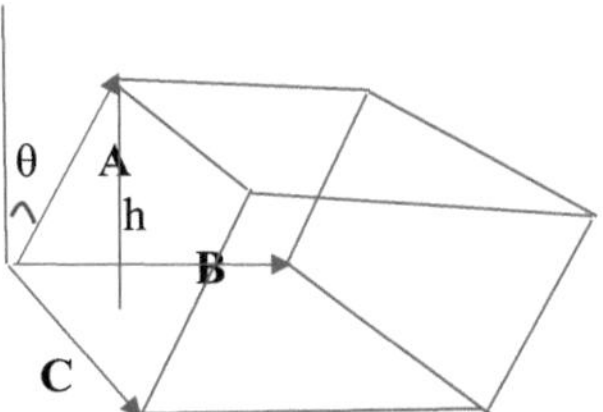

$\mathbf{V}$=$|\mathbf{A} \cdot (\mathbf{BxC})| = A\ |\mathbf{BxC}|cos\theta$ donde θ es el ángulo formado entre el vector **A** y el vector perpendicular al plano formado por los vectores **B** y **C** **(BxC):**   h=A cos θ=$\mathbf{A} \cdot (\mathbf{BxC})/|\mathbf{BxC}|$
V=$|\mathbf{BxC}|$ h y reemplazando el valor de la altura h, obtenemos:
V= $|\mathbf{A} \cdot (\mathbf{BxC})|$ este producto es conocido como triple producto escalar y cuyo resultado es un escalar. El triple producto escalar puede ser positivo o negativo pero el volumen es positivo y por eso el valor absoluto en la fórmula: $|\mathbf{A} \cdot (\mathbf{BxC})| =\ |(\mathbf{AxB}) \cdot \mathbf{C}|$

Así, si tenemos los vectores **A**=<2,5,7>, **B**=<4,8,9>, **C**=<6,2,5>, el volumen del paralelepípedo es obtenido por medio de un determinante donde cada fila son las coordenadas de cada vector:

$$\mathbf{A} \cdot (\mathbf{BxC})=\begin{vmatrix} 2 & 5 & 7 \\ 4 & 8 & 9 \\ 6 & 2 & 5 \end{vmatrix}$$

$$V=|\mathbf{A} \cdot (\mathbf{BxC})| = |2(40 - 18) - 5(20 - 54) + 7(8 - 48)| = 66$$

El producto **Ax(BxC)** es conocido como triple producto vectorial y cuyo resultado es un vector.

Ax(BxC)=(A·C)B-(A·B)C

Área de un paralelogramo

Demostrar que el cuadrilátero que tiene sus vértices en P(1,-2,3), Q(4,3,-1), R(2,2,1) y S(5,7,-3) es un paralelogramo y hallar su área.

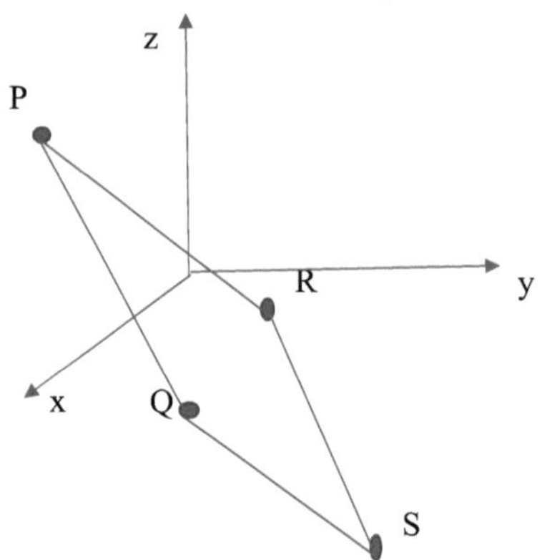

PQ=<3,5,-4>

PR=<1,4,-2>

RS=<3,5,-4>

QS=<1,4,-2>

PQ = RS   PR = QS

Los vectores **PQ** y **RS** son paralelos y los vectores **PR** y **QS** son paralelos.

PQ x PR = <6,2,7>

|PQ x PR|=$\sqrt{36+4+49}$ =$\sqrt{89}$ unidades cuadradas.

Así, el área del paralelogramo es $\sqrt{89}$ unidades cuadradas.

Dados los puntos P(-1,-2,-3), Q(-2,1,0) y R(0,5,1) encontrar un vector unitario cuyas representaciones sean perpendiculares al plano que pasa por los puntos P,Q y R.

PQ=<-1,3,3> **PR**=<1,7,4>

Los vectores **PQ** y **PR** forman el plano que pasa por los puntos P, Q y R. Así, el vector **PQ x PR** es el vector perpendicular al plano.

V=PQ x PR = <-9,7,-10> $V=\sqrt{81+49+100}=\sqrt{230}$

El vector unitario es el vector paralelo a **PQ x PR:**

V_u=<-9,7,-10>/$\sqrt{230}$ =<-9/$\sqrt{230}$, 7/$\sqrt{230}$, -10/$\sqrt{230}$ >

V_u=-9/$\sqrt{230}$ **i**+ 7/$\sqrt{230}$ **j** -10/$\sqrt{230}$**k**

Demostrar que los puntos A(4,9,1), B(-2,6,3) y C(6,3,-2) son los vértices de un triángulo rectángulo y hallar su área.

Tres puntos no colineales siempre forman un triángulo. Los tres puntos no son colineales ya que sus componentes no son proporcionales entre sí. Para demostrar que es rectángulo se puede utilizar el producto punto y realizar este producto por medio de dos vectores que forman el ángulo recto y este producto punto debe ser igual a cero.

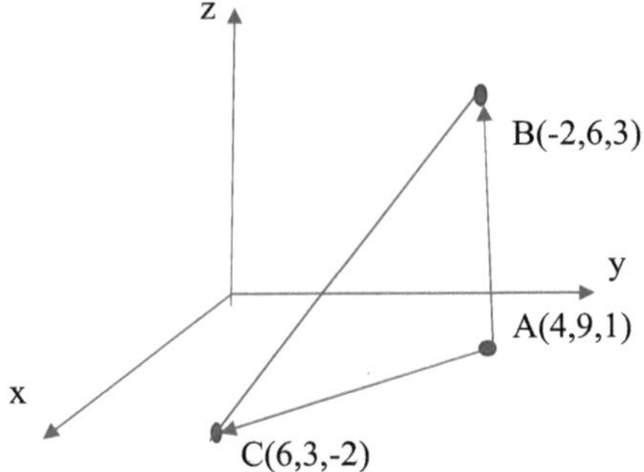

V=<x_2-x_1,y_2-y_1,z_2-z_1> donde el punto P_1(x_1,y_1,z_1) y P_2(x_2,y_2,z_2)

V_{AB}=<-6,-3,2> V_{AB}=$\sqrt{49}$

V_{AC}=<2,-6,-3> V_{AC}=$\sqrt{49}$

V_{AB} · V_{AC}=-12+18-6=0

Así, los dos vectores son perpendiculares u ortogonales y el triángulo es rectángulo.

El área del triángulo rectángulo es:

A= V_{AB} V_{AC}/2=49/2

Ángulo entre dos rectas

El ángulo entre dos rectas se puede obtener por medio de dos vectores los cuales están en la misma dirección de las rectas. Cada uno de los vectores se puede obtener por medio de dos puntos de la ecuación de la recta y restando el punto inicial y final.

Así, por ejemplo se tiene los siguientes vectores: **A**=<6,-3,2> **B**=<2,1,-3>

Determinar el ángulo θ entre A y B o entre las rectas que están en la dirección de los vectores A y B, la componente de B en la dirección de A y la proyección vectorial de B sobre A.

A · **B**=12-3-6=3

$$A=\sqrt{36+9+4}=7 \qquad B=\sqrt{4+1+9}=\sqrt{14}$$

cosθ=3/(7$\sqrt{14}$)

θ=cos⁻¹[(**A** · **B**)/(AB)]   θ=cos⁻¹[3/(7$\sqrt{14}$)]=83.42°

Bcosθ=$\sqrt{14}$ [3/(7$\sqrt{14}$)] o Bcosθ= (**A** · **B**/A)

Bcosθ=3/7

El vector proyección de B sobre A es:

$$C_{proyBenA} = (Bcos\theta)\frac{A}{A} = (\frac{A \cdot B}{A})\frac{A}{A} =(3/49)<6,-3,2>$$

Distancia de un punto a una recta

Calcular la distancia del punto P(4,1,6) a la recta que pasa por los puntos A(8,3,2) y B(2,-3,5).

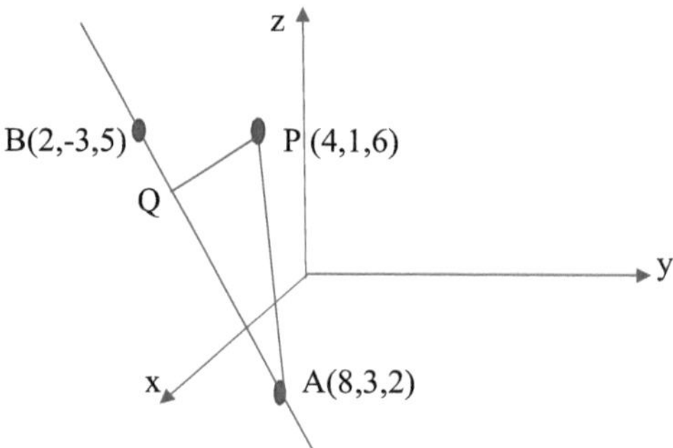

$$d = \sqrt{AP^2 - AQ^2}$$

AP=<-4,-2,4>   AP=$\sqrt{16+4+16}$ =6

AB=<-6,-6,3>   AB=$\sqrt{36+36+9}$ =$\sqrt{81}$

AQ=$C_{proyAPenAB}$ = AP cosθ = $\dfrac{\textbf{AB·AP}}{\textbf{AB}}$$\dfrac{24+12+12}{\sqrt{81}}$

AQ=48/$\sqrt{81}$

$$d = \sqrt{36 - \left(\tfrac{48}{9}\right)^2} = \sqrt{612/81} = \sqrt{68}/3 = 2\sqrt{17}/3$$

Planos

Si **N** es un vector diferente al vector cero y P_o es un punto dado, entonces el conjunto de todos los puntos P, para los que los vectores **N** y **P_oP** son ortogonales o perpendiculares (**N** · **P_oP**=0) es un plano que pasa por P_o y todos los puntos P del plano y **N** es un vector normal del plano.

El plano se puede determinar si se conoce un punto del plano y su vector normal.

Si $P_o(x_o,y_o,z_o)$ y P(x,y,z) son dos puntos del plano y **N** es el vector normal del plano dado por **N**=<a,b,c> entonces la ecuación del plano es:

P_oP=<(x-x_o,y-y_o,z-z_o> **N**=<a,b,c>

N · **P_oP** =a (x-$x_{o)}$+ b(y-y_o)+c(z-z_o)=0

a (x-$x_{o)}$+ b(y-y_o)+c(z-z_o)=0   ecuación del plano

La forma general del plano es la siguiente:

a (x-$x_{o)}$+ b(y-y_o)+c(z-z_o)=0

ax+by+cz-ax_o-by_o-cz_o=0

ax+by+cz=d donde d= ax_o +by_o +cz_o

donde **N**=<a,b,c> es el vector normal del plano.

De esta ecuación se pueden obtener los cortes del plano con los ejes x,y,z:

Corte con el eje x: y=0 z=0   x=d/a

Corte con el eje y: x=0 z=0   y=d/b

Corte con el eje z: x=0 y=0   z=d/c

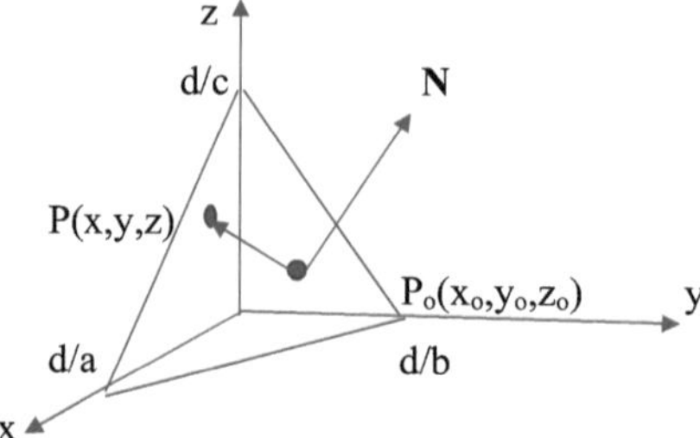

Un plano está determinado por tres puntos que no sean colineales, por una recta y un punto que no pertenezca a la recta o por dos rectas que sean paralelas.

Los planos paralelos al plano yz tienen como ecuación x=d.

Los planos paralelos al plano xz tienen como ecuación y=d.

Los planos paralelos al plano xy tienen como ecuación z=d.

Dos planos son paralelos si y sólo si sus vectores normales son paralelos.

Dos vectores son paralelos si y solo si uno de los vectores es múltiplo escalar del otro: $V_2=cV_1$ donde c es una constante.

Así, los dos planos son paralelos si $N_1=cN_2$ donde c es una constante positiva o negativa.

Dos planos son perpendiculares u ortogonales si sus vectores normales son perpendiculares entre sí. $N_1 \cdot N_2=0$.

Así, si se tiene el plano ax+by+d=0 y el plano xy cuya ecuación es z=0. El producto punto entre sus vectores normales es: <a,b,0> · <0,0,1>=0.

Así, ambos planos son perpendiculares y el plano ax+by+d=0 donde no aparece la variable z es perpendicular al plano xy.

De igual forma, el plano ay+bz+d=0 donde no aparece la variable x es perpendicular al plano yz.

De igual forma, el plano ax+bz+d=0 donde no aparece la variable y es perpendicular al plano xz.

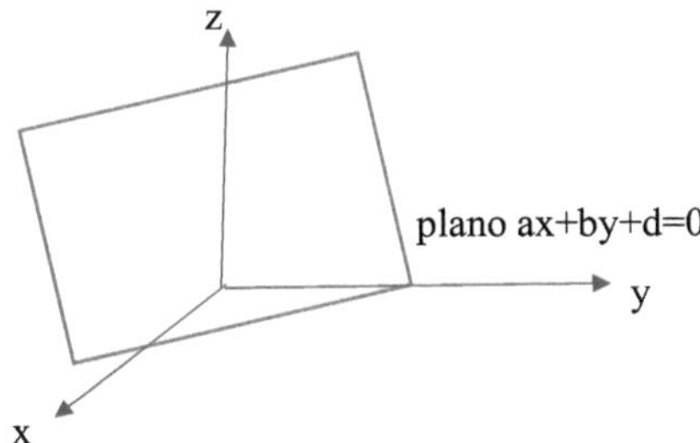

Ejemplo:

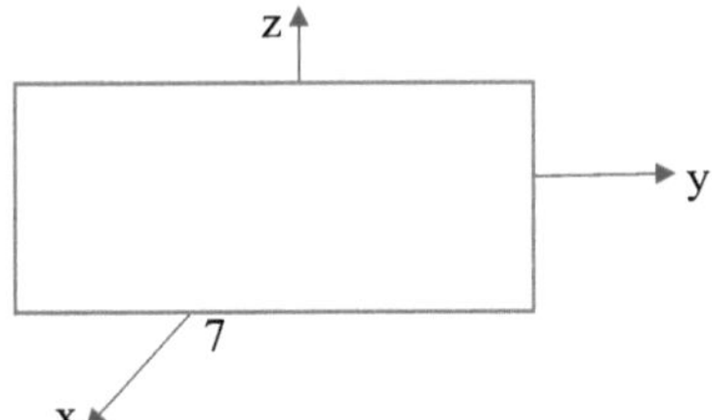

Plano x=7.

Ángulo entre dos planos.

El ángulo entre dos planos se puede obtener como el ángulo entre los vectores normales de ambos planos y se obtiene el ángulo por medio del producto punto entre los vectores.

Ejemplo:

Obtener la ecuación del plano que contenga al punto (2,1,0) y que tenga a <2,7,5>=2**i**+7**j**+5**k** como vector normal.

P_o=(2,1,0)   **N**=<2,7,5>

2(x-2)+7(y-1)+5(z-0)=0

2x+7y+5z=11

Se puede comprobar que el punto (2,1,0) es un punto del plano reemplazando x=2 y=1 z=0 en la ecuación del plano.

Ejemplo:

Obtener la ecuación del plano que pasa por los puntos P(1,3,2) Q(3,-2,2) R(2,1,3).

Se puede obtener los vectores **PQ** y **PR** para obtener el vector normal N=<a,b,c> al plano por medio del producto vectorial y luego utilizar la ecuación   a$(x-x_o)$+ b$(y-y_o)$+c$(z-z_o)$=0   reemplazando cualquier punto P,Q o R.

PQ=<2,-5,0> **PR**=<1,-2,1>

$$\mathbf{PQ} \times \mathbf{PR} = \begin{vmatrix} i & j & k \\ 2 & -5 & 0 \\ 1 & -2 & 1 \end{vmatrix} \quad < -5,-2,1>$$

-5(x-1)-2(y-3)+(z-2)=0

-5x-2y+z=-9

5x+2y-z=9

También, se puede utilizar la ecuación del plano ax+by+cz=d donde los tres puntos deben satisfacer la ecuación del plano. Resolviendo el sistema de ecuaciones en función de d, se puede obtener la ecuación del plano:

a+3b+2c=d   3a+9b+6c=3d

3a-2b+2c=d   3a-2b+2c=d   11b+4c=2d

2a+b+3c=d

a+3b+2c=d   2a+6b+4c=2d

2a+b+3c=d   2a+b+3c=d   5b+c=d

11b+4c=2d   11b+4c=2d

5b+c=d   20b+4c=4d   -9b=-2d   b=(2/9)d

5b+c=d   c=d-(10/9)d   c=(-1/9)d

a+3b+2c=d   a=d-(6/9)d+(2/9)d   a=(5/9)d

ax+by+cz=d

(5/9)dx+(2/9)dy-(1/9)dz=d

5x+2y-z=9

Los cortes con los ejes x,y,z son:

Eje x: y=0 z=0 x=9/5

Eje y: x=0 z=0 y=9/2

Eje z: x=0 y=0 z=-9

P(1,3,2) Q(3,-2,2) R(2,1,3).

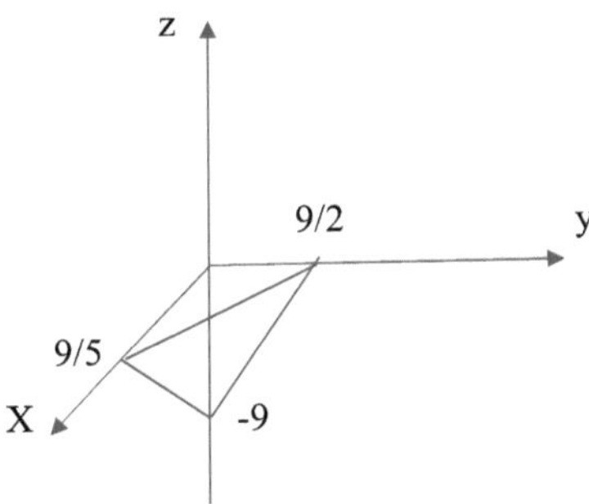

Ejemplo:

Graficar el plano que tiene la ecuación:

3x+2y-6z=0

El plano corta con los ejes x,y,z en el origen (0,0,0).

y=0 3x-6z=0 3x=6z x=2z recta en el plano xz que pasa por el origen. Un punto de esta recta es z=1 x=2.

x=0   2y-6z=0 2y=6z   y=3z recta en el plano yz que pasa por el origen. Un punto de esta recta es z=1 y=3.

Se trazan estas dos rectas y se une con un segmento desde un extremo de una recta hasta la otra recta y se obtiene una porción del plano.

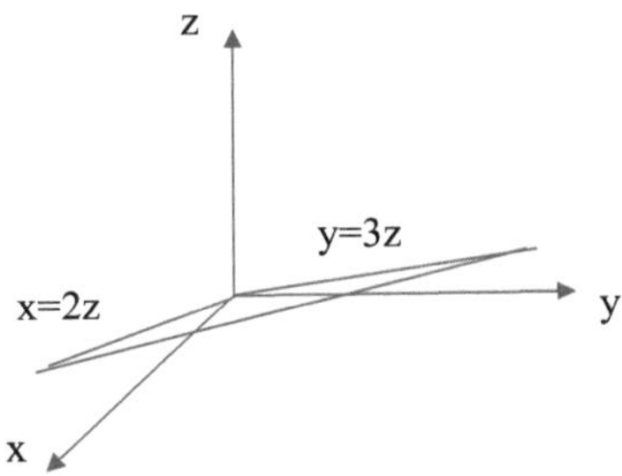

Ejemplo:

Ángulo entre dos planos.

Determinar el ángulo entre los planos:

5x-2y+5z-12=0   y   2x+y-7z+11=0

N_1=<5,-2,5> N_2=<2,1,-7>

$N_1 \cdot N_2$=10-2-35=-27

N_1=$\sqrt{54}$ N_2=$\sqrt{54}$

θ=cos^{-1}[-27/($\sqrt{54}$ $\sqrt{54}$)]

θ=cos^{-1}(-1/2)

θ=2π/3

El ángulo entre los dos planos es el ángulo agudo π-(2π/3)=π/3.

Determinar una ecuación del plano que contiene el punto (4,0,-2) y es perpendicular a cada uno de los planos:

x-y+z=0 y 2x+y-4z-5=0 N=<2,1,-4>

x-y+z=0 N=<1,-1,1>

El vector perpendicular a ambos planos tiene la siguiente normal:

<1,-1,1> **x** <2,1,-4>=<3,6,3>

El plano que contiene al punto (4,0,-2) y es perpendicular a ambos planos es:

a(x-x_1)+b(y-y_1)+c(z-z_1)=0

3(x-4)+6(y-0)+3(z+2)=0

3x+6y+3z-6=0

x+2y+z=2

También, se puede realizar este ejercicio de la siguiente forma:

x-y+z=0 y 2x+y-4z-5=0 N=<2,1,-4>

x-y+z=0 N=<1,-1,1>

La ecuación del plano es: a(x-x_1)+b(y-y_1)+c(z-z_1)=0

a(x-4)+b(y-0)+c(z+2)=0 con vector normal <a,b,c>.

$<a,b,c> \cdot <1,-1,1>=a-b+c=0$

$2x+y-4z=5 \quad N=<2,1,-4>$

$<a,b,c> \cdot <2,1,-4>=2a+b-4c=0$

$a-b+c=0$

$2a+b-4c=0 \quad 3a-3c=0 \quad a=c$

$a-b+c=0 \qquad 4a-4b+4c=0$

$2a+b-4c=0 \quad 2a+b-4c=0 \qquad 6a-3b=0 \quad 6a=3b \quad b=2a$

$a=c \quad b=2a$

Reemplazando en la ecuación del plano que pasa por el punto (4,0,-2):

$a(x-4)+2a(y-0)+a(z+2)=0$

$x+2y+z=2$

Distancia de un punto a un plano.

Calcular la distancia del punto $P(1,4,6)$ al plano $2x-y+2z+10=0$.

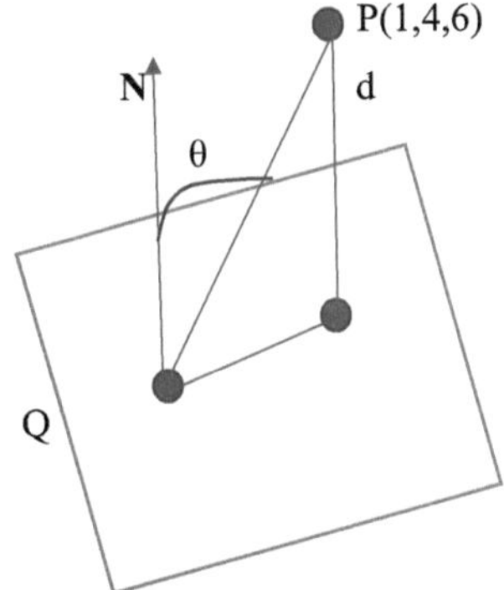

Sea Q un punto cualquiera del plano, por ejemplo: $y=0$ $z=0$ $x=-5$. El punto es: $(-5,0,0)$.

El vector PQ es: $\mathbf{PQ}= <-6,-4,-6>$

El vector normal del plano es $N=<2,-1,2>$ $\qquad N=3$

$d=\text{Proy }_{PQ}\text{ en }_N=PQ\cos\theta = \dfrac{\mathbf{N \cdot PQ}}{\mathbf{N}}=(-12+4-12)/3=-20/3$

θ debe ser el menor ángulo entre **PQ** y **N**. Así, N puede ser reemplazado por -N para obtener el menor ángulo o se escoge el valor absoluto de la proyección. Así, la distancia d es positiva: d=20/3.

Ejemplo:

Obtener las ecuaciones del plano que pasa por el punto (1,1,0) y contiene a los vectores **A**=<0,1,-1> y **B**=<1,2,3>.

La normal del plano <a,b,c> es:

$$\mathbf{N}=\mathbf{A}x\mathbf{B}=\begin{vmatrix} i & j & k \\ 0 & 1 & -1 \\ 1 & 2 & 3 \end{vmatrix}=<5,1,-1>=5\mathbf{i}+\mathbf{j}-\mathbf{k}$$

La ecuación del plano que pasa por el punto (1,1,0) es:

5(x-1)+(y-1)-(z-0)=0

5x+y-z=6

Ejemplo:

Determinar si los planos se cruzan, son paralelos o son coincidentes:

2x-3y+z-1=0   y 4x-6y-2z=0

El vector normal del primer plano es: <2,-3,1>

El vector normal del segundo plano es: <4,-6,-2>

Como los vectores normales no son proporcionales los planos no son paralelos ni coincidentes y los planos se cruzan y la intersección es una recta.

2x-3y+z-1=0   4x-6y+2z-2=0

4x-6y-2z=0   4x-6y-2z=0   4z-2=0 4z=2 z=1/2

Esta recta está en el plano z=1/2 y es paralela al plano xy.

4x-6y=1

4x-1=6y-0

$$\frac{[x-\left(\frac{1}{4}\right)]}{\left(\frac{1}{4}\right)} = \frac{(y-0)}{\frac{1}{6}} = t \quad y \quad z=1/2$$

x=(1/4)+(1/4)t y=(1/6)t z=1/2

Así, esta recta está en el plano z=1/2 y es paralela al plano xy con las ecuaciones: x=(1/4)+(1/4)t; y=(1/6)t z=1/2 y es la intersección de los dos planos.

Ejemplo:

Determinar si los planos se cruzan, son paralelos o son coincidentes:

2x-3y-z-1=0   y 4x-6y-2z=0

El vector normal del primer plano es: <2,-3,-1>

El vector normal del segundo plano es: <4,-6,-2>

Como los vectores normales son proporcionales los planos son paralelos o son coincidentes.

2x-3y-z-1=0   4x-6y-2z-2=0

4x-6y-2z=0   4x-6y-2z=0

Debido a que hay una contradicción entre las dos ecuaciones los planos no son coincidentes y los planos son paralelos.

Para determinar la distancia entre los dos planos se obtienen dos vectores en cada plano **AB** y **CD** (por medio de dos puntos en cada plano: A,B y C,D por medio de la ecuación de cada plano), el vector **CB**, y el vector normal **V** a **AB y CD** por medio del producto cruz y se obtiene la distancia entre los dos vectores por medio del producto punto.

Distancia entre dos planos paralelos.

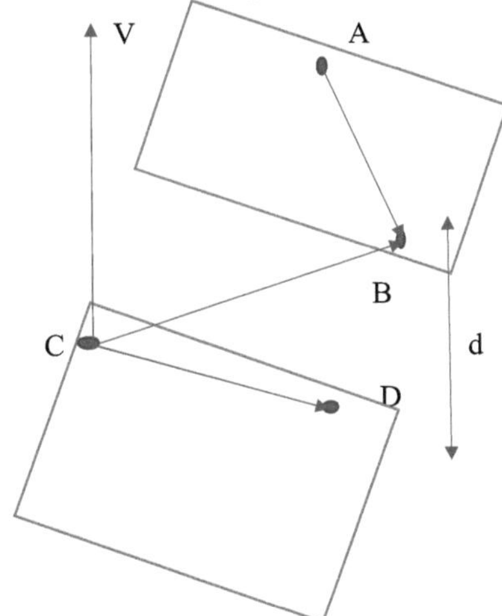

V=AB x CD

$$d = \text{Proyección } \mathbf{CB} \text{ en } \mathbf{V} = (CB\cos\theta) = \left(\frac{\mathbf{CB} \cdot \mathbf{V}}{\mathbf{V}}\right)$$

Ejemplo:

Determinar si los planos se cruzan, son paralelos o son coincidentes:

2x-3y-z=0   y 4x-6y-2z=0

El vector normal del primer plano es: $\langle 2,-3,-1\rangle$

El vector normal del segundo plano es: $\langle 4,-6,-2\rangle$

Como los vectores normales son proporcionales los planos son paralelos o son coincidentes.

2x-3y-z-=0   4x-6y-2z=0

4x-6y-2z=0   4x-6y-2z=0

Debido a que las dos ecuaciones son las mismas, los dos planos son coincidentes.

Rectas en $\mathbf{R}^3$

Sea R una recta en R^3 que tenga al punto $P_o(x_o,y_o,z_o)$ y paralela a un vector $\mathbf{D}=\langle a,b,c\rangle$ llamado vector directriz de la recta. La recta R es el conjunto de puntos $P(x,y,z)$ tal que el Vector $\mathbf{P_oP}$ es paralelo al vector $\mathbf{D}$: $\mathbf{P_oP}=t\,\mathbf{D}$

$\mathbf{P_oP}=\langle x-x_o,y-y_o,z-z_o\rangle$

$\mathbf{P_oP}=t\,\mathbf{D}$

$\langle x-x_o,y-y_o,z-z_o\rangle= t\,\langle a,b,c\rangle$

$(x-x_o)=at$ $(y-y_o)=bt$ $(z-z_o)=ct$

$x=x_o+at$ $y=y_o+bt$ $z=z_o+ct$ donde el parámetro t es cualquier número real. Estas ecuaciones reciben el nombre de ecuaciones parámetricas.

Si $a\neq0$ $b\neq0$ y $c\neq0$ entonces se puede expresar la ecuación de la recta de la siguiente forma:

$\dfrac{x-x_o}{a} = \dfrac{y-y_o}{b} = \dfrac{z-z_o}{c} = t$ Esta ecuación se conoce como ecuación simétrica de la recta lo cual es equivalente al siguiente sistema de ecuaciones:

$b(x-x_o)=a(y-y_o)$

$c(x-x_o)=a(z-z_o)$

$c(y-y_o)=b(z-z_o)$

Cada una de estas ecuaciones puede obtenerse a partir de las otras dos. Cada una de estas dos ecuaciones es la ecuación de un plano que contiene a la recta R. Cualesquiera dos de estos planos tienen como intersección a la recta R. Así, dos de las ecuaciones de los planos definen a la recta R.

El vector **D** determina la dirección de la recta y se llama vector directriz de la recta. Cualquier otro vector paralelo a **D** tiene el mismo sentido u opuesto sentido de **D**. Así, como cualquier vector paralelo a **D** tiene sus componentes proporcionales a las componentes de **D** y está en la dirección de la recta, entonces cualquier vector paralelo a **D** se puede utilizar como vector directriz de la recta R. Así, una recta tiene un número infinito de vectores directrices que están en la dirección de la recta pero todos estos vectores al reemplazarlos en la ecuación de la recta representan a la misma recta.

Paralelismo entre rectas, ejes y planos

Una recta es paralela al plano yz si y solo si todos los puntos en la recta tienen la misma coordenada x. Una recta es paralela al plano xz si y solo si todos en la recta tienen la misma coordenada y. Una recta es paralela al plano xy si y solo si todos los puntos en la recta tienen la misma coordenada z.

Si una recta es paralela a cada uno de dos planos que se cortan también es paralela a la recta de intersección de ambos planos.

Una recta es paralela al eje x si y solo si todos los puntos en la recta tienen igual coordenada y e igual coordenada z. Una recta es paralela al eje y si y solo si todos los puntos en la recta tienen igual coordenada x e igual coordenada z. Una recta es paralela al eje z si y solo si todos los puntos en la recta tienen igual coordenada x e igual coordenada y.

Ejemplo:

Obtener las ecuaciones paramétricas de la recta que tiene como vector directriz al vector **D**=<7,3,4> y que pasa por el punto (5,7,1).

D=<7,3,4> a=7 b=3 c=4

$x=x_0+at$ $y=y_0+bt$ $z=z_0+ct$

$x=5+7t$ $y=7+3t$ $z=1+4t$

$$\frac{x-x_0}{a} = \frac{y-y_0}{b} = \frac{z-z_0}{c} = t$$

$$\frac{x-5}{7} = \frac{y-7}{3} = \frac{z-1}{4} = t$$

$3(x-5)=7(y-7)$

$4(x-5)=7(z-1)$

4(y-7)=3(z-1)

Otros vectores directrices de esta recta son:

<14,6,8>, <-7,-3,-4>, <21,9,12>

Para obtener puntos de la recta se puede reemplazar cualquier número real t:

x=5+7t   y=7+3t   z=1+4t

t=2   x=19 y=13 z=9

t=4   x=33 y=19 z=17

Ejemplo:

Obtener dos conjuntos de ecuaciones simétricas de la recta que pasa por los puntos P (-3,2,4) y Q (6,1,2).

Un vector directriz de la recta es **D=PQ**=<9,-1,-2>

Así, una ecuación simétrica de la recta es:

$$\frac{x+3}{9} = \frac{y-2}{-1} = \frac{z-4}{-2} = t$$

Otra ecuación simétrica de la recta es si se reemplaza el punto Q(6,1,2):

$$\frac{x-6}{9} = \frac{y-1}{-1} = \frac{z-2}{-2} = t$$

Se puede reemplazar otro vector directriz paralelo a **D**: **D**/2=<9/2,-1/2,-1>

$$\frac{x+3}{9/2} = \frac{y-2}{-1/2} = \frac{z-4}{-1} = t$$

$$\frac{x-6}{9/2} = \frac{y-1}{-1/2} = \frac{z-2}{-1} = t$$

Todas estas ecuaciones representan a la misma recta.

Si uno de los números a o b o c del vector directriz es cero, entonces no se emplea la ecuación simétrica de la recta.

Si b=0 y a≠0 y c≠0, tiene como ecuación:

$$\frac{x-x_0}{a} = \frac{z-z_0}{c} = t \qquad y=y_0$$

x=x₀+at   z=z₀+bt   y=y₀

Esta recta está en el plano y=y₀ y es paralela al plano xz.

Si c=0 y a≠0 y b≠0, tiene como ecuación:

$$\frac{x-x_0}{a} = \frac{y-y_0}{b} = t \qquad z=z_0$$

x=x₀+at   y=y₀+bt   z=z₀

Esta recta está en el plano $z=z_0$ y es paralela al plano xy.

Si $a=0$ y $b\neq0$ y $c\neq0$, tiene como ecuación:

$$\frac{y-y_0}{b} = \frac{z-z_0}{c} = t \qquad x=x_0$$

$y=y_0+at \quad z=z_0+bt \quad x=x_0$

Esta recta está en el plano $x=x_0$ y es paralela al plano yz.

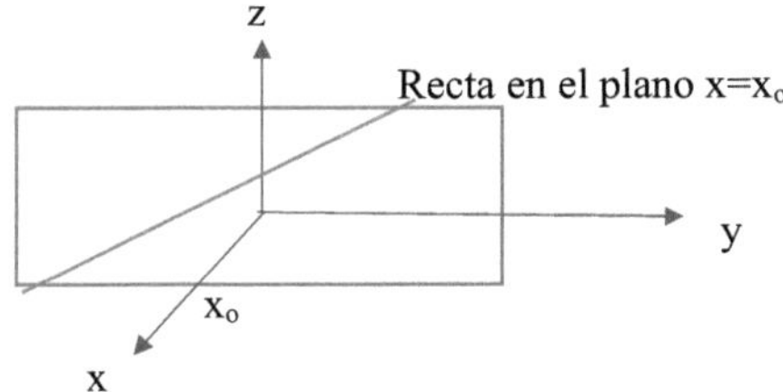

Dado los dos planos: $x+3y-z-9=0$ y $2x-3y+4z+3=0$, obtener las ecuaciones simétricas y paramétricas de la recta de intersección de ambos planos y el vector paralelo a la recta o vector directriz.

$x+3y-z-9=0$

$2x-3y+4z+3=0 \qquad 3x+3z-6=0 \quad x+z=2$

$x+3y-z-9=0 \qquad 2x+6y-2z-18=0$

$2x-3y+4z+3=0 \qquad 2x-3y+4z+3=0 \qquad 9y-6z-21=0 \quad 3y-2z=7$

$x+z=2 \qquad (x-2)/(-1)=z$

$3y-2z=7 \qquad (y-(7/3)/(2/3)=z$

$$\frac{x-2}{-1}=\frac{y-\frac{7}{3}}{\frac{2}{3}} = z$$

Así, las ecuaciones simétricas son:

$$\frac{x-2}{-1}=\frac{y-\frac{7}{3}}{\frac{2}{3}} = \frac{z-0}{1} \quad \text{o} \quad \frac{x-2}{-3}=\frac{y-\frac{7}{3}}{2} = \frac{z-0}{3}$$

$$\frac{x-2}{-1}=\frac{y-\frac{7}{3}}{\frac{2}{3}} = \frac{z-0}{1} = t \quad \text{o} \quad \frac{x-2}{-3}=\frac{y-\frac{7}{3}}{2} = \frac{z-0}{3} = t$$

Las ecuaciones parámetricas son:

$x=-t+2 \quad y=(2/3)t+(7/3) \quad z=t \quad$ o $\quad x=-3t+2 \quad y=2t+(7/3) \quad z=3t$

Dos vectores directrices de la recta son:

<-1,2/3,1> o <-3,2,3>

Ejemplo:

Obtener la ecuación de la recta que pasa por el punto (1,-1,1) perpendicular a la recta 3x=2y=z y paralela al plano x+y-z=0.

La ecuación simétrica de la recta es:

$$\frac{x-0}{\frac{1}{3}} = \frac{y-0}{\frac{1}{2}} = \frac{z-0}{1} = t \quad o \quad \frac{x-0}{2} = \frac{y-0}{3} = \frac{z-0}{6} = t$$

El vector directriz de la recta es <1/3,1/2,1> o <2,3,6>.

La recta que se desea obtener tiene el vector directriz: <a,b,c>. Esta recta es perpendicular a la recta 3x=2y=z:

<a,b,c> · <2,3,6>=0

2a+3b+6c=0

El vector normal del plano x+y-z=0 es <1,1,-1>. La recta es perpendicular a este plano:

<a,b,c> · <1,1,-1>=0

a+b-c=0   2a+2b-2c=0

2a+3b+6c=0   2a+3b+6c=0   -b-8c=0   b= -8c

   a+b-c=0   3a+3b-3c=0

2a+3b+6c=0   2a+3b+6c=0   a-9c=0   a=9c

La recta pasa por el punto (1,-1,1) con vector directriz <a,b,c> donde a=9c, b=-8c, c=c:

$$\frac{x-1}{9c} = \frac{y+1}{-8c} = \frac{z-1}{c} = t$$

$$\frac{x-1}{9} = \frac{y+1}{-8} = \frac{z-1}{1} = t$$

x=9t+1   y=-8t-1   z=t+1

Ejemplo:

Si R_1 es la recta que pasa por los puntos A(1,2,7) y B(-2,3,-4) y R_2 es la recta que pasa por C(2,-1,4) y D(5,7,-3) demostrar que las rectas se cruzan o se cortan en un punto, son paralelas, coincidentes o son oblicuas o no se cortan en un punto.

El vector directriz de R_1 es: $<-3,1,-11>$ y un punto de esta recta es A. Así, la ecuación paramétrica de la recta es:

x=1-3t y=2+t z=7-11t

El vector directriz de R_2 es: $<3,8,-7>$ y un punto de esta recta es C. Así, la ecuación paramétrica de la recta es:

x=2+3s y=-1+8s z=4-7s

Los dos vectores directrices $<-3,1,-11>$ y $<3,8,-7>$ no son proporcionales entre sí y así, las dos rectas no son paralelas y tampoco son coincidentes al no tener las mismas ecuaciones ya que no tienen el mismo vector directriz.

Si las rectas se cruzan deben tener un punto de intersección:

1-3t=2+3s   1-3t=2+3s

2+t=-1+8s   6+3t=-3+24s   7=-1+27s   s=8/27   t=-17/27

Reemplazando estos valores en la tercera igualdad de z, se tiene:

7-11t=4-7s   7+(11*17/27)≠4-(56/27)

Así, las dos rectas no se cruzan, no son paralelas y por tanto son oblicuas.

Distancia entre dos rectas contenidas en dos planos diferentes.

La distancia entre las dos rectas es igual a:

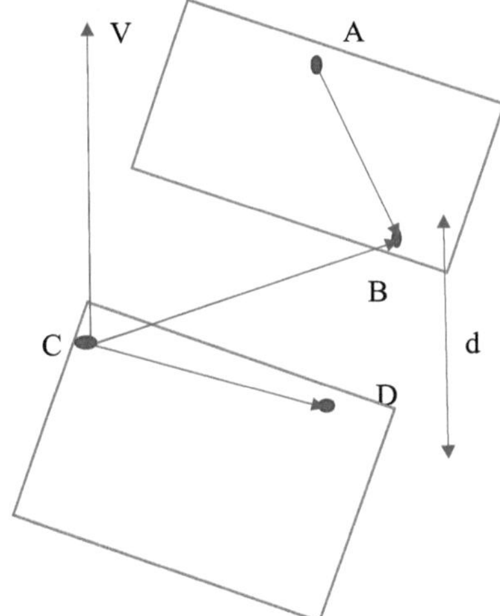

V=AB x CD

AB=<-3,1,-11>

CD=<3,8,-7>

V= **AB x CD** =<81,-54,-27>=27<3,-2,-1> V=$27\sqrt{14}$

B(-2,3,-4) y R$_2$ es la recta que pasa por C(2,-1,4) y D(5,7,-3)

CB=<-4,4,-8>

CB · **V**=27(-12-8+8)=27(-12)

d = Proyección CB en V = (CBcosθ) = $\left(\dfrac{\mathbf{CB}\cdot\mathbf{V}}{\mathbf{V}}\right) = \dfrac{27(-12)}{27\sqrt{14}}$

La distancia es positiva y así la respuesta es:

d=12/$\sqrt{14}$

Ejemplo:

Determinar si las dos rectas se cruzan, son coincidentes, paralelas u oblicuas.

$\dfrac{x-1}{1} = \dfrac{y-2}{1} = \dfrac{z-1}{2} = t$ x=1+t y=2+t   z=1+2t

$\dfrac{x-3}{-2} = \dfrac{y-3}{-1} = \dfrac{z+1}{2} = s$ x=3-2s y=3-s z= -1+2s

El vector directriz de la primera recta es: <1,1,2> y de la segunda recta es:

<-2,-1,2>. Los vectores no tienen sus componentes proporcionales y así, las rectas no son paralelas ni son coincidentes.

Si las rectas se cruzan deben tener un punto de intersección:

1+t=3-2s

2+t=3-s   -1=-s   s=1 t=0

Reemplazando en la tercera igualdad, se tiene:

1+2t=-1+2s que satisfacen la igualdad con s=1 t=0.

El punto de intersección es: x=1 y=2 z=1 (1,2,1)

Ejemplo:

Determinar si las dos rectas se cruzan, son coincidentes, paralelas u oblicuas.

x=t y=2-t   z=1+3t

x=2+2s y=-2s z= 7+6s

El vector directriz de la primera recta es: <1,-1,3> y de la segunda recta es:

<2,-2,6>. Los vectores tienen sus componentes proporcionales y así, las rectas son paralelas o son coincidentes.

Si son coincidentes deben tener infinitos puntos de intersección y si son paralelas no tienen puntos de intersección.

t=2+2s

2-t=-2s   2=2

2-t=-2s   6-3t=-6s

1+3t=7+6s   1+3t=7+6s   7=7

Así, las dos rectas coinciden en los valores de x,y, z independientemente de los valores de t y s. Así, las dos rectas son coincidentes.

Ejemplos de puntos de intersección son:

La ecuaciones simétricas de las dos rectas son:

$$\frac{x-0}{1} = \frac{y-2}{-1} = \frac{z-1}{3} = t$$

Un punto de la recta es: (0,2,1).

$$\frac{x-2}{2} = \frac{y-0}{-2} = \frac{z-7}{6} = s \quad \text{equivalente a:} \quad \frac{x-2}{1} = \frac{y-0}{-1} = \frac{z-7}{3} = s$$

Un punto de la recta es: (2,0,7).

Los puntos $(0,2,1)$ y $(2,0,7)$ están en ambas rectas. El punto $(0,2,1)$ está en la primera recta para t=0 y en la segunda recta para s=-1. El punto $(2,0,7)$ está en la primera recta para t=2 y en la segunda recta para s=0.

Otro ejemplo es para t=1 x=1 y=1 z=4 (1,1,4) que corresponde al mismo punto para s=-1/2

Si las rectas son paralelas deben tener sus vectores directrices proporcionales y ningún punto de intersección.

Ejemplo:

Determinar si las dos rectas se cruzan, son coincidentes, paralelas u oblicuas.

x=t y=2+t   z=1+2t

x=1+2s y=2s z= 4s

El vector directriz de la primera recta es: <1,1,2> y de la segunda recta es:

<2,2,4>. Los vectores tienen sus componentes proporcionales y así, las rectas son paralelas o son coincidentes.

Si son coincidentes deben tener infinitos puntos de intersección y si son paralelas no tienen puntos de intersección.

t=1+2s

2+t=2s   y se llega a una contradicción por lo que no hay punto de intersección.

2+t=2s   4+2t=4s

1+2t=4s   1+2t=4s   y se llega a una contradicción por lo que no hay punto de intersección.

Así, las dos rectas son paralelas y no tienen punto de intersección.

Para determinar la distancia entre 2 rectas paralelas se obtienen dos vectores en cada recta: **AB** y **CD** (por medio de dos puntos en cada recta : A,B y C,D por medio de la ecuación de la recta) el vector **CB,** y el vector normal a **CD** y **CB:** $\mathbf{V_1}$ y el vector normal a $\mathbf{V_1}$ y **CD:** $\mathbf{V_2}$ por medio del producto cruz y se obtiene la distancia entre las dos rectas por medio del producto punto entre $\mathbf{V_2}$ y **CB.**

Distancia entre dos rectas paralelas.

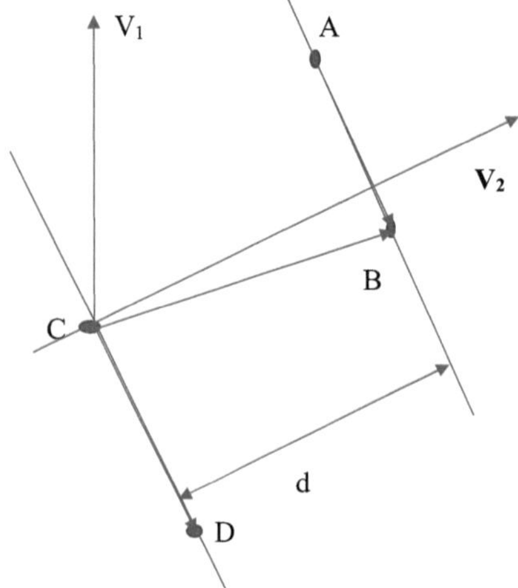

$\mathbf{V_1} = \mathbf{CD} \times \mathbf{CB}$

$\mathbf{V_2} = \mathbf{CD} \times \mathbf{V_1}$

$$d = \text{Proyección } \mathbf{CB} \text{ en } \mathbf{V_2} = (CB\cos\theta) = \left(\frac{\mathbf{CB} \cdot \mathbf{V_2}}{V_2}\right)$$

Ejemplo:

Obtener dos planos que tengan como intersección a la recta:

$$\frac{x-1}{-2}=\frac{y+2}{1}=\frac{z+3}{2}=t$$

x-1=-2y-4   x+2y+3=0

2(y+2)=z+3   2y-z+1=0

Así los dos planos son: x+2y+3=0 y 2y-z+1=0

Se puede hallar otro plano por medio de la siguiente ecuación:

2(x-1)=-2(z+3)   2x+2z+4=0   x+z+2=0

Otros dos planos son: x+z+2=0 y x+2y+3=0

Otros dos planos son: x+z+2=0 y 2y-z+1=0

Ejemplo:

Determinar la posición entre la recta y el plano:

Recta: x=2t, y=1+3t, z=t y el plano: 3x+2y-11z-5=0.

La recta puede estar contenida en el plano, pueden ser paralelos o o se pueden cruzar en un punto.

Si son paralelos o está contenida en el plano deben tener el vector directriz de la recta y el vector normal perpendiculares y el producto punto debe ser cero.

El vector directriz de la recta es: <2,3,1> y el vector normal del plano es: <3,2,-11>.

<2,3,1> · <3,2,-11>=6+6-11=1.

Así, la recta y el plano se cortan en un punto y se reemplaza la ecuación de la recta en el plano:

3(2t)+2(1+3t)-11(t)-5=0

6t+2+6t-11t-5=0

t-3=0

t=3

El punto de intersección es: x=6 y=10 z=3 (6,10,3) el cual es el punto de intersección de la recta y el plano y satisface la ecuación de la recta y el plano.

Ejemplo:

Determinar la posición entre la recta y el plano:

Recta: x=2t, y=1+3t, z=t y el plano: 3x+2y-12z+7=0.

La recta puede estar contenida en el plano, pueden ser paralelos o o se pueden cruzar en un punto. Si son paralelos o está contenida en el plano deben tener el vector directriz de la recta y el vector normal perpendiculares y el producto punto debe ser cero. El vector directriz de la recta es: <2,3,1> y el vector normal del plano es: <3,2,-12>.

<2,3,1> · <3,2,-12>=6+6-12=0.

Así, la recta y el plano son paralelos o la recta está contenida en el plano.

Se reemplaza la ecuación de la recta en el plano:

3(2t)+2(1+3t)-12(t)+7=0

6t+2+6t-12t+7=0

2+7≠0 y se llega a una incongruencia por lo que la recta y el plano son paralelos.

Para determinar la distancia entre la recta y el plano se obtienen dos vectores en el plano y en la recta: **AB** y **CD** (por medio de dos puntos en el plano y en la recta: A,B y C,D por medio de la ecuación del plano y la recta), el vector **CB,** y el vector normal **V** a **AB y CD** por medio del producto cruz y se obtiene la distancia entre los dos vectores por medio del producto punto.

Distancia entre recta y plano.

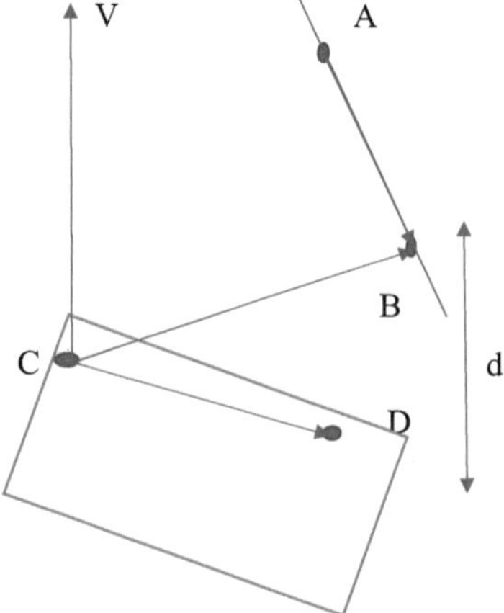

V=AB x CD

$$d = \text{Proyección } \mathbf{CB} \text{ en } \mathbf{V} = (CB\cos\theta) = \left(\frac{\mathbf{CB} \cdot \mathbf{V}}{V}\right)$$

Ejemplo:

Determinar la posición entre la recta y el plano:

Recta: x=2t, y=5+3t, z=t y el plano: 3x+2y-12z-10=0.

La recta puede estar contenida en el plano, pueden ser paralelos o o se pueden cruzar en un punto.

Si son paralelos o está contenida en el plano deben tener el vector directriz de la recta y el vector normal perpendiculares y el producto punto debe ser cero.

El vector directriz de la recta es: <2,3,1> y el vector normal del plano es: <3,2,-12>.

<2,3,1> · <3,2,-12>=6+6-12=0.

Así, la recta y el plano son paralelos o la recta está contenida en el plano.

Se reemplaza la ecuación de la recta en el plano:

3(2t)+2(5+3t)-12(t)-10=0

6t+10+6t-12t-10=0

0=0 y se llega a una consistencia para todo valor de x,y,z y así hay infinito puntos de intersección entre la recta y el plano. De esta forma, la recta está contenida en el plano.

Haz de planos

El haz de planos que tiene como intersección a la recta R se puede obtener de la intersección de dos planos:

ax+by+cz+d=0   vector normal: <a,b,c>

ex+fy+gz+h=0   vector normal: <e,f,g>

La ecuación del haz de planos que por la recta R de intersección de los dos planos es:

ax+by+cz+d+k(ex+fy+gz+h)=0

Ejemplo:

Determinar la ecuación del haz de planos que pasan por la recta:

$$R:\ x - 1 = \frac{y}{2} = \frac{z+1}{3} = t$$

De todos los haces de planos, calcular cual de ellos pasa por el origen de coordenadas.

Se determinan dos planos de la ecuación de la recta:

2(x-1)=y   2x-y-2=0

3y=2(z+1)   3y-2z-2=0

Además, se tiene el plano: 3(x-1)=z+1   3x-z-4=0

Así, la ecuación del haz de planos es:

2x-y-2+k(3y-2z-2)=0   Ecuación del haz de planos que tienen como intersección a la recta R.

El plano que pasa por el origen (0,0,0) es:

-2-2k=0   k=-1

Así, el plano que pasa por el origen es:

2x-4y+2z=0

x-2y+z=0 ecuación del plano que contiene a la recta R y pasa por el origen (0,0,0).

Se puede comprobar que la recta está contenida en el plano:

x=t+1   y=2t   z=3t-1

t+1-4t+3t-1=0   0=0 Así la recta está contenida en el plano y se tiene infinitos puntos de intersección.

52.- Geometría del espacio: figuras en el espacio: prismas, paralelepípedos, pirámides, cilindros, conos, conos truncados, esferas.

Prismas

El prisma es un poliedro formado por paralelogramos y por dos polígonos paralelos iguales.

Entre los ejemplos de prismas tenemos el siguiente:

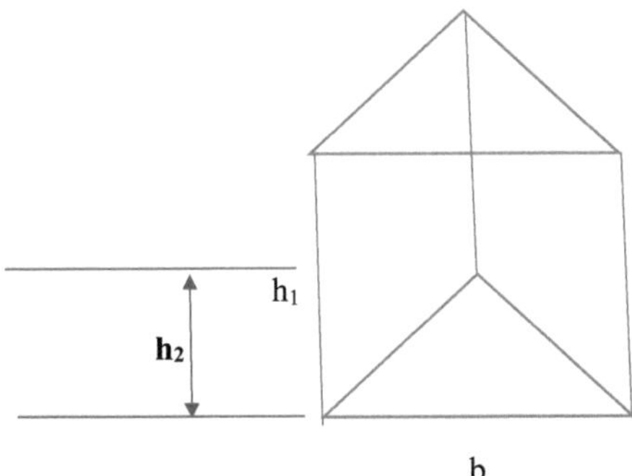

El área total es igual a la suma de las áreas laterales las cuales son rectángulos y las áreas de las bases las cuales son dos triángulos. En este ejemplo consideraremos dos triángulos equiláteros de lado b.

El área del rectángulo es: $A=b*h_1$. La suma de las áreas laterales es: $A_l=3b*h_1$ debido a que son tres áreas laterales. La fórmula del área lateral para el prisma si la base es otro polígono es:

$A_l=$(Perímetro de la base)$*h_1$.

El área de la base es: $A=bh_2/2$ y debido a que son dos áreas de las bases, la suma de las dos bases es: $A_B=bh_2$

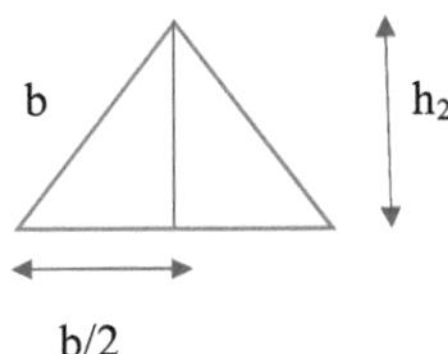

$$h_2=\sqrt{b^2-\frac{b^2}{4}}=\frac{\sqrt{3}b}{4}$$

El área total es igual a la suma de las áreas laterales más las áreas de las bases: $A_T=(3b*h_1)+bh_2$ donde h_2 es: $h_2=\frac{\sqrt{3}b}{4}$

El volumen del prisma para este ejemplo es:

$V=A_B*h_1=(bh_2/2)h_1$ donde $h_2=\frac{\sqrt{3}b}{4}$

Paralelepípedos

El paralelepípedo es otro ejemplo de prisma donde las bases corresponden a paralelogramos.

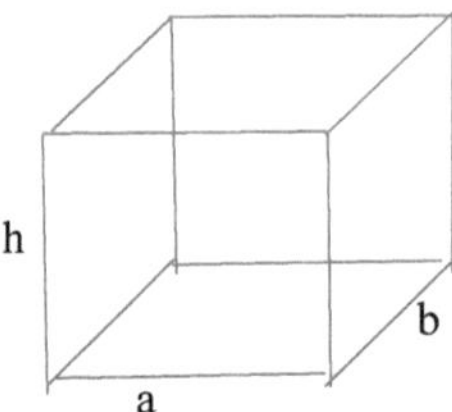

El perímetro es: $P=4a+4b+4h$

El área lateral es igual al perímetro de la base por la altura:

$A_l=2ah+2bh=(2a+2b)h=$ Perímetro de la base$*h$

El área de la base es: $A_B=ab$

El área total es igual a la suma de las áreas de las dos bases más el área lateral:

$A_T=A_l+2A_B=(2a+2b)*h+2ab=$ Perímetro de la base$*h+2ab$

El volumen del paralelepípedo es igual al área de la base por la altura:

$V=A_B\,h=abh$

Las diagonales del paralelepípedo se obtienen de la siguiente forma:

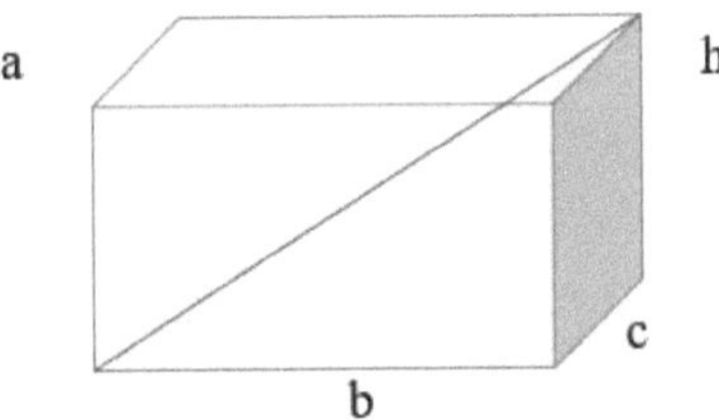

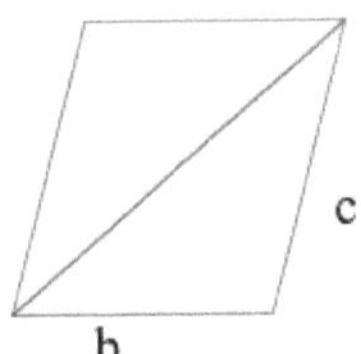

$d^2 = b^2 + c^2$ d: diagonal cara inferior

$D^2 = d^2 + a^2$ D: diagonal del cubo

$D^2 = a^2 + b^2 + c^2$

Pirámides

La pirámide está formada por un polígono cualquiera como base y las caras laterales son triángulos que se juntan en un punto en común que se llama vértice de la pirámide.

Así, un ejemplo de pirámide con base cuadrangular es el siguiente:

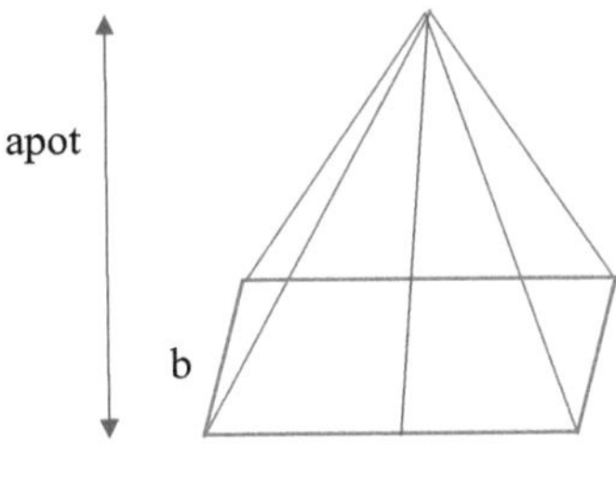

El área lateral de una pirámide es igual a la suma de las áreas laterales donde cada área lateral es igual al producto de la apotema por el lado de la base:

A_l=2(b*apot)/2 + 2(a*apot)/2=(2b+2a)*apot/2=Perimetro de la base*apot/2

Así, el área lateral es igual al semiperímetro de la base por la apotema. La apotema es la perpendicular trazada desde el vértice común hacia el lado opuesto o su base. El área total es igual al área lateral total más el área de la base: A_T=A_l+A_B

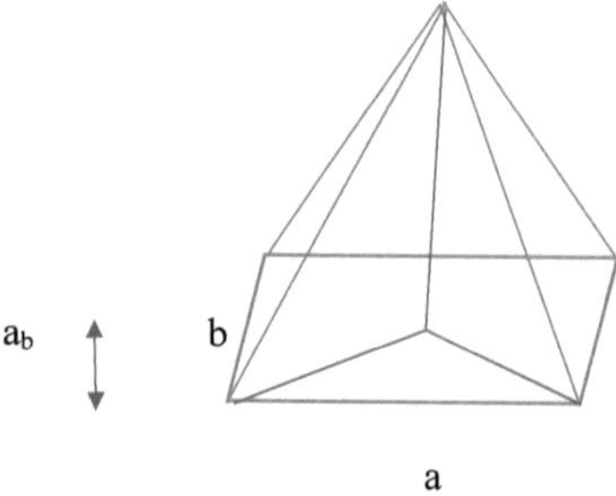

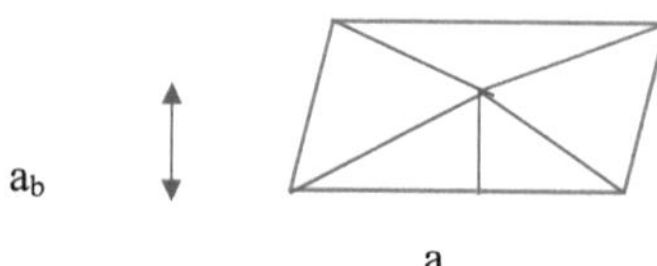

$A_B = (2a*a_b)/2 + (2b*a_b)/2 = (2a+2b)*a_b/2 =$ Perímetro de la base$*a_b/2$

$A_T = A_l + A_B =$ (Perimetro de la base$*$apot$/2$)$+$(Perímetro de la base$*a_b/2$)

El volumen de la pirámide es igual al área de la base por la altura dividido para tres: $V = A_B*h/3$

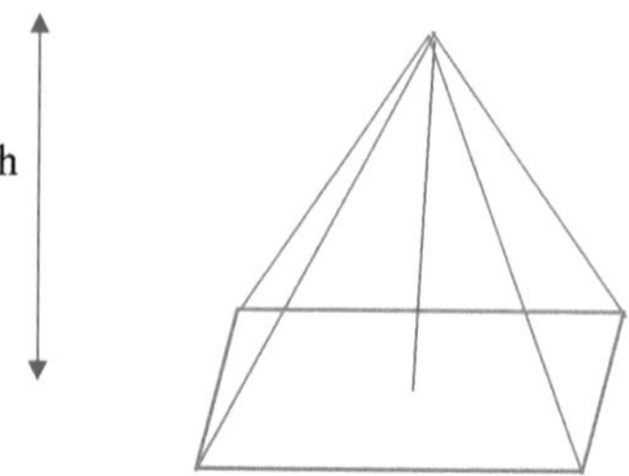

El tetraedro es una pirámide con base cuadrada de lado igual a la arista lateral. El volumen de un tetraedro es: $V = \sqrt{2}\, l^3/12$ donde la base es un cuadrado de lado l igual a la arista lateral.

El área del tetraedro es: $A = \sqrt{3}\, l^2$.

Cilindros

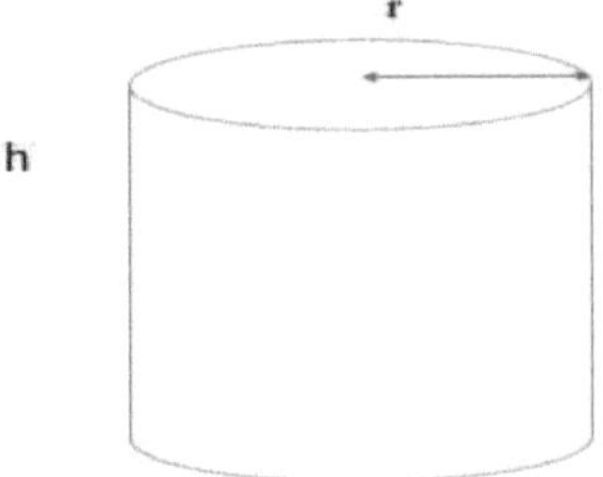

El cilindro es formado por una recta RR´ que rota alrededor de un eje. La recta RR´ es llamada generatriz.

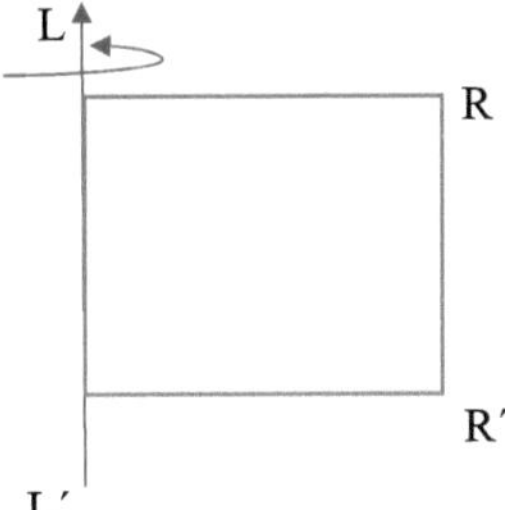

La línea RR´ se rota alrededor del eje LL´ y se forma la superficie de revolución llamada cilindro. Es decir, el cilindro se forma por la rotación de un rectángulo alrededor de uno de sus lados llamado generatriz g.

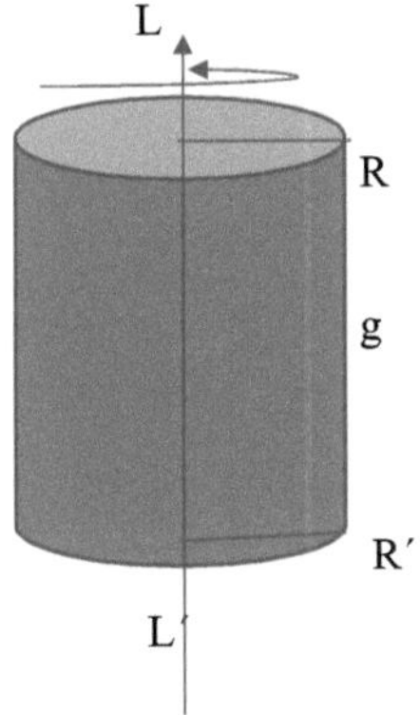

El área lateral del cilindro se puede obtener por medio de la extensión de la superficie lateral sobre un plano adyacente cuya base es $2\pi r$ y la altura es la generatriz g.

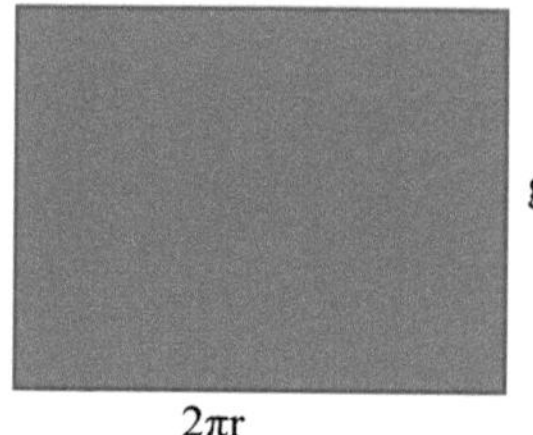

Así, el área lateral del cilindro es:

$A_L=(2\pi r)g$

La generatriz es la altura del triángulo: g=h.

$A_L=(2\pi r)h$

El área de cada base del cilindro es: $A_B=\pi r^2$

Así, el área total del cilindro es:

$A_T=A_L+2A_B$

$A_T=(2\pi r)h+2(\pi r^2)$

$A_T=2\pi r(h+r)$

El volumen del cilindro es igual al área de la base por la altura:

$V=\pi r^2*h$

Conos

El cono es formado por la rotación de una recta con inclinación RR´ alrededor de un eje. La recta RR´ es llamada generatriz.

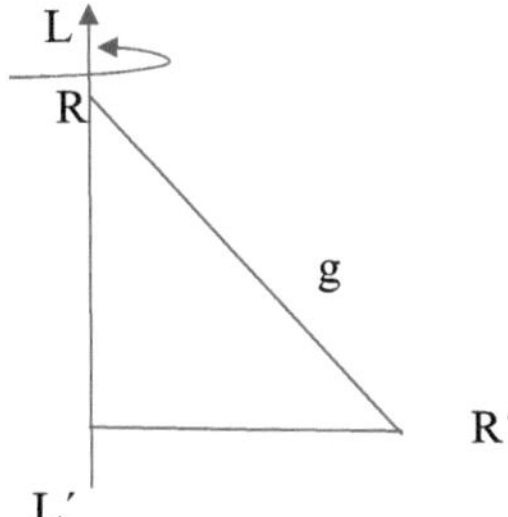

La recta RR´ se rota alrededor del eje LL´ y se forma la superficie de revolución llamada cono. Es decir, el cono se forma por la rotación de un triángulo rectángulo alrededor de uno de sus lados llamado generatriz g.

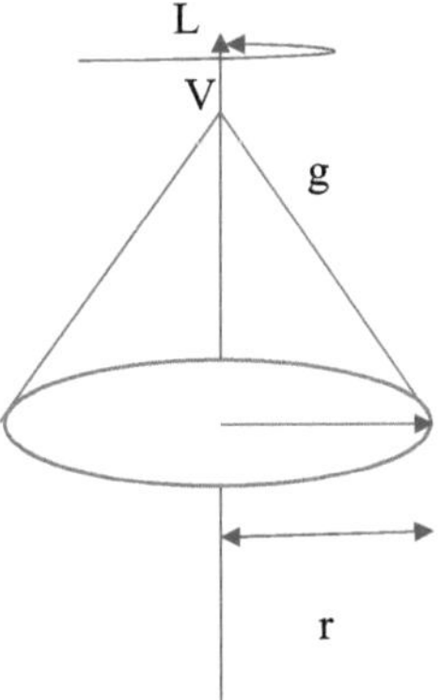

Para obtener el área lateral del cono se extiende su superficie lateral sobre un plano:

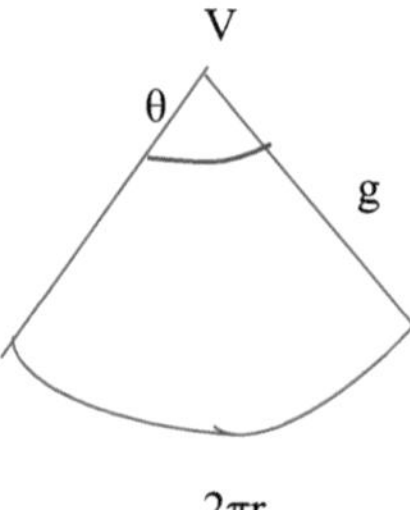

$A_s = \frac{1}{2} g^2 \theta = \frac{1}{2} (g\theta)g = \frac{1}{2} (S)g$ (área del sector circular)

$S = g\theta = 2\pi r$

$A_l = \frac{1}{2} (2\pi r)g = \pi r g$

Así, el área lateral del cono es igual al producto de la semicircunferencia de la base por la generatriz.

El área total del cono es igual al área lateral más el área de la base:

$A_T = A_l + A_B = \pi r g + \pi r^2 = \pi r(g+r)$

El volumen del cono es igual al área de la base por la altura dividido para tres: $V = A_B * h/3 = \pi r^2 * h/3$

Conos truncados

El cono truncado es formado por la rotación de un trapecio rectangular que gira alrededor del eje el cual es el lado perpendicular a las bases. La recta con inclinación RR′ es llamada generatriz.

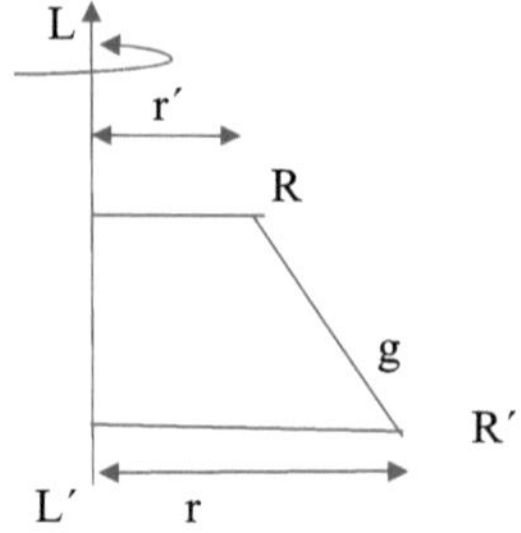

Así, la recta RR′ se rota alrededor del eje LL′ y se forma la superficie de revolución llamada cono truncado.

El área lateral del cono truncado se puede obtener por medio de la extensión de la superficie lateral sobre un plano adyacente cuya base mayor es $2\pi r$, su base menor es $2\pi r'$:

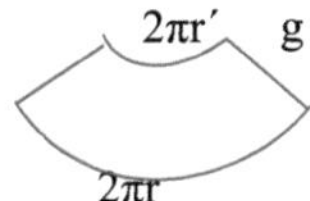

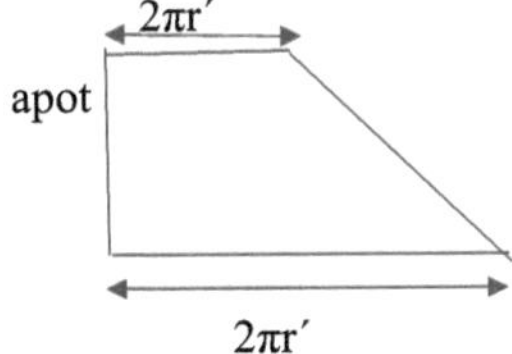

$A_l = (2\pi r + 2\pi r') * apot/2 = (2\pi r + 2\pi r') * g/2 = \pi g(r + r')$ donde $apot = g$

El área total es igual al área lateral más las áreas de las bases:

$A_T = \pi g(r + r') + \pi r^2 + \pi r'^2$

$A_T = \pi g(r + r') + \pi(r^2 + r'^2)$

El volumen del cono truncado es:

$V = (\pi r^2 + \pi r'^2 + \pi r r')h/3$

Esferas

La esfera se forma por la rotación de un semicírculo alrededor de un eje.

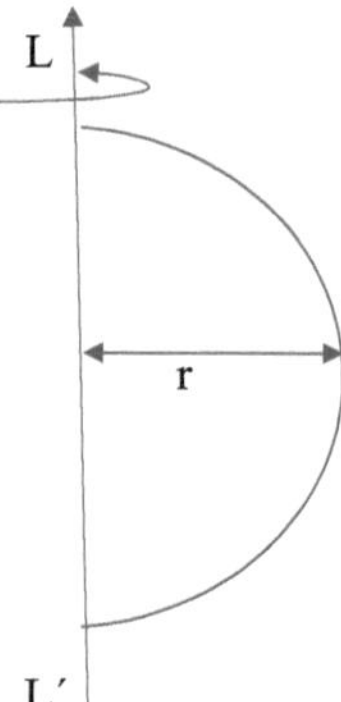

Así, el semicírculo de radio r se rota alrededor del eje LL′ y se forma la esfera de radio r.

El área lateral de la esfera es: $A_l=4\pi r^2$.

El volumen de de la esfera es: $V=\frac{4}{3}\pi r^3$

Esferas

Una esfera es el conjunto de todos los puntos en R^3 equidistantes de un punto fijo. El punto fijo se llama centro de la esfera y la distancia del punto de la esfera al centro se llama radio.

La ecuación de la esfera de radio r y centro (h,k,l) es:

$(x-h)^2+(y-k)^2+(z-l)^2=r^2$

Esta ecuación se puede obtener por medio de la distancia entre los puntos P(x,y,z) de la esfera y el centro (h,k,l).

$$\sqrt{(x-h)^2+(y-k)^2+(z-l)^2}=r$$

$(x-h)^2+(y-k)^2+(z-l)^2=r^2$

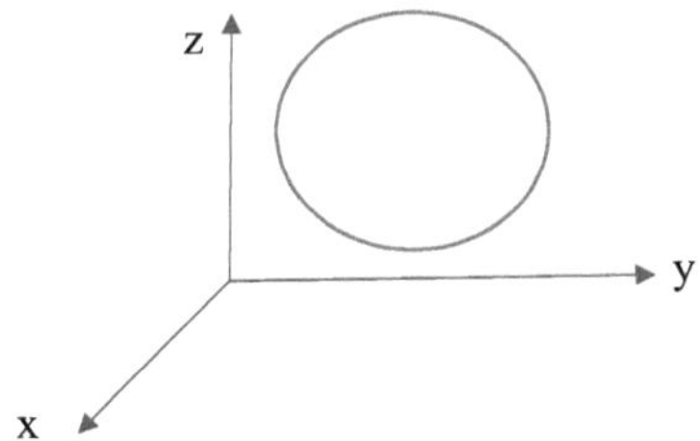

Si el centro de la esfera está en (0,0,0) entonces la ecuación de la esfera es:

$x^2+y^2+z^2=r^2$

Si se desarrolla la ecuación: $(x-h)^2+(y-k)^2+(z-l)^2=r^2$ se obtiene:

$x^2+y^2+z^2-2hx-2ky-2lz+(h^2+k^2+l^2-r^2)=0$

$G=-2h \quad H=-2k \quad I=-2l \quad J=h^2+k^2+l^2-r^2$

$x^2+y^2+z^2+Gx+Hy+Iz+J=0$ forma general de la esfera donde G, H, I y J son constantes.

También esta ecuación se puede convertir en la forma:

$(x-h)^2+(y-k)^2+(z-l)^2=r^2$

$x^2+y^2+z^2+Gx+Hy+Iz+J=0$

$(x+(G/2))^2+(y+(H/2))^2+(z+(I/2))^2=(G^2+H^2+I^2-4J)/4$

$h=-G/2 \quad k=-H/2 \quad l=-I/2 \quad r=(G^2+H^2+I^2-4J)/4$

$(x-h)^2+(y-k)^2+(z-l)^2=r^2$

Si r>0 entonces es una esfera con centro en (h,k,l) y radio r. Si r=0 el lugar geométrico es un punto (h,k,l). Si r<0 entonces no es ningún lugar geométrico.

Así, la gráfica de $x^2+y^2+z^2+Gx+Hy+Iz+J=0$ es una esfera, un punto o ningún lugar geométrico.

El volumen y área de una esfera son:

$V=(4/3)\pi R^3$

$A=4\pi r^2$

Ejemplo:

Encontrar el lugar geométrico de:

$x^2+y^2+z^2-6x-4y+2z=2$

$(x-3)^2+(y-2)^2+(z+1)^2=16$

Así, el lugar geométrico es el de una esfera con centro en (3,2,-1) y radio r=4.

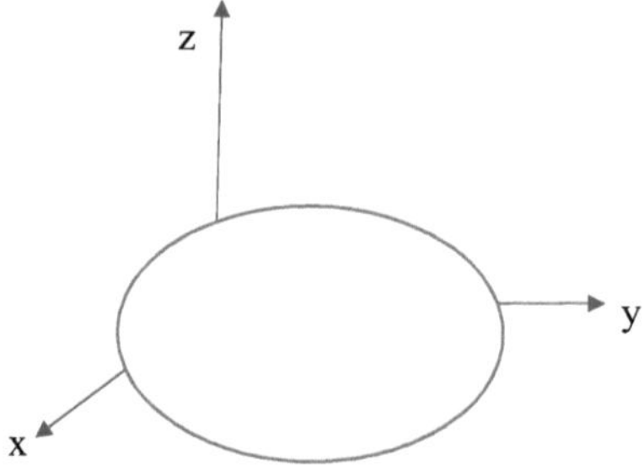

Encontrar la ecuación de la esfera en la cual los puntos (-5,6,-2) y (9,-4,0) son los extremos de un diámetro.

El punto medio es el centro de la esfera:

$x'=(-5+9)/2=2$ $y'=(6-4)/2=1$ $z'=(-2-0)/2=-1$

$C(2,1,-1)$

El radio de la esfera está dada por la distancia entre el centro y un punto de la esfera: $C(2,1,-1)$ $P(-5,6,-2)$

$$r=\sqrt{(-5-2)^2+(6-1)^2+(-2+1)^2}$$

$r^2=75$ $r=\sqrt{75}$

$(x-2)^2+(y-1)^2+(z+1)^2=75$

$x^2+y^2+z^2-4x-2y+2z-69=0$

53.- Estadísticas, Probabilidades y Regresión Lineal

Estadísticas

En general, la Estadística consiste en métodos y técnicas los cuales nos permiten la colección, la selección, el ordenamiento, la clasificación, la interpretación y el análisis de datos. Entonces, nosotros podemos usar esta información para deducir y afirmar conclusiones sobre una población a partir de la información dada por la muestra.

Esto es muy importante tener toda la información necesaria y hacer el procesamiento correcto cuando se está trabajando con datos.

La Estadística puede ser clasificada en el análisis de datos de la muestra (Estadística Descriptiva) y en la inferencia sobre la población del cual la muestra fue tomada (Estadística Inferencial).

El Análisis de Datos se realiza con diagramas, gráficos, tablas, y medidas de posición y dispersión. En la Estadística Inferencial, nosotros hacemos predicciones sobre la población basada en la información de la muestra (basado principalmente en probabilidades).

Población

Esto es el grupo de todos los elementos que tienen una característica común (variable) observable y medible. Por ejemplo, para un grupo de personas, la variable puede ser el peso, la edad, la nacionalidad, etc.

Muestra

Esto es un subconjunto de la población los cuales tienen la misma característica de la población. Los valores dados por la muestra son llamados estadísticos, los cuales con la aplicación de los métodos inferenciales se aproximan a los parámetros de la población.

Variable

Una variable es una característica de interés la cual es observada en una población o muestra. Esto puede ser clasificada en una variable cuantitativa: continua y discreta y una variable cualitativa: nominal y ordinal.

Las variables cuantitativas son dadas por valores numéricos. Éstas son continuas si los valores son reales. La altura, el peso son ejemplos de variables cuantitativas. Por otro lado, estas variables son discretas si los valores son enteros. El número de miembros de una familia, el número de estudiantes en un curso son ejemplos de variables discretas.

Las variables cualitativas describen cualidades. Éstas pueden ser nominales si las cualidades no tienen un orden. el sexo, el estado civil son ejemplos de variables nominales. Por otro lado, las variables ordinales tienen un orden. La calidad de atención, el nivel educacional son ejemplos de variables ordinales.

Colección de datos (Muestreo)

Nosotros trabajamos con la muestra porque esto demanda mucho tiempo y dinero estudiar la población completa. Por esta razón, analizamos la muestra y calculamos los estadísticos de la muestra y entonces, estimamos el respectivo parámetro poblacional. Nosotros podemos obtener esta información a través de una encuesta a un grupo de personas. Todas las personas reciben las mismas preguntas. También, esto es posible hacer un experimento donde el resultado del experimento es la información de la muestra. Además, nosotros podemos obtener la información de un historial de archivos seleccionando una muestra. Hay diferentes técnicas para hacer el muestreo:

Muestreo aleatorio simple.- Los elementos de la población tienen igual opción de ser escogidos y son seleccionados aleatoriamente.

Muestreo sistemático.- Los elementos son escogidos en un intervalo uniforme de una lista ordenada.

Muestreo estratificado.- Los elementos de la población son clasificados en grupos de acuerdo a una importante característica. Entonces, escogemos elementos de cada grupo realizando un muestreo aleatorio simple.

Muestreo conglomerado .- Los elementos de la población son subdivididos en grupos y entonces, seleccionamos aleatoriamente un grupo completo.

Tablas de frecuencias

Esto es muy complicado hacer cálculos con los datos cuando tenemos muchos de ellos. Esta es la razón de organizar a ellos en grupos o categorías en una tabla. En general, tenemos la opción de organizar a ellos en intervalos (datos agrupados) o hacer el análisis con los datos individuales (datos no agrupados).

Datos no agrupados

Por ejemplo, podemos hacer la siguiente tabla con los datos:

3,7,10,7,3,10,7,15,10,16,15,10,7,10.

Primero, nosotros ordenamos a ellos:

3(2), 7(4), 10(5),15(2),16(1).

Entonces, podemos hacer la siguiente tabla (n=14):

Variable	fab	frel	fabacu	frelacu
3	2	0,14285714	2	0,14285714
7	4	0,28571429	6	0,42857143
10	5	0,35714286	11	0,78571429
15	2	0,14285714	13	0,92857143
16	1	0,07142857	14	1
sum	14	1		

fab: frecuencia absoluta: es el número de veces que se repite la variable.

frel: frecuencia relativa: es el porcentaje de la categoría respecto del total. Esto es obtenido dividiendo la fab de la variable para el tamaño de la muestra. Así, nosotros tenemos 28,57 % de datos con la variable 7.

fabacu: frecuencia absoluta acumulativa: es el número de elementos hasta la categoría en cuestión. Así, nosotros tenemos 6 elementos hasta la variable 7 ($x \leq 7$).

frelacu: frecuencia acumulada relativa: esto es lo mismo como la frecuencia acumulada pero tomando en cuenta la frel. Esto es el porcentaje acumulado. De esta forma, nosotros tenemos 42,85 % de elementos hasta la variable 7 ($x \leq 7$).

La suma de los valores de la frecuencia absoluta debería dar el tamaño de la muestra n. También, el último valor en la columna de la frecuencia absoluta acumulada debe dar el tamaño de la muestra n. Si la frecuencia relativa es multiplicada por 100, esto representa el porcentaje de elementos en cada categoría. La suma de los elementos de la frecuencia relativa debería ser igual a 1. Además, el último valor en la columna de la frecuencia relativa acumulada debería ser 1.

Datos agrupados

Primero, nosotros necesitamos ordenar los datos y entonces, localizamos el primero y el último dato. Después, calculamos la diferencia entre ellos y esto es llamado el rango. Así, tenemos: $x_{min}=3$, $x_{max}=16$ y el rango $=16-3=13$.

En general, el número de intervalos k debería estar entre 3 y 15. Nosotros podemos estimar k usando la siguiente fórmula (n=14):

a) el mínimo valor de k para el cual $2^k \geq n$, $2^4 > 14$, así: k=4.

b) k=1+3.32 log n, k=4.8, k puede ser 4 o 5, nosotros escogemos k=4.

c) $k = \sqrt{n}$, k=3.7, así: k=4.

Nosotros usamos la primera forma para calcular el número de intervalos k. En general, cada intervalo tiene el mismo ancho. Entonces, calculamos el ancho de cada intervalo en esta forma: ancho=rango/k.

ancho=3.25, nosotros usaremos el valor de 4 en este caso (el ancho es un valor estimado inicial, así esto no da un error para el resultado).

Nosotros tenemos la siguiente tabla:

Interval	xmin	xmax	Class brand	fab	frel	fabacu	frelacu
[2,6)	2	6	4	2	0,14285714	2	0,14285714
[6,10)	6	10	8	4	0,28571429	6	0,42857143
[10,14)	10	14	12	5	0,35714286	11	0,78571429
[14,18)	14	18	16	3	0,21428571	14	1
sum				14	1		

Esto es recomendable empezar en el primer intervalo con un número más pequeño que el primer dato. La marca de clase está dada por la siguiente fórmula: marca de clase=(xmin+xmax)/2. Esto es el valor representativo para todos los elementos en este intervalo. Los conceptos de fab, frel, fabacu y frelacu son los mismos como esto fue mencionado anteriormente. Si nosotros usamos para el ancho el valor de 3 en lugar de 4, obtenemos 5 intervalos: [2,5),[5,8),[8,11),[11,14),[14,17), en contradicción con los cuatro intervalos (k=4). En esta situación, nosotros continuamos con los cálculos con 5 intervalos. Esto no sería un problema en el resultado, porque k es un valor inicial estimado para los intervalos. Los resultados estadísticos con 5 intervalos diferirán muy poco con los resultados para cuatro intervalos. Esto explica el significado de las Estadísticas, es decir, los resultados serán muy similares independientemente del número de intervalos y el ancho, y también independientemente de si es con datos agrupados o no agrupados.

Ejemplos de datos agrupados y no agrupados

Nosotros hacemos el mismo análisis con el siguiente grupo de datos:

74,67,57,71,79,47,65,85,61,77,67,70,69,52,88,82,55,58,76,94,47,47,55,58,
58,61,67,67,70,74,77,77,77,77,82,85,88,88,94,95

n=40

Primero, nosotros procedemos a ordenar los datos, así, tenemos:

47	47	47	52	55	55	57	58	58	58	61	61
65	67	67	67	67	69	70	70	71	74	74	76
77	77	77	77	77	79	82	82	85	85	88	88
88	94	94	95								

Datos no agrupados

Tenemos la siguiente tabla:

Variable	fab	frel	fabacu	frelacu
47	3	0,075	3	0,075
52	1	0,025	4	0,1
55	2	0,05	6	0,15
57	1	0,025	7	0,175
58	3	0,075	10	0,25
61	2	0,05	12	0,3
65	1	0,025	13	0,325
67	4	0,1	17	0,425
69	1	0,025	18	0,45
70	2	0,05	20	0,5
71	1	0,025	21	0,525
74	2	0,05	23	0,575
76	1	0,025	24	0,6
77	5	0,125	29	0,725
79	1	0,025	30	0,75
82	2	0,05	32	0,8
85	2	0,05	34	0,85
88	3	0,075	37	0,925
94	2	0,05	39	0,975
95	1	0,025	40	1
sum	40	1		

Esto es posible usar Excel y obtener los resultados en la siguiente forma:

fab es obtenido con la función contar.SI (después de borrar todos los datos repetidos en una columna separada):
contar.SI(datarange;numbertoselectrepeated). También esto es posible obtener la frecuencia absoluta con la función frecuencia seleccionando todas las celdas donde los resultados van a aparecer, y después seleccionar la función frecuencia, seleccionar los datos para obtener la frecuencia. Finalmente, se presiona las teclas de control, capital letter y enter al mismo tiempo.

fabacu es posible obtenerla también con la función frecuencia:
frecuencia(datarange;numbertoselectrepeated). El data range debería estar entre el signo de $: $A$1:$A$40 porque estos son números fijos. También esto puede ser obtenido por la adición de la primera celda de fabacu con la siguiente celda de fab.

Datos agrupados

Primero, nosotros necesitamos ordenar los datos y entonces, localizamos el primero y el último dato. Después, calculamos la diferencia entre ellos y esto es llamado rango. De esta forma, nosotros tenemos: $x_{min}=47$, $x_{max}=95$ y el rango es 95-47=48.

Esto es posible estimar k usando la siguiente fórmula (n=40): el mínimo valor de k para el cual $2^k \geq n$, $2^6 > 40$, así k=6 (También, nosotros obtenemos k=6 con las otras dos fórmulas).

Entonces, calculamos el ancho de cada intervalo de esta manera: ancho=rango/k=48/6=8. Esto es recomendable empezar en el primer intervalo con un número más pequeño que el primer dato.

Finalmente, obtenemos 7 intervalos, en contradicción con los seis intervalos. En esta situación, nosotros continuamos con los cálculos con 7 intervalos. Esto no debería ser un error en el resultado, porque k es un valor inicial estimado para los intervalos. Los resultados estadísticos serán muy similares a los resultados con 6 intervalos. Como mencionamos anteriormente, podemos obtener resultados aproximados en ambos casos independientemente del número de intervalos y ancho y también independientemente de si son datos agrupados o no agrupados.

fab es posible obtenerla con la función frecuencia seleccionando todas las celdas donde el resultado va a aparecer y después seleccionando la función frecuencia, seleccionar data y los números para obtener frecuencia (columna de xmax-1). Finalmente, presionamos las teclas de control, capital letter y enter al mismo tiempo.

fabacu es obtenido también con la función frecuencia:

frecuencia (datarange; xmax-1). El datarange debería estar entre el signo de \$: \$A\$40 debido a que estos son números fijos. También, esto puede ser obtenido por la adición de la primera celda de fabacu con las siguientes celdas de fab.

xmax-1	Interval	xmin	xmax	Class brand	fab	frel	fabacu	frelacu
53	[46,54)	46	54	50	4	0,1	4	0,1
61	[54,62)	54	62	58	8	0,2	12	0,3
69	[62,70)	62	70	66	6	0,15	18	0,45
77	[70,78)	70	78	74	11	0,275	29	0,725
85	[78,86)	78	86	82	5	0,125	34	0,85
93	[86,94)	86	94	90	3	0,075	37	0,925
101	[94,102)	94	102	98	3	0,075	40	1
	SUM				40	1		

Ejemplo con datos decimales:

5,36; 5,29; 5,58; 5,65; 5,57; 5,53; 5,62; 5,29; 5,44; 5,34;5,79; 5,10;5,27; 5,39; 5,42;5,47; 5,63; 5,34; 5,46; 5,30; 5,75; 5,68; 5,85; 5,85 (n=24)

Datos no agrupados

Variable	fab	frel	fabacu	frelacu
5,1	1	0,04166667	1	0,04166667
5,27	1	0,04166667	2	0,08333333
5,29	2	0,08333333	4	0,16666667
5,3	1	0,04166667	5	0,20833333
5,34	2	0,08333333	7	0,29166667
5,36	1	0,04166667	8	0,33333333
5,39	1	0,04166667	9	0,375
5,42	1	0,04166667	10	0,41666667
5,44	1	0,04166667	11	0,45833333
5,46	1	0,04166667	12	0,5
5,47	1	0,04166667	13	0,54166667
5,53	1	0,04166667	14	0,58333333
5,57	1	0,04166667	15	0,625
5,58	1	0,04166667	16	0,66666667
5,62	1	0,04166667	17	0,70833333
5,63	1	0,04166667	18	0,75
5,65	1	0,04166667	19	0,79166667
5,68	1	0,04166667	20	0,83333333
5,75	1	0,04166667	21	0,875
5,79	1	0,04166667	22	0,91666667
5,85	2	0,08333333	24	1
sum	24	1		

Datos agrupados

Primero, nosotros necesitamos ordenar los datos y entonces, localizamos el primero y el último dato. Después, calculamos la diferencia entre éstos datos y esto es llamado rango. De esta forma, tenemos: x_{min}=5,10, x_{max}=5,85 y el rango es 0,75.

Esto es posible estimar k usando la siguiente fórmula (n=24):

el mínimo valor de k para el cual $2^k \geq n$, $2^5 > 24$, así k=5

Entonces, nosotros calculamos el ancho de cada intervalo en esta forma: ancho=rango/k=0.75/5=0.15. Esto es recomendable empezar con el primer intervalo con un número más pequeño que el primer dato.

xmax-0,01	interval	xmin	xmax	class brand	fab	frel	facu	facurel
5,21	[5,07;5,22)	5,07	5,22	5,145	1	0,041667	1	0,04166667
5,36	[5,22;5,37)	5,22	5,37	5,295	7	0,291667	8	0,33333333
5,51	[5,37;5,52)	5,37	5,52	5,445	5	0,208333	13	0,54166667
5,66	[5,52;5,67)	5,52	5,67	5,595	6	0,25	19	0,79166667
5,81	[5,67;5,82)	5,67	5,82	5,745	3	0,125	22	0,91666667
5,96	[5,82;5,97)	5,82	5,97	5,895	2	0,083333	24	1
	sum				24	1		

En este ejemplo, esto es mejor hacer el análisis con los datos agrupados que con los datos no agrupados.

fab es posible obtener con la función frecuencia seleccionando todas las celdas donde va a aparecer el resultado y después seleccionar la función frecuencia, seleccionar data y los números para obtener la frecuencia (xmax-0,01). Finalmente, nosotros presionamos las teclas de control, capital letter y enter al mismo tiempo.

Fabacu es obtenida también con la función frecuencia:

frecuencia(datarange;xmax-0,01). El datarange debería estar entre el signo de $: \$A\$1:\$A\$40 porque éstos son números fijos. También, esto puede ser obtenido por medio de la adición de la primera celda de facu con la siguiente celda de fab.

Estadísticos de Posición

Los estadísticos de posición están ubicados en el centro de un grupo ordenado de datos.

Media aritmética o promedio

Datos no agrupados: es definido como el cociente obtenido dividiendo la suma de los datos para el número de datos. Esto es dado por la siguiente fórmula:

$$\bar{x} = \frac{\sum_{i=1}^{n} x_i}{n}$$

Para los datos del primer ejemplo, tenemos:

3,7,10,7,3,10,7,15,10,16,15,10,7,10:   3(2), 7(4), 10(5),15(2),16(1)

Entonces, esto es dado por: $\bar{x} = \dfrac{3*2+7*4+\cdots+16*1}{14} = 9{,}28$

Datos agrupados: es definido por la siguiente fórmula:

$$\bar{x} = \frac{\sum_{i=1}^{n} class\ brand * fab}{n}$$

Para el mismo grupo de datos, obtenemos:

Interval	xmin	xmax	Class brand	fab	frel	fabacu	frelacu
[2,6)	2	6	4	2	0,14285714	2	0,14285714
[6,10)	6	10	8	4	0,28571429	6	0,42857143
[10,14)	10	14	12	5	0,35714286	11	0,78571429
[14,18)	14	18	16	3	0,21428571	14	1
sum				14	1		

$$\bar{x} = \frac{4*2+8*4+12*5+16*3}{14} = 10,57$$

También, nosotros tenemos que: $\sum_{i=1}^{n}(x - \bar{x}) = 0$

$$\sum_{i=1}^{n}(x - \bar{x}) = \sum_{i=1}^{n} x - \sum_{i=1}^{n} \bar{x} = \sum_{i=1}^{n} x - n\frac{\sum_{i=1}^{n} x}{n} = 0$$

Mediana

Esto es localizado en el medio de los datos ordenados. Los datos deberían estar ordenados.

Datos no agrupados

Primero, esto es necesario ordenar los datos del menor al mayor valor. Entonces, localizamos el valor central. Si el número de datos n es un número par, entonces obtenemos el promedio de los dos valores centrales. Si el número de datos es un número impar, entonces hay un solo valor central el cual es la mediana.

Para los datos del primer ejemplo (número par n=14):

3,7,10,7,3,10,7,15,10,16,15,10,7,10:   3(2), 7(4), 10(5),15(2),16(1)

Posición de la mediana: 14/2=7

Mediana=(10+10)/2=10   (valor central: séptimo y octavo dato)

Si el último número 16 no está en la lista de datos, entonces la mediana =10 (séptimo dato).

Datos agrupados:

Nosotros obtenemos la mediana con la siguiente fórmula:

$$Median = x_{min} + width\left(\frac{\frac{n}{2}-fabacu_{i-1}}{fab_i}\right)$$

x_{min}: límite inferior del intervalo

width: ancho del intervalo

$fabacu_{i-1}$: valor del dato con frecuencia absoluta acumulada anterior

fab_i: frecuencia absoluta del intervalo

Primero, necesitamos localizar el intervalo donde se encuentra la mediana (n/2) observando las columnas de fabacu: frecuencia absoluta acumulativa.

Para el mismo grupo de datos, obtenemos:

Interval	xmin	xmax	Class brand	fab	frel	fabacu	frelacu
[2,6)	2	6	4	2	0,14285714	2	0,14285714
[6,10)	6	10	8	4	0,28571429	6	0,42857143
[10,14)	10	14	12	5	0,35714286	11	0,78571429
[14,18)	14	18	16	3	0,21428571	14	1
sum				14	1		

n=14, n/2=7, la mediana está en el intervalo [10,14) observando la columna de fabacu.

$$Median = 10 + 4\left(\frac{\frac{14}{2}-6}{5}\right) = 10,8$$

Moda

Esto es valor más frecuente o el valor con la mayor frecuencia absoluta.

Datos no agrupados:

Para los datos del primer ejemplo (número de datos par n=14):

3,7,10,7,3,10,7,15,10,16,15,10,7,10:   3(2), 7(4), 10(5),15(2),16(1)

Así, la moda es 10, el valor con la mayor frecuencia absoluta.

Datos agrupados:

Esto es el valor con la mayor frecuencia absoluta dentro de un intervalo. Primero, nosotros localizamos el intervalo observando la columna de fab, el intervalo con la mayor frecuencia absoluta.

Nosotros obtenemos la moda con la siguiente fórmula:

$$Mode = x_i + width\left(\frac{fab_i - fab_{i-1}}{(fab_i - fab_{i-1}) + (fab_i - fab_{i+1})}\right)$$

Para el mismo grupo de datos dado anteriormente, obtenemos:

Interval	xmin	xmax	Class brand	fab	frel	fabacu	frelacu
[2,6)	2	6	4	2	0,14285714	2	0,14285714
[6,10)	6	10	8	4	0,28571429	6	0,42857143
[10,14)	10	14	12	5	0,35714286	11	0,78571429
[14,18)	14	18	16	3	0,21428571	14	1
sum				14	1		

Así, la moda está en el intervalo [10,14): fab=5

$$Mode = 10 + 4\left(\frac{5-4}{(5-4)+(5-3)}\right) = 11,33$$

En resumen, la media o promedio es una medida de tendencia central (esto
es una medida del punto de equilibrio en Física, el centro de gravedad, por
ejemplo) en el cual la suma de las desviaciones respecto a la media es cero:
$\sum_{i=1}^{n}(x - \bar{x}) = 0$. Por otro lado, la mediana es también una medida de
tendencia central la cual divide el histograma o el área debajo de la
distribución en dos partes iguales. Así, el número de datos debajo de la
mediana es igual al número de datos arriba de la mediana. Finalmente, la
moda es el valor con la más alta frecuencia (o la abscisa con el mayor pico
en el histograma).

Por otro lado, la media es sensitiva a los datos extremos, mientras que la
mediana y la moda no son afectados por los valores extremos. Por esta
razón, esto es necesario no considerar los valores aberrantes o bien
extremos para evitar malos resultados. De esta forma, esto es necesario
hacer una rápida apreciación de los resultados y esto es mejor considerar la
mediana o la media sin los valores aberrantes.

Cuartiles y Deciles

Cuartiles (Q): El primer cuartil es obtenido separando los datos en cuatro
partes. De esta forma, el primer cuartil está ubicado en el 25% de los
datos, el segundo cuartil está localizado en el 50 % de los datos, el tercer
cuartil está ubicado en el 75 % de los datos y el cuarto cuartil es el último
dato.

Datos no agrupados:

Para los datos del primer ejemplo (número de datos par n=14):

3,7,10,7,3,10,7,15,10,16,15,10,7,10:   3(2), 7(4), 10(5),15(2),16(1)

Posición de Q1: 14/4=3,5   Q1=(7+7)/2=7
Posición de Q2: 2*(14/4)=7   Q2=(10+10)/2=10
Posición de Q3: 3*(14/4)=10,5   Q3=(10+10)/2=10
Posición de Q4: 4*(14/4)=14   Q4=16

Q1 excede el 25 % de los datos y esto es excedido por el 75 % de los datos.

Datos agrupados:

Esto es dado por la siguiente fórmula (similar a la fórmula de la mediana):

$$Q_i = x_{min} + width(\frac{\frac{i*n}{4}-fabacu_{i-1}}{fab_i})$$

Para el mismo grupo de datos, obtenemos:

Interval	xmin	xmax	Class brand	fab	frel	fabacu	frelacu
[2,6)	2	6	4	2	0,14285714	2	0,14285714
[6,10)	6	10	8	4	0,28571429	6	0,42857143
[10,14)	10	14	12	5	0,35714286	11	0,78571429
[14,18)	14	18	16	3	0,21428571	14	1
sum				14	1		

Q1: 14/4=3,5   fabacu: intervalo [6,10)

$$Q_1 = 6 + 4\left(\frac{\frac{14}{4}-2}{4}\right) = 7,5$$

Q2: 14/2=7   fabacu: intervalo [10,14)

$$Q_2 = 10 + 4\left(\frac{\frac{2*14}{4}-6}{5}\right) = 10,8 \quad \text{(el mismo valor como la mediana)}$$

Q3: (3*14)/4=10,5 fabacu: intervalo [10,14)

$$Q_3 = 10 + 4\left(\frac{\frac{3*14}{4}-6}{5}\right) = 13,6$$

Q4: (4*14)/4=14   fabacu: intervalo [14,18)

$$Q_4 = 14 + 4\left(\frac{\frac{4*14}{4}-11}{3}\right) = 18$$

Deciles (D): El primer decil es obtenido separando los datos en 10 partes. De esta forma, el primer decil (D1) está ubicado en el 10 % de los datos, el segundo decil (D2) está localizado en el 20 % de los datos, y así sucesivamente, hasta el decil noveno (D9) que se encuentra en el 90 % de los datos y el último decil es el último dato.

Datos no agrupados:

Para los datos del primer ejemplo (número de datos par n=14):

3,7,10,7,3,10,7,15,10,16,15,10,7,10:   3(2), 7(4), 10(5),15(2),16(1)

Posición de D1: 14/10=1,4   D1=(3+3)/2=3
Posición de D2: 2*(14/10)=2,8   D2=(3+7)/2=5
Posición de D3: 3*(14/10)=4,2   D3=(7+7)/2=7
Posición de D9: 9*(14/10)=12,6   D9=(15+15)/2=15
D10=16

D1 excede el 10 % de los datos y esto es excedido por el 90 % de los datos.

Datos agrupados:

Esto es dado por la siguiente fórmula (similar a la fórmula de cuartiles):

$$D_i = x_{min} + width\left(\frac{\frac{i*n}{10}-fabacu_{i-1}}{fab_i}\right)$$

Para el mismo grupo de datos, obtenemos:

Interval	xmin	xmax	Class brand	fab	frel	fabacu	frelacu
[2,6)	2	6	4	2	0,14285714	2	0,14285714
[6,10)	6	10	8	4	0,28571429	6	0,42857143
[10,14)	10	14	12	5	0,35714286	11	0,78571429
[14,18)	14	18	16	3	0,21428571	14	1
sum				14	1		

D1: 14/10=1,4   fabacu: intervalo [2,6):

$$D1 = 2 + 4\left(\frac{\frac{14}{10}-0}{2}\right) = 4,8$$

D2: 2*(14/10)=2,8   fabacu: intervalo [6,10)

$$D_2 = 6 + 4\left(\frac{\frac{2*14}{10}-2}{4}\right) = 6,8$$

D9: (9*14)/10=12,6   fabacu: intervalo [14,18)

$$D9 = 14 + 4\left(\frac{\frac{9*14}{10}-11}{3}\right) = 16,13$$

D10=18

Estadísticos de Dispersión

Esto es relacionado con el grado de concentración de datos alrededor de un valor central, generalmente la media o promedio. Los estadísticos de dispersión son: varianza (s^2), desviación estándar (s), coeficiente de variación (cv) y desviación promedio (DM).

Datos no agrupados

Varianza: Esto es el promedio de las desviaciones al cuadrado. Esto cuantifica el nivel de separación de los valores de la distribución respecto de la media. De esta forma, a mayor varianza tenemos mayor dispersión y viceversa.

Para los datos del primer ejemplo (número de datos par n=14), tenemos:

3,7,10,7,3,10,7,15,10,16,15,10,7,10:   3(2), 7(4), 10(5),15(2),16(1)

Primero, calculamos el promedio o media:
$$\bar{x} = \frac{3*2+7*4+10*5+15*2+16*1}{14} = 9,28$$

La fórmula de la varianza está dada por:

$$S^2 = \frac{\sum_{i=1}^{n}(x_i-\bar{x})^2}{n-1}$$ varianza muestral

$$\sigma^2 = \frac{\sum_{i=1}^{n}(x_i-\bar{x})^2}{n}$$ varianza poblacional o $\sigma^2 = \frac{\sum_{i=1}^{n}x_i^2}{n} - \bar{x}^2$

Si consideramos la primera fórmula, obtenemos:

$$s^2 = \frac{2*(3-9,28)^2+4*(7-9,28)^2+5*(10-9,28)^2+2*(15-9,28)^2+(16-9,28)^2}{14-1}$$

s^2=16,37

Desviación estándar: Esto mide el nivel de concentración de datos alrededor de la media. Esto es dado por la raíz cuadrada de la varianza:

$$s = \sqrt{16,37} = 4,05$$

Finalmente, esto es recomendable presentar los resultados en la siguiente forma:
$$\bar{x} \pm s = 9,28 \pm 4,05$$

Coeficiente de variación: Esto es usado para comparar dos o más grupos medidos con unidades diferentes o también con las mismas unidades. Esto es dado por la siguiente fórmula:

$$CV = \frac{s}{\bar{x}} * 100$$

CV=(4,05/9,28)*100=43,64 %

Desviación promedio: Esto muestra el nivel de dispersión de los datos. Sin embargo, esto es mejor usar la desviación estándar que la desviación promedio. Esto es obtenido con la siguiente fórmula:

$$DM = \frac{\sum_{i=1}^{n}|x_i - \bar{x}|}{n}$$

Para los mismos datos 3(2), 7(4), 10(5),15(2),16(1), obtenemos:
$$DM = \frac{2*(9,28-3)+4*(9,28-7)+5*(10-9,28)+2*(15-9,28)+(16-9,28)}{14} = 3,102$$

Datos agrupados

Para el mismo grupo de datos, obtenemos:

Interval	xmin	xmax	Class brand	fab	frel	fabacu	frelacu
[2,6)	2	6	4	2	0,14285714	2	0,14285714
[6,10)	6	10	8	4	0,28571429	6	0,42857143
[10,14)	10	14	12	5	0,35714286	11	0,78571429
[14,18)	14	18	16	3	0,21428571	14	1
sum				14	1		

$$\bar{x} = 10,57$$

Varianza: Nosotros usamos la siguiente fórmula:

$$s^2 = \frac{\sum_{i=1}^{n}(class\ brand - \bar{x})^2 * fab}{n-1}$$ varianza muestral

$$\sigma^2 = \frac{\sum_{i=1}^{n}(class\ brand - \bar{x})^2 * fab}{n}$$ varianza poblacional o

$$\sigma^2 = \frac{\sum_{i=1}^{n} fab * class\ brand_i^2}{n} - \bar{x}^2$$

$$s^2 = \frac{2*(4-10,57)^2 + 4*(8-10,57)^2 + 5*(12-10,57)^2 + 3*(16-10,57)^2}{14-1} = 16,26$$

Desviación estándar

$$s = \sqrt{16,26} = 4,03$$

Finalmente, esto es recomendable presentar los resultados en la siguiente manera:

$$\bar{x} \pm s = 10,57 \pm 4,03$$

Coeficiente de variación:

$$CV = \frac{s}{\bar{x}} * 100$$

CV=(4,03/10,57)*100=38,15 %

Desviación promedio: Esto es obtenido con la siguiente fórmula:

$$DM = \frac{\sum_{i=1}^{n} fab * |class\ brand - \bar{x}|}{n} \qquad \bar{x} = 10,57$$

Para el mismo grupo de datos, tenemos:

Interval	xmin	xmax	Class brand	fab	frel	fabacu	frelacu
[2,6)	2	6	4	2	0,14285714	2	0,14285714
[6,10)	6	10	8	4	0,28571429	6	0,42857143
[10,14)	10	14	12	5	0,35714286	11	0,78571429
[14,18)	14	18	16	3	0,21428571	14	1
sum				14	1		

$$DM = \frac{2*(10,57-4) + 4*(10,57-8) + 5*(12-10,57) + 3*(16-10,57)}{14} = 3,34$$

Tablas estadísticas y resumen

Nosotros podemos hacer el mismo análisis usando tablas estadísticas y Excel:

Datos no agrupados

Para los datos del primer ejemplo, (número de datos par n=14) tenemos:

3,7,10,7,3,10,7,15,10,16,15,10,7,10:   3(2), 7(4), 10(5),15(2),16(1)

Usando fórmulas estadísticas y la siguiente tabla, obtenemos:

Variable(x)	fab	frel	fabacu	frelacu	x*fab	fab*(x-mean)^2	fab*abs(x-mean)
3	2	0,14285714	2	0,1428571	6	79,02040816	12,57142857
7	4	0,28571429	6	0,4285714	28	20,89795918	9,142857143
10	5	0,35714286	11	0,7857143	50	2,551020408	3,571428571
15	2	0,14285714	13	0,9285714	30	65,30612245	11,42857143
16	1	0,07142857	14	1	16	45,08163265	6,714285714
sum	14	1			130	212,8571429	43,42857143

mean	9,2857
variance	16,374
stand.dev.	4,0464
aver.dev.	3,102

$$\bar{x} = \frac{\sum_{i=1}^{n} fab*x_i}{n} = 9,28$$

$$S^2 = \frac{\sum_{i=1}^{n} fab*(x_i-\bar{x})^2}{n-1} = 16,374$$

$$s = \sqrt{16,37} = 4,05$$

$$\bar{x} \pm s = 9,28 \pm 4,05$$

$$CV = \frac{s}{\bar{x}} * 100 = 43,64\%$$

$$DM = \frac{\sum_{i=1}^{n} fab*|x_i-\bar{x}|}{n} = 3,102$$

Mediana=(10+10)/2=10 (séptimo y octavo dato)
Moda=10 (dato más repetido)
Cuartiles:
Position de Q1: 14/4=3,5   Q1=(7+7)/2=7
Position de Q2: 2*(14/4)=7   Q2=(10+10)/2=10

Position de Q3: 3*(14/4)=10,5 Q3=(10+10)/2=10
Position de Q4: 4*(14/4)=14   Q4=16
Deciles:
Position de D1: 14/10=1,4   D1=(3+3)/2=3
Position de D2: 2*(14/10)=2,8   D2=(3+7)/2=5
Position de D3: 3*(14/10)=4,2   D3=(7+7)/2=7
Position de D9: 9*(14/10)=12,6   D9=(15+15)/2=15
D10=16

Por otro lado, también podemos obtener en Excel la media, mediana, moda, cuartiles, varianza, desviación estándar, desviación promedio con las teclas: promedio, mediana, moda.uno, cuartil, var, desvesta, desvprom.

Además, nosotros podemos obtener un resumen de todos los estadísticos usando estadística descriptiva con análisis de datos:

Columna1	
Media	9,28571429
Error típico	1,08145492
Mediana	10
Moda	10
Desviación estándar	4,04643378
Varianza de la muestra	16,3736264
Curtosis	-0,46422069
Coeficiente de asimetría	0,18045553
Rango	13
Mínimo	3
Máximo	16
Suma	130
Cuenta	14
Nivel de confianza(95,0%)	2,33634131

Datos agrupados

Usando las fórmulas estadísticas y la siguiente tabla, obtenemos:

xmin	xmax	c.brand	fab	frel	fabacu	frelacu	fab*c.brand	fab*(c.brand-mean)^2	fab*abs(c.brand-mean)
2	6	4	2	0,14	2	0,1429	8	86,36734694	13,14285714
6	10	8	4	0,29	6	0,4286	32	26,44897959	10,28571429
10	14	12	5	0,36	11	0,7857	60	10,20408163	7,142857143
14	18	16	3	0,21	14	1	48	88,40816327	16,28571429
sum			1				148	211,4285714	46,85714286

mean	10,571
varian.	16,264
st.dev.	4,0328
av.dev.	3,3469

$$\bar{x} = \frac{\sum_{i=1}^{n} class\ brand * fab}{n} = 10,57$$

$$s^2 = \frac{\sum_{i=1}^{n}(class\ brand - \bar{x})^2 * fab}{n-1} = 16,26$$

$$s = \sqrt{16,26} = 4,03$$

$$\bar{x} \pm s = 10,57 \pm 4,03$$

$$CV = \frac{s}{\bar{x}} * 100 = 38,15\%$$

$$DM = \frac{\sum_{i=1}^{n} fab * |class\ brand - \bar{x}|}{n} = 3,34$$

n=14, entonces n/2=7, la mediana está en el intervalo [10,14) observando la columna de fabacu.

$$Median = x_{min} + width\left(\frac{\frac{n}{2} - fabacu_{i-1}}{fab_i}\right)$$

$$Median = 10 + 4\left(\frac{\frac{14}{2} - 6}{5}\right) = 10,8$$

La moda está en el intervalo $[10,14)$: fab=5

$$Mode = x_i + width(\frac{fab_i - fab_{i-1}}{(fab_i - fab_{i-1}) + (fab_i - fab_{i+1})})$$

$$Mode = 10 + 4\left(\frac{5-4}{(5-4)+(5-3)}\right) = 11,33$$

Cuartiles:

$$Q_i = x_{min} + width(\frac{\frac{i*n}{4} - fabacu_{i-1}}{fab_i})$$

Q1: 14/4=4,5 fabacu intervalo $[6,10)$:

$$Q_1 = 6 + 4\left(\frac{\frac{14}{4} - 2}{4}\right) = 7,5$$

Q2: 14/2=7 fabacu: intervalo $[10,14)$

$$Q_2 = 10 + 4\left(\frac{\frac{2*14}{4} - 6}{5}\right) = 10,8 \quad \text{(el mismo valor como la mediana)}$$

Q3: (3*14)/4=10,5 fabacu: intervalo $[10,14)$

$$Q_3 = 10 + 4\left(\frac{\frac{3*14}{4} - 6}{5}\right) = 13,6$$

Q4: (4*14)/4=14 fabacu: intervalo $[14,18)$

$$Q_4 = 14 + 4\left(\frac{\frac{4*14}{4} - 11}{3}\right) = 18$$

Deciles:

$$D_i = x_{min} + width(\frac{\frac{i*n}{10} - fabacu_{i-1}}{fab_i})$$

D1: 14/10=1,4 fabacu: intervalo $[2,6)$

$$D1 = 2 + 4\left(\frac{\frac{14}{10} - 0}{2}\right) = 4,8$$

D2: 2*(14/10)=2,8 fabacu: intervalo [6,10)

$$D_2 = 6 + 4\left(\frac{\frac{2*14}{10}-2}{4}\right) = 6,8$$

D9: (9*14)/10=12,6 fabacu: intervalo [14,18)

$$D9 = 14 + 4\left(\frac{\frac{9*14}{10}-11}{3}\right) = 16,13$$

D10=18

Histogramas y Polígonos de Frecuencia

También, esto es posible obtener el porcentaje de frecuencia acumulada para datos agrupados usando el histograma en análisis de datos, y así nosotros obtenemos (usamos xmax-1 en el range class):

Clase	Frecuencia	% acumulado
5	2	14,29%
9	4	42,86%
13	5	78,57%
17	3	100,00%
y mayor...	0	100,00%

El histograma es obtenido con barras donde el eje x representa los intervalos y el eje y representa la frecuencia absoluta o relativa o la frecuencia acumulada absoluta o relativa. El ancho del intervalo depende de la amplitud del intervalo.

El polígono de frecuencia es obtenido uniendo los puntos centrales en la parte superior de cada barra (histograma de frecuencia absoluto o relativo). El polígono de frecuencia acumulada (ojiva) es obtenido uniendo los puntos extremos en la parte superior de cada barra (histograma acumulado de frecuencia absoluto o relativo). De esta forma, nosotros tenemos el siguiente histograma de frecuencia absoluto y el polígono de frecuencia acumulado relativo.

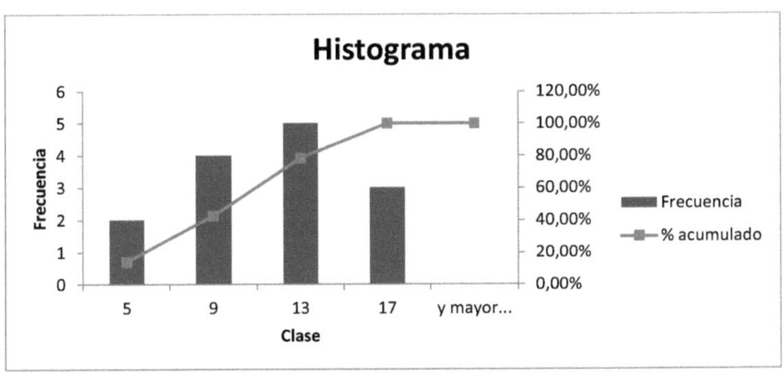

Teorema de Chebyshev y Sesgo

En algún grupo de datos (muestra o población), la proporción de valores los cuales están a k desviación estándar ($\bar{x} \pm ks$) de la media son como mínimo 1-(1/k^2), donde k es una constante más grande que 1.

Por ejemplo, 75 % de los valores están como mínimo en este rango: $\bar{x} \pm 2s$, 89 % de los valores están como mínimo en el siguiente rango: $\bar{x} \pm 3s$.

Por otro lado, en una distribución normal (distribución de campana la cual es simétrica), tenemos los siguientes límites exactos:

68 % de los datos están entre $\bar{x} - s$ y $\bar{x} + s$
95 % de los datos están entre $\bar{x} - 2s$ y $\bar{x} + 2s$
99 % de los datos están entre $\bar{x} - 3s$ y $\bar{x} + 3s$

En una distribución simétrica, la media y la mediana son iguales y los datos están distribuidos uniformemente alrededor de esos valores.

Nosotros tenemos sesgo positivo si hay solo un pico y los datos se extienden mucho más a la derecha que a la izquierda. Por ejemplo, el salario de los empleados tendrán este sesgo porque solo el presidente y pocos ejecutivos tendrán altos salarios.

Nosotros tenemos sesgo negativo si solo hay un pico y los datos se extienden mucho más a la izquierda que a la derecha.

Coeficiente de sesgo Pearson: Esto es dado por la siguiente fórmula:

$$CSP = \frac{3(mean-median)}{s}$$

Esto varía desde valores de -3 (extremadamente negativo) a +3 (extremadamente positivo).   El valor de cero representa una distribución simétrica y la media y las medianas son iguales.

Ejemplos:

Una empresa de diamantes analiza la información respecto del peso (en quilates) y el precio respectivo del diamante para hacer el respectivo análisis descriptivo. Se tiene la siguiente información:

Peso (quilates)	Precio
5,064090991	44000
2,65864777	23100
1,611301679	14000
1,599792381	13900
0,840178733	7300
0,736595053	6400
0,725085756	6300
0,679048565	5900
0,517918397	4500
0,506409099	4400
0,50065445	4350
0,437353313	3800
0,425844015	3700
0,40282542	3500
0,391316122	3400
0,322260336	2800
0,304996389	2650
0,264713847	2300
0,25320455	2200
0,247449901	2150
0,226733165	1970
0,227884095	1980
0,227423723	1976
0,195658061	1700
0,184148763	1600
0,177243185	1540
0,176092255	1530
0,161130168	1400

0,155375519	1350
0,146168081	1270
0,147319011	1280
0,14846994	1290
0,136960643	1190
0,132356924	1150
0,126602275	1100
0,115092977	1000
0,112791118	980
0,109223235	949
0,097829031	850
0,10013089	870
0,097829031	850
0,095527171	830
0,094376241	820
0,093225311	810
0,092534754	804
0,086319733	750
0,082866943	720
0,081716014	710
0,078263224	680
0,074810435	650

1) Tabla de Frecuencias (Precio)

X_{min}=650

X_{max}=44000

Rango=44000-650=43350

K=7,07

Ancho=6130

xmax-1	xmin	xmax	marca de clase	fab	frel	fabacu	frelacu
6779	650	6780	3715	45	0,9	45	0,9
12909	6780	12910	9845	1	0,02	46	0,92
19039	12910	19040	15975	2	0,04	48	0,96
25169	19040	25170	22105	1	0,02	49	0,98
31299	25170	31300	28235	0	0	49	0,98
37429	31300	37430	34365	0	0	49	0,98
43559	37430	43560	40495	0	0	49	0,98
49689	43560	49690	46625	1	0,02	50	1

Tabla de Frecuencias (Peso)

X_{min}=0,074810435

X_{max}=5,064090991

Rango=5,064090991-0,074810435=4,9922143

K=7,07

Ancho=0,70600572

xmax-1	xmin	xmax	marca de clase	fab	frel	fabacu	frelacu
0,776	0,071	0,777	0,424	45	0,9	45	0,9
1,482	0,777	1,483	1,13	1	0,02	46	0,92
2,188	1,483	2,189	1,836	2	0,04	48	0,96
2,894	2,189	2,895	2,542	1	0,02	49	0,98
3,6	2,895	3,601	3,248	0	0	49	0,98
4,306	3,601	4,307	3,954	0	0	49	0,98
5,012	4,307	5,013	4,66	0	0	49	0,98
5,718	5,013	5,719	5,366	1	0,02	50	1

Precios

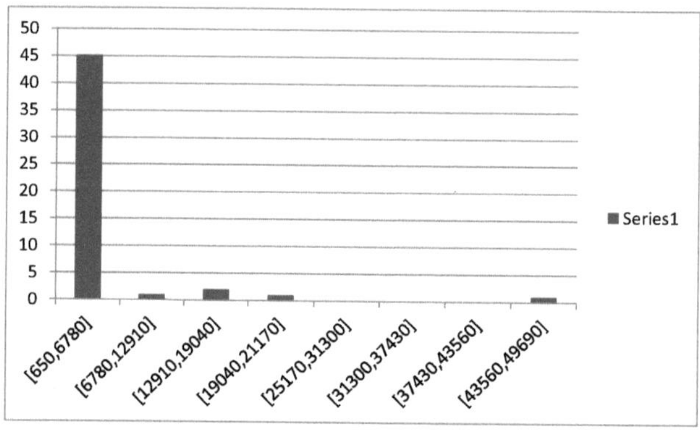

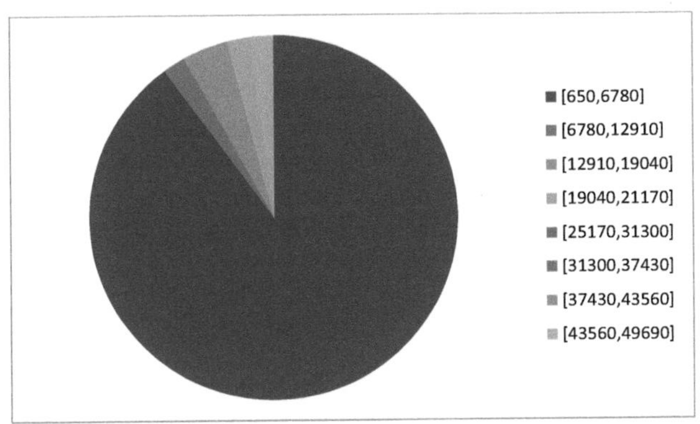

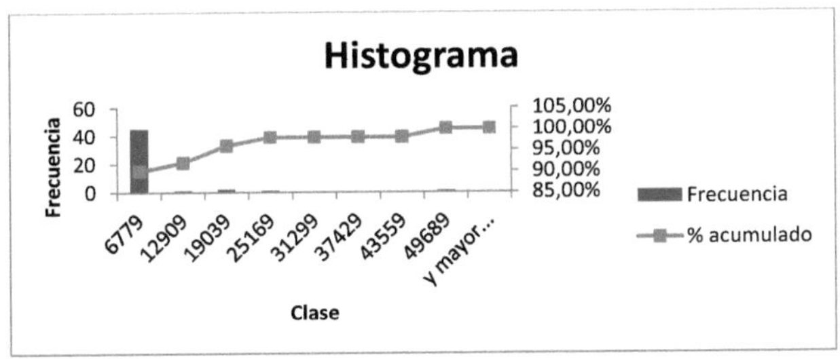

[650,6780]
[6780,12910]
[12910,19040]
[19040,21170]
[25170,31300]
[31300,37430]
[37430,43560]
[43560,49690]

Histograma
Frecuencia
60
40
20
0
105,00%
100,00%
95,00%
90,00%
85,00%
6779
12909
19039
25169
31299
37429
43559
49689
y mayor...
Clase
Frecuencia
% acumulado

50
45
40
35
30
25
20
15
10
5
0
[0,071;0,777]
[0,777;1,483]
[1,483;2,189]
[2,189;2,895]
[2,895;3,601]
[3,601;4,307]
[4,307;5,013]
[5,013;5,719]
Series1

Pesos

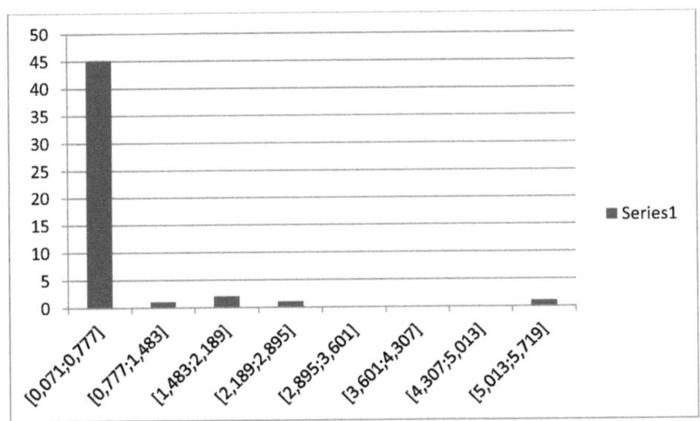

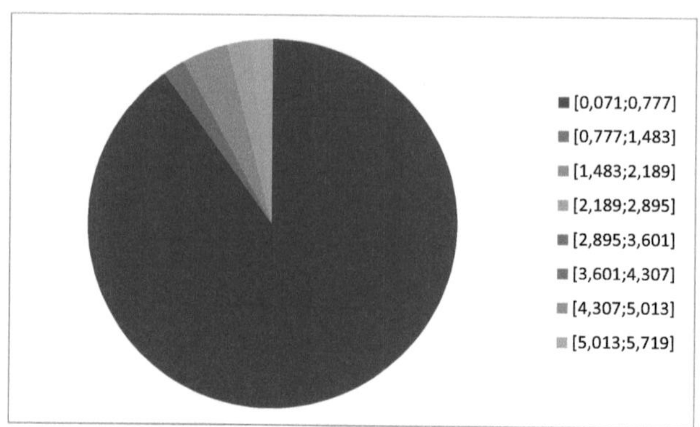

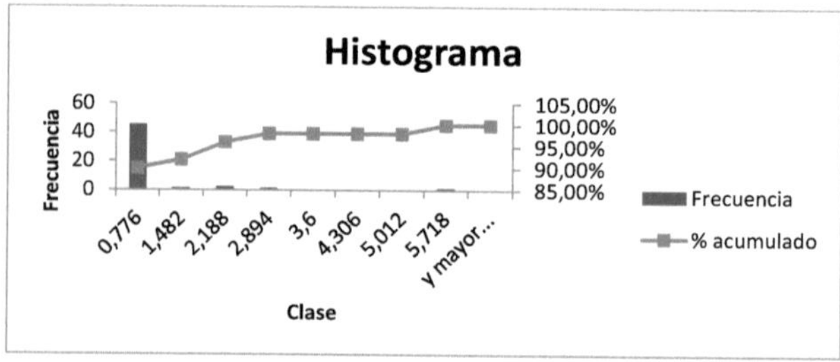

Medidas de tendencia central y dispersión

Precios

Media: promedio

$$\bar{x} = \frac{\sum_{i=1}^{n} x_i}{n}$$

Media=3904,98

Mediana: valor central

Mediana=1570

Moda: valor que más se repite

Moda=850

Cuartiles

Q1: posición: 50/4=12,5   Q1= 956,75

Q2: posición: 2*50/4=25   Q2= 1570

Q3: posición: 3*50/4= 37,5   Q3= 3650

Q4: posición: 50/4=50   Q4= 44000

Dispersión

Varianza

$$S^2 = \frac{\sum_{i=1}^{n}(x_i-\bar{x})^2}{n-1}$$

Varianza=49998480,7

Desviación estándar

$$s = \sqrt{varianza}$$

DS= 7070,96038

Desviación media

$$DM = \frac{\sum_{i=1}^{n}|x_i-\bar{x}|}{n}$$

DM= 3647,8088

Columna1	
Media	3904,98
Error típico	999,9848066
Mediana	1570
Moda	850
Desviación estándar	7070,960378
Varianza de la muestra	49998480,67
Curtosis	22,11593488
Coeficiente de asimetría	4,386677894
Rango	43350
Mínimo	650
Máximo	44000
Suma	195249
Cuenta	50
Nivel de confianza(95,0%)	2009,544705

Pesos:

Media: promedio

$$\bar{x} = \frac{\sum_{i=1}^{n} x_i}{n}$$

Media= 0,44700095

Mediana: valor central

Mediana= 0,17360986

Moda: valor que más se repite

No hay moda

Cuartiles

Q1: posición: 50/4=12,5   Q1= 0,10579696

Q2: posición: 2*50/4=25   Q2= 0,17360986

Q3: posición: 3*50/4= 37,5   Q3= 0,42008937

Q4: posición: 50/4=50   Q4= 5,06409099

Dispersión

Varianza

$$S^2 = \frac{\sum_{i=1}^{n}(x_i-\bar{x})^2}{n-1}$$

Varianza= 0,66390074

Desviación estándar

$$s = \sqrt{varianza}$$

DS= 0,81480104

Desviación media

$$DM = \frac{\sum_{i=1}^{n}|x_i-\bar{x}|}{n}$$

DM= 0,4209085

Media	0,447000948
Error típico	0,115230269
Mediana	0,173609857
Moda	0,093992598
Desviación estándar	0,814801044
Varianza de la muestra	0,663900742
Curtosis	22,05162374
Coeficiente de asimetría	4,378638555
Rango	4,992214299
Mínimo	0,071876693
Máximo	5,064090991
Suma	22,35004739
Cuenta	50
Nivel de confianza(95,0%)	0,231563895

Una empresa desea analizar el tiempo que toman sus empleados en llegar al trabajo entre los que toman transporte público y privado. Se tiene la siguiente información:

Trans.Public.	Trans.priv.
20	24
23	35
46	46
27	23
47	50
23	47
27	38
45	38
34	38
28	36
49	47
29	29
48	24
36	39
41	21
50	37
49	21
46	44
21	25
29	44
31	22
45	36
21	33

28	49
34	50
41	43
33	42
49	24
22	46
27	42
32	30
44	35
49	25
48	42
48	32
50	26
30	24
29	23
48	27
20	29
32	25
27	33
46	21
34	22
22	37
30	42
20	26
41	28
48	21
46	43

1) Tabla de Frecuencias (Transporte público)

$X_{min}=20$

$X_{max}=50$

Rango=50-20=30

K=7,07

Ancho=4

xmax-1	xmin	xmax-1	marca	fab	frel	fabac	frelac
22	19	23	21	7	0,14	7	0,14
26	23	27	25	2	0,04	9	0,18
30	27	31	29	11	0,22	20	0,4
34	31	35	33	7	0,14	27	0,54
38	35	39	37	1	0,02	28	0,56
42	39	43	41	3	0,06	31	0,62
46	43	47	45	7	0,14	38	0,76
50	47	51	49	12	0,24	50	1

Tabla de Frecuencias (Transporte privado)

$X_{min}=21$

$X_{max}=50$

Rango=50-21=29

K=7,07

Ancho=4

xmax-1	xmin	xmax-1	marca clase	fab	frel	fabac	frelac
23	20	24	22	8	0,16	8	0,16
27	24	28	26	10	0,2	18	0,36
31	28	32	30	4	0,08	22	0,44
35	32	36	34	5	0,1	27	0,54
39	36	40	38	8	0,16	35	0,7
43	40	44	42	6	0,12	41	0,82
47	44	48	46	6	0,12	47	0,94
51	48	52	50	3	0,06	50	1

Transporte Público

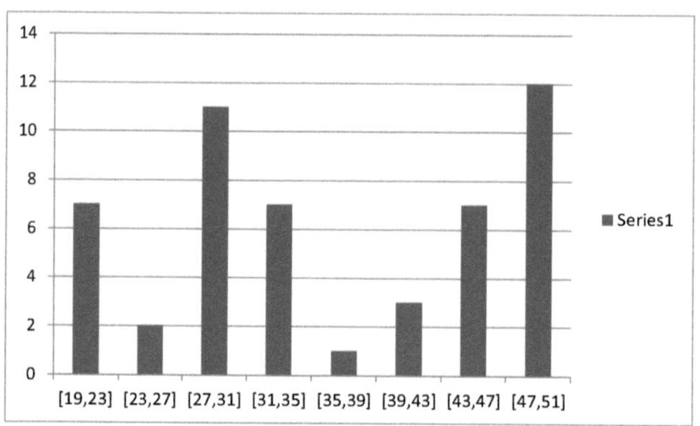

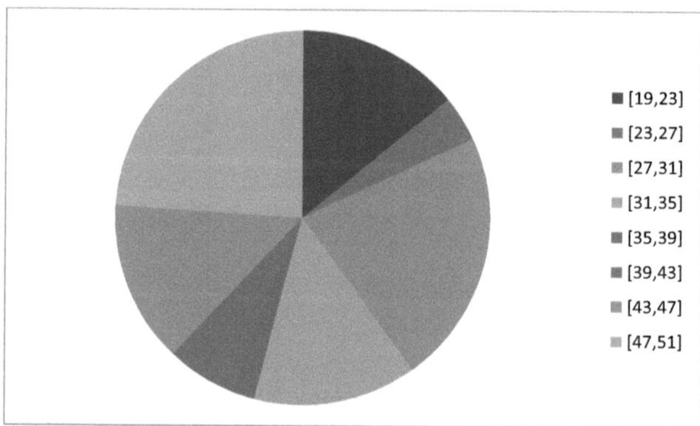

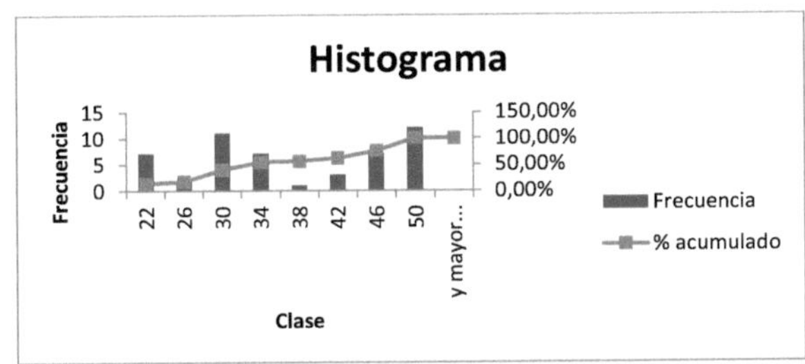

Transporte privado

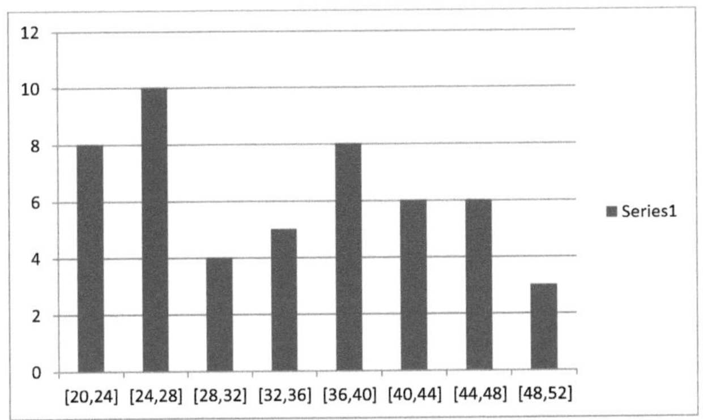

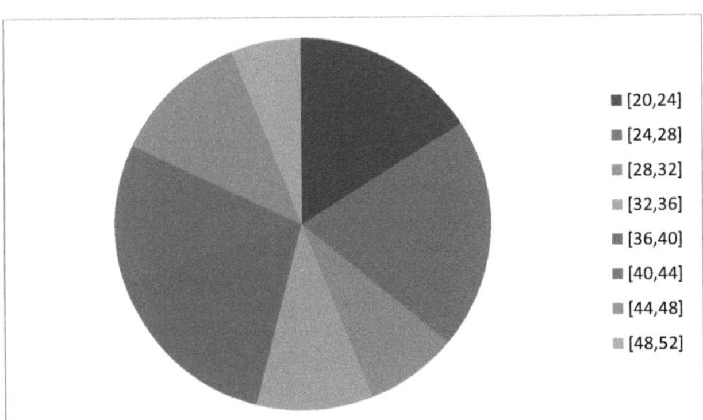

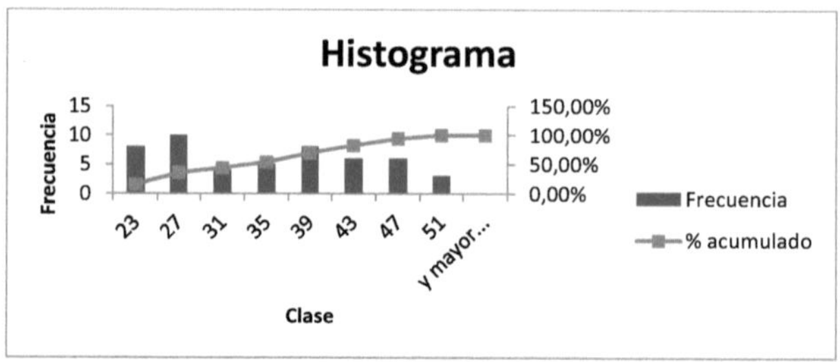

Medidas de tendencia central y dispersión

Transporte público

Media: promedio

$$\bar{x} = \frac{\sum_{i=1}^{n} x_i}{n}$$

Media= 35,86

Mediana: valor central

Mediana=34

Moda: valor que más se repite

Moda=48

Cuartiles

Q1: posición: 50/4=12,5   Q1= 27,25

Q2: posición: 2*50/4=25   Q2= 34

Q3: posición: 3*50/4= 37,5   Q3= 46

Q4: posición: 50/4=50   Q4= 50

Dispersión

Varianza

$$S^2 = \frac{\sum_{i=1}^{n}(x_i - \bar{x})^2}{n-1}$$

Varianza= 108,286122

Desviación estándar

$$s = \sqrt{varianza}$$

DS= 10,4060618

Desviación media

$$DM = \frac{\sum_{i=1}^{n}|x_i-\bar{x}|}{n}$$

DM= 9,4088

Columna1	
Media	35,86
Error típico	1,47163937
Mediana	34
Moda	48
Desviación estándar	10,4060618
Varianza de la muestra	108,286122
Curtosis	-1,532137
Coeficiente de asimetría	-0,03404008
Rango	30
Mínimo	20
Máximo	50
Suma	1793
Cuenta	50
Nivel de confianza(95,0%)	2,95737005

Transporte privado:

Media: promedio

$$\bar{x} = \frac{\sum_{i=1}^{n}x_i}{n}$$

Media= 33,68

Mediana: valor central

Mediana= 34

Moda: valor que más se repite

Moda=21,24 y 42

Cuartiles

Q1: posición: 50/4=12,5   Q1= 25

Q2: posición: 2*50/4=25   Q2= 34

Q3: posición: 3*50/4= 37,5   Q3= 42

Q4: posición: 50/4=50   Q4= 50

Dispersión

Varianza

$$S^2 = \frac{\sum_{i=1}^{n}(x_i-\bar{x})^2}{n-1}$$

Varianza= 85,9363265

Desviación estándar

$$s = \sqrt{varianza}$$

DS= 9,27018482

Desviación media

$$DM = \frac{\sum_{i=1}^{n}|x_i-\bar{x}|}{n}$$

DM= 8,16

Media	33,68
Error típico	1,31100211
Mediana	34
Moda	21
Desviación estándar	9,27018482
Varianza de la muestra	85,9363265
Curtosis	-1,33420641
Coeficiente de asimetría	0,1696122
Rango	29
Mínimo	21
Máximo	50
Suma	1684
Cuenta	50
Nivel de confianza(95,0%)	2,63455737

Regresión lineal

Método de los mínimos cuadrados para realizar un ajuste polinomial (Análisis de regresión)

Un gráfico puede dar una rápida vista de la posible relación entre dos variables. Esto es llamado diagrama de dispersión. Sin embargo, no todos los datos estarían en la curva de tendencia y así, esto es importante hacer el mejor ajuste a los datos. El método de los mínimos cuadrados nos permite encontrar el mejor ajuste y la respectiva ecuación. Entonces, si nosotros tenemos esta ecuación, ésta puede ser graficada y podemos obtener el mejor ajuste a los datos.

El método dado aquí tiene aplicaciones solo para esas relaciones cuya tendencia es lineal. También, esto es posible aplicar este método a otros tipos de relaciones si nosotros hacemos ajustes a las variables. Por ejemplo, si suponemos un experimento con la relación entre las variables: $y=ax^2$, podemos considerar como una nueva variable: $z=x^2$, y entonces la nueva relación lineal será: $y=az$.

Nosotros podemos explicar la importancia de este método con el siguiente ejemplo: supongamos que tenemos algunos datos de velocidad y tiempo los cuales son supuestos a seguir una relación lineal. La ecuación lineal es $v = v_o + at$ donde a es la pendiente y la aceleración constante. Si nosotros graficamos los datos de v (variable dependiente) versus t (variable independiente), obtenemos un conjunto de puntos cuya tendencia es una línea. La variable dependiente es la variable de estimación. El método de los mínimos cuadrados nos permite obtener el mejor ajuste y la pendiente (a) y la intersección (v_o) con el eje y. Posteriormente, esta ecuación puede ser graficada para observar el mejor ajuste a los datos experimentales.

Además, este método nos permite calcular las incertidumbres de la pendiente y la intersección con el eje y. Este procedimiento es mejor que un simple ajuste lineal al ojo y el respectivo cálculo de la pendiente con un triángulo. Esto es importante mencionar que antes de la aplicación de este método, deberíamos despreciar del gráfico todos los puntos cuya tendencia está muy lejos de una relación lineal.

Por otro lado, el método no es posible aplicar si la línea de tendencia no es lineal u otra opción es hacer algún ajuste a las variables como fue mencionado anteriormente.

El método de los mínimos cuadrados es aplicable también para otros tipos de ajustes como el ajuste polinomial en general. Este método determina una ecuación de regresión para minimizar la suma de cuadrados de las distancias verticales entre los valores de y (datos) y los valores estimados de y. La función f(x) es representada por un polinomio de grado n (además en general, la mayoría de funciones pueden ser ajustadas por un polinomio):

$$f(x) = a_o + a_1 x + a_2 x^2 + a_3 x^3 + ... + a_n x^n$$

Esta función será determinada cuando los valores de a_o, a_1, ...,a_n sean obtenidos. Además, los valores de $f(x_i)$ deberían ser muy cercanos a los valores experimentales y_i como esto es mostrado en el siguiente gráfico:

$$f(x_i) \approx y_i$$

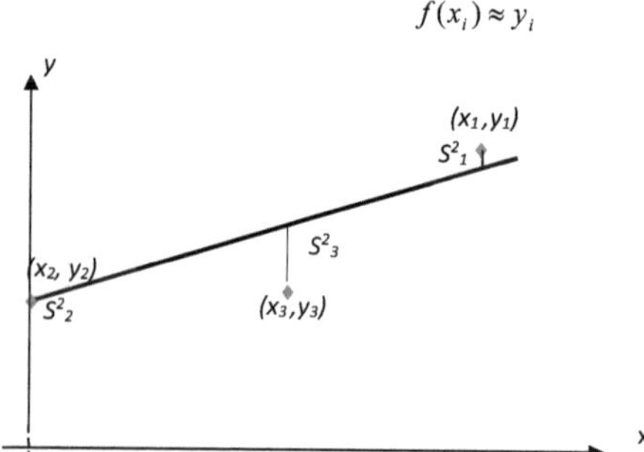

donde las distancias S_i^2 son obtenidas por la siguiente fórmula:

$$\sum_{i=1}^{n} S_i^2 = (f(x_i) - y_i)^2 = \chi$$

donde la letra n en la sumatoria representa el número de datos y χ es el factor a minimizar.

De esta forma, obtenemos:

$$\chi = \sum_{i=1}^{n} \left(a_o + a_1 x + a_2 x^2 + a_3 x^3 + ... + a_n x^n - y_i \right)^2$$

Entonces, nosotros deberíamos obtener la derivada de χ con respecto a cada coeficiente desconocido a_0, a_1, ..., a_n y después igualar esto a cero. Así, nosotros obtenemos:

$$\frac{1}{2}\frac{\partial \chi}{\partial a_0} = \sum_{i=1}^{n}\left(a_o + a_1x + a_2x^2 + a_3x^3 + ... + a_nx^n - y_i\right)(1) = 0$$

$$\frac{1}{2}\frac{\partial \chi}{\partial a_1} = \sum_{i=1}^{n}\left(a_o + a_1x + a_2x^2 + a_3x^3 + ... + a_nx^n - y_i\right)(x) = 0$$

$$\vdots$$

$$\frac{1}{2}\frac{\partial \chi}{\partial a_n} = \sum_{i=1}^{n}\left(a_o + a_1x + a_2x^2 + a_3x^3 + ... + a_nx^n - y_i\right)(x^n) = 0$$

De esta forma, obtenemos n+1 ecuaciones con n+1 coeficientes desconocidos. Este proceso es llamado regresión.

Así, si la función es lineal (regresión lineal): $f(x)=a_0+a_1x$, nosotros estaríamos interesados en obtener los coeficientes de a_0 y a_1. Entonces, tenemos las siguientes fórmulas:

$$\chi = \sum_{i=1}^{n}\left(a_o + a_1x - y_i\right)^2$$

$$\frac{1}{2}\frac{\partial \chi}{\partial a_0} = \sum_{i=1}^{n}\left(a_o + a_1x - y_i\right)(1) = 0$$

$$\frac{1}{2}\frac{\partial \chi}{\partial a_1} = \sum_{i=1}^{n}\left(a_o + a_1x - y_i\right)(x) = 0$$

De esta manera, obtenemos:

$$\frac{1}{2}\frac{\partial \chi}{\partial a_0} = na_0 + a_1\sum_{i=1}^{n}x - \sum_{i=1}^{n}y_i = 0$$

$$\frac{1}{2}\frac{\partial x}{\partial a_1} = a_0\sum_{i=1}^{n}x_i + a_1\sum_{i=1}^{n}x_i^2 - \sum_{i=1}^{n}x_iy_i = 0$$

Finalmente, tenemos un sistema de dos ecuaciones con dos coeficientes desconocidos los cuales pueden ser solucionados por los tradicionales métodos del álgebra:

$$na_0 + a_1\sum_{i=1}^{n}x = \sum_{i=1}^{n}y_i$$

$$a_0 \sum_{i=1}^{n} x_i + a_1 \sum_{i=1}^{n} x_i^2 = \sum_{i=1}^{n} x_i y_i$$

Así, obtenemos las siguientes expresiones:

$$a_1 = \frac{n \sum_{i=1}^{n} x_i y_i - \sum_{i=1}^{n} x_i \sum_{i=1}^{n} y_i}{n \sum_{i=1}^{n} x_i^2 - \left(\sum_{i=1}^{n} x_i\right)^2}$$

$$a_o = \frac{\sum_{i=1}^{n} y_i \sum_{i=1}^{n} x_i^2 - \sum_{i=1}^{n} x_i y_i \sum_{i=1}^{n} x_i}{n \sum_{i=1}^{n} x_i^2 - \left(\sum_{i=1}^{n} x_i\right)^2}$$

También, podemos obtener los coeficientes con las siguientes fórmulas:

$a_1 = rS_y/S_x$ y $a_o = \bar{y} - b\bar{x}$ (porque el punto $\bar{x}, \bar{y}$ es un punto de la ecuación de regresión).

$S_y = \sqrt{\frac{\Sigma(y-\bar{y})^2}{n-1}}$ y $\bar{y} = \frac{\Sigma y}{n}$ y lo mismo para S_x : $S_x = \sqrt{\frac{\Sigma(x-\bar{x})^2}{n-1}}$, y
r es el coeficiente de correlación.

$$r = \frac{\sum_{i=1}^{n}(x_i-\bar{x})(y_i-\bar{y})}{\sqrt{\sum_{i=1}^{n}(x_i-\bar{x})^2}\sqrt{\sum_{i=1}^{n}(y_i-\bar{y})^2}}$$

Si queremos ajustar los datos con una función cuadrática, se necesita un sistema de tres ecuaciones con tres parámetros desconocidos a_0, a_1 y a_2:

$$na_0 + a_1 \sum_{i=1}^{n} x_i + a_2 \sum_{i=1}^{n} x_i^2 = \sum_{i=1}^{n} y_i$$

$$a_0 \sum_{i=1}^{n} x_i + a_1 \sum_{i=1}^{n} x_i^2 + a_2 \sum_{i=1}^{n} x_i^3 = \sum_{i=1}^{n} x_i y_i$$

$$a_0 \sum_{i=1}^{n} x_i^2 + a_1 \sum_{i=1}^{n} x_i^3 + a_2 \sum_{i=1}^{n} x_i^4 = \sum_{i=1}^{n} x_i^2 y_i$$

También, esto puede ser solucionado por los tradicionales métodos de álgebra.

En conclusión, si queremos ajustar algunos datos con una función lineal $f(x)=a_0+a_1x$, entonces podemos usar las ecuaciones obtenidas para el ajuste lineal o podemos solucionar el sistema de dos ecuaciones.

En el siguiente ejemplo, aplicamos la primera forma y obtenemos:

$$na_0 + a_1 \sum_{i=1}^{n} x_i = \sum_{i=1}^{n} y_i$$

$$a_0 \sum_{i=1}^{n} x_i + a_1 \sum_{i=1}^{n} x_i^2 = \sum_{i=1}^{n} x_i y_i$$

donde n es el número de datos. Si nosotros consideramos la siguiente tabla de datos, entonces tenemos que n=5.

x	y	x^2	xy
0	9,8	0	0
1,2	12,7	1,44	15,24
2,1	20,9	4,41	43,89
3,3	26,8	10,89	88,44
4,0	29	16,0	116
$\sum_{i=1}^{5} x_i = 10{,}6$	$\sum_{i=1}^{5} y_i = 99{,}2$	$\sum_{i=1}^{5} x_i^2 = 32{,}74$	$\sum_{i=1}^{5} x_i y_i = 263{,}57$

Nosotros obtenemos el siguiente diagrama de dispersión:

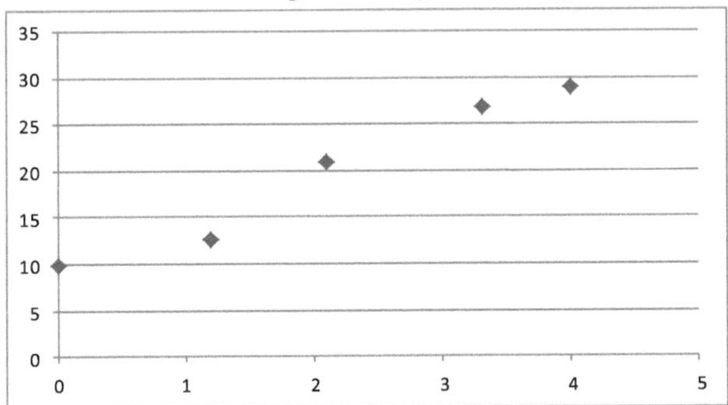

Reemplazando los valores anteriores a las fórmulas, obtenemos:

$5a_0 + 10{,}6\ a_1 = 99{,}2$

$10{,}6\ a_0 + 32{,}74\ a_1 = 263{,}57$

Entonces, solucionando el sistema de ecuaciones, se obtienen los siguientes valores: $a_0 = 8{,}84$ y $a_1 = 5{,}19$ y la función lineal es: $f(x)=8{,}84+5{,}19\ x$

También, esto es posible usar las fórmulas obtenidas para el ajuste lineal y obtener los valores de los coeficientes:

$$a_1 = \frac{n \sum_{i=1}^n x_i y_i - \sum_{i=1}^n x_i \sum_{i=1}^n y_i}{n \sum_{i=1}^n x_i^2 - \left(\sum_{i=1}^n x_i\right)^2}$$

$$a_o = \frac{\sum_{i=1}^n y_i \sum_{i=1}^n x_i^2 - \sum_{i=1}^n x_i y_i \sum_{i=1}^n x_i}{n \sum_{i=1}^n x_i^2 - \left(\sum_{i=1}^n x_i\right)^2}$$

Nosotros obtenemos: a_1=5,19 y a_o=8,84, los mismos valores.

Además, podemos calcular las incertidumbres de los coeficientes usando las fórmulas:

$$\sigma_{a1} = \frac{\sqrt{n}\,\sigma_y}{\sqrt{n \sum_{i=1}^n x_i^2 - \left(\sum_{i=1}^n x_i\right)^2}}$$

$$\sigma_{ao} = \frac{\sigma_y \sqrt{\sum_{i=1}^n x_i^2}}{\sqrt{n \sum_{i=1}^n x_i^2 - \left(\sum_{i=1}^n x_i\right)^2}}$$

$$\sigma_y^2 = \frac{\sum (y_i - \tilde{y}_i)^2}{n - 2}$$

σ_y es llamado el error estándar de estimación. Si esto es un número pequeño, entonces los datos son muy cercanos al gráfico de la regresión lineal y si esto es un número grande, entonces los datos están muy dispersos y lejos del gráfico de la regresión lineal.

También, se puede usar una fórmula alternativa para σ_{ao}:

$$\sigma_{ao} = \frac{\sigma_{a1} \sqrt{\sum_{i=1}^n x_i^2}}{\sqrt{n}}$$

donde n=5 y $\tilde{y}_i = a_1 x_i + a_o$ $\tilde{y}_i = 5{,}19 x_i + 8{,}84$

x	y	$\tilde{y}_i$	$(y - \tilde{y}_i)^2$
0	9,8	8,84	0,92
1,2	12,7	15,07	5,62
2,1	20,9	19,74	1,35
3,3	26,8	25,97	0,69
4,0	29	29,6	0,36
$\Sigma=10,6$	$\Sigma=99,2$	$\Sigma=99,22$	$\Sigma=8,931$

$\sigma_y = 1,73$ $\sigma_{a_1} = 0,54$ $\sigma_{a_o} = 1,34$. Finalmente, esto es muy importante presentar los resultados en la siguiente forma:

$$\tilde{y}_i = (5,19 \pm 0,54)x_i + (8,84 \pm 1,34)$$

Errores relativos: σ_{a1}=(0,54/5,19)*100=10,4 %

σ_{ao}=(1,34/8,84)*100=15,2 %

La suma de los residuos al cuadrado $\Sigma (y - \hat{y})^2$ para la ecuación obtenida por el método de mínimos cuadrados es más pequeña que para otras líneas seleccionadas. En resumen, no hay otra línea pasando a través de esos puntos cuya suma de residuos al cuadrado sea menor.

Coeficiente de correlación

El coeficiente de correlación es muy importante para determinar el nivel de dependencia entre las variables x y y. La correlación entre las dos variables no implica que un cambio en la variable dependiente causa un cambio en la variable independiente. Esto sólo implica que hay un conexión o asociación entre las variables. Esto es obtenido con la siguiente fórmula:

$$r = \frac{\sum_{i=1}^{n}(x_i - \bar{x})(y_i - \bar{y})}{\sqrt{\sum_{i=1}^{n}(x_i - \bar{x})^2} \sqrt{\sum_{i=1}^{n}(y_i - \bar{y})^2}}$$

El valor de r se encuentra entre -1 y +1, donde:
r=1 : significa que la correlación lineal es perfecta y directa
r=-1: significa que la correlación lineal es perfecta e inversa
r=0: significa que hay una completa independencia entre x y y.

Así, si el valor de r es más cercano a +1 o -1, tenemos una mejor relación lineal entre las variables x y y.

Por otro lado, el coeficiente de determinación es la proporción de la variación total en la variable dependiente que es explicada por la variación en la variable independiente x. Esto es obtenido por medio de r^2.

Finalmente, podemos calcular el coeficiente de correlación r usando la fórmula anterior:

$$r = \frac{\sum_{i=1}^{n}(x_i-\bar{x})(y_i-\bar{y})}{\sqrt{\sum_{i=1}^{n}(x_i-\bar{x})^2}\sqrt{\sum_{i=1}^{n}(y_i-\bar{y})^2}}$$

x	y	$x-\bar{x}$	$y-\bar{y}$	$(x-\bar{x})^2$	$(y-\bar{y})^2$	$(x-\bar{x})*(y-\bar{y})$
0	9,8	-2,12	-10,04	4,49	100,80	21,28
1,2	12,7	-0,92	-7,14	0,85	50,98	6,57
2,1	20,9	-0,02	1,06	0,0004	1,12	-0,02
3,3	26,8	1,18	6,96	1,39	48,44	8,21
4,0	29	1,88	9,16	3,53	83,91	17,22
Σ=10,6	Σ=99,2	Σ=0	Σ=0	Σ=10,26	Σ=285,25	Σ=53,26

donde: $\bar{x} = 2,12$ $\bar{y} = 19,84$. De esta manera: r=0,98 y r^2=0,9604. Esto es muy aproximado a 1, lo cual indica una muy buena correlación lineal.

Además, la covarianza de la muestra es obtenida por medio de:

$$S_{xy} = \frac{\sum(x-\bar{x})(y-\bar{y})}{n-1}$$

S_{xy}=53,26/4=13,315.

Usando Excel, obtenemos:

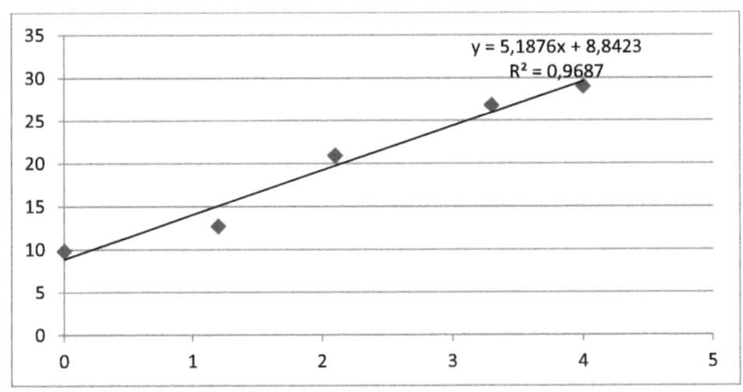

Además, podemos obtener el análisis de regresión en Excel: data analysis, regression, input values: cells, output values: cells y enter.

Resumen

Estadísticas de la regresión	
Coeficiente de correlación múltiple	0,9842214
Coeficiente de determinación R^2	0,96869177
R^2 ajustado	0,9582557
Error típico	1,72537284
Observaciones	5

ANÁLISIS DE VARIANZA

	Grados de libertad	Suma de cuadrados	Promedio de los cuadrados	F	Valor crítico de F
Regresión	1	276,3213	276,321	92,82146	0,002374
Residuos	3	8,930734	2,97691		
Total	4	285,252			

	Coeficientes	Error típico	Estadístico t	Probabilidad	Inferior 95%	Superior 95%
Intercepción	8,84234515	1,377826	6,41761	0,007667	4,457488	13,2272
Variable X 1	5,18757304	0,538443	9,63439	0,002374	3,474006	6,90114

Ejemplos:

Una empresa eléctrica analiza la relación entre el número de habitaciones y los kilowatts-hora (miles) usados en una casa. Se realizó el análisis para 20 casas:

#habitaciones	Kilowatts-hora
13	9
9	8
15	10
5	6
10	8
8	6
9	9
9	8
4	5
7	6
3	4
3	3
4	5
8	6
17	11
9	9
20	12
17	11
5	5
25	14

Diagrama de dispersión

Kilowatts-hora versus # habitaciones

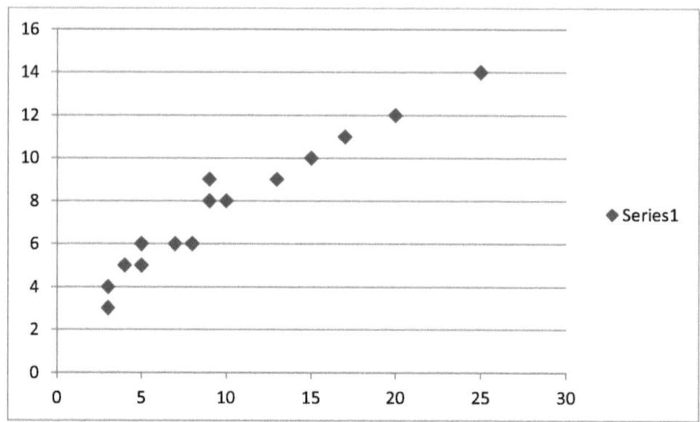

	x	y	x^2	xy
	13	9	169	117
	9	8	81	72
	15	10	225	150
	5	6	25	30
	10	8	100	80
	8	6	64	48
	9	9	81	81
	9	8	81	72
	4	5	16	20
	7	6	49	42
	3	4	9	12
	3	3	9	9
	4	5	16	20
	8	6	64	48
	17	11	289	187
	9	9	81	81
	20	12	400	240
	17	11	289	187
	5	5	25	25
	25	14	625	350
sumatoria	200	155	2698	1871

$$a_1 = \frac{n \sum_{i=1}^{n} x_i y_i - \sum_{i=1}^{n} x_i \sum_{i=1}^{n} y_i}{n \sum_{i=1}^{n} x_i^2 - \left(\sum_{i=1}^{n} x_i\right)^2}$$

$a_1 = 0,45988539$

$$a_o = \frac{\sum_{i=1}^{n} y_i \sum_{i=1}^{n} x_i^2 - \sum_{i=1}^{n} x_i y_i \sum_{i=1}^{n} x_i}{n \sum_{i=1}^{n} x_i^2 - \left(\sum_{i=1}^{n} x_i\right)^2}$$

$a_o = 3,15114613$

$$\tilde{y}_i = a_1 x_i + a_o$$

$$\tilde{y}_i = 0,46 x_i + 3,15$$

$\tilde{y}_i$	$(y - \tilde{y}_i)^2$
9,12965616	0,01681072
7,29011461	0,50393726
10,0494269	0,00244302
5,45057307	0,30186996
7,75	0,0625
6,83022923	0,68928057
7,29011461	2,92370804
7,29011461	0,50393726
4,99068768	8,6719E-05
6,37034384	0,13715456
4,53080229	0,28175107
4,53080229	2,34335566
4,99068768	8,6719E-05
6,83022923	0,68928057
10,9691977	0,00094878
7,29011461	2,92370804
12,3488539	0,12169902
10,9691977	0,00094878
5,45057307	0,20301609
14,6482808	0,420268
	12,1267908

$$\sigma_y^2 = \frac{\sum (y_i - \tilde{y}_i)^2}{n-2}$$

$\sigma_y = 0{,}82079876$

$$\sigma_{a1} = \frac{\sqrt{n}\,\sigma_y}{\sqrt{n \sum_{i=1}^{n} x_i^2 - \left(\sum_{i=1}^{n} x_i\right)^2}}$$

$\sigma_{a1} = 0{,}03106769$

$$\sigma_{ao} = \frac{\sigma_{a1}\sqrt{\sum_{i=1}^{n} x_i^2}}{\sqrt{n}}$$

$\sigma_{ao} = 0{,}36084023$

$$\tilde{y}_i = (0{,}46 \pm 0{,}03)x_i + (3{,}15 \pm 0{,}36)$$

Coeficiente de correlación lineal de Pearson

$$r = \frac{\sum_{i=1}^{n}(x_i-\bar{x})(y_i-\bar{y})}{\sqrt{\sum_{i=1}^{n}(x_i-\bar{x})^2}\sqrt{\sum_{i=1}^{n}(y_i-\bar{y})^2}}$$

	x	y	$x-\bar{x}$	$y-\bar{y}$	$(x-\bar{x})^2$	$(y-\bar{y})^2$	$(x-\bar{x})*(y-\bar{y})$
	13	9	3	1,25	9	1,5625	3,75
	9	8	-1	0,25	1	0,0625	-0,25
	15	10	5	2,25	25	5,0625	11,25
	5	6	-5	-1,75	25	3,0625	8,75
	10	8	0	0,25	0	0,0625	0
	8	6	-2	-1,75	4	3,0625	3,5
	9	9	-1	1,25	1	1,5625	-1,25
	9	8	-1	0,25	1	0,0625	-0,25
	4	5	-6	-2,75	36	7,5625	16,5
	7	6	-3	-1,75	9	3,0625	5,25
	3	4	-7	-3,75	49	14,0625	26,25
	3	3	-7	-4,75	49	22,5625	33,25
	4	5	-6	-2,75	36	7,5625	16,5
	8	6	-2	-1,75	4	3,0625	3,5
	17	11	7	3,25	49	10,5625	22,75
	9	9	-1	1,25	1	1,5625	-1,25
	20	12	10	4,25	100	18,0625	42,5
	17	11	7	3,25	49	10,5625	22,75
	5	5	-5	-2,75	25	7,5625	13,75
	25	14	15	6,25	225	39,0625	93,75
sumatoria	200	155	0	0	698	159,75	321
media	10	7,75					

r= 0,96129545

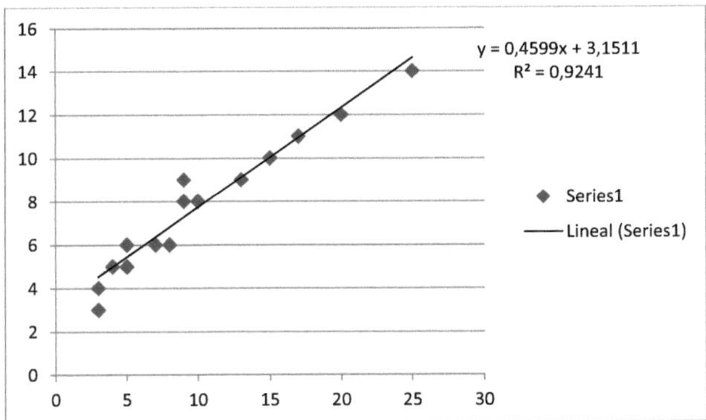

Coeficiente de determinación

$R = r^2$

$R = 0{,}92408895$

Ejemplo

Se tiene una muestra de 20 casas vendidas y se quiere realizar un análisis de sus dimensiones (en miles de pies cuadrados) de las casas y el precio de venta. Se tiene la siguiente información:

Dimensiones(miles de pies cuadrados)	Precio(miles de dólares)
0,7	80
0,8	85
0,8	87
0,9	89
1	93
1,2	95
1,3	95
1,5	100
1,5	101
1,7	103
1,9	106
1,12	110
1,14	112
1,17	115
1,17	116
1,18	116
1,2	118
1,21	119
1,25	124
1,25	124

Diagrama de dispersión

Dimensiones versus precio

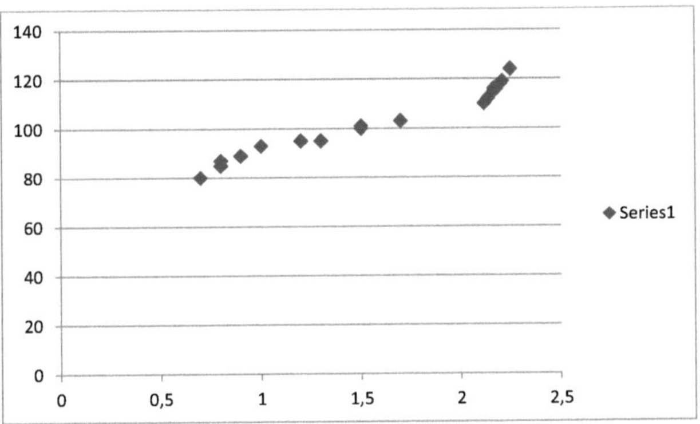

	x	y	x^2	xy
	0,7	80	0,49	56
	0,8	85	0,64	68
	0,8	87	0,64	69,6
	0,9	89	0,81	80,1
	1	93	1	93
	1,2	95	1,44	114
	1,3	95	1,69	123,5
	1,5	100	2,25	150
	1,5	101	2,25	151,5
	1,7	103	2,89	175,1
	1,9	106	3,61	201,4
	2,12	110	4,4944	233,2
	2,14	112	4,5796	239,68
	2,17	115	4,7089	249,55
	2,17	116	4,7089	251,72
	2,18	116	4,7524	252,88
	2,2	118	4,84	259,6
	2,21	119	4,8841	262,99
	2,25	124	5,0625	279
	2,25	124	5,0625	279
suma	32,99	2088	60,8033	3589,82

$$a_1 = \frac{n\sum_{i=1}^{n} x_i y_i - \sum_{i=1}^{n} x_i \sum_{i=1}^{n} y_i}{n\sum_{i=1}^{n} x_i^2 - \left(\sum_{i=1}^{n} x_i\right)^2}$$

$a_1 = 22,80884$

$$a_o = \frac{\sum_{i=1}^{n} y_i \sum_{i=1}^{n} x_i^2 - \sum_{i=1}^{n} x_i y_i \sum_{i=1}^{n} x_i}{n \sum_{i=1}^{n} x_i^2 - \left(\sum_{i=1}^{n} x_i\right)^2}$$

a_o=66,77681

$$\tilde{y}_i = a_1 x_i + a_o$$

$$\tilde{y}_i = 22,81 x_i + 66,78$$

$\tilde{y}_i$	$(y - \tilde{y}_i)^2$
82,7430036	7,5240686
113,520583	813,423649
66,7768135	408,977273
66,7768135	493,870019
66,7768135	687,655512
66,7768135	796,548258
66,7768135	796,548258
66,7768135	1103,78012
66,7768135	1171,2265
66,7768135	1312,11924
66,7768135	1538,45836
66,7768135	1868,24385
66,7768135	2045,1366
66,7768135	2325,47572
66,7768135	2422,92209
66,7768135	2422,92209
66,7768135	2623,81484
66,7768135	2727,26121
66,7768135	3274,49308
66,7768135	3274,49308
	32114,8938

$$\sigma_y^2 = \frac{\sum(y_i - \tilde{y}_i)^2}{n-2}$$

σ_y=42,2393273

$$\sigma_{a1} = \frac{\sqrt{n}\,\sigma_y}{\sqrt{n \sum_{i=1}^{n} x_i^2 - \left(\sum_{i=1}^{n} x_i\right)^2}}$$

σ_{a1}=16,7144659

$$\sigma_{ao} = \frac{\sigma_{a1}\sqrt{\sum_{i=1}^{n} x_i^2}}{\sqrt{n}}$$

$\sigma_{ao} = 29{,}143458$

$$\tilde{y}_i = (22{,}81 \pm 16{,}71)x_i + (66{,}78 \pm 29{,}14)$$

Coeficiente de correlación lineal de Pearson

$$r = \frac{\sum_{i=1}^{n}(x_i - \bar{x})(y_i - \bar{y})}{\sqrt{\sum_{i=1}^{n}(x_i - \bar{x})^2}\sqrt{\sum_{i=1}^{n}(y_i - \bar{y})^2}}$$

	x	y	$x - \bar{x}$	$y - \bar{y}$	$(x - \bar{x})^2$	$(y - \bar{y})^2$	$(x-\bar{x})*(y-\bar{y})$
	0,7	80	-0,9495	-24,4	0,90155025	595,36	23,1678
	0,8	85	-0,8495	-19,4	0,72165025	376,36	16,4803
	0,8	87	-0,8495	-17,4	0,72165025	302,76	14,7813
	0,9	89	-0,7495	-15,4	0,56175025	237,16	11,5423
	1	93	-0,6495	-11,4	0,42185025	129,96	7,4043
	1,2	95	-0,4495	-9,4	0,20205025	88,36	4,2253
	1,3	95	-0,3495	-9,4	0,12215025	88,36	3,2853
	1,5	100	-0,1495	-4,4	0,02235025	19,36	0,6578
	1,5	101	-0,1495	-3,4	0,02235025	11,56	0,5083
	1,7	103	0,0505	-1,4	0,00255025	1,96	-0,0707
	1,9	106	0,2505	1,6	0,06275025	2,56	0,4008
	2,12	110	0,4705	5,6	0,22137025	31,36	2,6348
	2,14	112	0,4905	7,6	0,24059025	57,76	3,7278
	2,17	115	0,5205	10,6	0,27092025	112,36	5,5173
	2,17	116	0,5205	11,6	0,27092025	134,56	6,0378
	2,18	116	0,5305	11,6	0,28143025	134,56	6,1538
	2,2	118	0,5505	13,6	0,30305025	184,96	7,4868
	2,21	119	0,5605	14,6	0,31416025	213,16	8,1833
	2,25	124	0,6005	19,6	0,36060025	384,16	11,7698
	2,25	124	0,6005	19,6	0,36060025	384,16	11,7698
suma	32,99	2088	4,441E-15	-1,14E-13	6,386295	3490,8	145,664
media	1,6495	104,4					

r= 0,97558533

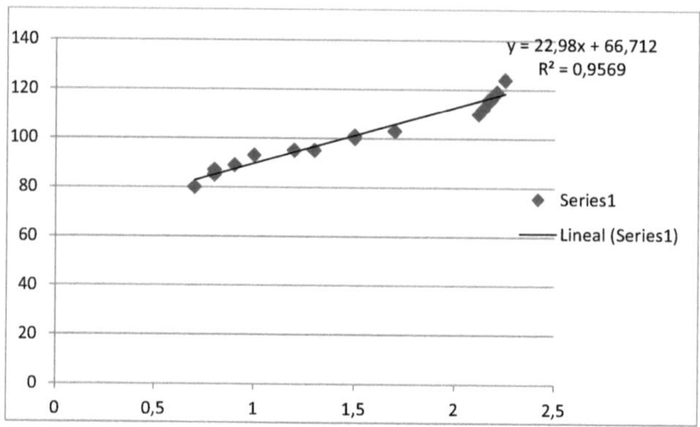

Coeficiente de determinación

$R = r^2$

$R = 0{,}95176673$

Probabilidades

Probabilidad Clásica

La probabilidad clásica es cuantificada asignando un número en el intervalo [0,1] o un porcentaje desde 0 hasta 100 %. El resultado tiene las siguientes condiciones:
- el valor de cero indica que el resultado no está presente.
- el valor de uno muestra que el resultado es completamente seguro.
- mientras mayor es el número entre 0 y 1, mayor es la probabilidad.

Experimento: Esto es relacionado a un proceso de observación o medición. Por ejemplo, el experimento de lanzar dos dados y escribir los resultados.

Espacio muestral: Esto es el grupo de todos los posibles resultados de un experimento. Por ejemplo, para el último experimento mencionado de los dados, el espacio muestral está dado por: (1,1); (1,2);(1,3)………..etc. En total, nosotros tenemos 6*6=36 posibles resultados del experimento.

Evento: Esto es un subgrupo del espacio muestral donde hay elementos del espacio muestral los cuales reúnen algunas condiciones. Por ejemplo, si el evento es que los números de los dos dados sumen cinco, los posibles resultados son: (1,4); (4,1); (2,3); (3,2).

Probabilidad de un evento: Como se mencionó anteriormente la probabilidad es un número que mide la posibilidad de que el evento ocurra. Este número está entre 0 y 1. En general, la probabilidad clásica de un evento es la razón o división entre el número de resultados los cuales son favorables al evento y el número total de resultados posibles del experimento. La fórmula está dada por la siguiente expresión:

$$P(A) = \frac{\text{número de casos posibles favorables al evento}}{\text{número total de casos}}$$

Para el ejemplo anterior del evento de que los números de los dos dados sumen hasta cinco, la probabilidad está dada por : P=4/36.
También, la probabilidad de alcanzar el número dos de una baraja de naipes (52 cartas) está dada por: P(A)=4/52=1/13.
Por otro lado, nosotros tenemos que la suma de la probabilidad con su complemento es igual a uno: P(A)+P(A^c)=1, donde A^c es el complemento de A.

Eventos mutuamente exclusivos: Nosotros tenemos eventos mutuamente exclusivos si la ocurrencia del evento A evita la ocurrencia del evento B. Por ejemplo, los eventos de alcanzar un dos o un tres cuando lanzamos un dado son eventos mutuamente exclusivos porque ellos no pueden ocurrir simultáneamente al mismo tiempo.

Eventos Independientes: Dos eventos son independientes cuando la ocurrencia de un evento no tiene efecto en la ocurrencia del otro evento. De esta forma, la probabilidad de un evento no influye en la probabilidad del otro evento.
Por ejemplo, si lanzamos un dado dos veces, la probabilidad del primer evento (obtener un 4 por ejemplo) no tiene efecto en la probabilidad del segundo evento (obtener un dos por ejemplo).

Por otro lado, si extraemos una carta dos veces de una baraja de cartas y si la primera carta no es reemplazada, entonces el primer evento tiene efecto (en la probabilidad) en el segundo evento. Por ejemplo, la probabilidad de obtener un as en la primera extracción es 4/52 y si la carta no es reemplazada, la probabilidad de obtener un dos en la segunda extracción es 4/51. Pero, si la primera carta es reemplazada, la probabilidad del segundo evento es 4/52 (eventos independientes).

Reglas de la adición: Estas reglas son aplicadas cuando queremos encontrar la probabilidad de ocurrencia de un evento u otro. Si los eventos son mutuamente exclusivos, entonces la adición está dada por:

P(AUB)=P(A)+P(B).   Si los eventos no son mutuamente exclusivos, entonces obtenemos: P(AUB)=P(A)+P(B)-P(A∩B).
Para tres eventos, obtenemos la siguiente fórmula:
P(AUBUC)=P(A)+P(B)+P(C)-P(A∩B)- P(B∩C)- P(A∩C)+ P(A∩B∩C)
Por ejemplo, si una carta de una baraja de 52 cartas es removida, entonces la probabilidad de obtener un as o dos es (eventos mutuamente exclusivos):
P(AUB)=(4/52)+(4/52)=2/13
Por otro lado, si también una carta de una baraja de 52 cartas es removida, entonces la probabilidad de obtener un as o un corazón rojo (eventos no mutuamente exclusivos) es:
P(AUB)=(4/52)+(13/52)-(1/52)=4/13

Reglas de la Multiplicación: Estas reglas son aplicadas cuando queremos encontrar la probabilidad de ocurrencia de un evento y otro evento al mismo tiempo.   Si los eventos no son mutuamente exclusivos, obtenemos P(A∩B)=P(A)+P(B)-P(AUB).   Si los eventos son mutuamente exclusivos, obtenemos: P(A∩B)= P(A) P(B)
Por ejemplo, si lanzamos un dado dos veces , la probabilidad de obtener un dos y un cinco (eventos mutuamente exclusivos) es:
P(A∩B)=(1/6)(1/6)=1/36

Probabilidad Condicional: Esto ocurre cuando tenemos dos eventos y el resultado de uno es conocido previamente.   Esto es denotado por P(A/B) y se lee: la probabilidad de ocurrencia de A, desde que ha ocurrido B. La fórmula está dada por: P(A/B)=P(A∩B)/P(B)   para eventos dependientes y P(A/B)=P(A)   para eventos independientes.

Por ejemplo, si lanzamos dos dados y la suma de ambos es 5, entonces la probabilidad de que un dado es tres está dada por:
P(A/B)=P(A∩B)/P(B)   (eventos dependientes)
A: número de un dado es tres
B: Suma de los dados igual a cinco: (1,4), (4,1), (2,3), (3,2)
P(B)=4/(6*6)
P(A∩B)=2/(6*6)=2/36
P(A/B)=(2/36)/(4/36)=1/2

Por otro lado, si tenemos 110 equipos, algunos de los cuales son controlados automáticamente y otros manualmente, y algunos nuevos y otros viejos, y si se sabe que el equipo es nuevo, entonces la probabilidad de que es controlado automáticamente es:

	Automáticamente	Manualmente	Total
nuevo	20	40	60
viejo	40	10	50
total	60	50	110

$P(A/B)=P(A\cap B)/P(B)$ (eventos dependientes)
A: automáticamente
B: equipo es nuevo
$P(B)=60/110$
$P(A\cap B)=20/110$
$P(A/B)=(20/110)/(60/110)=1/3$

Probabilidad total: Si un evento A está participando en n eventos exclusivos $(B_1\cap B_2=\phi)$, entonces la probabilidad de A que es la suma de las probabilidades de los n eventos es:
$P(A)=P(A/B_1)P(B_1)+ P(A/B_2)P(B_2)+\ldots\ldots\ldots+ P(A/B_n)P(B_n)$
Por ejemplo, si tenemos tres cajas B_1, B_2 y B_3, teniendo igual probabilidad de ser seleccionado, y cada caja tiene 5 manzanas entre rojas y verdes: B_1 tiene dos manzanas rojas, B_2 tiene cuatro manzanas rojas y B_3 tiene tres manzanas rojas, y escogemos una caja y después una manzana, entonces la probabilidad de obtener una manzana roja está dada por:
$P(A)=P(A/B_1)P(B_1)+ P(A/B_2)P(B_2)+ P(A/B_3)P(B_3)$
$=(2/5)(1/3)+(4/5)(1/3)+(3/5)(1/3)=3/5$

Diagrama del árbol: Esto es un método donde se realiza un esquema para mostrar eventos secuenciales o probabilidades totales.
Por ejemplo, si una moneda cargada $(P(sello)=2/3, P(cara)=1/3)$ es lanzada y si esto es cara, se escoge un número entre 1 y 7, y si esto es sello, se escoge un número entre 1 y 4, entonces la probabilidad para obtener un número impar es:

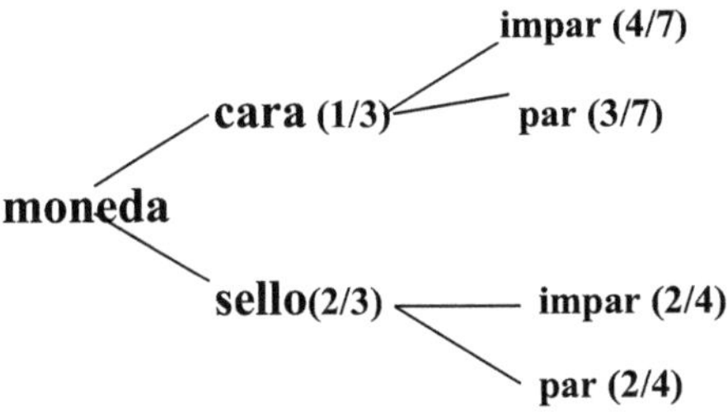

A: impar B₁: cara B₂: sello
$P(A)=P(A/B_1)P(B_1)+ P(A/B_2)P(B_2)$
$= (4/7)(1/3)+(2/4)(2/3)=(4/21)+(1/3)=11/21$

Un experimento consiste en lanzar dos monedas diferentes (moneda 1 y moneda 2).
   a) ¿Cuál es el espacio muestral apropiado si se está interesado en que cada moneda caiga cara (C) o sello (S). Dibuje un diagrama de árbol.
   b) ¿Cuál es el espacio muestral apropiado si sólo se está interesado en el número de caras que aparecen en un solo lanzamiento de las dos monedas?.
   c) ¿Cuál es el espacio muestral apropiado si sólo se está interesado en en si las monedas caen en (C) o caen en (S)?.
   d) ¿Cuál es el espacio muestral apropiado si se está interesado en todo lo expresado anteriormente?.

a)

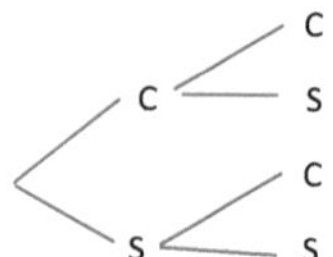

S={CC, CS, SC, SS}

b) S={0,1,2}

c) S={C,S}

d) S={CC, CS, SC, SS}

Sea S el espacio muestral para lanzar un dado:

S={1,2,3,4,5,6}

Suponga que el dado está cargado y que:

P(1)=0.15 P(2)=0.21 P(3)=0.25 P(4)=0.16 P(5)=0.08 P(6)=0.15

La suma de todas las probabilidades da 1, entonces es una función de probabilidad.

¿Cuál es la probabilidad de obtener un número impar en un solo lanzamiento del dado?

E={1,3,5}

P(E)=P(1)+P(3)+P(5)=0.15+0.25+0.08=0.48

Si se usa un dado como en el ejemplo anterior, ¿cuál es la probabilidad de obtener un número mayor que 3?

E={4,5,6}

P(E)=0.16+0.08+0.15= 0.39

¿Cuál es la probabilidad de obtener una cara en el lanzamiento de una moneda que no está cargada?

S={C,S} y ambos eventos pueden ocurrir igualmente.

P(C)=1/2

¿Cuál es la probabilidad de sacar el 9 de bastos en una baraja de 52 cartas, suponiendo que cada carta puede ser extraída con la misma probabilidad que cualquier otra?

P=1/52

En un dado no cargado, ¿cuál es la probabilidad de que caiga un número divisible entre 3?

E={3,6}

P=1/6+1/6 suma de la probabilidad de los dos eventos

　=2/6 #de casos favorables/#de casos totales

Lo siguiente concierne a la composición por sexos de una familia de tres niños, excluyendo los nacimientos múltiples.

a) Bajo la suposición de que una niña es igualmente posible que un niño en cada nacimiento seleccione un espacio muestral S tal que todos los eventos simples puedan suponerse igualmente posibles.

b) ¿Cuál es la probabilidad de tener tres niños?

c) ¿Cuál es la probabilidad de tener dos niñas y un niño, en ese orden?

d) ¿Cuál es la probabilidad de tener dos niñas y un niño, en cualquier orden?.

Diagrama de árbol

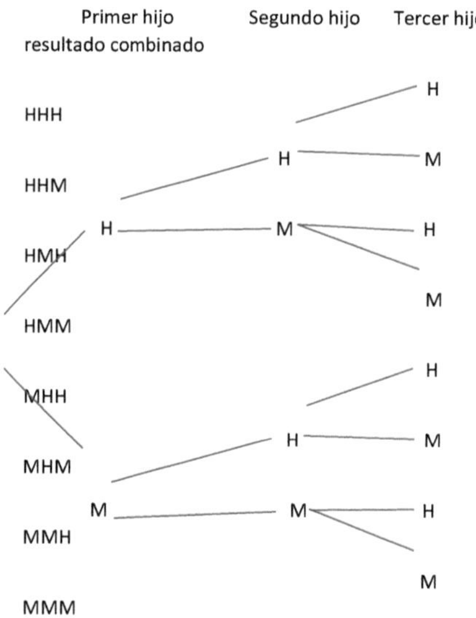

a) S={HHH, HHM, HMH, HMM, MHH, MHM, MMH, MMM}

b) E={HHH}

P=1/8

c) E={MMH}

P=1/8

d) E={HMM, MHM, MMH}

P=3/8

Use el mismo espacio muestral del ejemplo anterior para encontrar la probabilidad de tener: a) tres niñas, b) al menos una niña.

a) E={MMM}

P=1/8

b) E={HHM, HMH, MHH, HMM, MHM, MMH, MMM}

P=7/8

Se sacan 7 cartas de una baraja de 52 sin reemplazo (sin reemplazar la carta antes de sacar la siguiente). ¿Cuál es la probabilidad de obtener 7 bastos?

Como el orden no importa, se puede aplicar combinatoria para saber el número de casos:

Casos favorables: C(7,13)=13!/(7!6!)

Casos totales: C(7,52)=52!/(7!45!)

P= [13!/(7!6!)]/ [52!/(7!45!)]=0.0000128

Si se sacan 5 cartas de una baraja de 52 sin reemplazo, ¿cuál es la probabilidad de sacar 5 corazones?.

Casos favorales: C(5,13)=13!/(5!8!)

Casos totales: C(5,52)=52!/(5!47!)

P= [13!/(5!8!)]/ [52!/(5!47!)]=0.000495

Se lanza una moneda 1000 veces y la frecuencia para caras y sellos son:

Caras: 423

Sellos: 577

P(C)=423/1000=0.423

P(S)=577/1000=0.577

Si se aumenta el número de lanzamientos la probabilidad de cada evento se aproximaría a 0.5.

P(empírica)=frecuencia de la ocurrencia de E/Número total de ensayos

Se escogen aleatoriamente 1000 familias con dos hijos para un examen (se excluyen los gemelos) y se encuentran las siguientes frecuencias de cada tipo de familia:

Dos niñas: 235

Una niña: 544

Ninguna niña: 221

P(2 niñas)=235/1000=0.235

P(1 niña)=544/1000=0.544

P(0 niñas)=221/1000=0.221

Se lanza un dado 1000 veces con las siguientes frecuencias en los resultados:

   1   167   2   142

   3   190   4   120

   5   205   6   177

a) Calcule las probabilidades empíricas aproximadas para cada uno de los resultados indicados.

b) ¿Son igualmente posibles los resultados indicados?

c) Suponga que los resultados indicados son igualmente posibles y calcule sus probabilidades teóricas.

a) P(1)=167/1000=0.167

P(2)=141/1000=0.141

P(3)=190/1000=0.190

P(4)=120/1000=0.120

P(5)=205/1000=0.205

P(6)=177/1000=0.177

b) No son igualmente posibles.

c) $P=1/6=0.167$ para cada número del dado.

Una compañía de seguros selecciona al azar 1000 conductores en una ciudad determinada para conocer la relación entre la edad y las infracciones de tránsito. Los datos obtenidos se listan en la tabla. Calcule las probabilidades empíricas aproximadas para un conductor elegido al azar en la ciudad.

Edad en años	Número de infracciones en un año				
	0	1	2	3	Más de 3
Menos de 20	18	30	45	33	14
20-29	28	54	60	30	18
30-39	36	64	40	23	17
40-49	57	54	30	21	8
50-59	46	48	28	17	11
Más de 59	32	57	52	20	9

E1: Con menos de 20 años y tres infracciones en un año

E2: Entre 40 y 60 años y sin infracciones en un año.

E3: Con más de tres infracciones en un año.

$P(E1)=33/1000=0.033$

$P(E2)=(57+46)/10000=103/1000=0.103$

$P(E3)=(14+18+17+8+11+9)/1000=77/1000=0.077$

En este tipo de problemas las probabilidades empíricas son las únicas que se pueden calcular.

Con respecto al ejemplo anterior, calcule cada una de las siguientes probabilidades empíricas aproximadas para un conductor escogido al azar en la ciudad.

E1: Con menos de 20 años y sin infracciones en un año.

E2: Entre 20 y 40 años y con menos de dos infracciones en un año.

E3: Con menos de dos infracciones en un año.

$P(E1)=18/1000=0.018$

$P(E2)=(28+54+36+64)/1000=182/1000=0.182$

$P(E3)=(18+28+36+57+46+32+30+54+64+54+48+57)/1000=0.524$

Teorema de Bayes: Si consideramos un evento A el cual tiene n sub-eventos, y cada cual es un evento exclusivo del otro, entonces el teorema de Bayes permite calcular la probabilidad que el evento A ocurra en uno de los sub-eventos, conociendo que el evento A ha ocurrido.

Para el último ejemplo, si tenemos tres cajas B_1, B_2 y B_3, los cuales tienen igual probabilidad de ser seleccionado, y cada caja tiene 5 manzanas entre rojas y verdes: B_1 tiene dos manzanas rojas, B_2 tiene cuatro manzanas rojas y B_3 tiene tres manzanas rojas, y nosotros escogemos una caja y después una manzana, entonces si queremos calcular la probabilidad de que la manzana fue sacada de la caja B_1 conociendo que la manzana fue roja, la fórmula está dada por: (A: manzana roja)

$P(B_1/A)=P(B_1\cap A)/P(A)$
$=P(A/B_1)P(B_1)/[\,P(A/B_1)P(B_1)+P(A/B_2)P(B_2)+)+P(A/B_3)P(B_3)]$
$=(2/5)(1/3)/[(2/5)(1/3)+(4/5)(1/3)+(3/5)(1/3)]=(2/15)/(9/15)=2/9$

Para el mismo ejemplo, si queremos calcular la probabilidad que la manzana fue sacada de la caja B_1, conociendo que la manzana fue verde, entonces la fórmula está dada por:
$P=(3/5)(1/3)/[(3/5)(1/3)+(1/5)(1/3)+(2/5)(1/3)]=(3/15)/(6/15)=1/2$

Por otro lado, si tenemos dos cajas conteniendo viejos y nuevos equipos, y la caja A tiene 30 nuevos y 10 viejos, y la caja B tiene 5 nuevos y 35 viejos, entonces queremos calcular la probabilidad que el equipo fue tomado de la caja A, conociendo que el equipo fue nuevo, entonces la fórmula está dada por: (N: nuevo equipo):
$P(A/N)=P(N/A)P(A)/[\,P(N/A)P(A)+P(N/B)P(B)]$
$=(30/40)(1/2)/[(30/40)(1/2)+(5/40)(1/2)]=(30/80)/(35/80)=6/7$

Variable aleatoria

El espacio muestral es el conjunto de todos los posibles resultados de un experimento aleatorio los cuales pueden ser cuantitativos o cualitativos.

Por ejemplo, si lanzamos un dado, los resultados cuantitativos son: 1,2,3,4 ,5 o 6. Pero si lanzamos una moneda, los resultados cualitativos son caras o sellos.

La variable que asocia un número con el resultado de un experimento aleatorio es conocida como variable aleatoria.

Por ejemplo, si lanzamos una moneda, el espacio muestral es S={cara, sello}, y la variable aleatoria es $x=0$ (cara) o $x=1$ (sello).

Por otro lado, si lanzamos dos dados, el espacio muestral es S={(1,1), (1,2)....,(6,6)}, en total tenemos $6*6=36$ elementos de este espacio muestral. Si definimos la variable aleatoria como la suma de los números de los dados, entonces tenemos   que   x=2,3,4,5,…...12.   En este caso, nosotros tenemos muchos resultados con la misma variable aleatoria:

Resultados   X (variable aleatoria: suma de los números de los dados)

   (1,1)   2

  (1,2) (2,1)   3

(1,3) (3,1) (2,2)   4

…………………………

   (6,6)   12

Si la variable aleatoria x tiene valores enteros, entonces decimos que x es discreta.

Si la variable aleatoria x tiene valores reales, entonces decimos que x es continua.

Por ejemplo, si tomamos dos pelotas de una caja la cual tiene tres pelotas rojas y cinco pelotas azules, y si x es el número de pelotas azules, entonces tenemos:

S={RR, RB, BR, BB}

x= 0,   1,   1,   2, y la variable aleatoria es discreta.

Por otro lado, si lanzamos una moneda hasta obtener un sello y x= número de lanzamientos, entonces: x=1,2,3,4,5…y así, x puede ser cualquier número entero positivo.

Distribución de probabilidad para una variable aleatoria discreta

Nosotros definimos una función de probabilidad a la expresión matemática la cual calcula la probabilidad asociada con cada valor de la variable aleatoria.

Por otro lado, la distribución de probabilidad se refiere a la colección de valores de la variable aleatoria y la función de probabilidad. Una función de probabilidad debería cumplir:

1) $0 \leq p(x) \leq 1$

2) $\sum p(x) = 1$

La función de probabilidad acumulativa de la variable x es la probabilidad de que x es menor o igual a un valor específico: $F(x) = P(X \leq x) = \sum p(x)$

Por ejemplo, si lanzamos dos dados y x es la suma de los números de los dados, entonces tenemos la siguiente tabla:

Sample Space	X	P(X=x)
[1,1]	2	[1/36]
[1,2] [2,1]	3	[2/36]
[1,3] [3,1] [2,2]	4	[3/36]
....	....	....
[5,6] [6,5]	11	[2/36]
[6,6]	12	[1/36]
SUM		1

Nosotros observamos que $0 \leq p(x) \leq 1$ y $\sum p(x) = 1$.

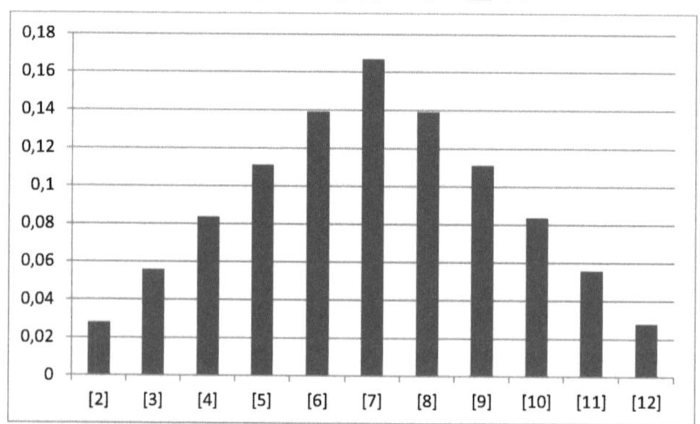

Si queremos obtener $P(X \leq 5)$, entonces: $P=(1/36)+(2/36)+(3/36)+(4/36)=5/18$

Por otro lado, $F(12)= P(X \leq 12)=1$

La función de probabilidad acumulativa cumple con las siguientes condiciones:

a) $0 \leq F(x) \leq 1$

b) $P(X>x)=1-F(x)$

c) $P(X=x)=F(x)-F(x-1)$

d) $P(x_b < X \leq x_a)=F(x_a)-F(x_b)$

Por ejemplo, $P(X=4)=3/36$ pero también $P(X=4)=F(4)-F(3)=6/36-3/36=3/36$

$P(3<P(x) \leq 6)=F(6)-F(3)=(15/36)-(3/36)=1/3$

54.- Miscelánea de Ejercicios

Conjuntos

En una escuela secundaria se tienen los siguientes datos de 1600 estudiantes: 801 aprobaron Matemáticas, 900 aprobaron Física, 752 aprobaron Química, 435 aprobaron Matemáticas y Física, 398 aprobaron Matemáticas y Química, 412 aprobaron Física y Química y 310 aprobaron Matemáticas, Química y Física.   Indicar cuántos de estos 1600 estudiantes aprobaron: a) Sólo una materia, b) exactamente dos materias, c) ninguna materia, d) al menos una materia, e) cuando mucho dos materias.

En una encuesta realizada a adultos de la región Norte del país, con respecto al género de cine que preferían, se obtuvo la siguiente información: 120 prefieren la comedia, 100 prefieren el género erótico, 50 les gusta el suspenso, 10 prefieren los géneros eróticos y comedia, 16 prefieren la comedia y suspenso, 16 prefieren suspenso y erotismo, 6 le agradan los tres géneros.   Se entrevistan a un total de 290 personas adultas. Responda las preguntas siguientes:

a) ¿Cuántos optan por un género que no es de los tres mencionados?   b) ¿Cuántos prefieren comedia y suspenso pero no cine de erotismo?. c) ¿Cuántos optan por sólo uno de estos géneros d) ¿Cuántos sólo prefieren la comedia?

En la tabla siguiente se presenta la información que se recopiló en un población de jóvenes con respecto a sus preferencias musicales:

	11-14 C	15-17 S	18-20 D	20-30 V	Totales
Rock R	21	24	22	14	81
Tropical T	10	2	7	8	27
Balada B	6	8	10	18	42
Totales	37	34	39	40	150

Determine el # de elementos de cada uno de los conjuntos siguientes: a) $R \cap (D \cup V)$ b) $(R \cup B) \cap S$ c) $T^c \cap S$ d) $V^c \cup B^c$

Expresiones algebraicas, fracciones, factorización.

Clasifique los siguientes enunciados como verdaderos o falsos. Si es falso, dé una razón y justifique su respuesta.

a) -13 es un entero   b) -2/7 es racional

c) -3 es un número natural d) 0 no es racional

e) $\sqrt{25}$ no es un entero positivo f) 7/0 es un número racional

g) $\sqrt{2}$ es un número real   h) 0/0 es racional

i) $\sqrt{3}$ es un número natural   j) -3 está a la derecha de -4 sobre la recta de los números reales   k) -3>-4

l) Todo entero es positivo o negativo   m) 5 es racional

Clasifique los siguientes enunciados como verdaderos o falsos

a) Todo número real tiene un recíproco   b) El recíproco de 7/3 es 3/7.

c) x(5*y)=(5*x) (x*y)   d) (x+2)/2=(x/2)+1

e) El inverso aditivo de 7 es -1/7   f) x(4y)=4xy

Simplifique, si es posible cada una de las siguientes expresiones:

a) -a-(-b)   b) $\dfrac{-1}{\frac{-1}{9}}$

c) –[-6+(-y)]   d) (-aby) / (-ax)

e) (1/2)+(1/3)   f) (3/2)-(1/4)+(1/6)

g) $\dfrac{\frac{l}{3}}{m}$ h) $\dfrac{\frac{-x}{y^2}}{\frac{z}{xy}}$

i) 7/0   j) 0/7

k) 0/0   i) 0*0

Simplifique y exprese las respuestas en términos de exponentes positivos

a) $x^6 x^9$ b) $z^3 z z^2$

c) $(x^3 x^5) / (y^9 y^5)$ d) $(x^{12})^4$

e) $(x^2 / y^3)^5$ f) $(2x^2 y^3)^3$

g) $[(x^2)^3 (x^3)^2] / (x^3)^4$

Evalúe las expresiones:

a) $\sqrt[4]{81}$

b) $\sqrt[7]{-128}$

c) $\sqrt[3]{\left(-\dfrac{8}{27}\right)}$

d) $9^{(-5/2)}$

e) $9^{(3/2)}$

f) $0.09^{(-1/2)}$

g) $(-64/27)^{(2/3)}$

Simplifique:

a) $\sqrt{50}$

b) $\sqrt[3]{2x^3}$

c) $\sqrt[4]{\left(\dfrac{x}{16}\right)}$

d) $2\sqrt{8} - 5\sqrt{27} + \sqrt[3]{128}$

e) $(27t^3 / 8)^{(2/3)}$

f) $(256 / x^{12})^{(-3/4)}$

Escriba las expresiones sólo en términos de exponentes positivos. Evite todos los radicales en la forma final.

a) a^5b^{-3} / c

b) $5m^{-2}m^{-7}$

c) $x+(y)^{-1}$

d) $(u^{-2}v^{-6}w^3) / (vw^{-5})$

e) $\sqrt{x^2y^3z^{-10}}$

f) $(3-z)^{-4}$

g) $\sqrt{x} - \sqrt{y}$

h) $\sqrt[4]{a^{-3}b^{-2}}\, a^5b^{-4}$

Escriba las formas exponenciales usando radicales

a) $(ab^2c^3)^{(3/4)}$

b) $3w^{(-3/5)} - (3w)^{(-3/5)}$

c) $[(x^{-4})^{(1/5)}]^{(1/6)}$

d) $2x^{(1/2)} - (2y)^{(1/2)}$

En los siguientes problemas racionalice los denominadores.

a) $6 / \sqrt{5}$

b) $1 / \sqrt[3]{3x}$

c) $\sqrt[5]{2} / \sqrt[4]{a^2b}$

Simplifique las expresiones. Exprese todas las respuestas en términos de exponentes positivos. Racionalice el denominador donde sea necesario para evitar la existencia de exponentes fraccionarios en el denominador.

a) $3 / (u^{(5/2)}v^{(1/2)})$

b) $\sqrt{243} / \sqrt{3}$

c) $\{[(3a^3)^2]^{-5}\}^{-2}$

d) $2^0/(2^{-2}x^{(1/2)}y^{-2})^3$

e) $\sqrt[3]{x^2yz^3}\,\sqrt[3]{xy^2}$

f) $\sqrt[5]{(x^2y)}^{\left(\frac{2}{5}\right)}$

g) $\sqrt[3]{7*49}$

h) $[(x^2)^3/x^4] / [x^3/(x^3)^2]^2$

i) $\sqrt{(-6)(-6)}$

j) $\sqrt{x}\ \sqrt{x^2y^3}\ \sqrt{xy^2}$

k) $(ab^{-3}c)^8 / (a^{-1}c^2)^{-3}$

l) $1 / [(x^{-2}\sqrt{2}) / (x^3\sqrt{16})]^2$

Realice las operaciones indicadas y simplifique:

a) $(6x^2-10xy+2)+(2z-xy+4)$

b) $(\sqrt{x}+2\sqrt{x})+(\sqrt{x}+3\sqrt{x})$

c) $4(2z-w)-3(w-2z)$

d) $5(x^2-y^2)+x(y-3x)-4y(2x+7)$

e) $2-[3+4(s-3)]$

f) $2\{3[3(x^2+2)-2(x^2-5)]\}$

g) $4\{3(t+5)-t[1-(t+1)]\}$

h) $-5\{4x^2(2x+2)-2[x^2-(5-2x)]\}$

i) $-\{-3[2a+2b-2]+5[2a+3b]-a[2(b+5)]\}$

j) $(t-5)\ (2t-7)$

k) $(2x-1)^2$

l) $(\sqrt{x}-1)\ (2\sqrt{x}+5)$

m) $(\sqrt{3x}+5)^2$

n) $(x^2-4)\ (3x^2+2x-1)$

o) $x\{2(x+5)\ (x-7)+4\ [2x(x-6)]\}$

p) $(x^2+x+1)^2$

q) $(2x-3)^3$

r) $(x+2y)^3$

s) $(6x^5+4x^3-1) / (2x^2)$

t) $[(3y-4)-(9y+5)] / 3y$

u) $(x^2+5x-3) / (x+5)$

v) $(x^4+2x^2+1) / (x-1)$

w) $(3x^3-2x^2+x-3) / (x+2)$

x) $x^3 / (x+2)$

y) $(6x^2+8x+1) / (2x+3)$

z) $(3x^2-4x+3) / (3x+2)$

Factorice completamente las siguientes expresiones

a) $3x^2y-9x^3y^3$

b) $8a^3bc-12ab^3cd+4b^4c^2d^2$

c) z^2-49

d) x^2-x-6

e) p^2+4p+3

f) $16x^2-9$

g) x^2+6x+9

h) $3t^2+12t-15$

i) $3x^2-3$

j) $9y^2-18y+8$

k) $6y^2+13y+2$

l) $12s^3+10s^2-8s$

m) $u^{(13/5)}v-4u^{(3/5)}v^3$

n) $9x^{(4/7)}-1$

o) $x^2y^2-4xy+4$

p) $2x^2(2x-4x^2)^2$

q) $x^3y^2-14x^2y+49x$

r) $(x^3-4x)+(8-2x^2)$

s) $(y^4+8y^3+16y^2)-(y^2+8y+16)$

t) $x^3y-4xy+z^2x^2-4z^2$

u) x^3-1

v) x^6-1

w) $(x-3l)(3x+5l) - (3x+5l)(x+2l)$

x) $81x^4-y^4$

y) t^4-4

z) x^4-10x^2+9

Realice las operaciones y simplifique tanto como sea posible

a) $(x^2-3x-10) / (x^2-4)$

b) $(3x^2-27x+24) / (2x^3-16x^2+14x)$

c) $(12x^2-19x+4) / (6x^2-17x+12)$

d) $[(t^2-9)\ t^2] / [(t^2+3t)\ (t^2-6t+9)]$

e) $[(ax-b)(c-x)] / [(x-c)\ (ax+b)]$

f) $[(x^2-y^2)\ (x^2+2xy+y^2)] / [(x+y)\ (y-x)]$

g) $[(x^2+2x) / (3x^2-18x+24)] / [(x^2-x-6) / (x^2-4x+4)]$

h) $[(c+d) / c] / [(c-d) / (2c)]$

i) $(4x) / [3/(2x)]$

j) $[(x^2+6x+9)/x] / (x+3)$

k) $[(x^2-x-6) / (x^2-9)] / [(x^2-4) / (x^2+2x-3)]$

l) $[(4x+3)^2 / (4x-3)] / [(7x+21) / (9-16x^2)]$

m) $[(6x^2y+7xy-3y) / (xy-x+5y-5)] / [(x^3y+4x^2y) / (xy-x+4y-4)]$

n) $[x^2 / (x+3)\ ] + [(5x+6) / (x+3)]$

o) $[2 / (x+2)]+[x / (x+2)]$

p) $(2 / t)+[1 / (3t)]$

q) $(9 / x^3)-(1 / x^2)$

r) $[4 / (2x-1)]+[x / (x+3)]$

s) $[1 / (x^2-2x-3)]+[1 / (x^2-9)]$

t) $[4 / (2x^2-7x-4)]-[x / (2x^2-9x+4)]$

u) $\dfrac{1}{x-1} - 3 + \dfrac{-3x^2}{5-4x-x^2}$

v) $(x^{-1}-y)^{-1}$

w) $(a+b^{-1})^2$

x) $[(x+3) / x] / [x-(9 / x)]$

y) $\dfrac{3-\frac{1}{2x}}{x+\frac{x}{x+2}}$

z) $\dfrac{\frac{x-1}{x^2+5x+6}-\frac{1}{x+2}}{3+\frac{x-7}{3}}$

En los siguientes problemas exprese su respuesta de manera que no aparezcan radicales en el denominador

a) $1 / (2+\sqrt{3}\ )$ b) $\sqrt{2} / (\sqrt{3} - \sqrt{6}\ )$ c) $3 / (t+\sqrt{7}\ )$

d) $[(x-3) / (\sqrt{x} -1)] + [4 / (\sqrt{x} -1)]$ e) $[5 / (2+\sqrt{3}\ )] - [4 / (1-\sqrt{2}\ )]$

f) $4x^2 / [3 (\sqrt{x} +2)]$

Simplifique:

  a) $(64\ a^3)^{2/3}$ b) $\sqrt[3]{(x^6 y^9)}$ c) $\left(\frac{81}{x^{16}}\right)^{-\frac{3}{4}}$

d) $[(x^3)^3/x^5] \div [x^8/(x^7)^3]^4$

Racionalice: a) $2/\sqrt{6}$ b) $1/\sqrt[3]{x}$ c) $5/\sqrt[3]{x^4}$

Resuelva: a) $(x+2)^2$ b) x^2-1

c) x^0 d) $[(x^{1/5}y^{6/5})/z^{2/5}]^5$ e) $(3x+4)^3$

f) $[(1/x)-(1/y)]^{-2}$ g) $\sqrt{(2+x)}$ h) $\sqrt{50}/\sqrt{5}$

i) $8-x^3$

Factorice:

a) $u^{18/5}v-4u^{3/5}v^4$ b) x^6-1 c) $3t^2+12t-15$ d) x^4-10x^2+9
e) $2t^2+9t+10$

Simplifique y resuelva:

a) $(2x^2+6x-8)/(8-4x+4x^2)=?$

b) $[(4x)\div(x^2-1)]\div[(2x^2+8x)\div(x-1)]=?$

c) $[(x^2-4x+4).(6x^2-6)]/[(x^2+2x-3).(x^2+2x-8)]=?$

d) $\{2/[(x^3).(x-3)]\}+\{3/[x.(x-3)^2]\}=?$

e) $[(x-2)/(x^2+6x+9)]-[(x+2)/(2.(x^2-9))]=?$

f) $[(x^2-5x+4)/(x^2+2x-3)]-[(x^2+2x)/(x^2+5x+6)]=?$

Simplifique:

a) $(27\,a^6)^{2/3}$ b) $\sqrt[3]{(x^9y^6)}$ c) $(\frac{16}{x^4})^{-\frac{3}{4}}$

d) $[(x^3)^3/x^5]\div[x^8/(x^7)^3]^4$

Racionalice: a) $2/\sqrt{3}$ b) $1/\sqrt[5]{x}$ c) $5/\sqrt[3]{x^7}$

Resuelva: a) $(x+3)^2$ b) x^2-1

c) x^0 d) $[(x^{1/5}y^{6/5})/z^{2/5}]^5$ e) $(2x+3)^3$

f) $[(1/x)-(1/y)]^{-2}$ g) $\sqrt{(8+x)}$ h) $\sqrt{45}/\sqrt{5}$

i) $27-x^3$

Simplifique:

a) $x^4.x^3.x.x^{12}=?$ b) $(64\,a^3)^{2/3}=?$

c) $\sqrt[3]{(x^6y^4)}=?$

d) $[(x^2)^3]^5=?$ e) Racionalice: $\dfrac{2}{\sqrt{5}}=?$

f) $x^0=?$ g) $[(x^{1/5}y^{6/5})/z^{2/5}]^5=?$

h) $ax^2-ay^2+bx^2-by^2=?$

l) $\sqrt[3]{\sqrt[5]{2}}=?$ (exprese en forma exponencial)   J) $[(1/x)-(1/y)]^{-2}=?$

k) $8^{2/3}$=? $\qquad$ l) $\sqrt{(2+x)}$ =?

m) $\dfrac{\sqrt{20}}{\sqrt{5}}$ =?

n) x^8/x^3=?

Racionalice: $2/{}^6\sqrt{(3x^5)}$ $\qquad$ $[\sqrt{(y^2+1)}+5].[\sqrt{(y^2+1)}-5]$=?

$ax^2-ay^2+bx^2-by^2$=?

Simplifique:

$[(x^2-4x+4).(6x^2-6)]/[(x^2+2x-3).(x^2+2x-8)]$=?

$\{2/[(x^3).(x-3)]\}+\{3/[x.(x-3)^2]\}$=?

$[(x-2)/(x^2+6x+9)]-\{(x+2)/[2.(x^2-9)]\}$=?

$[(x^2-5x+4)/(x^2+2x-3)]-[(x^2+2x)/(x^2+5x+6)]$=?

$\left[\dfrac{x-1}{x^2+5x+6}-\dfrac{1}{x+2}\right]\div[3+\dfrac{x-7}{3}]$=?

$(3x+4)^3$=?

$(2t+3).(4t^2+6t-3)$=?

$8^{2/3}$=? $\qquad\qquad$ $\sqrt{(2+x)}$=? $\qquad$ $\sqrt{20}/\sqrt{5}$=?

Divida: $3x^4+10x^3-5x+2$ entre $x+1$

Factorice: x^2-x-6=? $\qquad$ $6y^3+3y^2-18y$=?

Resuelva: $8-x^3$=? $\qquad$ x^4-1=?

Simplifique:

$(2x^2+6x-8)/(8-4x+4x^2)$=?

$[(4x)\div(x^2-1)]\div[(2x^2+8x)\div(x-1)]$=?

Simplifique:

a) $(256/x^{12})^{-3/4}$ b) $[(x^2)^3/x^4] \div [x^3/(x^3)^2]^2$ c) $\sqrt[4]{a^{-3}b^{-2}}\ a^5 b^{-4}$

d) $\sqrt{(x^2yz^3)}\ \sqrt{(xy^2)}$ e) $\{[(3a^3)^2]^{-5}\}^{-2}$ f) $4t^2-9s^2$

Factorice:

a) $u^{13/5}v-4u^{3/5}v^3$ b) x^6-1

c) $3t^2+12t-15$ d) b^3+64 e) x^4-10x^2+9

Simplifique:

$$\left[\frac{x-1}{x^2+5x+6} - \frac{1}{x+2}\right] \div [3 + \frac{x-7}{3}]$$

Racionalice: $1/(1-\sqrt{2})$

$1/(1-\sqrt{3})$

$1/(1+\sqrt{6})$

Simplifique:

$\sqrt{(x^2yz^3)}\ \sqrt{(xy^2)}$

$\{[(3a^3)^2]^{-5}\}^{-2}$

$\sqrt[4]{[(a^{-3}b^{-2}\ a^5 b^{-4}]}$

División de polinomios: $(x^4+2x^2+1) \div (x-1)$

Sean $P_1(x)= Ax^2 + 2x - \beta; P_2(x)= Ax^2 - 4x + \beta. \ldots$

Si $(x-1)$ es el M. C. D. de $P_1 \wedge P_2$: Hallar $\dfrac{\beta}{A}$

Simplifique:

$\{3-[1/(2x)]\}/\{x+[x/(x+2)]\}$

Simplifique:

a) $\dfrac{\sqrt{243}}{\sqrt{3}}$ b) $\dfrac{\frac{(x^2)^3}{x^5}}{\left[\frac{x^3}{(x^3)^2}\right]^3}$ c) $\sqrt{x}*\sqrt{x^4y^7}*\sqrt{xy^5}$

d) $\dfrac{(ab^{-7}c)^8}{(a^{-2}c^6)^{-3}}$ e) $\sqrt[5]{x^{20}}$ f) $\sqrt{7}*7^{-0.5}$

g) $(125)^{\frac{2}{3}}$ h) $\sqrt{3}*\sqrt{27}$ i) $\dfrac{1}{8}-\dfrac{1}{12}$ j) $\dfrac{1}{x^3y}-\dfrac{1}{xy^2}$

k) $\dfrac{1}{\sqrt{2}}$

l) $\dfrac{1}{\sqrt[9]{x^5}}$

m) $\dfrac{1}{\sqrt[3]{x^5}}$

Simplifique:

a) $\dfrac{3-\frac{1}{2x}}{x+\frac{x}{x+2}}$

b) $\dfrac{\frac{x-1}{x^2+5x+6}-\frac{1}{x+2}}{3+\frac{x-7}{3}}$

c) $\dfrac{12x^2-19x+4}{6x^2-17x+12}$

d) $\dfrac{\frac{x^2+2x}{3x^2-18x+24}}{\frac{x^2-x-6}{x^2-4x+4}}$

e) $\dfrac{4}{x-1}-3+\dfrac{-3x^2}{5-4x-x^2}$

f) $\dfrac{x-2}{x^2+6x+9}-\dfrac{x+2}{2*(x^2-9)}$

Simplifique las siguientes expresiones. Exprese todo con exponentes positivos y sin radicales en el denominador

a) $\dfrac{\sqrt{128}}{\sqrt{2}}$

b) $\dfrac{\frac{(x^4)^3}{x^4}}{\left[\frac{x^3}{(x^3)^2}\right]^3}$

c) $\sqrt{x}*\sqrt{x^2y^3}*\sqrt{xy^5}$

d) $\dfrac{(ab^{-3}c)^8}{(a^{-1}c^2)^{-3}}$ e) $\sqrt[5]{x^{10}}$ f) $\sqrt{3}*3^{-0.5}$

g) $(27)^{2/3}$ h) $\sqrt{2}*\sqrt{8}$ i) $\dfrac{1}{8}-\dfrac{1}{12}$

j) $\dfrac{1}{x^2 y} - \dfrac{1}{xy^3}$ 　　　　k) $\dfrac{1}{\sqrt{3}}$ 　　　　l) $\dfrac{1}{\sqrt[9]{x^4}}$

m) $\dfrac{1}{\sqrt[7]{x^9}}$

Realice las siguientes operaciones, factorice y simplifique tanto como sea posible:

a) $(x^5)^2/x^2/[x^4/(x^3)^2]^6$

b) $(1/3)-(1/2)$

c) $(1/x)-(1/x^2)$

d) $(x^3)*[(x^2)/x]$

e) x^2+4x-5

e) $-[4/(x-1)+[3x/(x^2+4x-5)]$

f) x^2-9

g) $[1/(x+3)]-[1/(x^2-9)]$

Racionalice:　a) $2/\sqrt{5}$ 　　　b) $1/(1+\sqrt{6})$

Resuelva:　　$[\sqrt{(y^2+1)}+5].[\sqrt{(y^2+1)}-5]$

$\sqrt{20}/\sqrt{5}$

Porcentajes y regla de tres

1.- Para construir 9 m de valla se han pagado 123 €. ¿Cuánto se tendrá que pagar por construir 15 m del mismo tipo de valla?.

2.- 4 amigos van a ir a un partido de baloncesto. Para ello deciden llevar paquetes de pipas, y así matar el gusanillo. Se gastaron 2,40 € en los paquetes. Se desea saber cuánto tuvo que pagar cada uno sabiendo que compraron 2, 3, 4 y 6 paquetes, respectivamente.

3.- 3 albañiles hacen 6 casas adosadas (muros exteriores e interiores) en 4 meses y 10 días. ¿Cuánto tardarán en hacer 5 albañiles 8 casas del mismo tipo?.

4.- 5 murciélagos se comieron cada uno 72 mosquitos una noche de verano, desapareciendo así todos ellos. Si hubieran sido 6 murciélagos, ¿a cuántos mosquitos habrían tocado?.

5.- 2 mangueras llenan una piscina pequeña en 2 días y medio. ¿Cuánto tardarán en llenarla con una manguera más?.

6.- Con 3 rollos de cinta roja se pueden sacar 111 tiras de lazo del mismo color y tamaño. ¿Cuántos trozos se podrán obtener con un rollo más?.

7.- Para construir un edificio en 100 días se necesitan 36 trabajadores. ¿Cuántos se necesitarían para construirlo en 60 días?.

8.- 3 hombres cargan una enorme piedra soportando cada uno un peso de 40 kg. Si un amigo les ve la cara de sufrimiento que llevan y decide ayudarlos, ¿qué peso llevará cada uno ahora?.

9.- Tenemos en una carpintería 3 listones grandes, todos iguales. El carpintero decide cortarlos en trozos de 50 cm y así obtendría 36 trozos. Resulta que un poco más tarde encontró otro listón, y por ello, decidió cortar los 4 en trozos de 60 cm, en vez de 50. ¿Cuántos trozos obtuvo en total?.

10.- Un reloj-cronómetro valía ayer 100 €. Si hoy me han comentado que le han subido el precio un 24 %, ¿cuánto vale hoy?.

11.- Un reloj-cronómetro valía ayer 100 €. Si hoy me han comentado que le han rebajado su precio un 12 %, ¿cuánto vale hoy?.

12.- Un reloj-cronómetro vale hoy 161 €, después de que haya subido un 15 % el precio de ayer. ¿Cuánto costaba ayer?.

13.- Un reloj-cronómetro valía ayer 80 €, y hoy 96 €. ¿Cuál ha sido el porcentaje de subida?.

14.- Un reloj-despertador vale con IVA 79,5 €. Si el IVA que se le ha aplicado es del 6 %, ¿cuánto costaría sin este impuesto?.

15.- En una clase de secundaria hay 21 niñas y 9 niños. ¿Cuál es el porcentaje de niñas que hay en dicha clase?.

16.- Hace poco tiempo he tenido que pagar los sellitos del ayuntamiento para que mis 3 vehículos puedan circular por las calles y carreteras de toda España. Tuve que pagar en la ventanilla un total de 259 €.Si se paga en función de la cilindrada de cada vehículo, y tengo una moto de 500 cc, el coche de mi esposa de 1200 cc, y mi coche de 2000 cc, ¿cuánto pagué de este impuesto por cada vehículo?.

17.- En 18 bolsas de alfileres para tender la ropa (la que sale mojada de la lavadora) tenemos 1350. ¿Cuántos tendremos en 21 bolsas iguales?.

18.- Me gusta mucho una canción. Me ha dado por ella y por eso me la he grabado 14 veces seguidas en un CD, durando 46 minutos y 26 segundos. Si aún me sigue gustando tela y me quiero grabar otro CD con 20 veces la canción, ¿qué tiempo me llevaría escuchándola?.

19.- La única cosa que podría heredar de un padre de la Roda de Andalucía sus hijos era una buena parcela de tierra. Este padre calculó el tamaño de las parcelas que le daría a cada uno de sus 4 hijos, y eran de 1800 m². Al año, mira tú por donde, tuvo una hija (María, ya la última). Por tanto, ¿cuál será el tamaño actual de las parcelas a heredar?.

20.- Una familia tiene ahorrados 18.500 € y ha decidido ingresarlos en el banco de un amigo. Éste le ha dicho que les puede poner el dinero a un 2,7 % de interés. ¿Qué dinero tendrán al cabo de dos años y medio?.

21.- Una persona que todos conocemos metió no hace mucho tiempo 21000 € en una cuenta de las que salen por la "tele", y al 7 % le produjeron 122,50 € de intereses. ¿Qué tiempo dejó el dinero en esa cuenta?.

22.- Yo tengo 36 años y tú 40. ¿Qué porcentaje de edad tienes tú más que yo?.

23.- Un grupo de 12 amigos tuvieron mucha suerte un martes, ya que se encontraron una bolsa de canicas de distintos colores. Las contaron y se dijeron unos a otros que se podían llevar 15 cada uno. Ahora va y 2 de ellos no quieren participar en el reparto por motivos diversos. Los demás se alegraron porque ... ¿Cuántas canicas se llevó cada uno de los que sí quisieron?.

24.- Para construir una pared de 12 m de largo y 5 m de alto se necesitan 400 ladrillos. ¿Qué altura tendrá la pared si tuviera 4 m de largo y se cuentan con 200 ladrillos?.

25.- Para comprar 300 g de queso necesito 6 €. ¿Cuánto podré comprar con 4,50 €?.

26.- Un viajante cobra 7,21 € diarios y el 2,5 % sobre el valor de las ventas. Al cabo de 18 días recibe 253,63 €. Calcula el importe de las ventas.

27.- Un camión que carga 3 toneladas necesita 15 viajes para transportar cierta cantidad de arena. ¿Cuántos viajes necesitará para hacer transportar la misma arena en un camión cuya carga son 5 t?.

28.- Un padre le da la paga semanal a sus 3 hijos de forma que a cada uno le corresponde una cantidad proporcional a su edad. Estos hijos tienen 20, 15 y 8 años. Si el padre suelta cada semana 107,50 €, ¿cuánto le toca a cada uno?.

29.- Para enviar un paquete de 12 kg a una población que está a 60 km de distancia una empresa de transporte me ha cobrado 9 €. ¿Cuánto me costaría enviar un paquete de 15 kg a unos 200 km?.

30.- 5 máquinas embotelladoras envasan 7200 litros de aceite en 1 h. ¿Cuántos litros envasarán 3 máquinas en 2 h y media?.

31.- 50 terneros consumen 4200 kg de alfalfa a la semana. ¿Cuántos kg de alfalfa se necesitarán para alimentar a 20 terneros durante 15 días?.

32.- Para envasar cierta cantidad de vino se necesitan 8 toneles de 210 litros de capacidad cada uno. Se quiere envasar la misma cantidad de vino, pero empleando 15 toneles. ¿Cuál debería ser la capacidad de ellos?.

33.- En un comercio, un artículo que en diciembre estaba valorado en 1500 €, nos ha costado el 15 de enero 1620 €. ¿Cuál ha sido el porcentaje de subida?   Si en marzo le van a aumentar un 14 % su precio con respecto al de enero, ¿cuánto valdrá en ese mes?.

34.- Con 48 gusanos de 6 cm de tamaño soy capaz de hacer una línea recta grandecita. ¿De qué tamaño tendrían que ser los gusanos para hacer esa misma línea con tan solo 36 gusanitos?.

35.- Un camión va transportando 70 cajas de botellas de lejía perfumada de 5 litros, conteniendo cada caja 9 botellas. Si cupiesen en las cajas 1 botella más, ¿cuántas transportaría el camión?.

36.- Se sabe que 3 grifos de agua, echando agua 10 h al día, llenan una piscina de 12000 dm^3. ¿Qué capacidad tendrá, como máximo, una piscina que es llenada con 5 grifos echando agua 8 h al día?.

37.- El APA de un colegio va a destinar un dinero para sufragar parte de los gastos de un viaje de fin de curso, y por eso a cada niño, de los 19 que irán, va a recibir 38 €. Al final, uno que no iba, va. Por tanto, ¿qué dinero le corresponderá a cada uno ahora?.

38.- En una fábrica necesitan que ciertos trabajadores hagan "horas extras" para terminar cuanto antes un trabajo pendiente. Para ello, tienen destinado un presupuesto de 2160 €. Si Juan, Pepe y Manolo son los únicos voluntarios que se han ofrecido y han hecho 40, 50 y 90 horas extras, respectivamente, ¿cuánto se ganará cada uno por ese tiempo de más trabajado?.

39.- En una familia la madre cobra un sueldo de 811,37 €, y el padre 961,98 €. Este mes tienen unos gastos fijos de piso, agua, luz, teléfono, ... que ascienden al 25 % de los ingresos. Un 40 % se gasta en manutención. Un 15 % en vestido y calzado. Un 5 % en gastos varios. Pagan un recibo mensual de 199,92 € por la compra de un coche a plazos. ¿Podrá ahorrar algo este mes la familia?.

40.- 3 peones de albañil deben trasladar, a primera hora de la mañana, 76 ladrillos cada uno desde la puerta de un chalet al sótano del mismo, ya que quieren hacer un murito y algo más. Y lo debían hacer 3 porque había uno que siempre llegaba tarde. Justo antes de empezar llegó el "tardante". ¿Cuántos ladrillos trasladaron los 4?.

41.- En unas elecciones municipales, votaron 34120 hombres y 22256 mujeres. Si en la ciudad habían censados 109527 personas, de las cuales 31227 eran menores de edad, ¿cuál fue el porcentaje de personas con derecho a voto (> de 18 años) que no participaron en las elecciones?.

42.- Un jugador profesional de baloncesto estuvo tirando "tiros libres" durante algo más de 1 hora. En ese tiempo lanzó 420 y "encanastó" 273. ¿Cuál fue su porcentaje de acierto?.

43.- En una clase de secundaria hay 30 niñas y 10 niños. ¿Cuál es el porcentaje de niñas que hay en dicha clase?.

44.- Si 4 hombres trabajando 7 horas diarias han abierto una zanja de 50 m en 11 días. ¿Cuántos días necesitarán 10 hombres trabajando 9 horas diarias para abrir una zanja de 70 metros?.

45.- En una clase de secundaria hay 21 niñas y 9 niños. ¿Cuál es el porcentaje de niñas que hay en dicha clase?.

46.- Si 5 hombres trabajando 6 horas diarias han abierto una zanja de 40 m en 8 días. ¿Cuántos días necesitarán 9 hombres trabajando 8 horas diarias para abrir una zanja de 60 metros?.

47.- El precio de un ordenador es de $1200 sin IVA. ¿Cuánto hay que pagar por él si el IVA es del 16%?.

48.- Cuál será el precio que hemos de marcar en un artículo cuya compra ha ascendido a $180 para ganar al venderlo el 10%?.

49.- De los 800 alumnos de un colegio, han ido de viaje 600. ¿Qué porcentaje de alumnos ha ido de viaje?.

50.- Calcule el resultado:

El 32% de 125

El 78% de 130

El 50% de 70

51.- Se calculó el porcentaje de 130 y se obtuvo 80, ¿qué porcentaje se aplicó?.

52.- Al calcular el 20 % de un número se obtuvo 40, ¿a qué número se le aplicó el porcentaje?.

53.- Un ordenador cuesta \$600, me ofrecen un 12% de descuento por pagarlo al contado. ¿Cuánto me han descontado?. ¿Cuánto he pagado?.

54.- Una camiseta costaba \$34 y en temporada de rebajas se vende a \$24. ¿Qué porcentaje de descuento se ha aplicado sobre el precio anterior?.

55.- He pagado \$34 por una sudadera que estaba rebajada un 15%. ¿Cuánto costaba la sudadera?.

56.- Cierta persona invirtió parte de los \$15,000 al 12% y el resto al 8%. Si su rédito anual de las 2 inversiones es de\$1,456 ¿Cuál es la cantidad invertida en dólares al 12%?.

Conversión de Unidades

¿Cuáles son las dimensiones de k_1, k_2, k_3, k_4 en la relación dada por $s = k_1 t + k_2 t^3 + k_3 s + k_4$? donde s representa a la longitud y t representa al tiempo.

Cuál es la equivalencia entre Newton (N) y dinas (dinas), entre millas y km, entre pies y cm, y entre kilogramos y libras y entre pulgadas y cm?.

Un cuerpo se mueve, y su trayectoria está definida por:

$$x = \frac{v}{2\Gamma(\cos\alpha + \mu_k \, \mathrm{sen}\,\alpha)}$$

donde: x es la distancia, v la velocidad, μ_k es adimensional y α es un ángulo. Hallar las dimensiones de Γ?.

Ecuaciones, sistemas de ecuaciones, valor absoluto y desigualdades

En los siguientes problemas, determine por sustitución cuáles de los números dados satisfacen la ecuación, si es que alguno lo hace.

a) $9x-x^2=0$; 1,0   b) $2x+x^2-8=0$; 2,-4

c) $x(x+1)^2(x+2)=0$; 0,-1,2

2) Resolver la siguientes ecuaciones.

a) $4-7x=3$ b) $\sqrt{2x}+3=8$

c) $7x+7=2(x+1)$

d) $5(p-7)-2(3p-4)=3p$

e) $t=2-2[2t-3(1-t)]$

f) $(x/3)-4=(x/5)$

g) $y-(y/2)+(y/3)-(y/4)=(y/5)$

i) $[7+2(x+1)]/3=(6x)/5$

j) $[x/5]+[2(x-4)/10]=7$

k) $9(3-x)/5=3(x-3)/4$

l) $[(2y-7)/3]+[(8y-9)/14]=(3y-5)/21$

m) $(2x-5)^2+(3x-3)^2=13x^2-5x+7$

n) $(3x-5)/(x-3)=0$

o) $7/(3-x)=0$

p) $(2x-3)/(4x-5)=6$

q) $[(x+2)/(x-1)]+[(x+1)/(3-x)]=0$

r) $-5/(2x-3)=[7/(3-2x)]+[11/(3x+5)]$

s) $[1/(x-3)]-[3/(x-2)]=[4/(1-2x)]$

t) $[x/(x+3)]-[x/(x-3)]=[(3x-4)/(x^2-9)]$

u) $(3x-4)^{(1/2)}-8=0$

v) $\sqrt{\left(\frac{1}{w}\right)}-\sqrt{\left(\frac{2}{5w-2}\right)}=0$

w) $\sqrt{x}$ - $\sqrt{x+1}$ =1

x) $\sqrt{y}$ + $\sqrt{y+2}$ =3

y) $\sqrt{z^2+2z}$ =3+z

z) $(x-5)^{(\frac{3}{4})} = 27$

Exprese el símbolo indicado en términos de los símbolos restantes.

a) I=Prt ; r   b) P[1+(q / 100)]-R=0 ; q

c) p=-3q+6 ; q   d) S=P(1+rt) ; r

e) r=2mI / [B(n+1)] ; n

f) r=d / (1-dt) ; d

g) (x-a) / (b-x)=(x-b) / (a-x) ; x

h) (1 / p) + (1 / q) = (1 / f) ; q

Resuelva por factorización los siguientes problemas.

a) t^2-8t+15=0   b) x^2-2x-3=0

c) $3w^2$-12w+12=0   d) x^2-4=0

e) t^2-5t=0   f) $4x^2$+1=4x

g) $2z^2$+9z=5   h) $2p^2$=3p

i) $-r^2$-r+12=0   j) x(x+4)(x-1)=0

k) t^3-49t=0   l) $6x^3$+$5x^2$-4x=0

m) $p(p-3)^2 - 4(p-3)^3=0$ n) 5 $(x^2$+x-12) (x-8)=0

o) x^4-$3x^2$+2=0

En los siguientes problemas, encuentre todas las raíces reales con el uso de la fórmula cuadrática.

a) x^2+2x-24=0   b) $4x^2$-12x+9=0

c) 4-2n+n^2=0   d) $0.01x^2$+0.2x-0.6=0

e) $-2x^2$-6x+5=0

En los siguientes problemas, resuelva la ecuación de forma cuadrática dada:

a) $x^4-5x^2+6=0$ b) $(3 / x^2) - (7 / x)+2=0$

c) $x^{-2}+x^{-1}-12=0$ d) $x^{-4}-9x^{-2}+20=0$

e) $(1 / x^4) - (9 / x^2) +8=0$ f) $(3x+2)^2-5(3x+2)=0$

g) $[2 / (x+4)^2] + [7 / (x+4)] +3=0$

Resuelva por cualquier método los siguientes problemas.

a) $x^2=(x+3) / 2$ b) $(x / 2)=(7 / x)-(5 / 2)$

c) $[(3x+2) / (x+1)]-[(2x+1) / (2x)]=1$

d) $[2 / (r-2)]-[(r+1) / (r+4)]=0$

e) $[(t+1) / (t+2)]+ [(t+3) / (t+4)]=[(t+5) / (t^2+6t+8)]$

f) $[2 / (x+1)]+(3 / x)=4 / (x+2)$

g) $[2 / (x^2-1)] - \{1 / [x(x-1)]\}=(2 / x^2)$

h) $5-[3(x+3) / (x^2+3x)]=(1-x) / x$

i) $q+2=2\sqrt{4q - 7}$

j) $\sqrt{x} - \sqrt{2x + 1} +1=0$

k) $\sqrt{z + 3} - \sqrt{3z} -1=0$

l) $\sqrt{x + 3} +1=3 \sqrt{x}$

m) $\sqrt{\sqrt{t} + 2}=\sqrt{3t - 1}$

Resolver las siguientes ecuaciones

a) $[(t+1) / (t+2)] + [(t+3) / (t+4)]=[(t+5) / (t^2+6t+8)]$

b) $[x / (x+3)] - [x / (x-3)]=[(3x-4) / (x^2-9)]$

c) $\sqrt{x + 3} - 3 \sqrt{x} = -1$

d) $p[1+(q / 100)]-R=0$ despejar q.

e) $(3 / x^2) - (7 / x) +2=0$

Resolver el siguiente sistema de ecuaciones por cualquier método.

$3x-4y=13$

$2x+3y=3$

La suma de dos números es 46, y su diferencia es 20. ¿Cuáles son los números?.

La suma de dos números es 90, uno de ellos es 52 unidades mayor que el otro. Halle los números.

El perímetro de un rectángulo es 48 cm, el largo es 3 cm mayor que el ancho. Calcule las dimensiones del rectángulo.

Un triángulo isósceles tiene 30 cm de perímetro, la base es 4 cm más corta que cada uno de los lados iguales. Halle los lados.

La suma de los dígitos de un número de dos cifras es 9. Si se duplica la cifra de las unidades entonces la suma de las cifras del nuevo número es 12. Determine el número original.

La suma de los dígitos de un número de dos cifras es 11. Si intercambiamos las cifras, el nuevo número es 27 unidades mayor que el original. Determine el número.

La suma de los dígitos de un número de dos cifras es 13. Si intercambiamos sus cifras, el nuevo número es 27 unidades menor que el original. Determine el número.

Los 24 alumnos de 8° A se colocan en 3 filas para tomarse la foto de curso. En cada fila debe haber un alumno más que en la fila anterior. Determine el número de alumnos en cada fila.

Tomás pide para una fiesta pasteles y pizzas. Se necesitan 100 pedazos y dispone de $280. Un pastel cuesta $2,50 y la pizza $3. Cuántas pizzas máximo puede pedir para que el dinero alcance.

Las edades de Federico y su madre suman 53 años. Dentro de 17 años la edad de la madre será el doble que la de Federico. ¿Cuál es la edad actual de cada uno?.

La diferencia de las edades de 2 hermanos es de 4 años. Hace 10 años sus edades sumaban 10 años. Determine la edad actual de cada uno.

Peter trabaja en la bodega de su tía. Normalmente utiliza 5 días con 6 horas diarias de trabajo. ¿Cuántas horas de sobre tiempo debe trabajar por día si es que quiere tener libre el miércoles?.

Una vela de 24 cm de largo se reduce 1 cm en cada hora. Otra vela más gruesa de 15 cm de largo se reduce 0,4 cm en cada hora. Ambas velas se encienden al mismo tiempo. ¿Cuánto tiempo tardará para que ambas velas tengan la misma altura?.

Peter se quedó dormido el día del paseo. Sus compañeros partieron a las 08h00 y caminan 4 km/h. Peter sale a las 08h20 y camina a 6 km/h para alcanzarles. ¿A qué hora les dará alcance?. ¿Qué distancia recorrió allí?.

Jorge y Frank viven a 26 km de distancia. Ellos planifican encontrarse y viajan en bicicleta partiendo a las 14h00 de sus casas. Jorge avanza a 19 km/h y Frank a 20 km/h. ¿A qué hora se encuentran?.

Use la fórmula P=2l+2w para encontrar la longitud l de un rectángulo cuyo perímetro P es de 660 m y cuyo ancho w es de 160 m.

Un agente de ventas necesita calcular el costro de un artículo cuyo impuesto de venta es de 8.25 %. Escriba una ecuación que represente el costo total c de un artículo que cuesta x dólares.

El ingreso mensual total de una guardería por concepto del cuidado de x niños está dado por r=450x, y sus costos mensuales totales son c=380x+3500. ¿Cuántos niños necesitan inscribirse mensualmente para alcanzar el punto de equilibrio?. En otras palabras, ¿cuándo los ingresos igualan a los costos?.

Si usted compra un artículo para uso empresarial, puede repartir su costo entre toda la vida útil del artículo cuando prepare la declaración de impuestos. Esto se denomina depreciación. Un método de depreciación es la depreciación lineal, en la cual la depreciación anual se calcula al dividir el costo del artículo, menos su valor de rescate, entre su vida útil. Suponga que el costo es C dólares, la vida útil es N años y no hay valor de rescate. Entonces el valor V (en dólares) del artículo al final de n años está dado por: V=C[1-(n/N)].

Si el mobiliario nuevo de una oficina se compró por $3200, tiene una vida útil de 8 años y no tiene valor de rescate, ¿después de cuántos años tendrá un valor de $2000?.

Bronwyn y Steve quieren comprar una casa, de manera que han decidido ahorrar cada uno la quinta parte de sus salarios. Bronwyn gana $27 por hora y recibe un ingreso adicional de $18 a la semana, por declinar las prestaciones de la compañía, mientras que Steve gana $35 por hora más prestaciones. Entre los dos, quieren ahorrar al menos $550 cada semana. ¿Cuántas horas debe trabajar cada uno de ellos cada semana?.

Suponga que fuera constante la razón del número de horas que una tienda de video está abierta, al número de clientes diarios. Cuando la tienda está abierta 8 horas, el número de clientes es 92 menos que el número máximo de clientes. Cuando la tienda está abierta 10 horas, el número de clientes es 46 menos que el número máximo de clientes. Escriba una ecuación que describa esta situación y determine el número máximo de clientes diarios.

Allison Bennett descubre que tiene $1257 en una cuenta de ahorros que no ha usado por un año. La tasa de interés fue de 7.3% compuesto anualmente. ¿Cuánto interés ganó por esa cuenta a lo largo del último año?.

El área de un dibujo rectangular, que tiene un ancho de 2 pulgadas menor que el largo, es de 48 pulgadas cuadradas. ¿Cuáles son las dimensiones del dibujo?.

La temperatura se ha incrementado X grados por día durante X días. Hace X días fue de 15 grados. Hoy es de 51 grados. ¿Cuánto se ha incrementado la temperatura por día?. ¿Durante cuántos días se ha estado incrementando?.

Suponga que la altura h de un objeto que se lanza verticalmente hacia arriba desde el piso está dada por $h=39.2t-4.9t^2$, donde h está en metros y t es el tiempo transcurrido en segundos. ¿Después de cuántos segundos el objeto cae al piso? y ¿cuándo se encuentra a una altura de 68.2 m?.

Un químico debe preparar 350 ml de una solución compuesta por dos partes de alcohol y tres partes de ácido. ¿Cuántos ml debe utilizar de cada una?.

Se construirá una plataforma rectangular de observación que dominará un valle. Sus dimensiones serán de 6 m por 12 m. Habrá un cobertizo rectangular de 40 m^2 de área en el centro de la plataforma. La parte descubierta consistirá de un pasillo de anchura uniforme. ¿Cuál debe ser el ancho de este pasillo?.

La compañía Anderson fabrica un producto para el cual el costo variable por unidad es de $6 y el costo fijo de $80000. Cada unidad tiene un precio de venta de $10. Determine el número de artículos que deben venderse para obtener una utilidad de $60000.

Sportcraft produce ropa deportiva para dama y planea vender su nueva línea de pantalones a las tiendas minoristas. El costo para ellos será de $33 por pantalón. Para mayor comodidad del minorista, Sportcraft colocará una etiqueta con el precio en cada par de pantalones. ¿Qué cantidad debe ser impresa en las etiquetas de modo que el minorista pueda reducir este precio en un 20% durante una venta y aún obtener una ganancia de 15 % sobre el costo?.

Se invirtió un total de $10000 en acciones de dos compañías A y B. Al final del primer año, A y B tuvieron rendimientos de 6 % y 5 ¾ % respectivamente, sobre las inversiones originales. ¿Cuál fue la cantidad original asignada a cada empresa, si la utilidad total fue de $588.75?.

El consejo de administración de Maven Corporation acuerda redimir algunos de sus bonos en dos años. Para entonces se requerirán $1102500. Suponga que en la actualidad la compañía reserva $1000000. ¿A qué tasa de interés compuesto anual, capitalizado anualmente, debe invertirse este dinero a fin de que su valor futuro sea suficiente para redimir los bonos?.

Una compañía de bienes raíces es propietaria del conjunto de departamentos Jardines de Parklane, que comprende 96 departamentos (pisos). Si la renta es de $550 mensuales, todos los departamentos se ocupan . Sin embargo, por cada $25 mensuales de aumento en la renta, se tendrán tres departamentos desocupados sin posibilidad de que se renten. La compañía quiere recibir $54600 mensuales de rentas. ¿Cuál debe ser la renta mensual de cada departamento?.

Una compañía fabrica los productos A y B. El costo de producir cada unidad de A es $2 más que el de B. Los costos de producción de A y B son $1500 y $1000 respectivamente, y se producen 25 unidades más de A que de B. ¿Cuántas unidades de cada producto se fabrican?.

Despeje según la variable indicada:

a) $(x-a)/(b-x)=(x-b)/(a-x)$; x   b) $(1/p)+(1/q)=(1/f)$; q
c) $r=2mI/(B(n+1))$; n

Resuelva las ecuaciones:

a) $[x/(x+3)]-[x/(x-3)]=(3x-4)/(x^2-9)$

b) $[(t+1)/(t+2)]+[(t+3)/(t+4)]=(t+5)/(t^2+6t+8)$

c) $\sqrt{x} - \sqrt{2x-8} = 2$ $\qquad$ d) $4x^2$-17x+15=0

El ingreso mensual total de una guardería por concepto del cuidado de q niños está dado por I=500q, y sus costos mensuales totales son c=400q+3000. ¿Cuántos niños necesitan inscribirse mensualmente para alcanzar el punto de equilibrio?.

Un productor encuentra que proveerá 250 unidades a un precio de $10 y no proveerá unidades a un precio de $7. Encuentre la ecuación de la oferta.

Para el mismo producto anterior, el consumidor demandará 120 unidades a un precio de $14 y no demandará unidades a un precio de $17. Encuentre la ecuación de la demanda.

Encuentre el punto de equilibrio para el producto anterior algebraicamente y gráficamente.

Resuelva:

$\sqrt{(1/w)}-\sqrt{[2/(5w-2)]}=0$

Resuelva:

a) x^3-4x^2-5x=0 $\qquad$ b) $[(t+1)/(t+2)]+[(t+3)/(t+4)]=(t+5)/(t^2+6t+8)$

c) $\sqrt{(2x-3)}$=x-3

Resuelva la ecuación o desigualdad:

a) (3y-1)/(-3)≤5(y+1)/(-3) $\qquad\qquad$ b) -3≥8(2-x)

c) $|4 + 3x| = 6$ $\qquad\qquad$ d) $|5 - 8x| \leq 1$

e) $|1 - 3x|{\geq}2$

Resolver $\dfrac{(x^2-2)(x+5)(x-3)}{x(x^2+2)(x+3)} > 0$

El área de un dibujo rectangular, que tiene un ancho de 2 pulgadas menor que el largo, es de 48 pulgadas cuadradas. ¿Cuáles son las dimensiones del dibujo?

Una fábrica de camisetas produce N prendas con un costo de mano de obra total (en dólares) de 1.3N y un costo total por material de 0.4N. Los costos fijos constantes de la planta son de $6500. Si cada camiseta se vende en $3.50, ¿Cuántas camisetas deben venderse para que la compañía obtenga utilidades?.

Resuelva las ecuaciones:

a) -5/(2x-3)=[7/(3-2x)]+[11/(3x+5)]   b) $(x-5)^{3/4}=27$

El ingreso mensual total de una guardería por concepto del cuidado de x niños está dado por r=450x, y sus costos mensuales totales son c=380x+3500. ¿Cuántos niños necesitan inscribirse mensualmente para alcanzar el punto de equilibrio?. En otras palabras, ¿Cuándo los ingresos igualan a los costos?

Usted es el jefe de asesores financieros de una compañía que posee un complejo con 50 oficinas. Si la renta es de $400 mensuales, todas las oficinas se ocupan. Sin embargo, por cada incremento de $20 mensuales se quedarán dos oficinas vacantes sin posibilidad de que sean ocupadas. La compañía quiere obtener un total de $20240 mensuales por concepto de rentas en ese complejo. Se le pide determinar la renta que debe cobrarse por cada oficina.

Despeje según la variable indicada:

a) $r = \dfrac{d}{1-dt}$; (d)   b) $r = \dfrac{2mI}{B(n+1)}$; (n)   c) p=-3q+6 ; q

Resuelva las ecuaciones:

a) $\dfrac{x}{5} + 2\dfrac{x-4}{10} = 7$ b) $\dfrac{x+2}{x-1} + \dfrac{x+1}{3-x} = 0$

c) $\sqrt{y} + \sqrt{y+2} = 3$ d) $6x^3+5x^2-4x=0$

El ingreso mensual total de una guardería por concepto del cuidado de q niños está dado por I=600q, y sus costos mensuales totales son c=500q+3000. ¿Cuántos niños necesitan inscribirse mensualmente para alcanzar el punto de equilibrio?.

Un productor encuentra que proveerá 300 unidades a un precio de $10 y no proveerá unidades a un precio de $6. Encuentre la ecuación de la oferta.

Para el mismo producto anterior, el consumidor demandará 110 unidades a un precio de $12 y no demandará unidades a un precio de $16. Encuentre la ecuación de la demanda.

Encuentre el punto de equilibrio para el producto anterior algebraicamente y gráficamente.

Un joyero tiene dos barras de aleación de oro; una es de 12 quilates y la otra de 18 (el oro de 24 quilates es oro puro, el de 12 quilates corresponde a 12/24 de pureza, el de 18 a 18/24 de pureza y así sucesivamente). ¿Cuántos gramos de cada aleación se deben mezclar para obtener 10 g de oro puro de 14 quilates?

Un barco que usa receptores de sonido sobre y bajo la superficie del agua, registró una explosión que llegó 6 s adelantada al receptor sumergido. El sonido viaja en el aire a unos 1100 pies/s y en el agua del mar a 5 mil pies/s.
a) ¿Cuánto tiempo tardó cada onda sonora en llegar al barco?
b) ¿A qué distancia del barco se produjo la explosión?

Una máquina automática nueva puede hacer un trabajo en 1 h menos que otra más antigua. Juntas pueden realizar el mismo trabajo en 1.2 h. ¿Cuánto tiempo tardará cada una en efectuar dicho trabajo?.

Resuelva:

a) Un estudiante tiene \$360 para gastar en un sistema estereofónico y algunos discos compactos. Si compra un estéreo que cuesta \$219 y el costo de los discos es de \$18.95 cada uno, determine el mayor número de discos que puede comprar.

b) Una compañía fabrica los productos A y B. El costo de producir cada unidad de A es \$2 más que el de B. Los costos de producción de A y B son \$1500 y \$1000, respectivamente, y se producen 25 unidades más de A que de B. ¿Cuántas unidades de cada producto se fabrican?

Despeje según la variable indicada:

a) $3-5x=8$ b) $a-bx=c$; x   c) $px+q=r$; x

Resuelva por factorización (a) y por fórmula cuadrática (b):

a) $x^2+4x-5=0$ b) $3x^2-7x-20=0$

Resuelva las siguientes ecuaciones:

a) $1/(x+3) - 1/(x^2-9) =0$ b) $-4/(x-1)+ 3x/(x^2+4x-5) =0$

Resuelva el siguiente sistema de ecuaciones:

$2x-3y= 3$ $3x-y=1$

Despeje según la variable indicada:

a) $4-3x=7$ b) $(1/p)+(1/q)=(1/f)$; p   c) $r=2ml/(B(n+m))$; m

Resuelva las siguientes ecuaciones:

a) $[x/(x+3)]-[x/(x-3)]=(3x-4)/(x^2-9)$ b)) $\sqrt{x}-\sqrt{2x+1}=-1$

c) $(1/x^2)+(1/x)-(12)=0$

Resuelva el siguiente sistema de ecuaciones por el método analítico:

$2x-y=1$

$-x+2y=7$

Despeje y de la primera ecuación y grafique. Despeje y de la segunda ecuación y grafique en el mismo plano cartesiano. Halle el punto de intersección de las dos gráficas. Verifique que da el mismo conjunto solución analítico.

Despeje según la variable indicada:

a) $3-5x=8$ b) $(1/r)+(1/s)=(1/t)$;   s   c)$r=2mI/(B(n+1))$; B

Resuelva las siguientes ecuaciones:

a) $[x/(x+4)]-[x/(x-4)]=(3x-4)/(x^2-16)$ b)) $\sqrt{x}-\sqrt{2x-8}=2$

c) $(4/x^2)-(5/x)+(1)=0$

Resuelva el siguiente sistema de ecuaciones por el método analítico:

$x-y=10$

$x+y=2$

Despeje y de la primera ecuación y grafique. Despeje y de la segunda ecuación y grafique en el mismo plano cartesiano. Halle el punto de intersección de las dos gráficas. Verifique que da el mismo conjunto solución analítico.

Resuelva las ecuaciones:

a) $[x/(x+2)]-[x/(x-2)]=(3x-4)/(x^2-4)$ b) $\sqrt{(1/w)}-\sqrt{[3/(5w-2)]}=0$

c) $\sqrt{x}=-5$

Despeje según la variable indicada:

a) $(1/p)+(1/q)=(1/f)$; p   b) $r=2mI/(B([m*n]+1)$; m

Resuelva:

a) $[(t+1)/(t+2)]+[(t+3)/(t+4)]=(t+5)/(t^2+6t+8)$

Para una compañía que fabrica calentadores para acuarios, el costo combinado de mano de obra y material es de \$21 por calentador. Los costos fijos son \$70000. Si el precio de venta de un calentador es \$35. ¿Cuántos debe vender para que la compañía genere utilidades?.

Un comerciante puede vender 20 secadores de cabello al día al precio de \$ 25 cada una, pero puede vender 30 secadores si el precio fijado es de \$ 20 c/u. Determinar la ecuación de la demanda suponiendo que es lineal.

Un muelle se alarga 30 cm cuando ejercemos sobre él una fuerza de 24N. ¿Cuánto se alargará el muelle cuando se aplica una fuerza de 60N?.

La ecuación de demanda para el producto de un fabricante es $p = \dfrac{80-q}{4}$, donde q es el número de unidades y p es el precio por unidad. ¿Para qué valor de q se tendrá un ingreso máximo?.

Un fabricante de recipientes diseña una caja rectangular sin tapa y con base cuadrada, que debe tener un volumen de 32 pies cúbicos. ¿Qué dimensiones debe tener la base de la caja, si se requiere que se utilice la menor cantidad material?.

Un velero tiene 2 palos de 25 m de altura cada uno y distanciados entre sí 50 m. Una cuerda, o cabo en lenguaje marinero, de 100 m de largo está unido en sus extremos al tope de cada uno de los palos. Es decir, un extemo de la cuerda al tope de un palo y el otro extremo de la cuerda al tope del otro palo. La cuerda se estira en la forma que indica la figura. Suponiendo que queda en el plano definido por los 2 palos. ¿Cuál es la distancia a la que toca la cubierta a la proa del primer palo?

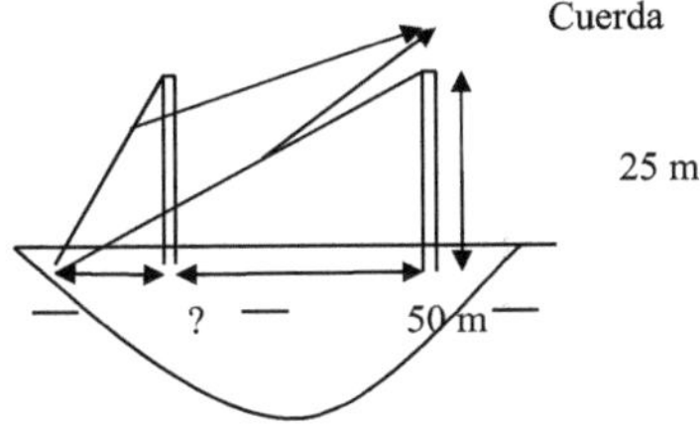

Un boxeador ha peleado 100 veces ganando en 85 de ellas. El quiere
retirarse con un promedio de peleas ganadas igual al 90%. ¿Cuántas peleas
más tendrá que hacer para poder retirarse?. (Halle el menor número de
peleas posibles).

Adolfo, Felipe, Manuel y Santiago son jefes de cuatro partidos políticos
con representantes en el parlamento.
Felipe tiene más representantes que Adolfo y Manuel juntos.
Felipe y Adolfo tienen, entre los dos, tantos representantes como Manuel y
Santiago.
Adolfo y Santiago, a su vez, tienen más representantes que Felipe y
Manuel.
¿Cuál es la ordenación de los partidos por número de representantes?.

Una compañía manufacturera hace tablas para surfing en modelos estándar
y para competencia. Los datos importantes sobre la fabricación se dan
abajo. Encuentre gráficamente las combinaciones de tablas que se
producirán cada semana, de modo que no exceda el número de horas de
trabajo disponibles en cada departamento por semana?.

	Modelo Estándar	Modelo de Competencia	Horas Máximas de Trabajo Disponibles por semana
	(horas de trabajo por tabla)	(horas de trabajo por tabla)	
Fabricación	6	8	120
Acabado	1	3	30

El collar de un perro está atado por un anillo a un lazo de cuerda de 32 pies
de largo. El lazo de la cuerda esta atorado entre dos estacas que están a 12
pies de distancia. Determine el área que puede cubrir el perro

La compañía teatral de una escuela considera que el ingreso total, I, en
cientos de dólares, que obtendrá por una puesta en escena, puede
considerarse con la fórmula $I = -x^2 + 22x - 45, 2 \leq x \leq 20$, donde x es el costo d
un boleto.

Calcular:

a.-¿Cuánto deben cobrar para obtener el ingreso máximo?

b.- ¿Cuál es el ingreso máximo?

Se tiene \$30,000 para invertir en las tres acciones mostradas abajo. Se quiere una ganancia anual en promedio del 9 %, por que la acción X, es una acción de alto riesgo, se quiere que la inversión combinada en la acción Y , y la acción Z , ha de ser 4 veces la cantidad invertida en la acción X.
¿Cuánto se debería invertir en cada tipo de acción?

ACCION	GANACIA ESPERADA
Acción X	12%
Acción Y	9%
Acción Z	8 %

Un filtro para combustible tiene 10 pulgadas de largo; si cada pulgada lineal retiene el 80 % de contaminantes, ¿Qué porcentaje de contaminante estará presente después de 8 pulgadas?.

Simplificar:

$$\sqrt[3]{60+\sqrt[3]{60+\sqrt[3]{60+\ldots\ldots\ldots\ldots}}}$$

Funciones y Gráficas

Grafique las siguientes funciones lineales. Determine la pendiente e interceptos con el eje x y con el eye y para la línea recta: a) y=1
b) y=x-1   c) x=4

Dadas las ecuaciones de la oferta: $p=q^2$ y de demanda: $p=-q^2+8$.
a) Graficarlas en un mismo plano.
b) Encuentre el punto de equilibrio analíticamente igualando los dos precios .

Al producir q artículos el costo total está dado por $C_t=150+18q$ dólares y el precio de demanda por p=40-q dólares. Determinar:
a) La función de ingreso.
b) La función de utilidad.
c) El punto de equilibrio (el valor de q para el cual U=0) igualando la utilidad a cero (o igualando costos e ingresos).
d) Graficar la utilidad.
e) Cuál es la utilidad máxima. Halle el número de artículos que producen la utilidad máxima.

Dadas la ecuaciones de la oferta: $p=q^2-q+6$ y de demanda: $p=-q^2-q+76$.
a) Graficarlas en un mismo plano.
b) Encuentre el punto de equilibrio analíticamente igualando los dos
precios y gráficamente.

Al producir q artículos el costo total está dado por $C_t=600+35q$ dólares y el
precio de demanda por $p=85-0.05$ dólares. Determinar:
a) La función de ingreso.
b) La función de utilidad.
c) El punto de equilibrio igualando la utilidad a cero (o igualando costos e
ingresos). Halle el número de artículos a producir que comienzan a
producir ganancia.
d) Graficar la utilidad.
e) Cuál es la utilidad máxima. Halle el número de artículos que producen
la utilidad máxima.

Dadas la ecuaciones de la oferta: $p=(q^2/20)-(q/5)+(16/5)$ y de demanda:
$p=(-q^2/30)-(q/5)+76/5$.
a) Graficarlas en un mismo plano.
b) Encuentre el punto de equilibrio analíticamente igualando los dos
precios y gráficamente.

Al producir q artículos el costo total está dado por $C_t=1500+12q$ dólares y
el precio de demanda por $p=40-(q/20)$ dólares. Determinar:
a) La función de ingreso.
b) La función de utilidad.
c) El punto de equilibrio igualando la utilidad a cero (o igualando costos e
ingresos). Halle el número de artículos a producir que comienzan a
producir ganancia.
d) Graficar la utilidad.
e) Cuál es la utilidad máxima. Halle el número de artículos que producen
la utilidad máxima.

Un productor encuentra que proveerá 300 unidades a un precio de $10 y no
proveerá unidades a un precio de $6. Encuentre la ecuación de la oferta.
b) Para el mismo producto anterior, el consumidor demandará 110 unidades
a un precio de $12 y no demandará unidades a un precio de $16. Encuentre
la ecuación de la demanda.
c) Encuentre el punto de equilibrio para el producto anterior
algebraicamente y gráficamente.

Grafique las siguientes funciones lineales. Determine la pendiente e interceptos con el eje x y con el eje y para la línea recta: a) y=-2 b) y=-3x-1   c) x=5

Determine las intersecciones con los ejes de la gráfica de cada ecuación, la pendiente y haga su gráfico.

a) y=-2   b) y=3x-2   c) x=-3

Para la función cuadrática halle el vértice, las intersecciones con los ejes y determine si hay un máximo o mínimo.

d) $y=x^2-6x+5$

Halle la pendiente, la intersección con el eje y, la ecuación y haga el gráfico de la línea recta que pasa por los puntos:

P1(-3,-4) y P2 (-2,-8)

Determine las intersecciones con los ejes de la gráfica de cada ecuación, la pendiente y haga su gráfico.

a) y=-3   b) y=4x-5   c) x=1

Para la función cuadrática halle el vértice, las intersecciones con los ejes y determine si hay un máximo o mínimo.

d) $y=x^2+x-2$

Halle la pendiente, la intersección con el eje y, la ecuación y haga el gráfico de la línea recta que pasa por los puntos:

P1(-4,-5) y P2 (3,2)

Haga el gráfico de cada ecuación, determine la pendiente, dominio y rango y determine las intersecciones con los ejes de la gráfica

a) y=3x+2   b) x= - 5   c) y= 6

Para la función cuadrática, halle el vértice, las intersecciones con los ejes, determine si hay un máximo o mínimo, determine el dominio y rango y haga el bosquejo.

a) $y=x^2+x-6$ b) $y=3(x+2)^2-5$

Haga el gráfico de cada ecuación, determine la pendiente, dominio y rango y determine las intersecciones con los ejes de la gráfica

a) y=4x-5   b) x=1   c) y=-4

Para la función cuadrática, halle el vértice, las intersecciones con los ejes, determine si hay un máximo o mínimo, determine el dominio y rango y haga el bosquejo.

d) $y=2(x-1)^2-8$

Determine las intersecciones de la gráfica de cada ecuación y haga su bosquejo. ¿Cuál es su dominio y cuál es su rango?

a) $y=3$ b) $y=x^2-4x+1$ c) $y=x+1$ d) $x=2$

Se hace una caja de dulces de una pieza rectangular de cartón de 8 por 12 pulgadas. Se cortan cuadrados de igual medida (x por x pulgadas) en cada esquina; posteriormente se doblan los lados hacia arriba para formar una caja rectangular.
a) Escríbase el volumen V(x) de la caja en términos de x.
b) Si se consideran las limitaciones físicas, ¿Cuál es el dominio de la función V?.
c) Grafíquese la función para ese dominio.
d) De la gráfica, estímese lo más cercano a media pulgada, la medida del cuadrado que se debe cortar en cada esquina para obtener una caja con volumen máximo. ¿Cuál es este volumen máximo?.

La presión atmosférica P (en libras por pulgadas al cuadrado), a x millas sobre el nivel del mar, está dada aproximadamente por $P=14{,}7\,e^{-0{,}21x}$. Gráfiquese P en función de x. ¿A que altura será igual la presión atmosférica a la mitad de la que existe al nivel del mar?.

Indique cuáles de los siguientes conjuntos de pares ordenados es una función:
$$\{(1,2)\}$$
$$\{(x,y) \in RxR \; / \; |x| = y\}$$
$$\{(x,y) \in RxR \; / \; x^2 = y^2\}$$
$$\left\{(x,y) \in RxR \; / \; y = \tfrac{1}{x}\right\}$$

Dada la función real definida por $y = \left(x - \tfrac{1}{2}\right)^{1/2}$, hallar su dominio.

Dado $f(x) = \dfrac{x+1}{2x-7}\; para\; x \in R, x \neq 7/2$, hallar el dominio y rango.

Dada la función real $f(x) = x^2 + 2x + 3\; para\; x \in R$ indicar el intervalo donde la función es creciente.

Dada la función Real $f(x) = \sqrt{\dfrac{x-1}{x^2-x+6}}$ determine sus asíntotas horizontales.

Hallar máximos y mínimo de la función $y = x^3 - 3x + 2$.

La función con regla de correspondencia $f(x) = 1 - \sqrt{x}$, presenta la siguiente afirmación: el dominio de la función es $\forall x \leq 0$, el rango de la función es $\forall\, y \leq 0$, la función corta al eje de las x en $(1,0)$, o la función es creciente en todo su dominio?.

Determine la composición $(gof)(x)$, si las funciones son $f(x) = \sqrt{x}$ y $g(x) = x + 1$.

De la curva $y = \dfrac{x^4}{4} - 2x^2 + 4$, al realizar la gráfica de la función se puede afirmar: la función contiene dos puntos relativos máximos y un punto relativo mínimo, la función decrece en el intervalo de $x < -2$, la función sólo tiene punto relativo máximo, o la función en el intervalo $(0,2)$ crece?.

Hallar la gráfica de la siguiente función: $h(x) = x^4 + 2x^3 - x^2 - 2x$.

Geometría plana, tríangulos y áreas sombreadas

Un exágono regular está inscrito en una circunferencia de 30 cm de diámetro; calcular la superficie del exágono.

En el ejercicio anterior calcule el área del círculo y el perímetro de la circunferencia.

Cuánto ha de tener el lado de un triángulo equilátero para que su área sea de 12 m²

¿Cuál es el área de un octógono regular inscrito en un círculo que tiene 2,40 m de diámetro?

Cuánto ha de medir el lado de un exágono regular para que su área sea de 30 m²

¿Cuántas baldosas en forma de triángulo equilátero de 15 cm de lado se necesitan para embaldosar una habitación de 4,38 m de longitud por 2,75 m de ancho?. Asumir 10% de desperdicio por recortes y roturas.

¿Cuánto vale el radio de una circunferencia cuyo perímetro y área son numéricamente iguales?

Calcular el área de la parte rayada de la siguiente figura (el lado del cuadrado es de 2 cm):

Expresar en función del radio el área del triángulo equilátero inscrito.

Un círculo tiene 357 m² de área. Calcular el perímetro.

Una circunferencia tiene 12,5664 m de perímetro. Calcular el área.

Indicar la fórmula del perímetro de la circunferencia en función del área.

Expresar el área del círculo en función del perímetro de la circunferencia.

Demostrar que w=90°+(β/2)

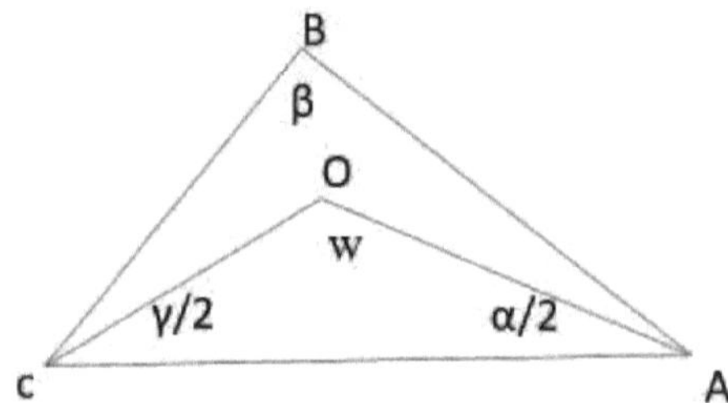

La línea CO divide en la mitad al ángulo γ

La línea AO divide en la mitad al ángulo α

Demostrar que h=ab/c   C= 90°

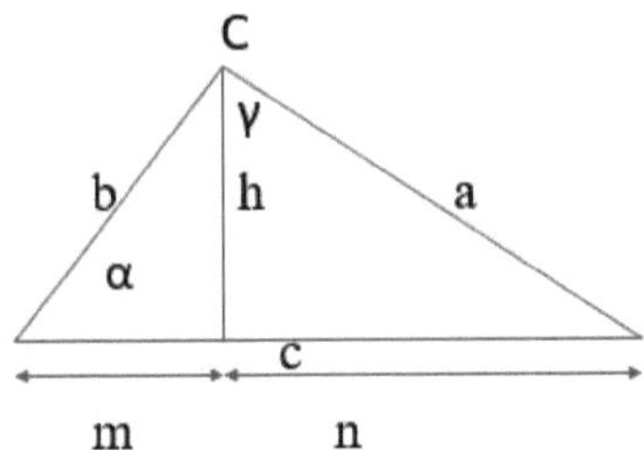

Calcular el área de la parte rayada.

r=20 cm

R=25 cm

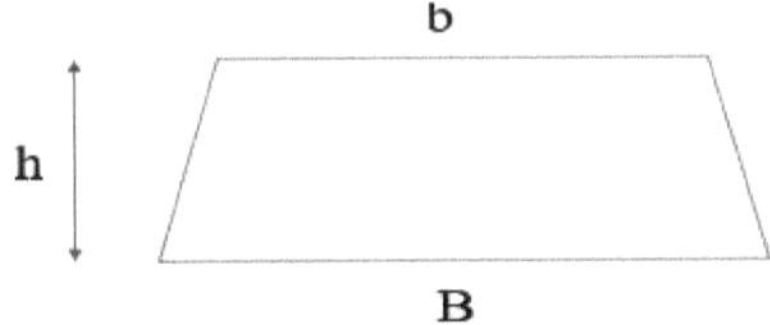

A=170 m²

B=22 m

b=?

h=10 m

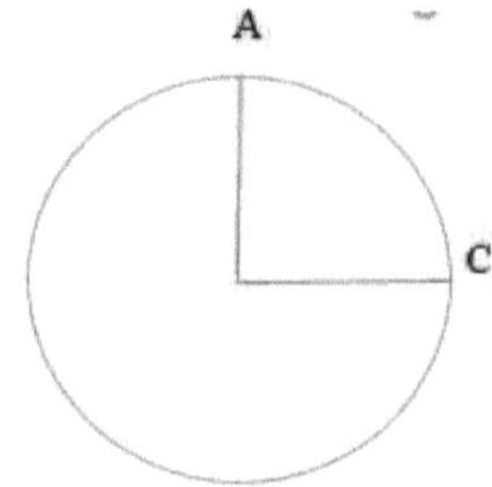

AC=15 cm

A(sector)=?

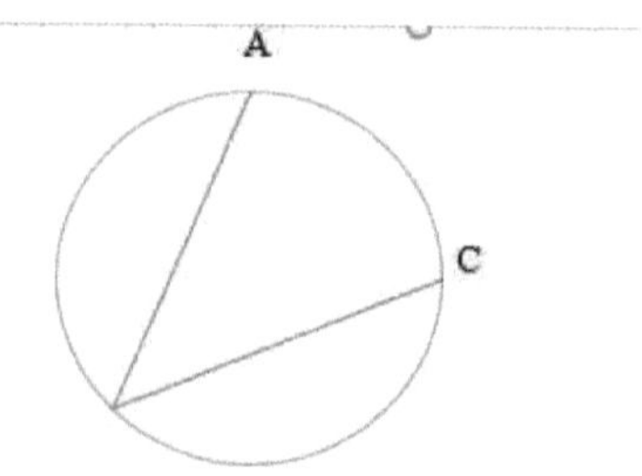

AC=25 m   A(círculo)=?

C1=100 cm (perímetro circunferencia interior)

e=10 cm

C2=?   (perímetro circunferencia exterior)

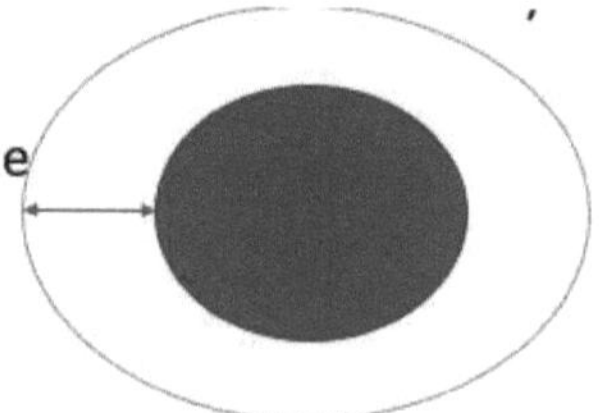

Demostrar que el triángulo ADF es semejante al triángulo EGB. El ángulo C es de 90°. Los vértices corresponden a las letras indicadas.

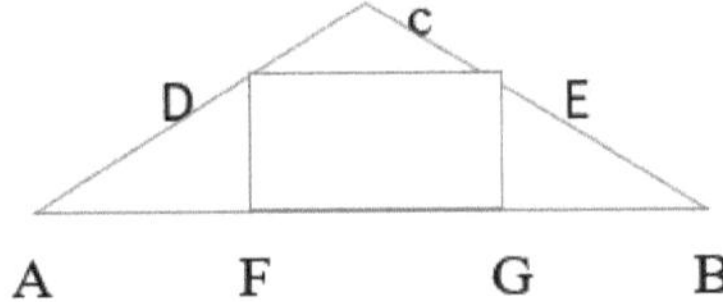

Hallar el área del gráfico en la región sombreada (medidos en cm).

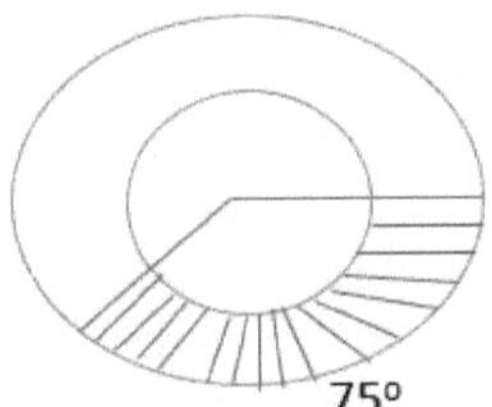

r= 8 cm   R=12 cm

Hallar el área de la gráfica en la región sombreada (medida en cm).

r=8 cm

Hallar el área de la gráfica en la región sombreada (medida en cm).

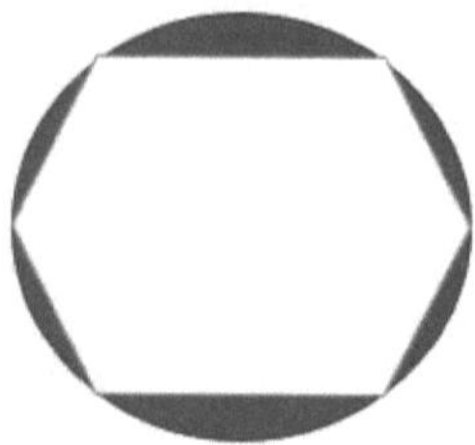

r=7 cm

El polígono de la figura consta de un triángulo equilátero en la parte superior y de rectángulo en las otras. Encontrar el área del polígono de acuerdo a las medidas dadas en metros.

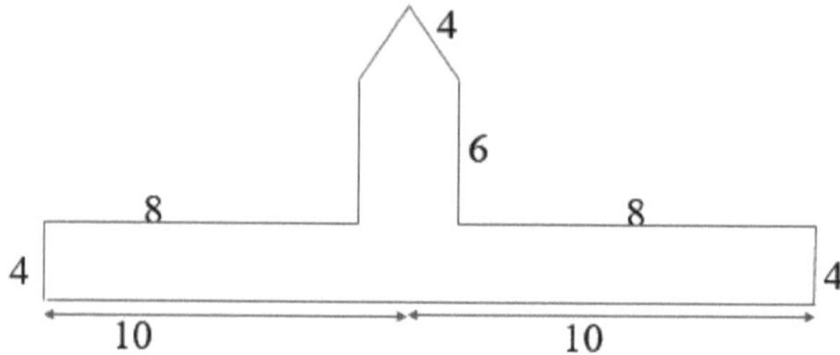

Hallar el área medida en mm.

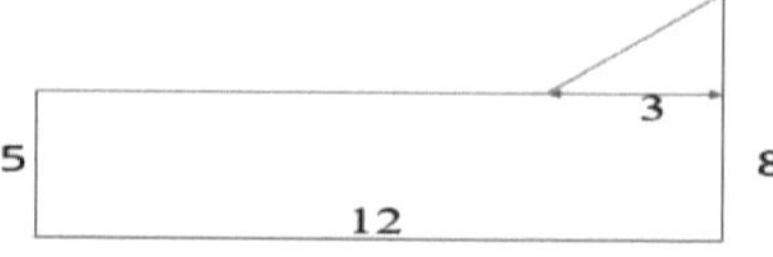

Demostrar: $a^2-x^2=b^2-y^2$

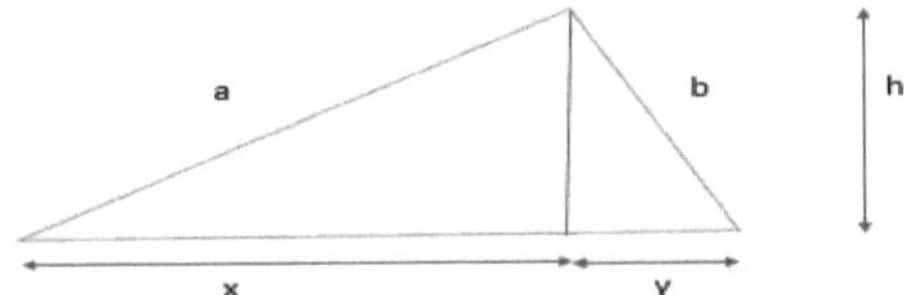

DEFG es un cuadrado. Demostrar: $\overline{GD}^2 = \overline{AG} + \overline{DB}$. El ángulo C es de 90 grados.

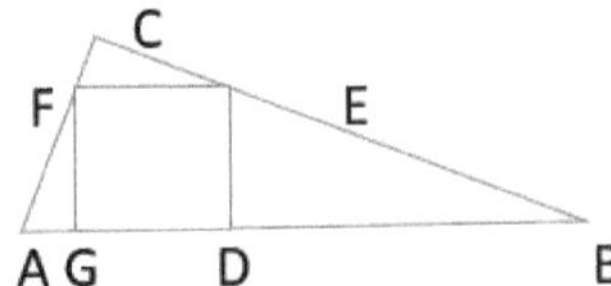

Encontrar la longitud del lado de un cuadrado con la misma área que la de rectángulos con los lados dados.

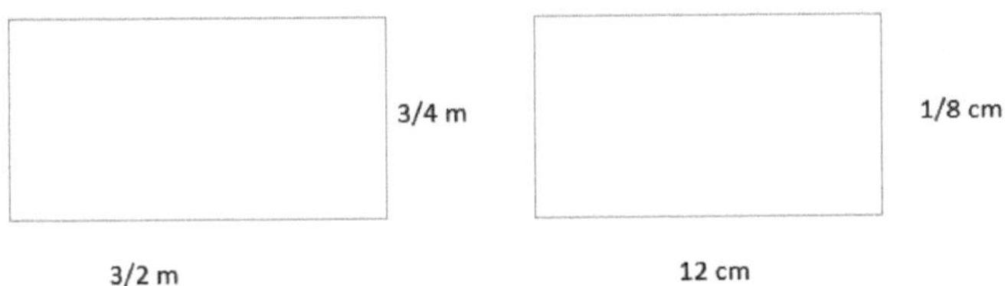

Hallar el área de la figura en función de x. El radio del hexágono es x.

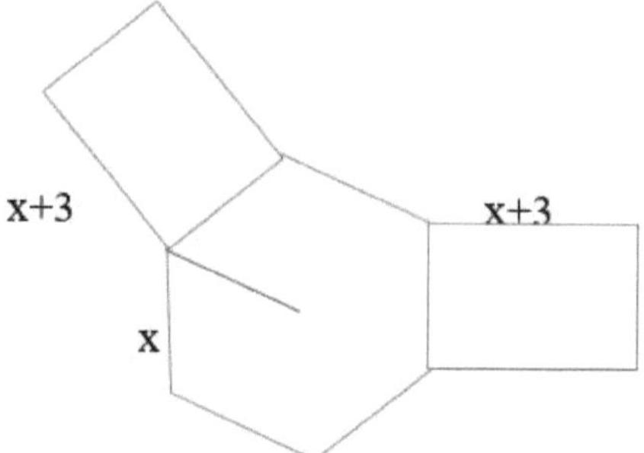

Calcular el perímetro (línea contigua de la figura en función de x). Las figuras curvas son semicírculos.

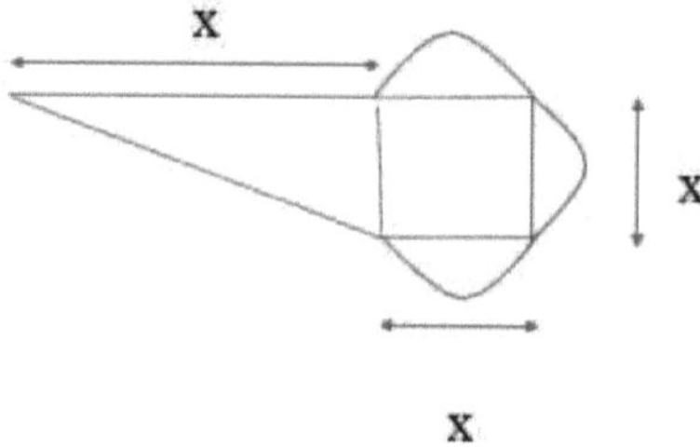

Demostrar: $\overline{BD}^2 + \overline{AC}^2 = \overline{AB}^2 + \overline{DC}^2$

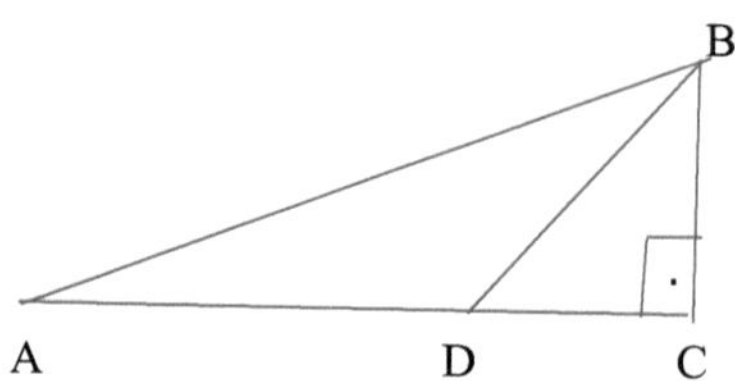

Demostrar: $(1/a^2)+(1/b^2)=(1/h^2)$

Ángulo ACB=90°

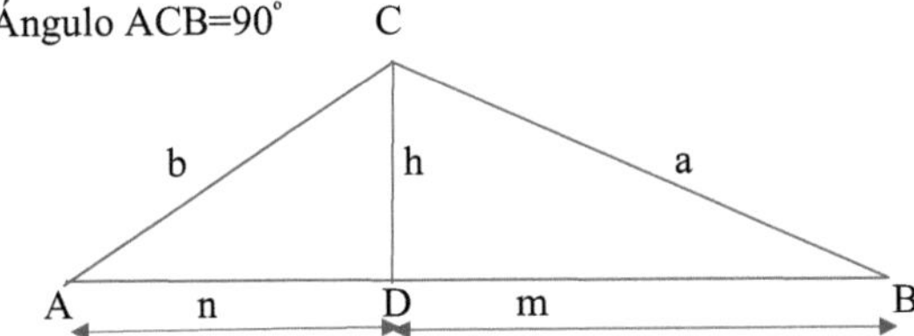

Si $\overline{AB} = \overline{BD}$ Hallar $\overline{AD}$

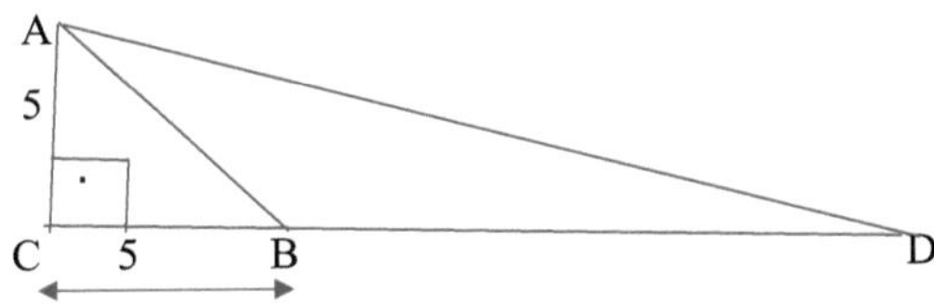

Hallar $\overline{DB}$

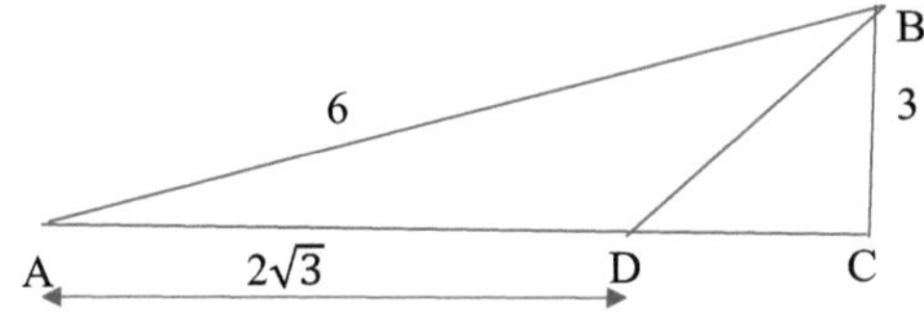

Hallar el valor de x

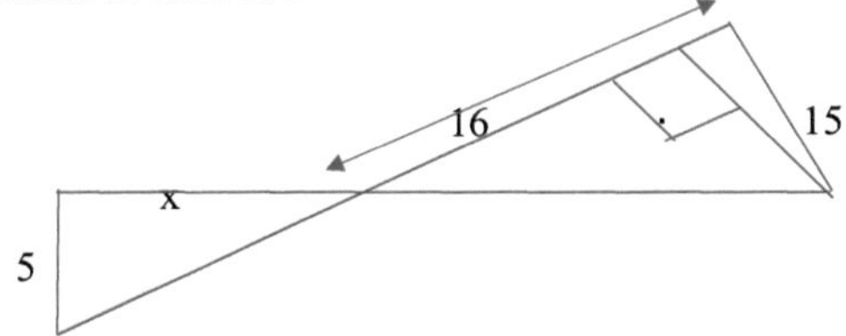

Hallar el valor de b

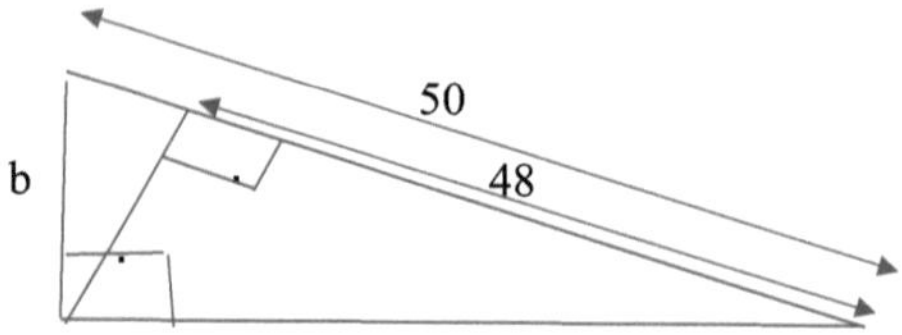

Hallar los valores de x,y,z.

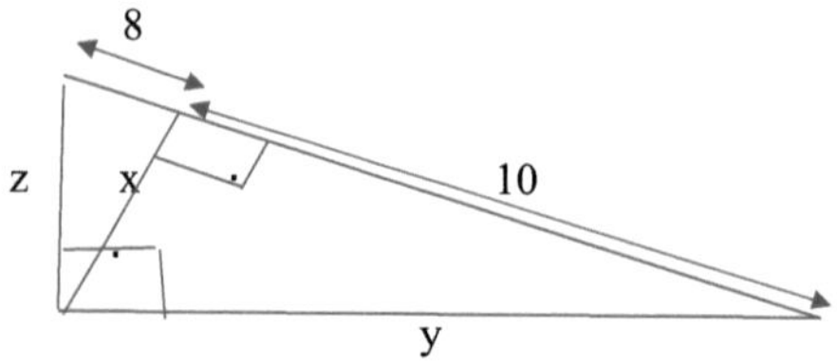

Hallar los valores de x,y,z.

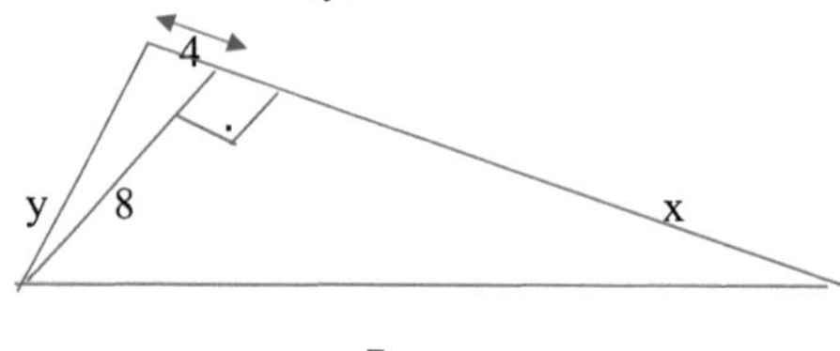

Hallar los valores de x,y,z.

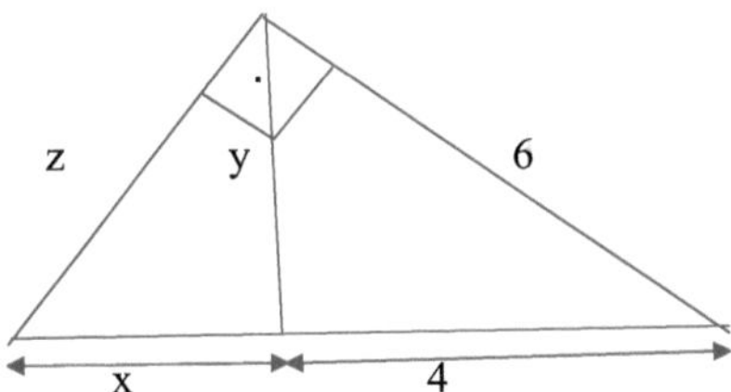

Hallar el valor de x.

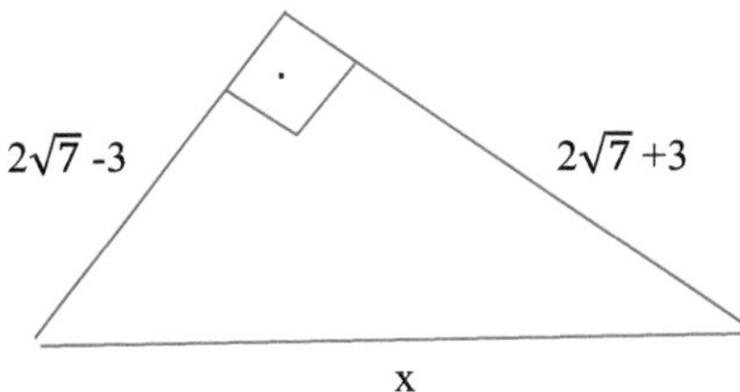

Indicar si los triángulos son semejantes y si es así proporcionar los lados homólogos.

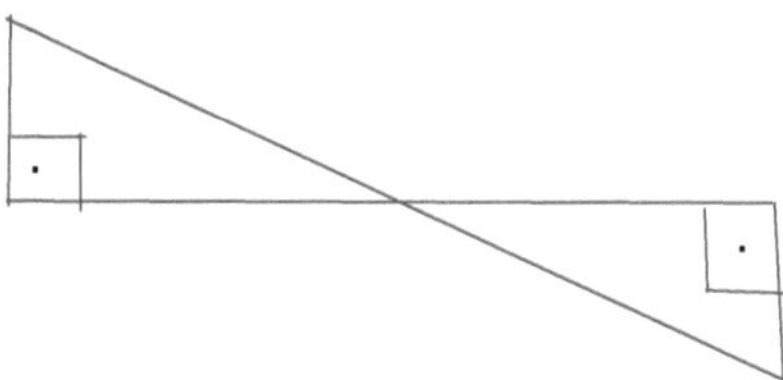

Dos figuras geométricas que tienen exactamente la misma forma y medida y al superponerlas coinciden en todos los puntos son equivalentes, semejantes, idénticas o congruentes?.

El perímetro de un triángulo isósceles es de 40 cm. Si se sabe que la base mide 10 cm, cuál es la medida de cada uno de sus lados congruentes?.

Cuándo un ángulo es obtuso?.

Defina qué es un triángulo isósceles, equilátero, escaleno, rectángulo, obtusángulo, acutángulo?.

Dado $A = 26.57°$ en un triángulo rectángulo; entonces cuál es valor del ángulo B?.

Determinar el lado de un triángulo equilátero cuyo perímetro es igual al de un cuadrado de 24 cm de lado. Determinar el área del triángulo equilátero y del cuadrado.

Áreas sombreadas.

Hallar el área sombreada:

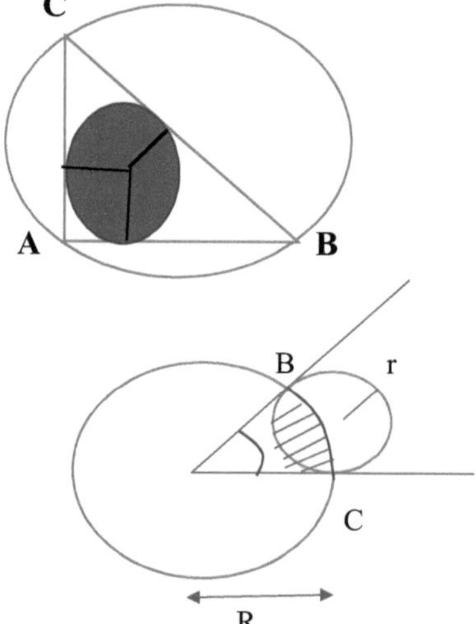

$r=5$ $\alpha=\pi/3$ $\overline{OC}=\overline{OB}=R=8$ donde O es el centro del círculo grande.

Hallar el área sombreada:

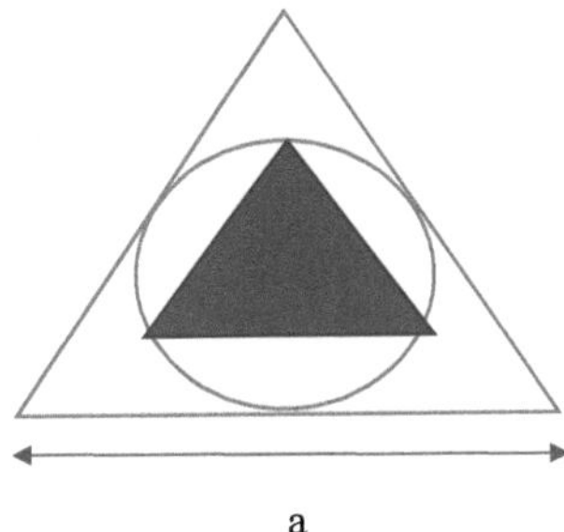

a

Los dos triángulos son triángulos equiláteros.

Siendo a el lado de un cuadrado, calcular el área de la Cruz de Malta, que se obtiene trazando desde los vértices arcos tangentes, dos a dos, en el punto medio de las diagonales.

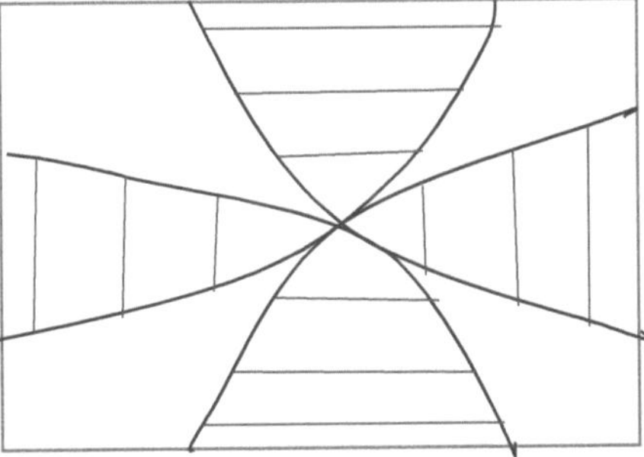

Hallar el área sombreada:

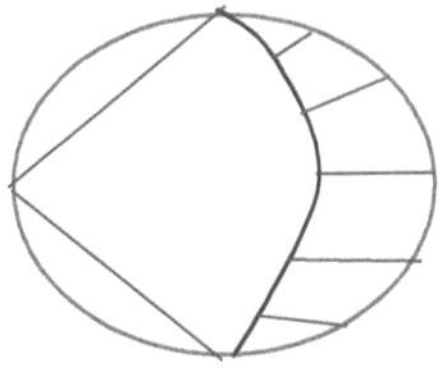

Calcular en función del radio r, el área de una faja circular limitada por el lado del exágono inscrito y el lado del triángulo equilátero inscrito. Hallar una aplicación para r=2 cm.

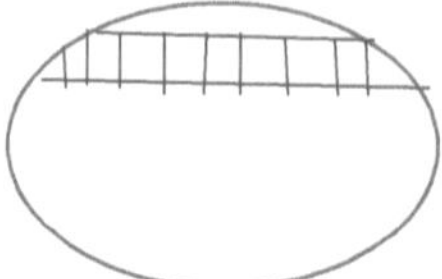

En un círculo O se construye un sector de 60°, luego se describe la circunferencia O′ tangente en A y en B, extremos de los radios del sector. Calcular la superficie de la parte común a los dos círculos. R=2.

Dado un cuadrado ABCD de lado 2 m, desde dos vértices opuestos, con un radio igual 2 m, se describen dos arcos de círculo que por sus intersecciones determinan una figura llamada naveta. Calcúlese el área que se tiene entre el cuadrado y los arcos (2 zonas entre el cuadrado y los arcos).

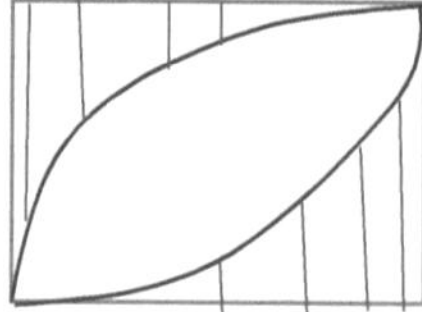

En un cuadrado, cuyo lado es igual a 2 m, se inscribe una circunferencia: desde los vértices del cuadrado se describen, con el radio de la circunferencia, cuatro arcos, que con la circunferencia determinan la figura que aparece sombreada. Calcular el área que se forma entre los arcos y el círculo inscrito (4 zonas entre el círculo y los arcos).

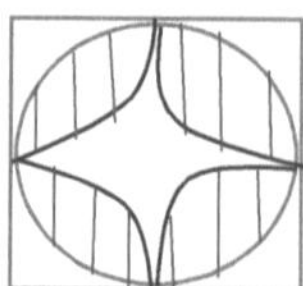

Dado un triángulo equilátero cuyo lado es igual a 2 m, se hacen pasar por el centro y por los vértices arcos que al cruzarse figuran una hoja de trébol, calcular el área en el interior entre los arcos (3 zonas entre los arcos).

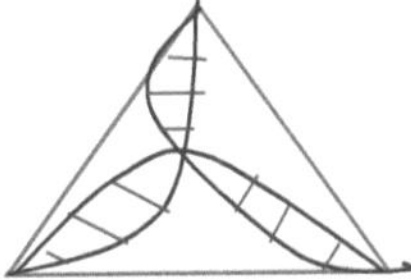

Hallar el área de un triángulo equilátero de 1,20 m de lado.

Hallar el área de un triángulo equilátero inscrito en un círculo de 60 cm de radio.

Un triángulo isósceles tiene 87 cm de altura; el ángulo de la base vale 30°. ¿Cuál es el área de este triángulo?.

¿Cuál es el área de un cuadrado inscrito en un círculo de 20 cm de radio?

¿Cuánto ha de tener el lado de un triángulo equilátero para que el área sea de 12 m^2?.

¿Cuál es el área del octógono regular inscrito:

a) En un círculo de 80 cm de radio.

b) En un círculo de 1,20 m de radio.

c) En un círculo de 4 m de radio?.

¿Cuál es el área de los exágonos regulares que tienen de lado:

a) 3 m

b) 1,50 m

c) 20 cm.

¿Cuánto ha de de tener el lado de un exágono regular para que su área sea de 30 m^2?.

¿Cuál es el área del dodecágono inscrito en un círculo de 2,10 m de radio?

¿Cuál debe ser la longitud del lado de un octógono regular para que su área sea de 12 m^2?.

¿Cuántas baldosas en forma de exágono regular de 80 cm de lado se necesitan para embaldosar una habitación de 6,50 m de longitud por 4,72 m de anchura?.

¿Cuántas baldosas en forma de triángulo equilátero de 15 cm de lado se necesitan para embaldosar una habitación de 4,38 m de longitud por 2,75 m de anchura?.

¿Cuál será el área del círculo inscrito en un sector circular cuyo ángulo central tiene 60°?.

¿Cuál será el área del círculo inscrito en un sector circular de 90°?.

Dado un triángulo equilátero ABC, desde cada vértice se describe un arco con el lado del triángulo por radio. Calcular el área total de la figura que forman el triángulo y los tres segmentos circulares. AB=0,45 m.

Dado un cuadrado ABCD de lado a=20 cm, desde cada vértice como centro y con un radio r=a/2 se describe un arco de circunferencia limitado por los lados del cuadrado. Calcular en función del radio r, el área del cuadrado curvilíneo que resulta y que corresponde al área interior entre los arcos.

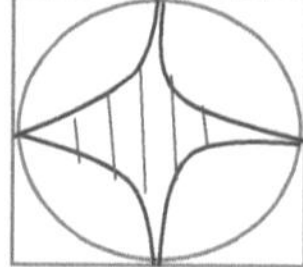

Desde los puntos medios de los lados de un cuadrado, con la mitad del lado por radio, se describen cuatro semicircunferencias en la región interior del cuadrado. Calcular el área del cuadrifolio obtenido que corresponde al área interior entre los arcos (4 zonas).

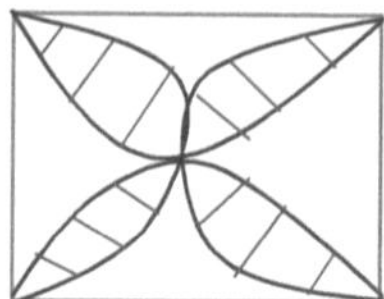

Construir un pentágono regular conociendo el lado.

Dado un exágono regular se le inscribe una circunferencia tangente a los lados. Calcular en función del lado del exágono, el área comprendida entre el exágono regular y la circunferencia.

Por dos vértices opuestos de un cuadrado de lado a se trazan dos cuadrantes de radio a/2, limitados respectivamente por los lados del cuadrado, tomando como nuevo centro, el centro del cuadrado, describimos, con igual radio que antes, otros dos cuadrantes que terminan el trazado del cuadrilátero curvilíneo inscrito en el cuadrado dado. Demostrar que el área de este cuadrilátero es la mitad del área del cuadrado (el área interior entre los arcos).

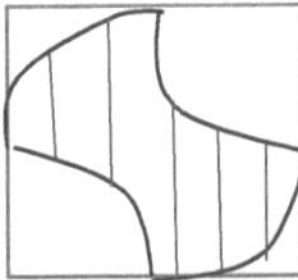

Ejercicios de triángulos

El ángulo de elevación de remate de una chimenea a una distancia de 90 m es de 30°, hállese su altura.

Desde el puesto de vigilia de un barco que tiene 48 m de altura se observa que el ángulo de depresión de un bote es de 30°. Hállese la distancia a la que está del barco.

Hállese el ángulo de elevación del Sol cuando la sombra de un poste de 6 m de altura es de 23 m de largo.

A la distancia de 25 m del pie de una torre, el ángulo de elevación de su cúspide es de 30°. Hállese la altura de la torre y la distancia del observador a la cúspide.

Una escalera de 13.5 m de longitud llega justamente hasta la parte superior de un muro. Si la escalera forma un ángulo de 60° con el muro, hállese la altura de éste y la distancia de él del pie de la escalera.

Dos mástiles tienen 18 y 12 m de altura y la recta que une sus puntos más altos forma un ángulo de 33° con el horizonte, hállese la distancia que los separa.

Hállese la distancia a que está un observador de la cima de un risco que tiene 132 m de altura, sabiendo que el ángulo de elevación es de 41°.

Una chimenea tiene 30 m de altura más que otra. Un observador que está a 100 m de distancia de la más baja observa que sus cúspides están en una recta inclinada respecto al horizonte un ángulo de 27°. Hállense sus alturas.

El ángulo de elevación de la parte superior de una torre es de 30°, acercándose 100 m se encuentra que el ángulo de elevación es de 60°, hállese la altura de la torre.

En el gráfico adjunto calcular el área del triángulo ABC, donde BD=3 cm, CD= 2 cm.

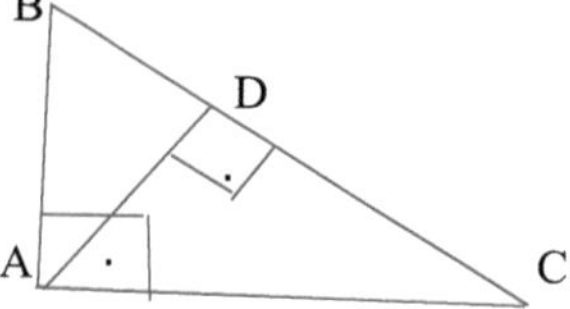

Una carretera de 3 km de longitud tiene un ángulo de inclinación de 5°. Hallar la diferencia de nivel.

Un árbol de 25 m de alto proyecta una sombra de 29 m. Calcular el ángulo de proyección del árbol.

Encuéntrese la altura de un árbol (a partir del nivel del suelo), si en un punto ubicado a 100 pies de la base del árbol, el ángulo formado por el horizonte y la recta que une dicho punto con el extremo superior del árbol es de 65°.

Para medir la altura de la cubierta nubosa sobre un aeropuerto, un reflector se enfoca en línea recta hacia arriba para producir un haz de luz sobre el cielo. A 500 m de distancia, un observador anota el ángulo del haz con respecto a la horizontal con una medida de 32°. ¿Cuál es la altura de las nubes que están sobre el aeropuerto?.

Si un tren sube por una pendiente con un ángulo constante de 1°. ¿Cuántos pies de altura vertical ha subido después de avanzar 1 milla?. (1 milla=5280 pies).

Un avión sube en un ángulo de 15° a una velocidad constante de 300 millas/h. ¿Cuánto tiempo tardará en alcanzar una altura de 8 millas?. Se supone que no hay viento.

Encuéntrese el diámetro de la Luna si una distancia de 239000 millas desde la Tierra subtiende un ángulo de 32° con respecto a un observador situado en la Tierra.

Si el Sol está a 93000000 de millas de la Tierra y su diámetro subtiende un ángulo de 32° con respecto a un observador situado en la Tierra. ¿Cuál es el diámetro del Sol?.

Si una circunferencia de 4 cm de radio tiene una cuerda de longitud igual a 3 cm, encuéntrese el ángulo central subtendido por esta cuerda al grado más cercano.

Encuéntrese la longitud de un lado de un polígono regular de nueve lados inscrito en una circunferencia de radio igual a 4.06 pulgadas.

En un río de 1 milla de ancho la velocidad de la corriente es de 1.5 millas/h. Si un hombre cruza el río remando, conduciendo siempre en línea recta hacia el otro lado, ¿a qué distancia lo llevará la corriente si la velocidad a la que él rema en aguas tranquilas es de 3 millas/h?.

En el anterior problema, ¿qué distancia recorrerá el hombre para cruzar el río?.

Encuéntrese el área de un polígono regular de cinco lados, inscrito en una circunferencia de 6.02 cm.

Encuéntrese el perímetro de un polígono regular de cinco lados, inscrito en una circunferencia de radio 6.02 pulgadas.

Estadísticas y Regresión Lineal

En cada uno de los siguientes ítems, establezca cuales son parámetros, datos, inferencias a partir de datos o estadígrafos:
- Según estudios, se producen más accidentes en el centro de Loja, a 40 km/h que a 60 km/h.
- En una muestra de 250 empleados, se obtuvo un sueldo promedio de $200.
- La tasa de nacimiento en el país aumentó en 6 % con relación al mes precedente.
- Las edades son 50, 36, 40, 70.

- Se sabe que el 60 % de las personas en Argentina son varones.
- Según datos de años anteriores se estima que la temperatura máxima de este año aumentará en un 6 %.

De los siguientes enunciados, establezca cual se relaciona con la estadística descriptiva y cuál con la inferencial:
- Un doctor investiga la relación entre el uso del cerebro y el cáncer en el cerebro.
- Un economista registra el incremento de la población en un sector.
- Se desea establecer el promedio de goles de un equipo de fútbol.
- Un profesor de literatura emplea diferentes métodos con cada uno de sus dos cursos. Al final del curso compara las notas con el fin de conocer cuál es el método más efectivo.

Clasificar las siguientes variables en: continua, discreta, nominal, ordinal:
- # de alumnos por facultad
- ciudadela en que viven los alumnos del curso de matemáticas
- color de cabello de un grupo de niños
- cantidad de dinero por concepto de impuestos en un colegio
- sumas posibles de los números obtenidos al lanzar tres dados.
- clasificación de tornillos según su radio
- peso del contenido de un paquete de arroz
- cantidad de dinero debido a la compra de un aparato
- valor de venta de acciones
- # de acciones compradas
- calidad de atención en el Banco
- nivel de educación en el país
- edad
- altura
- clasificación de la edad de una persona en: adulto, joven y niño.

De cada uno de los siguientes casos, responda a las preguntas planteadas:
a) Un productor de medicamentos desea conocer el número de personas cuya presión alta puede ser controlada con un nuevo medicamento fabricado por la empresa. En un estudio a 15000 personas con presión alta, se encontró que el 90 % de ellos controló su presión con el nuevo producto.
b) Según una encuesta realizada a 1000 personas mayores de una ciudadela de Lima, reveló que en promedio realizan 7 visitas anuales al consultorio. Debido a esto, el ministerio de salud deberá aumentar los recursos en un 8 %.:
¿Cuál es la población?,
¿Cuál es la muestra?,
¿Cuál es el parámetro de interés?,

¿Cuál es el estadígrafo y su valor?,
¿Se conoce el valor del parámetro?

Conteste V o F
a) ____La estadística descriptiva es el estudio de una muestra que permite hacer proyecciones o estimaciones acerca de la población de la que procede la muestra.
b) ____Un parámetro es una medida calculada de alguna característica de un población.
c) ____Abrir una caja de peras y contar los que están en mal estado es un ejemplo de dato numérico continuo.
d) ____En una muestra aleatoria simple todos tienen la misma posibilidad de ser seleccionados.
e) ____La suma de las frecuencias absolutas es siempre igual a 1.
f) ____Mientras mayor es el número de intervalos elegidos para la formación de una distribución de frecuencias, menor es la exactitud de los estadígrafos que se calculan.
g) ____facre>Fabre (para toda fila)

Completa las siguientes frases
a) La estadística que analiza los datos y los describe es_______________________________
b) Por medio de una investigación se recolectan los_______________________________
c) Por razones de costo y del tiempo que se gastaría en encuestar a todos los elementos de una _______, se recurre al
____.
d) Para obtener una_____________________aleatoria de la población, cada elemento debe tener______oportunidad de ser_________________________________.

¿En que nivel de medición se puede expresar cada una de estas variables?.
a) Los estudiantes califican a su profesor de música en una escala de: excelente, muy bueno, bueno, malo.
b) Los estudiantes de una universidad se clasifican por especialidades, como marketing, contabilidad, economía, etc.
c) Edad de los usuarios.
d) Agrupar mediciones de líquidos en pinta, cuarto y galón.

En una ciudad se ha tomado una muestra representativa del total de familias que en ella viven y se ha anotado el número de hijos de cada una. Los valores de esta variable son los siguientes:

0 1 0 4 2 2 1 2 3 2
3 2 1 3 4 2 2 3 2 1

¿Qué tipo de datos son estos?. Construya una tabla de frecuencias sin agrupar los datos y agrupando los datos.

Se visitaron 25 empresas agrícolas de una cierta zona y en cada una se anotó la cantidad de plantaciones atacadas por un determinado hongo. Se obtuvo los siguientes datos:

15 20 25 15 18 16 17
18 20 18 18 18 19 16
17 19 16 17 17 17 19
18 19 18 15

¿Qué tipo de datos son estos?. Construya una tabla de frecuencias sin agrupar los datos y agrupando los datos.

Determine para el ejercicio anterior del total de familias la frecuencia relativa de familias con 2 hijos o menos y la frecuencia relativa de familias que tienen más de 2 hijos y no más de 4.

Determine para el ejercicio anterior de las empresas agrícolas la frecuencia relativa de empresas agrícolas que tienen 18 o menos plantas atacadas por el hongo. Calcule también la frecuencia relativa de empresas agrícolas que tienen no menos de 18 plantas atacadas por el hongo.

El gerente de personal de una compañía registró el número de días que sus 50 empleados habían tomado permiso de licencia por enfermedad.

10 35 12 8 44 6 15 20 5 7
5 11 17 8 4 7 25 9 2 10
12 12 3 10 9 3 5 16 31 9
0   4 7 11 3 18 2 10 6 22
2   9 8 29 6 4 7 10 0 1

Identificar la variable. Construir una tabla de frecuencia para datos sin agrupar y agrupados.

Dada la siguiente tabla de frecuencias:

Clases	f_{ab}
9-12	2
12-15	1
15-18	2
18-21	5
21-24	8
24-27	11
27-30	7
30-33	4
33-36	5
36-39	2

a) Determine las marcas de clases y la amplitud de las clases.
b) Complete la tabla de frecuencias con las frecuencias que faltan.

En la tabla de frecuencia que se da a continuación faltan datos, complétela

Valores	fab	fac	fabre	facre
0		2		
1		5		
2		9		
3		14		0.7
4			0.2	
5				
Totales				

Completa la información que falta en las siguientes tablas:

$X_{i-1}-X_i$	X_i	fab	fac	fabre	facre
-100		2			
	150		7		
				0,2	
					0,8
			30		
Total					

En la tabla de frecuencias siguiente faltan algunos datos, complétela:

Intervalos	X_i	fab	fac	fabre	facre
20-24					0,1
24-28					0,25
-32					0,55
32-			11		0,85
-40					1
Total					

De la siguiente tabla, interpreta algunos valores:
Los datos muestran los resultados obtenidos por un grupo de estudiantes en una prueba de habilidad de lectura,

Intervalos	Marca clase	fab	fac	fabre	facre
32-35	33,5	5	5	0,04	0,04
35-38	**36,5**	12	17	0,11	0,15
38-41	39,5	18	35	0,16	0,31
41-44	42,5	19	54	**0,17**	0,48
44-47	45,5	**26**	80	0,23	0,71
47-50	48,5	19	99	0,17	0,88
50-53	51,5	13	112	0,12	1
		n=112		1	

¿Cómo se interpreta los números en negrita?

Dave's Automatic Door instala puertas automáticas para cocheras. La siguiente lista indica el número de minutos que se requieren para instalar una muestra de 10 puertas automáticas:

28, 32, 24, 46, 44, 40, 54, 38, 32, 42

Para datos agrupados y no agrupados:

a) Haga la tabla de frecuencias. Utilice para datos agrupados el mayor entero k tal que $2^k \geq n$ o $k=\sqrt{n}$, y para el ancho=max-min/k (Redondee si es posible). Utilice para el primer extremo del primer grupo 23.

b) Haga los histogramas y polígonos de frecuencia absolutas ni y de frecuencia acumulada relativo $(F_i=N_i/n)$.

c) Calcule la media, moda, rango, 1er cuartil, 2do cuartil (mediana), 3er cuartil, 4to cuartil, quinto decil, sexto decil, segundo centil y el centil número cincuenta, desviación media, varianza, desviación estándar. Utilizar para localizar la posición de los cuartiles $i*(n+1)/4$.

d) Presente los datos como media±desviación estándar

e) Calcule el coeficiente de variación.

f) Haga un diagrama de cajas con el polígono de frecuencias acumulado relativo de datos agrupados

Una empresa de contabilidad se especializa en la elaboración de declaraciones del impuesto sobre la renta de profesionales independientes. La firma emplea a 10 contadores que preparan declaraciones. El año pasado, el número de declaraciones de cada contador fue la siguiente:

58, 75, 31, 58, 46, 65, 60, 71, 45, 58

Para datos agrupados y no agrupados:

a) Haga la tabla de frecuencias. Utilice para datos agrupados el mayor entero k tal que $2^k \geq n$ o $k=\sqrt{n}$, y para el ancho=max-min/k (Redondee si es posible). Utilice para el primer extremo del primer grupo 31.

b) Haga los histogramas y polígonos de frecuencia absolutas (ni) y de frecuencia acumulada relativo (Fi=Ni/n).

c) Calcule la media, moda, rango, 1er cuartil, 2do cuartil (mediana), 3er cuartil, 4to cuartil, quinto decil, sexto decil, segundo centil y el centil número cincuenta, desviación media, varianza, desviación estándar. Utilizar para localizar la posición de los cuartiles $i*(n+1)/4$.

d) Presente los datos como media±desviación estándar

e) Calcule el coeficiente de variación.

f) Haga un diagrama de cajas con el polígono de frecuencias acumulado relativo de datos agrupados

Se tiene el siguiente conjunto de 26 datos:

12, 15, 3, 7, 8, 11 13, 16, 18, 12, 2, 6, 9, 9, 3, 15, 20, 7, 5, 12, 17, 12, 16, 15, 8, 18

Para datos no agrupados:

a) Haga la tabla de frecuencias y calcule media, moda, mediana, tercer
cuartil, tercer decil, desviación estándar, desviación media, coeficiente
de variación. Exprese: media+/-desviación estandar
b) Haga los histogramas y polígonos.

Para el problema anterior haga lo mismo para datos agrupados.

El Departamento de Agricultura de Nebraska tiene los siguientes datos
que representan el crecimiento mensual (en pulgadas) de muestras de
maíz recién plantado:

0.4 1.9 1.5 0.9 0.3 1.6 0.4 1.5 1.2 0.8
0.9 0.7 0.9 0.7 0.9 1.5 0.5 1.5 1.7 1.8

Para datos agrupados y no agrupados:

a) Haga la tabla de frecuencias. Utilice para datos agrupados el
mayor entero k tal que $2^k \geq n$, y para el ancho=max-min/k
(Redondee si es posible).
b) Haga los histogramas y polígonos de frecuencia absolutas y de
frecuencia acumulada relativo .
c) Calcule la media, moda, rango, 1er cuartil, 2do cuartil (mediana),
3er cuartil, 4to cuartil, quinto decil, sexto decil, segundo centil y el
centil número cincuenta, desviación media, varianza, desviación
estándar. Utilizar para localizar la posición de los cuartiles
i*(n+1)/4.
d) Presente los datos como media±desviación estándar
e) Calcule el coeficiente de variación.
f) ¿Qué conclusiones puede sacar acerca del crecimiento en la
muestra?
g) ¿Qué % del maíz creció a una tasa mayor de una pulgada?
h) ¿Alrededor de que tasa crece el 50% de la muestra?

Los años de servicio de una muestra de 9 empleados en la oficina de una
compañía son:
3,1,6,7,4,3,5,4,2.
Para datos agrupados y no agrupados:

a) Haga la tabla de frecuencias. Utilice para datos agrupados el mayor
entero k tal que $2^k \geq n$, y para el ancho=max-min/k (Redondee si es
posible).

b) Haga los histogramas y polígonos de frecuencia absolutas y de frecuencia acumulada relativo . ¿Es simétrico el histograma de frecuencia absoluta o tiene sesgo?

c) Calcule la media, mediana, moda, rango, 3er cuartil, desviación media, varianza, desviación estándar. Utilizar para localizar la posición de los cuartiles i*(n+1)/4.

d) Presente los datos como media±desviación estándar

e) Calcule el coeficiente de variación.

f) ¿Qué conclusiones puede sacar acerca de los resultados estadísticos?

Los años de servicio de una muestra de 9 empleados en la oficina de una compañía son:
4,2,5,4,5,2,6,2,3.
Para datos agrupados y no agrupados:

a) Haga la tabla de frecuencias. Utilice para datos agrupados el mayor entero k tal que $2^k \geq n$, y para el ancho=max-min/k (Redondee si es posible).

b) Haga los histogramas y polígonos de frecuencia absolutas y de frecuencia acumulada relativo . ¿Es simétrico el histograma de frecuencia absoluta o tiene sesgo?

c) Calcule la media, mediana, moda, rango, 3er cuartil, desviación media, varianza, desviación estándar. Utilizar para localizar la posición de los cuartiles i*(n+1)/4.

d) Presente los datos como media±desviación estándar

e) Calcule el coeficiente de variación.

f) ¿Qué conclusiones puede sacar acerca de los resultados estadísticos?

A continuación aparece una lista del tiempo que requirieron los empleados de una compañía para llegar al trabajo utilizando el transporte público:

23, 25, 25, 30, 31, 31, 32, 33, 35, 36, 37, 41

Para datos agrupados y no agrupados:

a) Haga la tabla de frecuencias. Utilice para datos agrupados k=√n, y redondee al entero superior.

b) Haga los histogramas y polígonos de frecuencias absolutos (ni) y de frecuencia acumulado relativo (Fi=Ni/n) (ojiva).

c) Calcule la media aritmética, moda, rango, 1er cuartil, 2do cuartil (mediana), 3er cuartil, desviación media, varianza, desviación estándar. Utilice para localizar la posición de los cuartiles r*(n+1)/4 .

d) Haga un diagrama de cajas con el polígono de frecuencia acumulado relativo de datos agrupados.

Si los empleados del ejercicio anterior utilizan transporte privado, los tiempos son los siguientes:

32, 32, 33, 34, 37, 37, 38, 38, 38, 39, 40, 44

Para datos no agrupados: calcule la media, desviación estándar, moda, 1er cuartil, 2do cuartil (mediana), 3er cuartil.

Compare y responda:

a) En promedio se llega más rápido con transporte público o privado.

b) Si se utiliza la mediana como medida significativa con cual transporte se llega más rápido.

c) Qué medida de ubicación (media, mediana, moda) recomendaría que se presentara para los problemas 1 y 2?. Afecta el hecho de cómo se llega más rápido si se escoge la media, mediana o moda como medida de ubicación en este problema.

d) Presente los datos como media±desviación estándar para las dos formas de transportes.

Una compañía estudió la relación entre las ventas y la cantidad gastada en publicidad. La información de los cuatro últimos meses se repite a continuación:

Mes	Gastos en publicidad (millones de dólares)	Ganancias por ventas (millones de dólares)
Julio	2	7
Agosto	1	3
Septiembre	3	8
Octubre	4	10

Determine la variable independiente (x) y la variable dependiente (y)
a) Trace un diagrama de dispersión
b) Calcule el coeficiente de correlación
c) Calcule el coeficiente de determinación
d) Interprete los resultados de los incisos b y c
e) Determine la ecuación de regresión
f) Estime las ganancias por ventas cuando se gastan $3 millones en publicidad.

En un artículo reciente en BusinessWeek se listan las "Best Small Companies". Nos interesan los resultados actuales de las ventas e ingresos de las compañías. Se seleccionó una muestra de 6 empresas, y a continuación se reportan sus ventas e ingresos, en millones de dólares.

Compañía	Venta (miles de dólares)	Ingresos (miles de dólares)
A	89.2	4.9
B	51.2	8.2
C	58.6	6.6
D	46.8	4.1
E	71.7	8.0
F	11.9	1.7

Sean las ventas la variable independiente y los ingresos la dependiente.
Trace un diagrama de dispersión
Calcule el coeficiente de correlación
Calcule el coeficiente de determinación
Interprete los resultados de los incisos b y c
Determine la ecuación de regresión
Estime los ingresos de una compañía pequeña con ventas por $50 millones.

Una compañía estudió la relación entre las ventas y la cantidad gastada en publicidad. La información de los cuatro últimos meses se repite a continuación:

Mes	Gastos en publicidad (millones de dólares)	Ganancias por ventas (millones de dólares)
Julio	3	7
Agosto	2	4
Septiembre	1	3
Octubre	5	10

Determine la variable independiente (x) y la variable dependiente (y)
a) Trace un diagrama de dispersión
b) Calcule el coeficiente de correlación
c) Calcule el coeficiente de determinación
d) Interprete los resultados de los incisos b y c
e) Determine la ecuación de regresión
f) Estime las ganancias por ventas cuando se gastan $3 millones en publicidad.

Un dentista observa el número de caries en cada uno de los 100 niños de cierto colegio. La información obtenida aparece resumida en la siguiente tabla: Complete la tabla.

N° de Caries	0	1	2	3	4
f_i Absolutas	25	20	x	15	y
n_i Relativas	0.25	0.2	z	0.15	0.05

Se ha registrado la producción semanal de la empresa ABC durante 20 semanas su propietario desea comprender el comportamiento de las misma, para lo que utilizará la moda como medida de tendencia central. En la tabla siguiente se presenta la producción semanal. Determine la moda.

80	81	90	70	75
81	75	80	80	81
80	75	100	81	75
81	81	81	75	81

¿Qué medida de dispersión es adecuada para comparar la dispersión de dos conjuntos de datos: la desviación media absoluta, la desviación estándar, el coeficiente de variación o la varianza?.

¿Cuál es el mejor indicador de la tasa media de crecimiento: la media armónica, la media aritmética, la media geométrica, o la media ponderada?.

Relacione las medidas descriptivas de los datos con el correspondiente tipo de medida.

TIPO DE MEDIDA	MEDIDAS
1. Tendencia central	a) Cuartiles, deciles, centiles.
2. Dispersión	b) Rango, varianza, desviación media, desviación estándar.
3. Posición	c) Cuarto momento adimensional con respecto a la media.
4. Asimetría	d) Media aritmética, mediana, moda, media geométrica-
5. Curtosis	e) Tercer momento adimensional respecto a la media

¿Cuál de las siguientes opciones define mejor lo que es la dispersión: establece el grado de sesgo que tiene una distribución, una medida de tendencia central representativa de un conjunto de datos, la medida de la variación de un conjunto de datos, o es una medida que divide en partes iguales un conjunto de datos?.

El concepto de que está integrada por un conjunto de técnicas para la organización, presentación gráfica y cálculo de cantidades representativas de un grupo de datos es de: método, estadística inferencial, estadística descriptiva o matemáticas?.

A un conjunto de 5 números cuya media es 7.31 se le añaden los números 4.47 y 10.15. ¿Cuál es la media del nuevo conjunto de números?.

Dada la distribución estadística: Calcular: Mediana, la moda el Cuartil 2° y 3°.

	[0,10)	[10,20)	[20,30)	[30,40)	[40,50)	[50,∞)
f_i	2	5	9	6	4	3

Probabilidades, conteo, combinaciones, permutaciones y variaciones

Se lanza primero una moneda y después un dado. ¿Cuáles son las combinaciones posibles de los resultados?. Realizar un diagrama del árbol.

Una pizzería produce pizzas con tres ingredientes especiales, uno diferente del otro, y sólo de este tipo. Si se tienen quince tipos de ingredientes especiales que pueden juntarse, ¿de cuántas formas se pueden preparar las pizzas?.

Una fuente de sodas tiene cuatro tipos de pan y cinco tipos de alimentos, ¿cuántos sandwiches diferentes se pueden preparar?

¿Cuántos arreglos de cuatro letras se pueden formar con las 20 primeras letras del alfabeto?.

    d) No se repite ninguna letra

    e) Las letras se pueden repetir

    f) Dos letras consecutivas no pueden ser iguales

¿Cuántos arreglos de dos letras se pueden formar utilizando las primeras cinco letras del alfabeto?.

    d) No se repite ninguna letra

    e) Las letras se pueden repetir

    f) Dos letras consecutivas no pueden ser iguales

Con 20 consonantes y 5 vocales. ¿Cuántas sílabas distintas de dos letras se pueden formar que empiecen por consonante y acaben en vocal?

Se desea construir figuras en forma de cubo, cono, esfera y pirámide. Cada una de ellas deben tener los siguientes colores: verde y azul. ¿Cuántas figuras se pueden construir?.

Si cada una de las figuras del problema anterior se fabrica en plástico y madera. ¿Cuántas figuras se pueden construir?.

¿Cuántos números de tres cifras se pueden formar con las cifras impares?.

¿Cuántos números de dos cifras se pueden formar con las cifras pares?.

¿Cuántos de los números del ejercicio anterior son mayores que 34?.

¿Cuántos números de dos cifras se pueden formar con las cifras impares si se pueden repetir?

¿Cuántos de los números del ejercicio anterior son mayores que 400?

Si tenemos 4 personas y queremos seleccionar dos de ellas para la posición de presidente y vice-presidente de una asociación, de cuántas formas se puede seleccionar?.

Cuántas variaciones tenemos con dos letras a,b si escogemos las dos letras y se puede tener elementos repetidos?.

De un comité formado por ocho personas, ¿de cuántas maneras se puede escoger un presidente y un vicepresidente, suponiendo que una persona no puede ocupar más de un cargo?.

De un comité de cinco personas, ¿de cuántas maneras se puede escoger un presidente, un vicepresidente y un secretario?.

Encuentre el número de permutaciones de veinticinco objetos tomando seis a la vez.

Si se tiene el conjunto S={1,2,3,4}, determine el número de permutaciones de los cuatro elementos sin repetición.

Si tenemos 5 camisas y hay dos azules, 1 roja y 2 amarillas, determine el número de permutaciones.

Se sabe que existen 7! permutaciones de las primeras siete letras del alfabeto, pero ¿cuántas permutaciones notables existen de las siete letras de la palabra "alababa"?

¿Cuántas permutaciones notables existen en aabbccc?

Si tenemos 5 personas y seleccionamos dos personas para formar un grupo, determine el número de formas posibles.

De un comité de seis personas, ¿de cuántas maneras se puede escoger un subcomité de dos personas?

¿Cuántos subcomités de tres personas se pueden escoger de un comité de 9 personas?

Encuentre el número de combinaciones de 30 objetos tomados 5 a la vez.

Encuentre el número de combinaciones de 20 objetos tomando cuatro a la vez.

Si tenemos las letras a,b,c y d y seleccionamos dos letras y ellas pueden ser repetidas y además el orden en que son seleccionados no importa, determine el número de formas posibles.

¿De cuantas maneras se puede dividir un conjunto de nueve objetos en tres subconjuntos donde el primero consta de tres objetos, el segundo de dos y el tercero de cuatro?.

Si cuatro personas están jugando póker, ¿Cuántas manos pueden darse para recibir cuatro cartas cada una?.

Si tres personas juegan a las cartas y a cada una le corresponden 7 cartas de una baraja de 52. ¿Cuántas manos son posibles?.

Supóngase que el senado de Estados Unidos tiene sesenta miembros demócratas y cuarenta republicanos. ¿Cuántos comités de cinco demócratas y cinco republicanos se pueden formar?.

- Al formar palabras de 5 letras con las letras de la palabra EQUATIONS.
a) ¿Cuántas consisten sólo en vocales?
b) ¿Cuántas contienen todas las consonantes?
c) ¿Cuántas comienzan con E y terminan en S?
d) ¿Cuántas comienzan por consonante?
e) ¿Cuántas comienzan con la letra N?
f) ¿Cuántas hay en que las vocales y las consonantes se alternan?
g) ¿Cuántas hay en que la Q esté seguida de la U?.

Una encuesta de 34 estudiantes en la Wall College of Business mostró que éstos tienen las siguientes especialidades: Contabilidad: 10, Finanzas: 5, Economía: 3, Administración: 6, Marketing: 10. Suponga que elige a un estudiante y observa su especialidad.
a) ¿Cuál es la probabilidad de que el estudiante tenga una especialidad en administración?
b) ¿Qué concepto de probabilidad utilizó para hacer este cálculo?

Se selecciona al azar una carta de una baraja convencional de 52 cartas. ¿Cuál es la probabilidad de que la carta resulte reina?. ¿Qué enfoque de la probabilidad empleó para responder la pregunta?.

Una muestra de 2000 conductores con licencia reveló la siguiente cantidad de violaciones al límite de velocidad.

Cantidad de violaciones	Cantidad de conductores
0	1910
1	46
2	18
3	12
4	9
5 o más	5
Total	2000

a) ¿En qué consiste el experimento?,   b) Indique un posible evento
c) ¿Cuál es la probabilidad de que un conductor haya cometido dos violaciones al límite de velocidad?
d) ¿Qué concepto de probabilidad se ilustra?

Una empresa promoverá a dos empleados de un grupo de seis hombres y tres mujeres.
a) Elabore una lista de los resultados de este experimento, si existe un interés particular con la igualdad de género.   b) ¿Qué concepto de probabilidad utilizaría para calcular estas probabilidades?.

Una muestra de empleados de Worldwide Enterprises se va a encuestar en cuanto a un nuevo plan de cuidado de la salud. Los empleados se clasifican de la siguiente manera:

Clasificación	Evento	Número de empleados
Supervisores	A	120
Mantenimiento	B	50
Producción	C	1460
Administración	D	302
Secretarias	E	68

a) ¿Cuál es la probabilidad de que la primera persona elegida sea:
i) de mantenimiento o secretaria?   ii) que no sea de mantenimiento?
b) Dibuje un diagrama de Venn que ilustre sus respuestas del inciso a)
c) ¿Los eventos del inciso a) i) son complementarios, mutuamente excluyentes o ambos?.

Los eventos son mutuamente excluyentes. Suponga que P(A)=0.30 y
P(B)=0.20. ¿Cuál es la probabilidad de que ocurran ya sea A o B?. ¿Cuál
es la probabilidad de que ni A ni B sucedan?.

Suponga que los eventos A y B no son mutuamente excluyentes. Las
probabilidades de los eventos A y B son 0.20 y 0.30, respectivamente. La
probabilidad de que A y B ocurran es de 0.15. ¿Cuál es la probabilidad de
que A o B ocurran?.

Un estudiante toma dos cursos, historia y matemáticas. La probabilidad de
que el estudiante pase el curso de historia es de 0.60 y la probabilidad de
que pase el curso de matemáticas es de o.70. La probabilidad de pasar
ambos es de 0.50. ¿Cuál es la probabilidad de pasar por lo menos uno?.

Una encuesta sobre tiendas de comestibles del sureste de Estados Unidos
reveló que 40% tenían farmacia, 50 % tenían florería y 70 % tenían
salchichonería. Suponga que 10 % de las tiendas cuentan con los tres
departamentos, 30 % tienen tanto farmacia como salchichonería, 25 %
tienen florería y salchichonería y 20 % tienen tanto farmacia como florería.
a) ¿Cuál es la probabilidad de seleccionar una tienda de manera aleatoria y
hallar que cuenta con farmacia y florería?.
b) ¿Cuál es la probabilidad de seleccionar una tienda de manera aleatoria y
hallar que cuenta con farmacia y salchichonería?
c) ¿Son mutuamente excluyentes los eventos seleccionar una tienda con
salchichonería y seleccionar una tienda con farmacia?.
d) ¿Cuál es la probabilidad de seleccionar una tienda que no incluya los
tres departamentos?.

Por experiencia, Teton Tire sabe que la probabilidad de que una llanta rinda
60000 millas antes de que quede lisa o falle es de 0.80. A cualquier llanta
que no dure las 60000 millas se le hacen arreglos. Usted adquiere cuatro
llantas. ¿Cuál es la probabilidad de que las cuatro llantas tengan una
duración de 60000 millas?.

La junta directiva de Tarbell Industries consta de ocho hombres y cuatro
mujeres. Un comité de cuatro miembros será elegido al azar para llevar a
cabo una búsqueda, en todo el país, del nuevo presidente para la compañía.
a) ¿Cuál es la probabilidad de que los cuatro miembros del comité de
búsqueda sean mujeres?
b) ¿De que los cuatro miembros del comité de búsqueda sean hombres?
c) ¿Las probabilidades de los eventos descritos en los incisos a y b suman
1?. Explique su respuesta.

Considere a una encuesta a algunos consumidores relacionada con la
cantidad relativa de visitas que hacen a una tienda Circuit City (con
frecuencia, ocasionalmente o nunca) y con el hecho de si la tienda se
ubicaba en un lugar conveniente (sí y no). Cuando las variables son de
escala nominal, tal como estos datos, por lo general los resultados se
resumen en una tabla de contingencias.

Lugar conveniente

Visitas	Sí	No	Total
Con frecuencia	60	20	80
Ocasionalmente	25	35	60
Nunca	5	50	55
	90	105	195

a) ¿El número de visitas y la ubicación en un lugar conveniente, son
variables independientes? ¿Por qué?
b) Dibuje un diagrama de árbol y determine las probabilidades conjuntas.

Suponga que P(A)=0.40 y P(B/A)=0.30. ¿Cuál es la probabilidad conjunta
de A y B?.

Observe la siguiente tabla.

Segundo evento	Primer evento A1	A2	A3	Total
B1	2	1	3	6
B2	1	2	1	4
Total	3	3	4	10

a) Determine P(A1). b) Estime P(B1/A2).   c) Aproxime P(B2 y A3).

La siguiente tabla muestra una clasificación cruzada de estas características de personalidad a los 500 empleados.

Habilidades en ventas	Potencial para progresar		
	Regular	Bueno	Excelente
Debajo del promedio	16	12	22
Promedio	45	60	45
Por encima del promedio	93	72	135

a) ¿Cuál es la probabilidad de que una persona elegida al azar tenga una habilidad para las ventas con calificación por encima del promedio y un excelente potencial para progresar?
b) Construya un diagrama de árbol que muestre las probabilidades, probabilidades condicionales y probabilidades conjuntas.

Una encuesta a los estudiantes en una Universidad mostró que estos tienen la siguiente especialidad:

Contabilidad:	15
Finanzas:	10
Economía:	5
Administración y Empresas:	13
Marketing:	17

¿Cuál es la probabilidad de que el estudiante tenga una especialidad en Administración y Empresas?

Clean-Brush Products envión por accidente 3 cepillos dentales eléctricos defectuosos a una farmacia, además de 17 sin defectos. a) ¿Cuál es la probabilidad de que los primeros 2 cepillos eléctricos vendidos sean devueltos a la farmacia por estar defectuosos? b) ¿De que los primeros 2 cepillos eléctricos no estén defectuosos?

Un profesor de Matemáticas sabe que el 80 % de los estudiantes terminará los problemas asignados. También determinó que entre quienes hacen sus tareas, 90 % pasará el curso. Entre los que no hacen su tarea, 60% pasará el curso. Carlos cursó Matemáticas el semestre pasado con el profesor y no pasó. ¿Cuál es la probabilidad de que haya terminado sus tareas?. ¿Cuál es la probabilidad de que no haya terminado sus tareas?.

Una compañía grande que debe contratar un nuevo presidente, prepara una lista final de cinco candidatos, todos los cuales tienen las mismas cualidades. Dos de los candidatos son miembros de un grupo minoritario. Se elige al presidente por sorteo. ¿Cuál es la probabilidad de que uno de los candidatos que pertenezca a un grupo minoritario sea contratado? Probabilidad clásica

Clean-Brush Products envión por accidente 4 cepillos dentales eléctricos defectuosos a una farmacia, además de 16 sin defectos. a) ¿Cuál es la probabilidad de que los primeros 3 cepillos eléctricos vendidos sean devueltos a la farmacia por estar defectuosos? b) ¿De que los primeros 3 cepillos eléctricos no estén defectuosos?.

La doctora Stallter ha enseñado estadística básica por varios años. Ella sabe que 80 % de los estudiantes terminará los problemas asignados. También determinó que entre quienes hacen sus tareas, 90 % pasará el curso. Entre los que no hacen sus tareas, 60 % pasara el curso. Mike cursó estadística el semestre pasado con la doctora Stallter y pasó. ¿Cuál es la probabilidad de que haya terminado sus tareas? Teorema de Bayes Principio fundamental de conteo, Variaciones, Permutaciones, Combinaciones

Women`s Shoppin Network ofrece suéteres y pantalones para dama por televisión de cable. Los suéteres y pantalones se ofrecen en colores coordinados. Si los suéteres se encuentran disponibles en 5 colores y los pantalones en 4 colores. ¿Cuántos diferentes conjuntos se pueden anunciar? Principio fundamental de conteo

Un encuestador nacional ha formulado 15 preguntas diseñadas para medir el desempeño del presidente de Estados Unidos.   Si el encuestador selecciona 8 preguntas. ¿Cuántas distribuciones de las 8 preguntas se pueden formar tomando en cuenta el orden?   ¿Cuántas distribuciones de las 15 preguntas si se selecciona las 15 preguntas?

Supóngase que el senado de Estados Unidos tiene 60 miembros demócratas y 40 republicanos. ¿Cuántos comités de 5 demócratas se pueden formar? ¿Cuántos comités de 3 republicanos se pueden formar? ¿Cuántos comités de 5 democratas y 3 republicanos? Combinaciones

La información que sigue representa el número de llamadas diarias al servicio de emergencia por el servicio voluntario de ambulancias de Walterboro, Carolina del Sur, durante los últimos 50 días:

número de llamadas

frecuencia

0	7
1	10
2	22
3	9
4	2
	50

a) Convierta esta información sobre el número de llamadas en una distribución de probabilidad y haga el gráfico de la distribución (Prob. vs # llamadas)

b) Constituye un ejemplo de distribución de probabilidad discreta o continua

c) Calcule la media y desviación estándar de las llamadas

Un equipo de fútbol juega 80 % de sus partidos por la tarde y 20 % de noche. El equipo gana 60 % de los juegos vespertinos y 90 % de noche. De acuerdo con el periódico de hoy, ganaron el día de ayer. ¿Cuál es la probabilidad de que el partido se haya jugado de noche?.

Un profesor de Matemáticas sabe que el 85 % de los estudiantes terminará los problemas asignados. También determinó que entre quienes hacen sus tareas, 95 % pasará el curso. Entre los que no hacen su tarea, 70% pasará el curso. Andrés cursó Matemáticas el semestre pasado con el profesor y pasó. ¿Cuál es la probabilidad de que haya terminado sus tareas?.

Un equipo de béisbol juega 70 % de sus partidos por la noche y 30 % de día. El equipo gana 50 % de los juegos nocturnos y 90 % de los juegos de día. De acuerdo con el periódico de hoy, ganaron el día de ayer. ¿Cuál es la probabilidad de que el partido se haya jugado de noche?.

Un proveedor minorista de computadoras compró un lote de 1000 discos CD-R e intentó formatearlos para una aplicación particular. Había 857 discos compactos en perfectas condiciones, 112 se podían utilizar, aunque tenían sectores en malas condiciones y el resto no se podía emplear para nada.

a) ¿Cuál es la probabilidad de que un CD seleccionado no se encuentre en perfecto estado?

b) Si el disco no se encuentra en perfectas condiciones, ¿Cuál es la probabilidad de que no se le pueda utilizar?.

Un estudio llevado a cabo por el National Service Park reveló que el 50% de los vacacionistas que se dirigen a la región de las Montañas Rocallosas visitan el parque de Yellowstone, 40 % visitan los Tetons y 35 % visitan ambos lugares.

a) ¿Cuál es la probabilidad de que un vacacionista visite por lo menos una de estas atracciones?

b) ¿Los eventos son mutuamente excluyentes?. Explique.

c) ¿Cuál es la probabilidad de que un vacacionista no visite ninguna de estas atracciones?

La primera carta de una baraja de 52 cartas es un rey.

a) Si lo regresa a la baraja, ¿cuál es la probabilidad de sacar un rey en la segunda selección?

b) Si no lo regresa a la baraja, ¿cuál es la probabilidad de sacar un rey en la segunda selección?

c) ¿Cuál es la probabilidad de seleccionar un rey en la primera carta que se toma de la baraja y otro rey en la segunda (suponiendo que el primer rey no fue reemplazado)?

d) Responda la pregunta c) para el caso que sí se reemplaza.

En un programa de empleados que realizan prácticas de gerencia en una compañía 80 % de los empleados son mujeres y 20 % hombres. Noventa por ciento de las mujeres fue a la universidad y 78 % de los hombres fue a la universidad.

a) Al azar se elige a un empleado que realiza prácticas de gerencia. ¿Cuál es la probabilidad de que la persona seleccionada sea una mujer que no asistió a la universidad?.

b) ¿El género y la asistencia a la universidad son dependientes? ¿Por qué?

c) Construya un diagrama de árbol que muestre las probabilidades condicionales y conjuntas.

d) ¿Las probabilidades conjuntas suman 1?. ¿Por qué?.

Considere una encuesta a algunos consumidores relacionada con la cantidad relativa de visitas que hacen a una tienda Circuit City y con el hecho de si la tienda se ubicaba en un lugar conveniente. La tabla de contingencia es la siguiente:

	LUGAR CONVENIENTE		
VISITAS	SI	NO	TOTAL
CON FRECUENCIA	50	10	60
OCASIONALMENTE	25	45	70
NUNCA	10	50	60
	85	105	190

Dibuje una diagrama de árbol y determine las probabilidades conjuntas.

Logaritmos, ecuaciones y funciones exponenciales y logarítmicas

Ejercicios:

1) $\log_3 81 = x$

2) $\log_5 0{,}2 = x$

3) $\log_4 64 = (2x - 1)/3$

4) $\log_2 16 = x^3/2$

5) $\log_2 x = -3$

6) $\log_7 x = 3$

7) $\log_6 [4(x - 1)] = 2$

8) $\log_8 [2(x^3 + 5)] = 2$

9) $\log_x 125 = 3$

10) $\log_x 25 = -2$

11) $\log_{2x+3} 81 = 2$

12) $x + 2 = 10^{\log 5}$

13) $x = 10^{4\log 2}$

14) $x = \log 8 / \log 2$

15) $x = \log 625 / \log 125$

16) $\log(x + 1) / \log(x - 1) = 2$

17) $\log(x - 7) / \log(x - 1) = 0,5$

Para las siguientes funciones exponenciales, determine las intersecciones con los ejes, la asíntota, dominio y rango, determine si es creciente o decreciente y haga el bosquejo:

a) $y=3^x$ b) $y=2(3^x)$ c) $y=2(3^{x-1})+5$

d) $y=2^x$ e) $-4(2^x)$ f) $-4(2^{x+3})-1$

g) $y=e^x$ h) $y=-3(e^x)$ i) $y=-3(e^{x-2})+1$

Para las siguientes funciones logarítimicas, determine las intersecciones con los ejes, la asíntota, dominio y rango, determine si es creciente o decreciente y haga el bosquejo:

a) $y=\log x$ b) $y=\ln x$ c) $y=\log_{0.3}x$ d) $y=\log_{0.4}x$

Encuentre x en los siguientes problemas:

a) $3(10^{x+2}-4)=9$ b) $6e^{3x-1}-2=4$
c) $\log_2(x+4)=\log_2(x-2)+1$

d) $3^{4x}=9^{x+1}$ e) $\log 3x + \log 3 = 2$ f) $e^{\ln(x+4)}=7$

g) $\log_x(1/81)=-4$

Encuentre:

a) $\log_5 8=?$ b) $10^{\log 3}+\log 10^2 + \log 10 + \log 1000 + \log 1=?$

Para las siguientes funciones exponenciales, determine las intersecciones con los ejes, la asíntota, dominio y rango, determine si es creciente o decreciente y haga el bosquejo

a) $y=4^x$ b) $y=3(4^x)$ c) $y=3(4^{x-2})+7$

d) $y=(0.5)^x$ e) $y=-6(0.5^x)$ f) $y=-6(0.5^{x+1})-3$

g) $y=e^x$ h) $y=-2(e^x)$ i) $y=-2(e^{x-1})+5$

Encuentre x en los siguientes problemas:

a) $2(10^{x+1}-5)=6$ b) $4e^{2x-5}-3=1$

c) $\log_3(x+5)=\log_3(x-3)+1$

d) $2^{5x}=4^{x+3}$ e) $\log 4x+\log 2=3$ f) $e^{\ln(x+2)}=6$

g) $\log_x(1/9)=-2$

6) Encuentre:

a) $\log_3 7=?$ b) $10^{\log 4}+\log 10^3+\log 10+\log 100+\log 1=?$

Interés Simple y Compuesto

Hallar el interés simple y el capital total producido por $500 al 8 % anual durante 5 meses?.

Una asociación de crédito paga un interés de 5 % anual compuesto en forma trimestral, en cierto plan de ahorro. Si se depositan $2000 bajo este plan y el interés se deja acumular. ¿Qué cantidad habrá en la cuenta después de 3 años?.

Hallar el interés simple y el capital total producido por $600 al 9 % anual durante 6 meses?.

Una asociación de crédito paga un interés de 8 % anual compuesto en forma trimestral, en cierto plan de ahorro. Si se depositan $1000 bajo este plan y el interés se deja acumular. ¿Qué cantidad habrá en la cuenta después de 2 años?.

Determinar la cantidad que resulta de invertir $100 al 4% compuesto en forma trimestral después de 2 años.

Determinar el capital necesario para obtener $800 después de 3 años y medio al 7 % compuesto mensualmente.

Usted quiere adquirir un auto nuevo por $15000 dentro de 3 años. ¿Cuánto dinero debe pedir a sus padres ahora, de modo que si lo invierte al 5% compuesto en forma mensual, tenga la cantidad suficiente en ese tiempo?.

Calcular el monto de $3.000 al 13 por ciento anual durante 5 años.

Calcular el capital final de $1.900 al 9 % de interés compuesto, durante 7 años.

Calcular el capital que se impuso al 8 % si a los 10 años se devolvieron $12.953,55 como capital e intereses.

Calcular el capital que debe imponerse al 7,5 % para disponer de $30.000 a los 6 años.

Determinar el tiempo que ha estado impuesto un capital de $1.200 si el monto constituido al 0,11 por uno anual ha sido de $2.022,07

Una persona pide prestada la cantidad de $800. Cinco años después devuelve $1.020. Determine la tasa de interés nominal anual que se le aplicó, si el interés es:

Simple

Capitalizado anualmente

Capitalizado trimestralmente

Compuesto mensualmente

¿Cuánto tiempo tardará una suma de dinero en quintuplicarse, si el interés a que está invertida es el 6% nominal anual compuesto cada cuatro meses?

Suponiendo que le han ofrecido la oportunidad de invertir $1.000 al 7% de interés simple durante 3 años, o los mismos $ 1.000 al 6% de interés compuesto durante tres años. ¿Qué inversión seleccionaría usted?.

A una tasa de interés simple de 8% anual, estimar el tiempo requerido para duplicar su dinero en los siguientes casos: (a) interés simple, y (b) interés compuesto.

Si usted solicita prestado $1.500 ahora y debe pagar $1.800 dentro de 2 años. ¿Cuál es la tasa de interés de su crédito si supone que éste se capitaliza anualmente?.

¿En cuántos años un capital se cuadriplicará si la tasa de interés es un 5% al año?.

¿Cuál es el tiempo mínimo que tendrá que dejarse invertido $1.200 a una tasa de interés del 2% semestral para que su monto sea superior a $ 2.000 invertidos al 4% anual?.

Inducción Matemática

Use el Principio de Inducción Matemática para demostrar que:

2,4,6,8……..,2n

Es decir el n-esimo tèrmino està dado por 2n, $a_n=2n$

Matrices, determinantes y sistemas de ecuaciones

En una tribu india del Amazonas, donde todavía subsiste el trueque, se tienen las siguientes equivalencias de cambio:
- Un collar y una lanza se cambian por un escudo.
- Una lanza se cambia por un collar y un cuchillo.
- Dos escudos se cambian por 3 cuchillos.
¿A cuántos collares equivale una lanza?.

Una pequeña fabrica manufactura tres tipos de botes inflables: modelos para una persona, para dos y para cuatro personas. Cada bote necesita el servicio de tres departamentos, como se listan en la tabla. Los departamentos de corte, ensamble y empaque tienen disponible un máximo de 380, 330 y 120 horas de trabajo por semana, respectivamente. ¿Cuántos botes de cada tipo se deben producir cada semana para que la fábrica opere al máximo de su capacidad?

	Bote para una persona (h)	Bote para dos personas (h)	Bote para cuatro personas (h)
Dep. Corte	0.6	1.0	1.5
Dep. Ensamble	0.6	0.9	1.2
Dep. Empaque	0.2	0.3	0.5

Siendo

$$A = \begin{pmatrix} 1 & 1 \\ 3 & 4 \end{pmatrix} \qquad B = \begin{pmatrix} 2 & 1 \\ 1 & 1 \end{pmatrix} \qquad C = \begin{pmatrix} 1 & 2 \\ 1 & 3 \end{pmatrix}$$

Calcule el valor de X en las siguientes ecuaciones

a) $X\,A = B + I$
b) $A\,X + B = C$
C) $X\,A + B = 2C$

Cuál de las siguientes matrices no son invertibles

$$\begin{pmatrix} 2 & 4 & 7 \\ 0 & 0 & 3 \\ 0 & 0 & 1 \end{pmatrix} \qquad \begin{pmatrix} 2 & -1 & 5 & 2 \\ 0 & 3 & 1 & 6 \\ 0 & 0 & 4 & 0 \\ 0 & 0 & 0 & 7 \end{pmatrix}$$

Para cuales valores de k, la matriz $\begin{pmatrix} -k & k-1 & k+1 \\ 1 & 2 & 3 \\ 2-k & k+3 & k+7 \end{pmatrix}$ no tiene inversa

Demuestre que el sistema

$$x_1 + 3x_2 + 5x_3 + 2x_4 = 2$$
$$-x_2 + 3x_3 + 4x_4 = 0$$
$$2x_1 + x_2 + 9x_3 + 6x_4 = -3$$
$$3x_1 + 2x_2 + 4x_3 + 8x_4 = -1$$

Tiene una solución única y encuéntrela utilizando la regla de Cramer.

Sea $\quad A = \begin{pmatrix} a_{11} & a_{12} \\ a_{21} & a_{22} \end{pmatrix} \quad$ y $\quad B = \begin{pmatrix} b_{11} & b_{12} \\ b_{21} & b_{22} \end{pmatrix}$, demuestre que

$\det AB = (\det A)(\det B)$

Para $\quad A = \begin{pmatrix} 1 & -1 & 3 \\ 4 & 1 & 6 \\ 2 & 0 & -2 \end{pmatrix}$, verifique que $\det A^{-1} = 1/\det A$

Para cuales valores de k la matriz $\begin{pmatrix} k & -3 \\ 4 & 1-k \end{pmatrix}$, es no invertible

Dadas las matrices A, B y C. Realice las operaciones señaladas.

$$A = \begin{pmatrix} -4 & 1 & 5 \\ 0 & -3 & -2 \end{pmatrix}, \quad B = \begin{pmatrix} 2 & 4 \\ 1 & 2 \\ 9 & 4 \end{pmatrix}, \quad C = \begin{pmatrix} 2 & -3 & 5 \\ 1 & 0 & 6 \\ 2 & 3 & 1 \end{pmatrix}$$

a. $A^T - 4B$

b. $3B * 2A$

c. $A * B + C$

d. B^2

Al resolver un sistema de ecuaciones usando matrices y por medio del método de Gauss, que puede concluir si en la última fila son todos ceros?.

Al resolver un sistema de ecuaciones usando matrices y por medio del método de Gauss, que puede concluir si la última fila son todos ceros excepto el último número de la última fila (columna de coeficientes constantes)?.

Sean las siguientes matrices:

$$A=\begin{pmatrix} 2 & -7 \\ -1 & 3 \end{pmatrix} \quad y \quad B=\begin{pmatrix} a & b \\ c & d \end{pmatrix} \quad y \quad C=I=\begin{pmatrix} 1 & 0 \\ 0 & 1 \end{pmatrix}$$

Realice la multiplicación de AB, luego iguale a la matriz C y obtenga los valores de a, b, c y d.

En el problema anterior obtenga la matriz inversa de A. Compruebe que AA^{-1}=I, como también A^{-1}A=I. Es la matriz inversa la matriz B del anterior ejercicio?, Porqué?.

Resuelva los siguientes sistemas de ecuaciones lineales:

$$x_1+x_2-x_3=7$$
$$5x_1+0x_2+ 4x_3=11$$
$$4x_1-x_2+5x_3=4$$

Resuelva 7C-3B+3A para las siguientes matrices:

$$A=\begin{pmatrix} 1 & -1 & 2 \\ 3 & 4 & 5 \\ 0 & 1 & 1 \end{pmatrix} \quad B=\begin{pmatrix} 0 & 2 & -3 \\ 3 & 5 & 6 \\ 4 & 2 & 1 \end{pmatrix} \quad C=\begin{pmatrix} 0 & 0 & -2 \\ 3 & 8 & 5 \\ 3 & 5 & 9 \end{pmatrix}$$

Solucione el sistema de ecuaciones:

$2x_1-7x_2=3$
$-x_1+3x_2=-2$

Observe que se puede escribir el sistema de ecuaciones de la forma AX=b. Si A es la matriz de 2*2, X la matriz de las incógnitas de 2*1, y la matriz de coeficientes constantes constantes de 2*1. Escriba la matriz A, X y b.

Si se multiplica por A^{-1} en ambos lados de AX=b se obtiene $A^{-1}AX=A^{-1}b$, donde $A^{-1}A=I$ y así se tiene $IX=A^{-1}b$, $IX=X$, De esta forma $X=A^{-1}b$. Multiplique la anterior matriz A^{-1} obtenida de: $A=\begin{pmatrix} 2 & -7 \\ -1 & 3 \end{pmatrix}$. Compruebe que obtiene la misma solución como en el ejercicio anterior de solución de un sistema de ecuaciones.

Progresiones Aritméticas y Geométricas

¿Cuál de las sucesiones siguientes es aritmética y cuál es su diferencia común?

c) 1,3,7,20….

d) 2,4,6,8,….

Si el primero y el décimo términos de una sucesión aritmética son 3 y 30, encuentre el término 20 de la sucesión.

Si el primero y el decimoquinto términos de una sucesión aritmética son -5 y 23, encuentre el término 70 de la sucesión.

Encuentre la suma de los primeros 30 términos de la serie aritmética, si el primer término es -5 y d=2.

Encuentre la suma de los primeros 80 términos de la serie aritmética, si el primer término es 25 y d=-8.

Encuentre la suma de todos los números impares entre 50 y 100, inclusive ambos.

¿Cuál de las siguientes sucesiones es geométrica y cuál es su razón común?

c) 2,7,9,,….

d) -5,25,-125,…..

Encuentre el quinto término de la sucesión geométrica 1, 1/3, 1/9,….

Si el primero y el noveno término de una sucesión geométrica son 3 y 27 respectivamente, encuentre la razón común r con tres decimales.

Encuentre la suma de los primeros 50 términos de una serie geométrica, si el primer término es 2 y r=4.

Encuentre la suma , con dos decimales, de los primeros 16 términos de una serie geométrica, si el primer término es 1/32 y r=-5.

Encuentre la suma de una serie geométrica infinita con el primer término 2 y r=1/3.

Represente el decimal periódico 0.4646$\overline{46}$ como el cociente de dos enteros.

Hallar la suma de los N primeros términos de la serie siguiente, en la que cada término viene indicado por un paréntesis:
(1)+(2+3)+(4+5+6)+(7+8+9+10)+.........+(.......+n)
Escriba la fórmula en función de N.

En un piano, cuando se miden las notas en ciclos por segundo se forma una progresión geométrica. Si Do tiene 400 ciclos por segundo y la nota que está 12 tonos más alta tiene 800 ciclos por segundo, encuéntrese la razón constante r. Encuéntrese también los ciclos por segundo para Mi, tres notas más alta que Do.

(Paradoja de Zenón) Imagínese una pista hipotética de carreras de forma elíptica de 440 yardas con cintas extendidas de un lado a otro en el punto que señala la mitad del recorrido y en cada uno de los puntos que marcan la mitad de las distancias restantes a partir de esos puntos. Al recorrer la pista, un corredor deber romper la primera cinta antes que la segunda, luego la tercera, y así sucesivamente. Desde este punto de vista, parece que el corredor jamás terminará la carrera. Si se supone que el corredor avanza a una velocidad de 440 yardas/min, los tiempos entre las rupturas sucesivas de las cintas forman una progresión geométrica infinita. ¿Cuál es la suma de esta progresión?.

Fórmula binomial

Hallar el término que contiene a x^9 en el desarrollo de $(2+3x^3)^4$.

Hallar el término que contiene a la potencia x^8 en el desarrollo de $(-2-3x)^9$.

Geometría Analítica y geometría en el espacio

Una recta se mueve de tal manera que la suma de los recíprocos de los recíprocos de los segmentos que determina sobre los ejes coordenados es siempre igual a una constante k diferente de cero. Demostrar que la recta pasa siempre por el punto fijo (1/k, 1/k).

Hallar la ecuación de la circunferencia que pasa por el punto A(7,-5) y es tangente a la recta x-y-4=0 en el punto B(3,-1).

Hallar la ecuación de la tangente a la curva $x = \dfrac{1}{t}; y = 2t; t = -1$.

Determinar el volumen del tronco de cono engendrado por la rotación alrededor del eje x del área limitado por las rectas y=6-x, y=0, x=0 y x=4.

Cuál es la densidad ρ en el SI de un cilindro hueco cuyo diámetro exterior D es de 4.0×10^{-4} *milla*, diámetro interior d de 2.0×10^{-4} *milla* y tiene una altura h de 3.5 *pulgadas*, si la masa m es de 9 *lb*.

Números Complejos

Calcular:

(6-8i)+(5+3i)

$\dfrac{(2+4i)}{(9+5i)}$

Escríbase en la forma polar empleando el ángulo positivo más pequeño como arg z.

z=-$\sqrt{6}$+i

Determinar:

z_1=4 (cos30°+isen30°) z_2=2(cos60°+isen60°)

$z_1{}^*z_2$

z_1/z_2

$(1+2i)^{20}$

$(1+i\sqrt{2}\ )^4$

Encontrar las 6 raíces quintas distintas de z=1+2i.

Evaluar la expresión: $(\sqrt{4}+i)^2/(-1+i\sqrt{4})^9$

Evaluar la expresión: $(-\sqrt{5}+i)/(1+i\sqrt{5})^3$

Hallar una ecuación en que sólo intervengan y una vez solamente cada uno los números: $\pi,e,i,0,1$.

Si $z=6e^{i\pi/3}$, hallar el valor numérico de e^{iz}.

Razonamiento matemático

Una anciana señora llamada Martha dice: ¨Hija mía, ve y dile a tu hija que la hija de su hija llora. ¿Qué parentesco hay entre Martha y la niña que llora?

Susan cuenta a una amiga: ¨mi cuñada es la suegra de mi marido. Antes mi hijo la llamaba tía, pero ahora la llama abuela¨. ¿Cómo es posible?.

Un vaso contiene vino hasta la mitad y otro vaso igual contiene agua hasta la mitad. Del primer vaso se saca una cucharada de vino y se vierte en el vaso con agua. De la mezcla que resulta se toma ahora una cucharada y se echa en el vaso de vino. ¿Es ahora mayor, igual o menor la cantidad de vino en el vaso de agua que la cantidad de agua en el vaso de vino?.

Alberto, Bernardo, Carlos y Diego fueron a cenar en compañía de sus esposas. En el restaurante ocuparon una mesa redonda y se sentaron de forma que se cumplían las siguientes condiciones:

1) Ningún marido se sentaba al lado de su mujer.

2) Enfrente de Alberto se sentaba Carlos.

3) A la derecha de la mujer de Alberto se sentaba Bernardo.

4) No habían dos hombres juntos.

¿Quién se sentaban entre Alberto y Diego?.

¿Con qué dígito se deben reemplazar los asteriscos en la siguiente división
para que el resultado sea correcto?.

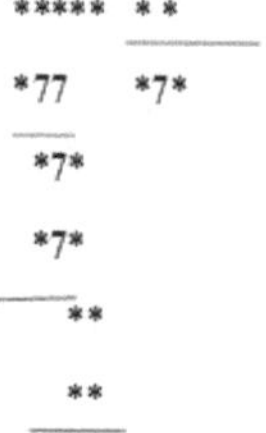

Los tacas siempre mienten y los tiquis siempre dicen la verdad.

Un explorador encontró a 3 indígenas y les preguntó a que raza
pertenecían.

El primero contestó tan bajo que el explorador no oyó.

El segundo señalando al primero dijo : "Ha dicho que es un taca".

El tercero interpeló al segundo: "Tú eres un mentiroso".

De que raza es el tercer indígena.

En una tribu indio del Amazonas, donde todavía subsiste el trueque se
tienen las siguientes equivalencias de cambio:
- Un collar y una lanza se cambian por un escudo.
- Una lanza se cambia por un collar y un cuchillo.
- Dos escudos se cambian por 3 cuchillos.

¿A cuántos collares equivale una lanza?.

Moviendo un palillo, hacer que expresen igualdades correctas:

| - | | | = | |

$\times$ - | = |

$\vee$ | = | |

Los símbolos matemáticos también representan palillos.

4 muchachos: Alberto, Bernardo, Carlos y Diego han competido en una carrera. Al preguntarle quién fue el ganador sus respuestas han sido:

Alberto: Ganó Bernardo.

Bernardo: Ganó Diego.

Carlos: Yo no gané.

Diego: Bernardo mintió cuando dijo que yo gané.

1) Si solamente es cierto una de estas afirmaciones: ¿quién fue el ganador?.

2) Si solamente una es falsa: ¿quién fue el ganador?.

¿Con qué dígito se deben reemplazar los asteriscos en la siguiente división para que el resultado sea correcto?.

```
******| **
          ______
***     **8**
  **
  **
  ___
   ***
   ***
   ____
    1
```

¿Con qué dígito se deben reemplazar las letras en la siguiente suma para que el resultado sea correcto?. (letras diferentes corresponden a dígitos diferentes?

$$
\begin{array}{r}
RAS \\
+\ PAR \\
\hline
ASSA
\end{array}
$$

¿Qué cifra falta? (letras diferentes corresponden a dígitos diferentes?.

$$
\begin{array}{r}
AB \\
+\quad CD \\
EF \\
\underline{GH} \\
I\,I\,I
\end{array}
$$

$(x-a)\ (x-b)(x-c)\ldots\ldots(x-z)=?$

¿Con qué dígito se deben reemplazar los asteriscos en la siguiente multiplicación para que el resultado sea correcto?.

$$
\begin{array}{r}
\,\,7\,* \\
\underline{*\,7\,*} \\
\,\,*\,*\,* \\
\,\,*\,2\,* \\
\underline{8\,*\,5\,*} \\
\,\,*\,*\,*\,*
\end{array}
$$

¿Con qué dígito se deben reemplazar las letras en la siguiente suma para
que el resultado sea correcto?. (letras diferentes corresponden a dígitos
diferentes?

```
   CANT
+   CUT
  ------
  TWEED
```

PCE y PSOE son partidos de izquierda. UCD y AP son partidos de
derecha. Adolfo, Felipe, Manuel y Santiago son jefes de los 4 partidos
arriba enumerados, pero cuya correspondencia se trata de determinar, van a
cenar juntos:

1) Enfrente del jefe del PSOE se sentó Adolfo.

2) El que se sentó enfrente del jefe del PCE no era Manuel.

3) A la izquierda del jefe de UCD se sentó Felipe.

4) A la izquierda del jefe de AP no se sentó Santiago.

5) Manuel y Santiago son de distinta tendencia política.

¿Quién es el jefe de cada partido?

Adolfo, Felipe, Manuel y Santiago son jefes de UCD, PSOE, AP y PCE,
aunque no necesariamente en el orden enunciado.

1) Adolfo y Santiago asistieron recientemente a la conferencia del jefe
   del PSOE en el club siglo XXI.

2) El jefe de AP es un fumador empedernido.

3) Felipe es un gran aficionado a escribir, siendo el único de los cuatro
   que ha publicado un libro.

4) En sus desplazamientos, Manuel y Adolfo siempre van en el
   departamento de no fumadores.

5) El libro del jefe de UCD ha tenido un gran éxito.

¿Quién es el jefe de cada partido?.

¿Es posible, empleando 5 dígitos impares sumar 20?

Hallar el área de la región sombreada con líneas rojas.

h=1

r=5

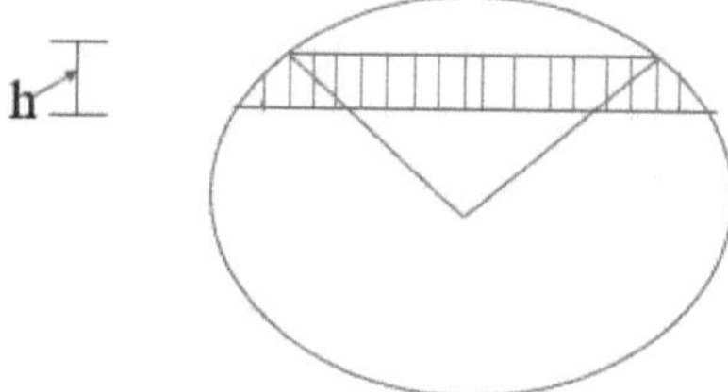

¿Cuál es el número que multiplicado por dos es cuatro unidades menos que 3 veces 6?.

El cuadrado de la suma de dos números consecutivos es 81. Hallar la diferencia del triple del mayor y el doble del menor.

¿Cuál es el número que excede a 24 tanto como es excedido por 56?.

El exceso de un número sobre 20 es igual al doble del exceso del mismo número sobre 70. Hallar el número disminuido en su cuarta parte.

El costo del envío de un paquete postal de "P" kg es de $ 10 por el primer kilogramo y de $ 3 por cada kilogramo adicional. Determine el costo total de envió de dicho paquete.

En un corral se encuentran 88 patas y 30 cabezas. Si lo único que hay son gallinas y conejos ¿Cuál es la diferencia entre el número de gallinas y el de conejos?.

En un examen un alumno gana 2 puntos por cada repuesta correcta, pero pierde 1 punto por cada equivocación. Después de haber contestado 40 preguntas obtiene 56 puntos ¿Cuántas correctas contestó?.

A cierto número par, se le suma el par de números pares que le preceden y los dos números impares que le siguen obteniéndose 968 unidades en total. Determine el producto de los dígitos del número par en referencia.

En una reunión se cuentan tantos caballeros como 3 veces el número de damas. Después que se retiran 8 parejas el número de caballeros que aún quedan es igual a 5 veces el número de damas. ¿Cuántos caballeros había inicialmente?.

En una clase de algebra de "m" alumnos "n" duermen, "p" cuentan chistes y el resto escucha clases. ¿Cuál es el exceso de los que duermen y cuentan chistes sobre los que atienden?.

Yo tengo el triple de la mitad de lo que tú tienes, más 10 soles. Pero si tú tuvieras el doble de lo que tienes, tendrías 5 soles más de lo que tengo. ¿Cuánto tengo?.

Ciento cuarenta y cuatro manzanas cuestan tantos soles como manzanas dan por \$169. ¿Cuánto vale dos docenas de manzanas?.

Un niño sube por los escalones de una escalera de 2 en 2 y las baja de 3 en 3, dando en cada caso un número exacto de pasos. Si en la bajada dio 10 pasos menos que en la subida. ¿Cuántos escalones tiene la escalera?.

En una reunión hay "m" mujeres más que hombres y cuando llegan "n" parejas resulta que el número de hombres constituyen los 3/8 de la reunión. ¿Cuántos hombres había inicialmente?.

Un anciano deja una herencia de "2mn" soles a un cierto número de parientes. Sin embargo "m" de estos renuncia a su parte y entonces cada uno de los restantes se benefician en "n" soles más. ¿Cuántos son los parientes?.

Por cada televisor que se vende se gana "m" soles. Si se ha ganado "n" soles y aun sobran "a" televisores; ¿Cuántos televisores se tenían al inicio?.

Si los alumnos se sientan de 3 en 3 en la carpetas habrían 2 carpetas vacías pero si se sientan de 2 en 2 se quedarían de pie 6 de ellos ¿Cuántas carpetas quedarían vacías se sentaran 3 alumnos en la primera carpeta,2 en la segunda,3 en la tercera,2 en la cuarta y así sucesivamente?.

Si un litro de leche pura pesa 1032 gramos. Calcule la cantidad de agua que contiene 11 litros de leche adulterada, los cuales pesan 11,28 Kg.

Un caballo y un mulo caminaban juntos llevando sobre sus lomos pesados sacos. El caballo se lamentaba de su carga a lo que el mulo le dijo: " de que te quejas, si yo te tomara un saco mi carga sería el doble de la tuya. En cambio si yo te doy un saco tu carga se igualaría a la mía ¿Cuántos sacos llevaba el caballo y cuantos el mulo?.

Un microbús parte de la plaza Grau con dirección al Callao y llega al paradero final con 43 pasajeros final con 43 pasajeros. Sabiendo que cada pasaje cuesta 2 soles, y que ha recaudado en total 120 soles, y en cada paradero bajaba un pasajero pero subían tres ¿cuántos pasajeros partieron del paradero inicial?.

Los 14 depósitos para el suministro de agua a una población tienen la misma capacidad. Para llenar 5 de ellos se necesitan 4 bombas que estén funcionando durante 10 horas. Si queremos llenar todos los depósitos, ¿durante cuánto tiempo deberán estar funcionando 8 bombas iguales a las mencionadas antes?.

Para recoger el fruto de un campo de almendros, se necesitan 25 obreros trabajando 6 horas diarias durante 7 días. Si no disponemos más que de 15 obreros y queremos recoger el fruto en 5 días, ¿cuántas horas diarias tendrán que trabajar?.

El 50% de 2 más 1 me da?.

En un restaurante hay tres tipos de sopas, cuatro tipos de guisado, tres tipos de ensaladas y cuatro formas de postres. ¿Cuántos menús distintos se pueden elaborar?.

En una clase de 24 estudiantes hay 14 chicos. ¿Qué fracción de la clase compone las chicas?.

Una persona tiene T dólares para invertir; tras invertir 1000 dólares. ¿Cuánto dinero le queda?.

Tres números impares consecutivos suman 39, determine el número mayor.

Qué porcentaje es 60 de ½?.

El valor de 3/5 es menor que 6/10, ¾, 3/7, o 3/19?.

¿Cuántos números de cinco cifras distintas se pueden formar con las cifras impares? ¿Cuántos de ellos son mayores de 70.000?.

- ¿Quién ganó la carrera?
Cuatro muchachos: Alberto, Bernardo, Carlos y Diego han competido en una carrera. Al preguntarles quién fue el ganador sus respuestas han sido:
Alberto: "Ganó Bernardo"
Bernardo: "Ganó Diego".
Carlos: "Yo no gané".
Diego: "Bernardo mintió cuando dijo que yo no gané".
Si solamente es cierta una de estas afirmaciones, ¿quién fue el ganador?
Si solamente una es falsa, ¿quién fue el ganador?

Encuentre el valor de todas las letras en el siguiente criptograma:
```
    ATOM
  + BOMB
  ------------
    BINGO
```
A=9 Y G=5

Resuelva el siguiente criptograma

```
x x x x|x  x x
x 7 7      x 7 x
  x 7 x
  x 7 x
      x x
      x x
```

Demostrar que 3^{2n-1} es divisible para 8 para todos los valores de n enteros y positivos.

En el barrio norte, un miembro de la pandilla acababa de asaltar una tienda. Puesto que el jefe les había dicho que todos permanecieran quietos, se encontraba un tango furioso. El jefe decidió hablar con los muchachos.
Alfredo dijo: "Fue Braulio o Claudio".
Braulio dijo: "Ni Félix ni yo lo hicimos".
Claudio expresó: "Ustedes dos están mintiendo".
David expresó: "No uno de ellos está mintiendo; el otro está diciendo la verdad".
Félix dijo: "No, David, eso no es cierto".
Ahora bien el jefe sabía que tres de los asaltantes siempre decían la verdad, pero que dos siempre mentirían. ¿Puede descubrir el jefe quién realizó el asalto a la tienda?.

Funciones e Identidades Trigonométricas

Encuentre el valor de las funciones trigonométricas sabiendo el ángulo está en el tercer cuadrante y que $sen\theta=-4/5$.

Graficar: $y=(2/5)sen(3x+\pi)$

Graficar: $y=(3/4)cos(2x-\pi)$

Calcular: $sen(cos^{-1}(2/3))$

Calcular: $cos(sen^{-1}(-1/3))$

Encuentre la solución para las siguientes expresiones sobre el intervalo $[0,2\pi]$.

$cos\ x=1/2$

$sen\ x=1/2$

$sen2x=senx$ intervalo $[0,2\pi)$

$2cosx-1=0$ $[0,2\pi)$

$sen^2x=1/2\ sen2x$ $[0,2\pi)$

$sen^2x=cos^2x-senx$ $[0,2\pi)$

$cos2x=2(senx-1)$ $(-\infty,\infty)$

$1+cosx=senx$ $[0,2\pi)$

En un triángulo rectángulo, si c=2 pies y $\beta=30°$, determine los otros lados y ángulos.

En un triángulo rectángulo, si se conoce a=1, b=1, determine los otros lados y ángulos.

Resolver el siguiente triángulo si se conoce:

α=20° β=45° c=100 m

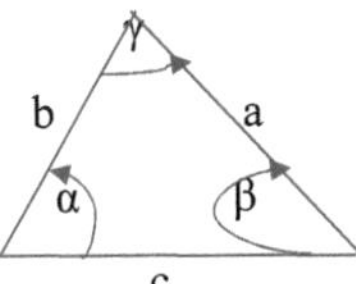

Resuelva el siguiente triángulo con α=30°, a=5 cm, b=20 cm.

Resolver el siguiente triángulo, si se sabe que b=6, c=9 y α=120°

Resuelva el triángulo con a=1.0 b=2.0 y c=1.4

Si un pentágono está inscrito en una circunferencia de 2 cm de radio encuéntrese la longitud de un lado del pentágono.

Se sabe que en un triángulo rectángulo $sen\ B = \dfrac{3}{5}$ y el lado $b = 60\ cm$. Hallar el valor del lado c?.

La hipotenusa de un triángulo rectángulo es igual a cinco veces la longitud de uno de sus catetos. Hallar las funciones trigonométricas seno, coseno y tangente del ángulo opuesto a este cateto.

En el triángulo ABC, b = 15 cm, B = 42°, y C = 76°. Calcular la medida de los lados y ángulos restantes.

En el triángulo ABC, se sabe que a = 13 cm, c = 19cm y B = 55°, encuentre el valor del lado b.

Demuestre las siguientes identidades:

$$\frac{1-2cosx-3cos^2x}{sen^2x} = \frac{1-3cosx}{1-cosx}$$

$$tan\ m + tan\ n = \frac{sen(m+n)}{cos\ m\ cosn}$$

$$\frac{CosA}{CosA - SenA} + \frac{SenA}{CosA + SenA} = 1 + Tan2A$$

Vectores, rectas y planos

Encuentre una recta L que sea ortogonal a las siguientes rectas:

$$L_1: \frac{x+8}{2} = \frac{y-9}{5} = \frac{z+3}{4}$$

$$L_2: \frac{x+2}{5} = \frac{y+4}{3} = \frac{z+6}{1}$$

y que pase por el punto (-5,7,2)

Encontrar la distancia del punto (-2,3,9) a la recta que pasa por los puntos $P_1(2,4,1)$ y $P_2(-5,7,2)$.

Determine la ecuación del plano que pasa por (3,-1,2) y es perpendicular al vector n=(3,5,1). Calcule también el ángulo entre este plano y el plano con ecuación 2x-5y+4z=2

Encuentre la ecuación del plano que contiene a los puntos: A(-8,2,0); B(3,1,-5); C(4,2,3)

Encuentre la magnitud y dirección de los vectores siguientes:

a) $v = (4,4)$

b) $v = (-4,-4)$

c) $v = (-2,\sqrt{3})$

d) $v = (-1,-\sqrt{3})$

e) $v = (1,\sqrt{3})$

Sea u = (2, 3) y v = (- 5, 4). Encuentre:

a) 3 u
b) u + v
c) v − u
d) 2u − 7v.
Bosqueje estos vectores

Encuentre un vector unitario que tenga la misma dirección que el vector dado

a) v = 2i + 3j
b) v = - 3i − 8j
c) v= 4i − 6j
d) v=ai+aj (a≠0)

Encuentre un vector unitario v, que tenga dirección opuesta a la dirección del vector dado u.

a) u= i + j
b) u= - 2i + 3j

Encuentre un vector v, que tenga la magnitud y dirección dadas.

a) $|v| = 3$; $\theta = \pi/6$
b) $|v| = 1$; $\theta = \pi/4$

Calcule el producto escalar de los dos vectores y el coseno del ángulo

a) u = i + j; v = i − j
b) u = - 5i; v = 18j
c) u = 2i + 5j; v = 5i + 2j

Determine si los vectores dados son ortogonales, paralelos o ninguno de los dos. Después esboce cada par.

   a) u = 3i + 5j; v = - 6i – 10j
   b) u= 2i – 3j; v = - 9i + 6j
   c) u = 2i + 3j; v = - 6i + 4j

Dados los vectores calcule proy $_v$ u

   a) u = 3i; v = i + j
   b) u = 2i – 3j; v = - 9i + 6j
   c) u= 2i + 3j; v = 4i + j
   d) u= i + j; v = 2i – 3j

Encuentre la magnitud y los cosenos directores del vector dado.
   f) v = 4i – 2j + k
   g) v = - 3i – 5j – 3k
   h) v = i + 5j + 2k
   i) v= 6i + 7j
   j) v = - i – j – k

Los tres ángulos directores de cierto vector unitario son los mismos y están entre cero y $\pi/2$. ¿Cuál es el vector?

Sea $P = (2,1,4)$ y $Q = (3,-2,8)$. Encuentre un vector unitario en la misma dirección de $\overrightarrow{PQ}$

Sea: u = 2i – 3j + 4k, v = - 2i – 3j + 5k, w = i – 7j + 3k, t = 3i + 4j + 5k

   a) Calcule (3t – 2u) (5v + 2w)
   b) Calcule u . w – w . t
   c) Calcule el ángulo entre t y w
   d) Calcule $proy_t\ w$

Encuentre el producto cruz u x v

a) $u = 2i - 3j + k;\ v = i + 2j + k$
b) $u = i + 2j + k;\ v = -i + 6j - k$
c) $u = i + 7j - 3k;\ v = -i - 7j + 3k$
d) $u = 2i - 3j + 5k;\ v = 3i - j - k$
e) $u = 10i + 7j - 3k;\ v = -3i + 4j - 3k$

Encuentre dos vectores unitarios ortogonales tanto a u=i+j+k, como a v=i-j-k.

Utilice el producto cruz para encontrar el seno del ángulo θ entre los vectores $u = 2i + j - k\ y\ v = -3i - 2j + 4k$

Encuentre el área del paralelogramo con los vértices adyacentes dados.

a) $(1, -2, 3); (2, 0, 1); (0, 4, 0)$
b) $(-2, 1, 0); (1, 4, 2); (-3, 1, 5)$
c) $(a, 0, 0); (0, b, 0); (0, 0, c)$

Calcule el volumen del paralelepípedo formado por los vectores
$i - j,\ 3i + 2k,\ -7i + 3k$

Calcule el volumen del paralelepípedo determinado por los vectores PQ, PR y PS, donde
$$P = (2, 1, -1)\ Q = (-3, 1, 4)\ R = (-1, 0, 2)\ S = (-3, -1, 5)$$

Se suman dos vectores con magnitud 2 y 6 unidades, respectivamente. Cuál es la magnitud del vector resultante?.

La resultante de la diferencia de dos vectores $\vec{A} - \vec{B}$ es la misma que $\vec{B} - \vec{A}$, $-\vec{A} + \vec{B}$, $-(\vec{A} + \vec{B})$, o $-(\vec{B} - \vec{A})$?.

Un vector tiene sólo magnitud, sólo dirección o tiene magnitud y dirección?.

Dos vectores forman un ángulo de $105°$. Uno de ellos tiene $10\ u$ de longitud y hace un ángulo de $30°$ con el vector suma de ambos. Encontrar la magnitud del segundo vector y la del vector suma.

Dados los vectores $\vec{A} = 2\vec{\imath} - 3\vec{\jmath}$ y $\vec{B} = 5\vec{\imath} + k\vec{\jmath}$. ¿Cuál es el valor de k para que los vectores sean perpendiculares?.

Dados los vectores $\vec{A} = 5\vec{\imath} - 15\vec{\jmath}$ y $\vec{B} = 3\vec{\imath} + 20\vec{\jmath}$ ¿Cuál es la magnitud, dirección y vector unitario del vector suma de ambos?.

Encuentre una ecuación vectorial, las ecuaciones paramétricas y las simétricas de las rectas indicadas.

  a) Contiene a $(2, 1, 3)$ y $(1, 2, -1)$
  b) Contiene a $(1, -1,1)$ y $(-1,1, -1)$
  c) Contiene a $(-1, -6,2)$ y es paralela a: $4i + j - 3k$
  d) Contiene a $(-1, -2,5)$ y es paralela a: $-3j + 7k$
  e) Contiene a $(-2,3,7)$ y es ortogonal a: $3j$
  f) Contiene a $(4,1, -6)$ y es paralela a: $\dfrac{x-2}{3} = \dfrac{y+1}{6} = \dfrac{z-5}{2}$

Encuentre una recta L ortogonal a las dos rectas dadas y que pase por el punto dado.

  a) $\quad \dfrac{x+2}{-3} = \dfrac{y-1}{4} = \dfrac{z}{-5}$; $\dfrac{x-3}{7} = \dfrac{y+2}{-2} = \dfrac{z-8}{3}$; $(1, -3, 2)$

  b) $\quad \dfrac{x+1}{2} = \dfrac{y-2}{4} = \dfrac{z+1}{-3}$; $\dfrac{x-1}{-2} = \dfrac{y+2}{5} = \dfrac{z+3}{6}$; $(0, 0, 0)$

Encuentre la ecuación del plano.

a) $P = (1, 2, 3)$; $n = j + k$
b) $P = (1, 2, 3)$; $n = i + k$
c) $P = (-4, -7, 50)$; $n = -3i - 4j + k$
d) Contiene a $(1, 2, -4)$, $(2, 3, 7)$ y $(4, -1, 3)$
e) Contiene a $(1, -2, -4)$, $(3, 3, 3)$ y $(0, 0, -1)$

Determine si los planos dados son paralelos, ortogonales, coincidentes o ninguno de los anteriores.

a) $\pi 1: x + y + z = 2$; $\pi 2: 2x + 2y + 2z = 4$
b) $\pi 1: x + 2y + 3z = 1$; $\pi 2: 2x + 4y + 6z = 2$
c) $\pi 1: x - y + z = 3$; $\pi 2: -3x + 3y - 3z = -9$
d) $\pi 1: 2x - y + z = 3$; $\pi 2: x + y - z = 7$
e) $\pi 1: 2x - y + z = 3$; $\pi 2: x + y + z = 3$

Encuentre la ecuación del conjunto de todos los puntos de intersección de los dos planos.

f) $\pi 1: x - y + z = 2$; $\pi 2: 2x - 3y + 4z = 7$
g) $\pi 1: 3x - y + 4z = 3$; $\pi 2: -4x - 2y + 7z = 8$
h) $\pi 1: 3x - 2y + 5z = 4$; $\pi 2: x + 4y - 6z = 1$
i) $\pi 1: -2x - y + 17z = 4$; $\pi 2: 2x - y - z = -7$

Encuentre un vector v, que tenga la magnitud y dirección dada.

a) $|v| = 2$; $\theta = \pi/3$

b) $|v| = 7$; $\theta = 5\pi/6$

Sean u=2i+3j y v=4i+αj. Determine α tal que:

a) u y v sean ortogonales
b) u y v sean paralelos

Encuentre un vector unitario que tenga la misma dirección de los vectores dados:

- v = -3i+4j

- v= ai+aj ; a ≠0

Calcule el producto escalar de los dos vectores y el coseno del ángulo entre ellos:

u= -3i + 4j

v= -2i – 7j

Calcule el volumen del paralelepípedo determinado por los vectores PQ, PR y PS, donde P = (2, 1, -1), Q = (-3, 1, 4), R = (-1, 0, 2) y S = (-3, -1, 5).

Encuentre un vector unitario que tenga la misma dirección de los vectores dados:

a) $v = -7i + 3j$

b) $v = 8i - 5j$

Encuentre un vector v que tenga la magnitud y dirección dada

$$|v| = 7; \ \theta = \frac{5\pi}{6}$$

Sean $u = 2i + 3j$ y $v = 4i + kj$. Determine k tal que:

a) u y v sean ortogonales
b) u y v sean paralelas
c) El ángulo entre u y v sea π/6

Encuentre un vector unitario en la dirección de PQ, donde:

$$P = (3, -1, 2) \; y \; Q = (-4, 1, 7)$$

Encuentre la distancia desde (1, -2, 3), al plano $2x - y - z = 6$

Encuentre una ecuación vectorial, paramétricas y las simétricas de la recta dada: Contiene a (1, -2, -3) y es paralela a $(x+1)/5 = (y-2)/(-3) = (z-4)/2$

Encuentre una recta L ortogonal a las dos rectas dadas y que pase por el punto dado.

$$\text{L 1:} \quad \frac{x+2}{-3} = \frac{y-1}{4} = \frac{z}{-5}$$

$$\text{L 2:} \quad \frac{x-3}{7} = \frac{y+2}{-2} = \frac{z-8}{3} \qquad \text{P (1, -3, 2)}$$

Determine si los planos dados son paralelos, ortogonales, coincidentes o ninguno de ellos

$\prod 1: x + y + z = 2$
$\prod 2: 2x + 2y + 2z = 4$

Encuentre una ecuación vectorial, paramétricas y simétricas de la recta dada:
Contiene a: $(3, 1, 2) \; y \; es \; paralela \; a \; 3i - j - k$

Encuentre la ecuación del plano que contiene a los puntos

$$(-1, 3, 2), (6, 1, 0) \; y \; (0, 0, 3)$$

Encuentre la distancia del origen a la recta que pasa por el punto $(3, 1, 5)$ y que tiene la dirección de $\boldsymbol{v} = 2\boldsymbol{i} - \boldsymbol{j} + \boldsymbol{k}$

Encuentre todos los puntos de intersección de los planos

$$\pi1\colon \; 3x - y + 4z = 8 \; y \; \pi2\colon \; -3x - y - 11z = 0$$

Bibliografía

1) Leithold, Cálculo con Geometría Analítica, Editorial Harla, Sexta Edición, México, 1992.

2) Raymond A. Barnett, Álgebra y Trigonometría, McGraw-Hill, Segunda Edición, México, 1988.

3) Galdós, Matemáticas, Editorial Cultural, S.A., España.

4) Giovanni Alcocer, Estadística Descriptiva e Inferencial con Excel, Editorial Académica Española, España, 2016.

5) Giovanni Alcocer, Cálculo Diferencial, límites y derivadas, Editorial Académica Española, España, 2017.

6) Giovanni Alcocer, Física Básica, Fundamentos de Física, Editorial Académica Española, España, 2019.

More
Books!

MIX
Papier aus verantwortungsvollen Quellen
Paper from responsible sources
FSC® C105338